U0157687

"一带一路"地质资源环境丛书

孟加拉湾及邻区盆地构造地质

梅廉夫　胡孝林　李任远　张　朋　蔡文杰　著

科学出版社
北京

内 容 简 介

本书系统地研究孟加拉湾及邻区盆地发育的板块构造背景、结构和构造特征、构造-沉积体系、盆地形成及演化,指出孟加拉湾及邻区发育着主动大陆边缘盆地、被动大陆边缘盆地、孟加拉湾残留洋盆地和孟加拉复合盆地四种成因类型的盆地,并对各类盆地的结构、构造、沉积充填、演化及动力学进行了全面的阐述。

本书可供从事盆地构造分析和石油勘探构造分析的科研人员、大专院校相关专业师生参考。

图书在版编目(CIP)数据

孟加拉湾及邻区盆地构造地质/梅廉夫等著. —北京:科学出版社,2020.6
("一带一路"地质资源环境丛书)
ISBN 978-7-03-055703-2

Ⅰ. ①孟… Ⅱ. ①梅… Ⅲ. ①孟加拉湾—盆地—构造地质学 Ⅳ. ①P561.841

中国版本图书馆 CIP 数据核字(2017)第 294152 号

责任编辑:何 念/责任校对:高 嵘
责任印制:彭 超/封面设计:苏 波

科学出版社 出版
北京东黄城根北街 16 号
邮政编码:100717
http://www.sciencep.com

武汉精一佳印刷有限公司印刷
科学出版社发行 各地新华书店经销
*

开本:787×1092 1/16
2020 年 6 月第 一 版 印张:35
2020 年 6 月第一次印刷 字数:830 000

定价:398.00 元
(如有印装质量问题,我社负责调换)

前　　言

　　孟加拉湾及邻区地理上包括印度东部、北部及东北部,以及斯里兰卡、巴基斯坦、尼泊尔、不丹、孟加拉国和缅甸西部陆上区域及孟加拉湾海域,是"一带一路"倡议中的"21世纪海上丝绸之路"沿线的重要区域和关键节点。该区域发育世界上最大的盆地群,油气资源丰富,战略地位十分重要。孟加拉湾及邻区区域地质上涵盖孟加拉湾残留洋、印度板块东部大陆边缘、印度板块北部和东北部碰撞带、喜马拉雅造山带、西缅地块大陆边缘和安达曼扩张海等,东西宽约 2 300 km,南北长近 3 000 km,面积达 690×10⁴ km²。

　　孟加拉湾及邻区发育世界上最雄伟的造山系、最大的河流三角洲和最大的深水扇系统,发育近东西向的喜马拉雅造山带及前陆盆地系统、近南北向的缅甸-安达曼主动大陆边缘沟-弧-盆体系、近北东向的印度东部被动大陆边缘交汇复合构造带。研究区的构造演化可以追溯到中生代冈瓦纳大陆的初始张裂,此后的陆内裂谷作用、被动大陆边缘、海底扩张与特提斯洋盆闭合、安达曼海扩张、印度板块与欧亚板块碰撞,以及相应的造山作用和沉积盆地的形成,近乎完美地记录了板块演化、威尔逊旋回的完整过程。正因如此,研究区被誉为世界地质的"博物馆"、板块构造研究的"天然实验室"、威尔逊旋回记录的"百宝书"。

　　基于国家科技重大专项"大型油气田及煤层气开发"近十年的资助(2011ZX05030-002-003、2016ZX05026-003-01),中国地质大学(武汉)与中海油研究总院[即中海石油(中国)有限公司北京研究中心]联合开展了"孟加拉湾含油气盆地构造演化与油气地质特征研究"等研究。本书为这些研究成果的总结。

　　全书共分 8 章。第 1 章为概论,首先介绍板块构造和沉积盆地的基本知识,然后对孟加拉湾及邻区大地构造的基本问题进行分析,主要介绍冈瓦纳陆块裂离与特提斯洋演化、印度板块与欧亚板块的穿时缝合与沉积盆地的发育,最后对孟加拉湾及邻区盆地构造的基本问题进行讨论。第 2 章为全书的总纲,对孟加拉湾及邻区盆地属性与类型进行系统阐述,首先讨论区域构造特征,然后介绍区域重磁场特征、区域沉积地层格架,最后是该章的重点——孟加拉湾及邻区盆地类型。第 3~7 章为盆地各论。第 3 章为印度东部被动大陆边缘断陷盆地,首先介绍印度东部被动大陆边缘岩石圈结构与盆地分布,然后重点介绍印度东部被动大陆边缘默哈讷迪盆地、克里希纳-戈达瓦里盆地和高韦里盆地的结构与构造单元特征、地层与沉积充填历史和含油气系统,最后讨论印度东部被动大陆边缘盆地演化与形成机制。第 4 章为缅甸-安达曼主动大陆边缘弧盆体系,包括弧盆体系的组成与

结构特征、南部安达曼海域弧盆体系特征、北部西缅地块弧盆体系特征和弧盆体系演化及
动力学四部分。第 5 章聚焦于孟加拉湾残留洋盆地,首先讨论孟加拉湾残留洋盆地结构
与变形特征,然后重点研究孟加拉深水扇系统,最后对孟加拉湾残留洋盆地的形成机制进
行分析。第 6 章重点研究孟加拉复合盆地,首先讨论孟加拉复合盆地的提出依据,然后开
展盆地基底结构与构造单元的分析,讨论孟加拉复合盆地地层序列与沉积体系,最后探讨
孟加拉复合盆地的形成机制。第 7 章为喜马拉雅前陆盆地,首先论述喜马拉雅前陆盆地
结构与基本构造单元,然后对喜马拉雅前陆盆地地层序列与沉积体系进行分析,最后从盆
山体系的角度,探讨喜马拉雅前陆盆地发育与造山带隆升。第 8 章从整体角度开展孟加
拉湾及邻区盆地形成与演化的研究,主要包括孟加拉湾及邻区板块构造与成盆序列和孟
加拉湾及邻区原型盆地重建两部分。

　　　全书由梅廉夫、胡孝林、李任远、张朋、蔡文杰执笔,梅廉夫、胡孝林统稿。徐思煌、马
立祥、胡志伟、肖述光、邹玉涛、何文刚、尹宜鹏、马一行、吴路路、张舜尧等先后参与"孟加
拉湾含油气盆地构造演化与油气地质特征研究"等项目的研究。柯小飞、李宜轩、郝世豪
等参与图件编制和参考文献编辑等工作。

　　　全书引用国内外大量研究成果和资料,在此向这些单位和作者表示衷心的感谢! 在
孟加拉湾及邻区盆地构造研究中得到了中海石油(中国)有限公司北京研究中心、中海石
油(中国)有限公司缅甸分公司、中海石油(中国)深海开发有限公司、中海石油(中国)有限
公司研究总院海外评价中心的领导和专家的指导和帮助,得到了中海石油(中国)有限公
司北京研究中心海外评价中心亚太专业室各项目组专家的大力支持与帮助,研究还得到
了地质过程与矿产资源国家重点实验室、构造与油气资源教育部重点实验室、西南石油大
学、缅甸石油天然气公司(Myanmar Oil and Gas Enterprise,MOGE)、磷灰石与锆石测试
中心、兰卡斯特大学、新南威尔士大学等单位和专家的支持与帮助,在此一并致谢!

　　　由于作者水平有限,书中难免存在不足之处,敬请读者批评指正。

作　者

2017 年 8 月 14 日于武汉

目　　录

第 1 章

概　　论

　　板块构造理论对全球构造既表述了其空间属性又阐明了其时间含义,前者正如我们所看到的全球板块的分布、边界及属性,后者正是我们所理解的大陆从分裂开始到大洋的张开与闭合,以及大陆的最终碰撞聚敛这一板块运动的循环,即威尔逊旋回(Wilson cycle)。沉积盆地的形成、演化与板块构造理论息息相关。孟加拉湾及邻区的大地构造的基本问题离不开冈瓦纳陆块裂离与特提斯洋演化,以及印度板块与欧亚板块的穿时缝合与沉积盆地的发育。而该区域的盆地构造问题主要包括喜马拉雅前陆盆地与造山带的耦合关系、孟加拉盆地的属性与形成演化,孟加拉扇及其沉积序列,以及缅甸-安达曼会聚板块边缘弧盆系统的构造与沉积演化。

1.1　板块构造和沉积盆地

沉积盆地是在较长的地质时间尺度上能够聚集并保存一定厚度沉积物的区域。作为地球表面的长期沉降区,造成沉降的驱动机制与相对刚性的、具有冷热边界层的岩石圈的起源和下部地幔的流动相关。岩石圈由一系列相互运动的板块组成,因此,沉积盆地的发育必然与板块运动和地幔流动的背景具有密切的成因关系。

1.1.1　板块构造学的提出、发展及其科学问题

从 16 世纪末开始,以西方哲学家弗朗西斯·培根(F. Bacon,1561～1626 年)和绘图学家亚伯拉罕·奥特柳斯(A. Ortelius,1527～1598 年)等为代表的自然法学派已经注意到大西洋两侧海岸线的相似性,并推测美洲大陆是由欧洲和非洲大陆"撕裂"而来(Frisch et al.,2011)。20 世纪初,德国气象学家阿尔弗雷德·魏格纳(A. L. Wegener,1880～1930 年)通过一系列论著及强有力的证据提出了著名的大陆漂移学说(Wegener,1929,1915,1912),该学说虽然得到了大西洋两岸地理学、化石和地质学证据的支持,但是魏格纳没能向大陆漂移学说怀疑论者合理地解释驱动大陆长距离漂移的机制。大陆漂移学说认为大陆由轻的、低密度的硅铝质组成,轻的大陆漂浮在密度较大的由硅镁质组成的地幔和洋壳上;大陆漂移的驱动力来自那些已知的作用力,如地球的自转、地球旋转轴偏差或者潮汐摩擦。地球自转产生了极性逃逸,驱动大陆缓慢向西漂移并逐渐远离地球两极。魏格纳用这些作用力来解释造山带的形成及内部的褶皱作用。极性逃逸形成的造山带从阿尔卑斯-地中海穿过伊朗高原延伸至喜马拉雅和东南亚地区;这类造山带是自北极向南漂移的欧亚大陆与南方的非洲和印度大陆汇聚形成的;地球自转的向西漂移分量产生了分布于美洲大陆西海岸的高耸造山带(Frisch et al.,2011)。

魏格纳的大陆漂移学说基于当时观察的和积累的所有资料,合理地解释了那一时代存在的一系列困惑(Frisch et al.,2011),包括:①大西洋两岸海岸线的高度吻合性;②造山带呈现的狭长形状(收缩理论认为应该产生宽广的造山带);③全球范围内两种占主导地位的地形——深海平原和陆内低地(分别反映了洋壳和陆壳物质组成);④其他理论无法合理解释大陆桥的出现和消失,因为这是解释现今被大洋分割的大陆间动物群交流的必要条件。大陆漂移同时可以解释温暖气候的标志(例如石炭纪的煤层),可以出现于极地地区的原因。尽管表面上看起来大陆漂移学说是一个非常综合的理论,但是物理学家并不完全赞同,这主要是魏格纳提出的大陆漂移的驱动力明显太弱,不足以支撑他的假设。魏格纳去世后,大陆漂移学说也迅速被人们抛之脑后,特别是在曾经引起巨大争议的美国;在同时期的欧洲,只有少数科学家继续检验着魏格纳的理论。例如,Holmes(1944,1931)、Schwinner(1920)和 Ampferer(1906)在研究阿尔卑斯造山带成因时,提出伸展的大陆和洋中脊下存在上升流,而在造山带下出现下降流,这种对流运动正是驱动地球板块

水平运动的"发动机",这一思想非常接近现代板块构造理论。

大陆漂移学说真正被人们普遍接受是在 20 世纪 60 年代板块构造理论的发展时期。现代海底调查过程中,在洋中脊两侧发现的磁条带促使人们提出了海底扩张的概念——海底从洋中脊向两侧扩展(Cox,1973;Bird and Isacks,1972)。自此,新发现的资料提供了构建板块构造理论的基础,地质学家从此有了统一基础地质和地球物理现象的解释模型。自板块构造理论提出后,大量资料和知识的积累迅速扭转了大陆漂移学说提出后近半个世纪的沉寂。板块构造仍是当今唯一能够协调并解释所有已知构造现象最简洁的、综合性的地球动力学模型,包括地震带、造山作用、岩浆作用、变质作用及成盆作用(Dewey and Bird,1970;McKenzie and Morgan,1969;Isacks et al.,1968;Le Pichon,1968;Morgan,1968;Wilson,1965;Vine and Matthews,1963;Hess,1962)。

1. 板块构造的概念

地球的最外两层为岩石圈和软流圈,直接参与板块构造运动(Frisch et al.,2011;Condie,1997)。板块构造一词来自刚性的岩石圈板块,它形成了地球的最外部圈层,规模大小差异显著。岩石圈厚度为 70~150 km,在大陆底下较厚而在大洋底下较薄,在某些造山带的底部可能超过 200 km(Heit et al.,2007;Preistley and McKenzie,2006;Beck and Zandt,2002;Tapponnier et al.,2001)。岩石圈由地壳(陆壳或洋壳)和岩石圈地幔部分组成。岩石圈地幔以脆性变形为主,与下部塑性软流圈具有明显的差异。软流圈表现为塑性特征,局部包含许多岩浆房。这些属性指出了魏格纳的大陆漂移学说与板块构造理论的重要差异:前者指出大陆的漂移在某种程度上是由大洋推动的,而后者记录了刚性板块(包括陆壳和洋壳)在塑性地幔上的运动。

地壳通常分为两种类型,即陆壳和洋壳。陆壳的平均厚度为 30~40 km,在造山带和高原地区,如安第斯山和青藏高原,可以达到 70 km(Beck and Zandt,2002;Chen and Molnar,1981)。不同于纯粹的地理学概念,大陆由陆地和浅海覆盖下的大陆架组成;洋壳形成了海底,相对更薄,平均厚度为 5~8 km(Frisch et al.,2011;Condie,1997)。洋壳的位置相对于陆壳深 4~5 km。地表的双峰地形特征控制着海洋与陆地的基本格局——陆地通常高于海平面数百米而大部分的海底位于海平面 5 km 以下。事实上,大西洋两岸大陆的吻合状态——魏格纳大陆漂移学说的最基本证据,在水深 1 000 m 左右最理想,即著名的布拉德(Bullard)吻合线(Frisch et al.,2011)。

地表的双峰地形特征是陆壳与洋壳组成和密度的直接反映(Frisch et al.,2011)。陆壳由相对轻的(低密度)物质组成,包括酸性的[富硅质,SiO_2 质量分数 $>65\%$]花岗质和变质岩(花岗岩、花岗角闪岩、片麻岩和片岩)。因此,大陆主要表现为花岗质(硅铝质)特点。陆壳上层的基本矿物组成包括钾长石、钠长石、石英和云母;在陆壳深部,主要矿物的数量,如角闪石会增加,岩石类型通常包括角闪岩和辉长岩。陆壳的平均密度为 2.7~2.8 g/cm³ (Frisch et al.,2011;Rogers et al.,2008),平均地球化学组成是安山质或角闪质岩浆岩,中等的 SiO_2 质量分数(60%)。洋壳由玄武质岩石组成(SiO_2 质量分数为 50%),大部分是玄武岩和辉长岩,平均密度为 3.0 g/cm³,最重要的造岩矿物是富钙长石和辉石。岩石圈地幔由超基性橄榄岩组成（SiO_2 质量分数为 42%～45%），密度为 3.2～3.3 g/cm³（Cogley and Henderson-Sellers.，1984），主要造岩矿物是橄榄石和辉石。

　　岩石圈板块之间以不同的速度和方向相互运动，板块构造在地球球面的封闭系统中是如何保持平衡的呢？根据欧拉定理，在球面上运动的物体，会沿着穿过球体中心的轴旋转（Fullsack，1995）。因此，所有板块的运动都受地球球面外加地轴倾角的影响。板块运动会产生三种类型的板块边界（图 1.1）（Frisch et al.，2011；Allen and Allen，2005）：离散边界、会聚边界和转换边界。

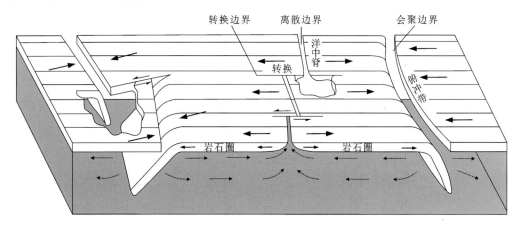

图 1.1　全球板块边界类型（Kearey and Vine，1996）

1）离散边界

　　离散边界（divergent boundary），板块破裂的间隙立即被洋壳等岩石圈物质充填，因此也称建造型板块边界。离散边界的代表是洋中脊——环绕在地球上的海底山链。洋中脊是由地幔软流圈熔融后产生的玄武质岩浆上涌、固结为脆性的洋壳（Sykes，1967；Talwani et al.，1965）。洋中脊的地形反映了其底部热的、低密度的岩石圈特征（古老的洋壳岩石圈具有更大的密度，表现为较低地形形态的深海平原）。海底从洋中脊向两侧扩张，因此称为"海底扩张"（Frisch et al.，2011）。

2）会聚边界

　　会聚边界（convergent boundary），也称破坏型板块边界。两个相向运动的板块，一个密度较大的板块发生弯曲并牵引俯冲到密度较小的板块之下，最终以一定角度插入深部的岩石圈地幔中，这一区域称为俯冲带（Stern，2002）。俯冲板块最终以再循环的形式进入地幔中，即完全破坏的板块。会聚型板块，正如它们的名字显示的那样，只有密度大的洋壳岩石圈可以大规模地进入岩石圈地幔中；厚度大的低密度的陆壳岩石圈进入地幔的深度不会很大。这很好地解释了为什么那些有数十亿年年龄的古老的陆壳至今仍然存在，而洋壳的年龄不会大于 180 Ma（Rowley，2002）——古老的洋壳已经发生了俯冲再循环作用。俯冲带的地表显示是以环太平洋深海沟为代表的沟-弧系统。

3）转换边界

　　转换边界（transform boundary）以走滑断层或转换断层为特征，因其出现在两个相互滑动的板块之间,在这一过程中板块既没有新生也没有消亡,也称守恒型板块边界。转换断层在大陆内部很少见到,而洋中脊通常是被大量短的转换断层切割,因此在洋中脊更为常见。转换断层连接着洋中脊的两端——它们发生明显的相对运动(Sylvester,1988)。洋壳转换断层的延伸包含的破碎带构造活动很弱,因此可以追踪很长的距离。洋壳转换断层以一定角度深切陆壳,可以产生大规模的侧向位移。例如,美国加利福尼亚州的圣安德烈亚斯断层(San Andreas Fault),其切割深度约 16 km,右行走滑位移达到了上千千米(Turcotte et al.,2002;Nicholson et al.,1986;Mann et al.,1983;Minster et al.,1974)。

独立的板块运动可以通过描述它们沿着各自的板块边界的相对运动来实现。从几何学角度来看,所有板块运动的总和应该为零;从全球角度来看,在离散边界发生漂移的板块必然会在会聚边界发生反向运动并逐渐消失。

2. 地磁条带样式

地磁条带的发现和解释促进了海底扩张学说的提出。尽管普遍将其归功于 Vine 和 Matthews (1963),但是实际上在 1962 年的时候,Morley 就已经提交了一篇相关论文,但是审稿人认为其观点太荒谬而被拒稿(Cox,1973)。

对于某种特定的矿物,当冷却到居里温度线以下时,会显示出一定的磁性特征。例如,磁铁矿的居里温度是 580 ℃。磁力的三个特征会通过矿物来显示:①倾向反映维度;②磁倾角反映磁极方向;③正磁极或反磁极反映磁极的反转(Frisch et al.,2011;Maher and Taylor,1988)。矿物中的地磁特性可以保存数百个百万年,后期构造事件会对地磁极性进行一定程度的改造,所以必须对样品进行消磁处理,即消除后期构造事件的影响,才能获取矿物原始磁性的有效信息。此外,现今磁场的扰乱作用在样品分析时也必须要考虑并设法抵消掉。

地磁极围绕地理极以一定的角度运动,这种迂回方式产生的周期性变化称为长期地磁变化(Frisch et al.,2011)。但是平均下来,经过几千年的相对运动后地磁极和地理极会发生重合。因此,如果数据充足,通过计算得到平均值,那么早期地理极的方位就可以通过古地磁来检测。现今的地磁南极位于地理北极附近,但这并非一成不变。

利用陆地上那些已定年的带有磁性的玄武岩和其他类岩石,建立起的地磁时间尺,反映了不同时间和时期内的正磁性和反磁性特征。研究发现这种磁化样式在洋中脊平行和对称状分布。基于正磁化与反磁化的样式特征,可以通过与已知的地磁条带对比确定那些未知的地磁条带。这是海底扩张过程非常强有力的证据,因为这种方法表明洋壳地磁条带平行于洋中脊生长,距离洋中脊越远,洋壳的年龄也就越大。这种与洋中脊对称分布的地磁条带早在 20 世纪 60 年代海底扩张学说与之前的大陆漂移学说提出时就已被发现(Vine and Matthews,1963;Hess,1962),这也是板块构造理论最基本的两条证据之一。洋壳岩石中磁场倒转揭示的最古老的年龄约为 180 Ma(Rowley,2002),即早侏罗世——更古老的洋壳已经俯冲消失,在地球上已不复存在。能够这样解释的一个重要前提是古老的洋壳相对更"冷"、密度更大,因此更容易发生俯冲;假设 20 Ma 的洋壳与 150 Ma 的洋壳发生碰撞,那么必定会是年龄更老的洋壳发生俯冲(Frisch et al.,2011)。

3. 板块运动与地震带

岩石圈地幔的对流关系到上覆板块的运动。根据地震波的传播行为,推测地球地幔主要呈固态,然而,它仍可以每年数厘米的速度流动,这一数值与板块运动的速度非常接近(Frisch et al.,2011)。岩石圈地幔沿着矿物结晶线边界更有利于流动,地幔的高温加热也有利于这一状态。地幔包含一部分体积很小但很重要的地区,在这一地区熔融的地幔物质形成了薄薄的条带围绕和分隔了固体矿物结晶线。

地震层析成像技术显示,地幔中对流单元的运动方式十分复杂。上地幔(700 km)对流单元的最外层很有可能被下地幔的次级对流系统分割;但是所有的对流系统都是密切相关、相互影响和相互作用的(Condie,1997)。地震层析成像结果表明在地幔的各个部分对流的上升和下降通常具有相同的空间分布(Rawlinson et al.,2010;Romanowicz,2003;Nolet,1987)。此外,地核主要由铁镍组成,外部圈层呈液态,内部圈层是固态的核部(Monnereau and Quéré,2001;Dziewonski and Anderson,1981;Jordan,1979)。地核与地幔的对流及与板块运动的关系仍存有争议,但是仍可以假设它们之间是相互关联并存在物质的交换。

沿板块边界的板块相对运动诱发了大规模的地震活动,板块间的滑动过程产生了巨大的、变化的构造应力。应力产生于岩石内部的破裂面,在某种程度上是一种弹性变形,并在剧烈运动中达到阈值后释放(Schorlemmer et al.,2005;Wyss,1979)。观察地震中心位置的分布图发现,这些地震中心主要局限在全球的狭长地带——现今板块的边界(Frisch et al.,2011;Condie,1997)。地震在不同类型板块边界的分布是不同的。深部地震只发生在俯冲带,但是浅层地震可以发生在所有板块边界附近。此外,如果地震中心出现在板块的其他位置,则表明板块内部并不是自由变形,而是可能与大型断裂带的切割有关。板块在板内断裂带的运动速率平均到地质历史中通常小于几毫米每年;运动的量级通常也小于板块边界。

从全球来看,地震活动主要沿着破坏型板块边界分布,特别是集中分布于环太平洋地区(Frisch et al.,2011;Condie,1997)。在这一地区,地震震源的分布也相对较宽,这与俯冲板块倾斜插入地幔密切相关。通过追踪地震中心,俯冲带的下沉最深可达700 km。板块边界位于地震带的海沟一侧,在这一位置,地震中心的分布比较浅;板块以不同的倾角向下插入。浅层的地震震源,地震中心普遍位于板块边界的表面,这类地震可能会产生毁灭性的结果,因为这都是破坏性地震的位置。

沿着直立的转换断层,地震中心则主要集中在板块边界的表面。转换断层穿过陆壳,破坏性地震的分布与俯冲带浅层地震类似。摩擦力由厚层、坚硬的板块产生,其大小取决于板块间的相对运动速度。类似的实例包括加利福尼亚州的圣安德烈亚斯断层和安纳托利亚(Anatolia)断裂(Turcotte et al.,2002;Okay et al.,1999;Taymaz et al.,1991;Nicholson et al.,1986;Mann et al.,1983;Minster et al.,1974)。

地震活动在洋中脊相对较少。上升的对流运动将熔融状态的岩石物质运送到地表,坚硬的外壳积累和释放的应力都相对较小。热的、新生的固态岩石更容易发生塑性变形。

因此,仅有少量的浅层地震发生。在建造型板块边界,地震发生的数量相对也很少。

年轻的造山带,如阿尔卑斯-喜马拉雅造山带或安第斯-科迪勒拉造山带,仍处在活动期,地震活动则比较频繁(Frisch et al.,2011;Condie,1997)。因为大陆块体碰撞的传播作用,变形带发育会很宽,移动量很大。因此,在这些地区会出现特别宽的浅层地震带。偶尔出现的深层地震证明可能是先前存在的古老俯冲带。

4. 两种大陆边缘

现今已知的几乎所有的板块都含有陆壳和洋壳(图 1.2)(Frisch et al.,2011;Condie,1997)。典型的实例是大西洋洋中脊两侧的大型板块。大西洋洋中脊将美洲板块从欧亚板块和非洲板块分割,这些大型板块均由陆壳和洋壳组成。印度-澳大利亚板块、南极洲板块和其他一些小板块也包含了陆壳和洋壳两种类型。与之相反,巨大的太平洋板块,从东侧的东太平洋中脊到西侧的东亚地区的沟-弧系统,只含有少量的陆壳,它们集中分布在美国加利福尼亚州和新西兰地区。菲律宾板块、科科斯(Cocos)板块和纳斯卡(Nazca)板块,这些小板块环绕在太平洋板块周围,只包含洋壳。

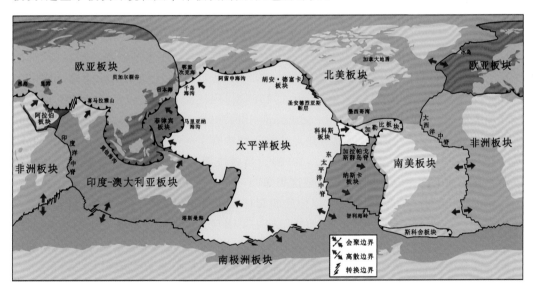

图 1.2　全球岩石圈板块(Condie,1997)

大多数的大型板块均包含陆壳和洋壳,意味着大洋和大陆边界通常会出现于一个特定的板块内,因此在全球范围内存在两种主要的大陆边缘类型。一种为在陆壳与洋壳交汇的地方,陆架区通常向深海平原倾斜,在这种情况下,洋-陆边界具有板内特征,即陆壳和洋壳属于同一板块。这类大陆边缘主要分布于大西洋周边,且仅有少量的垂向运动发生,因此称为被动大陆边缘。被动大陆边缘不代表某种板块边界。另一种为位于洋-陆之间的板块边界——活动大陆边缘,包含俯冲边缘和转换边缘两种类型。在俯冲边缘,一个板块的洋壳部分向另一个板块的陆壳下俯冲。在转换边缘,洋壳板块沿着大陆边缘侧向滑动。深海沟通常形成于俯冲带板块边界,这类大陆边缘主要分布在安第斯及环太平洋的几条俯冲带内,以沟-弧系统为主要标志。

5. 板块构造和岩浆作用

岩浆带和地震活动与板块边界密切相关。产生在破坏型板块边缘的岩浆岩的年产量约为 $10~km^3$(Schmincke,2004)。岩浆作用由软流圈和插入其内部的俯冲板块的复杂相互作用产生。这种具有显著的地球化学属性的熔体,侵入上覆板块并为俯冲带之上的火山岛弧链供应岩浆,产生了与俯冲作用相关的岩浆岩系列。现代火山岛弧带的实例包括东亚型岛弧(西太平洋型大洋岛弧)和安第斯型岛弧(大陆边缘岛弧)。

洋中脊是基性岩浆岩产出的主要地区,产出的岩石类型为玄武岩和辉长岩。洋中脊下高温、高压岩浆的释放产生了约 20% 的地幔橄榄岩。洋壳从这些熔体中发育而来,每年有超过 $20~km^3$ 的新生洋壳出现(Schmincke,2004)。因此,洋中脊产生了两倍于俯冲带的熔体。而在转换断裂带,不会出现重要熔融作用,因此此岩浆作用并不重要。

尽管建造型板块边界和破坏型板块边界产生了地球上的大部分岩浆岩,但是每年大约有 $20~km^3$ 的岩浆岩产生于板内环境中。这类板内岩浆作用大多与热点有关。热点是由地幔柱引起的点源岩浆,可以出现在大陆和大洋中。岩浆底辟是地幔内热的、指状的上升物质,当它们抵达板块下的软流圈上部时,熔融作用诱发了地表火山的喷发(图 1.3)。热点很少叠加出现在建造型板块边界中。现代大陆热点包括北美的黄石火山区、欧洲的埃菲尔火山和北非的提贝斯提山和阿哈加尔(Ahaggar)山(Ito and van Keken,2007;Duncan and Richards,1991;Richards et al.,1989)。现代海洋热点包括活动的夏威夷群岛和加那利(Canary)群岛(Clouard and Bonneville,2005;Tarduno et al.,2003;Kious and Tilling,1996;Wilson,1963);冰岛是热点叠加于洋中脊上的实例(Foulger and Anderson,2005;Nichols et al.,2002;Allen et al.,1999)。当板块漂移经过热点时,长条形火山链便依次发育在热点之上,夏威夷群岛即是这类热点——板块相互作用的一个典型实例。在大陆地区,热点通常与切割大陆的、以伸展断裂体系为特征的裂谷结构有关,最著名的是东非裂谷系统(Yirgu et al.,2006)。地堑结构主要表现为以断层为边界的陆壳伸展,这一地区会发生岩石圈的减薄,为岩浆沿着断裂带上涌提供了条件。如果持续伸展下去,新的大洋可能会出现在这类构造位置。新生大洋的典型实例是东非裂谷系统的北部和红海,这个称为阿尔法的三叉裂谷也同时具有热点的特征。裂谷结构在转换为建造型板块边界的过程中,热点可能扮演了重要的角色。

6. 板块构造运动的驱动力

洋中脊附近的建造型板块边界能够形成新生洋壳岩石圈,主要与地幔部分熔融产生的玄武质、辉长质岩浆有关;另一方面,陆壳由俯冲带上更为复杂的熔融和再循环作用产生。只有洋壳岩石圈在俯冲带可以完全插入地幔中,而俯冲的陆壳会经历强烈的上浮过程只能增生到上覆板块(图 1.3)。因此,板块运动主要受控于洋中脊中洋壳岩石圈的形成过程(Tanimoto and Lay,2000;Meyerhoff et al.,1996),以及在破坏型板块边界的俯冲和向地幔的插入作用(Mallard et al.,2016;Conrad and Lithgow-Bertelloni,2002)。洋壳岩石圈实际上扮演了板块构造理论的"传送带",而上覆的陆块则只是顺势运动。

事实上,研究发现板块运动的驱动力可能同时存在于洋中脊之下和俯冲带内(板块边界)。板块运动被洋中脊上涌的岩浆和俯冲带下沉的高密度岩石圈有机地统一在一起(Bott and Martin,1982)。这一过程被称为"洋中脊的推动"和"俯冲带板片的拖拽"(图 1.3)。洋中脊的推力由洋中脊热的、低密度岩石熔体的上升运动产生,在这样的洋壳岩石圈新生的地区,垂向运动转换为水平运动,推动板块彼此分开。板片的拖拽是因为在俯冲带存在相对于地幔而言冷的、高密度的岩石圈。在这两种驱动力中,后者相对更重要。因为下沉板块具有较低的温度,与周围的地幔相比矿物可以在浅部向高密度类型转变。早期观点认为软流圈在板块中部的对流运动对板块运动可能不重要,事实上,在某些地区软流圈的对流运动可能阻碍板块运动。

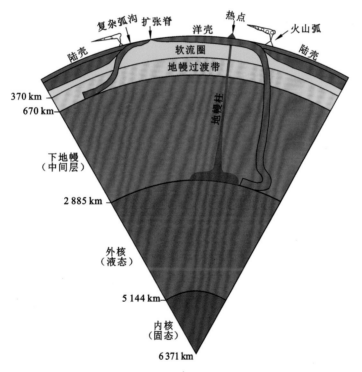

图 1.3 板块驱动力示意图(Stern,2002)

洋中脊的推力与俯冲带板片的拖拽力与板块内部的应力状态相吻合。这两种应力在洋中脊附近产生挤压作用,而在深海沟附近产生了伸展作用。如果板块确实是由对流运动驱动,板块的应力状态应该是正好相反的。而且,从热力学观点来看,上升的热点和下沉的低温物质提供了板块运动的驱动力。这类观点得到了以下事实的支持:①板块的运动速度与其大小是独立的;②具有俯冲边界的板块运动速度比不含俯冲边界的板块要快;③强调俯冲带板片拖拽力作为驱动的重要作用,具有大陆块体的板块运动速度相对更慢,表明板块底部的牵引对板块运动施加了负面效应。

7. 威尔逊旋回

板块的相对运动会促使大陆的分裂、大洋的张开与闭合及大陆碰撞作用。最初,这种包含有洋盆的新生和闭合的板块运动循环过程是由加拿大地质学家约翰·图佐·威尔逊(J. Z. Wilson,1908～1993 年)在研究大西洋盆地的形成时提出的(Wilson,1966),后来称为威尔逊旋回。威尔逊旋回是一个模型,它揭示了板块形成、运动和消亡的全过程,为板块运动及整个地球的演化历史提供了合理的解释(图 1.4～图 1.6),也为沉积盆地的旋回性演化和叠加提供了科学的解释。

1) 大陆的开裂与裂谷的形成

在地幔对流产生的拉张应力作用下,大陆岩石圈破裂形成一系列的裂谷,裂谷的中心构造是地堑,与两侧相对隆升的块体以正断层分割。典型实例东非裂谷。裂谷因为夭折不会都发育成大洋。

2) 海洋扩张中心或海底洋中脊的形成

当拉张应力持续作用于裂谷区时,强烈的水平拉伸以及上涌的部分熔融的热岩浆形

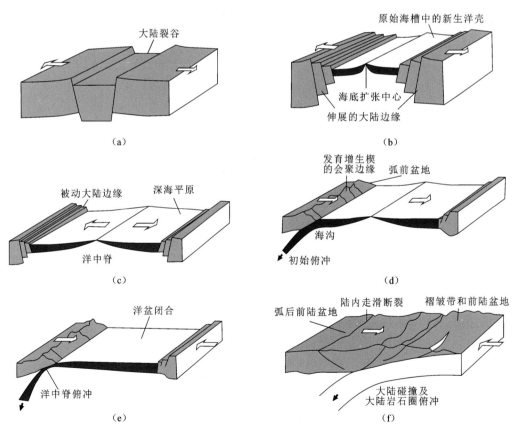

图 1.4　威尔逊旋回中的大洋扩张与闭合(Allen and Allen,2005)

成新的海底,并进一步发育为洋中脊;而与裂谷边缘伴生的正断层则发育为新生大洋边缘。该阶段的红海是实例。

3）海底扩张——大陆漂移阶段

新的海洋和大洋中脊形成之后,新的海底从扩张中心开始形成。随着海底扩张中心持续扩张,大洋形成。在新生洋底不断远离洋中脊的过程中,大陆也随之向两侧运动,即大陆漂移。典型实例是大西洋的形成,并将南美洲与非洲分开。

4）大洋岩石圈板块的消减——板块消亡

在海底扩张的过程中,远离洋中脊的大洋岩石圈不断冷却,岩石圈也随之变得更厚、密度也变得更大。岩石圈在重力上形成不稳定状态,并产生下沉,大洋海沟开始发育,消减作用也随之开始,海沟地区大洋岩石圈下沉、俯冲和消减并进入地幔而消亡。

5）岩石圈板块的消亡——大陆碰撞与造山带

如果消减速度大于海底的扩张速度,那么大洋就会不断缩小,最后大洋中脊本身俯冲消减。在洋中脊消减之后,剩余的大洋板块会继续消减完毕,最后大陆发生碰撞。大洋闭合时两个大陆的碰撞是造山作用的主要原因。典型实例是印度板块与欧亚板块碰撞形成的喜马拉雅造山带。

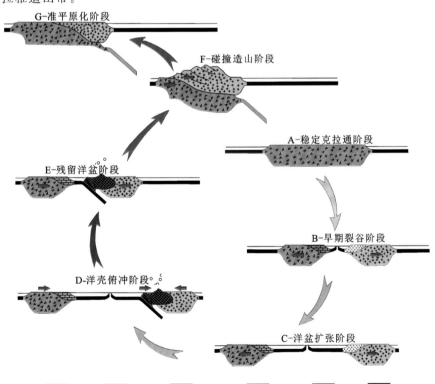

图 1.5 威尔逊旋回的模式图 I(Wilson,1966)

水平俯冲,海沟会迅速地合并到增生楔中。海沟-斜坡盆地、弧内盆地、伸展期的弧后盆地和走滑盆地也都具有相对较短的生存时间(2~25 Ma),反映了它们活跃的构造背景。裂谷盆地、弧前盆地、弧后盆地和前陆盆地具有较长的生存时间(4~125 Ma)。而克拉通盆地、被动大陆边缘盆地和大洋盆地具有最长的生存跨度(60~440 Ma),这与它们位于拉张应力区,经历持久的热沉降有关。

1.2　孟加拉湾及邻区大地构造的基本问题

1.2.1　冈瓦纳陆块裂离与特提斯洋演化

1. 中生代冈瓦纳大陆北缘各陆块的裂离时序关系

现今的东亚地区和东南亚地区位于欧亚板块、印度-澳大利亚板块和菲律宾海-太平洋板块之间的俯冲带,是在 400 Ma 间由冈瓦纳大陆的陆块和陆块间的俯冲、碰撞和增生作用引起的(Metcalfe, 2013, 2011a, b, 1996a, b; Morley, 2012; Metcalfe and Irving, 1990)。亚洲地区长期的汇聚作用,包括长期的俯冲增生、弧-陆碰撞和陆-陆碰撞,导致多期造山运动和造山事件、岩浆作用、隆升和盆地发育。在这些陆块从冈瓦纳大陆分离、向北漂移和碰撞的过程中,依次发育三个相继张开和消亡的特提斯洋,即古特提斯洋(泥盆纪—三叠纪)、中特提斯洋(早二叠世—晚白垩世)和新特提斯洋(晚三叠世—晚白垩世)。这些古代大洋的残余物保存在不同陆块间的狭长缝合带和褶皱冲断带内,包括蛇绿岩、火山岛弧、增生楔和深海沉积物。在东南亚地区,大陆的碰撞和增生主要发生在两个时期,一个是晚古生代—早中生代,另一个是晚中生代—新生代。第一个时期是来自南半球冈瓦纳大陆的块体和来自低纬度赤道——北半球华夏生物区系的陆块间的拼合;第二个时期是另外那些来自冈瓦纳大陆的陆块与来自亚洲大陆的块体与其他陆核的拼合及印度-澳大利亚板块与欧亚大陆的俯冲、碰撞(Hall, 2012, 2002, 1996)。

拉萨地块北部边界为班公湖—怒江缝合带(代表中特提斯洋),南部边界是印度河—雅鲁藏布江缝合带(代表新特提斯洋)。最近的研究对拉萨地块是单一陆块还是复合陆块提出了质疑。杨经绥等(2009)报道了拉萨地块内发现的二叠纪榴辉岩带及相关的岛弧玄武岩,并据此认为拉萨地块由北冈底斯缝合带分为南拉萨和北拉萨两部分。岛弧玄武岩和榴辉岩被认为是拉萨地块在冈瓦纳大陆边缘时岛弧建造的产物。Zhu 等(2011)认为拉萨地块属于单一地块,并基于中生代—古近纪岩浆岩锆石 U-Pb 年龄、Hf同位素和全岩地球化学数据阐明了拉萨地块由元古代—太古代核部和南北两侧新生的年轻地壳组成。这一现象可能是说明存在早期向南及晚期向北的俯冲过程。因此,杨经绥等(2009)发现的岛弧玄武岩和榴辉岩可能是火山岛弧的产物,并不代表特提斯洋缝合带。拉萨地块从冈瓦纳大陆的分裂开始于泥盆纪末期的弧后伸展作用,在二叠纪早期从冈瓦纳大陆彻底分裂。晚白垩世,中特提斯洋(班公湖-怒江洋)西段消亡,拉萨地块拼贴到欧亚板块之上。

Metcalfe(1984)首次将缅甸掸泰、泰国西北部、缅甸和泰国半岛、马来西亚与苏门答腊西北部,以及中国的云南和西藏的部分地区命名为统一的中缅马苏地块。该地块西部和西南部边界是抹谷变质带(Mogok metamorphic belt)、安达曼海和中苏门答腊构造带(Medial Sumatra Tectonic zone)(Barber and Crow,2009),东部和东北部的边界是古特提斯洋缝合带,自北向南依次是中国西南部的昌宁—孟连缝合带、泰国境内的清迈—因他暖缝合带(Chiang Mai-Inthanon suture)和马来半岛的文冬—劳勿缝合带(Bentong-Raub suture)。在实际应用中,出现了中缅马苏地块与掸泰地块混用的情况,但实际上两者存在很大的区别,为此 Metcalfe(2009)专门有过论述。中缅马苏地块中已发现的最古老沉积岩是马来西亚半岛西北部的 Machinchang 组和 Jerai 组、泰国南部的 Turatao 组和西部的 ChaoNen 组的中寒武统—下奥陶统碎屑岩。马来西亚半岛的二叠纪—三叠纪花岗岩 Sr-Nd 同位素和锆石 U-Pb 定年数据显示中缅马苏地块的地壳年龄为古元古代(2.0～1.9 Ga),同时包含有中元古代(1.6 Ga)和新太古代(3.0～2.8 Ga)组分(Hall and Sevastjanova,2012;Sevastjanova et al.,2011;Liew and McCulloch,1985)。

在中缅马苏地块中发现的寒武系—下二叠统冈瓦纳动物群与澳大利亚西北部同时期动物群系存在亲缘关系,显示中缅马苏地块来自澳大利亚西北部。这一结论同时得到了上石炭统—下二叠统海相冷水杂岩(Ampaiwan et al.,2009)、下二叠统冷水动物群和 δ^{18}O 冷水标志物的支持(Rao,1988;Waterhouse,1982;Ingavat and Douglass,1981),指示了中缅马苏地块在晚古生代处于冈瓦纳大陆的冰川覆盖区。地层对比也显示在古生代中缅马苏地块位于澳大利亚的西北部。此外,古地磁数据也显示在泥盆纪、石炭纪和早二叠世,中缅马苏地块与澳大利亚大陆同在南纬地区。

2. 西缅地块的起源与演化

巽他俯冲带以东,实皆(Sagaing)断裂带以西的地区,通常被称为西缅板块(West Burma plate;Curray et al.,1979)或西缅地块(West Burma block)(Metcalfe,1996a)。Metcalfe 和 Irving(1990)最早认为这一陆块可能是侏罗纪从澳大利亚大陆西北边缘分离出来的"Argoland"陆块(Metcalfe,1996a,1996b;Audley-Charles,1988;Sengör,1987)。这一学术名称部分学者至今仍未接受(Heine and Müller,2005;Jablonski and Saitta,2004)。Oo 等(2002)报道了在缅甸北部发现的中二叠统华夏系蜒类化石,这些化石与在西苏门答腊地块发现的中二叠统动物化石群相似,Barber 和 Crow(2009)因此认为西缅地块由西苏门答腊地块分裂而来(现今被安达曼海分割),而这些地块均是在中二叠世从印支-华南超地体(Indochina-South China superterrane)分离而来。早期的研究认为西缅地块在晚三叠世由澳大利亚大陆西北部裂离并在白垩纪增生到中缅马苏地块之上(Metcalfe,1996a);后期的研究则认为三叠纪时西苏门答腊-西缅地块沿着苏门答腊中部构造带—缅甸中部缝合带(Medial Sumatra tectonic zone-Medial Myanmar suture zone)——地壳剪切带或转换带,向西运动到中缅马苏地块外侧(Sevastjanova et al.,2016;Mitchell et al.,2015,2012;Metcalfe,2013,2011b;Barber and Crow,2009;Barber et al.,2005)。同时晚三叠纪,印支-华南超地体与华北陆块沿着秦岭—大别—苏鲁缝合带拼合到一起,东南亚地区的素可泰(Sukhothai)弧后盆地萎缩,南羌塘-中缅马苏地块与印支地块碰撞拼合(Metcalfe,2013)。对于西缅地块从冈瓦纳大陆的裂离及后期与中缅马苏地块(欧亚板块)拼合的时间,一些学者认为西缅地块是单一地块,在侏罗纪从澳大利亚西北部分离,在白垩纪增生到东南亚大陆之上(Liu et al.,2016;Veevers,1991;Metcalfe and Irving,1990;Audley-Charles,1988;Sengör,1984)。此外,一些学者还认为西缅地块直接由中缅马苏地块裂离而来,并在早白垩世重新拼合在一起,而非来自澳大利亚西北部(Hutchison,1989;Gatinsky and Hutchison,1986)。

与上述冈瓦纳起源的观点相反,印度学者 Acharyya(2015,2010,2007,1998)认为西缅-安达曼地区是由印缅-安达曼微陆块(Indo-Burma-Andaman microcontinent)和中缅微陆块(Central Burma microcontinent)分别在早白垩世和中始新世拼合而成。这一假设可以合理地解释印缅造山带和西缅岩浆岛弧带内平伏状产出的蛇绿岩带,但是并没有其他证据支持西缅地块是由多个微陆块拼合而成,而且 Acharyya 也没有指出这两个陆块的来源。实际上,多数学者认为现今的西缅岩浆岩带是开始于白垩纪的新特提斯洋俯冲的结果(Mitchell et al.,2012)。而白垩纪—古近纪平伏状产出的蛇绿岩可能是俯冲带内的复杂构造变形(Bannert and Helmcke,1981)或非原地产出的结果(Brunnschweiler,1974,1966)。

与陆壳组成起源相反,部分学者认为西缅地区基底为洋壳组成。英国学者 Micthell(1993)发现印缅造山带中段存在以片岩为基底,上覆三叠系富石英浊积岩的地层机构,据此将西缅地区命名为维多利亚山地块(mount Victoria land),它在时间和成因上与苏门答腊的沃伊拉(Woyla)群和加里曼丹岛(Kalimantan)的默拉图斯(Meratus)蛇绿岩套及中国的西藏东巧蛇绿岩和复理石等早白垩世镁铁质岛弧在成因和时间上具有一致关系。因此他提出,西缅地区实质上是残留的大洋岛弧。该岛弧起源于晚三叠世掸泰陆块边缘的大洋扩张作用,并在侏罗纪末期或早白垩世开始向东南亚大陆边缘仰冲,在晚白垩世结束仰冲作用,形成现今西缅地区的洋壳基底(Mitchell,1993,1992,1989,1986)。这一假设能够合理地解释印缅造山带存在的三叠系浊积岩和变质岩系的增生。此外,Zaw(1990)在研究缅甸西部、中部和东部三条岩浆岩带时,为合理解释三条岩浆岩带的岩浆岩地球化学的变化规律,提出了后撤俯冲带模型。在该模型解释框架下,西缅地区的下伏基底必然是洋壳性质。但是最近的研究表明三叠系浊积岩成因可能与深水洋流作用(Ridd,2015)或西缅地块与中缅马苏地块地质历史期间相邻有关(Sevastjanova et al.,2016)。而且现今岛弧带产出的、沉积在弧前和弧后盆地的碎屑岩和火山碎屑岩显示了正 $\varepsilon_{Hf}(t)$ 值,表明岩浆起源于年轻地幔或地壳的再熔融作用(Wang et al.,2014;Robinson et al.,2014;Naing et al.,2014),从而间接否定了西缅地块起源洋壳的假设。

除此以外,Morley(2012)用弧-陆碰撞和低角度俯冲的动力学模型来研究西缅地区白垩纪—古近纪的构造事件、多期构造变形、地层接触关系和岩浆岩带。毛格伊(Mawgyi)岛弧与西缅地块在早白垩世碰撞后,西缅地块可能经历了碰撞挤压后的应力松弛拉张过程,导致西部陆缘降至海平面以下,为 Paung Chaung 组碳酸盐岩的生长提供了可能。在同一时期,超俯冲背景下软流圈上部对流过程、高温热流和岛弧岩浆作用,为弧前岩石圈的演化、火山岛弧带的演化和蛇绿岩带的出现提供了合适的解释模型。但这一动力学模型没有区分西缅岩浆岛弧带与抹谷变质带岩浆岩的成因差异,也没有解释西缅地块与中缅马苏地块的拼合过程。对于新生代斜向俯冲背景下的缅甸-安达曼海大陆边缘(Nielsen et al.,2004;Vigny et al.,2003),部分学者认为西缅地块属于典型的弧前滑片(McCaffrey,2009;Bertrand and Rangin,2003),因此西缅地块与中缅马苏地块必然具有相同的性质和地质演化历史。

综上所述,环孟加拉湾地区东侧的缅甸-安达曼会聚大陆边缘具有复杂的地质演化历史。首先,西缅地块的属性与演化及与苏门答腊和中缅马苏地块的亲缘关系存在众多理论假设,因此地壳属性(陆壳、洋壳或过渡壳)对新生代盆地属性与演化的影响尚不明确。其次,新生代印度板块与欧亚板块的俯冲、碰撞作用导致喜马拉雅造山带和青藏高原的隆升,产生了一系列的全球气候和海洋环境的响应,但是印度板块在缅甸-安达曼会聚大陆边缘的构造响应尚不清楚。例如,对于印缅造山带的形成时间和机制仍存在很大疑问(Maurin and Rangin,2009)。

3. 中生代欧亚板块南缘构造演化与特提斯洋俯冲

由印度-欧亚板块碰撞形成的喜马拉雅造山带-青藏高原是研究复杂地质过程和造山作用的天然实验室(Yin and Harrison,2000)。横亘在西藏南部的东西向条带状岩浆岩带——冈底斯岩浆岩带,被认为是新特提斯洋壳岩石圈向南亚安第斯型大陆边缘俯冲的结果(Ji et al.,2009;Wen et al.,2008;Chung et al.,2005;Kapp et al.,2005a;Mo et al.,2005;Yin and Harrison,2000;Harris et al.,1988;Searle et al.,1987;Debon et al.,1986;Allégre et al.,1984)。但是,由于之前的研究主要集中在喜马拉雅造山带构造演化与高原隆升的演化上,对于碰撞前的构造演化历史,仍不清楚,尤其是冈底斯岩浆岩带在缅甸境内向东向南的延伸情况仍存在比较大的争议(Chiu et al.,2009),这限制了对中生代及中生代—新生代交界的这段地质时间内构造演化的认识。

从岩石组成上看,构成冈底斯岩浆岩带的岩石类型非常广泛,包括辉长岩、闪长岩、花岗闪长岩、花岗岩、二长花岗岩和正长花岗岩,几乎涵盖了从基性岩浆岩到酸性岩浆岩的所有类型,其中占主导地位的类型是黑云母角闪石花岗岩和花岗角闪岩(Ji et al.,2009;Wen et al.,2008)。从化学成分上看,上述岩石主要表现为"I"型花岗岩的特征,与环太平洋科迪勒拉山系"I"型花岗岩具有可对比性(Pitcher,1982;Chappell and White,1974);冈底斯岩浆岩带岩石还普遍具有低 $^{87}Sr/^{86}Sr$ 初始值(约 0.705)和高正 $\varepsilon_{Nd}(t)$ 值(+4.9~+2.5)和 $\varepsilon_{Hf}(t)$ 值(+18~+10),显示了年轻地幔岩浆来源的特征(张宏飞 等,2007;Chu et al.,2006;Chung et al.,2005;Mo et al.,2005;江万 等,1999;Harris et al.,1988)。从年代学上看,冈底斯岩浆岩带的岩石主要形成于白垩纪—古近纪(Zhu et al.,2011;Ji et al.,2009;杨经绥 等,2009;朱弟成 等,2009;Wen et al.,2008;Mo et al.,2005;Harrison et al.,2000;李海平 等,1995;Debon et al.,1986;Schärer et al.,1984)。最近的研究发现冈底斯岩浆岩带开始活动的时间可能提早至三叠纪末期到早侏罗世(Meng et al.,2016,2015;Guo et al.,2013;张宏飞 等,2007;Chu et al.,2006),显示了长期岩浆活动的大陆地壳演化的历史,为探索新特提斯洋在西藏地区的俯冲过程、大陆边缘类型及相关盆地属性提供了很好的素材。前人在探讨冈底斯岩浆岩带形成的构造环境时,形成了基本一致的观点,即冈底斯岩浆岩带是由中生代—新生代早期新特提斯洋向北俯冲到拉萨地块下形成活动大陆边缘的产物(Ji et al.,2009;Wen et al.,2008;Chu et al.,2006),但是对于特提斯洋岩石圈的俯冲方式提出了几种不同的模式:①俯冲-增厚-拆沉模式(Ji et al.,2009);②平俯冲-板片折返模式(Wen et al.,2008);③南北向双俯冲模式(Zhu et al.,2011)。

与拉萨地块南部冈底斯岩浆岩带相比,拉萨地块北部岩浆带则表现出了截然相反的特征,包括:①岩石类型以黑云母花岗岩、二云母花岗岩和英云闪长岩为主;②主量元素、微量元素显示出S型花岗岩、过铝质花岗岩性质;③高$^{87}Sr/^{86}Sr$初始值(大于0.705)、负$\varepsilon_{Nd}(t)$值(-13.7~-4.6)和$\varepsilon_{Hf}(t)$值(-20~-4);④形成时代以三叠纪—早白垩世为主(200~115 Ma)(Zhu et al.,2011;Chiu et al.,2009;朱弟成 等,2009;Liang et al.,2008;Chu et al.,2006;Kapp et al.,2005;Booth et al.,2004;Harris et al.,1990;Coulon et al.,1986;Xu et al.,1985)。因此大多数学者在讨论拉萨地块北部岩浆带成因时,将其与拉萨地块与羌塘地块碰撞后诱发的地壳增厚作用和深熔作用相联系(Chiu et al.,2009;Pearce and Mei,1988;Xu et al.,1985)。其他的观点还包括软流圈上涌携带的高温导致地壳熔融(Harris et al.,1990)和新特提斯洋岩石圈低角度平俯冲作用(Chu et al.,2006;Kapp et al.,2005;Zhang et al.,2004;Ding et al.,2003;Coulon et al.,1986)。

沿着冈底斯岩浆岩带向西延伸,在克什米尔地区的科希斯坦-拉达克岩基(Kohistan-Ladakh batholith)显示了与冈底斯岩浆岩带相似的岩石类型、地球化学和同位素组成、年龄分布特征,因此,推测两者具有相似的成因关系,即科希斯坦-拉达克岩基由新特提斯洋壳岩石圈向北俯冲形成(Bouilhol et al.,2013;Ravikant et al.,2009;Khan et al.,2009;Schaltegger et al.,2002;Searle et al.,1987;Petterson,1985;Scherar et al.,1984;Honegger et al.,1982)。在喀喇昆仑-兴都库什地区,岩浆岩主要分布有中生代产出的角闪石花岗角闪岩和黑云母花岗岩,部分可能显示了负的$\varepsilon_{Hf}(t)$值(Ravikant et al.,2009)。形成机制是特提斯洋向北俯冲到安第斯型的亚洲大陆南缘(Hildebrand et al.,2001;Searle et al.,1990;Debon et al.,1987;LeFort et al.,1983)。

在喜马拉雅造山带东构造结地区,通过对洛西特(Lohit)岩基岩石类型、地球化学和Hf同位素组成及锆石U-Pb年龄分析,Lin等(2013)认为洛西特岩基是冈底斯岩浆岩带的东南延伸部分,并继续向南延伸至西缅岛弧带。同样的,云南西部的西盈江岩基(West Yingjiang batholiths)中的古近纪(66~55 Ma)"I"型花岗岩显示了正$\varepsilon_{Hf}(t)$值,表明是新生地壳熔融后的产物(Xu et al.,2012)。而东盈江、梁河、腾梁和高黎贡等白垩纪—古近纪的花岗岩岩基则显示了"S"型花岗岩、过铝质花岗岩(岩石类型以闪长岩、花岗岩、花岗闪长岩为主)及负$\varepsilon_{Hf}(t)$值的特征,与冈底斯岩浆岩带的特征明显不同,而与北部岩浆岩带的特征具有相似性(Qi et al.,2015;Ma et al.,2014;Xu et al.,2012,2008;李再会 等,2012;戚学祥 等,2011;从峰 等,2010;谢韬 等,2010)。显然,该地区在空间和时间上可能同时并存与洋壳俯冲相关的和陆壳增厚相关的岩浆岩,安第斯型模式成为解释这种岩浆岩时空分布关系较好的构造模型(Xu et al.,2012)。据此可以推测,云南西部的岩浆岩带可能分别是冈底斯岩浆带和北部岩浆带向南的延伸部分。

在缅甸中部的抹谷变质带内出露大量的岩浆岩侵入体,时间从中侏罗世到始新世(170～45 Ma),岩性包括闪长岩、英安岩、花岗闪长岩和花岗岩,组成了东南亚地区的西部岩浆岩省(Cobbing et al.,1992)。该变质带内产出的花岗岩类岩石具有复杂的岩石学和地球化学特征,大致可以概括为三叠纪末—侏罗纪"I"型花岗岩和晚白垩世—始新世"S"型花岗岩。为此,Zaw(1990)提出了后撤俯冲带模型来解释缅甸中部岩浆岩带的成因。但是后来的研究普遍倾向于接受西缅地块的陆壳性质,因此这种模型假设的西缅地块位于俯冲带内(洋壳性质)的条件需要重新检验。最近的研究认为抹谷变质带内出露的花岗岩是特提斯洋岩石圈向东俯冲到掸泰地块(中缅马苏地块)下的结果,并认为此时的俯冲带大陆边缘为安第斯型大陆边缘(Searle et al.,2007;Barley et al.,2003)。然而,Mitchell 等(2012)基于对岩浆带年代学和与拉萨地块的类比研究,推测抹谷变质带内的花岗岩是特提斯洋岩石圈向西俯冲到西缅地块下结果;在此模型下,掸泰斜坡属于西缅地块而非掸泰地块。此外,在泰国西北部和西南部皆发现了与抹谷变质带相似的花岗岩组合(Gardiner et al.,2015;Searle et al.,2012;Pollard et al.,1995;Charusiri et al.,1993),表明自中生代缅甸中部至马来半岛地区具有相似的构造背景。

从南亚地区至东南亚地区广泛出露的岩浆岩是打开印度-欧亚板块碰撞前亚洲大陆南缘构造演化的钥匙,这主要体现在两方面:①岩浆岩为研究板块间的俯冲、碰撞、增生和相互作用提供了约束;②岩浆岩的发育为晚中生代—新生代盆地发育提供了物质基础,是研究沉积盆地物源、沉积物分散样式的重要目标。通过对环孟加拉湾地区岩浆岩的调查研究,许多关键问题仍存有很大争议,通过对缅甸—安达曼主动大陆边缘岩浆岩和环孟加拉湾沉积盆地沉积充填研究,可为此提供新的视角。

4. 中生代东北印度洋扩张与印度大陆的漂移

印度板块从冈瓦纳大陆的裂离在中生代全球板块重建中一直是焦点和难点,因为缺乏相应的古地磁和海洋地球物理数据,同时也是因为印度板块具有复杂的破裂演化历史(Grunow,1999;Coffin,1992;Powell et al.,1988)。对于印度-南极洲的早期分裂扩张史,形成了很多不同的认识。早期对印度-南极洲大陆边缘结合关系的研究主要基于少量船载无序无规则的重力、磁力资料,这些资料还受到孟加拉湾沉积物和东经85°海岭及东经90°海岭的干扰和抑制(Ramana et al.,2001,1994;Banergee et al.,1995)。这导致不同学者根据对 M11—M0 磁异常条带的不同的模糊认识提出了两种模型:①孟加拉湾洋壳的扩张年龄小于116 Ma,中间夹有白垩纪正异常条带(118～83.5 Ma)(Banergee et al.,1995);②最近在斯里兰卡东南部发现的上述磁异常条带显示的洋壳年龄为134～120 Ma,与恩德比(Enderby)洋壳同源(Desa et al.,2006;Ramana et al.,2001)。日本学者在 20 世纪 90年代对恩德比盆地基底洋壳的研究发现了内部发育的北东—南西向 M9(130 Ma)磁异常条带(Nogi et al.,1996,1991)。

孟加拉湾盆地及邻近的恩德比盆地、伊丽莎白(Elizabeth)拗陷和德维斯(Devis)海盆中磁异常资料的不确定性和缺乏性,致使对白垩纪印度洋的板块重建模型有着不同的认识。一种模型认为洋壳主要形成于白垩纪超静磁带分裂期(118~83.5 Ma),仅有少量或不含中生代磁异常序列(Müller et al.,2000;Royer and Coffin,1992)。另一种模型则认为更古老的中生代洋壳(>120 Ma)肯定存在,其扩张活动大致与珀斯远海平原 M10—M0 的活动时间同时(Müller et al.,1993;Powell et al.,1988)。在白垩纪中期,孟加拉湾的磁异常活动逐渐增强,这与 120~110 Ma 的凯尔盖朗(Kerguélen)大火成岩省的发育相关(Nicolaysen et al.,2001;Frey et al.,2000)。孟加拉湾洋壳的扩张史很有可能因为凯尔盖朗地幔柱活动期间的洋中脊-热点相互作用而变得更加复杂。Elan Bank 微陆块可能由于凯尔盖朗地幔柱活动的一次或数次洋中脊的跳跃而从印度大陆分裂(Gaina et al.,2003;Müller et al.,2001)。最新在恩德比盆地的船载重、磁和地震资料研究发现了一系列北东向的中生代磁异常条带,时间从 M9(130.2 Ma)到 M2(124.1 Ma),在伊丽莎白拗陷和德维斯(Devis)海盆为 M9—M4(126.7 Ma),表明印度-南极洲板块和印度-澳大利亚板块的破裂大致是同时的(Gaina et al.,2007)。研究还发现在 Elan Bank 微陆块南缘存在废弃的扩张中心,这可能与 120 Ma 左右的凯尔盖朗地幔柱和高原的初始活动有关。此外,M9—M4 沿南极洲大陆边缘扩张速率自西向东呈递增趋势,显示了继承性地壳结构、冈瓦纳大陆破裂的几何学和凯尔盖朗热点的活动对印度洋构造-岩浆演化起到至关重要的影响。最近的研究也强调了东北印度洋地区存在的洋中脊-地幔柱相互作用是驱动洋脊跳跃和洋壳生长的基本机制(Desa et al.,2009)。

　　综上研究可知,印度东部大陆边缘及孟加拉湾盆地基底构造主要继承于白垩纪早期东冈瓦纳大陆的破裂及之后的印度洋扩张。已有的研究表明,冈瓦纳大陆的分裂经历了三个主要的时期(Radhakrishna et al.,2012;Krishna et al.,2009;Desa et al.,2009;Gopala Rao et al.,1997;Ramana et al.,1994),初始裂谷期发生在早侏罗纪(180 Ma),第二个阶段和第三个阶段分别发生在早白垩世(120 Ma)和晚白垩世(100~92 Ma)。同时为了解释 Elan Bank 微陆块位于凯尔盖朗高原西缘这一问题,Gaina 等(2007,2003)和 Krishna 等(2009)推测印度东部大陆边缘经历了两期分裂演化史。第一期是白垩纪早期印度板块与澳大利亚-南极洲板块的分离,第二期是大约 120 Ma 时 Elan Bank 微陆块从印度东部大陆边缘的分裂。关于两者的相对位置关系,Laletal 等(2009)认为斯里兰卡夹持于印度南部高韦里剪切带与南极洲吕措-霍尔姆(Lützow-Holm)湾之间,南极洲兰伯特(Lambert)地堑与默哈讷迪地堑相邻、恩德比与麦克罗伯逊(Mac Robertson)高地则紧靠印度布兰希达-戈达瓦里(Pranhita-Godavari)地堑。晚侏罗世—早白垩世(157~132 Ma),印度与南极洲-澳大利亚板块之间的伸展首先从印度东北部/澳大利亚西南部开始,早期可能发育一多叉裂谷,最后仅有孟加拉-阿萨姆(Assam)与克里希纳-戈达瓦里(Krishna-Godavari,K-G)-默哈讷迪裂谷一直保留并持续向南发育。早白垩世(132~120 Ma)印度-南极洲板块之间发生陆内伸展与泛裂谷化作用,产生大量的垒堑构造,而从早白垩世晚期(120 Ma)印度与南极洲-澳大利亚板块开始裂离,洋壳出现,印度与南极洲板块的裂离运动产生大规模北西向右行走滑断裂。随着印度板块与南极洲-澳大利亚板块的分离,海底持续扩张,孟加拉湾盆地基底洋壳开始生长。Müller 等(2008)建立的孟加拉湾盆地基底洋壳年龄表明洋壳自 120 Ma 左右开始形成,向东一直延续到 70 Ma 左右,年龄条带大致分为三段,南段呈近南北向,中段呈北东向,北段大致呈北北东向。洋壳地质年龄的分布提供了两个方面的信息:①形成盆地基底的海底扩张中心有相对印度大陆向东迁移的过程;②洋壳年龄条带的展布反映了大陆分裂的初始位置与方向。基底洋壳的演化特点可能对基底结构与盆地结构产生了双重影响。

海洋地磁研究揭示了沿着印度东部大陆边缘存在多期与裂谷期火山活动相关的侵入体。地球物理资料显示印度东部大陆边缘由两种性质不同的部分组成,北部(北纬 16°以北)为典型的大陆裂谷边缘;南部受大陆分裂早期阶段的剪切作用改造,因此南部盆地显示拉分盆地的特征。板块重建模型表明东北印度洋经历了三期重要的海底扩张:白垩纪中期以前为北西—南东向扩张,古近纪的南北向扩张及之后的北东—南西向持续扩张。这些海底扩张事件得到了海洋磁异常条带和洋壳断裂带研究的证实。孟加拉湾盆地基底洋壳大部分是在前两个阶段形成的。孟加拉湾盆地基底洋壳生长过程中受到热点活动的改造,形成盆地基底的先存构造,表现最明显的是凯尔盖朗热点和东经 90°海岭。东经 90°海岭北部 DSDP216 和 ODP758 站位[①]给出的地质年龄分别为 81 Ma 和 77 Ma,推测海岭最北端(北纬 20°)的年龄为 85~90 Ma,与洋壳的年龄存在交叉,与 Krishna 等(2012)建立的东经 90°海岭演化模型相吻合,该模型认为邻近的海底扩张中心相对于凯尔盖朗热点发生跳跃,两者发生相互反应,控制着海岭的演化与结构形态。东经 90°海岭形成盆地东部的一条巨大的径向隆起带,制约着盆地沉积体系向东迁移,在后期随洋壳共同向巽他板块下俯冲,影响着主动陆缘沟-弧盆体系的演化。

Curray 和 Munasinghe(1991)首先提出东经 85°海岭是由克罗泽(Grozet)热点位于非常年轻的洋壳之上形成,并把拉杰默哈尔(Rajmahal)玄武岩盖、东经 85°海岭及阿法纳西·尼基京海山(Afanasy Nikitin Seamount)自北向南联系起来作为克罗泽热点形成的轨迹,年龄大致为 117~70 Ma,虽然这个年龄与 Michael 等(2011)研究磁异常获取的年龄存在差异,但都表明海岭是洋壳形成不久后便发生就位。这种就位作用不仅影响了海岭之下的洋壳结构,也控制着盆地西部早期沉积体系的发育位置。两条海岭是盆地演化早期最重要和最明显的古构造,对制约沉积物沿其走向分布起重要作用,可能是孟加拉扇南北走向、最南端延伸至南纬 7°附近的原因。

1.2.2 印度板块与欧亚板块的穿时缝合与沉积盆地的发育

1. 印度板块与欧亚板块的碰撞过程

印度板块与欧亚板块的碰撞不仅提供研究现代造山带活动的典型实例,而且影响与俯冲、碰撞过程相关的一系列盆地的发育和后期改造演化,是环孟加拉湾盆地发育的核心要素。但是对于印度板块与欧亚板块初始碰撞这一基本问题,虽然过去经历了数十年的研究,但是仍存在很严重的分歧。正如意大利著名地质学家 Garzani(2008)在评述

---

① DSDP 为深海钻探计划(Deep Sea Drilling Project);ODP 为大洋钻探计划(Ocean Drilling Program)

Aitchison 等(2007)发表的相关论文时指出的,对于印度板块与欧亚板块初始碰撞和喜马拉雅造山带的隆升"remind us how little we know about the early development of the Himalayas,even after several decades of modern geological research(虽然经历了数十年现代地质学的探索,我们仍知之甚少)"。

早期对印度板块与欧亚板块碰撞时间的研究主要基于板块模拟中发现的亚洲大陆在始新世—渐新世交界时的构造变化(Hodges,2000;Searle et al.,1987;Patriat and Achache,1984;Molnar and Tapponnier,1975)。中部、东部印度洋中脊扩张速率的迅速衰减(Patriat and Achache,1984)和印度板块向北漂移速度的降低(Acton,1999;Klootwijk et al.,1992)已经被普遍认为是初始碰撞开始的标志。海洋地球物理资料,特别是海洋磁异常资料已经精确地确定初始碰撞时限为 40 Ma 左右(Patriat and Achache,1984)到现在普遍接受的 55～57 Ma(Acton,1999;Klootwijk et al.,1992)。大家普遍接受的那些可以用来约束两个板块初始碰撞时限的地质证据包括:①沿印度河—雅鲁藏布缝合带海相沉积作用的终止;②沿缝合带陆相磨拉石开始沉积;③冈底斯岩浆岩带安第斯型钙碱性岩浆作用的终止;④喜马拉雅造山带内主要的碰撞相关的逆冲推覆体系的初始活动(Searle et al.,1986)。20 世纪 90 年代中期的研究表明印度大陆北缘特提斯喜马拉雅海相沉积作用的终止时间大约发生在 52 Ma(Rowley,1996),沿印度河—雅鲁藏布缝合带的磨拉石沉积开始的时间是始新世(Searle et al.,1987)。而在来自冈底斯岩浆岩带的最年轻钙碱性岩浆作用发生在 40 Ma(Coulon et al.,1986;Debon et al.,1986;Xu et al.,1985;Schärer et al.,1984;Maluski et al.,1982;)。大多数学者支持印度板块与欧亚板块的初始碰撞时限发生在 55～50 Ma(Najman et al.,2010;Green et al.,2008;Hodges,2000;DeSigoyer et al.,2000;Klootwijk et al.,1992;Searle et al.,1987;Garzanti et al.,1987;Patriat and Achache,1984;Molnar and Tapponnier,1975)。另一些学者提出初始碰撞发生在白垩纪末—古新世(70～65 Ma)(黄宝春 等,2010;莫宣学 等,2007;莫宣学和潘桂棠,2006;Yin,2006;Ding et al.,2005;朱弟成 等,2004;王成善 等,2003;Yin and Harrison,2000;Liu and Einsele,1993;Bertram and Elderfield,1993;Jaeger et al.,1989)。此外,有的学者还提出初始碰撞的时限发生在始新世—渐新世之交(34 Ma)(Aitchison et al.,2007)。

最近的研究从初始碰撞的古地理位置、海相沉积作用终止时间、大陆磨拉石沉积开始时间、安第斯型钙碱性岩浆作用停止时间和主逆冲推覆断裂活动时间等方面重新评估了印度板块与欧亚板块的初始碰撞时限。自白垩纪至印度板块与欧亚板块初始碰撞期间地壳变形与古地理变化十分微弱,而碰撞后的南北向的陆内变形可达 1 950 km(Najman et al.,2010)。前人在拉萨地块积累的古地磁数据(Liebke et al.,2010;Dupont-Nivet et al.,2010;Chen et al.,2010;Sun et al.,2010;Tan et al.,2010)是约束大陆间初始碰撞位置的基本条件,白垩纪与新生代古地磁数据的吻合表明亚洲大陆南缘(拉萨地块)的古地理位置在初始碰撞前是十分稳定的。根据已有古地磁数据确定的初始碰撞时间为 53～49 Ma(Liebke et al.,2010)或 60～55 Ma(Chen et al.,2010),与主流观点认为的印度板块与欧亚板块初始碰撞的时间(55～50 Ma)相吻合。特提斯喜马拉雅构造带发育的大型逆冲推覆带的活动反映了碰撞过程和碰撞后的地壳缩短,是活动构造带的瞬时响应,因此记录的可能是初始碰撞的时间(古新世—早始新世),也与上述时间相吻合。而海相沉积作用终止的时间可能代表的是最晚时间,因为海相沉积物可存在于碰撞后的陆壳上。因此,先前依据西藏定日盆地曲密巴剖面最年轻的朋曲组恩巴段和扎果段海相沉积确定的沉积时间(Zhu et al.,2005;Wang et al.,2002),虽然可能代表海相沉积的终止时间,但并不能据此来约束两板块间的初始接触时间,即不能用来支持 Aitchison 等(2007)的观点。至于先前报道的雅鲁藏布缝合带内包含两侧大陆的陆源碎屑(磨拉石)的沉积时间(始新世—中新世)也不能用来约束两者的初始接触时限,它提供的是初始碰撞的上限,即最小(晚)时间(Davis et al.,2004),因为碰撞后可能存在沉积作用的滞后效应。同样的,冈底斯岩浆岩带钙碱性岩浆作用的时间也不能用来严格地约束印度板块与欧亚板块的初始碰撞时限,不仅因为俯冲作用相关的岩浆作用终止时间难以直接定义,而且已有的分析资料结果还显示具有埃达克岩性质的钙碱性岩浆岩的年龄分布自早白垩世至中新世末期均有报道,涵盖了碰撞前、碰撞中和碰撞后等复杂的构造背景(Harrison et al.,2000;Miller et al.,1999;Harris et al.,1990;Searle et al.,1987)。

2. 与印度板块与欧亚板块碰撞相关的沉积盆地发育序列

喜马拉雅造山带是陆陆碰撞产生的典型造山系统,是研究与造山带建造有关地质过程、软流圈对流与岩石圈变形的反馈过程,探索喜马拉雅造山带-青藏高原隆起与全球气候变化、河流体系演化与沉积响应的理想目标(Yin,2006)。Yin(2010)指出新生代喜马拉雅造山带的构造变形可以分在早期、晚期两个阶段。早期变形阶段始于中始新世止于晚渐新世,构造变形带主要位于印度河—雅鲁藏布缝合带南侧的特提斯喜马拉雅(Yin,2006;DeCelles et al.,2004;Wiesmayr and Grasemann,2002;Ratschbacher et al.,1994);早期构造事件的沉积记录主要保存在喜马拉雅前陆盆地的沉积记录(Najman,2006;DeCelles et al.,1998a,1998b,2004)、特提斯喜马拉雅逆冲推覆带的冷却历史(Wiesmayr and Grasemann,2002;Ratschbacher et al.,1994)、深成岩体与上覆高度褶皱化的特提斯喜马拉雅沉积序列切割关系(Aikman et al.,2008)及花岗岩和高级变质岩的冷却历史中(Martin et al.,2007;Kohn et al.,2004;Godin et al.,2001;Catlos et al.,2001;Argles et al.,1999;Vannay and Hodges,1996)。晚期构造变形以早-中中新世向北倾的中央主推覆带、藏南拆离断裂和高喜马拉雅反推断裂的发育为标志(Kohn,2008;Webb et al.,2007;Kohn et al.,2004;Johnson et al.,2001;Yin et al.,1999;Burchfiel et al.,1992;Hubbard and Harrison,1989)。上述构造发育之后是晚中新世—上新世中央主逆冲推覆带的重新活化和推覆带双重构造的发育(Robinson et al.,2003;Catlos et al.,2001;Harrison et al.,1997);喜马拉雅中段和西段边界主断裂的活动开始于 11～5 Ma(DeCelles et al.,2001;Megis et al.,1995)。

印度板块与欧亚板块的碰撞并不是沿整个俯冲带同时发生(Burchfiel,1993;Dewey et al.,1989)。自 45 Ma 至今,印度板块已经逆时针旋转了 33°,其相对位置由北东向变为正北向。记录两板块碰撞和喜马拉雅造山带演化史的沉积记录主要保存在喜马拉雅前陆盆地、印度扇、孟加拉盆地和孟加拉扇等主要沉积单元中。前人的板块穿时缝合模型(Yin,2006;Uddin and Lundberg,1998)表明造山带隆升产生的碎屑岩最先沉积于喜马拉雅前陆盆地的西北部和印度扇,而后是前陆盆地的东段、孟加拉盆地和孟加拉扇。例如,Carter 等(2010)认为巴基斯坦卡塔瓦兹(Katāwāz)盆地出露的古新统保存了造山带西段的早期演化史,而孟加拉盆地可能保存了造山带中段的早期演化史(Najman et al.,2008)。

1.3　孟加拉湾及邻区盆地构造的基本问题

1.3.1　喜马拉雅前陆盆地与造山带的耦合关系

盆山耦合是指造山带-沉积盆地系统形成演化过程中造山带和沉积盆地之间的一切相互作用的总和,主要包含以下几方面:①盆山在垂向上的耦合关系,即造山带的隆升与盆地沉降(隆升)的耦合关系;②盆山在横向上的耦合关系,包括盆山之间物质循环的耦合关系、盆山之间能量交换的关系、盆山互换的耦合关系(盆山同步演化史);③盆山耦合关系的内在根源动力主要在地球深部;④盆山耦合关系是揭示大陆动力学机制和过程的关键之一(刘树根 等,2006)。

前陆盆地的地层记录是研究造山带构造和气候演化的重要实体,与此有密切关系的地壳缩短、逆冲负载和大陆岩石圈的挠曲响应,以及相关的地形变化,最终都要体现在前陆盆地的可容纳空间上(DeCelles and Giles,1996;Flemings and Jordan,1989;Beaumont,1981;Jordan,1981)。这些因素大小的时空变化可以由前陆盆地沉积相和盆地几何学研究推断得到(Flemings and Jordan,1990)。由于邻近喜马拉雅造山带,喜马拉雅前陆盆地的形成演化和沉积充填过程与前者具有紧密的共生关系。Yin(2006)指出在探讨喜马拉雅造山带与前陆盆地的耦合关系时,以下几个方面的研究需要特别关注。

1) 前陆盆地的挠曲沉降和沉积充填对印度板块与欧亚板块的初始碰撞的约束

印度板块与欧亚板块的初始碰撞在印度大陆边缘应该产生快速沉降及相关的逆冲推覆负载、沉积物源变化与沉积物粒度增大(Rowley,1998)。研究发现早始新世(46 Ma)之前,沿喜马拉雅前陆区没有发生明显的沉降,也未发现同造山期碎屑信息,基于上述假设,Rowley(1998)认为初始碰撞发生在45.8 Ma之后。但是在西藏南部,回剥分析显示沉降速率的显著增加发生在70 Ma(Yin and Harrison,2000;Willems et al.,1996),而相对隆升的部分可能是岩石圈弯曲时向上挠曲的部分。

但是初始碰撞是否一定引起前陆的挠曲沉降还有待进一步研究,因为初始碰撞的结果可能不只是前陆盆地的沉降作用,也有可能发生岩石圈的隆升(Garzanti et al.,1987)。在这一假设下,初始碰撞发生后的结果可能表现为被动大陆边缘外大陆架的挠曲隆升,以P6(55~53 Ma)和P8(50.5 Ma)不整合面为标志。碰撞过程中未见典型的被动大陆边缘挠曲沉降的原因可能与印度大陆的地壳性质有关,而古新世前陆盆地的向下加深事件 (Pivnik and Wells,1996)可能是地壳沉降的结果。

前陆盆地沉积碎屑反映大陆碰撞体现在两个方面,一是记录印度大陆与欧亚大陆沉积物在同一套地层中首次同时出现的时间,二是记录造山带碎屑首次出现在印度被动大陆边缘(前陆盆地)的时间。

在巴基斯坦哈扎拉-克什米尔构造结(西构造结)附近的前陆盆地 Patala 组下部的 P6 带(55~53 Ma)首次发现了岛弧、蛇绿岩套和低级变质岩岩屑(Critelli and Garzanti, 1994)。在科哈特(Kohāt)高原东南部,与 Patala 组同期的 Gazij 组页岩中也见到了变质碎屑组分(Pivnik and Wells,1996)。上述变质碎屑可能是印度板块与欧亚板块碰撞的结果,也可能是微小板块与洋内岛弧之间碰撞的结果。在南部的印度扇中,中始新统的碎屑长石被认为是来自亚洲大陆(Clift et al.,2001),与卡塔瓦兹前陆盆地上始新统具有相似的物源(Qayyum et al.,2001)。

在印度,前陆盆地中下始新统 Subathu 组含有少量变质程度非常低的碎屑及岛弧和蛇绿岩物质输入的证据,这也反映了陆陆碰撞过程中的剥蚀响应特点。沿着造山带向东,尼泊尔前陆中最早的造山带碎屑是中、下始新统的 Bhainshati 组(Najman and Garzanti, 2000)。

2) 前陆盆地沉积记录为喜马拉雅造山带的演化模型提供了约束条件

利用沉积岩准确地确定高喜马拉雅的初始剥蚀年龄非常困难,因为沉积岩提供的并不是精确年龄。在前陆盆地中,巴基斯坦 Patala 组(55~50 Ma)是最早见到少量变质岩屑的地层,而直接发现高喜马拉雅大规模的变质岩屑输入是在晚始新世—渐新世,具体为在巴基斯坦<37 Ma,在印度 28~20 Ma,在尼泊尔<21 Ma(Najman,2006)。在没有沉积间断的海域,印度扇始新统—渐新统中发现了低级变质岩碎屑,而东侧的孟加拉扇中直到中新世才发现少量类似的变质岩屑。但是这些岩屑的来源是有争议的,可能的来源包括印度地盾、古喜马拉雅造山带和亚洲大陆。

DeCelles 等(1988a)解释了尼泊尔前陆盆地中—晚始新世—渐新世不整合面,认为是前缘隆起(forebulge)越过隆后沉积带(backbulge depozone)迁移的结果。结合新近纪和现代的活动速率,DeCelles 等(1988a)认为印度板块与欧亚板块的会聚只有 1/3 通过喜马拉雅造山带的缩短来实现。这一结论与板块重建模型的认识存在显著差异,为此 Guillot 等(2003)应用了大陆俯冲的模型来解释。他们认为上述不整合是由大陆俯冲向大陆碰撞转变的结果,而这一转变发生在早始新世(47 Ma),并伴随有板片的折返、均衡升降和构造负载的活化,而始新世—渐新世区域不整合也可能是这一过程的结果。

从巴基斯坦到尼泊尔前陆盆地,沉积岩的滞后信息显示高喜马拉雅的剥露作用发生了显著的时空变化。巴基斯坦 Kamlial 剖面(18~14 Ma),较短的滞后时间显示了高喜马拉雅的迅速剥露;与此类似,在印度前陆盆地沉积显示了较短的滞后时间(21~17 Ma),也表明了高喜马拉雅的迅速剥露。此后,滞后时间明显增大,这与中央主逆冲推覆带下盘的向南传播相吻合。在尼泊尔西部,中新统 Siwalik 群记录了至少 16 Ma 的滞后效应,显示了高喜马拉雅剥露作用的逐渐减缓;同时也记录了 12 Ma 以来向南传播的逆冲作用导致的低喜马拉雅剥露作用,这一过程与高喜马拉雅剥露速率的降低相吻合。

不仅如此,这一时期低喜马拉雅的剥露作用也得到了尼泊尔和印度前陆盆地沉积物源信息的支持,沉积速率的增加和沉积相垂向上的粗粒化被认为是低喜马拉雅逆冲岩席地形负载的结果(Meigs et al.,1995)。这些数据与主边界断裂及其南缘的磷灰石裂变径迹数据相吻合(Najman et al.,2004;Meigs et al.,1995)。

3) 喜马拉雅前陆盆地的沉积记录与喜马拉雅造山带剥露历史和剥露机制

喜马拉雅构造地质的一个关键问题是高喜马拉雅何时剥露至地表并开始将高级变质岩屑搬运至前陆盆地(Yin,2006)。之前的综合调查受限于新生代喜马拉雅非海相地层较差年龄的约束,学者的认识莫衷一是。最近对喜马拉雅前陆盆地几个典型地区的研究促使人们对这一科学问题有了更深的认识。

在印度西北部(西喜马拉雅),新生代喜马拉雅地层上古新统—中始新统 Subathu 组海相沉积岩及不整合上覆的非海相 Dsgshai 组和下 Dharmsala 群沉积岩。这些沉积岩位于主边界断裂的下盘。下 Dharmsala 群沉积岩由微生物化石给出的年龄是早中新世(Dogra et al.,1985),而基于鱼类化石证据得到的年龄是渐新世—早中新世(Tiwari et al.,1991)。下 Dharmsala 群和 Dsgshai 组底部沉积岩中的碎屑白云母$^{40}Ar/^{39}Ar$年龄表明沉积年龄小于 22 Ma(White et al.,2002;Najman et al.,1997)。同样的,碎屑白云母$^{40}Ar/^{39}Ar$年龄表明上覆 Kasauli 组小于 22 Ma,而上 Dharmsala 群沉积年龄小于 16 Ma(White et al.,2002;Najman et al.,1997)。虽然上 Dharmsala 群上部含有中新统 Siwalik 群属啮齿类动物化石,但是碎屑白云母$^{40}Ar/^{39}Ar$年龄显示沉积年龄小于 26 Ma(White et al.,2002)。White 等(2002)认为根据相关的地磁数据,Dharmsala 群的沉积年龄为 20～12 Ma。但是如果 White 等的结果是准确的话,那么推测高喜马拉雅在 20～17 Ma 的平均冷却速率将达到 175 ℃/Ma 和 116 ℃/Ma,远远超出观察到的 18～5℃/Ma 的数值。因此 Yin(2006)认为下 Dharmsala 群的沉积年龄要比 White 等(2001)测定的至少年轻 5 Ma。上覆的 Siwalik 群根据地磁数据大致确定年龄是 12～1 Ma(Brozovic and Burbank,2000;Sangode et al.,1996;Meigs et al.,1995)。

Najman 和 Garzanti(2000)认为高喜马拉雅碎屑首次出现在前陆盆地中的时间是渐新世末 Dsgshai 组沉积时。并认为高喜马拉雅的剥露从 25 Ma 开始(最早可达 40 Ma)。White 等(2001)获得了 Dharmsala 群和下 Siwalik 群地层独居石的单颗粒 U-Th-Pb 年龄数据:Dharmsala 群底部获得独居石年龄为 37 Ma,Dharmsala 群上部获得独居石年龄为 28～27 Ma。基于这些年龄他们认为最年轻的独居石来自高喜马拉雅,在 20 Ma 左右开始在前陆盆地中堆积。White 等(2002)同样获得了 Dharmsala 群碎屑白云母的$^{40}Ar/^{39}Ar$年龄分布(50～20 Ma),认为中新统 Dharmsala 群中的碎屑白云母也来源于高喜马拉雅。Dharmsala 群碎屑云母$^{40}Ar/^{39}Ar$年龄主要集中在 50～30 Ma,类似的年龄谱在喜马拉雅西段扎斯卡尔(Zanskar)和加瓦尔(Garhwal)高喜马拉雅地区并没有报道,但是在印度大陆北部边缘的 Tso Moriri 超高压变质岩带却非常丰富(De Sigoyer et al.,2000)。而且 Tso Moriri 超高压变质岩体的主要冷却时间为 22～5 Ma,也就是中央逆冲推覆带上盘的高级变质岩在 22～5 Ma 之前并没有剥露至地表,该时间与 Dharmsala 群的沉积时间重合。因此可以推测 Tso Moriri 超高压变质岩体是中新世早期印度西北前陆盆地高级变质岩屑的重要或唯一的源区。

在尼泊尔前陆(中喜马拉雅)新生代中喜马拉雅前陆盆地地层包括白垩系顶部—下古新统河流相和海相 Amile 组,其上被始新统海相 Bhainskati 组不整合覆盖;Bhainskati 组又被下中新统非海相 Dumri 组不整合覆盖(Upreti,1999,1996)。Amile 组和 Bhainskati 组的沉积年龄主要由海相化石约束。Dumri 组的沉积年龄大致与印度西北部下中新统 Dharmsala 组的沉积时间相当(DeCelles et al.,1998a),并且碎屑白云母显示年龄应该早于 20～17 Ma(DeCelles et al.,2004,2001)。尼泊尔地区中中新统—上新统 Siwalik 群可能比 Dumri 组年轻(Ojha et al.,2000;Harrison et al.,1993;Appel et al.,1991)。而且,Dumri 组位于主边界断裂的上盘,而 Siwalik 群位于主边界断裂的下盘。

古新统—下中新统在尼泊尔出露的地层全部位于主边界断裂的上盘(Yin,2006)。这与印度西北部完全相反——地层分别出露在主边界断裂的下盘(Raiverman,2000;Powers et al.,1998;Najman et al.,1993),与巴基斯坦北部地出露产状也不同——地层在下盘和上盘均有显示(Pogue et al.,1999;Burbank et al.,1996;Yeats and Hussain,1987)中部碎屑白云母 $^{40}Ar/^{39}Ar$ 年龄为 20～10 Ma,但是现在不清楚 Dumri 组与下 Siwalik 群在时间上是否重合(DeCelles et al.,1998a)。

DeCelles 等(2001,1998a,b)通过分析前陆盆地中碎屑锆石的 U-Pb 年龄和碎屑白云母的 $^{40}Ar/^{39}Ar$ 年龄阐述了中喜马拉雅的剥蚀历史。他们同时研究了砂岩的组成和矿物变质指数的时间变化。DeCelles 等(1998a)的研究显示始新统 Bhainskati 组和中新统 Dumri 组中含有寒武纪—奥陶纪年龄的锆石颗粒(约 500 Ma)。他们认为这些锆石主要来自始新世的特提斯喜马拉雅和中新世的高喜马拉雅。尼泊尔西部的 Dumri 组之上的地层中含有丰富的单晶石英和少量的斜长石和千枚岩岩屑(Sakai et al.,1999;DeCelles et al.,1998a)。DeCelles 等(1998a)认为这与高喜马拉雅沿藏南拆离系的初始剥蚀有关。这表明高喜马拉雅在早中新世之前已抬升至地表。

另外,因为早中新世淡色花岗岩主要沿藏南拆离系分布在印度西北部和中国西藏中南部,高喜马拉雅顶部剥蚀作用可能会将中新世的锆石输送至尼泊尔西部的前陆盆地中。但是早中新世的锆石表明并不是来自淡色花岗岩,并且 Dharmsala 组中的斜长石更进一步指示其主要来自特提斯喜马拉雅底部寒武纪—奥陶纪花岗岩而不是高喜马拉雅。这与前陆盆地记录中发现的高喜马拉雅高级变质岩屑在 11 Ma 之后(甚至是下 Siwalik 群顶部)出现相吻合(DeCelles et al.,1998b)。白云母 $^{40}Ar/^{39}Ar$ 年龄表明尼泊尔中部高喜马拉雅的顶部在 15～13 Ma 时的埋藏深度＞10 km,考虑到这一事实,高喜马拉雅很可能在 11 Ma 之前并没有隆升至地表。也就是说只有晚中新世—上新世 Siwalik 群中部、上部含有高喜马拉雅的剥蚀记录。这一推论与之前一直秉持的观点截然相反——先前认为高喜马拉雅在 17 Ma 时已露出地表(France-Lanord et al.,1993)。

在东喜马拉雅前陆,主边界断裂下盘的 Siwalik 群是不丹喜马拉雅唯一出露的一套新生代地层单元(Bhargava,1995)。在藏南地区,古新统—始新统海相层系被中新统非海相地层不整合覆盖(Kumar,1997)。这种地层接触关系在东、西喜马拉雅非常一致,也支持 DeCelles 等(1998a)提出的假设,即区域不整合与整个喜马拉雅造山带相关。最近在藏南地区,对 Siwalik 群碎屑锆石 Hf 同位素和全岩 Nd 同位素的分析表明,中中新世—晚中新世早期(13～7 Ma)和第四纪期间,前陆盆地的沉积物主要来自高喜马拉雅,而晚中新世—上新世(7～3 Ma),前陆盆地主要接受冈底斯岩浆岩带剥蚀的碎屑(Chirouze et al.,2013)。西隆高原以南的孟加拉盆地,含有大套始新统—上新统连续发育的地层。该盆地可能汇聚了来自喜马拉雅造山带、青藏高原、印度地盾、西隆高原和印缅造山带等多个方向的物源(Yin,2006)。

4) 喜马拉雅前陆盆地渐新世不整合面的起源

喜马拉雅前陆盆地的一个重要特征是缺少始新世末—渐新世的沉积岩。这个区域性的不整合面既可以代表沉积间断也可能反映侵蚀作用。DeCelles 等(1998a)认为这个不整合面代表的是晚始新世—渐新世末 15～20 Ma 的沉积间断。他们认为不整合面的发育与喜马拉雅造山运动逆冲负载导致的南北向 200 km 宽的前隆发育有关。虽然这一模型可以解释喜马拉雅前陆盆地中的沉积缺少,以及孟加拉盆地中地层的连续沉积,但是这一模型没有解决关键问题,即为什么早中新世沿主边界推覆带,主中央推覆带和主前缘推覆带大规模地壳缩短后没有前隆影响的记录(Raiverman,2000)。一种可能是中新世—现今的前隆被埋藏在了喜马拉雅前陆盆地中,如果存在,它对现代前陆盆地的沉积影响也很小。

有至少三种模型可以解释喜马拉雅前陆盆地中的渐新世不整合面(Yin,2006)。

(1) 渐新统沉积作用的缺失发生在由海相向陆相沉积作用的转换时期。因此,印度大陆隆升或海平面的下降均可引起渐新世无海相沉积。一个可能的机制是印度洋板块在印度板块与欧亚板块开始碰撞时发生破裂,在西藏南部引起了热异常和地幔上涌。由于持续的向北运动,印度大陆北缘覆盖在这个热异常区,引起印度大陆北部的抬升。西藏南部和印度北部的地质和地球物理观察结果支持这一假设,包括:①西藏南部广泛分布的古新世末—始新世林子宗火山岩可能是这一热事件的地表表现,它们在印度板块与欧亚板块碰撞后的短时间内发生(Yin and Harrison,2000);②印度大陆北缘存在地震速度异常带(Van der Voo et al.,1999)。此外,印度高原现今高海拔特征也可能是这种热异常的表现(Zhong et al.,1993)。

(2) 渐新世喜马拉雅前隆可能是由印度洋壳板片的下拽而不是由上覆逆冲负载诱发。印度洋壳岩石圈在早中新世之前并没有拆离和下降到地幔中(Chemenda et al.,2000)。西藏南部冈底斯岛弧中的渐新世花岗岩(32 Ma)(Harrison,2000)和南迦帕尔巴特(Nanga Parbat)构造结附近俯冲诱发的花岗岩(26 Ma)(George et al.,1993)表明印度板块岩石圈的高角度持续俯冲。早中新世洋壳板片拆离后,岩石圈的沉降导致渐新世前隆发生迁移。

(3) 第三个模型的灵感来自东喜马拉雅西隆高原的地质历史。西隆高原的海拔超过 1 500 m,远远超过逆冲负载模型所预测的前隆海拔为 200 m 左右的结果(DeCelles et al.,1998a;Duroy et al.,1989)。西隆高原是一个早中新世开始活动的冲起构造(Alam et al.,2003)。它的边界与喜马拉雅推覆系统连接关系不明确(Bilham and England,

2001）。很可能，渐新世喜马拉雅前陆盆地经历了一期轻微的挤压，沿走向产生了诸如西隆高原这样宽阔的隆起带。早中新世沿主中央推覆带的运动为中新世前陆盆地的产生提供了条件。

1.3.2　孟加拉盆地的属性与形成演化

印度次大陆东北部的孟加拉盆地位于印度地盾和印缅山脉之间，可以分为三个区：①稳定陆架区；②中央深盆区［从东北部的锡尔赫特（Sylhet）拗陷向南部的赫蒂亚（Hatia）拗陷延伸］；③吉大港-特里普拉（Chittagong-Tripura）隆起。由于孟加拉盆地位于三大块体（印度板块、缅甸地块和拉萨地块）的相互作用区，盆地充填历史相当复杂。前寒武纪和二叠纪—石炭纪岩石地层仅在稳定陆架区钻遇。印度地盾前寒武纪准平原化之后，孟加拉盆地的沉积作用开始在孤立的基底之上的地堑内发育。随着冈瓦纳大陆在侏罗纪和白垩纪破裂，印度板块向北运动，孟加拉盆地在白垩纪开始向下挠曲，沉积作用开始在稳定陆架和深盆区发育。自此，沉积作用在盆地大部分区域连续进行。孟加拉盆地的沉降是地壳的差异调整、南亚不同板块间的碰撞、东喜马拉雅和印缅造山带的隆升引起的。

孟加拉盆地以其巨厚的早白垩世—全新世沉积而闻名（Curray and Munasinghe，1991；Curray，1991）。早期的区域地层（Evans，1932）和构造（Raju，1968；Sengupta，1966；Evanls，1932）研究为了解该盆地形成和沉积充填历史打下了基础。Bakhtine（1966）首先给出了盆地的孟加拉部分构造要素，之后 Alam（1972）根据当时流行的地槽模型描述了盆地的演化。Desikacher（1974）根据板块构造理论阐述了印度东北部的地质史，Curray 和 Moore（1974）、Graham 等（1975）、Paul 和 Lian（1975），以及 Curray 等（1982）还建立了在东南亚区域框架内的盆地板块构造演化过程。

在过去的数十年中，Alam（1997）讨论了孟加拉盆地总体的构造演化史，Johnson 和 Alam（1991）描述了盆地东北部锡尔赫特拗陷的沉积和构造。根据相关资料分析，Alam（1995）指出了东南部孟加拉盆地中新统中以潮汐为主的浅海相沉积作用；Gani 和 Alam（1999）描述了孟加拉盆地东南部深水碎屑沉积，大致明确了盆地的沉积和构造的基本观点，特别是在吉大港-特里普拉隆起地区。需要指出的是孟加拉盆地充填史研究在很大程度上需要地震数据来支持，因为在孟加拉国内仅有少部分盆地充填出露至地表。除了上述研究，其他对孟加拉盆地沉积地质的研究均相对比较简单。早期的研究往往将孟加拉盆地的构造演化只与喜马拉雅造山带的几个重要构造阶段相联系（Gani and Alam，1999；Dasgupta and Nandy，1995），且多数学者将大区域内的盆地演化简化为与东喜马拉雅碰撞隆升有关的前陆盆地模式（Yin，2006；Uddin and Lundberg，1999；Johnson and Alam，1991）。而事实上，根据 Graham 等（1975）和 Ingersoll 等（1995）的残留洋盆地模型解释孟加拉盆地构造演化可能相对更加合理。

Gani（1999）、Gani 和 Alam（1999）认为孟加拉盆地是一个残留洋盆地，同现今对孟加拉湾东部地区的认识一致。该模型对认识盆地在新近纪大部分时间内的构造演化具有重要意义。

自 20 世纪 50 年代,对东南亚地区板块重建开展了大量研究,大多数学者同意该地区记录了具有冈瓦纳大陆属性的几个板块/陆块的增生过程(Varga,1997;Lee and Lawver,1995;Falvey,1974)。基本确认印度大陆从同属冈瓦纳大陆的南极洲-澳大利亚联合大陆裂离,最初向北西方向运动,然后在早白垩世某个时段向北运动(Acharyya,1998;Lee and Lawver,1995;Hutchison,1989;Curray et al.,1982;Curray and Moore,1974)。

关于印度大陆的重建,目前的难点是如何准确地确定印度大陆地壳的东部界限。早期的板块重建模型(Curray et al.,1982;Graham et al.,1975;Curray and Moore,1974)将印度陆壳的东部边界放在铰合带(hinge zone)处,该带位于加尔各答-迈门辛(Calcutta-Mymensihgh)重力高之上,印度板块的洋壳部分俯冲到西缅地块之下。他们均认为西缅地块来源于冈瓦纳大陆。Murphy(1997,1988)将该地区置于铰合带和巴里萨尔—坚德布尔(Barisal-Chandpur)重力高异常带之间的陆壳减薄带,因此陆-洋边界沿着巴里萨尔—坚德布尔重力高分布。

Acharyya(1998)将现在的俯冲带置于吉大港褶皱带(Chittagong fold belt,CTFB)西侧的孟加拉前渊中。很显然,这是俯冲带的变形前缘,虽然下伏地壳和岩石圈没有进一步向东迅速抬升(Mukhopadhyay and Dasgupta,1988)。Hutchison(1989)和 Mitchell(1989)将维多利亚东侧的蛇绿岩解释为形成于向东俯冲的缝合带,而 Mitchell(1993)将其看作形成于向西俯冲的缝合带,Acharyya(1998)则认为蛇绿岩带不是代表真正的缝合带,而是根在缅甸中央盆地东侧之下的印缅—安达曼—中缅马苏地块缝合带中的平卧推覆体。Acharyya(1998)进一步提出维多利亚地区的大陆变质岩是蛇绿岩之上的基底推覆体,其根部在中缅马苏地块中。Brunnschweiler(1974,1966)也将维多利亚隆起解释为始新世复理石之上的西部边缘推覆体。

因此可以大致确定洋-陆边界位于孟加拉盆地之下的铰合带和巴里萨尔—坚德布尔重力高异常带之间,该边界在海区大致沿 Swatch-of-no-Ground 水下峡谷向南西方向延伸到印度东部大陆边缘。来自冈瓦纳大陆的西缅地块在晚白垩世期间拼贴到同样来自冈瓦纳的中缅马苏地块上。关于上述陆块的拼合时间,Mitchell(1989)提出为早白垩世,Hutchisosn(1989)认为是晚白垩世,Mitchell(1993)认为是中始新世,而 Acharyya(1998)认为是晚渐新世。大多数学者将拉萨地块与西缅地块联系在一起,但将拉萨地块与亚洲其他陆块的碰撞放在晚侏罗世或早白垩世。但他们都同意印度板块与欧亚板块的碰撞发生在古近纪,可能在早古新世为软碰撞,中始新世以后发生硬碰撞。

由于印度板块在向东南挤出的西缅地块之下发生持续的斜向俯冲,孟加拉盆地在中新世成为一个残留洋盆地(Ingersoll et al.,1995)。包括三个构造区:西部的被动大陆边缘——稳定陆架区;中央深盆或残留洋;东部与俯冲相关的造山带——吉大港-特里普拉隆起。每个构造区有明显不同的构造和沉积演化史。

孟加拉西部稳定陆架区和中央深盆区的演化始于早白垩世沿印度地盾东北边缘的裂谷作用和同时发生的火山作用。二叠纪—石炭纪裂谷期沉积仅在前寒武纪基底杂岩顶部地堑中的钻井中见到,这些沉积物也存在于中央深盆部分地区的陆壳之上(锡尔赫特拗陷),在厚层的晚新生代盖层之下。在 Rahman 等(1990a)的航磁异常图上和在 Rahman 等(1990b)的布格重力异常图上存在南西—北东向的线性异常显示地层的差异性展布。

晚渐新世开始,由于在印度板块东北角的巴米尔-卡恰尔山(Bamil-Cachar Hills)的碰撞造山作用,形成残留洋盆地的同时(Nandy,1986),孟加拉中央深盆区经历了自身的演化。西隆高原沿着达卡(Dhaka)断层发生的逆冲作用可能在早中新世,极大地影响了中央深盆区的沉积作用。Elahi(1988)认为达卡断层为一条向南的正断层,而 Johnson 和 Alam(1991)认为是一条向北的低角度(5°~10°)逆断层。而 Alam 等(2003)结合众多学者的观点认为达卡断层应当是一条仰冲逆断层(Chen and Molnar,1990;Murphy,1988;Molnar,1987;Murthy et al.,1969)。Lohmann(1995)提出达卡断层在较深部为高角度逆断层,但在接近地表处为明显的右行走滑断层。而 Bilham 和 England(2001)的研究提出西隆高原是一个突出构造,以北面的奥尔德姆(Oldham)断层、南面的达卡断层这两条逆断层为边界。高原隆升发生在 2~5 Ma 之前,引起印度板块局部以 2~4 mm/a 的收缩。

晚上新世,孟加拉湾盆地东部边缘发育吉大港—特里普拉隆起,稳定陆架区开始演化为前陆盆地,而西部稳定陆架区前渊沉积物向西北逆冲迁移时,指示前陆盆地的中心随之迁移。东部吉大港-特里普拉隆起的演化大部分受控于增生楔和主要向东倾逆断层的发育,其发育的大洋沉积物是由于印度板块在弧-沟背景下斜向俯冲到缅甸地块之下产生刮削的结果(Gani and Alam,1999)。在单个逆冲席内,上部沉积物卷入薄皮构造发生变形,产生一系列长而弯曲的南北向线性背斜和向斜。Lohmann(1995)和 Sikdar(1998)指出,在东部褶皱带西部有一些双重构造,可以用薄皮滑脱和剪切构造来解释这个地区的构造样式,但没有将这些过程直接与俯冲杂岩联系起来,而是用增生楔形成来解释。南北向的挤压扭动构造,作为印度板块相对缅甸地块汇聚-斜向运动的结果,安达曼海的张开显著地影响了整个地区的构造格架。Murphy(1988)和 Sikder(1998)希望未来识别的单个增生楔可提供确定该地区新生代地层的年代信息,因为众所周知的增生楔杂砂岩体整体被认为向西变年轻(Gani and Alam,1999;Dasgupta and Nandy,1995)。

孟加拉盆地的演化与印度板块和西缅地块、拉萨地块的碰撞有关。这些板块的碰撞以两种不同的形式表现:①印度板块的北部和东北部与拉萨地块的陆陆碰撞,主要表现为逆冲断层、走滑断层和伴随的东喜马拉雅造山带的隆升;②印度板块洋壳斜向俯冲到西缅地块之下,引起增生楔的发育,接着与逆冲和褶皱作用一起使印缅山脉隆升,形成孟加拉东部的褶皱带。

孟加拉西部稳定陆架区的沉积作用,受海平面升降和盆地周缘构造活动的控制,沉积作用主要发育在被动大陆边缘环境。稳定陆架区的地层记录揭示了前寒武纪和石炭纪之间为剥蚀和准平原化,以基底杂岩顶部的重要不整合为代表。二叠纪—石炭纪沉积作用的初始阶段主要出现在孤立的地堑内,冈瓦纳群为冈瓦纳大陆破裂前的局部陆相沉积,在伸展作用下,沿北西—南东向重新活动,导致早白垩世的裂谷作用。

Curray 和 Munasinghe(1991)提出拉杰默哈尔(Rajmahal)玄武岩,东经 85°海岭和阿法纳西·尼基京海山是印度板块上热点的轨迹。Baksi 等(1987)提供的资料表明,拉杰默哈尔玄武岩年龄为 117~115 Ma,拉杰默哈尔玄武岩流可能表明随着冈瓦纳大陆的破裂,洋壳也同时发生破裂。也有人提出,中-晚白垩世大陆地壳伸展和裂谷作用形成了局限海岸-海相环境,发育了 Sibganj 组沉积物。Haq 等(1988)的研究认为孟加拉盆地白垩纪海平面变化与全球海平面变化曲线有关联。海平面变化引起局部和区域相变,岩性在西孟加拉的 Ghatal 组和 Boalpur 组与稳定陆架区的 Sibganj 组之间变化(Lindsay et al.,1991)。

西孟加拉稳定陆架区内的沉积作用在白垩纪—古近纪边界发生相当大的变化,即区域海侵作用,地层和地震记录表明沉积中心向南迁移,在稳定陆架区的西孟加拉发育厚层的白垩系—古新统 Jatangi 组、Ghatal 组和 Boalpur 组。中始新世,广泛的海侵导致稳定陆架区和中央深盆区陆架部分大规模的碳酸盐岩沉积。持续的海侵导致 Kolipi 组页岩出现在稳定陆架区和中央深盆区的整个陆架区。

到渐新世,海退引起稳定陆架区的河流相沉积(Bogra 组),此时中央深盆区北部开始接受来自东北部的碎屑输入。随着东喜马拉雅造山带的隆起,孟加拉盆地在早中新世经历了活跃的构造作用,沉积输入显著增加。盆地充填主要以大规模的三角洲系进积开始,从东北部进入中央深盆区和东部吉大港-特里普拉隆起。晚中新世,喜马拉雅运动继续,发生海退,产生重要的不整合,可与盆地内地震反射记录上的不整合面对比。上新世晚期以来,孟加拉中央深盆区和东部吉大港-特里普拉隆起的沉积作用受到冰川-海平面波动的影响,形成了广泛的地层记录。

至于中央深盆区的锡尔赫特拗陷经历了复杂的演化历史,东部的印缅山脉和北部的喜马拉雅这两条活动造山带记录了从被动大陆边缘到前陆盆地的转变。考虑到南北碰撞的结果,主要是早中新世沿达卡的逆冲作用,锡尔赫特拗陷内南北向到北东—南西向褶皱主要受板块碰撞和地壳缩短有关的东西向挤压分量影响。吉大港-特里普拉隆起的南北向褶皱北部延伸部分通常在锡尔赫特拗陷下向东撒开,可能与吉大港-特里普拉褶皱-逆冲系统向西推进,受到西隆高原的阻挡作用有关。锡尔赫特拗陷另一个快速河流沉积作用阶段始于中上新世,吉大港-特里普拉隆起在中央深盆区东部边缘发育。

印度板块和缅甸地块之间的斜向俯冲表明孟加拉东部褶皱带是一个转换挤压带,区域上,俯冲和走滑分量形成两种构造样式见于俯冲系统的外带,与内带的走滑断裂耦合,类似的情况在世界范围内非常普遍。在印度板块和缅甸地块之间的区域斜向俯冲带有三个单元:①缅甸中央盆地位于东部的实皆断层(Sagaing fault)和西部的卡包(Kabaw)断裂之间;②印缅山脉位于卡包断裂和加拉丹(Kaladan)断裂之间;③孟加拉东部褶皱带位于加拉丹断裂和吉大港—科克斯巴扎尔(Chittagong-Cox's Bazar)断裂之间。这四条断裂均表现为具有右行走滑特征的东倾逆冲断裂。例如,实皆断层是一条横推断层,很少或没有逆冲分量。吉大港—特里普拉褶皱-转换挤压带中浅层的压性结构可能是扭动变形的产物,与分散式剪切有关,或与褶皱带下滑脱作用的挤压分量有关。自逆时针转动开始,印度板块向北和向东运动,其向北运动过程受到中中新世安达曼海张开的推动。另一些学者(Chen and Molnar,1990;Molnar,1987;Murthy et al.,1969)认为目前俯冲板块正被向北拖曳,且很可能被向北运动的走滑断层遮蔽。

Gani 和 Alam(2003)认为孟加拉东部褶皱带值得特别关注。现有的几条穿过东部褶皱带和印缅造山带的剖面表明该地区由印度板块俯冲到西缅地块之下形成,代表了白垩纪—全新世增生楔的演化。Gani 和 Alam 描述了孟加拉东部褶皱带为印缅增生体向西的延伸,而且逐渐变年轻。孟加拉东部褶皱带活跃始于晚渐新世末,此时,印缅造山带已经出现在海平面之上,沉积作用开始在海沟-斜坡环境发生。

1.3.3　孟加拉扇及其沉积序列

1. 深海扇基本理论

深海扇是在大陆坡海底峡谷前缘,由陆源碎屑物经浊流作用通过海底峡谷搬运至洋底堆积而成的扇形或锥形沉积体,它以海平面下降的低位时期所形成的低位扇(包括盆底扇、斜坡扇、低位楔状体)为主。相邻的深海扇可连接成大陆隆,而其沉积物也可能被海流携带,使大陆隆沿大陆坡的基部向远离深海扇的海域延伸(李大伟 等,2007)。深海扇一般可分为上部扇、中部扇、下部扇等单元。深海扇的沉积作用主要受地质构造、地形地貌、海平面变化、物源区的气候等因素的控制,世界许多大河口外均发育有大型深海扇。

Bouma(1962)总结了一次浊流沉积垂向上的结构构造特征,提出了著名的"鲍马序列(Bouma sequence)",并且逐渐为大多数学者所接受,认为其是鉴别经典浊积岩的标准层序(张兴阳 等,2001)。完整的鲍马序列包括 A、B、C、D、E 五段,通常情况下该层序是不完整的,常缺失顶部或底部的层序,但是自下而上由 A 到 E 的顺序从未颠倒或混乱过,这也是在沉积岩中识别浊流沉积的重要依据。因为深海沉积和浊积流的密切关系,鲍马序列也成了识别深海沉积的基本标志。

20 世纪 80 年代之前,人们对深海扇的研究普遍采取模式化的方法,即建立各种类型的深海扇模式,这一时期比较有代表性的人物是 Normark(1970)、Curray 和 Moore(1971)、Mutti 和 Lucchi(1972)、Walker(1978)、Shanmugam 和 Benedict(1978)等学者。他们对墨西哥湾盆地、西非近海盆地等进行了深入的研究。其后随着勘探技术的不断提升,地震技术和大洋钻探相关项目(ODP、DSDP 和 IODP[①])等为深入研究深海扇的结构特征提供了新的依据,人们对深海扇的研究手段更加丰富,研究内容也更加真实可靠。

1997 年的美国石油地质学家协会(American Association of Petroleum Geologists,AAPG)年会上,Cliffton 发起了题目为"深水碎屑沉积作用与储层关系:我们能预测什么?(Processes of deep-water clastic sedimentation and their reservoir implications:what can we predict?)"的讨论会,试图解决碎屑流和深海浊流及其沉积物的相关争议(冉波 等,2010)。但是各方都未能说服对方支持自己的观点,其中作为坚定反对"鲍马序列"的中坚力量,Shanmugam 再次表达出鲍马序列并不都是浊流成因的思想。

Shanmugam(2002)在对鲍马序列定义的典型剖面进行再次解剖后提出,砂岩单元反

---

① IODP 为综合大洋钻探计划(International Ocean Discovery Program)。

映了多期沉积事件,这其中除浊流外,有更多的砂质碎屑流和牵引层流。这推翻了"每一个砂岩层(鲍马序列)都是一个正粒序层"的论断,从而也否定了"鲍马序列"浊流成因之说(Shanmugam and Moiola,1997)。随着人们研究的进一步深入,深海沉积理论也会得到更大的发展。而深海沉积理论的发展,对深海油气勘探将会有着巨大的指导作用。

2. 孟加拉扇的基本问题

孟加拉扇东邻缅甸-安达曼主动大陆边缘,西接印度被动大陆边缘,是世界上发育最大的深海扇。前人早已对孟加拉湾的局部进行了较为深入的研究。孟加拉湾西缘的印度东部大陆边缘自北向南分布有默哈讷迪(Mahanadi)、维沙卡帕特南(Visakhapatnam)、克里希纳-戈达瓦里(Krishna-Godavari)、帕勒(Palar)、高里韦(Cauvery)五个盆地(Talukdar,1982;Bastia et al.,2010a),以北东—南西向堑-垒式构造为主(Bastia,2006;Prabhakar and Zutshi,1993;Fuloria,1993;Sastri et al.,1981)。地堑中主要发育中生代裂谷沉积(Bastia et al.,2010a),新生代陆架和斜坡区发育斜坡扇、下切谷充填体系、水下河道-堤岸体系,往深海方向是巨厚的孟加拉扇分散体系,Bastia(2010a)利用卫星重力异常数据和收集到的印度东海岸五个含油气盆地的相关资料的处理和分析,再一次证明了海湾西侧被动陆缘的性质,同时提出了基底的深度和沉积厚度变化趋势。Radhakrishna(2012)对卫星重力数据进行处理,结合已知地质资料和地震剖面,提出了16条发育于早白垩纪的断裂,并且将其按照倾斜角度分为两大类型,为进一步理清孟加拉湾内部断裂体系做出了贡献;孟加拉湾东缘——缅甸-安达曼是典型的主动陆缘沟-弧-盆体系(Wandrey,2006;Curray,2005;Pivnik and Nahm,1998),其中发育的弧前和弧后盆地均是油气富集的有利区域。

孟加拉湾盆地的充填主体——孟加拉扇,是世界上规模最大的深海扇,南北延伸超过3000 km,最大沉积厚度超过 21 km,面积达 3×10^6 km² (Curray et al.,2003;Einsele et al.,1996;Emmel and Curray,1985)。孟加拉扇的发育始于始新世(Curray et al.,2003;Curray,1994)。主要的沉积体系包括河道-堤岸相、越岸沉积相、河道间沉积相及河道底部滞留相(Schwenk et al.,2005)。其内部发育两条巨大的构造分界——东经85°和东经90°海岭,它们的成因主要有三种解释模型:热点模型(Curray and Munasinghe,1991)、火山作用模型(Chaubey et al.,1991)及洋壳受水平伸展或挤压应力导致的剪切或下沉模型(Ramana et al.,1997)等。但是通过对众多地球物理资料的解释,大多数学者还是支持热点模型(Krishna et al.,2012,2009;Subrahmanyam et al.,2008,1999;Krishna,2003;Gopala Rao et al.,1997)。

Subrahmanyam(1999)通过卫星重力数据分析了扇体内部的异常分布特征,并且着重追踪了东经85°海岭的异常特点。Radhakrishna(2010)又通过三维重力数据的反演,进一步了解了孟加拉扇下部基底的发育特征。Bastia 等(2010b)根据 Emmel 和 Curray(1985)、Kudrass(1998)和 Michels(1998)提到的软碰撞和硬碰撞时期的区域地质特征,结合当时主要物源的方向,大致提出了一个孟加拉扇各时期的沉积模式,并且指出多波束水深测量图中的弯曲变化可能是河道的发育特征,通过印度东缘的已知地震资料和沉积厚度资料,详细说明了孟加拉扇西缘的沉积演化。

孟加拉湾的物源供应在古新世之前主要来自西部的默哈讷迪河和戈达瓦里河,主要沉积区域在东经 85°海岭西侧;古新世—始新世(软碰撞时期),物源供应出现了来自北部的恒河和布拉马普特拉河,这一时期地层的沉积中心发生变化,开始向东迁移;渐新世后(硬碰撞时期),随着北部喜马拉雅山的快速隆升,北部物源量剧增,沉积中心逐渐向南迁移。前人在充分肯定这些认识的基础上,Bastia 等(2010c)通过分析印度东海岸相关盆地的地震数据,建立了等时模型,指出了各时期沉积中心的变化。

1.3.4 缅甸-安达曼会聚板块边缘弧盆系统的构造与沉积演化

1. 弧后盆地

弧后盆地是指形成于火山岛弧或大陆边缘弧后的沉积盆地(Marsaglia,1995),其中位于大陆边缘弧后的盆地也被称作边缘盆地(Karig,1971)。这些盆地的基底可以是陆壳、洋壳或过渡壳。全球约超过 75%的弧后盆地分布于环太平洋地区,且研究较好的弧后盆地的经典例子也多集中于西太平洋边缘,那里存在着世界上现今仍然活动的各种边缘海盆地,同时也发育着当今最大的俯冲带(彭勇民 等,1999)。

20 世纪 30 年代,荷兰一位地理学家在研究重力异常时发现了印度尼西亚南部的诸岛形成的弧状构造,称为岛弧。50 年代,一些学者将岛弧后面的盆地称为优地槽(许靖华,1979)。近几十年来,由于俯冲碰撞构造作用受到越来越多的关注,活动大陆边缘弧后盆地的成因也成为地质学家争先研究的焦点(Taylor and Natland,1995;Tamaki and Honza,1991;Hussong and Uyeda,1981;Uyeda and Kanamori,1979;Sleep and Toksoz,1971;Karig,1971;)。Sleep 和 Toksoz(1971)及 Karig(1971)等率先提出弧后盆地概念,并利用物探资料建立起一个演化模式:海洋岩石圈俯冲造成地幔对流,引起地壳扩张,形成新生洋壳。与大陆边缘弧相关的弧后盆地的基底可由洋壳和陆壳共同组成。尽管板块构造理论的提出解决了诸多构造动力学成因问题,但关于弧后盆地的形成机制仍没有得到一个完全合理的解释(Taylor and Karner,1983)。例如,Karig(1971)主张菲律宾海边缘盆地是由消减作用引起的或与之相关的扩张所产生;而 Uyeda 和 Ben-Avraham(1972)认为是由岛弧捕获了先前存在的大洋边缘部分而形成的;Scholl 等(1986)、Duncan 和 Hargraves(1984)对阿留申和加勒比盆地研究之后支持后一观点。还有一些学者提出弧后盆地的形成与大型的走滑作用相关(Jolivet et al.,1990;Maruyama and Send,1986;Ito and Masuda,1986;Curray et al.,1977),典型代表如缅甸-安达曼海盆地。McManus 和 Tate(1978)则提出了另一种弧后扩张模式,认为弧后盆地是从稳定的硅铝岩石圈之下升起的硅镁岩石圈的边界扩张所形成的。

目前普遍认为,大多数的弧后盆地与俯冲作用相关,并经海底扩张作用形成以发育正断层、高热流值和磁异常条带为基本特征(Taylor and Karner,1983;Karig,1971)。相关弧后扩张作用的模型已由 Tamaki 和 Honza(1991)作了较好的总结。不同环境下的俯冲作用具有较大差异,根据弧后盆地的应力状态,比较俯冲学的观点划分出了智利型(高应力型)和马里亚纳型(低应力型)两种俯冲带(Uyeda and McCabe,1983;Uyeda,1982;Uyeda and Kanamori,1979)。Furlong 和 Fountain(1986)通过板片几何学研究和数值模拟后认为,弧后盆地的应力状态与俯冲板块的年龄及俯冲速率及其变化有关。Fein 和 Jurdy(1986)则强调上覆板块的后退与俯冲板块的加速是弧后扩张幕的制约因素。

　　Sato 和 Amano(1991)通过研究发现,弧后盆地早期初始裂张期,发育中-酸性火山岩,以及河流-湖泊相沉积组合;快速沉降期,主要为双峰式火山作用及发育半深海沉积;热沉降期,火山作用减弱,主要为半深海沉积。Packer(1986)和 Marsaglia(1992)认为远离火山岛弧一侧,盆内沉积物以陆源供应碎屑沉积为主,靠近火山岛弧一侧则主要由岛弧提供物源供应。火山岛弧所提供的沉积组合较复杂(Fisher,1984),有来自陆相火山喷发形成的火山灰、碎屑流、熔岩流及海底火山喷发所形成的火山碎屑流。在空间上,盆地内的沉积物年龄具备由陆缘向火山岛弧一侧逐渐变年轻的特点(Karig and Moore,1975)。弧后盆地的充填物由深海-半深海-浅海相沉积与陆相河流-湖泊相沉积及火山沉积物共同组成。火山岛弧岩浆活动也为弧后盆地沉积物的主要源区(Ingersoll,1988)。盆内碎屑组成变化强烈,但以火山碎屑物为主,含部分斜长石(Critelli et al.,2002)。石英碎屑和火山岩屑来自岛弧酸性火山岩,具有近源沉积的特征(Marsaglia,1995)。弧后盆地大量陆源碎屑沉积物,其碎屑重矿物组合相对复杂,目前相对缺乏相关研究报道。大陆边缘弧后盆地内砂岩富含侵入岩碎屑,以陆缘火山弧碎屑岩为主,具有陆缘弧和大陆边缘的物源区特征(Boggs et al.,2002;Marsaglia and Ingersoll,1992)。

2. 火山岛弧带

　　板块的俯冲汇聚作用可分为陆壳俯冲("A"型俯冲)和洋壳俯冲("B"型俯冲)两种类型,"A"型俯冲导致碰撞造山带的形成,"B"型俯冲使岛弧带隆升发育(Shackleton,1986;Bally,1981,1975)。岛弧造山过程起始于洋壳的俯冲消减,终止于弧后扩张盆地的形成发育,火山岛弧构成俯冲造山带主体(侯增谦 等,2004;Jamieson,1991;Lydon,1988;Franklin et al.,1981)。板块构造的诞生开创了岛弧、弧后盆地的研究,从板块构造角度对岛弧、弧后盆地进行研究,改变了传统槽台学说的大地构造模式(潘桂棠 等,2012)。

　　岛弧内赋存着年轻的(晚中生代—新生代)火山带,是由欧亚大陆到太平洋这一过渡带的典型特征之一。目前依据岛弧的形态、构造、岩浆作用和地质历史已建立起岛弧带分类研究方案。例如,把岛弧划分为原生型岛弧和次生型岛弧、成熟岛弧和年轻岛弧、大洋岛弧和假洋岛弧等。

　　许靖华(1994)研究认为,亚洲大陆边缘由受控于印度洋向北俯冲形成的印度尼西亚岛弧及其之后的一系列弧盆系统组成,爪哇海沟标志着印度洋板块俯冲的位置,印度尼西亚岛弧即是东南亚多岛弧盆系构造的前锋弧。潘桂棠等(2012)在对比了多岛弧盆系构造的岛弧和前锋弧特征后,将岛弧的基底发育特征归纳为三种类型,分别形成于陆壳基底之上、增生楔杂岩之上和弧后洋壳之上。目前关于火山岛弧带内部构造特征与沉积充填特征的专门研究文献较为缺乏。

西缅地块火山岛弧带的火山岩组合包括花岗岩、闪长岩、安山岩、粗面岩、流纹岩、片岩和较少的枕状玄武岩(Zaw,1990)。联合国开发计划署在所公布的地质调查报告中指出,在西缅地块北部火山岛弧带文多(Wuntho)附近,通过出露基底花岗闪长岩中的黑云母测得一组 K/Ar 年龄为(93.7±3.4)Ma 和(97.8±3.6)Ma(United Nations,1978a)。Zaw(1990)同样也在此区域获得一个锆石 U-Pb 的年龄为(94.6±1)Ma。United Nations(1978b)所公布的在火山岛弧带萨林基(Salingyi)出露闪长岩中角闪石测得 K/Ar 矿物年龄为(91±8)Ma 和(106±7)Ma,花岗岩中黑云母给出的年龄为(103±4)Ma。Darbyshire(1988)公布了英国地质调查局(British Geological Survey,BGS)所给出的该区域火山岛弧带全岩 Rb/Sr 年龄为(90±7.8)Ma。Cobbing 等(1992)认为可靠的数据证明该区域花岗岩具有典型的岛弧岩浆组成特征。最近 Mitchell 等(2012)通过在火山岛弧带萨林基所采集的 1 个闪长岩获得锆石 U-Pb 年龄为(105±2)Ma,他认为这个年龄验证了 United Nations(1978a,b)K/Ar 年龄的可靠性。Maury(2004)等一些学者还获得了一些火山岛弧带出露火山岩的年龄数据,但数据大部分为第四纪的火山喷发年龄,集中在(0.44±0.12)~(0.96±0.17)Ma。Cobbing(1992)等针对马来半岛和泰国的火山岛弧链花岗岩进行了成因特征分析,并由此对比说明西缅地块北部花岗岩的火山岛弧岩浆组成特征,但并没有给出直接证据。

3. 弧前盆地

弧前盆地位于增生楔(也称俯冲杂岩堆积体)与岛弧、大陆边缘弧之间,是俯冲带沟-弧盆体系中的重要组成部分(Dickinson and Seely,1979;Dickinson,1974)。盆地内侧的岛弧通常为线状分布的火山(岩浆)弧(Dickinson,1970),盆地外侧的增生楔由蓝片岩、混杂体堆积和蛇绿岩等共同构成(Ernst,1970)。弧前盆地的沉积作用与岛弧火山作用、岩浆作用及俯冲杂岩的变质变形作用是同时发生的,但由于后期改造作用与岩浆活动滞后效应等因素的影响,通常表现为空间上岛弧断续出露,并在时间上略早于或晚于弧前盆地初始发育时间(Yang et al.,2006)。

弧前盆地作为一种成因类型的盆地是 20 世纪下叶随着板块构造研究的深化才得以逐渐确认的(Dickinson,1995),在此以前,这类盆地被认为是滨外沉积楔形体,或者被认为是火山内弧与非火山外弧之间的内渊(Dickinson and Seely,1979),槽台论者则将其与"优地槽"或"冒地槽"联系在一起(Burchfiel and Davis,1972)。关于现代弧前盆地的基底组成长期以来仍存在着一些争议。古弧前盆地研究表明,盆地基底主要由增生的蛇绿岩系组成(Dickinson,1995;肖序常,1988;Shiki and Misawa,1982;Leggett et al.,1979),如加利福尼亚大裂谷和新西兰霍科努伊(Hokonui)弧前盆地(Coombs et al.,1976)。然而部分弧前盆地则表现为"复合"基底的特征,由蛇绿岩、增生楔和岛弧共同组成,如阿拉斯加-阿留申弧前盆地西段为洋壳基底,东段为俯冲杂岩、蛇绿岩、火山岛弧"复合"基底(Geist et al.,1988;Fisher and Byrne,1987;Huene,1979)。Bachmanw 等(1983)通过研究发现西吕宋岛弧前盆地的基底属性也同样具有"复合"的特征。弧前盆地基底的类型并非完全相同,但弧前盆地的基底组成不包含陆壳性质的岩石组合(闫臻 等,2008)。

　　弧前盆地的发育主要受三方面因素控制:俯冲杂岩系的厚度和规模;岩浆弧的岩石圈结构、热动力状态及其变化;下冲板片的下沉作用和构造剥蚀作用(Dickinson,1995)。关于弧前盆地的动力学状态与沉降机制,张传恒(1998)已经作了较好的总结,认为俯冲板片的浮力、俯冲杂岩的构造载荷、盆地充填的均衡沉降作用、盆地基底的伸展沉降,以及岩浆弧侧的热动力沉降作用是控制弧前盆地沉降的关键动力学因素。Dickinson(1995)认为俯冲板片的浮力、俯冲杂岩的构造载荷、火山岛弧侧的热动力沉降作用可能发生反转,使盆地边缘抬升或整体反弹。俯冲板片的浮力是密度较高的大洋岩石圈俯冲导致弧前地区岩石圈密度增大而派生的使弧前盆地整体沉降的一种作用(Codie,1997)。盆地基底的伸展沉降主要源于弧前地区的伸展作用,其主要表现在具有高俯冲角度的弧前盆地(Dickinson,1995;Kimura,1985),并在盆地的早期发育阶段起重要作用(Uyeda,1982;Simandjuntak,1980)。由于火山岛弧的迁移主要受板块俯冲角度、速率变化的控制(Codie,1997),因此弧前盆地一般是朝着沉降速率降低的方向发展(张传恒,1998)。

　　Sigurdsson等(1980)认为弧前盆地主要发育与岛弧相关的砂岩、页岩和砾岩碎屑沉积组合,并有部分火山碎屑沉积和凝灰质沉积。这些沉积物主要沿岛弧一侧分布(Morris and Busby-Spera,1988)。同时沿盆地基底构造隆起及邻近岛弧带区域也发育生物礁或碳酸盐岩沉积。此外,处于热带气候条件下的弧前盆地,碳酸盐礁滩和相关斜坡相的浊积岩体可在盆地边缘发育,盆地内部主要为钙质锰结核和半远洋碎屑沉积物(Beaudry and Moore,1985)。在与洋内岛弧相关的弧前盆地中,则发育以泥灰岩和火山碎屑岩为主的沉积组合(Exon,1988;Marlow,1988)。弧前盆地的物源主要有三种:岛弧、增生楔和部分造山带或相邻大陆的纵向供给。通常情况下,弧前盆地内的砂岩富含火山岩屑和斜长石(Dickinson et al.,1983;Dickinson and Valloni,1980;Dickinson,1974)。岛弧隆升的分割程度影响着弧前盆地的砂岩类型及其组成特征。区域的构造抬升和剥蚀作用,使增生楔也为弧前盆地提供部分再旋回碎屑沉积与蛇绿岩沉积物(Lash,1985)。

　　闫臻等(2008)指出,弧前盆地沉积相自下而上依次为深海相浊积岩、浅海相和陆相沉积组合,以加利福尼亚大裂谷弧前盆地最为典型(Ingersoll,1978)。通常情况下,粗碎屑沉积主要分布于盆地的边缘,具有近源沉积的特征,为海底扇或河流三角洲水道沉积。海沟和火山岛弧的迁移使盆地沉积中心也不断发生变化,因而增加了盆地内浅海沉积和浊流沉积组合样式的复杂性(Beaudry and Moore,1985)。随着增生楔规模的加大,弧前盆地沉积相组合逐渐发展为以浅海相和三角洲相为主。当弧前盆地物源供给充足时,河流相、三角洲相及浊积扇由岛弧一侧向增生楔一侧发生侧向或纵向推进(Heller and Dickinson,1985;Cherven,1983)。同时,基底构造隆起和断裂使弧前发育成多个"半地堑式"的次级盆地,扇三角洲和浊积扇沉积沿着或垂直于沟-弧盆体系的走向分布(Smith and Busby,1993)。

　　4. 印缅造山带

　　印缅造山带(Indo-Burman Ranges)位于印度、缅甸与孟加拉邻区沿那加(Naga)山、曼尼普尔(Manipur)山、钦(Chill)山及若开(Arakan)山呈近南北向展布,前人多将其定义为孟加拉盆地洋壳东向俯冲形成的增生楔(Acharyya et al.,1990,1986;Nandy,1986),或被称为若开山—钦山—那加山褶皱带(Hutchison,1996)、若开山脉(Acharyya et al.,1986),向南延伸至安达曼群岛和尼科巴群岛。王宏等(2012)指出印缅造山带由西向东大致可以分为两个岩石地质单元:西印缅造山带主要为古近纪复理石建造,发育大量早始新世和少量晚白垩世的泥岩与远洋灰岩,其西侧边界为一系列近南北向填充新近系磨拉石沉积物的褶皱带,岩层以强烈褶皱逆冲变形为特征,叠瓦构造和逆冲推覆构造发育。在北部那加山和曼尼普尔山地区,晚侏罗世—中始新世放射虫硅质岩、含放射虫和有孔虫灰岩与蛇绿岩紧密共生,具混杂岩特征(Acharyya,2007;Acharyya et al.,1986)。南部若开海岸山脉带核部出露有三叠纪变质基底(Socquet et al.,2002)。结合带西缘的白垩纪—渐新世增生楔杂岩限定了孟加拉盆地的东界。东印缅造山带主要为巨厚的三叠纪和始新世—渐新世复理石建造及白垩纪—古新世远洋沉积。沿东部边界那加断裂系南北延伸约1500 km,整个断裂带都有蛇绿岩分布,伴生从晚侏罗世到早始新世的含放射虫的燧石条带和含有孔虫的灰岩与枕状玄武岩,是区内发育最完整的蛇绿混杂岩带(Mitchell et al.,2007;Acharyya et al.,1989)。这条蛇绿岩带通常被解释成东印度板块与西缅地块的缝合带(Sarma,2010;Acharyya et al.,1986;Mitchell,1981),由于晚中生代以来印度板块洋壳对西缅地块西缘的持续俯冲作用,由洋壳刮落物质增生所形成(Curray,2005,1979;Pal et al.,2003;Mukhopadhyay and Dasgupta,1988)。该带代表了一条经历过强烈造山作用的构造带,表现为复理石单元的大规模逆掩冲断和紧闭的褶皱,褶皱轴面及冲断面一般向东倾斜,总体走向变动于北北东—北南—北东走向(王宏 等,2012)。区域出露的罕见的砂质和海底孔虫类,植物碎屑和生物洞穴结构,指示岩石沉积环境为浅海-三角洲(Sengupta et al.,1990;Acharyya et al,1986)。

现今普遍认为印缅造山带是由于印度板块洋壳东向俯冲形成的增生楔,东西向分为两个时期,西部为新近系增生楔,东部为古近系增生楔。但关于造山带上发育的古近系浊积岩和东印缅造山带发现的外来岩体,以及印度板块与欧亚板块碰撞前的沉积物属性,很难得到较好的解释,因此关于印缅造山带是增生楔的观点也产生了较大分歧。

Acharyya(1998)将现今的俯冲带置于西缅地块增生楔构造带西侧的孟加拉前渊或深盆中,这自然是俯冲带的变形前缘,虽然下伏地壳和岩石圈没有进一步往东迅速抬升(Mukhopadhyay and Dasgupta,1988)。Kieckhefer 等(1981)认为印缅造山带下伏包括超镁铁质岩石混杂岩,或者陆壳(Baber et al.,2005;Acharyya et al.,1990;Hutchison,1989;Sengupta et al.,1987;Kieckhefer et al.,1981)赞同印缅造山带下伏陆壳的说法,并在东印缅造山带蛇绿岩混杂岩带中找到陆壳熔融物质和变质岩,如石英质云母片岩、石榴石云母片岩、黑云母-石墨片岩等。Socquet 等(2002)在东印缅山脉结合带找到了因俯冲高压作用形成的蓝闪石相高压低温变质岩石群,认为这是识别古海沟带的标志,指示在印缅造山带和西缅地块之间曾发生过一次洋壳的俯冲,大量高压变质岩相在俯冲海沟带形成,新生的蛇绿岩和远洋沉积物在逆冲构造作用下推覆到印缅山脉并残留。

印缅造山带蛇绿岩体分布(158 ± 20)Ma 的晚中生代年龄(Mitchell,1981),并经构造作用掩盖了早期陆壳沉积的三叠系复理石沉积,其间呈角度不整合接触,指示早白垩世的增生作用(Mitchell et al.,2004;Mitchell,1993)。这些蛇绿岩包含指示洋中脊和岛弧物质的拉斑玄武岩和碱性火山岩,推测晚侏罗世前,西缅地块西部洋壳洋-洋俯冲形成了洋盆和火山岛弧,并于早白垩世向西缅地块俯冲,过程中刮落残留堆积形成。

参 考 文 献

丛峰,林仕良,谢韬,等,2010.滇西腾冲-梁河地区花岗岩锆石稀土元素组成和U-Pb同位素年龄[J].吉林大学学报(地球科学报),40(3):573-580.

郭令智,马瑞士,施央申,等,1998.论西太平洋活动大陆边缘中-新生代弧后盆地的分类和演化[J].成都理工学院学报,25(2):28-38.

侯增谦,杨岳清,曲晓明,等,2004.三江地区义敦岛弧造山带演化和成矿系统[J].地质学报,78(1):109-120.

黄宝春,陈军山,易治宇,等,2010.再论印度与亚洲大陆何时何地发生初始碰撞[J].地球物理学报,53(9):2045-2058.

江万,莫宣学,赵崇贺,等,1999.青藏高原冈底斯带中段花岗岩类及其中铁镁质微粒包体地球化学特征[J].岩石学报,15(1):89-97.

李大伟,李德生,陈长民,等,2007.深海扇油气勘探综述[J].中国海上油气,19(1):18-24.

李海平,张满社,1995.西藏桑日地区桑日群火山岩石地球化学特征[J].西藏地质(1):84-92.

李再会,林仕良,丛峰,等,2012.滇西腾冲-梁河地块石英闪长岩-二长花岗岩锆石U-Pb年龄,Hf同位素特征及其地质意义[J].地质学报,86(7):1047-1062.

刘树根,李智武,刘顺,等,2006.大巴山前陆盆地-冲断带的形成演化[M].北京:地质出版社.

莫宣学,潘桂棠,2006.从特提斯到青藏高原形成:构造-岩浆事件的约束[J].地学前缘,13(6):43-51.

莫宣学,董国臣,赵志丹,等,2005.西藏冈底斯带花岗岩的时空分布特征及地壳生长演化信息[J].高校地质学报,11(3):281-290.

莫宣学,赵志丹,周肃,等,2007.印度-亚洲大陆碰撞的时限[J].地质通报,26(10):1240-1244.

潘桂棠,王立全,李荣社,等,2012.多岛弧盆系构造模式:认识大陆地质的关键[J].沉积与特提斯地质,32(3):1-20.

彭勇民,潘桂棠,罗建宁,1999.弧后盆地火山-沉积特征[J].岩相古地理,19(5):65-72.

戚学祥,朱路华,胡兆初,等,2011.青藏高原东南缘腾冲早白垩世岩浆岩锆石SHRIMP U-Pb定年和Lu-Hf同位素组成及其构造意义[J].岩石学报,27(11):3409-3421.

王成善,李祥辉,胡修棉,2003.再论印度-亚洲大陆碰撞的启动时间[J].地质学报,77(1):16-24.

王宏,林方成,李兴振,等,2012.缅甸中北部及邻区构造单元划分及新特特斯构造演化[J].中国地质,39(4):912-922.

肖序常,1988.喜马拉雅岩石圈构造演化[M].北京:地质出版社.

谢韬,林仕良,丛峰,等,2010.滇西梁河地区钾长花岗岩锆石LA-ICP-MS U-Pb定年及其地质意义[J].大地构造与成矿学,34(3):419-428.

许靖华,1979.弧后盆地[J].海洋学报(中文版),1(2):243-251.

许靖华,崔可锐,施央申,1994.一种新型的大地构造相模式和弧后碰撞造山[J].南京大学学报(自然科学版),30(3):381-389.

闫臻,王宗起,李继亮,等,2008.造山带沉积盆地构造原型恢复[J].地质通报,27(12):2001-2014.

杨经绥,许志琴,张建新,等,2009.中国主要高压-超高压变质带的大地构造背景及俯冲/折返机制的探讨[J].岩石学报,25(7):1529-1560.

张传恒,张世红,1998.弧前盆地研究进展综述[J].地质科技情报,17(4):1-7.

张宏飞,徐旺春,郭建秋,等,2007.冈底斯印支期造山事件:花岗岩类锆石U-Pb年代学和岩石成因证据[J].地球科学(中国地质大学学报),32(2):155-166.

朱弟成,潘桂棠,莫宣学,等,2004.印度大陆和欧亚大陆的碰撞时代[J].地球科学进展,19(4):564-571.

朱弟成,莫宣学,赵志丹,等,2009.西藏南部二叠纪和早白垩世构造岩浆作用与特提斯演化:新观点[J].地学前缘,

16(2):1-20.

朱弟成,赵志丹,牛耀龄,等,2011.西藏拉萨地块过铝质花岗岩中继承锆石的物源区示踪及其古地理意义[J].岩石学报,27(7):1917-1930.

ACHARYYA S K,1998. Break-up of the Greater Indo-Australian Continent and accretion of blocks framing South and East Asia[J]. Journal of geodynamics,26(1):149-170.

ACHARYYA S K,2007. Collisional emplacement history of the Naga-Andaman ophiolites and the position of the Eastern Indian suture[J]. Journal of Asian earth sciences,29(2/3):229-242.

ACHARYYA S K,2010. Tectonic evolution of Indo-Burma range with special reference to Naga-Manipur Hills[J]. Memoir geological society of India,75:25-43.

ACHARYYA S K,2015. Indo-Burma Range:a belt of accreted microcontinents, ophiolites and Mesozoic-Paleogene flyschoid sediments[J]. International journal of earth sciences,104(5):1235-1251.

ACHARYYA S K,ROY D K,GHOSH S C,1986. Stratigraphy and emplacement history of the Naga Hills ophiolite, Northern Indo-Burmese Range[C]//Micropaleontology and stratigraphy, bulletin of the geological, mining and metallurgical society of India Orléan:BRGM,54:1-17.

ACHARYYA S K,RAY K K,ROY D K,1989. Tectono-stratigraphy and emplacement history of the ophiolite assemblage from the Naga Hills and Andaman Island-arc,India[J]. Journal of the geological society of India,33(1): 4-18.

ACHARYYA S K,RAY K K,SENGUPTA S,1990. Tectonics of the ophiolite belt from Naga Hills and Andaman Islands,India[J]. Journal of earth system science,99(2):187-199.

ACTON G D,1999. Apparent polar wander of India since the Cretaceous with implications for regional tectonics and true polar wander[J]. Memoir geological society of India,44:129-175.

AIKMAN A B,HARRISON T M,LIN D,2008. Evidence for early (> 44 Ma) Himalayan crustal thickening,Tethyan Himalaya,Southeastern Tibet[J]. Earth and planetary science letters,274(1):14-23.

AITCHISON J C,ALI J R,DAVIS A M,2007. When and where did India and Asia collide? [J]. Journal of geophysical research:solid earth,112(B5):51-70.

ALAM M,1997. Budgetary process in uncertain contexts:a study of state-owned enterprises in Bangladesh[J]. Management accounting research,8(2):147-167.

ALAM M M,1995. Tide-dominated sedimentation in the upper Tertiary succession of the Sitapahar anticline, Bangladesh[M]//FLEMMING B W, BARTHOLOMÄ A. Tidal signatures in modern and ancient sediments, Oxford:Blackwell Publishing Limited:329-341.

ALAM M,ALAM M M,CURRAY J R,et al.,2003. An overview of the sedimentary geology of the Bengal Basin in relation to the regional tectonic framework and basin-fill history[J]. Sedimentary geology,155(3):179-208.

ALLÉGRE C J,COURTILLOT V, TAPPONNIER P, et al.,1984. Structure and evolution of the Himalaya-Tibet orogenic belt[J]. Nature,307(5946):17-22.

ALLEN P A,ALLEN J R,2005. Basin analysis:principles and applications[M]. 2nd ed. Oxford:Blackwell Publishing Limited:549.

ALLEN R M,NOLET G,MORGAN W J,et al.,1999. The thin hot plume beneath Iceland[J]. Geophysical journal international,137(1):51-63.

ALLMENDINGER R W,HAUGE T A,HAUSER E C,et al.,1987a. Overview of the COCORP 40°N transect,western United States:the fabric of an orogenic belt[J]. Geological society of America bulletin,98(3):308-319.

ALLMENDINGER R W, NELSON K D, POTTER C J, et al.,1987b. Deep seismic reflection characteristics of the continental crust[J]. Geology,15(4):304-310.

AMPAIWAN T, HISADA K I, CHARUSIRI P,2009. Lower Permian glacially influenced deposits in Phuket and adjacent islands,peninsular Thailand[J]. Island arc,18(1):52-68.

AMPFERER O,1906. Über das Bewegungsbild von Faltengebirgen[J]. Kaiserlichkön geological reichs(Wien),106: 539-622.

APPEL E,RöSLER W,CORVINUS G,1991. Magnetostratigraphy of the Miocene-Pleistocene Surai Khola Siwaliks in West Nepal[J]. Geophysical journal international,105(1):191-198.

ARGLES T W,PRINCE C I,FOSTER G L,et al.,1999. New garnets for old? Cautionary tales from young mountain belts[J]. Earth and planetary science letters,172(3/4):301-309.

AUDLEY-CHARLES M G,1988. Evolution of the southern margin of Tethys (North Australian region) from early Permian to late Cretaceous[J]. Geological society,London,special publications,37(1):79-100.

BACHMAN S B,LEWIS S D,SCHWELLER W J,1983. Evolution of a forearc basin,Luzon Central Valley,Philippines[J]. American association of petroleum geologists bulletin,67(7):1143-1162.

BAKHTINE M I,1966. Major tectonic features of Pakistan,Part II,the Eastern Province[J]. Science and industry, 4(2):89-100.

BAKSI A K,BARMAN T R,PAUL D K,et al.,1987. Widespread early Cretaceous flood basalt volcanism in eastern india:geochemical data from the Rajmahal-Bengal-Sylhet Traps[J]. Chemical geology,63(1/2):133-141.

BALLY A W,1975. A geodynamic scenario for hydrocarbon occurrences [C]//Ninth World Petroleum Congress. England:Applied Science Publishers Ltd.:1-7.

BALLY A W,1981. Thoughts on the tectonics of folded belts[J]. Geological society,special publications,9(1):13-32.

BALLY A W,1984. Structural styles and the evolution of sedimentary basins[M]. American association of petroleum geologists short course:238.

BALLY A W,SNELSON S,1980. Realms of subsidence[M]//MIALL A D. Facts and principles of worid petroleum occurrence. Canadian society of petroleum geologists memoir,6:9-94.

BANERGEE B,SENGPTA J,BANERGEE P K,1995. Signals of Barremian (116 Ma) or younger oceanic crust beneath the Bay of Bengal along 14°N latitude between 81°E and 93°E[J]. Marine geology,128(1):17-23.

BANNERT D,HELMCKE D,1981. The evolution of the Asian plate in Burma[J]. Geologische rundschau,70(2):446-458.

BARBER A J,CROW M J,2009. Structure of sumatra and its implications for the tectonic assembly of Southeast Asia and the destruction of Paleotethys[J]. Island arc,18(1):3-20.

BARBER A J,CROW M J,MILSOM J,2005. Sumatra:geology,resources and tectonic evolution[M]//Geological society of london memoirs 31. London:Geological Society of London:234-259.

BARLEY M E,PICKARD A L,ZAW K,et al.,2003. Jurassic to Miocene magmatism and metamorphism in the Mogok metamorphic belt and the India-Eurasia collision in Myanmar[J]. Tectonics,22(3):4-1.

BASTIA R,2006. Indian sedimentary basins with special focus on emerging east coast deep water frontiers [J]. The leading edge,14(8):839-845.

BASTIA R,RADHAKRISHNA M,2010a. Structural and tectonic interpretation of geophysical data along the Eastern Continental Margin of India with special reference to the deep water petroliferous basins [J]. Journal of Asian earth sciences,39(6):608-619.

BASTIA R,DAS S,RADHAKRISHNA M,2010b. Pre- and post-collisional depositional history in the upper and middle Bengal Fan and evaluation of deepwater reservoir potential along the Northeast Continental Margin of India[J]. Marine and petroleum geology,27(9):2051-2061.

BASTIA R, RADHAKRISHNA M, DAS S, et al.,2010c. Delineation of the 85°E ridge and its structure in the Mahanadi Offshore Basin,Eastern Continental Margin of India (ECMI), from seismic reflection imaging[J]. Marine and petroleum geology, 27(9):1841-1848.

BEAUDRY D,MOORE G F,1985. Seismic stratigraphy and Cenozoic evolution of West Sumatra Forearc Basin[J]. American association of petroleum geologists bulletin,69(5):742-759.

BEAUMONT C,1981. Foreland basins[J]. Geophysical journal international,65(2):291-329.

BECK S L,ZANDT G,2002. The nature of orogenic crust in the central Andes[J]. Journal of geophysical research: solid earth,107(B10):223.

BERTRAM C J,ELDERFIELD H,1993. The geochemical balance of the rare earth elements and neodymium isotopes in the oceans[J]. Geochimica et cosmochimica acta,57(9):1957-1986.

BERTRAND G, RANGIN C, 2003. Tectonics of the western margin of the Shan plateau (central Myanmar): implication for the India-Indochina oblique convergence since the Oligocene[J]. Journal of Asian earth sciences, 21(10):1139-1157.

BHARGAVA O N,1995. The Bhutan Himalaya,a geological account[R]. Bengaluru:Geological Survey of India.

BILHAM R,ENGLAND P,2001. Plateau 'pop-up' in the Great 1897 Assam Earthquake[J]. Nature,410(6830): 806-809.

BIRD J M,ISACKS B,1972. Plate tectonics:selected papers from the Journal of Geophysical Research[R]. Washington D. C. :American Geophysical Union.

BLUNDELL D, FREEMAN R, MUELLER S, 1992. A continent revealed[M]. Cambridge:Cambridge University Press:275.

BOGGS JR S,KWON Y I,GOLES G G,et al.,2002. Is quartz cathodoluminescence color a reliable provenance tool? A quantitative examination[J]. Journal of sedimentary research,72(3):408-415.

BOOTH A L, ZEITLER P K, KIDD W S F, et al., 2004. U-Pb zircon constraints on the tectonic evolution of Southeastern Tibet,Namche Barwa Area[J]. American journal of science,304(10):889-929.

BOTT M H P, 1982. Interior of the earth:its structure,constitution and evolution[M]. 2nd ed. London:Edward Arnold:403.

BOUILHOL P,JAGOUTZ O,HANCHAR J M,et al.,2013. Dating the India-Eurasia collision through arc magmatic records[J]. Earth and planetary science letters,366(2):163-175.

BOUMA A H,KUENEN P H,SHEPARD F P,1962. Sedimentology of some flysch deposits:a graphic approach to facies interpretation[M]. Holand:Elsevier.

BROZOVIC N,BURBANK D W,2000. Dynamic fluvial systems and gravel progradation in the Himalayan foreland[J]. Geological society of America bulletin,112(3):394-412.

BRUNNSCHWEILER R O,1966. On the geology of the Indoburman ranges[J]. Australian journal of earth sciences, 13(1):137-194.

BRUNNSCHWEILER R O, 1974. Indoburman ranges[J]. Geological society, London, special publications, 4(1): 279-299.

BURBANK D W,BECK R A,MULDER T,1996. The Himalayan foreland basin[J]. World and regional geology: 149-190.

BURCHFIEL B C,1993. Tectonic evolution of the Tibetan Plateau and adjacent regions[J]. Geological society of America abstracts with programs,25(6):39.

BURCHFIEL B C,DAVIS G A,1972. Structural framework and evolution of the southern part of the Cordilleran orogen,western United States[J]. American journal of science,272(2):97-118.

BURCHFIEL B C,ZHILIANG C,HODGES K V,et al.,1992. The South Tibetan detachment system,Himalayan orogen:extension contemporaneous with and parallel to shortening in a collisional mountain belt[J]. Geological society of America,special papers,269:1-41.

CARTER A,NAJMAN Y,BAHROUDI A,et al.,2010. Locating earliest records of orogenesis in Western Himalaya: evidence from Paleogene sediments in the Iranian Makran region and Pakistan Katawaz Basin[J]. Geology,38(9): 807-810.

CATLOS E J,HARRISON T M,KOHN M J,et al.,2001. Geochronologic and thermobarometric constraints on the evolution of the Main Central Thrust, central Nepal Himalaya[J]. Journal of geophysical research: solid earth, 106 (B8):16177-16204.

CHAPPELL BW, WHITE A J R, 1974. Two contrasting granite types[J]. Pacific geology, 8(2):173-174.

CHARUSIRI P, CLARK A H, FARRAR E, et al., 1993. Granite belts in Thailand: evidence from the $^{40}Ar/^{39}Ar$ geochronological and geological syntheses[J]. Journal of Asian earth sciences, 8(1/4):127-136.

CHAUBEY A K, RAMANA M V, SARMA K, et al., 1991. Marine geophysical studies over the 85°E Ridge, Bay of Bengal[C]//First International Seminar and Exhibition on exploration Geophysics in 1990s, held at Hyderabad, India:25-30.

CHEMENDA A I, BURG J P, MATTAUER M, 2000. Evolutionary model of the Himalaya-Tibet system: geopoem: based on new modelling, geological and geophysical data[J]. Earth and planetary science letters, 174(3):397-409.

CHEN W P, MOLNAR P, 1981. Constraints on the seismic wave velocity structure beneath the Tibetan Plateau and their tectonic implications[J]. Journal of geophysical research: solid earth, 86(B7):5937-5962.

CHEN W P, MOLNAR P, 1990. Source parameters of earthquakes and intraplate deformation beneath the Shillong Plateau and the Northern Indoburman Ranges[J]. Journal of geophysical research: solid earth, 95(B8):12527-12552.

CHEN J S, HUANG B C, SUN L S, 2010. New constraints to the onset of the India-Asia collision: Paleomagnetic reconnaissance on the Linzizong Group in the Lhasa Block, China[J]. Tectonophysics, 489(1/4):189-209.

CHERVEN V B, 1983. A delta-slope-submarine fan model for Maestrichtian part of Great Valley Sequence, Sacramento and San Joaquin basins, California[J]. American association of petroleum geologists bulletin, 67(5):772-816.

CHIROUZE F, HUYGHE P, VAN DER BEEK P, et al., 2013. Tectonics, exhumation, and drainage evolution of the Eastern Himalaya since 13 Ma from detrital geochemistry and thermochronology, Kameng River Section, Arunachal Pradesh[J]. Geological society of America bulletin, 125(3/4):523-538.

CHIU H Y, CHUNG S L, WU F Y, et al., 2009. Zircon U-Pb and Hf isotopic constraints from Eastern Transhimalayan batholiths on the precollisional magmatic and tectonic evolution in Southern Tibet[J]. Tectonophysics, 477(1):3-19.

CHU M F, CHUNG S L, SONG B, et al., 2006. Zircon U-Pb and Hf isotope constraints on the Mesozoic tectonics and crustal evolution of Southern Tibet[J]. Geology, 34(9):745-748.

CHUNG S L, CHU M F, ZHANG Y, et al., 2005. Tibetan tectonic evolution inferred from spatial and temporal variations in post-collisional magmatism[J]. Earth-science reviews, 68(3):173-196.

CLIFT P D, SHIMIZU N, LAYNE G D, et al., 2001. Development of the Indus Fan and its significance for the erosional history of the Western Himalaya and Karakoram[J]. Geological society of America bulletin, 113(8):1039-1051.

CLOETINGH S, 1988. Intraplate stresses: a new element in basin analysis[M]//KLEINSPE HN KL, PAOLA C. New perspectives in basin analysis. New York: Springer:205-230.

COBBING E J, MALLICK D I J, PITFIELD P E J, et al., 1992. The granites of the Southeast Asian Tin Belt[J]. Journal of the geological society, 143(3):537-550.

COFFIN M F, ELDHOLM O, 1992. Volcanism and continental break-up: a global compilation of large igneous provinces[J]. Geological society, London, special publications, 68(1):17-30.

COGLEY J G, HENDERSON-SELLERS A, 1984. Effects of cloudiness on the high-latitude surface radiation budget[J]. Monthly weather review, 112(5):1017-1032.

CONDIE K C, 1997. Plate tectonics and crustal evolution[M]. New York: Pergamon Press.

COOK F A, CLOWES R M, ZELT C A, et al., 1995. The Southern Canadian Cordillera transect of lithoprobe: introduction[J]. Canadian journal of earth sciences, 32(10):1483-1484.

COOMBS D S, LANDIS C A, NORRIS R J, et al., 1976. The Dun mountain ophiolite belt, New Zealand, its tectonic setting, constitution, and origin, with special reference to the southern portion[J]. American journal of science, 276(5):561-603.

COULON C, MALUSKI H, BOLLINGER C, et al., 1986. Mesozoic and cenozoic volcanic rocks from central and

Southern Tibet: ^{39}Ar-^{40}Ar dating, petrological characteristics and geodynamical significance[J]. Earth and planetary science letters, 79(3/4): 281-302.

COX A, 1973. Plate Tectonics and Geomagnetic Reversals[M]. San Francisco: W. H. Freeman and Company: 702.

CRITELLI S, GARZANTI E, 1994. Provenance of the lower Tertiary Murree redbeds (Hazara-Kashmir Syntaxis, Pakistan) and initial rising of the Himalayas[J]. Sedimentary geology, 89(3/4): 265-284.

CRITELLI S, MARSAGLIA K M, BUSBY C J, 2002. Tectonic history of a Jurassic backarc-basin sequence (the Gran Canon Formation, Cedros Island, Mexico), based on compositional modes of tuffaceous deposits[J]. Geological society of America bulletin, 114(5): 515-527.

CURRAY J R, 1979. Tectonics of the Andaman sea and Burma[J]. American association of petroleum geologists memior, 29: 189-198.

CURRAY J R, 1994. Sediment volume and mass beneath the Bay of Bengal[J]. Earth and planetary science letters, 125(1/4): 371-383.

CURRAY J R, 2005. Tectonics and history of the Andaman Sea region[J]. Journal of Asian earth sciences, 25(1): 187-232.

CURRAY J R, MOORE D G, 1971. Growth of the Bengal deep-sea fan and denudation in the Himalayas[J]. Geological society of America bulletin, 82(3): 563-572.

CURRAY J R, MOORE D G, 1974. Sedimentary and tectonic processes in the Bengal deep-sea fan and geosyncline [M]//BURK CA, DRAKE CL. The geology of continental margins. Berlin Heidelberg: Springer: 617-627.

CURRAY J R, MUNASINGHE T, 1991. Origin of the Rajmahal Traps and the 85°E Ridge: Preliminary reconstructions of the trace of the Crozet hotspot[J]. Geology, 19(19): 1237-1240.

CURRAY J R, SHOR JR G G, RAITT R W, et al., 1977. Seismic refraction and reflection studies of crustal structure of the eastern Sunda and western Banda arcs[J]. Journal of geophysical research, 82(17): 2479-2489.

CURRAY J R, EMMEL F J, MOORE D G, et al., 1982. Structure, tectonics, and geological history of the northeastern Indian ocean[M]//NAIRN A E M, STEHLIFG. The Ocean Basins and Margins. New York: Springer: 399-450.

CURRAY J R, EMMEL F J, MOORE D G, 2003. The Bengal Fan: morphology, geometry, stratigraphy, history and processes[J]. Marine and petroleum geology, 9(10): 1191-1223.

DARBYSHIRE D P F, BEER K E, 1988. Rb-Sr age of the Bennachie and Middleton granites, Aberdeenshire[J]. Scottish journal of geology, 24(2): 189-193.

DASGUPTA S, NANDY D R, 1995. Geological framework of the Indo-Burmese convergent margin with special reference to ophiolite emplacement[J]. Indian journal of geology, 67(2): 110-125.

DAVIS A M, AITCHISON J C, BADENGZHU, et al., 2004. Conglomerates record the tectonic evolution of the Yarlung-Tsangpo suture zone in Southern Tibet[J]. Geological society, London, special publications, 226(1): 235-246.

DE SIGOYER J, CHAVAGNAC V, BLICHERT-TOFT J, et al., 2000. Dating the Indian continental subduction and collisional thickening in the northwest Himalaya: multichronology of the Tso Morari eclogites[J]. Geology, 28(6): 487-490.

DEBON F, LE F P, SHEPPARD S M F, et al., 1986. The four plutonic belts of the Transhimalaya-Himalaya: a chemical, mineralogical, isotopic, and chronological synthesis along a Tibet-Nepal section[J]. Journal of petrology, 27(1): 219-250.

DEBON F, LEFORT P, DANTEL D, et al., 1987. Plutonism in western Karakoram and the Northern Kohistan (Pakistan): a composite Mid-Cretaceous to Upper Cenozoic magmatism[J]. Lithos, 20(1): 19-40.

DECELLES P G, GILES K A, 1996. Foreland basin systems[J]. Basin research, 8(2): 105-123.

DECELLES P G, GEHRELS G E, QUADE J, et al., 1998a. Eocene-early Miocene foreland basin development and the history of Himalayan thrusting, Western and Central Nepal[J]. Tectonics, 17(5): 741-765.

DECELLES P G,GEHRELS G E,QUADE J,et al.,1998b. Neogene foreland basin deposits,erosional unroofing,and the kinematic history of the Himalayan fold-thrust belt,western Nepal[J]. Geological society of America bulletin, 110(1):2-21.

DECELLES P G,ROBINSON D M,QUADE J,et al.,2001. Stratigraphy,structure,and tectonic evolution of the Himalayan fold-thrust belt in Western Nepal[J]. Tectonics,20(4):487-509.

DECELLES P G,GEHRELS G E,NAJMAN Y,et al.,2004. Detrital geochronology and geochemistry of Cretaceous-Early Miocene strata of Nepal:implications for timing and diachroneity of initial Himalayan orogenesis[J]. Earth and planetary science letters,227(3/4):313-330.

DESA M,RAMANA M V,RAMPRASAD T,2006. Seafloor spreading magnetic anomalies south of Sri Lanka[J]. Marine geology,229(3):227-240.

DESA M,RAMANA M V,RAMPRASAD T,2009. Evolution of the Late Cretaceous crust in the equatorial region of the Northern Indian Ocean and its implication in understanding the plate kinematics[J]. Geophysical journal international,177(3):1265-1278.

DESIKACHAR S V,1974. A review of the tectonic and geological history of eastern India in terms of 'plate tectonics' theory[J]. Jouranal of geological society of India,15(2):137-149.

DEWEY J F,BIRD J M,1970. Plate tectonics and geosynclines[J]. Tectonophysics,10(5/6):625-638.

DEWEY J F,CANDE S,PITMAN W C,1989. Tectonic evolution of the India/Eurasia collision zone[J]. Eclogae geologicae helvetiae,82(3):717-734.

DICKINSON W R,1970. Relations of andesites,granites,and derivative sandstones to arc-trench tectonics[J]. Reviews of geophysics,8(4):813-860.

DICKINSON W R,1974. Tectonics and sedimentation[M]. Society of economic paleontologists and mineralogists, special publication,22:1-27.

DICKINSON W R,1995. Forearc basins[M]//BUSBY C J,INGERSOLL R V. Tectonics of sedimentary basins. Cambridge:Blackwell Science:221-261.

DICKINSON W R,SEELY D R,1979. Structure and stratigraphy of forearc regions[J]. American association of petroleum geologists bulletin,63(1):2-31.

DICKINSON W R,VALLONI R,1980. Plate settings and provenance of sands in modern ocean basins[J]. Geology,8 (2):82-86.

DICKINSON W R,BEARD L S U E,BRAKENRIDGE G R,et al.,1983. Provenance of North American Phanerozoic sandstones in relation to tectonic setting[J]. Geological society of America bulletin,94(2):222-235.

DING L,2003. Cenozoic Volcanism in Tibet:Evidence for a Transition from Oceanic to Continental Subduction[J]. Journal of petrology,44(10):1833-1865.

DING L,KAPP P,WAN X Q,2005. Paleocene-Eocene record of ophiolite obduction and initial India-Asia collision, south central Tibet[J]. Tectonics,24(3):1-23.

DOGRA N N,SINGH R Y,MISRA P S,1985. Palyonology of Dharmsala beds,Himachal Pradesh[J]. Journal of palaentological society of India,30:63-77.

DUNCAN R A,HARGRAVES R B,1984. Plate tectonic evolution of the Caribbean region in the mantle reference frame[J]. Geological society of America memoirs,162(12):81-93.

DUPONT-NIVET G,LIPPERT P C,HINSBERGEN D J J V,et al.,2010. Paleolatitude and age of the Indo-Asia collision:paleomagnetic constraints[J]. Geophysical journal international,182(3):1189-1198.

DUROY Y,FARAH A,LILLIE R J,1989. Subsurface densities and lithospheric flexure of the Himalayan foreland in Pakistan[J]. Geological society of America,special papers,232:217-236.

DZIEWONSKI A M,ANDERSON D L,1981. Preliminary reference Earth model[J]. Physics of the earth and planetary interiors,25(4):297-356.

EINSELE G,RATSCHBACHER L,WETZEL A,1996. The Himalaya-Bengal Fan denudation-accumulation system during the past 20 Ma[J]. The journal of geology,104(2):163-184.

ELAHI K M,1988. Socio economic impact of flood and coexistence with flood,Bangladesh[M]//ELAHI K M, RAIHAN SHRIF A H M, ABUL KALAM A K M. Geography,Environment and Development. Dhaka:Bangladesh National Geographical Association:55-67.

EMMEL F J,CURRAY J R,1985. Bengal Fan,Indian Ocean[M]//ARNOLO H B,WILLIAM R N,NEAL E B. Submarine Fans and Related Turbidite Systems. New York:Springer:107-112.

ERNST W G,1970. Tectonic contact between the Franciscan mélange and the Great Valley sequence-Crustal expression of a late Mesozoic Benioff zone[J]. Journal of geophysical research,75(5):886-901.

EVANS P,1932. Tertiary succession in Assam[J]. Transitions of mining and geological institute of India,27(3): 155-260.

EXON N F,MARLOW M S,1988. Geology and Offshore Resource Potential of the New Ireland-Manus Region: A Synthesis[M]//MARLOW M S,DADISMAN S V,EXON N F. Geology and offshore resources of Pacific island arcs:New Ireland and Manus region, Pupua New Guinea, Circum-Pacific Council for Energy and Mineral Resources Earth Science Series,9. Houston:Circum-Pacific Council for Energy and Mineral Resources:241-262.

FALVEY D A,1974. The development of continental margins in plate tectonics theory[J]. Association for petroleum and explosives administration journal,14(1):95-106.

FEIN J B,JURDY D M,1986. Plate motion controls on back-arc spreading[J]. Geophysical research letters,13(5):456-459..

FISHER R V,1984. Submarine volcaniclastic rocks[J]. Geological society,London,special publications,16(1):5-27.

FLEMINGS P B,JORDAN T E,1989. A synthetic stratigraphic model of foreland basin development[J]. Journal of geophysical research:solid earth,94(B4):3851-3866.

FLEMINGS P B,JORDAN T E,1990. Stratigraphic modeling of foreland basins:interpreting thrust deformation and lithosphere rheology[J]. Geology,18(5):430-434.

FRANCE-LANORD C,DERRY L,MICHARD A,1993. Evolution of the Himalaya since Miocene time:isotopic and sedimentological evidence from the Bengal Fan[J]. Geological society,London,special publications,74(1):603-621.

FRANKLIN J M,LYDON J W,SANGSTER D F,1981. Volcanic-associated massive sulfide deposits[J]. Economic geology,75:485-627.

FREY F A,COFFIN M F,WALLACE P J,et al.,2000. Origin and evolution of a submarine large igneous province:the Kerguelen Plateau and Broken Ridge,Southern Indian Ocean[J]. Earth and planetary science letters,176(1):73-89.

FRISCH W,MESCHEDE M,BLAKEY R C,2011. Plate tectonics:continental drift and mountain building[M]. Berlin Heidelberg:Springer:1-212.

FULLSACK P,1995. An arbitrary Lagrangian-Eulerian formulation for creeping fows and its application to tectonic models[J]. Geophysical journal international,120(1):1-23

FULORIA R C,1993. Geology and hydrocarbon prospects of Mahanadi Basin,India[C]//BISWAS S K. Proceedings of Second Seminar on Proliferous Basins of India. Dehradun:Indian Petroleum Publishers:355-369.

FURLONG K P, FOUNTAIN D M, 1986. Continental crustal underplating: thermal considerations and seismic-petrologic consequences[J]. Journal of geophysical research,91(B8):8285-8294.

GAINA C,MÜLLER R D,BROWN B J,et al.,2003. Microcontinent formation around Australia[J]. Geological society of America,special papers,372:405-416.

GAINA C,MÜLLER R D,BROWN B,et al.,2007. Breakup and early seafloor spreading between India and Antarctica [J]. Geophysical journal international,170(1):151-169.

GANI M R,1999. Depositional history of the Neogene succession exposed in the southeastern fold belt of the Bengal Basin,Bangladesh[D]. Dhaka:University of Dhaka:1-61.

GANI M R,ALAM M M,1999. Trench-slope controlled deep-sea clastics in the exposed lower Surma Group in the southeastern fold belt of the Bengal Basin,Bangladesh[J]. Sedimentary geology,127(3):221-236.

GANI M R,ALAM M M,2003. Sedimentation and basin-fill history of the Neogene clastic succession exposed in the southeastern fold belt of the Bengal Basin,Bangladesh: a high-resolution sequence stratigraphic approach[J]. Sedimentary geology,155(3):227-270.

GARDINER N J,SEARLE M P,ROBB L J,et al.,2015. Neo-Tethyan magmatism and metallogeny in Myanmar-An Andean analogue? [J]. Journal of Asian earth sciences,106:197-215.

GARZANTI E,2008. Comment on "When and where did India and Asia collide?" by Jonathan C. Aitchison,Jason R. Ali,and Aileen M. Davis[J]. Journal of geophysical research:solid earth,113(B4):B04411. 1-B04412. 3.

GARZANTI E,BAUD A,MASCLE G,1987. Sedimentary record of the northward flight of India and its collision with Eurasia (Ladakh Himalaya,India)[J]. Geodinamica acta,1(4/5):297-312.

GATINSKY Y G, HUTCHISON C S, 1986. Cathaysia, Gondwanaland, and the Paleotethys in the evolution of continental Southeast Asia[J]. Bulletin of the geological society of Malaysia,20:179-199.

GEIST E L,CHILDS J R,SCHOLL D W,1988. The origin of summit basins of the Aleutian Ridge:implications for block rotation of an arc massif[J]. Tectonics,7(2):327-341.

GEORGE M T,HARRIS N B W,BUTLER R W H,1993. The tectonic implications of contrasting granite magmatism between the Kohistan island arc and the Nanga Parbat-Haramosh Massif,Pakistan Himalaya[J]. Geological society, London,special publications,74(1):173-191.

GODIN L,PARRISH R R,BROWN R L,et al.,2001. Crustal thickening leading to exhumation of the Himalayan metamorphic core of Central Nepal:Insight from U-Pb geochronology and $^{40}Ar/^{39}Ar$ thermochronology[J]. Tectonics ,20(5):729-747.

GOPALA RAO,KRISHNA K S,SAR D,1997. Crustal evolution and sedimentation history of the Bay of Bengal since the Cretaceous[J]. Journal of geophysical research:solid earth,102(B8):17747-17768.

GRAHAM S A, DICKINSON W R, INGERSOLL R V, 1975. Himalayan-Bengal model for flysch dispersal in the Appalachian-Ouachita system[J]. Geological society of America bulletin,86(3):273-286.

GREEN O R,SEARLE M P,CORFIELD R I,et al.,2008. Cretaceous-Tertiary carbonate platform evolution and the age of the India-Asia collision along the Ladakh Himalaya (northwest India)[J]. The journal of geology,116 (4): 331-353.

GRUNOW A M, 1999. Gondwana events and palogeography: a palomagnetic review[J]. Journal of African earth sciences,28(1):53-69.

GUILLOT S,GARZANTI E, BARATOUX D, et al., 2003. Reconstructing the total shortening history of the NW Himalaya[J]. Geochemistry,geophysics,geosystems,4(7):1-22.

GUO L,LIU Y,LIU S,et al.,2013. Petrogenesis of early to middle Jurassic granitoid rocks from the Gangdese belt, Southern Tibet:implications for early history of the Neo-Tethys[J]. Lithos,179(5):320-333.

GURNIS M,1988. Large-scale mantle convection and the aggregation and dispersal of supercontinents[J]. Nature, 332(6166):695-699.

GURNIS M,1990. Bounds on global dynamic topography from Phanerozoic flooding of continental platforms[J]. Nature,344(6268):187-194.

HALL R,1996. Reconstructing cenozoic SE Asia[J]. Geological society,London,special publications,106(1):153-184.

HALL R,2002. Cenozoic geological and plate tectonic evolution of SE Asia and the SW Pacific:computer-based reconstructions,model and animations[J]. Journal of Asian earth sciences,20(4):353-431.

HALL R, 2012. Late Jurassic-Cenozoic reconstructions of the Indonesian region and the Indian Ocean [J]. Tectonophysics,570-571:1-41.

HALL R,SEVASTJANOVA I,2012. Australian crust in Indonesia[J]. Australian journal of earth sciences,59(6):827-844.

HAQ B U, HARDENBOL J, VAIL P R, 1988. Mesozoic and Cenozoic chronostratigraphy and cycles of sea level change[M]//WILGUS C K, et al. Sea level changes: and integrated approach, 42. The Society of Eoonomic Paleontlogists and Minerologists, Special Publications:71-108.

HARPER D A T, 1998. Interpreting orogenic belts:principles and examples[M]//DOYLE P, BENNET M. Unlocking the stratigraphical record:advances in modern stratigraphy. New Jersay:Wiley:491-524.

HARRIS N B W, RONGHUA X, LEWIS C L, et al., 1988. Isotope geochemistry of the 1985 Tibet geotraverse, Lhasa to Golmud[J]. Philosophical transactions of the royal society of London. Series A: mathematical and physical sciences, 327(1594):263-285.

HARRIS N B W, INGER S, XU R H, 1990. Cretaceous plutonism in Central Tibet: an example of post-collision magmatism? [J]. Journal of volcanology and geothermal research, 44(1/2):21-32.

HARRISON T M, COPELAND P, HALL S A, et al., 1993. Isotopic preservation of Himalayan/Tibetan uplift, denudation, and climatic histories of two molasse deposits[J]. The journal of geology, 101(2):157-175.

HARRISON T M, YIN A, GROVE M, et al., 2000. The Zedong Window:a record of superposed Tertiary convergence in Southeastern Tibet[J]. Journal of geophysical research:solid earth, 105(B8):19211-19230.

HEINE C, MÜLLER R D, 2005. Late Jurassic rifting along the Australian North West Shelf: margin geometry and spreading ridge configuration[J]. Australian journal of earth sciences, 52(1):27-39.

HEIT B, SODOUDI F, YUAN X, et al., 2007. An S receiver function analysis of the lithospheric structure in South America[J]. Geophysical research letters, 34(14):116-130.

HELLER P L, DICKINSON W R, 1985. Submarine ramp facies model for delta-fed, sand-rich turbidite systems[J]. American association of petroleum geologists bulletin, 69(6):960-976.

HESS H H, 1962. History of ocean basins[J]. Petrologic studies (Buddington volume):599-620.

HILDEBRAND P R, NOBLE S R, SEARLE M P, et al., 2001. Old origin for an active mountain range:geology and geochronology of the Eastern Hindu Kush, Pakistan[J]. Geological society of America bulletin, 113(5):625-639.

HODGES K V, 2000. Tectonics of the Himalaya and Southern Tibet from two perspectives[J]. Geological society of America bulletin, 112(3):324-350.

HOLMES A, 1931. Radioactivity and earth movements[J]. Transactions of the geological society of glasgow, 18:559-606.

HOLMES A, 1944. The machinery of continental drift:the search for a mechanism[M]//HOLMES A. Principles of physical geology. London:Nelson and Sons:505-509.

HONEGGER K, DIETRICH V, FRANK W, et al., 1982. Magmatism and metamorphism in the Ladakh Himalayas (the Indus-Tsangpo suture zone)[J]. Earth and planetary science letters, 60(2):253-292.

HSÜ K J, 1982. Mountain building processes[M]. London:Academic Press:263.

HSÜ K J, 1994. The geology of Switzerland:an introduction to tectonic facies[M]. New Jersey:Princeton University Press.

HUBBARD M S, HARRISON T M, 1989. $^{40}Ar/^{39}Ar$ age constraints on deformation and metamorphism in the Maine Central Thrust Zone and Tibetan Slab, Eastern Nepal Himalaya[J]. Tectonics, 8(4):865-880.

HUFF K F, 1978. Frontiers of world oil exploration[J]. Oil and gas journal, 76(40):214-220.

HUSSONG D M, UYEDA S, 1981. Tectonic processes and the history of the Mariana arc:a synthesis of the results of Deep Sea Drilling Project Leg 60[J]. Initial Reports of the Deep Sea Drilling Project, 60:909-929.

HUTCHISON C S, 1989. Geological evolution of South-East Asia[M]. London:Clarendon Press:368.

HUTCHISON C S, 1996. The 'Rajang accretionary prism' and 'Lupar Line' problem of Borneo[J]. Geological society, London, special publications, 106(1):247-261.

INGAVAT R, DOUGLASS R C, 1981. Fusuline fossils from Thailand, part XIV. The fusulinid genus Monodiexodina from Northwest Thailand[J]. Geology and palaeontology of southeast Asia, 22:23-34.

INGERSOLL R V,1978. Petrofacies and petrologic evolution of the Late Cretaceous forearc basin, Northern and Central California[J]. The journal of geology,86(3):335-352.

INGERSOLL R V,1988. Tectonics of sedimentary basins[J]. Geological society of America bulletin, 100 (11): 1704-1719.

INGERSOLL R V,2011. Tectonics of sedimentary basins, with revised nomenclature[M]//BUSBY C J,AZOR A. Tectonics of Sedimentary Basins,2nd ed. London:Wiley-Blackwell.

INGERSOLL R N,GRAHAM S A,DICKINSON W R,1995. Remnant ocean basins[M]//BUSBY C J,INGERSOLL R V. Tectonics of Sedimentary Basins. Oxford:Blackwell:363-391.

INGERSOLL R V,BUSBY C J,1995. Tectonics of sedimentary basins[M]. Cambridge:Blackwell Science:1-51.

ISACKS B, OLIVER J, SYKES L R, 1968. Seismology and the new global tectonics[J]. Journal of geophysical research,73(18):5855-5899.

ITO M,MASUDA F,1986. Evolution of clastic piles in an arc-arc collision zone: late Cenozoic depositional history around the Tanzawa Mountains,Central Honshu,Japan[J]. Sedimentary geology,49(3):223-259.

JABLONSKI D,SAITTA A J,2004. Permian to Lower Cretaceous plate tectonics and its impact on the tectono-stratigraphic development of the Western Australian margin[J]. Journal of the Australian Petroleum Production and exploration association,44(1):287-328.

JAMIESON R A,1991. PTt paths of collisional orogens[J]. Geologische rundschau,80(2):321-332.

JI W Q,WU F Y,CHUNG S L,et al.,2009. Zircon U-Pb geochronology and Hf isotopic constraints on petrogenesis of the Gangdese batholith,Southern Tibet[J]. Chemical geology,262(3):229-245.

JOHNSON S Y,ALAM A,1991. Sedimentation and tectonics of the Sylhet trough,Bangladesh[J]. Geological society of America bulletin,103(11):1513-1527.

JOHNSON M R W,OLIVER G J H,PARRISH R R,et al.,2001. Synthrusting metamorphism,cooling,and erosion of the Himalayan Kathmandu Complex,Nepal[J]. Tectonics,20(3):394-415.

JOLIVET L,DAVY P,COBBOLD P R,1990. Right-lateral shear along the Northwest Pacific margin and the India-Eurasia collision[J]. Tectonics,9(6):1409-1419.

JORDAN T H, 1979. Mineralogies, densities and seismic velocities of garnet lherzolites and their geophysical implications[M]//BOYD F R,MEYER HENRY. The mantle sample:inclusion in kimberlites and other volcanics, 16:1-14.

JORDAN T E,1981. Thrust loads and foreland basin evolution,Cretaceous,Western United States[J]. American association of petroleum geologists Bulletin,65(12):2506-2520.

KAPP P,YIN A,HARRISON T M,et al.,2005a. Cretaceous-Tertiary shortening,basin development,and volcanism in central Tibet[J]. Geological society of America bulletin,117(7/8):865-878.

KAPP J L D,HARRISON T M,KAPP P,et al.,2005b. Nyainqentanglha Shan:A window into the tectonic,thermal, and geochemical evolution of the Lhasa block,Southern Tibet[J]. Journal of geophysical research:solid earth, 110:B08413.

KARIG D E,1971. Origin and development of marginal basins in the Western Pacific[J]. Journal of geophysical research,76(11):2542-2561.

KARIG D E,MOORE G F,1975. Tectonically controlled sedimentation in marginal basins[J]. Earth and planetary science letters,26(2):233-238.

KEAREY P,VINE F J,1996. Global tectonics [M]. 2nd ed. Oxford:Blackwell Publishing Limited.

KIECKHEFER R M,MOORE G F,EMMEL F J,1981. Crustal structure of the Sunda forearc region west of Central Sumatra from gravity data[J]. Journal of geophysical research,86(B8):7003-7012.

KIMURA G,1985. Tectonic framework of the Kuril arc since its initiation[M]//NASU N,UYEDA S,KOBAYASHI K,et al. Formation of active ocean margins. Tokyo:Terrapub:641-676.

KINGSTON D R, DISHROON C P, WILLIAMS P A, 1983a. Global basin classification system[J]. American association of petroleum geologists bulletin,67(12):2175-2193.

KINGSTON D R, DISHROON C P, WILLIAMS P A, 1983b. Hydrocarbon plays and global basin classification[J]. American association of petroleum geologists bulletin,67(12):2194-2198.

KLEIN G D, 1987. Current aspects of basin analysis[J]. Sedimentary geology,50(1/3):95-118.

KLEMME H D, 1980. Petroleum basins: classification and characteristics[J]. Journal of petroleum geology,3(2): 187-207.

KLOOTWIJK C T, GEE J S, PEIRCE J W, et al., 1992. An early India-Asia contact: paleomagnetic constraints from Ninetyeast Ridge, ODP Leg 121[J]. Geology,20(5):395-398.

KOHN M J, 2008. PTt data from central Nepal support critical taper and repudiate large-scale channel flow of the Greater Himalayan Sequence[J]. Geological society of America bulletin,120(3/4):259-273.

KOHN M J, WIELAND M S, PARKINSON C D, et al., 2004. Miocene faulting at plate tectonic velocity in the Himalaya of Central Nepal[J]. Earth and planetary science letters,228(3):299-310.

KRISHNA K S, 2003. Structure and evolution of the Afanasy Nikitin seamount, buried hills and 85°E Ridge in the Northeastern Indian Ocean[J]. Earth and planetary science letters,209(3/4):379-394.

KRISHNA K S, LAJU M, BHATTACHARYYA R, et al., 2009. Geoid and gravity anomaly data of conjugate regions of Bay of Bengal and Enderby Basin: new constraints on breakup and early spreading history between India and Antarctica[J]. Journal of geophysical research:solid earth,114:B03102.

KRISHNA K S, ABRAHAM H, SAGER W W, et al., 2012. Tectonics of the Ninetyeast Ridge derived from spreading records in adjacent oceanic basins and age constraints of the ridge[J]. Journal of geophysical research:solid earth, 117:B04101.

KUDRASS H R, MICHELS K H, WIEDICKE M, et al., 1998. Cyclones and tides as feeders of a submarine canyon off Bangladesh[J]. Geology,26(8):715-718.

KUMAR G, 1997. Geology of Arunachal Pradesh[M]. Bangalore:geological society of India:217.

LAL N K, SIAWAL A, KAUL A, 2009. Evolution of East Coast of India-A Plate Tectonic Reconstruction[J]. Journal geological society of India,73(2):249-260.

LASH G G, 1985. Recognition of trench fill in orogenic flysch sequences[J]. Geology,13(12):867-870.

LE FORT P, DEBON F, SONET J, 1983. The lower Paleozoic "Lesser Himalayan" granitic belt: emphasis on the Simchar pluton of Central Nepal[M]//SHAMS F A. Granites of Himalayas, Karakorum and Hindu Kush, Lahore, Pakistan. Lahore:Institute of Geology, Punjab University:235-255.

LE PICHON X, 1968. Sea floor spreading and continental drift[J]. Journal of geophysical research,73(12):3661-3697.

LEE T Y, LAWVER L A, 1995. Cenozoic plate reconstruction of Southeast Asia[J]. Tectonophysics,251(1/4): 85-138.

LEGGETT J K, MCKERROW W S, EALES M H, 1979. The southern uplands of Scotland: a lower Palaeozoic accretionary prism[J]. Journal of the geological society,136(6):755-770.

LIANG Y H, CHUNG S L, LIU D, et al., 2008. Detrital zircon evidence from Burma for reorganization of the Eastern Himalayan river system[J]. American journal of science,308(4):618-638.

LIEBKE U, APPEL E, DING L, et al., 2010. Position of the Lhasa terrane prior to India-Asia collision derived from palaeomagnetic inclinations of 53 Ma old dykes of the Linzhou Basin:constraints on the age of collision and post-collisional shortening within the Tibetan Plateau[J]. Geophysical journal international,182(3):1199-1215.

LIEW T C, MCCULLOCH M T, 1985. Genesis of granitoid batholiths of Peninsular Malaysia and implications for models of crustal evolution: evidence from a Nd-Sr isotopic and U-Pb zircon study[J]. Geochimica et cosmochimica acta, 49(2): 587-600.

LIN T H, CHUNG S L, KUMAR A, et al., 2013. Linking a prolonged Neo-Tethyan magmatic arc in South Asia:zircon

U-Pb and Hf isotopic constraints from the Lohit Batholith, NE India[J]. Terra nova, 25(6): 453-458.

LINDSAY J F, HOLLIDAY D W, HULBERT A G, 1991. Sequence stratigraphy and the evolution of the Ganges-Brahmaputra delta complex[J]. American association of petroleum geologists bulletin, 75(7): 1233-1254.

LIU B J, EINSELE G, 1993. Formation and evolution of the Mesozoic and Cenozoic deep-water sedimentary basin along the Yarlung Zangbo River (I): sedimentary characteristics and evolution of the Himalayan Orogenic Zone[J]. Sedimentary geology and tethyan geology, 13(1): 32-49.

LIU C Z, CHUNG S L, WU F Y, et al., 2016. Tethyan suturing in Southeast Asia: zircon U-Pb and Hf-O isotopic constraints from Myanmar ophiolites[J]. Geology, 44(4): 311-314.

LOHMANN H H, 1995. On the tectonics of Bangladesh[J]. Bulletin der vereinigung schweizerischer petroleum-geologen und-ingenieure, 62(140): 29-48.

LYDON J W, 1988. Ore deposit models: volcanogenic massive sulphide deposits part 2: genetic models[J]. Geoscience Canada, 15(1): 43-65.

MA L Y, WANG Y J, FAN W M, et al., 2014. Petrogenesis of the early Eocene I-type granites in West Yingjiang (SW Yunnan) and its implication for the eastern extension of the Gangdese batholiths[J]. Gondwana research, 25(1): 401-419.

MAHER B A, TAYLOR R M, 1988. Formation of ultrafine-grained magnetite in soils[J]. Nature, 336(6197): 368-370.

MALLARD C, COLTICE N, SETON M, et al., 2016. Subduction controls the distribution and fragmentation of Earth's tectonic plates[J]. Nature, 535(7610): 140-143.

MALUSKI H, PROUST F, XIAO X C, 1982. $^{39}Ar/^{40}Ar$ dating of the trans-Himalayan calc-alkaline magmatism of Southern Tibet[J]. Nature, 298 (5870): 152-154.

MANN P, HEMPTON M R, BRADLEY D C, et al., 1983. Development of pull-apart basins[J]. The journal of geology, 91(5): 529-554.

MARLOW M S, 1988. Offshore structure and stratigraphy of New Ireland Basin in Northern Papua New Guinea[C]// Geology and Offshore Resources of Pacific Island Arcs: New Ireland and Manus Region, Papua New Guinea, 9. Houston, Texas: Circum Pacific Council for Energy and Mineral Resources 2009: 137-151.

MARSAGLIA K M, 1995. Interarc and backarc basins[M]//BUSBY C J, INGERSOLL R V. Tectonics of sedimentary basins. Oxford: Blackwell: 299-329.

MARSAGLIA K M, INGERSOLL R V, 1992. Compositional trends in arc-related, deep-marine sand and sandstone: a reassessment of magmatic-arc provenance[J]. Geological society of America bulletin, 104(12): 1637-1649.

MARTIN A J, GEHRELS G E, DECELLES P G, 2007. The tectonic significance of (U, Th)/Pb ages of monazite inclusions in garnet from the Himalaya of central Nepal[J]. Chemical geology, 244(1/2): 1-24.

MARUYAMA S, SEND T, 1986. Orogeny and relative plate motions: example of the Japanese islands [J]. Tectonophysics, 127(3): 305-329.

MAURIN T, RANGIN C, 2009. Structure and kinematics of the Indo-Burmese Wedge: recent and fast growth of the outer wedge[J]. Tectonics, 28(2): 115-123.

MAURY R C, PUBELLIER M, RANGIN C, et al., 2004. Quaternary calc-alkaline and alkaline volcanism in an hyper-oblique convergence setting, Central Myanmar and Western Yunnan[J]. Bulletin de la société géologique de France, 175(5): 461-472.

MCCAFFREY R, 2009. The tectonic framework of the Sumatran subduction zone[J]. Annual review of earth and planetary sciences, 37(1): 345-366.

MCKENZIE D, 1978. Some remarks on the development of sedimentary basins[J]. Earth and planetary science letters, 40(1): 25-32.

MCKENZIE D P, MORGAN W J, 1969. Evolution of triple junctions[J]. Nature, 224(5215): 125-133.

MC MANUS J, TATE R B, 1978. Fragmentation of the China Plate and the development of marginal seas of SE Asia

[C]//Offshore South East Asia Conference Singapore:Southeast Asia Petroleum Exploration Society:66-79.

MEIGS A J,BURBANK D W,BECK R A,1995. Middle-late Miocene (> 10 Ma) formation of the Main Boundary thrust in the Western Himalaya[J]. Geology,23(5):423-426.

MENG Y K,XU Z Q,SANTOSH M,et al.,2015. Late Triassic crustal growth in Southern Tibet:evidence from the Gangdese magmatic belt[J]. Gondwana research,37:449-464.

MENG Y,DONG H,CONG Y,et al.,2016. The early-stage evolution of the Neo-Tethys ocean:evidence from granitoids in the middle Gangdese batholith,Southern Tibet[J]. Journal of geodynamics,s 94-95:34-49.

METCALFE I,1984. Stratigraphy,palaeontology and palaeogeography of the Carboniferous of Southeast Asia[J]. Mdmoires de la socidtd gdologique de France,147:107-118.

METCALFE I,1996a. Gondwanaland dispersion,Asian accretion and evolution of Eastern Tethys[J]. Australian journal of earth sciences,43(6):605-623.

METCALFE I,1996b. Pre-Cretaceous evolution of SE Asian terranes [J]. Geological society,London,special publications,106(1):97-122.

METCALFE I,2009. Comment on "An alternative plate tectonic model for the Palaeozoic-Early Mesozoic Palaeotethyan evolution of Southeast Asia (Northern Thailand-Burma)" by OM Ferrari,C. Hochard and GM Stampfli,Tectonophysics 451,346-365(doi:10. 1016/j. tecto,2007. 11. 065)[J]. Tectonophysics,471(3):329-332.

METCALFE I,2011a. Palaeozoic-Mesozoic history of SE Asia[J]. Geological society,London,special publications,355(1):7-35.

METCALFE I,2011b. Tectonic framework and Phanerozoic evolution of Sundaland[J]. Gondwana research,19(1):3-21.

METCALFE I,2013. Gondwana dispersion and Asian accretion:tectonic and palaeogeographic evolution of Eastern Tethys[J].Journal of Asian earth sciences,66:1-33.

METCALFE I,IRVING E,1990. Allochthonous terrane processes in Southeast Asia (and discussion)[J]. Philosophical transactions of the royal society of London:series A:mathematical and physical sciences,331(1620):625-640.

MEYERHOFF A A,TANER I,MORRIS A E L,et al.,1996. Surge tectonics:a new hypothesis of global geodynamics [M]. New York:Springer Science and Business Media.

MIALL A D,2000. Principles of sedimentary basin analysis[M]. New York:Springer-Verlag.

MICHAEL L,KRISHNA K S,2011. Dating of the 85°E Ridge (Northeastern Indian Ocean) using marine magnetic anomalies[J]. Current science,100(9):1314-1322.

MICHELS K H,KUDRASS H R,HÜBSCHER C,et al.,1998. The submarine delta of the Ganges-Brahmaputra:cyclone-dominated sedimentation patterns[J]. Marine geology,149(1/4):133-154.

MILLER C'SCHUSTER R,KLöTZLI U,et al.,1999. Post-Collisional potassic and ultrapotassic magmatism in SW Tibet:geochemical and Sr-Nd-Pb-O isotopic constraints for mantle source characteristics and petrogenesis[J]. Journal of petrology,66(9):699-715.

MINSTER J B,JORDAN T H,MOLNAR P,et al.,1974. Numerical modelling of instantaneous plate tectonics[J]. Geophysical journal international,36(3):541-576.

MITCHELL A,1981. Phanerozoic plate boundaries in mainland SE Asia,the Himalayas and Tibet[J]. Journal of the geological society,138(2):109-122.

MITEHELI A II G,READING H G,1978. Sedimentation and teetonics [M]//READING H G. Sedimentary environments and facies. Oxford:Blackwell Seientifie Publications:372-415.

MITCHELL A H G,1986. Mesozoic and Cenozoic regional tectonics and metallogenesis in Mainland SE Asia[J]. Geological society of malaysia bulletin,20:221-239.

MITCHELL A H G,1989. The Shan Plateau and Western Burma:Mesozoic-Cenozoic plate boundaries and correlation with Tibet[M]//Sengör A M C. Tectonic evolution of the tethyan region. Dordecht:Springer:567-583.

MITCHELL A H G,1992. Late Permian-Mesozoic events and the Mergui group Nappe in Myanmar and Thailand[J]. Journal of Asian earth sciences,7(2/3):165-178.

MITCHELL A H G,1993. Cretaceous-Cenozoic tectonic events in the Western Myanmar (Burma) Assam region[J]. Journal of the geological society,150(6):1089-1102.

MITCHELL A,AUSA C A,DEIPARINE L,et al.,2004. The Modi Taung-Nankwe gold district,Slate belt,Central Myanmar:mesothermal veins in a Mesozoic orogen[J]. Journal of Asian earth sciences,23(3):321-341.

MITCHELL A,HTAY M T,HTUN K M,et al.,2007. Rock relationships in the Mogok metamorphic belt,Tatkon to Mandalay,Central Myanmar[J]. Journal of Asian earth sciences,29(5):891-910.

MITCHELL A,CHUNG S L,OO T,et al.,2012 Zircon U-Pb ages in Myanmar:Magmatic-metamorphic events and the closure of a neo-Tethys ocean? [J]. Journal of Asian earth sciences,56(3):1-23.

MITCHELL A H G,HTAY M T,HTUN K M,2015. The medial Myanmar suture zone and the Western Myanmar-Mogok foreland[J]. Journal of the myanmar geosciences society,6(1):73-88.

MITROVICA J X,BEAUMONT C,JARVIS G T,1989. Tilting of continental interiors by the dynamical effects of subduction[J]. Tectonics,8(5):1079-1094.

MOLNAR P,1987. The distribution of intensity associated with the Great 1897 Assam Earthquake and bounds on the extent of the rupture zone[J]. Geological society of India,30(1):13-27.

MOLNAR P,TAPPONNIER P,1975. Cenozoic tectonics of Asia:effects of a continental collision:features of recent continental tectonics in Asia can be interpreted as results of the India-Eurasia collision[J]. Science,189(4201):419-426.

MONNEREAU M,QUÉRÉ S,2001. Spherical shell models of mantle convection with tectonic plates[J]. Earth and planetary science letters,184(3):575-587.

MORGAN W J,1968. Rises,trenches,great faults,and crustal blocks[J]. Journal of geophysical research,73(6):1959-1982.

MORLEY C K,2012. Late Cretaceous-early Palaeogene tectonic development of SE Asia[J]. Earth-science reviews,115(1):37-75.

MORRIS W R,BUSBY-SPERA C J,1988. Sedimentologic evolution of a submarine canyon in a forearc basin,Upper Cretaceous Rosario Formation,San Carlos,Mexico[J]. American association of petroleum geologists bulletin,72(6):717-737.

MUKHOPADHYAY M,DASGUPTA S,1988. Deep structure and tectonics of the Burmese arc:constraints from earthquake and gravity data[J]. Tectonophysics,149(3):299-322.

MÜLLER R D,ROYER J Y,LAWVER L A,1993. Revised plate motions relative to the hotspots from combined Atlantic and Indian Ocean hotspot tracks[J]. Geology,21(3):275-278.

MÜLLER R D,GAINA C,TIKKU A A,et al.,2000. Mesozoic/Cenozoic tectonic events around Australia[M]// RICHARDS M A,GORDON R G,VAN DER HILST R D. The History and Dynamics of Global Plate Motions. Washington D. C. :Amerrican Geophysical Union:161-188.

MÜLLER R D,GAINA C,ROEST W R,et al.,2001. A recipe for microcontinentformationp[J]. Geology,29(3),203-206.

MÜLLER R D,SDROLIAS M,GAINA C,et al.,2008. Age,spreading rates,and spreading asymmetry of the World's Ocean Crust[J]. Geochemistry,geophysics,geosystems,9:1-19.

MURPHY M A,YIN A,HARRISON T M,et al.,1997. Did the Indo-Asian collision alone create the Tibetan plateau? [J]. Geology,25(8):719-722.

Murphy R W,1988. Bangladesh enters the oil era[J]. Oil and gas journal,86(9):76-82.

MURTHY M V N,TALUKDAR S C,BHATTACHARYA A C,et al.,1969. The Dauki fault of Assam[J]. Bulletin of the oil and natural gas commission,6(2):57-64.

MUTTI E, LUCCHI F, R, 1972. Le torbiditi dell'Appennino settentrionale: introduzione all'analisi di facies[J]. Memoire society of geological of italian,11:161-199.

NAING T T,BUSSIEN D A,WINKLER W H,et al.,2014. Provenance study on Eocene-Miocene sandstones of the Rakhine Coastal Belt,Indo-Burman Ranges of Myanmar: geodynamic implications[J]. Geological society, London, special publications,386(1):195-216.

NAJMAN Y,2006. The Detrital Record of Orogenesis: a review of approaches and techniques used in the Himalayan sedimentary basins[J]. Earth-science reviews,74(3/4):1-72.

NAJMAN Y, GARZANTI E, 2000. Reconstructing early Himalayan tectonic evolution and paleogeography from Tertiary foreland basin sedimentary rocks, Northern India[J]. Geological society of America bulletin, 112(3): 435-449.

NAJMAN Y, CLIFT P, JOHNSON M R W, et al., 1993. Early stages of foreland basin evolution in the Lesser Himalaya,N India[J]. Geological society,London,special publications,74(1):541-558.

NAJMAN Y,PRINGLE M S,JOHNSON M R W,et al.,1997. Laser ^{40}Ar/^{39}Ar dating of single detrital muscovite grains from early foreland-basin sedimentary deposits in India: implications for early Himalayan evolution[J]. Geology, 25(6):535-538.

NAJMAN Y,JOHNSON K,WHITE N,et al.,2004. Evolution of the Himalayan foreland basin,NW India[J]. Basin research,16(1):1-24.

NAJMAN Y,BICKLE M,BOUDAGHER-FADEL M,et al.,2008. The Paleogene record of Himalayan erosion: Bengal Basin,Bangladesh[J]. Earth and planetary science letters,273(1-2):1-14.

NAJMAN Y, APPEL E, BOWN P, et al., 2010. Timing of India-Asia collision: geological, biostratigraphic, and palaeomagnetic constraints[J]. Journal of geophysical research: solid earth,115:1-70

NANDY D R, 1986. Tectonics, seismicity and gravity of northeastern India and adjoining areas[J]. Memoirs of the geological survey of India,119:13-17.

NAYLOR M,SINCLAIR H D,2008. Pro-versus retro-foreland basins[J]. Basin research,20(3):285-303.

NICHOLS A R L,CARROLL M R,Höskuldsson A,2002. Is the Iceland hot spot also wet? Evidence from the water contents of undegassed submarine and subglacial pillow basalts[J]. Earth and planetary science letters,202(1): 77-87.

NICHOLSON C, SEEBER L, WILLIAMS P, et al., 1986. Seismicity and fault kinematics through the Eastern Transverse Ranges,California: Block rotation,strike-slip faulting and low-angle thrusts[J]. Journal of geophysical research: solid earth,91(B5):4891-4908.

NICOLAYSEN K,BOWRING S,FREY F,et al.,2001. Provenance of Proterozoic garnet-biotite gneiss recovered from Elan Bank,Kerguelen Plateau,Southern Indian Ocean[J]. Geology,29(3):235-238.

NIELSEN C,CHAMOT-ROOKE N,RANGIN C,2004. From partial to full strain partitioning along the Indo-Burmese hyper-oblique subduction[J]. Marine geology,209(1):303-327.

NOGI Y,SEAMA N,ISEZAKI N,et al.,1991. The directions of the magnetic anomaly lineations in Enderby Basin,off Antarctica[C]//YOSHIDA Y, KAMINUMA K,SHIRAISHI K. Sixth international symposium on antarctic earth sciences. New York:Combridge University Press:649-654.

NOGI Y,SEAMA N,ISEZAKI N,et al.,1996. Magnetic anomaly lineations and fracture zones deduced from vector magnetic anomalies in the West Enderby Basin[J]. Geological society of London,108(1):265-273.

NOLET G,1987. Chapter 1:Seismic wave propagation and seismic tomography[M]//NOLET G. Seismic tomography. Netherlands:Springer:1-23.

NORMARK W R,1970. Growth patterns of deep sea fans[J]. American association of petroleum geologists bulletin, 54(11):2170-2195.

OJHA T P,BUTLER R F,QUADE J,et al.,2000. Magnetic polarity stratigraphy of the Neogene Siwalik Group at

Khutia Khola,far Western Nepal[J]. Geological society of America bulletin,112(3):424-434.

OKAY A I,DEMIRBAĞ E,KURT H,et al.,1999. An active,deep marine strike-slip basin along the North Anatolian fault in Turkey[J]. Tectonics,18(1):129-147.

OLIVER J,1982. Tracing surface features to great depths: a powerful means for exploring the deep crust[J]. Tectonophysics,81(3/4):257-272.

OO T,HLAING T,HTAY N,2002. Permian of Myanmar[J]. Journal of Asian earth sciences,20(6):683-689.

PACKER B M,INGERSOLL R V,1986. Provenance and petrology of Deep Sea Drilling Project sands and sandstones from the Japan and Mariana forearc and backarc regions[J]. Sedimentary geology,51(1):5-28.

PAL T,CHAKRABORTY P P,GUPTA T D,et al.,2003. Geodynamic evolution of the outer-arc-forearc belt in the Andaman Islands,the central part of the Burma-Java subduction complex[J]. Geological magazine,140(3):289-307.

PATRIAT P,ACHACHE J,1984. India-Eurasia collision chronology has implications for crustal shortening and driving mechanism of plates[J]. Nature,48(2):183-183.

PAUL D D,LIAN H M,1975. Offshore basins of Southwest Asia:Bay of Bengal to South Sea[C]//Proceedings of the Ninth World Petrol Congress,Tokyo,3:1107-1121.

PEARCE J A, MEI H,1988. Volcanic Rocks of the 1985 Tibet Geotraverse: Lhasa to Golmud[J]. Philosophical transactions of the royal society of London,327(1594):169-201.

PETTERSON M G,WINDLEY B F,1985. Rb-Sr dating of the Kohistan arc-batholith in the Trans-Himalaya of North Pakistan,and tectonic implications[J]. Earth and planetary science letters,74(1):45-57.

PITCHER W S,1982. Granite type and tectonic environment[M]. HSÜ K J. Mountain Building Processes. London: Academic Press:19-40.

PIVNIK D A,WELLS N A,1996. The transition from Tethys to the Himalaya as recorded in Northwest Pakistan[J]. Geological society of America bulletin,108(10):1295-1313.

PIVNIK D A, NAHM J, TUCKER R S, et al., 1998. Polyphase deformation in a fore-arc/back-arc basin, Salin subbasin,Myanmar (Burma)[J]. American association of petroleum geologists bulletin,82(10):1837-1856.

POGUE K R, HYLLAND M D, YEATS R S, et al., 1999. Stratigraphic and structural framework of Himalayan foothills,Northern Pakistan[J]. Geological society of America,special papers:257-274.

POLLARD P J,NAKAPADUNGRAT S,Taylor R G,1995. The Phuket Supersuite,Southwest Thailand:fractionated I-type granites associated with tin-tantalum mineralization[J]. Economic geology,90(3):586-602.

POWELL C M,ROOTS S R, VEEVERS J J,1988. Pre-breakup continental extension in East Gondwanaland and the early opening of the eastern Indian Ocean[J]. Tectonophysics,155(1):261-283.

POWERS P M,LILLIE R J,YEATS R S,1998. Structure and shortening of the Kangra and Dehra Dun reentrants, Sub-Himalaya,India[J]. Geological society of America bulletin,110(8):1010-1027.

PRABHAKAR K N,ZUTSHI P L,1993. Evolution of southern part of Indian east coast Basins[J]. Journal of the geological society of India,41(3):215-230.

PRIESTLEY K,MCKENZIE D,2006. The thermal structure of the lithosphere from shear wave velocities[J]. Earth and planetary science letters,244(1):285-301.

QAYYUM M,NIEM A R,LAWRENCE R D,2001. Detrital modes and provenance of the Paleogene Khojak Formation in Pakistan: Implications for early Himalayan orogeny and unroofing[J]. Geological society of America bulletin, 113(3):320-332.

QI X X, ZHU L H,GRIMMER J C, et al.,2015. Tracing the Transhimalayan magmatic belt and the Lhasa block southward using zircon U-Pb,Lu-Hf isotopic and geochemical data:Cretaceous-Cenozoic granitoids in the Tengchong block,Yunnan,China[J]. Journal of Asian earth sciences,110:170-188.

RADHAKRISHNA M,SUBRAHMANYAM C,DAMODHARAN T,2010. Thin oceanic crust below Bay of Bengal inferred from 3-D gravity interpretation[J]. Tectonophysics,493(1/2):93-105.

RADHAKRISHNA M, TWINKLE D, NAYAK S, et al., 2012. Crustal structure and rift architecture across the Krishnae-Godavari basin in the central Eastern Continental Margin of India based on analysis of gravity and seismic data[J]. Marine and petroleum geology, 37(1):129-146.

RAHMAN M A, BLANK H R, KLEINKOPF M D, et al., 1990a. Aeromagmetic anomaly map of Bangladesh, scale 1: 1000000[R]. Dhaka: Geological Survey of Bangladesh.

RAHMAN M A, MANNAN M A, BLANK, H R, et al., 1990b. Bouguer gravity anomaly map of Bangladesh, scale 1: 1000000[R]. Dhaka: Geological Survey of Bangladesh.

RAIVERMAN V, 2000. Foreland sedimentation in Himalayan Tectonic Regime: a relook at the orogenic processes[M]. Dehra Dun: Bishen Singh Mahendra Pal Singh: 378.

RAJU A T R, 1968. Geological evolution of Assam and Cambay Tertiary basins of India[J]. American association of petroleum geologists bulletin, 52(12):2422-2437.

RAMANA M VNAIR R R, SARMA K, et al., 1994. Mesozoic anomalies in the Bay of Bengal[J]. Earth and planetary science letters, 121(3/4):469-475.

RAMANA M V, SUBRAHMANYAM V, CHAUBEY A K, et al., 1997. Structure and origin of the 85°E Ridge[J]. Journal of geophysical research: solid earth, 102(B8):17995-18012.

RAMANA M V, RAMPRASAD T, DESA M, 2001. Seafloor spreading magnetic anomalies in the Enderby Basin, East Antarctica[J]. Earth and planetary science letters, 191(3/4):241-255.

RAO C P, 1988. Paleoclimate of some Permo-Triassic carbonates of Malaysia[J]. Sedimentary geology, 60(1/4): 163-171.

RATSCHBACHER L, FRISCH W, LIU G, et al., 1994. Distributed deformation in southern and western Tibet during and after the India - Asia collision[J]. Journal of geophysical research: solid earth, 99(B10):19917-19945.

RAVIKANT V, WU F Y, JI W Q, 2009. Zircon U-Pb and Hf isotopic constraints on petrogenesis of the Cretaceous-Tertiary granites in eastern Karakoram and Ladakh, India[J]. Lithos, 110(1):153-166.

RAWLINSON N, POZGAY S, FISHWICK S, 2010. Seismic tomography: a window into deep Earth[J]. Physics of the earth and planetary interiors, 178(3):101-135.

RICHARDS M A, DUNCAN R A, COURTILLOT V E, 1989. Flood basalts and hot-spot tracks: plume heads and tails[J]. Science, 246(4926):103-107.

RIDD M F, 2015. Should Sibumasu be renamed Sibuma? The case for a discrete Gondwana-derived block embracing Western Myanmar, upper Peninsular Thailand and NE Sumatra[J]. Journal of the geological society, 65 (1): 2015-2065.

ROBINSON D M, DECELLES P G, GARZIONE C N, et al., 2003. Kinematic model for the Main Central thrust in Nepal[J]. Geology, 31(4):359-362.

ROBINSON R A J, BREZINA C A, PARRISH R R, et al., 2014. Large rivers and orogens: the evolution of the Yarlung Tsangpo-Irrawaddy system and the eastern Himalayan syntaxis[J]. Gondwana research, 26(1):112-121.

ROGERS J J W, BERNOSKY S L D, 2008. Differences between Paleozoic Asia and Paleozoic North America as shown by the distribution of ultrahigh-pressure (UHP) terranes[J]. Gondwana research, 13(3):428-433.

ROMANOWICZ B, 2003. Global mantle tomography: progress status in the past 10 years[J]. Annual review of earth and planetary sciences, 31(1):303-328.

ROWLEY D B, 1996. Age of initiation of collision between India and Asia: A review of stratigraphic data[J]. Earth and planetary science letters, 145(1):1-13.

ROWLEY D B, 1998. Minimum age of initiation of collision between India and Asia north of Everest based on the subsidence history of the Zhepure Mountain section[J]. The journal of geology, 106(2):229-235.

ROWLEY D B, 2002. Rate of plate creation and destruction: 180 Ma to present[J]. Geological society of America bulletin, 114(8):927-933.

ROYER J Y,COFFIN M F,1992. Jurassic to Eocence plate tectonic reconstructions in the Kerguelen Plateau region[C]// WISE S W,SCHLICH R. Proceedings of the ocean drilling program:scientific results,120:917-928.

SAKAI H,TAKIGAMI Y,NAKAMUTA Y,et al.,1999. Inverted metamorphism in the Pre-Siwalik foreland basin sediments beneath the crystalline nappe,Western Nepal Himalaya[J]. Journal of Asian earth sciences,17(5): 727-739.

SANGODE S J,KUMAR R,GHOSH S K,1996. Magnetic polarity stratigraphy of the Siwalik sequence of Haripur area (HP),NW Himalaya[J]. The journal of geological society of India,47(6):683-704.

SARMA D S,JAFRI S H,FLETCHER I R,et al.,2010. Constraints on the tectonic setting of the Andaman ophiolites, Bay of Bengal,India,from SHRIMP U-Pb zircon geochronology of plagiogranite[J]. The journal of geology,118(6): 691-697.

SASTRI V,VENKATACHALA B S,NARAYANAN V,et al.,1982. The evolution of the east coast of India[J]. Palaeogeography,palaeoclimatology,palaeoecology,36(2):23-54.

SATO H,AMANO K,1991. Relationship between tectonics,volcanism,sedimentation and basin development,Late Cenozoic,central part of Northern Honshu,Japan[J]. Sedimentary geology,74(1):323-343.

SCHALTEGGER U,ZEILINGER G,FRANK M,et al.,2002. Multiple mantle sources during island arc magmatism: U-Pb and Hf isotopic evidence from the Kohistan arc complex,Pakistan[J]. Terra nova,14(6):461-468.

SCHÄRER U,HAMET J,ALLÈGRE C J,1984. The Transhimalaya (Gangdese) plutonism in the Ladakh region:a U-Pb and Rb-Sr study[J]. Earth and planetary science letters,67(3):327-339.

SCHMINCKE H U,2004. Volcanism[M]. Berlin Heidelberg:Springer:324.

SCHOLL D W,VALLIER T L,STEVENSON A J,1986. Terrane accretion,production,and continental growth:a perspective based on the origin and tectonic fate of the Aleutian-Bering Sea region[J]. Geology,14(1):43-47.

SCHORLEMMER D,WIEMER S,WYSS M,2005. Variations in earthquake-size distribution across different stress regimes[J]. Nature,437(7058):539.

SCHWENK T,SPIEß V,BREITZKE M,et al.,2005. The architecture and evolution of the Middle Bengal Fan in vicinity of the active channel-levee system imaged by high-resolution seismic data[J]. Marine and petroleum geology, 22(5):637-656.

SCHWINNER R,1920. Vulkanismus und Gebirgsbildung:ein Versuch[J]. Zeitschrift für vulkanologie,5:175-230.

SEARLE M P,1986. Structural evolution and sequence of thrusting in the High Himalayan,Tibetan-Tethys and Indus suture zones of Zanskar and Ladakh,Western Himalaya[J]. Journal of structural geology,8:923-936.

SEARLE M P,WINDLEY B F,COWARD M P,et al.,1987. The closing of Tethys and the tectonics of the Himalaya [J]. Geological society of America bulletin,98(6):678-701.

SEARLE M P,PARRISH R R,TIRRUL R,et al.,1990. Age of crystallization and cooling of the K2 gneiss in the Baltoro Karakoram[J]. Journal of the geological society,147(4):603-606.

SEARLE M P,NOBLE S R,COTTLE J M,et al.,2007. Tectonic evolution of the Mogok metamorphic belt,Burma (Myanmar) constrained by U-Th-Pb dating of metamorphic and magmatic rocks[J]. Tectonics,26(3):623-626.

SEARLE M P,WHITEHOUSE M J,ROBB L J,et al.,2012. Tectonic evolution of the Sibumasu-Indochina terrane collision zone in Thailand and Malaysia:Constraints from new U-Pb zircon chronology of SE Asian tin granitoids[J]. Journal of the geological society,169(4):489-500.

SENGÖR A M C,1987. Tectonics of the Tethysides: orogenic collage development in a collisional setting[J]. Annual review of earth and planetary sciences,15:213-244.

SENGUPTA S,1966. Geological and geophysical studies in western part of Bengal Basin,India[J]. American association of petroleum geologists bulletin,50(5):1001-1017.

SENGUPTA S,SHUKLA V K,MITRA N D,et al.,1987. Structure of the Naga Hills Ophiolite belt[J]. Indian society minerals,41:46-51.

SENGUPTA S,RAY K K,ACHARYYA S K,et al.,1990. Nature of ophiolite occurrences along the eastern margin of the Indian plate and their tectonic significance[J]. Geology,18(5):439-442.

SEVASTJANOVA I,CLEMENTS B,HALL R,et al.,2011. Granitic magmatism, basement ages, and provenance indicators in the Malay Peninsula:insights from detrital zircon U-Pb and Hf-isotope data[J]. Gondwana research, 19(4):1024-1039.

SEVASTJANOVA I,HALL R,RITTNER M,et al.,2016. Myanmar and Asia united,Australia left behind long ago[J]. Gondwana research,32:24-40.

SHACKLETON R M,1986. Precambrian collision tectonics in Africa[J]. Geological society,London,special publications,19(1):329-349.

SHANMUGAM G,2002. Ten turbidite myths[J]. Earth-Science Reviews,58(3):311-341.

SHANMUGAM G,BENEDICT III G L,1978. Fine-grained carbonate debris flow,Ordovician basin margin,Southern Appalachians[J]. Journal of sedimentary petrology,48(4):1233-1240.

SHANMUGAM G,MOIOLA R J,1997. Reinterpretation of depositional processes in a classic flysch sequence (Pennsylvanian Jackfork Group),Ouachita Mountains,Arkansas and Oklahoma:Reply[J]. American association of petroleum geologists bulletin,81(3):476-491.

SHIKI T,MISAWA Y,1982. Forearc geological structure of the Japanese Islands[J]. Geological ,London,special publications,10(1):63-73.

SIGURDSSON H,SPARKS R,CAREY S N,et al.,1980. Volcanogenic sedimentation in the Lesser Antilles arc[J]. The journal of geology,88(5):523-540.

SIKDER A M,1998. Tectonic Evolution of Eastern Folded Belt of Bengal Basin[D]. Dhaka:University Dhaka.

SIMANDJUNTAK T O,1980. Wasuponda Melanges[C]//The 8th Annul Meeting Assosiaton of Indonesian Geologist.

SLEEP N,TOKSOZ M N,1971. Evolution of marginal basins[J]. Nature,233(5321):548-550.

SMITH D P,BUSBY C J,1993. Mid-Cretaceous crustal extension recorded in deep-marine half-graben fill,Cedros Island,Mexico[J]. Geological society of America bulletin,105(4):547-562.

SOCQUET A,GOFFÉ B,PUBELLIER M,et al.,2002. Late Cretaceous to Eocene metamorphism of the internal zone of the Indo-Burma range (western Myanmar):geodynamic implications[J]. Comptes rendus geoscience,334(8):573-580.

STERN R J,2002. Subduction zones[J]. Reviews of geophysics,40(4):1-38.

SUBRAHMANYAM C,THAKUR N K,RAO T G,et al.,1999. Tectonics of the Bay of Bengal:new insights from satellite-gravity and ship-borne geophysical data[J]. Earth and planetary science letters,171(2):237-251.

SUBRAHMANYAM V,SUBRAHMANYAM A S,MURTY G P S,et al.,2008. Morphology and tectonics of Mahanadi Basin,northeastern continental margin of India from geophysical studies[J]. Marine geology,253(1):63-72.

SUN Z M,JIANG W,LI H B,et al.,2010. New paleomagnetic results of Paleocene volcanic rocks from the Lhasa block:tectonic implications for the collision of India and Asia[J]. Tectonophysics,490(3/4):257-266.

SYKES L R,1967. Mechanism of earthquakes and nature of faulting on the mid-oceanic ridges[J]. Journal of geophysical research,72(8):2131-2153.

SYLVESTER A G,1988. Strike-slip faults[J]. Geological society of America bulletin,100(11):1666-1703.

TALUKDAR S N,1982. Geology and hydrocarbon prospects of east coast basins of India and their relationship to evolution of the Bay of Bengal[C]//Offshore South East Asia Conference. Exploration I,General session. Richardson:Society of Petroleum Engineer:1-8.

TALWANI M,LEPICHON X,EWING M,1965. Crustal structure of the mid-ocean ridges[J]. Journal of geophysical research,70(2):341-352.

TAMAKI K,HONZA E,1991. Global tectonics and formation of marginal basins:role of the western Pacific[J].

Episodes,14(3):224-230.

TAN X D,GILDER S,KODAMA K P,et al.,2010. New paleomagnetic results from the Lhasa block:revised estimation of latitudinal shortening across Tibet and implications for dating the India-Asia collision[J]. Earth and planetary science letters,293(3/4):396-404.

TANIMOTO T,LAY T,2000. Mantle dynamics and seismic tomography[J]. Proceedings of the national academy of sciences,97(23):12409-12410.

TAPPONNIER P,ZHIQIN X,ROGER F,et al.,2001. Oblique stepwise rise and growth of the Tibet Plateau[J]. Science,294(5547):1671-1677.

TARDUNO J A,DUNCAN R A,SCHOLL D W,et al.,2003. The Emperor Seamounts:southward motion of the Hawaiian hotspot plume in earth's mantle[J]. Science,301(5636):1064-1069.

TAYLOR B,NATLAND J,1995. Active margins and marginal basins of the Western Pacific[R]. Washington D. C.:American Geophysical Union.

TAYMAZ T,EYIDOGAN H,JACKSON J,1991. Source parameters of large earthquakes in the East Anatolian Fault Zone (Turkey)[J]. Geophysical journal international,106(3): 537-550.

TURCOTTE D L,SHCHERBAKOV R,MALAMUD B D,et al.,2002. Is the Martian crust also the Martian elastic lithosphere? [J]. Journal of geophysical research:planets,107(E11):5091.

UDDIN A,LUNDBERG N,1998. Cenozoic history of the Himalayan-Bengal system:sand composition in the Bengal Basin,Bangladesh[J]. Geological society of America bulletin,110(4):497-511.

UDDIN A,LUNDBERG N,1999. A paleo-Brahmaputra? Subsurface lithofacies analysis of Miocene deltaic sediments in the Himalayan-Bengal system,Bangladesh[J]. Sedimentary geology,123(3):239-254.

UNITED NATIONS(UN),1978a. Geology and exploration geochemistry of the Pinlebu-Banmauk area,Sagaing division,northern Burma "Draft" [R]. Technical Report No. 2. DP/UN/BUR-72-002,Geological Survey and Exploration Project. New York:United Nations Development Programme:69.

UNITED NATIONS(UN),1978b. Geology and exploration geochemistry of the Salingyi-Shinmataung area,central Burma[R]. Technical Report No. 5,DP/UN/BUR-72-002,Geological Survey and Exploration Project. New York:United Nations Development Programme:29.

UPRETI B N,1996. Stratigraphy of the Western Nepal Lesser Himalaya:a synthesis[J]. Journal of Nepal geological society,13:11-28.

UPRETI B N,1999. An overview of the stratigraphy and tectonics of the Nepal Himalaya[J]. Journal of Asian earth sciences,17(5/6):577-606.

UYEDA S,BEN-AVRAHAM Z,1972. Origin and development of the Philippine Sea[J]. Nature,240(104):176-178.

UYEDA S,KANAMORI H,1979. Back-arc opening and the mode of subduction[J]. Journal of geophysical research,84(3):1049-1061.

UYEDA S,1982. Subduction zones:an introduction to comparative subductology[J]. Tectonophysics,81(3):133-159.

UYEDA S,MCCABE R,1983. A possible mechanism of episodic spreading of the Philippine Sea[M]//HASHIMOTO M,UYEDA S. Accretion Tectonics in the Circum-Pacific Regions. Tokyo:Terra:291-306.

VAN DER VOO R,SPA KMAN W,BIJWAARD H,1999. Tethyan subducted slabs under India[J]. Earth and planetary science letters,171(1):7-20.

VANNAY J C,HODGES K V,1996. Tectonometamorphic evolution of the Himalayan metamorphic core between the Annapurna and Dhaulagiri,central Nepal[J]. Journal of metamorphic geology,14(5):635-656.

VARGA R J, 1997. Burma [M]//FAIRBRIDGE R W. Encyclopedia of European and Asian regional geology. Netherlands:Springer:109-121.

VEEVERS J J,POWELL C MCA,ROOTS S R,1991. Review of seafloor spreading around Australia. I. Synthesis of the patterns of spreading[J]. Australian journal of earth sciences,38(4):373-389.

VIGNY C,SOCQUET A,RANGIN C,et al.,2003. Present-day crustal deformation around Sagaing Fault,Myanmar[J]. Journal of geophysical research:solid earth,108(B11):117-134.

VINE F J,MATTHEWS D H,1963. Magnetic anomalies over oceanic ridges[J]. Nature,199(4897):947-949.

VON HUENE R,1979. Structure of the outer convergent margin off Kodiak Island,Alaska,from multichannel seismic records[J]. Geological and geophysical investigations of continental margins: American association of petroleum geologists memior,29:261-272.

WALKER R G,1978. Deep-water sandstone facies and ancient submarine fans:models for exploration for stratigrap-hic traps[J]. American association of petroleum geologists bulletin,62(6):932-966.

WANDREY C J,2006. Eocene to Miocene composite total petroleum system,Irrawaddy-Andaman and North Burma geologic provinces,Myanmar[R]. Virginia:US Geological Survey Bulletin:26.

WANG C S,LI X H,HU X M,et al.,2002. Latest marine horizon north of Qomolangma (Mt Everest):implications for closure of Tethys seaway and collision tectonics[J]. Terra nova,14(14):114-120.

WANG J G,WU F Y,TAN X C,et al.,2014. Magmatic evolution of the Western Myanmar Arc documented by U-Pb and Hf isotopes in detrital zircon[J]. Tectonophysics,s 612-613(3):97-105.

WATERHOUSE J B,1982. An early Permian cool-water fauna from pebbly mudstones in south Thailand[J]. Geological magazine,119(04):337-354.

WEBB A A G,YIN A,HARRISON T M,et al.,2007. The leading edge of the Greater Himalayan Crystalline complex revealed in the NW Indian Himalaya:implications for the evolution of the Himalayan orogen[J]. Geology,35(10):955-958.

WEGENER A,1912. Die Entstehung der kontinente[J]. Geologische rundschau,3(4):276-292.

WEGENER A,1915. Die Entstehung der kontinente und ozeane[M]. Braunschweig:Vieweg:94.

WEGENER A,1929. Die Entstehung der kontinente und ozeane [M]. 4th ed. Braunschweig:Vieweg:231.

WEN D R,LIU D,CHUNG S L,et al.,2008. Zircon SHRIMP U-Pb ages of the Gangdese Batholith and implications for Neotethyan subduction in Southern Tibet[J]. Chemical geology,252(3):191-201.

WHITE N M,PARRISH R R,BICKLE M J,et al.,2001. Metamorphism and exhumation of the NW Himalaya constrained by U-Th-Pb analyses of detrital monazite grains from early foreland basin sediments[J]. Journal of the geological society,158(4):625-635.

WHITE N M,PRINGLE M,GARZANTI E,et al.,2002. Constraints on the exhumation and erosion of the High Himalayan Slab,NW India,from foreland basin deposits[J]. Earth and planetary science letters,195(1):29-44.

WIESMAYR G,GRASEMANN B,2002. Eohimalayan fold and thrust belt:implications for the geodynamic evolution of the NW-Himalaya (India)[J]. Tectonics,21 (6):1058.

WILLEMS H,ZHOU Z,ZHANG B,et al.,1996. Stratigraphy of the Upper Cretaceous and lower Tertiary strata in the Tethyan Himalayas of Tibet (Tingri area,China)[J]. Geologische rundschau,85(4):723-754.

WILSON J T,1963. A possible origin of the Hawaiian Islands[J]. Canadian journal of physics,41(6):863-870.

WILSON J T,1965. A new class of faults and their bearing on continental drift[J]. Nature,207(4995):343-347.

WILSON P J T,1966. Did the Atlantic close and then re-open? [J]. Nature,211(211):676-681.

WOODCOCK N H,2004. Life span and fate of basins[J]. Geology,32(8):685-688.

WYSS M,1979. Estimating maximum expectable magnitude of earthquakes from fault dimensions[J]. Geology,7(7):336-340.

XU R H,SCHÄRER U,ALLEGRÈ C J,1985. Magmatism and metamorphism in the Lhasa block (Tibet): a geochronological study[J]. The journal of geology,93(1):41-57.

XU Y G,LAN J B,YANG Q J,et al.,2008. Eocene break-off of the Neo-Tethyan slab as inferred from intraplate-type mafic dykes in the Gaoligong orogenic belt,Eastern Tibet[J]. Chemical geology,255(3/4):439-453.

XU Y G,YANG Q J,LAN J B,et al.,2012. Temporal-spatial distribution and tectonic implications of the batholiths in the Gaoligong-Tengliang-Yingjiang Area, Eastern Tibet: constraints from zircon U-Pb ages and Hf isotopes[J]. Journal of Asian earth sciences,53:151-175.

YANG S F, LI Z L, CHEN H L, et al., 2006. ^{40}Ar-^{39}Ar dating of basalts from Tarim Basin, NW China and its implication to a Permian thermal tectonic event[J]. Journal of Zhejiang University: science A,7(2):320-324.

YEATS R S, HUSSAIN A,1987. Timing of structural events in the Himalayan foothills of Northwestern Pakistan[J]. Geological society of America bulletin,99(2):161-176.

YIN A,2006. Cenozoic tectonic evolution of the Himalayan orogen as constrained by along-strike variation of structural geometry, exhumation history, and foreland sedimentation[J]. Earth-science reviews,76(1/2):1-23.

YIN A, 2010. Cenozoic tectonic evolution of Asia: A preliminary synthesis[J]. Tectonophysics, 488(1/4): 293-325.

YIN A, HARRISON T M,2000. Geologic evolution of the Himalayan-Tibetan orogen[J]. Annual review of earth and planetary sciences,28(1):211-280.

YIN A, HARRISON T M, MURPHY M A, et al., 1999. Tertiary deformation history of Southeastern and Southwestern Tibet during the Indo-Asian collision[J]. Geological society of America bulletin,111(11):1644-1664.

YIRGU G, EBINGER C J, MAGUIRE P K H,2006. The afar volcanic province within the East African rift system: introduction[J]. Geological society, London, special publications,259(1):1-6.

ZAW K, 1990. Geological, petrogical and geochemical characteristics of granitoid rocks in Burma: with special reference to the associated W-Sn mineralization and their tectonic setting[J]. Journal of Southeast Asian earth sciences,4(4):293-335.

ZHANG K J, XIA B D, WANG G M, et al.,2004. Early Cretaceous stratigraphy, depositional environments, sandstone provenance, and tectonic setting of Central Tibet, Western China[J]. Geological society of America bulletin,116(9): 1202-1222.

ZHONG S J, GURNIS M, HULBERT G,1993. Accurate determination of surface normal stress in viscous flow from a consistent boundary flux method[J]. Physics of the earth and planetary interiors,78(1/2):1-8.

ZHU B, KIDD W S F, ROWLEY D B, et al.,2006. Age of Initiation of the India-Asia Collision in the East-Central Himalaya[J]. The journal of geology,114(5):265-285.

ZHU D C, ZHAO Z D, NIU Y L, et al., 2011. Tracing the provenance of inherited zircons from peraluminous granites in the Lhasa Terrane and its paleogeographic implications[J]. Acta petrologica sinica,27(7):1917-1930.

第 2 章

孟加拉湾及邻区盆地属性与类型

  孟加拉湾及邻区涵盖孟加拉湾残留洋、印度大陆东部边缘、孟加拉–印度大陆东北部、缅甸西部(西缅地块)大陆边缘和安达曼扩张海等在内的广大区域,发育世界上最雄伟的造山系、最大的河流三角洲和最大的深海扇系统。形成了近东西向的喜马拉雅造山带及前陆盆地系统、近南北向的缅甸–安达曼主动大陆边缘沟–弧–盆体系、近北东向的印度东部被动大陆边缘交汇复合构造带。其演化可追溯到中生代冈瓦纳大陆的初始张裂,以及此后的陆内裂谷、被动陆缘、海底扩张与特提斯洋盆闭合、印度板块与欧亚板块碰撞。孟加拉湾及邻区发育主动大陆边缘盆地、被动大陆边缘盆地、孟加拉湾残留洋盆地和孟加拉复合盆地四种成因类型的盆地。

2.1　区域构造特征

2.1.1　孟加拉湾及邻区区域构造解释

1. 数据来源及方法

区域骨架剖面中使用的地震资料主要来自中国海洋石油总公司（China National Offshore Oil Corporation，CNOOC）采集的地震数据和已经公开发表的文献数据（张朋等，2014；Radhakrishna et al.，2012a，b；Sreejith et al.，2011；Bastia et al.，2010a，b，c；Maurin and Rangin，2009a；Curray，2005；Nielsen et al.，2004；Bertrand and Rangin，2003；Schwenk et al.，2003；Pivnik et al.，1998）。上述地震资料覆盖了从印度东部大陆边缘到缅甸-安达曼弧盆体系的主要构造单元，能够帮助揭示这些地区的主要构造特征。

过去几十年对孟加拉湾及邻区地质历史研究的最大缺陷可能是对地层格架的忽视，因为孟加拉盆地及孟加拉湾盆地的地层划分主要是基于对印度东部陆缘和东北部阿萨姆盆地的研究而建立的（Alam et al.，2003；Geopala Rao et al.，1997），缺乏直接的岩性、古生物和年代学等方面的证据。在这种跨大区域存在大型前积河流三角洲情况下外推使用，必然会存在问题。本章基于中国海洋石油总公司在缅甸新近获取的钻井地层数据和收集的钻井数据，结合前人已有的地层划分方案，建立了全区域的地层格架，能够较好地开展地层对比与构造演化分析。

2. 区域骨架剖面

1）孟加拉盆地和缅甸北部弧盆体系

孟加拉盆地在孟加拉国西部陆架地区，盆地基底为古元古代陆壳[（1722±6）Ma]（Ameen et al.，2007）和减薄的陆壳（过渡性地壳），发育比较典型的地堑-地垒构造。已有钻井揭示地堑和半地堑中广泛发育陆相的碎屑沉积岩和沼泽相的煤层（Farhaduzzaman et al.，2013；Frielingsdorf et al.，2008）。目前这一地区没有同裂谷期火山岩的相关报道，但是盆地西北缘出露的早白垩世拉杰默哈尔玄武岩（119 Ma），通常被认为是地幔热点作用的产物（Bastia et al.，2010b；Curray and Munasinghe，1991），与此相关的岩浆活动可能是这一时期驱动印度大陆从冈瓦纳古陆分裂的重要因素（Lal et al.，2009）。自西部陆架向东延伸，正常的陆壳基底转变为过渡壳和洋壳；印度洋洋壳向西缅地块下俯冲挠曲，形成类似前陆盆地的前渊拗陷[图 2.1(a)]，聚集的沉积物最大厚度超过了 21 km（张朋等，2014；Curray，1991）。盆地沉积序列由西部的陆架碳酸盐岩台地相向深海沉积相过渡。渐新世及以后，受北面喜马拉雅造山带隆升的影响，河流相和河流-三角洲相逐渐开始占优势（Najman et al.，2008；Alam et al.，2003），孟加拉盆地成为一个持续发展的继承性拗陷。受孟加拉基底洋壳向东的持续俯冲影响，上覆沉积盖层发生不同程度的褶皱变形，整体上自东向西，变形程度逐渐减弱，显示由东向西挤压的过程。

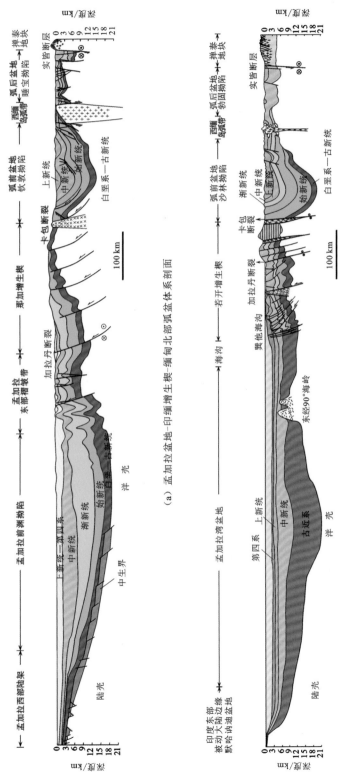

(a) 孟加拉盆地-印缅增生楔-缅甸北部弧盆体系剖面

(b) 印度东部被动大陆边缘默哈讷迪盆地-孟加拉湾盆地北部-缅甸中西部弧盆体系剖面

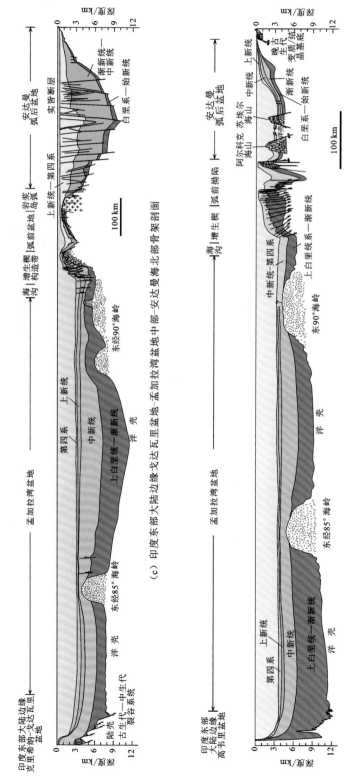

(c) 印度东部大陆边缘戈达瓦里盆地-孟加拉湾盆地中部-安达曼海北部骨架剖面

(d) 孟加拉扇下扇-安达曼岛-尖喷主干剖面图

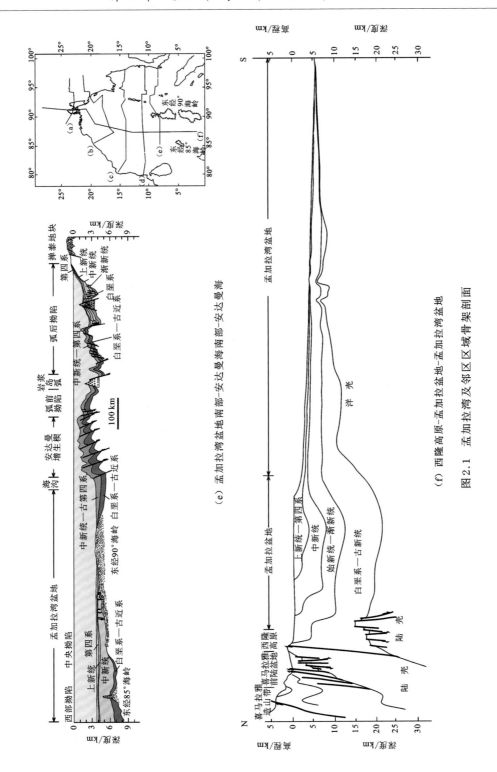

（e）孟加拉湾盆地南部-安达曼海南部-安达曼海

（f）西隆高原-孟加拉盆地-孟加拉湾盆地

图 2.1　孟加拉湾及邻区区域骨架剖面

以加拉丹(Kaladan)断裂为界,在缅甸西北部地区自西向东依次并排发育那加增生楔、钦敦拗陷、西缅岛弧和睡宝拗陷等多个特征鲜明的构造单元,显示缅甸西北部地区发育了完整的弧盆体系。加拉丹断裂以西的那加增生楔已经隆升为印缅造山带的一部分,其地层格架的发育特征显示在东西向挤压,增生楔的东部优先快速隆升,导致白垩系—古新统完全剥露至地表[图2.1(a)]。Maurin和Rangin(2009b)在讨论印缅造山带的形成机制时认为,加拉丹断裂以东为基底卷入构造,以西为盖层滑脱型,滑脱面为渐新统Jenam组的泥页岩层。整体上,那加增生楔受一系列东倾的逆冲断层控制,为向西生长的叠瓦状推覆体系。那加增生楔与西缅岛弧之间被钦敦拗陷分割,拗陷内保存了巨厚的晚中生代—新生代沉积层系。沉积相和沉积物源的分析结果显示在钦敦拗陷发育过程中经历了由开放的大陆边缘向封闭的弧前盆地的转变(海退过程)(Licht et al.,2015,2013;Soe et al.,2002)。钦敦拗陷整体上表现为一个复向斜构造,其主要构造变形期发生在上新世以后,这一变形时间与那加增生楔最西缘的变形时间相吻合(2 Ma)(Najman et al.,2016,2012;Maurin and Rangin,2009b)。西缅岩浆岛弧在缅甸西北部以高凸起、低隆和岩浆底辟为特征(Zhang et al.,2017a)。弧后睡宝拗陷为一伸展单元,整体上表现为正断层控制下的地堑-地垒构造,发育上白垩统—第四系的完整沉积序列[图2.1(a)]。受东缘实皆断层的影响,睡宝拗陷内部发育一系列的负花状构造。弧后盆地的初始伸展与岩浆岛弧的初始侵入和上涌具有较好的一致性(Zhang et al.,2017a),显示了它们之间存在密切的共生关系,是弧盆体系的重要组成部分。缅甸-安达曼弧盆体系在上新世—更新世发生了显著的构造反转(Pivnik et al.,1998),这一时间与印缅造山带最后一期的褶皱变形和快速扩展的时间相吻合,显然,这是孟加拉湾洋壳向西缅地块下俯冲的必然结果(Maurin and Rangin,2009b;Curray,2005;Curray et al.,1979)。

2) 印度默哈讷迪盆地-孟加拉湾盆地北部-缅甸中西部弧盆体系

印度东部大陆边缘默哈讷迪盆地(Mahanadi basin)是发育在印度陆壳之上的被动大陆边缘盆地(Bastia et al.,2010c),整体上以北东—南西走向的地堑-地垒构造为特征。过盆地的骨架剖面显示盆地以陆缘单斜为典型特征[图2.1(b)],下伏的地堑-地垒构造并未完全显示。印度东部陆缘以东是孟加拉湾盆地,内部沉积了巨厚的新生代地层,受沉积负载(最大沉积厚度超过20 km)和东西向挤压的双重影响,盆地整体表现为向下挠曲沉降的结构特征。孟加拉湾盆地内呈南北走向的东经85°海岭(85°E ridge)和东经90°海岭(90°E ridge),在侵位过程中改变了盆地下构造层的结构特征,尽管如此,盆地变形程度仍然非常弱。与孟加拉湾盆地北部相邻的印缅造山带的西段仍在海平面以下,变形较弱;增生楔的东段,隆升为若开造山带,同样以叠瓦状逆冲推覆和东倾断裂为特征。Allen等(2008)和Naing等(2014)曾讨论过若开海岸地区印缅造山带的成因。他们认为印缅造山带东段的沉积物主要来自西缅地块的岩浆岛弧和抬升的陆块基底,而西段主要来自北部的喜马拉雅造山带的剥蚀再沉积。来自不同源区的沉积碎屑最早沉积在孟加拉湾洋壳上,后经历多期挤压、隆升而形成现今的构造格局(Zhang et al.,2015;Maurin and Rangin,2009b)。缅甸中部地区中的沙林拗陷,其结构特征与钦敦拗陷相似,表现为下挠的复向斜单元,但弧后地区的勃固拗陷没有像北部的睡宝拗陷一样表现为裂陷结构,而是与弧前沙林拗陷一起构成了自西向东超覆的单斜构造[图 2.1(b)](Bertrand and Rangin, 2003)。与北部的睡宝拗陷相比,勃固拗陷中只保存了渐新世以来的沉积地层;弧后地区盆地的这种不同发育格局可能与汇聚大陆边缘的斜向汇聚作用有关(Bertrand and Rangin,2003)。西缅岛弧在这一地区的发育规模没有北段大,只表现为朵状的岩浆侵入体,最著名的波帕(Popa)火山,在第四纪仍处于活动状态(Lee et al.,2016;Stephenson and Marshall,1984)。勃固拗陷与东侧的掸泰地块之间以实皆断层为界。

3) 印度戈达瓦里盆地-孟加拉湾盆地中部-安达曼海北部

印度东部陆缘中段是克里希纳-戈达瓦里盆地(Krishna-Godavari basin)。盆地下构造层发育古生界—中生界冈瓦纳陆内裂谷层系,代表的是冈瓦纳大陆陆内伸展到印度大陆破裂期间的构造演化史,地堑内部发育大量与裂谷作用相关的火山岩(Murthy et al., 1993);盆地上构造层为典型的被动大陆边缘楔形沉积体。孟加拉湾盆地最明显的特征是被东经 85°海岭和东经 90°海岭分割为"三拗夹两隆"的形态。其中东经 85°海岭表现为"钟形"的几何学特征,而东经 90°海岭的形态则相对复杂[图 2.1(c)]。盆地内上白垩统—渐新统中可以识别出多个不同级别的不整合面,代表了孟加拉湾盆地多期次的构造-沉积事件,而地层向东经 90°海岭西翼上超显示海岭的隆升时间应该不会晚于晚白垩世(Geopala Rao et al.,1997;Curray et al.,1982)。中新统—第四系平缓地覆盖在两条海岭之上,将其完全掩埋。在安达曼群岛北部,弧前盆地表现为上隆地壳之上的小型拗陷,构造变形和地层组成相对简单,增生楔和岩浆岛弧的发育规模也较小。与缅甸陆上地区截然相反,安达曼海地区表现为快速伸展环境(弧后扩张)下的巨大沉降单元,主要由渐新统至第四系组成,下部可能发育了晚白垩世至始新世的远洋薄层沉积。盆地大致呈对称的"碗状",边界断裂不明显,但是内部发育大量的生长断层,部分断至基底;实皆断层在此呈发散状,弥散在盆地中,负花状构造常见[图 2.1(c)]。上述特点可以说明,安达曼海弧后伸展作用不早于渐新世,而实皆断层的活动时间也应该与之相关联。

4) 印度高韦里盆地-孟加拉湾盆地南部-安达曼海中部

印度东部陆缘的高韦里盆地(Cauvery basin),在陆上地区由北东向相间排列的地堑和地垒组成(Bastia et al.,2010c;Sastri et al.,1973),而在海域,陆壳逐渐向洋壳过渡(Nemcok et al.,2012),地堑-地垒构造表现不明显[图 2.1(d)]。印度东部大陆边缘过渡到孟加拉湾盆地时,后者次级单元的西部拗陷发育程度比中部拗陷更显著,主要表现在地层发育厚度更大,沉降更显著,规模更大。在这一地区,东经 85°海岭与东经 90°海岭显示为两个巨大的火山岩侵入体,中新统及以上沉积层未受其岩浆底辟作用的影响,表明在这一区域岩浆底辟活动停止的时间早于中新世。在安达曼海南部海域,增生楔完全淹没于海平面以下,东西向的变形程度相应减弱,呈现典型的叠瓦状生长的特征(Curray,2005),相邻的火山岩浆岛弧在地震剖面中显示为孤立的底辟体[图 2.1(d)]。安达曼海弧后地区的结构特征与北部的结构特征差异明显:①盆地中部出现洋壳和海底扩张中心;②洋壳两侧为火成岩的基底高隆起;③只有少量沉积碎屑聚集在盆地中,在海底扩张中心发现第四纪沉积物,表明洋壳的出现和大洋的张开不会早于上新世;④盆地呈不规则状,东部聚集了来自东缘古老陆块的沉积物,表现出明显的前积特征。

5) 孟加拉湾盆地南部-安达曼海南部-掸泰地块

在这一剖面中,孟加拉湾盆地的西部拗陷占据主导地位,而夹持于东经 85°海岭和东经 90°海岭之间的中央拗陷萎缩为一浅盆,盆地下部白垩系—古近系厚度相应地快速减小,而且西部明显比东部大(即地层向东经 90°海岭超覆)。整体上,孟加拉湾盆地南部的沉积地层厚度比盆地北部和中部都小。此外,东经 85°海岭表现为不显著的柱状底辟体,而东经 90°海岭的形态则更加宽大,高耸的海岭刺穿上覆地层,成为海山[图 2.1(e)]。已有的研究还表明东经 90°海岭已经部分俯冲到安达曼增生楔之下(Maurin and Rangin, 2009a;Geopala Rao et al.,1997),这一过程增强和加快了印缅增生楔向上和向西的扩展,这在横切增生楔的地震剖面中得到了证实(Curray,2005)。弧前盆地的拗陷结构特征也变得不明显;弧后拗陷以断拗结构为特点,边界断裂和内部次级断裂控制着拗陷的结构形态。盆地基底没有显示存在洋壳,而是堆积了薄层的陆相沉积,在盆地的东缘表现得更加明显,可能与来自掸泰地块的沉积物优先沉积于邻近的拗陷内,导致地层序列发育较为完整有关[图 2.1(e)]。

6) 喜马拉雅造山带-喜马拉雅前陆盆地-孟加拉盆地-孟加拉湾盆地

南北向地震骨架剖面横切喜马拉雅造山带及前陆盆地、孟加拉盆地和孟加拉湾盆地[图 2.1(f)]。剖面显示,北部的喜马拉雅造山带以陆-陆碰撞环境下形成的逆冲推覆体系为典型特点,印度板块陆壳俯冲至欧亚板块之下,欧亚板块相应地仰冲叠加至印度板块之上(Yin et al.,2010)。印度大陆边缘早期(被动大陆边缘阶段)发育的地堑-地垒构造被掩埋于喜马拉雅造山带推覆体系之下,相应的喜马拉雅前陆盆地整体上发育比较局限。西隆高原南缘的达卡(Dhākā)断层是一个明显的地质单元分界线,其北部为厚度巨大的陆壳,整体向北倾斜,上覆盖层由北向南逐渐减薄,北部喜马拉雅山前缘发育大型的铲式逆冲断裂,构造变形强烈,地层向上掀斜,而向南西隆高原地层变形减弱,并逐渐尖灭,沉积物整体呈一个楔形体;断裂以南的孟加拉盆地,基底由减薄的陆壳和正常的洋壳组成,沉积层厚度巨大,最大厚度接近 20 km,沉积层中由深及浅发育不同时期的陆架坡折带,表示一个沉积物逐渐向南进积的过程[图 2.1(f)]。受南北向巨大挤压应力的影响,孟加拉盆地基底发生剧烈的挠曲,形成巨大的拗陷带,盆地邻近西隆高原的上覆沉积盖层发生轻微的褶皱变形(张朋 等,2014)。继续向南,孟加拉湾盆地整体上构造变形较弱,地层逐渐减薄并向南上超。连同孟加拉盆地,南北向剖面揭示盆地整体表现为"楔形"的几何学特征。

环孟加拉湾地区东北角的阿萨姆盆地(河谷)是一个非常特别的区域,西北部喜马拉雅山前及东南部那加山山前均存在一个大型的逆冲褶皱带。这主要与印度板块在此区域分别与欧亚板块及西缅地块进行的"A"型俯冲碰撞相关。西北部喜马拉雅山前褶皱冲断带为高角度的逆冲断层,向北倾斜,下部地层中发育的小型板式正断层说明这个位置正处于被动大陆边缘向造山带演化的时期,地层沉积厚度由褶皱带前缘向阿萨姆河谷逐渐减薄;东南部那加增生楔(褶皱冲断带)内部的断层向东南倾斜,与之相对应的地层也逐渐向阿萨姆河谷减薄、尖灭。

2.1.2　孟加拉湾及邻区不同构造单元特征

1. 印度东部大陆边缘

印度东部大陆边缘南北向延伸约 2 000 km,自北向南包含数个重要的含油气盆地:默哈讷迪盆地、克里希纳-戈达瓦里盆地和高韦里盆地,这些盆地的发育与印度大陆早期陆内伸展与裂谷作用相关(Talukdar,1982)。印度东部大陆边缘是一个典型的被动大陆边缘,起源于早白垩世印度大陆从冈瓦纳古陆(南极洲大陆)的裂离(Powell et al.,1988)及稍后的印度洋海底扩张作用。冈瓦纳大陆底部的凯尔盖朗地幔柱的活动至少在印度东部大陆边缘北部的形成过程中扮演了重要的角色,它导致东冈瓦纳大陆的裂开及破裂后的相关岩浆作用(Kumar et al.,2003;Kent et al.,2002a,1997;Kent,1991)。印度东部大陆边缘的基底岩性、剪切带(裂谷)走向与构造样式与南极洲大陆东缘具有可对比性(Yoshida et al.,1992;Fedorow et al.,1982),板块重建模型为裂前期和裂后期的伸展作用及两者的对应关系提供了更多的约束条件(Veevers,2009;Reeves et al.,2004)。北东—南西走向的地堑-地垒结构表明它们可能发育在高度断层化的陆壳之上,因此,印度大陆的初始伸展是在强应力环境下发生的(Ramana et al.,2001)。已有的地球物理资料显示印度东部大陆边缘可以分为南北两段:克里希纳-戈达瓦里盆地及以北属于正常的由裂谷作用引起的破裂大陆边缘,而南段的高韦里盆地发育于剪切或转换背景(Subrahmanyam et al.,1999)。基于印度东部大陆边缘的结构和构造演化特征,Krishna 等(2009)认为其有两期裂离过程:①早白垩世,印度大陆从澳大利亚-南极洲大陆的裂开;②早白垩世晚期(120 Ma),Elan Bank 微陆块从印度东部大陆边缘的裂离。通过地震剖面对基底结构的分析,Radhakrishna 等(2012)解释了两套与这两期大陆破裂相关的北西—南东向的洋壳破碎带。

2. 孟加拉及印度东北部

在对孟加拉及印度东北部基础地质和地震资料分析的基础上,依托区域地质特征、区域主干剖面特征,总结出盆地的结构特征、属性及大地构造背景,以此明晰盆地的构造属性。同时对盆内不同构造位置结构、构造特征的解剖,认为研究区具有"东西分带,南北分块"的构造格局。这主要体现在构造应力上的差异,即以"西张东压"为典型特征;南北向,由于俯冲时间上存在差异,北部挤压变形时间早于南部,并且在变形程度上北部也明显大于南部。阿萨姆盆地也存在这种分带结构,但是其东北部与西南部差异明显:西南部发育完整的前陆盆地冲断带-前缘-断坡结构;而在东北部,受喜马拉雅前陆系统持续向东南推进的影响,盆地发育并不完整,典型的前陆盆地斜坡不发育。

3. 孟加拉湾盆地

整体上,孟加拉湾盆地是夹持于印度东部大陆边缘与缅甸-安达曼大陆边缘之间的拗陷单元,自北向南有一定的差异和变化。首先,东经 85°海岭规模自北向南逐渐减小,北段切割默哈讷迪盆地(Bastia et al.,2010b),向南延伸至阿法纳西·尼基京海山(Krishna,2003)。地震剖面同时显示东经85°海岭呈断续的孤立岩浆底辟刺穿上覆地层(张朋 等,2014)。而东经90°海岭规模自北向南相对变大,隆起幅度增加。这从整体上影响了孟加拉湾盆地的结构特征。其次,西部拗陷向南开阔,向北逐渐收敛,规模减小,整体为受东经85°海岭和印度东部陆缘控制的拗陷单元。中央拗陷南部相对收敛,北部开阔,规模增大,为特征明显的拗陷结构单元。通常在海岭两翼发育宽缓的情况下,盆地的拗陷结构特征相对更加显著,而当海岭两翼陡直时,盆地的下拗特征则不显著。可以认为孟加拉湾盆地是发育在主、被动陆缘之间的巨大的拗陷结构单元,受东经85°海岭和东经90°海岭改造而在南北向上呈现复杂的变化。在沉积物汇聚方面,上覆沉积盖层的累计厚度从南向北逐渐减小,由20 km减小至2 km左右;盆地已证实的沉积物最古老沉积年龄是晚始新世(38 Ma)(Najman et al.,2008),而南部已证实的最古老年龄是晚中新世(10 Ma)(Schwenk,2003;Cochran,1990)。虽然现阶段不能确定这些沉积物是否都是来自喜马拉雅造山带,但是地层的沉积样式和年龄变化均表明地层是由北向南逐渐推进的。

4. 印缅增生楔构造区

增生楔在孟加拉湾及邻区从南部安达曼-尼科巴群岛到北部印缅造山带均有出露,其出露得到了主干剖面的揭示。增生楔在北部以造山楔的形式出现,在南部海域主要出露为新生岛屿。

在缅甸陆上地区,最北端的主干剖面显示俯冲板块向仰冲板块的俯冲消减已经完毕,正处于陆-陆碰撞造山阶段,即"A"型俯冲阶段,此时印度板块和欧亚板块已经焊接成一个统一的整体。增生楔北部构造带(那加增生楔)部分已经到达增生楔演化的终极状态——造山楔。那加增生楔内部发育一系列向东倾的大型逆冲断裂及褶皱,同时也继承了原始增生楔的构造特征。印缅增生楔的北段隆升幅度高于南段(若开增生楔),一方面与印度板块与欧亚板块间的碰撞率先开始于北部有关,另一方面也可能反映了北部挤压碰撞强度大于南部。另外,从增生楔内构造变形看,北部强于南部,东缘强于西缘(Maurin and Rangin,2009b)。

南部海域增生楔主要出露为安达曼-尼科巴(Nicobar)群岛的海脊,不连续出露。增生楔构造带内,不仅发育与增生楔轴向平行的压扭性逆断层,而且发育与增生楔斜交的正断层(Curray,2005;Nielsen et al.,2004)。增生楔带内流体活动和构造活动强烈,发育与泥、页岩有关的底辟构造(何文刚 等,2011)。

安达曼-尼科巴增生楔本质上由新生代发生褶皱变形和隆升的深海沉积物组成,包括底部的白垩纪辉长岩、蛇纹岩和橄榄岩等火山岩系列,代表海底初始沉积作用的古新统远洋灰岩和燧石,以及渐新统—中新统安达曼复理石浊积岩(Bandopadhyay and Carter,2017;Limonta et al.,2017)。中新世以来,印度洋洋壳在缅甸和安达曼-尼科巴增生楔之下持续消减(Pivnik et al.,1998),导致南部增生楔不断增长和隆升,直到中新世后期增生楔出露海面成为安达曼岛。

5. 缅甸-安达曼弧前构造区

弧前构造区整体可分为北部陆上挤压拗陷区和南部海域断陷区。由于北部为陆-陆碰撞的"A"型俯冲,弧前构造区发育俯冲板块之上的前渊拗陷,具有类似前陆拗陷的结构特征。南部则为断陷沉降,为半地堑结构。

北部陆上弧前构造带的挤压特征明显,整体上是由逆冲褶皱带组成的复式向斜构造。弧前构造区经历了早期被动陆缘的断陷阶段和过渡性陆缘的断拗阶段,在主动大陆边缘演化阶段总体表现为反转型改造。从弧前构造区内的变形程度上讲,南部的剖面变形程度进一步减弱,拗陷范围面积减小。说明自北向南碰撞强度逐渐减弱,构造改造作用也相应减弱。从若开海岸-毛淡棉(Moulmein)东部开始以火山岛弧带为转换带,弧前盆地规模开始减小,弧后盆地规模开始变大,构造和沉积中心向弧后地区转移。若开海岸-毛淡棉东部所处的位置不仅是现今地理上的海陆过渡带,更是地质上的构造过渡带。

6. 缅甸-安达曼岩浆岛弧构造带

缅甸-安达曼岩浆岛弧构造带宏观上与海沟和增生楔构造带平行分布,在北部零星出露为地表火山,如波帕火山,在南部海域则表现为海山隆起。

岛弧构造带虽然为不连续出露,但分割弧前、弧后构造,岛弧顶部发育小型张性断裂,中新世以后的地层多超覆于火山岛弧之上,形成披覆构造。从火山岛弧隆起幅度和分割性看,整体表现为北部高隆,分割性强;南部低隆,分割性弱。

南部海域火山岛弧构造带发育早白垩纪至渐新世的玄武质安山岩,岛弧之上发育生物礁,形成火山岛弧带良好的储层。岛弧边界发育一系列张性正断层,控制海域弧前地区的沉积,弧前地区在海域整体为半地堑结构。

7. 缅甸-安达曼弧后构造区

弧后构造区整体表现为断陷特征,断裂具有似负花状结构,整体为张扭性改造,强度上北部弱于南部。弧后地区拗陷主体发育在南部海域,早期经历的断陷、断拗阶段与弧前构造区相似,但后期主动大陆边缘阶段由于弧后扩张作用表现为独立的弧后裂陷。此外,弧后构造区在中新世后整体受南北走滑断裂拉分强烈改造,表现为张扭性继承改造特征(Morley,2017a,b)。

张扭性继承构造主要发育在南部海域,与实皆断层和丹老(Mergui)断裂密切相关,表现为强烈的右旋张扭。南部海域弧前构造带已经开始萎缩,构造带主体向弧后构造带转化。弧后构造带为一系列地堑、半地堑结构,除实皆断层外,拉分出许多伴生的北东向雁行小断裂,体现明显的张扭性质。

从弧后盆地的地堑、半地堑结构上看,控制南部弧后拗陷的沉降中心及沉积中心的主控断裂应在西部(Morley and Alvey,2015)。地层由西向东超覆,后期张扭改造明显,发育大量张性断层。张扭性改造作用自丹老海脊向南逐渐减弱。从拗陷结构、构造特征上看,丹老拗陷下部呈半地堑结构,上部则为拗陷结构,后期张扭改造很弱,可能与丹老拗陷所受构造域与南部澳大利亚板块向北俯冲有关(Morley,2017a;Srisuriyon and Morley,2014)。

缅甸海域及周缘作为印度板块向欧亚板块俯冲碰撞的典型主动大陆边缘,受到板块强烈俯冲作用和远程效应的双重影响,新生代经历了多期不同性质的构造作用,构造变形极其复杂。印度板块对缅甸地块的强烈挤压,造成缅甸地块的构造逃逸及顺时针旋转,形成缅甸地块现今向西凸出的、南北走向的弧形构造格局,使缅甸-安达曼弧后构造区具有明显的东西分带、南北分块的特点。海沟在陆上部分经过陆-陆碰撞造山缝合,以一系列大型逆冲褶皱带产出,为古老的增生楔。造山带的造山楔峰带即对应西部的若开造山带,向南则一直延伸到安达曼-尼科巴群岛。火山岛弧带则穿过缅甸陆上中央沉降带,将其分割成弧前构造带和弧后构造带两个一级构造单元。增生楔构造带和岛弧构造带由于其隆升高度、规模大小的差异性,其所起的分割作用也不尽相同,表现出明显的南北分段性。弧前构造带和弧后构造带内的不同拗陷则由于板块作用边界强度的差异性和不均一性,表现出同一属性构造带内的统一性,也表现出后期构造演化的差异性。

2.2　区域重磁场特征

2.2.1　区域重力场特征

1. 孟加拉湾及邻区区域重力场的基本特征

虽然盆地结构构造特征及地层充填展布特征主要表现在地壳上部或地表,但究其根本原因还是跟地球深部的结构有关(Gurnis,1998,1990;Mitrovica et al.,1989)。盆地的形成发育、构造演化及其后期的改造等一系列过程都是岩石圈在构造应力相互作用下引起的(Ingersoll and Busby,1995),要全面理解和解释盆地现今的构造格局及演化,必须结合盆地下伏基底及岩石圈的性质。地球物理场是地下地质体某种物理性质的反映,通过对地球物理场异常的解释,结合地质及其他相关资料可以对这种异常及引起异常的场源体做出相应的地质解释。

重力场异常是地球物理场的一种,主要是地下物质密度分布不均匀引起重力随空间位置的变化而变化。重力异常可以分为自由空气异常和布格异常两种,这主要是数据处理方法的差别,通过对重力异常进行相关的地球物理处理,可以得出地下深部结构特征(包括基底的起伏等)及沉积盖层的构造特征(断裂展布、地质体边界等)。

本书所用的重力异常数据来源于美国加利福尼亚大学和美国国家海洋与大气管理局卫星测高实验室的全球卫星重力数据库①,数据网格间距为$1' \times 1'$,本书主要对数据进行了地形校正、背景场消除等处理。

在孟加拉湾及邻区自由空气重力异常图中[图 2.2(a)],可以识别出数个明显的异常单

---

① 重力异常数据来源:http://topex.ucsd.edu/cgj-bin/get_data.cgi/

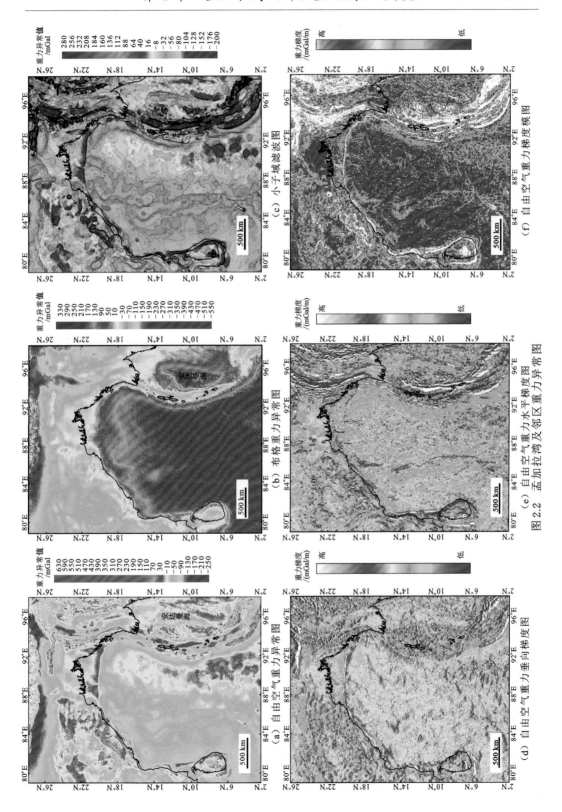

图 2.2　孟加拉湾及邻区重力异常图

元:①印度大陆内部高正重力异常区;②喜马拉雅前陆低负异常区和喜马拉雅造山带正异常区;③印度东部大陆边缘低负异常区;④孟加拉湾近南北向的低负异常与高正异常条带;⑤缅甸-安达曼海域南北向高正异常与低负异常条带;⑥孟加拉国及陆架区复杂重力异常条带,包括南部东西向的高正异常条带、北部东西向的低负异常区和中部近北东—南西走向的正负异常区。而在经过中间层和地形校正后的布格重力异常图中[图 2.2(b)],并不能详尽地区分上述重力异常带,但可以看到印度东部大陆边缘至孟加拉国基本上为低正异常区,北部喜马拉雅造山带显示为东西向的高负异常区,孟加拉湾及安达曼海域显示为高正异常区。自由空气异常和布格异常初步揭示了孟加拉湾及邻区主要构造单元的异常特征及其展布方向,但是对局部构造的刻画非常有限,需要进一步对自由空气重力异常数据进行滤波、梯度、延拓等深度处理。孟加拉湾盆地小子域滤波(窗口 7 m×7 m,半径 20 km)图显示了更加清晰的构造带边界和内部细节,对不同构造带的刻画更逼近其真实形态[图 2.2(c)]。印度东部大陆边缘显示出了多个孤立的高负异常单元,而在孟加拉湾东部则表现为南北向的正异常区条带,内部可见斑点状的高正异常区。缅甸-安达曼海域为近南北向的条带,这与自由空气重力异常资料显示的结果相似。自由空气重力垂向梯度图[图 2.2(d)]显示,在东经 85°海岭西侧发育数条北西向线性构造,可能是与印度洋早期北西向扩张有关的基底破碎带(Krishna et al.,2009),这些破碎带得到了地震资料的证实(Radhakrishna et al.,2012a)。在东经 85°海岭的东缘,显示为近南北向的条带;缅甸-安达曼海与显示为近南北向的相间条带。而在自由空气重力水平梯度图中,东经 90°海岭内部显示存在一系列近东西向断裂,这些断裂可能是与海岭同期形成的正断层,与东经 90°海岭南段存在的正断层(Sagar et al.,2010)具有相似的特征[图 2.2(e)];缅甸陆上地区同样发育北西西—南东东向的条带区。上述北西向破碎带和近东西向异常条带在自由空气重力梯度模图上的显示也非常清晰[图 2.2(f)]。

为了了解孟加拉湾及邻区基底结构与深部构造,对该区域自由空气异常进行向上延拓处理。该方法可削弱盆地浅层异常,突出深部异常,进而揭示深部构造的特征。Rajesh 和 Majumdar(2009)对孟加拉湾盆地东经 90°海岭北段(北纬 7°~18°)进行向上 50 km、200 km 和 300 km 延拓处理,探讨了海岭南北段地壳均衡补偿的差异,但未考虑和讨论 <50 km 内延拓结果及随着延拓高度增加东经 85°海岭和东经 90°海岭的差异变化。对孟加拉湾盆地自由空气异常数据向上 10 km、15 km、20 km 和 30 km 延拓处理的结果表明,随着延拓高度的增加,盆地浅层异常被压制,深部地质构造异常特征得到加强(图 2.3)。自由空气异常值变化范围由 10 km 处的 -180 mGal[①]~90 mGal 减小至 30 km 处的 -90 mGal~30 mGal。东经 85°海岭和东经 90°海岭异常特征也随延拓高度的增加显示了明显的差异变化:延拓至 15 km 时,东经 85°海岭异常开始与周围洋壳逐渐融合,并在 30 km 时完全融合,均显示为负异常;而东经 90°海岭一直为正异常,但范围逐渐缩小,海岭内部逐渐显示了南北分段特征,段与段之间表现为北东向构造线(图 2.3),这种分段性及北东向构造除了与海岭南、北段补偿深度有关外,还与后期印度板块向西缅地块斜向俯冲的差异变形有关。

---

① 1 Gal=1 cm/s² =10³ mGal

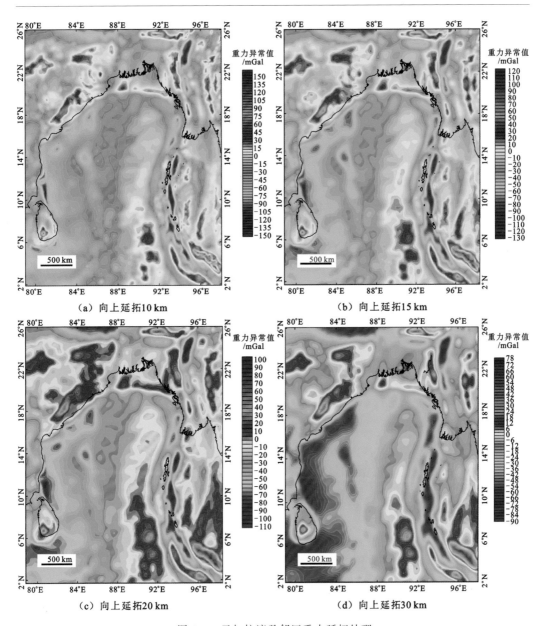

（a）向上延拓10 km　　　　　　（b）向上延拓15 km

（c）向上延拓20 km　　　　　　（d）向上延拓30 km

图 2.3　孟加拉湾及邻区重力延拓处理

东经 85°海岭和东经 90°海岭向上延拓的差异，表明后者比前者具有更大的侵位深度。孟加拉湾及邻区的其他构造单元显示了相似的变化规律：①孟加拉-印度东北部与印度大陆表现出相似的特征，邻近喜马拉雅前陆的西隆高原则表现为东西向的高正异常，推测其可能与印度大陆具有相似起源，而西隆高原南侧的孟加拉盆地一部分与喜马拉雅前陆具有相似的变化特征；②安达曼海中部和缅甸北部陆上弧前地区出现类似孟加拉湾的变化特征，显示基底可能出现部分为洋壳的情况。

2. 孟加拉湾及邻区主要异常带特征

1）印度东部大陆边缘

印度东部大陆边缘自北向南陆上地区以高正异常带为主，而海域则显示为高负异常条带。最北端与孟加拉西北陆架区北西向重力异常条带相接[图 2.2（a）]。印度大陆边缘中部的克里希纳-戈达瓦里盆地布格异常和自由空气异常显示海域与陆上地区完美地融合在一起，并清晰地揭示了盆地基底的地堑-地垒结构，即由高隆地垒分割的表现为低异常的地堑系统。在海域，自由空气异常表现为典型的双极性特征；而在陆架内部出现孤立的重力低异常区，显示两者存在较好地吻合关系（Radhakrishna et al.，2012a）。

2）孟加拉湾

重力异常数据处理与应用的目的是提取和分析盆地不同构造带的异常特征，确定其展布方向与范围。孟加拉湾盆地布格异常特征表现不明显[图 2.2（b）]，对研究区构造带刻画并不理想，图 2.2（b）中几乎区分不出明显的异常带，这可能与其低频、低幅异常属性有关。自由空气异常图[图 2.2（a）]则清晰地显示了印度东部大陆边缘重力异常两极分异的特征，这种变化与海洋测深显示的由印度陆架向深海过渡的趋势高度吻合，说明该区域重力异常的转变与海水深度增大及陆壳减薄有关。自由空气异常显示盆地内存在两条近南北向延伸的重力负异常带与重力正异常带，分别对应着东经 85° 海岭和东经 90° 海岭。东经 85° 海岭重力负异常带向北延伸与印度陆缘负异常带合并，向南在北纬 5° 附近变为正异常。东经 90° 海岭重力正异常带东西展布较宽，在北纬 10° 以南局部显示为高重力正异常，这种高重力正异常的出现与东经 90° 海岭在该区域隆起幅度高、沉积物覆盖较薄有关。盆地北部靠近现今孟加拉国陆架地区存在东西向高重力正异常带，该异常带在布格异常中并不存在。异常带中部被南北向条状负异常带切割，该负异常带与 Swatch-of-no-Ground 水下峡谷位置相吻合，表明这一区域高重力正异常带的出现受该地区水下地形的控制。此外，在盆地东北部靠近缅甸-安达曼群岛存在多个明显的重力负异常带，这些重力负异常带的展布与巽他海沟俯冲带的延伸方位一致，说明重力负异常带的产生可能与孟加拉湾洋壳斜向俯冲导致的挤压变形有关。重力异常的特征表明，孟加拉湾盆地基底洋壳局部遭受了一定程度的挤压以及两条规模巨大的海岭就位的改造，不同构造带异常特征差异明显。

3）缅甸-安达曼那海域

缅甸海域主动大陆边缘作为板块汇聚的应力交集区，边缘构造活动极为强烈，因此均衡异常特征表现十分明显。板内变形比较微弱，均衡异常都相对较小。因此，可以根据重力异常在全球构造演化中的重要指示意义，结合重力异常分布图来划分大地构造单元；研究区域地质构造，具体包括研究结晶基底成分和内部构造、确定基底顶面的起伏、圈定沉积岩系的分布范围、确定区域性断裂及盆地与周围构造单元的关系等。

缅甸海域及邻区为典型的岛弧-海沟型主动大陆边缘，出现以沟-弧盆体系为标志的各种复杂的构造地质现象,且重力场异常特征表现十分明显。从研究区区域自由空气异常图上可以看出,异他海沟及安达曼岛弧西缘前沿深海区出现强烈的负异常,平均达到近 100 mGal[图 2.2(a)]。而相邻的火山岛弧上方和陆上增生楔造山楔、海域海脊都出现均衡正异常。掸泰地块及缅甸陆上部分区域为古老地块中稳定区,均衡异常都接近于零,表明这些地区已达到均衡补偿。从研究区自由空气异常图整体上看,岛弧和海沟是区域内自由空气异常变化最大的一个线性地带,表明这些地区的地壳在近期仍在变动中,还没有达到均衡补偿。

　　研究区内安达曼海海沟是印度板块向下俯冲到欧亚板块的弧前拗陷带,负异常是地幔物质的对流拖曳密度较小的岩石圈板块向下俯冲到密度较大的地幔中引起的。在世界海洋的其他许多地区也有相似的海沟异常。均衡异常不但反映了板块的边界线,而且还反映了缝合带的性质。若造山楔和火山岛弧带都属于年轻的高山区,自由空气正异常一方面表明这些地区的地壳在近期仍在变动中,还没有达到均衡补偿;另一方面指示了若开造山楔和火山岛弧仍处于持续发育阶段。

　　上述自由空气异常图清晰地反映了研究区各类构造带的宏观展布和相应的深部重力场特征——分带特征明显。这种主动大陆边缘深部重力场特征不仅反映在自由空气异常上,在区域布格异常图上,这种分带性特征也十分明显[图 2.2(b)]。自由空气异常为测点上的重力观测值与测点上的正常重力值之差。布格异常则是测点上的重力观测值经过地形校正后与测点上的正常重力值的偏差值。

　　布格异常消除了海平面以上中间层引力的影响,如果海拔为零,那么中间层校正也为零,高度校正也为零,于是布格异常与自由空气异常相同。海洋重力测量是在海平面上进行的,因此,海洋上布格异常和自由空气异常是相同的。

　　研究区区域布格异常图[图 2.2(b)]反映的海沟、增生楔、岛弧和盆地的分带性大致与自由空气异常特征类似,但其反映的安达曼海域丹老斜坡带、北部陆地和南部浅海海域的布格异常更为均匀,反映了这些地区的相对稳定性。

　　另外值得注意的是,由实皆断层在安达曼海海域走滑拉分出新生洋壳或洋中脊雏形,其重力异常特征表现并不十分明显。洋中脊的重力异常不像海沟重力异常那样引人注意,主要原因是它们几乎被补偿掉了。根据布格异常处理的不同方法,可对布格异常进行小波多尺度分解、滑动平均法、趋势分析法与匹配滤波法等多种处理。

　　从缅甸地区各种不同处理方法的布格异常图上都可以看到,研究区内以正异常为主,但以梯级出现,反映了自东向西的分带性。山区内主要表现为重力低,安达曼海盆地和陆上各拗陷则整体表现为重力高,海沟和火山岛弧也表现为强烈的重力低。与海沟表现重力低的原因不同,海域火山岛弧重力低的原因除了浅部安山岩和玄武岩之外,也有深部壳幔结构变化的因素,岛弧可认为是生长型陆壳早期雏形阶段。

4) 孟加拉-印度东北部

　　研究区的自由空气异常图[图 2.2(a)]被三条高重力异常带所夹持,分别为印度东缘拉杰默哈尔山高重力异常带、印缅造山带高重力异常带和喜马拉雅山高重力异常带,区内存在一条东西向的西隆高原高重力异常带,分割为南北两个区域。异常值变化范围较大,最大值位于西隆高原,约为 600 mGal,最小值位于北部的喜马拉雅山前缘,约为-250 mGal。

孟加拉-印度东北部的整体具有明显的重力异常分带特征。条带走向可由西隆高原高重力异常带分割,大致分为两个区域:南部孟加拉盆地主要为北东—南西向异常带,走向与印度大陆东缘走向趋于平行;喜马拉雅前陆盆地地区则表现为近东西向异常展布,与喜马拉雅造山带保持一致,重力异常值由西隆高原高重力异常带向北以低梯度形势逐渐减小。在异常值上也存在显著的差异,孟加拉盆地异常值主要为 30～-75 mGal[苏尔马(Surma)重力低异常带是一个特例,异常值在-75 mGal 以下];东喜马拉雅山前缘表现为大范围的负异常条带,异常值<-100 mGal。

布格异常与自由空气异常相对比,依然可以看出,西隆高原重力高分割了两个不同走向条带及重力异常数值的区域[图 2.2(b)],所不同的是自由空气异常中喜马拉雅造山带高重力异常带和印缅造山带高重力异常带在布格异常图上表现为低重力异常带,这可以用均衡理论来解释。均衡理论是指,为了保持地壳物质均衡,高山之下必有轻物质,深海下必为重物质,也就是说地表质量过剩(隆起)是由地壳深部物质质量亏损来补偿,而地表质量亏损(如拗陷、深海)则有地壳深部物质质量过剩来补偿,因此地表的隆凹往往是与地壳内部的形态呈镜像关系。

由于孟加拉-印度东北部沉积了巨厚的新生代沉积物,浅层沉积物也会对重力异常起到一定贡献,为了了解西隆高原的分割性在深部是否存在,可以对自由空气异常进行向上延拓。由图 2.3 可以明显地看出,经过不同程度的上延,西隆高原高重力异常带依然是一条分割南北两个区域的条带。

根据上述分析可以看出,在重力异常图上西隆高原南北存在明显的不同,这种不同是由深部地壳结构的不同引起的,所以推测西隆高原高重力异常带是研究区一个重要的分割带,南北两个区域在结构上存在明显的差异。当然,这需要地层充填及结构构造特征方面的资料来证实。

2.2.2　区域磁场特征

在全球构造研究和构造学说的建立和发展过程中,磁测资料起了重要作用。在沉积盆地域地质调查工作中,磁测资料普遍应用于研究结晶基底的起伏特征和性质、圈定火成岩侵入体及追踪深大断裂,这对阐明盆地构造的基本特征和划分构造单元起着重要的作用。

缅甸海域主动大陆边缘作为板块碰撞拼接区,由于不同的板块在大地构造演化过程中经历了地磁场的不同磁化作用,不同构造带内结晶基底、岩石岩性和构造强度、性质差异巨大,因此在主动大陆边缘磁异常分布可以良好地展示不同构造带特征。

缅甸地区航磁异常显示出明显的分区特征。缅甸海域及邻区 132 km 低通滤波磁异常图,主要用于突出深部磁异常,表现为印度板块残留洋壳的磁异常明显低于缅甸地块陆缘地壳的磁异常,反映了洋陆的分界性特征,为深部地质构造分析提供了基础,同时揭示了缅甸海域及邻区不同构造带深部基底的不同特征。

缅甸海域及邻区 132 km 高通滤波磁异常,主要用于突出浅部磁异常,突出的浅部磁异常表现为在增生楔构造带及岛弧构造带凸出地表的高异常,全图整体上较好地反映了现今地表或腹地区域地质构造和构造展布特征。

缅甸海域及邻区航磁异常极化下延 2 km 处理,突出的中部磁异常表现在弧前构造带、火山岛弧带、弧后构造带的分带性,弧前弧后盆地沉积中心构造带整体表现出弱磁性,而火山岛弧带表现出强磁性特征,主要反映了中部沉积地层的岩性和构造带分布特征。

缅甸海域大部分地区磁场平稳低缓,在马来半岛、掸泰地块及丹老斜坡带,起伏均很小。而海沟、印缅造山带和火山岛弧地区磁异常幅值大,变化剧烈。总体上看,缅甸海域东侧磁异常变化剧烈,梯度强度较大,相对西侧航磁异常微弱、平缓。反映了东部地质构造复杂,岩浆活动发育,而西侧斜坡区和拗陷区主要分布弱磁性或无磁性地层。火山岛弧出露带磁场显示高正异常,拗陷区则主要显示弱的负异常特征,这与一般火成岩磁异常强度大,剩余磁化强度强,而沉积岩磁性弱是一致的。

孟加拉湾盆地磁力异常以负值背景上交替变化的正负异常为主,异常幅值的变化一般不超过 50 nT,局部达到 180~200 nT[图 2.4(a)]。盆地北部发育几条规模巨大的北东向或北东东向呈条带状展布的线性磁异常,局部表现为北西向串珠状分布,以中-低异常幅值为主。盆地南部靠近赤道的地区,表现为在负值背景上发育东西—北东东向呈串珠状对称分布的异常条带。东西向看,西部东经 85° 海岭高、低磁异常交替出现;北部磁异常条带规模相对较大、连续;南部则呈串珠状出现,高磁异常与海岭基底高具有较好的对应关系,反映了东经 85° 海岭南北发育上的差异。东部东经 90° 海岭磁异常在大范围内呈北东向交替展布,整体特征不显著。孟加拉湾盆地北部在高磁异常上叠加平缓的低磁异常,可能是因为该地区沉积了巨厚的非磁性沉积岩,高磁异常受到削弱。

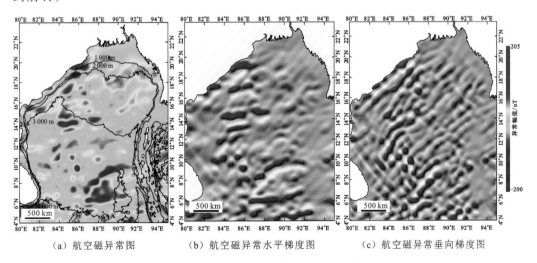

(a)航空磁异常图　　(b)航空磁异常水平梯度图　　(c)航空磁异常垂向梯度图

图 2.4　孟加拉湾及邻区盆地磁异常

磁异常图上,异常格局较重力异常有明显的变化,主要是因为引起磁异常的物质是扇体下部的基底火成岩,沉积岩基本没有磁性或带有微弱的负磁性,而基底火成岩往往表现强磁性。在区域异常上,表现为正负异常杂乱特征。因此,在扇体各部分中,只有东经85°海岭和东经90°海岭所在部分表现为典型的正负异常杂乱特征,其他区域异常值往往变化平缓,这与其基底均匀展布有密切联系。

在印度东部大陆边缘,磁异常条带呈北东和东西走向的高低相间的条带状,反映了不同深度的地质异常体的存在。在磁异常图中,正异常条带通常代表了基底高地形或火山岩带。在一阶垂向导数和总梯度图中,显示了相似的磁异常表现,并且磁异常显示的盆地基底的基本构造格局,同样被地震资料所证实(Radhakrishna et al.,2012)。水平梯度中,西部多集中近东西向的磁异常条带;而垂向梯度图中,最重要的是近北东向和北西向的异常[图2.4(b)(c)]。此外,默哈讷迪盆地和克里希纳-戈达瓦里盆地总磁场强度和衰减极磁异常表明地壳密度达到了最大值,这说明了地壳的初始伸展是沿着垂直方向的;而南部的高韦里盆地磁异常突然中止,显示了最小的地壳衰减和由斜向走滑运动导致的洋-陆壳的突然转变(Bastia et al.,2010c)。

2.2.3　孟加拉湾及邻区莫霍面特征

为了研究孟加拉湾盆地的基底类型和性质,必须考虑两个关键的因素:一是莫霍面的埋藏深度,二是地壳的速度层结构。Radhakrishna等(2010)建立了孟加拉湾地区三维地壳模型,给出了莫霍面的埋深和地壳厚度数据,从中可以得出以下几点重要的认识。

(1)莫霍面等深线整体呈北东向展布,深度从孟加拉湾盆地北部的30 km向南逐渐减小,在南部深海区减小至10 km。可以明显地划分为三部分,北部深度为18~30 km,中部深度为13~18 km,南部深度为10~12 km[图2.5]。

(2)在莫霍面深度图上还可以看到存在两条南北向异常带,一条是东经85°海岭,另一条是东经90°海岭,莫霍面深度分别为15~17 km和13~16 km,比邻区明显偏大。东经85°海岭莫霍面深度异常主要表现在盆地中部,而东经90°海岭南北相对连续,贯穿整个盆地[图2.5]。

(3)洋壳厚度为2~8 km,在盆地北部地壳增厚至16 km,属于增厚洋壳(Holbrook et al.,1994;Roots et al.,1979)。在盆地南部及东西次盆中洋壳厚度大部分为4~6 km,属于正常洋壳,斯里兰卡东北部存在小于2 km的减薄洋壳[图2.5]。东经85°海岭和东经90°海岭具有增厚的地壳,厚度为10~12 km。海岭等构造单元下伏的洋壳厚度变化与莫霍面深度的变化趋势具有相似性。

通过对孟加拉湾盆地莫霍界面深度和地壳厚度的分析,可以看出盆地范围内除了正常洋壳外,还存在减薄型和增厚型洋壳。盆地北部增厚型洋壳可能是在印度陆缘演化过程中受到底侵作用的影响(Mall et al.,1999;Tréhu et al.,1989)。而盆地南部发育的减薄洋壳主要位于东经85°海岭西侧、印度陆缘以东的洋壳破碎带,并且由于邻近沃顿(Wharton)扩张中心而具有较大的扩张速率,这种减薄洋壳的产生可能是由凯尔盖朗地

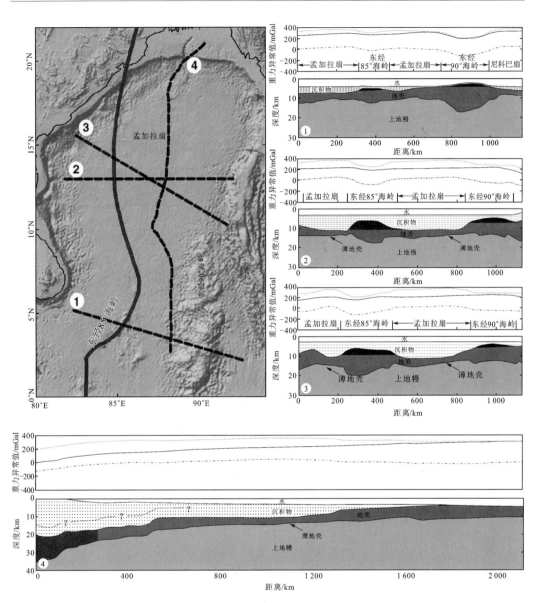

图 2.5　孟加拉湾基底类型模式图(Radhakrishna et al.,2010)

幔柱和沃顿扩张中心在耗尽或略冷地幔背景下相互反应产生,而且受到上覆沉积物的影响。同时考虑到盆地洋壳的演化史和复杂的磁异常背景,减薄洋壳也可能是在超慢速洋脊扩张条件下(<20 mm/a)(Dick et al.,2003)的产物。减薄的洋壳在上覆沉积物的影响下发生弯曲导致莫霍面深度加大,这一现象在西部拗陷尤为明显。相较而言,两条海岭的莫霍面比相邻拗陷大,这可能与其具有较大的地壳厚度有关。

2.3　区域沉积地层格架

2.3.1　孟加拉湾及邻区盆地基底组成

孟加拉湾及邻区包含了众多来自南方冈瓦纳古陆的大陆块体,它们在古生代—新生代依次从冈瓦纳古陆分离,然后伴随着特提斯洋的消亡又再次碰撞拼合在一起(Liu et al.,2016;Metcalfe,2013;2011,1996;Yin and Harrsion,2000),经历了相对完整的威尔逊旋回过程(Bastia,2010c)。因此,要探索研究区的构造演化历史和盆地的形成发育过程,必须阐明各陆块的属性及特提斯洋的扩张和消亡历史,因为基底性质是控制盆地演化的最重要因素之一(Ignersoll and Busby,1995)。

1. 陆壳基底

众所周知,印度大陆是在晚中生代由冈瓦纳古陆裂离而来,其东部边缘的北段基底岩石类型属于印度元古代东高止山活动带(Eastern Ghats Mobile Belt),而南段(高韦里盆地)则属于南部麻粒岩单元(southern granulite terrain)(Bastia and Radhakrishna,2012)。重、磁场异常资料及其深度处理结果显示了印度东部大陆边缘基底的线性构造(Krishna et al.,2009;Subrahmanyam et al.,1999;Gopala Rao et al.,1997;Murthy et al.,1993;Mukhopadhyay and Krishna,1992,1991),这种受断层控制的基底结构变化得到了地震资料的证实(Radhakrishna et al.,2012a;Bastia et al.,2010c)。基底埋藏深度(1~12 km)变化显示高韦里盆地存在北西西向地垒构造,克里希纳-戈达瓦里盆地以北东走向断层和北东东走向的地堑-地垒结构为特征。默哈讷迪盆地基底的埋藏深度与海岸线的变化相似,说明是破裂之前的同裂谷期活动的结果,走向为北西—南东向(Bastia and Radhakrishna,2012)。在地震反射剖面上,陆壳厚度向东侧逐渐减小至零;下地壳显示为相对高频和平行的反射特征。

孟加拉盆地西北部(西部陆架)基底已证实是古元古代的陆壳[(1722±6)Ma](Ameen et al.,2007),与印度东部大陆边缘北段相似,岩性主要包括片岩、片麻岩、角闪岩、花岗角闪岩和花岗岩(Ameen et al.,2007,1998;Khan et al.,1997;Zaher and Rahman,1980)。喜马拉雅前陆盆地发育的地区,地震资料也显示基底性质为早期破裂的大陆边缘[图2.1(f)],这一认识与印度大陆重建模型模拟的结果相吻合(Ali and Aitchison,2005)。需要特别指出的是印度东北部东西向走向的西隆高原,其内部发育北倾的线性构造,并主要受走滑机制控制(Yin et al.,2010),属于印度大陆的一部分。西隆高原基底主要由前寒武纪的变质岩和侵入岩组成,包括硅线石片麻岩、角闪岩、麻粒岩和正片麻岩(Ghosh et al.,2005),其中正片麻岩Rb-Sr全岩等时年龄范围为1 700~420 Ma(Ghosh et al.,2005,1994,1991;Van Breemen et al.,1989;Crawford and Compston,1969),显示其结晶年龄具有较大的波动,这与化学方法获得的独居石变质结晶年龄群相似(Chatterjee et al.,2007),表明西隆高原经历了多期次的幕式变质作用(Yin et al.,2010a)。

除此以外,现在已经普遍接受西缅地块与西苏门答腊地块同属冈瓦纳大陆的推论,虽然它们的裂离时间、最后拼合到中缅马苏地块的时间以及这期间的复杂转换过程还存在很大的争议(Zhang et al.,2017a;Sevastjanova et al.,2016),但是已经基本排除先前英国学者 Mitchell(1993,1992)的观点,后者认为西缅地块是残留的大洋岛弧。分割西缅地块与西苏门答腊地块的安达曼海是渐新世以来受印度板块斜向俯冲形成的初始扩张洋盆(Morley,2017a;Morley and Alvey,2015;Curray,2015,2005)。研究显示安达曼海扩张中心新生洋壳是上新世以来(4 Ma)才出现的(Khan and Chakraborty,2005;Raju,2005;Raju et al.,2004),它局限地分布在阿尔科克(Alcock)海山和苏埃尔(Sewell)海山之间。安达曼海的其他区域,除东缘属于中缅马苏地块以外,其余地区基底性质推测与西缅地块和西苏门答腊地块相似。

2. 过渡壳基底

重力资料显示印度东部大陆边缘陆架坡折带为正异常,具有减薄的大陆地壳属性,而在大洋区域,重力异常数值减小至 $-105 \sim -80$ mGal,显示为洋壳特征。正异常带与高负异常带之间的狭长走廊带,重力异常的范围在 $-35 \sim -20$ mGal;磁异常显示为正异常,数值为 $0 \sim 56$ nT;结合地震资料分析,推测可能存在去顶的大陆岩石圈地幔(Nemcok et al.,2012)。这种岩石圈的地震反射速度和密度与洋壳均存在很大不同(Rosendahl et al.,2005;Wilson et al.,2003;Meyers,1996)。印度东部大陆边缘的过渡壳地震反射特征与大陆地壳和洋壳有着非常明显的区别(Odegard,2003;Odegard et al.,2002;Rosendahl and Groschel-Becker,1999;Meyers,1996),表现为由大陆地幔剥露过程中的破裂或剪切作用产生的杂乱、不连续反射。过渡壳的厚度为 $4.5 \sim 11.2$ km,平均为 8.7 km (Nemcok et al.,2012)。在地震反射剖面中,过渡壳包含高度弯曲的反射样式,以及那些不是沿洋壳破裂带发生的构造变形,共同记录了洋壳的破裂和变形特征(Nemcok et al.,2012)。

另外一个可能存在过渡壳的地区是孟加拉盆地的西部。但是这一地区过渡壳的范围一直存在争议。早期进行板块重建的学者认为洋陆壳边界在铰合带附近(Curray et al.,1982;Graham et al.,1975;Curray and Moore,1974),还有一部分学者认为洋陆壳边界在铰合带与巴里萨尔—坚德布尔重力高异常带之间(Alam et al.,2003)。通过对孟加拉陆上地区重力异常、磁异常与地质剖面解释,认为洋陆壳边界应该从 Swatch 水道西缘开始,沿巴里萨尔—坚德布尔西侧重力转变带-苏尔马盆地与东部褶皱转换带向北并入那加—哈夫隆(Naga-Haflong)缝合带。证据包括:①沿着该界线,航磁异常显示明显的梯度变化,并且磁异常绝大多数呈现北东—南西走向[图 2.6(a)];②该界线西侧为明显的负异常,而界线东侧为巴里萨尔—坚德布尔重力高异常带,具有明显的重力异常变化[图 2.6(b)];

③穿过孟加拉陆架与前渊的地质剖面显示[图 2.1(f)],至少在铰合带东侧仍然是陆壳性质(减薄陆壳),基底发育多期玄武岩熔岩流(Islam et al.,2014;Baksi,1995;Baksi et al.,1987),说明这一区域基底仍然是印度大陆破裂期的产物。至此,厘清了印度东部大陆边缘至孟加拉国洋陆壳之间的界线,这条界线向陆一侧基底被正断层切割,堑垒构造发育,洋陆壳边界向大洋一侧洋壳基底变形平缓,断裂不发育。

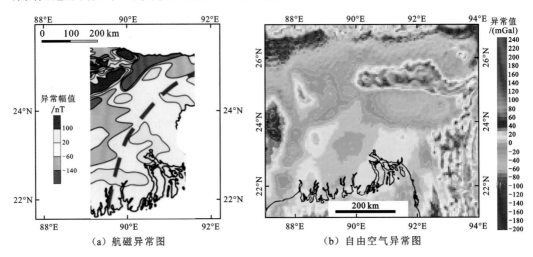

(a) 航磁异常图　　　　　　　　　　　(b) 自由空气异常图

图 2.6　孟加拉陆上洋陆壳分界线划分

3. 洋壳基底

孟加拉湾盆地基底洋壳的形成始于白垩纪中期东北印度洋的扩张。Müller 等(2008)建立的孟加拉湾盆地基底洋壳年龄,表明洋壳自 120 Ma 左右开始形成,向东一直延续到 70 Ma 左右,年龄条带大致分为三段,南段呈近南北向,中段呈北东向,北段大致呈北北东向。洋壳地质年龄的分布提供了两方面的信息:①形成盆地基底的海底扩张中心有相对印度大陆向东迁移的过程;②洋壳年龄条带的展布反映了大陆分裂的初始位置与方向。基底洋壳的演化特点可能对基底结构与盆地结构产生了双重影响。通过对盆地重力数据、磁力数据及莫霍面深度和地壳厚度分析,可全面了解盆地基底类型与结构特征,从建立的孟加拉湾盆地地壳模型中可以认识到:①在东西向剖面中,自印度陆缘向巽他海沟方向由陆壳变为洋壳,陆壳层密度及速度大于洋壳层密度及速度。洋壳层推测可分为三层(Radhakrishna et al.,2012b),密度分别为 2.70 g/cm³、2.89 g/cm³ 和 3.04 g/cm³,表明洋壳存在明显的成层结构。东经 85°海岭和东经 90°海岭密度为 2.70 g/cm³ 和 2.60 g/cm³,两者存在一定的差异。② 在南北向剖面上,洋壳的成层性不明显(数据限制尚未分层),洋壳密度为 2.89 g/cm³,相当于中地壳密度。重力线和磁力线在南北向上变化复杂,规律性不明显。

盆地地壳模型表明盆地以发育洋壳基底为主要特征,洋-陆转换带可能存在过渡性地壳。在东经 85°海岭和东经 90°海岭之下,莫霍面埋深显著增大,地壳厚度相对较大。在东经85°海岭西侧和盆地中南部存在减薄洋壳(Radhakrishna et al.,2010)。在盆地北部，基底发生大规模弯曲，莫霍面深度达到40 km,对应沉积物厚度达到20 km,而在其他沉积物厚度分布较小的地区,没有发生地壳弯曲,表明两者之间存在密切联系,可能是在基底演化过程中上覆沉积物不断累积,这一过程导致洋陆过渡壳的界线出现在相对远离海域的地方(Talwani et al.,2016)。应当指出,上述盆地基底模型是在已有资料基础上建立的,并不完全代表基底的真实结构,尤其是两条海岭在重力、磁力特征方面存在显著差异,反映了两者不同的演化机制与过程。

孟加拉盆地前渊拗陷带和东部褶皱带的下伏基底,也可能是残留的向东俯冲的孟加拉湾洋壳(Uddin and Lundberg,2004;Curiale et al.,2002),并且可能一直延伸至缅甸弧前盆地。而西隆高原南缘的苏尔马拗陷(Surma subbasin)基底为减薄的陆壳。减薄的陆壳和洋壳状态及其挠曲沉降作用为新生代沉积物的汇聚提供了空间(Zhang et al.,2017a)。

2.3.2　古生代—中生代沉积地层

孟加拉湾及邻区经历了复杂的构造演化史(Talwani et al.,2016;Alam,1972),古生代—中生代沉积岩的分布主要与冈瓦纳古陆的陆内伸展及破裂相关。印度东部大陆边缘以裂解的被动大陆边缘盆地为主要特征(Powell et al.,1988),自南向北依次分布着高韦里盆地、克里希纳-戈达瓦里盆地和默哈讷迪盆地三个主要盆地。这三个盆地具有相似的构造演化和沉积充填史,保存有相对完整的古生代—新生代沉积序列。此外,在印度东北部的西隆高原,少量的元古代 Shillong 群石英砂岩、砂岩和千枚岩经历了多期构造变形和低级绿片岩相变质作用(Mitra and Mitra,2001;Ghosh et al.,1994),出露在高原的东北部(Yin et al.,2010),与上覆的白垩纪和新生代地层不整合接触。

1. 古生界

已有的研究(Lakshminarayana,2002)显示印度东部大陆边缘一系列盆地中已知的最古老的沉积单元是保存于克里希纳-戈达瓦里盆地凹陷中的石炭系 Draksharama 组板岩,它不整合于前寒武系基底之上,主要由泥页岩和少量砂岩组成(表2.1)。二叠系 Kommugudem 组不整合于 Draksharama 组之上,厚度超过 900 m,包括砂岩、页岩和少量煤层(厚度为1~6 m),陆相植物中的孢子和花粉及岩性组合表明这是一套河流-潟湖相沉积。上二叠统—三叠系 Mandapeta 组上覆在 Kommugudem 组之上,主要由砂岩和少量泥页岩夹层组成,厚度超过 1 200 m,推测为河流相沉积。在 Mandapeta 组之上是一套三叠纪—晚侏罗世的红层沉积,代表的是这一时期的破裂不整合。在印度大陆陆上地区,出露了二叠系—下三叠统 Talchir 组和 Kamthi 组砂、泥岩层系(Lakshminarayana,2002),厚度为 400~450 m,含有大量的砾石层。

表 2.1　孟加拉湾及邻区沉积盆地地层格架

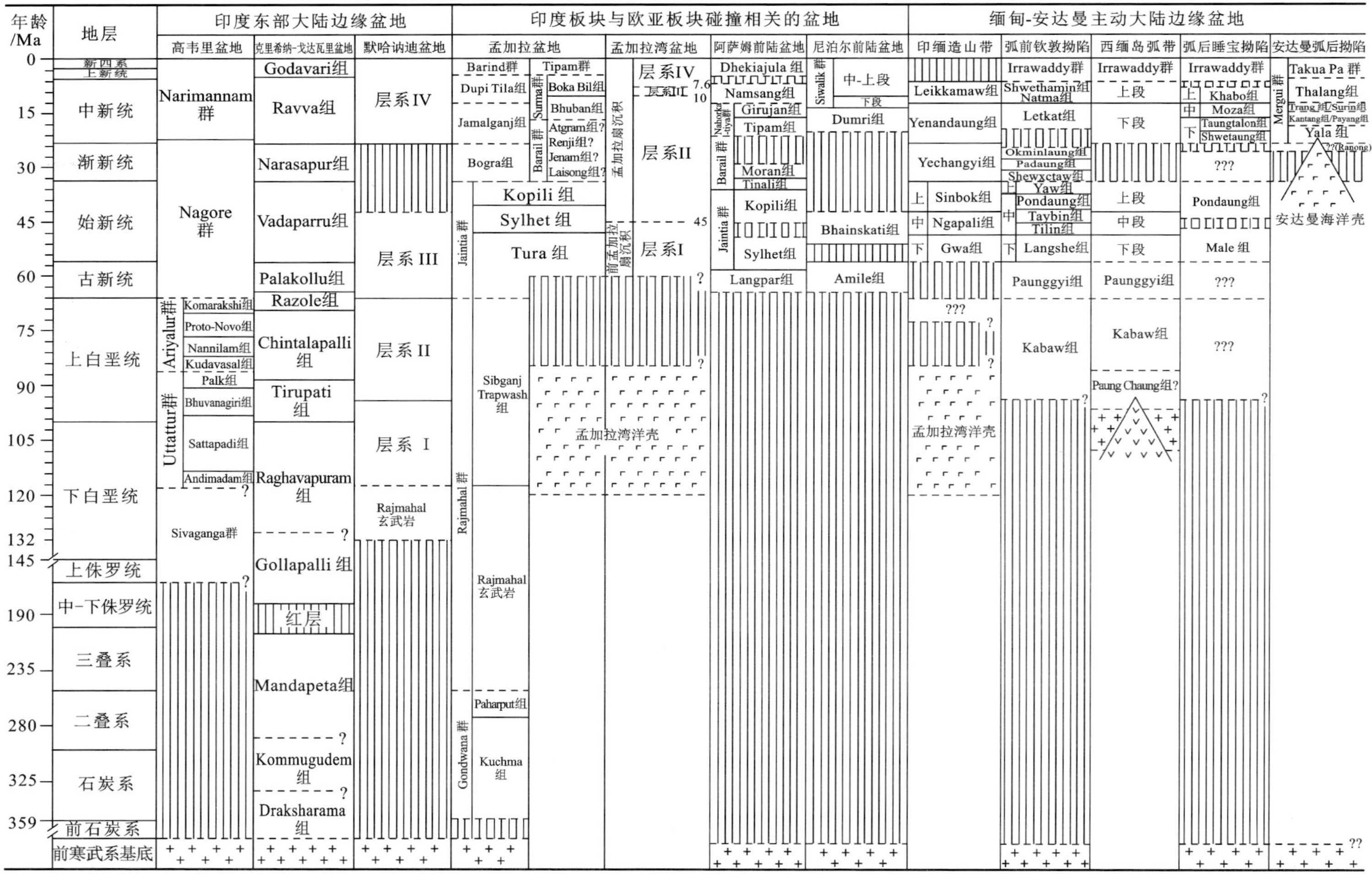

注：？表示未知或推测

石炭纪—早三叠世沉积岩系只在克里希纳-戈达瓦里盆地深部凹陷及陆上局部露头区有报道,同期,印度东部大陆边缘的其他盆地均表现为剥蚀区,未见相关的沉积地层。在孟加拉盆地西部陆架区的下部构造层系中,石炭纪—二叠纪沉积地层(冈瓦纳群)厚度为 200~6 000 m(Alam et al.,2003)。它们同样保存在孤立的地堑中,大致可以分为两个组:Kuchma 组和 Paharpur 组(Zaher and Rahman,1980)。其中,Kuchma 组厚度约为 490 m,由砂岩、粉砂岩、泥岩和煤层组成;Paharpur 组厚度约为 465 m,包括中粗粒长石砂岩、厚层煤层和少量的砾石夹层。Kuchma 组和 Paharpur 组主要沉积在辫状河三角洲体系和洪泛平原环境中。克里希纳-戈达瓦里盆地和孟加拉盆地地堑中的石炭系—下三叠统组成了古生代冈瓦纳大陆的陆内裂谷层系(Gondwana stratigraphy),可能反映了古老的克拉通陆块拼合与留尼汪(Reunion)地幔柱及相关的德干大火成岩省(Deccan volcanic province)玄武质岩浆侵入活动的影响(Bastia et al.,2010c)。

2. 中生界

中生代沉积层系是印度从东冈瓦纳大陆裂解和分离过程的沉积记录,主要保存在早期发育的北东—南西向的地堑中,在印度东部大陆边缘一系列盆地和孟加拉盆地西部陆架区的大多数凹(洼)陷单元中有相应报道(Bastia et al.,2010c;Alam et al.,2003)。此外在缅甸西部大陆边缘,野外露头和地震地层资料显示也存在白垩纪地层(Bender,1983)(表 2.1)。

根据 Bastia 和 Radhakrisha(2012)的研究,克里希纳-戈达瓦里盆地中的上侏罗统—下白垩统 Gollapalli 组是已知的最古老的中生代沉积单元,通常被认为是分布于各个地堑中的同裂谷期的产物,总厚度约 1000 m。Gollapalli 组下段主要由含砾砂岩和含铁质泥岩组成,中段包括砂岩和粉砂岩,下段主要由中细粒砂岩组成。下白垩统 Raghavapuram 组上覆于 Gollapalli 组之上,而被 Tirupati 组不整合覆盖(Lakshminaragana,2002)。Gudivada 洼陷和 Mandapeta 洼陷的钻井记录表明下白垩统 Raghavapuram 组的下段主要由碳质页岩组成,整体厚度约 2000 m。这套以碳质页岩和泥页岩为主的富含有机质的层系主要发育在内陆架海相沉积环境中,是地堑中重要的烃源岩。在高韦里盆地洼陷中钻遇了上侏罗统—下白垩统 Sivaganga 群(冈瓦纳群上段)。这套主要由中粗粒石英砂岩和长石砂岩及薄层泥岩组成的沉积单元直接上覆于前寒武纪的结晶基底,并在盆地边缘局部出露。在高韦里盆地北部与 Sivaganga 群同期沉积的是 Therani 组。化石组合研究表明这套地层主要沉积在河流-三角洲环境中,受到海水与河水的相互作用(Datta and Bedi,1968)。而在默哈讷迪盆地和孟加拉盆地西部,晚侏罗世—早白垩世是拉杰默哈尔(Rajmahal)玄武岩的主要活动时间,成为盆地地层识别的重要标志层。由于这一时期发生了印度大陆的破裂和东北印度洋的海底扩张(Powell et al.,1988),新生洋壳开始在孟加拉湾盆地中出现(Talwani et al.,2016;Müller et al.,2008)。

在缅甸西部的印缅造山带东部,南北向出露三叠系 Pane Chaung 组浊积岩和白垩系砂岩层(偶见灰岩飞来峰)不整合于变质基底之上(Sevastjanova et al.,2016)。三叠系 Pane Chaung 组通常被玄武岩和闪长岩岩脉切割覆盖,在钦山(Chin hill)地区被中白垩统 Paung Chaung 组灰岩不整合覆盖(Mitchell et al.,2010)。通常,Pane Chaung 组由泥岩、砂岩和微晶灰岩层组成(交替出现)。

在克里希纳-戈达瓦里盆地中,上白垩统包括三个沉积单元:Tirupati 组、Chintalapalli 组和 Razole 组。其中,Tirupati 组主要由中粗粒砂岩组成,厚度超过 1 000 m,为海陆过渡条件下的产物;Chintalapalli 组上覆于 Tirupati 组,主要由少量 Tirupati 组过渡的中细砂岩和大套页岩层组成,局部厚度超过 2000 m,显示为陆架相沉积(Bastia and Radhakrishna,2012)。Razole 组玄武岩在盆地中的覆盖面积超过 15 000 km^2,Govindan(1984)通过识别玄武岩层中的海相沉积夹层,认为克里希纳-戈达瓦里盆地中发育四期玄武岩流。同期,在高韦里盆地,白垩纪沉积地层由 Uttattur 群和 Ariyalur 群组成。Uttattur 群沉积于更老的冈瓦纳群和片麻岩、花岗岩基底之上,露头区包括 Kalakundi 组、Karai 组页岩和 Maruvathur 组,与钻井揭示的 Andimadam 组、Sattapadi 组、Bhuvanagiri 组和 Palk 组的地层时代相当。Andimadam 组包括灰白色中粗粒云母砂岩、云母粉砂质泥岩和砾岩层,该套地层在大多数洼陷中均有发现,根据岩性和生物化石组合推测为河流-湖泊相至浅海相(Bastia and Radhakrishna,2012)。Sattapadi 组页岩包括粉砂质泥岩和薄层钙质砂岩,在盆地中广泛分布,可能是陆架中部至外陆架沉积环境的产物,与上覆的 Bhuvanagiri 组砂岩沉积单元渐变过渡。Bhuvanagiri 组主要由砂岩单元组成,含少量的泥岩和页岩夹层,在盆地的中部和北部广泛分布。Palk 组只局限地分布在保克(Palk)湾地区(位于印度东南部与斯里兰卡岛之间的海湾),由钙质砂岩和少量砂质泥岩组成,推测是浅海三角洲环境的产物。Ariyalur 群包括 Kudavasal 组、Nannilam 组、Porto-Novo 组和 Komarakshi 组。其中,Kudavasal 组分布于大部分洼陷中,包括页岩/钙质页岩,偶见钙质砂体。Nanilam 组由交替出现的页岩、钙质页岩和砂岩夹层组成,与上覆和下伏地层整合接触,推测为外陆架到海湾环境下的产物。Porto-Novo 组局限地分布于 Porto-Novo 近海附近,主要包含泥岩和粉砂岩,形成于外陆架至半深海环境。Komarakshi 组页岩主要发育在盆地东部近海一侧,不整合于 Palk 组之上,主要由钙质泥岩组成,沉积环境与 Porto-Novo 组相似。

在默哈讷迪盆地中,白垩系主要由下白垩统上段的火山岩(层系 I)和上白垩统浅海相砂泥岩层(层系 II)组成,总厚度约 1000 m。而在孟加拉盆地中,中-上白垩统 Sibganj Trapwash 组不整合于拉杰默哈尔玄武岩层之上,包括分选很差的粗砂岩、页岩和含高岭石砂岩;这套沉积岩系可能发育于河流和海岸环境(潮滩和潟湖)(Alam et al.,2003)。西隆高原南缘出露的白垩纪地层在岩性和时代等方面与孟加拉盆地白垩系相似,同时伴有玄武质-钙碱性侵入体(150～105 Ma)(Srivastava et al.,2005;Srivastava and Sinha,2004a,b;Lal et al.,1978)。这套镁铁质和超镁铁质火山岩被认为是由与冈瓦纳大陆破裂同期活动的凯尔盖朗海底高原形成的产物(Srivastava et al.,2005;Coffin et al.,2002)。缅甸西部陆缘,露头可见上白垩统 Kabaw 组砂岩与泥岩互层产出,这套地层厚度变化范围较大,在钦敦拗陷和沙林拗陷内的分布相对较厚(1 200～1 400 m),而在东部睡宝拗陷相对较薄(<500 m)。在钦敦拗陷及沙林拗陷中自北向南呈窄条带状出露,可能为滨海、浅海或潟湖环境的沉积产物,而岛弧带北部地区的钻井揭示上白垩统 Paung Chaung 组和 Kabaw 组主要由凝灰质砂岩和凝灰质泥岩组成,显示了这一时期岛弧带火山活动的重

要影响(Zhang et al.,2017a;Li et al.,2013)。同样,在缅甸陆上的睡宝拗陷,地震地层学证据表明可能存在晚白垩世沉积地层[图 2.1(a)]。

2.3.3　新生代沉积地层

1. 印度东部大陆边缘新生代沉积序列

印度东部大陆边缘盆地发育相对完整的新生代沉积序列,Bastia 和 Radhakrishna (2012)对各盆地新生代沉积序列作了详细的总结和评述。在克里希纳-戈达瓦里盆地中-上古新统 Palakollu 组页岩上覆于 Razole 组火山岩和 Chintalapalli 组泥岩层系,可能是浅海-半深海环境下沉积。这套沉积单元的厚度向盆地方向(近海)增加。始新统 Vadaparru 组不整合于 Palakollu 组和 Razole 组之上,厚度为 1 500~2 200 m,主要由泥岩组成,偶见砂岩和灰岩夹层,其沉积环境为外浅海-半深海。在陆上地区始新统主要由 Bhimanapalli 组灰岩组成,与 Vadaparru 组页岩层系渐变过渡,整体厚约 600 m,含有丰富的白云石晶体及红色藻类碎片的富藻白云岩,厚层碳酸盐岩内常可见砂岩夹层,沉积环境同样为外浅海-半深海。渐新统 Narsapur 组整合于始新统之上,是一套厚泥岩层序,为中陆架环境下的产物。上覆的中新统 Ravva 组为厚层粗碎屑沉积,其沉积环境为内-中陆架环境。上新统—更新统 Godavari 组沉积主要为黏土岩,夹少量泥岩层。

在高韦里盆地,地表露头以古新统 Niniyur 组和中新统—上新统 Cuddalore 组砂岩为代表,而钻井揭示的地层可以分为两个群:Nagore 群和 Narimanam 群。Nagore 群不整合于 Ariyalur 群之上,由 Kamalapuram 组、Karaikal 组、Pandanallur 组和 Tiruppundi 组四套沉积层系组成。Kamalapuram 组的时代大致为晚白垩世末—中始新世,主要由砂质泥岩和泥岩组成,与上覆的 Karaikal 组整合接触,与下伏的 Komarakshi 组不整合接触 (Bastia and Radhakrishna,2012)。Karaikal 组页岩主要分布在盆地的北部,时代大致为古新世—始新世,为中-外陆架环境下的沉积产物。上覆的 Pandanallur 组沉积环境与 Karaikal 组相似,岩性上主要为泥质砂岩,分布相对局限。顶部的 Tiruppundi 组在盆地中分布广泛,包含多个沉积中心,由灰岩、粉砂岩和砂岩组成,沉积时代为中始新世—早中新世。Narimanam 群不整合于 Nagore 群之上,包含八个组,自下而上分别是:Niravi 组、Kovilkalappal 组、Shiyali 组、Vanjiyur 组、Tirutaraipundi 组、Madanam 组、Vedaranniyam 组和 Tittacheri 组。Narimanam 群主要由砂泥岩组成,为中-内陆架相沉积。

在默哈讷迪盆地,陆上地区新生代处于剥蚀状态;在海域,主要发育碳酸盐岩台地相 (层系 II)和渐新统—第四系河流三角洲相(Bastia and Radhakrishna,2012)。

2. 印度东北部-孟加拉陆上地区新生代沉积序列

印度东北部-孟加拉陆上地区主要由三个大型的沉降单元组成,分别是喜马拉雅前陆盆地、阿萨姆前陆盆地和孟加拉盆地。在喜马拉雅构造体系(Himalayan tectonic system)中,这三个沉降单元属于统一的喜马拉雅前陆系统(Yin,2006),但从沉积格架来看它们却具有不同的构造演化史。

1）喜马拉雅前陆盆地（尼泊尔和不丹喜马拉雅前陆）

Yin(2006)在对喜马拉雅造山带的研究做总结分析时指出，经过几十年的努力，前人已经在喜马拉雅前陆盆地西段（巴基斯坦和印度西北部）和中段（尼泊尔）建立了较为详细的沉积序列。在尼泊尔前陆地区，盆地基底是不规则的，由印度大陆延伸至喜马拉雅造山带的前缘，晚白垩世—新生代沉积地层不整合于前寒武纪变质基底之上(Yin,2006)。尼泊尔前陆最老的一套沉积地层是白垩系顶部—下古新统河流相和海相 Amile 组，上覆始新统海相层系 Bhainskati 组，两者呈不整合接触(Upreti,1999,1996)（表 2.1）。这两套海相地层的沉积时代已经得到古生物化石的精确约束。中新统 Dumri 组不整合于 Bhainskati 组之上，在时代上与印度西北部下中新统 Dagshai 组相当(DeCelles et al.,1998)。已知的碎屑白云母^{40}Ar/^{39}Ar 定年表明这套沉积地层的年龄小于 17～20 Ma (DeCelles et al.,2004,2001)。尽管两者并没有直接接触，通常认为在尼泊尔地区中中新统—上新统 Siwalik 群比 Dumri 组年轻(Ojha et al.,2000;Harrison et al.,1993;Appel et al.,1991)。Dumri 组通常位于主边界断裂的上盘，而 Siwalik 群位于断裂的下盘(Yin, 2006)。

尼泊尔前陆地区出露的古近系—下中新统通常位于主边界断裂的上盘，这与印度西北部相同时代的地层出露产状完全不同——地层通常出露于断层的下盘(Raiverman, 2000;Powers et al.,1998;Najman et al.,1993)，而在巴基斯坦北部地区，古近系—下中新统则在主边界断裂的上盘、下盘均有出露(Pogue et al.,1999;Burbank et al.,1996;Yeats and Hussain,1987)。Siwalik 群中的碎屑白云母^{40}Ar/^{39}Ar 定年显示其沉积年龄在 10～ 20 Ma(DeCelles et al.,1998)。

在不丹前陆地区，Siwalik 群是唯一出露的新生代沉积层系，通常发育于主边界断裂下盘，与下伏层系不整合接触(Yin,2006;Bhargava,1995;Gansser,1983)。

2）阿萨姆前陆盆地

在印度东北部的阿萨姆盆地及邻近的那加褶皱冲断带（增生楔），新生代沉积层系包括古近系和新近系(Raju and Mathur,1995)（表 2.1）。古新统由 Langpar 组、Jaintia 群和 Barail 群组成。Langpar 组是该地区已知的最老的沉积地层，不整合于前寒武纪变质基底之上，上覆 Jaintia 群下始新统 Sylhet 组和中-上始新统 Kopili 组。Sylhet 组是一套以硅质页岩为主含少量碳酸盐岩和砂岩夹层的沉积单元，而 Kopili 组主要由页岩和中-细粒砂岩组成。通常认为，Langpar 组和 Jaintia 群沉积时印度大陆边缘为陆架环境，是印度板块与欧亚板块碰撞前的沉积记录(Kent et al.,2002b)。上始新统—下渐新统 Barail 群由 Tinali 组砂岩和上覆的 Moran 组泥岩层（夹煤层）组成，沉积于印度大陆边缘海陆过渡带和河流沼泽环境下。Barail 群沉积期末，地层发生显著的隆升和剥蚀，这可能与喜马拉雅造山带早期抬升有关(Kent et al.,2002b)，也可能与中渐新世全球海平面下降有关(Vail et al.,1977)。

新近系 Nahorkatiya 群不整合于 Barail 群之上，包括下部的 Tipam 组和上部的 Girujan 组。中新统 Tipam 组砂岩主要是河流相沉积，重矿物含量分析表明 Tipam 组主要来自隆升的喜马拉雅造山带(Bhandari et al.,1973)。早中新世，Tipam 组砂岩的河流搬运作用并没有受到那加褶皱冲断带和西隆高原隆起的影响,可能一直搬运到了南部的孟加拉盆地中(Najman et al.,2008)。上覆的中-下中新统 Girujan 组由湖相页岩和河流相砂岩组成,可能反映了南部那加褶皱冲断带初始隆升后河流沉积体系样式的改变或者是前陆盆地沉降引起的湖泊洪泛作用。上中新统 Namsang 组不整合于 Girujan 组之上,由压实较差的泥岩和砂岩及煤线夹层组成。在盆地西缘,Namsang 组和 Girujan 组被区域不整合面截切,上新统 Dhekiajuli 组不整合于 Namsang 组和 Girujan 组之上,主要由未固结的冲积扇和河流砂体组成(Kent et al.,2002b)。

与阿萨姆前陆盆地相比,西隆高原缺失渐新世以后的新生代沉积,中新统也比前陆盆地地区更薄。这可能与其在早中新世(23 Ma)开始逐渐隆起有关(Yin et al.,2010),磷灰石裂变径迹热模拟(Clark,2006;Biswas et al.,2007)和孟加拉盆地沉积演化与构造变形史分析(Najman et al.,2016)也显示西隆高原在中-晚中新世有显著的隆升活动。

3) 孟加拉盆地

新生代孟加拉盆地的最大沉积厚度超过 20 km(Curray et al.,1982),可以大致分为三个次级沉积单元(Alam et al.,2003)。在孟加拉盆地西部,白垩纪拉杰默哈尔玄武岩是盆地中最显著的标志层,Jaintia 群不整合于玄武岩层系之上,由 Tura 组、Sylhet 组和Kopili 组组成(Alam et al.,2003)。Tura 组砂岩相当于孟加拉西部的 Jalangi 组(Lindsay et al.,1991),主要由砂岩、粉砂岩、灰质泥岩和薄煤层组成。Sylhet 组灰岩(时代是中始新世)在地震剖面上表现为显著的反射层,厚度为 250~800 m,是稳定陆架环境下海相层系前积过程的记录和陆架边界的标志。上始新统 Kopili 组页岩整合于 Sylhet 组灰岩之上,包括不同比例的薄层砂岩和泥岩及少量含化石灰岩,沉积于潮汐三角洲到陆架或陆架斜坡条件下,厚度为 240~500 m(Alam et al.,2003)。

渐新统 Bogra 组不整合于 Jaintia 群之上,厚度约 165 m,包含互层的砂岩和泥岩,具有较高的砂泥岩比,是三角洲前缘到浅海环境下的沉积。Bogra 组与印度东北部阿萨姆盆地的 Barail 群同期,在孟加拉盆地西部陆架区,Bogra 组与 Memari 组和 Burdwan 组同期。其中 Memari 组主要由砂岩组成,而 Burdwan 组主要由泥岩组成(Lindsay et al.,1991)。下-中中新统 Jamalganj 组不整合于 Bogra 组之上,包括互层的砂岩、粉砂岩和泥岩。Jamalganj 组的总厚度在盆地东部的前缘拗陷带厚约 415 m,明显小于西部陆架区与其同期的 Pandua 组厚度(1500 m)(Banerji,1984)。通常认为,Jamalganj 组是大型复杂的三角洲条件下的产物,与孟加拉盆地北部的 Surma 群相当。Dupi Tila 组不整合于Jamalganj 组之上,由浅灰色、淡黄色砂岩,粉砂岩,泥岩及少量砾石组成。在孟加拉盆地前缘拗陷区厚约 280 m,在西部陆架区,与其同期的 Debagram 组和 Rangahat 组厚度约750 m(Alam et al.,2003)。Barind 群不整合于 Dupi Tila 组之上,包括 Barind 组和 Dihing组。Dihing 组由粗粒砂、砂岩、粉砂岩和少量泥岩组成,而 Barind 组主要由淡黄色至棕褐色泥岩、粉砂质泥岩和细砂岩组成,厚度约 200 m。

在孟加拉盆地东北部的苏尔马拗陷,早期的沉积地层格架是基于北部的阿萨姆前陆盆地建立的(Khan and Muminullah,1980;Holtrop and Keizer,1970;Evans,1964)。基于最新的地震地层学研究,Lietz 和 Kabir(1982)汇编了苏尔马拗陷的最新地层格架。研究

显示,孟加拉盆地东北部始新统—全新统的最大沉积厚度约 17950 m(Hiller and Elahi,
1988),与阿萨姆盆地相似(Dasgupta,1977)。前渐新世沉积层系包括:古新统 Tura 组、
中始新统 Sylhet 组和上始新统 Kopili 组。渐新统 Barail 群及以上的沉积单元和相互接
触关系与盆地西部相似。在孟加拉盆地前缘拗陷区,已知的最古老沉积单元是渐新统
Barail 群,被下-中中新统 Surma 群不整合覆盖。Surma 群由下部的 Bhuban 组和上部的
Boka Bil 组、Manna 组组成,分别与 Midinjia 群和 Sitapahar 群相当,两者不整合接触
(Gani and Alam,2003)。

3. 缅甸-安达曼大陆边缘新生代沉积序列

1) 印缅造山带(增生楔)

印缅造山带由近南北向排列的向东倾的逆冲推覆岩片组成,是印度板块向西缅地
块俯冲条件下,上覆于印度板块洋壳沉积物刮落、挤压形成于西缅地块西部边缘的活
动造山带(Curray,2005;Hutchison,1989;Curray et al.,1979)。印缅造山带可以分为
东、西两段(Maurin and Rangin,2009b),东段称为内楔,由白垩系—古近系组成;西段称
为外楔,由新近系组成。内楔沿加拉丹断层逆冲推覆到外楔之上,局部出现碳酸盐岩
飞来峰构造。

印缅造山带最古老的沉积单元是下始新统的 Gwa 组(Naing et al.,2014),厚度约
3 400 m。野外观察记录到 Gwa 组陡倾,破劈理化明显,可见构造透镜体。该组岩性主
要包括中薄层碳质页岩,偶见灰黑色浊积砂岩层,下部发育微晶灰岩、放射虫燧石和枕
状玄武岩集合体。中始新统 Ngapali 组厚约 5 500 m,下部由厚层状中细粒、棕灰色层状
浊积砂岩及少量灰色至灰绿色板状碳质页岩组成,下部偶见玄武岩体、灰岩和粗砾岩
夹层。上始新统 Sinbok 组厚约 2 200 m,由上、中、下三段组成。下段页岩层由高度裂缝
化的碳质页岩和浊积砂岩组成;中段砂岩层由中细粒黄色至棕色层状砂岩组成,含少
量页岩夹层;下段页岩层由薄层至厚层板状黑灰色泥页岩组成,含有棕色砂岩和灰岩夹
块,代表了远洋低密度浊流沉积。渐新统 Yechangyi 组厚约 2 000 m,不整合于上始新统
Sinbok 组之上,包括中细粒厚层、浅灰色浊积砂岩和砂质页岩、页岩夹层。页岩呈灰褐色
至灰黑色,在缅甸西部的兰里(Ramree)岛有较好的出露。

印缅造山带外楔最下部的沉积单元是中-下中新统 Yenandaung 组(表 2.1),厚度为
0~2 000 m。Yenandaung 组不整合于渐新统 Yechangyi 组之上,大致可以分为下段页岩
和粉砂岩层及上段砂岩和页岩层。上中新统 Leikkamaw 组不整合于 Yenandaung 组之
上,厚约 700 m,由不规则的中细粒黄棕色层状砂岩和页岩与含砾砂岩夹层组成,其中富
砂层的总厚度约 120 m。若开海岸地区该地层成排成带出露。上中新统 Leikkamaw 组
沉积于近海环境。上新统和全新统泥岩、潮道和海滩沉积整合于中新统 Leikkamaw 组之
上,钻井揭示上新统和全新统在兰里岛的总厚度可达 2 000 m。

印缅造山带内的逆冲断层和褶皱表现出向西缓慢减弱的趋势。内楔地层高度褶皱
和断层化,而外楔地层只发生轻微的褶皱或倾斜。印缅造山带始新统至中新统为浊积
和半远洋沉积的产物(Allen et al.,2008)。而晚中新世至上新世显示了由陆架到海岸

相变浅的趋势。褶皱和逆冲断层底部出现的蛇绿岩相糜棱岩及向西渐变的浊积层表明是增生楔的构造环境(Allen et al.,2008;Alam et al.,2003;Curray et al.,1979),包含了洋壳基底和远洋沉积物、变形的海沟和斜坡盆地沉积,它们最终因为向西的逆冲推覆和褶皱作用抬升至浅海和海岸环境(Naing et al.,2014)。

2) 缅甸弧前地区

Bedder(1983)和Pivnik等(1988)对缅甸弧前地区的地层格架与沉积环境做了较为详细的总结,成为该地区地质研究的基础。古新统主要为Paunggyi组,出露于钦敦拗陷及沙林拗陷西部从北到南延伸的窄带内,其厚度变化较小,在钦敦拗陷和沙林拗陷相对较厚(1 200~1 400 m),向东减薄。岩性以粗砂岩、砾岩为主,部分地区可见少量灰岩,为水下扇和浅海相沉积。始新统自下而上可划分为Laungshe组、Tilin组、Taybin组、Pondaung组和Yaw组五个单元,在钦敦拗陷、沙林拗陷均有广泛出露。始新统在钦敦拗陷以泥岩、粉砂质泥岩为主,其厚度较大,约为7 000 m,向南逐渐减薄;在沙林拗陷中约为6 000 m,地层中砂质含量增加,以泥质粉砂岩和粉砂质泥岩为主,为海相三角洲沉积。渐新统自下而上可划分为Shewzetaw组、Padaung组和Okhmintaung组三个单元,主要出露在沙林拗陷和皮亚-伊洛瓦底(Pyay-Irrawaddy)三角洲拗陷内,在北部钦敦拗陷缺失。渐新统在沙林拗陷中较厚,约4 000 m,岩性以砂岩、泥岩为主,早期为河流三角洲沉积,中晚期为河流-浅海相沉积。皮亚-伊洛瓦底三角洲拗陷中渐新统较厚,约3 000 m,岩性以砂岩、泥岩为主,为三角洲-浅海-半深海相沉积。在安达曼海域,渐新统发育高孔隙度和高渗透率的碎屑灰岩和礁灰岩,伴有少量的岩浆侵入。

中新统自下而上划分为Letkat组、Natma组和Shwethamin组三个单元,它们在钦敦拗陷、沙林拗陷及皮亚-伊洛瓦底(Pyay-Irrawaddy)三角洲拗陷中均有出露。在北部钦敦拗陷较厚,约4 500 m,岩性以粗砂岩及泥岩为主,为河流浅海相沉积。在沙林拗陷较薄,厚约3 000 m,岩性以砂岩、泥岩为主,为河流浅海相沉积。在皮亚-伊洛瓦底三角洲拗陷较厚,约3 500 m,岩性以砂岩、泥岩及砂、泥岩互层为主,为三角洲-浅海-半深海相沉积。上新统在北部陆地广泛出露,为伊洛瓦底河流沉积,北部约1 500 m,向南逐渐减薄。

3) 缅甸-安达曼弧后地区

古新世时,西缅地块拼接到中缅马苏地块上,沉积环境转为陆相三角洲-河流环境,下古新统与下伏白垩系呈不整合接触,岩性以砂岩为主,向上泥质含量增加,至上古新统变为泥岩。始新世为三角洲-河流沉积环境,自下而上分为两个组。下始新统Male组主要为泥岩,夹砂岩薄层(Kidd and Racey,2015;Robinson et al.,2014;Bender,1983)。上始新统Pondaung组与下伏的Male组不整合接触,岩性主要为砂岩,夹泥岩薄层,镜下可见大量的火山岩碎屑,岩石的结构成熟度和成分成熟度很低。渐新统与下伏始新统呈不整合接触,为三角洲-河流的沉积环境,下渐新统以泥岩为主,夹砂岩薄层,向上砂质含量增加,至上渐新统转为以砂岩为主,夹泥岩薄层(Kidd and Racey,2015)。

Kidd和Racey(2015)对弧后地区新近系也做了较系统的总结。中新统与下伏渐新统呈不整合接触,地层厚度较大,最大可达3 000 m。自下而上可划分为四个组。Shwetaung组主要由泥岩组成,夹砂岩薄层,沉积环境为三角洲-浅海。Taungtalon组以砂岩为主,含部分砂岩,沉积环境为三角洲-浅海。Moza 组以泥岩为主,含部分砂岩,沉积环境为三角洲-浅海。Khabo 组岩性以砂岩为主,上部含少量泥岩薄层,沉积环境为河流环境。上新统 Irrawaddy 群与中新统呈不整合接触,为伊洛瓦底河流沉积,主要为中粗砂岩。

在安达曼海东部的丹老拗陷,已钻遇的最老地层是上始新统—渐新统 Ranong 组,为大陆边缘海相沉积(Srisuriyon and Morley,2014)。上覆的上渐新统—中新统 Yala 组上段是斜坡-半深海相页岩沉积,下段主要由浊积砂岩组成。下中新统 Tai 组是安达曼海裂谷作用晚期间断的沉积,在盆地高部位完整发育,在拗陷带未钻遇。中中新统 Payang 组是浅海相从三角洲平原到前积三角洲的粗碎屑沉积;此外,与 Payang 组同期的 Kantang组包含上下两段,下段由海绿石页岩和少量薄层砂岩、粉砂岩组成,上段包括含海绿石页岩和粉砂岩、砂岩和砂屑灰岩夹层,为中深海浊积扇下部的产物。上中新统 Surin 组和Trang 组大致同期,分别由绿泥石页岩和砂岩,是深海平原相和前三角洲沉积。上覆的Thalang 组包括绿泥石页岩、粉砂岩和中细粒砂岩夹层,偶见灰岩沉积,是陆架至上陆架的沉积。上新统—全新统 Takua Pa 群上覆于 Thalang 组,主要由钙质软泥和少量粉砂岩组成,是外陆架至下斜坡的沉积。

4. 孟加拉湾新生代沉积序列

孟加拉湾沉积盖层发育在白垩纪洋壳基底之上,通过对单井地层发育特征及岩石学分析、连井地层对比分析等可以发现盆地地层的空间发育存在明显的差异。从地层的整体发育特征来看,盆地主要发育新生界,在构造高部位钻井揭示发育上白垩统(Bastia et al.,2010b)。

盆地北端陆架区 BODC3 井以砂岩、粉砂岩、粉砂质泥岩和泥岩及其组合为主,为典型的河流三角洲相沉积,不含远洋沉积物,而南部钻井揭示的地层普遍发育远洋沉积。远洋沉积岩性主要为球藻(微化石)软泥、黏土岩、黏土质粉砂岩、富软泥粉砂岩、有孔虫微化石软泥、海绿石有孔虫软泥、超微方解石软泥、球藻有孔虫白垩岩和白垩岩,在软泥中常见燧石、生物壳和钙质结核及粉砂岩夹层(Rea et al.,1990;Cochran,1990)。

位于盆地中央拗陷的两口钻井——DSDP218 和 ODP718 站位,揭示的最老地层沉积时间是中中新世(10 Ma)(Schwenk et al.,2003),而地震地层解释表明在孟加拉湾盆地可能存在古近纪沉积物。在远洋沉积背景之上富含泥质浊积岩和砂质浊积岩,浊积岩系互层发育,一方面反映了孟加拉扇系统为陆源碎屑被搬运的属性,另一方面反映了孟加拉扇系统内部河道充填相、堤岸相及河道间湾相在垂向上的叠置状态,表明深海扇演化过程中水下河道存在多期次改道行为,与地震相研究结果一致。

2.4　孟加拉湾及邻区盆地类型

孟加拉湾及邻区发育多种不同类型的板块边界,不同类型的板块边缘发育着不同属性的盆地。印度东部被动大陆边缘盆地整体北东向展布,俯冲带弧盆体系呈近南北向延伸,碰撞带盆地则近东西向弧形发育,上述盆地在孟加拉地区交接复合,盆地走向均发生显著变化。

盆地的发育与岩石圈的属性及演化密切相关。盆地类型划分中需要考虑三个重要因素:盆地基底类型、盆地相对于大陆边缘的位置和盆地所在位置板块间的相互作用,而这些因素均随时间变化,因此盆地的构造位置、属性也随时间发生改变,处在威尔逊旋回中各个阶段的盆地发生交替演化,盆地间的交接关系也随着演化阶段的改变而改变。

2.4.1　板块构造背景与盆地空间分布

根据骨架剖面特征、重力数据、磁力数据和地层格架分析,以及主要盆地所在的板块边缘位置及边界条件,对大尺度、宽区域、多板块类型背景下的盆地类型进行分析,可以将孟加拉湾及邻区盆地划分出三个空间分布带(图 2.7)。

1)东西向弧形盆地分布带

孟加拉湾及邻区北部与陆-陆碰撞相关的沉积盆地为该走向展布。喜马拉雅前陆盆地自巴基斯坦经印度西北部、尼泊尔直至印度东北部地区,平面上呈宽缓的"U"形,盆地北部边界为喜马拉雅前缘逆冲推覆带的主边界断裂,边界断裂一般沿喜马拉雅山脚延伸,在巴基斯坦转向南,在印度转向东北,构成该盆地的北部边界。盆地南部边界尚存争议,大多以印度克拉通的北部边缘为界,在东北部以达卡断层和隆格朗(Rongklang)造山带为界。

2)北东向盆地分布带

印度东部大陆边缘盆地受板块属性的控制,呈近北东向展布。南部的高韦里盆地为北北东向,克里希纳-戈达瓦里盆地和默哈讷迪盆地为北东走向,盆地西缘毗邻印度东高止山系,东部以洋陆转换带为标志与孟加拉湾盆地相接。

3)南北向盆地分布带

孟加拉湾及邻区南北向盆地主要包括缅甸-安达曼弧盆体系和孟加拉湾盆地。前者东部边界为实皆断层,西部边界为巽他海沟,弧盆体系内各构造单元近平行协调展布。弧盆体系北部呈北北东走向,与东西向弧形盆地分布带的东段相接。孟加拉湾盆地大致呈南北走向,夹持于印度北东向盆地与缅甸-安达曼南北向盆地之间。

东西向弧形盆地的东段、北东向盆地的北段和南北向盆地西北部共同交汇于孟加拉盆地,成为三种不同走向盆地的复合区。

2.4.2　盆地交接关系与动力学背景

南北向盆地带北部边界是喜马拉雅造山带的南部边界,该边界是喜马拉雅褶皱山系向南迁移的变形带前缘(Yin,2006),显然,它受陆-陆碰撞的控制。南北向盆地带的西部边界是安达曼海沟-印度洋向北俯冲的活动带(Bertrand and Rangin,2003;Curray et al.,

1979);东部边界(实皆断层)受控于板块间的相对运动。北东向盆地带内的断裂带南部呈北北东走向,北部呈北东向,受控于印度板块早期的伸展和裂离(Bastia et al.,2010c)。

分析表明:盆地展布受控于板块运动方式及演化的宏观背景,同时受先存构造(先存断裂和地质体)的制约,呈不同方向展布和交接。盆地展布与交接关系的不同反映了盆地属性的差异,同时影响盆地内部的结构和构造。

孟加拉盆地的沉积厚度在东西向上呈现不对称的形态,地层厚度由西向东逐渐增厚,构造上,表现为"西张东压"。西缘基底为太古代陆壳——过渡性减薄地壳,上部沉积盖层根据构造发育可以分为两部分(Frielingsdorf et al.,2008;Alam et al.,2003):深部受早期冈瓦纳大陆裂谷作用的影响,形成一系列由基底正断层控制的地堑-半地堑结构,充填冈瓦纳时期的陆相沉积;浅部地层向东逐渐加厚,构造不发育,为继承性拗陷。盆地东缘为形成于白垩纪的洋壳基底,由于受晚期板块俯冲碰撞的影响,洋壳向下挠曲;上覆地层强烈变形,形成一系列逆冲断裂、走滑断裂,并且随着俯冲带的西移,逐渐发育大范围的断层相关褶皱(Alam et al.,2003;Sikder and Alam,2003)。

南北向上,西隆高原南缘的达卡断层是一个明显的地质单元分界线,其北部为厚度巨大的陆壳,整体向北倾斜,可能代表了一种典型的冲起构造(Pop-up structure)(Islam et al.,2011;Bilham and England,2001),上覆盖层由北向南逐渐减薄,北部喜马拉雅山前缘发育大型的铲式逆冲断裂,构造变形强烈,地层向上掀斜,而向西隆高原地层变形减弱,并逐渐尖灭,整体呈一楔形体(Yin et al.,2010)。达卡断层以南为减薄的陆壳和洋壳,地层厚度巨大,发育不同时期的陆架破折带,显示出不同时期的沉积物逐渐向南进积的过程。

研究区东北部的阿萨姆盆地是一个非常特别的区域,西北部喜马拉雅山前及东南部那加山前均存在一个大型的逆冲褶皱带。这主要与印度板块在此区域分别与欧亚板块及西缅地块发生"A"型俯冲相关。西北部喜马拉雅山前褶皱冲断带为高角度逆冲断层,向北倾斜,下部地层中发育的小型板式正断层说明这个位置正处于被动大陆边缘向造山带演化的时期,地层厚度由褶皱带前缘向阿萨姆河谷逐渐减薄;东南部那加山褶皱冲断带断层向东南倾斜,与之相对应的地层也逐渐向阿萨姆河谷减薄、尖灭。

孟加拉湾盆地内的主干剖面揭示了孟加拉湾两侧主动、被动陆缘的全貌。西侧印度陆缘底部可见由中生代地层与正断层组成的半地堑结构,陆壳在此迅速减薄并向洋壳过渡,上覆新生界自西向东倾斜、减薄。东侧增生楔构造带前缘以发育高角度东倾逆冲断裂系为特征,盖层被断裂化,整体西倾。主干剖面显示孟加拉湾包含五个次级构造单元:西部拗陷、东经85°海岭、中央拗陷、东经90°海岭和若开拗陷,呈"三拗夹两隆"的格局(张朋等,2014)。拗陷单元中,西部拗陷夹持于东经85°海岭和印度被动陆缘之间,基底受东经85°海岭影响,轻微东倾,上覆盖层平缓,厚度变化小;中央拗陷是盆地的主体,基底下拗,盖层变形微弱,形成显著的拗陷结构;若开拗陷为洋壳俯冲形成的挤压单元,基底受东经90°海岭就位的影响起伏变化较大,大致为东倾,上覆盖层也发生轻微的挤压变形,构成拗陷结构。东经85°海岭在此分为东西两条次级山脉,中间发育小型拗陷结构;西侧山脉规模较大,隆起幅度高,影响着西部拗陷结构形态。东经90°海岭为一低缓隆起,与东经85°海岭的东侧山脉共同控制着中央拗陷的结构(张朋 等,2014)。

基于孟加拉湾及邻区各盆地的不同特征,本书建立了研究区盆地的划分方案(图 2.7,表 2.2)。

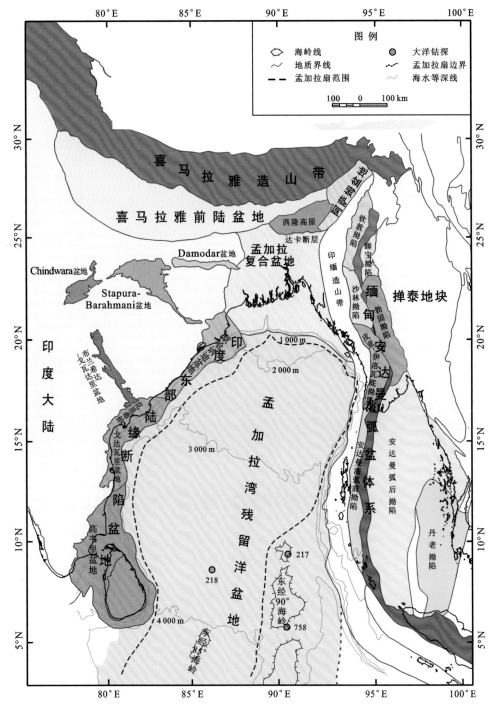

图 2.7　孟加拉湾及邻区盆地类型与分布

表 2.2　孟加拉湾及邻区盆地类型与划分

序号	盆地名称	板块构造背景	前人划分方案		本书研究方案
			盆地类型	参考文献	盆地类型
1	缅甸-安达曼弧前盆地	会聚板块边缘	弧盆体系	Pal 等（2003）；Pivnik 等（1998）；Mitchell（1993）；Acharyya 等（1990）；Vaněk 等（1990）；Mukhopadhyay 和 Dasgupta（1988）；Bannert（1981）；Mitchell（1974）	弧盆体系
2	西缅岛弧带				
3	缅甸-安达曼弧后盆地				
4	阿萨姆盆地	陆-陆碰撞与板块缝合带	周缘前陆盆地	Sahoo 和 Gogoi（2011）；Akhtar 等（2010a，2010b）；Kent 等（2002b）；Raju 和 Mathur（1995）	周缘前陆盆地
5	喜马拉雅盆地		周缘前陆盆地	Kundu 等（2012）；Uddin（2007）；Yin（2006）；Garzanti 等（1996）	周缘前陆盆地
6	孟加拉盆地		①前陆盆地	Mukherjee 等（2009）；Uddin 和 Lundberg（1999）；Johnson 和 Alam（1991）	复合盆地
			②残留洋盆地	Gani（1999）；Gani 和 Alam（1999）；Ingersoll 和 Busby（1995）；Graham 等（1975）	
7	孟加拉湾盆地		残留洋盆地	Allen 和 Allen（2005）；Ingersoll 和 Busby（1995）；Curray 等（1982）	残留洋盆地
8	默哈讷迪盆地	离散板块边缘	被动大陆边缘盆地	Bastia 等（2010a，b，c）；Krishna 等（2009）；Subrahmanyam 等（1995，2006）；Bastia（2006）；Prabhakar and Zutshi（1993）；Fuloria（1993）；Murthy 等（1993）；Sastri 等（1981）	被动大陆边缘盆地
9	克里希纳-戈达瓦里盆地				
10	高韦里盆地				

参 考 文 献

何文刚,梅廉夫,朱光辉,等,2011.安达曼海海域盆地构造及其演化特征研究[J].断块油气田,18(2):178-182.

张朋,梅廉夫,马一行,等,2014.孟加拉湾盆地构造特征与动力学演化:来自卫星重力与地震资料的新认识[J].地球科学(中国地质大学学报),39(10):1307-1321.

ACHARYYA S K,RAY K K,SENGUPTA S,1990. Tectonics of the ophiolite belt from Naga Hills and Andaman Islands,India[J]. Proceedings of the Indian academy of sciences:earth and planetary sciences,99(2):187-199.

AKHTAR M S,CHAKRABARTI S,SINGH R K,et al.,2009. Structural style and deformation history of Assam & Assam Arakan Basin,India:from integrated seismic study[G]. American association of petroleum geologists annual convention,Denver,Colorado,June 7-10:search and discovery article:30111.

ALAM M,1972. Tectonic classification of the Bengal Basin[J]. Geological society of America bulletin,83(2):519-522.

ALAM M,ALAM M M,CURRAY J R,et al.,2003. An overview of the sedimentary geology of the Bengal Basin in relation to the regional tectonic framework and basin-fill history[J]. Sedimentary geology,155(3/4):179-208.

ALI J R,AITCHISON J C,2005. Greater India[J]. Earth science reviews,72(3):169-188.

ALLEN P A,ALLEN J R,2005. Basin analysis: principles and applications [M]. Oxford: Blackwell Science Publications.

ALLEN R,NAJMAN Y,CARTER A,et al.,2008. Provenance of the Tertiary sedimentary rocks of the Indo-Burman Ranges,Burma (Myanmar): Burman arc or Himalayan-derived? [J]. Journal of the geological society,165(6): 1045-1057.

AMEEN S M M,KHAN M S H,AKON E,et al.,1998. Petrography and major oxide chemistry of some Precambrian crystalline rocks from Maddhapara,Dinajpur[J]. Bangladesh geoscience journal,4:1-19.

AMEEN S M M,WILDE S A,KABIR M Z,et al.,2007. Paleoproterozoic granitoids in the basement of Bangladesh: a piece of the Indian shield or an exotic fragment of the Gondwana jigsaw? [J]. Gondwana research,12(4):380-387.

APPEL E,RÖSLER W,CORVINUS G,1991. Magnetostratigraphy of the Miocene-Pleistocene Surai Khola Siwaliks in West Nepal[J]. Journal of geophysical research:solid earth,105:191-198.

BAKSI A K,1995. Petrogenesis and timing of volcanism in the Rajmahal flood basalt province,northeastern India[J]. Chemical geology,121(1):73-90.

BAKSI A K,BARMAN T R,PAUL D K,et al.,1987. Widespread early Cretaceous flood basalt volcanism in eastern India:geochemical data from the Rajmahal-Bengal-Sylhet Traps[J]. Chemical geology,63(1/2):133-141.

BANDOPADHYAY P C,CARTER A,2017. Introduction to the geography and geomorphology of the Andaman-Nicobar Islands[J]. Geological society,London,memoirs,47(1):9-18.

BANERJI R K,1984. Post-eocene biofacies,palaeoenvironments and palaeogeography of the Bengal Basin,India[J]. Palaeogeography Palaeoclimatology Palaeoecology,45(1):49-73.

BANNERT D,HELMCKE D,1981. The evolution of the Asian plate in Burma[J]. Geologische rundschau,70(2):446-458.

BASTIA R,2006. Indian sedimentary basins with special focus on emerging east coast deep water frontiers [J]. The leading edge,14(8):839-845.

BASTIA R,DAS S,RADHAKRISHNA M,2010a. Pre-and post-collisional depositional history in the upper and middle Bengal fan and evaluation of deepwater reservoir potential along the northeast Continental Margin of India[J]. Marine and petroleum geology,27(9):2051-2061.

BASTIA R,RADHAKRISHNA M, DAS S, et al., 2010b. Delineation of the 85°E ridge and its structure in the Mahanadi Offshore Basin,Eastern Continental Margin of India (ECMI),from seismic reflection imaging[J]. Marine and petroleum geology,27(9):1841-1848.

BASTIA R,RADHAKRISHNA M,SRINIVAS T,et al.,2010c. Structural and tectonic interpretation of geophysical data along the Eastern Continental Margin of India with special reference to the deep water petroliferous basins[J]. Journal of Asian earth sciences,39(6):608-619.

BASTIA R,RADHAKRISHNA M,2012. Basin Evolution and Petroleum Prospectivity of the Continental Margins of India[M]. Netherlands:Elsevier:1-362.

BASTIA R,RADHAKRISHNA M,2012. Developments in petroleum science[M]. Holand:Elsevier,65:2-459.

BECK R A,BURBANK D W,SERCOMBE W J,et al.,1996. Late Cretaceous ophiolite obduction and Paleocene India-Asia collision in the westernmost Himalaya[J]. Geodinamica Acta,9(2/3):114-144.

BENDER F,1983. Geology of Burma[M]. Berlin:Gebrüder Borntraeger.

BERTRAND G, RANGIN C, 2003. Tectonics of the western margin of the Shan plateau (central Myanmar): implication for the India-Indochina oblique convergence since the Oligocene[J]. Journal of Asian earth sciences,21 (10):1139-1157.

BILHAM R,ENGLAND P,2001. Plateau 'pop-up' in the great 1897 Assam earthquake[J]. Nature,410(6830): 806-809.

BISWAS S, COUTAND I, GRUJIC D, et al., 2007. Exhumation and uplift of the Shillong plateau and its influence on the eastern Himalayas: new constraints from apatite and zircon (U-Th-[Sm])/He and apatite fission track analyses[J]. Tectonics, 26(6):438-451.

CHATTERJEE N, MAZUMDAR A C, BHATTACHARYA A, et al., 2007. Mesoproterozoic granulites of the Shillong-Meghalaya Plateau: evidence of westward continuation of the Prydz Bay Pan-African suture into Northeastern India[J]. Precambrian research, 152(1):1-26.

CLARK M K, 2006. Late Miocene dismemberment of the Himalyan arc: deformation of the Shillong Plateau, NE India[C]//American Geophysical Union Fall Meeting Abstracts, 1:2.

COCHRAN J R, 1990. Himalayan uplift, sea level, and the record of Bengal fan sedimentation at the ODP leg 116 sites[J]. Proceedings of the Ocean Drilling Program Scientific Results, 116:397-414.

COFFIN M F, PRINGLE M S, DUNCAN R A, et al., 2002. Kerguelen hotspot magma output since 130 Ma[J]. Journal of petrology, 43(7):1121-1137.

CRAWFORD A R, COMPSTON W, 1969. The age of the Vindhyan System of Peninsular India[J]. Quarterly journal of the geological society, 125(1):351-371.

CURIALE J A, COVINGTON G H, SHAMSUDDIN A H M, et al., 2002. Origin of petroleum in Bangladesh[J]. American association of petroleum geologists bulletin, 86(4):625-652.

CURRAY J R, 1979. Tectonics of the Andaman Sea and Burma: convergent margins[J]. American association of petroleum geologists bulletin, M29:189-198.

CURRAY J R, 1991. Possible greenschist metamorphism at the base of a 22-km sedimentary section, Bay of Bengal[J]. Geology, 19(11):1097.

CURRAY J R, 2005. Tectonics and history of the Andaman Sea region[J]. Journal of Asian earth sciences, 25(1):187-232.

CURRAY J R, 2015. Is spreading prolonged, episodic or incipient in the Andaman Sea? Evidence from deepwater sedimentation[J]. Journal of Asian earth sciences, 111:113-119.

CURRAY J R, MOORE D G, 1974. Sedimentary and tectonic processes in the Bengal deep-sea fan and geosyncline [M]//BURK C A, DRAKE C L. The geology of continental margins. New York:617-627.

CURRAY J R, MUNASINGHE T, 1991. Origin of the Rajmahal traps and the 85°E ridge: preliminary reconstructions of the trace of the Crozet hotspot[J]. Geology, 19(19):1237-1240.

CURRAY J R, EMMEL F J, MOORE D G, et al., 1982. Structure, Tectonics, and Geological History of the Northeastern Indian Ocean[M]//ALAN E M. N, FRANCIS G S. The Ocean Basins and Margins. Boston:Springer: 399-450.

DASGUPTA S K, 1977. Stratigraphy of western Rajasthan shelf [C]//Proceeding 4th Colloquium of Micropalaeontology and Stratigraphy, Dehradun, India, 219-233.

DATTA A K, BEDI T S, 1968. Faunal aspects and the evolution of the Cauvery basin: Cretaceous-Tertiary formations of south India[J]. Memoir-geological society of India, 2:168-177.

DECELLES P G, GEHRELS G E, QUADE J, et al., 1998. Eocene-early Miocene foreland basin development and the history of Himalayan thrusting, western and central Nepal[J]. Tectonics, 17(5):741-765.

DECELLES P G, ROBINSON D M, QUADE J, et al., 2001. Stratigraphy, structure, and tectonic evolution of the Himalayan fold-thrust belt in western Nepal[J]. Tectonics, 20(4):487-509.

DECELLES P G, GEHRELS G E, NAJMAN Y, et al., 2004. Detrital geochronology and geochemistry of Cretaceous-Early Miocene strata of Nepal: implications for timing and diachroneity of initial Himalayan orogenesis[J]. Earth and planetary science letters, 227(3-4):313-330.

DICK H J B, LIN J, SCHOUTEN H, 2003. An ultraslow-spreading class of ocean ridge[J]. Nature, 426(6965): 405-412.

EVANS P,1964. The tectonic framework of assam[J]. Journal geological society of India,5:80-96.

FARHADUZZAMAN M,WAN H A,ISLAM M A,2013. Petrographic characteristics and palaeoenvironment of the Permian coal resources of the Barapukuria and Dighipara Basins,Bangladesh[J]. Journal of Asian earth sciences,64: 272-287.

FEDOROV L V,GRIKUROV G E,KURININ R G,et al.,1982. Crustal structure of the Lambert Glacier area from geophysical data[M]//CRADDOCK C. Antarctic geoscience. Madison:University of Wisconsin Press. 931-936.

FRIELINGSDORF J,ISLAM S A,BLOCK M,et al.,2008. Tectonic subsidence modelling and Gondwana source rock hydrocarbon potential,Northwest Bangladesh modelling of Kuchma,Singra and Hazipur wells[J]. Marine and petroleum geology,25(6):553-564.

FULORIA R C,BHANDARI L L,SASTRI V V,1973. Stratigraphy of Assam Valley,India[J]. American association of petroleum geologists bulletin,57(4):642-654.

FULORIA R C,1993. Geology and hydrocarbon prospects of Mahanadi Basin,India[C]//Proceedings of Second Seminar on Proliferous Basins of India:Indian Petroleum Publishers:355-369.

GANI M R. 1999. Depositional History of the Neogene Succession Exposed in the Southeastern Fold Belt of the Bengal Basin,Bangladesh[D]. Dhaka:University of Dhaka:61.

GANI M R,ALAM M M,1999. Trench-slope controlled deep-sea clastics in the exposed lower Surma Group in the southeastern fold belt of the Bengal Basin,Bangladesh[J]. Sedimentary geology,127(3):221-236.

GANI M R,ALAM M M,2003. Sedimentation and basin-fill history of the Neogene clastic succession exposed in the southeastern fold belt of the Bengal Basin,Bangladesh:a high-resolution sequence stratigraphic approach[J]. Sedimentary geology,155(3):227-270.

GANSSER A,1983. Geology of the Bhutan Himalaya[M]. Boston:Birkhäuser Verlay:1-180.

GARZANTI E,CRITELLI S,INGERSOLL R V,1996. Paleogeographic and paleotectonic evolution of the Himalayan range as reflected by detrital modes of Tertiary sandstones and modern sands (Indus transects,India and Pakistan) [J]. Geological society of America bulletin,108(6):631-642.

GHOSH S,1991. Geochronology and geochemistry of granite plutons from east Khasi Hills,Meghalaya[J]. Journal of the geological society of India,37(4):331-342.

GHOSH S,PAUL D K,BHALLA J K,et al.,1994. New Rb-Sr isotopic ages and geochemistry of granitoids from Meghalaya and their significance in middle to late Proterozoic crustal evolution[J]. Indian Minerals,48(1/2):33-44.

GHOSH S, FALLICK A E, PAUL D K, et al., 2005. Geochemistry and origin of neoproterozoic granitoids of Meghalaya,Northeast India:implications for linkage with amalgamation of Gondwana Supercontinent[J]. Gondwana research,8(3):421-432.

GEOPALA RAO D,KRISHNA K S,SAR D,1997. Crustal evolution and sedimentation history of the Bay of Bengal since the Cretaceous[J]. Journal of geophysical research:solid earth,102(B8):17747-17768.

GOVINDAN A,1984. Stratigragphy and sedimentation of East-Godavari sub-basin[J]. Petroleum Asia journal,7(1): 132-146.

GRAHAM S A, DICKINSON W R, INGERSOLL R V, 1975. Himalayan-Bengal model for flysch dispersal in the Appalachian-Ouachita system[J]. Geological society of America bulletin,86(3):273-286.

GURNIS M,1988. Large-scale mantle convection and the aggregation and dispersal of supercontinents[J]. Nature, 332(6166):695-699.

GURNIS M,1990. Bounds on global dynamic topography from Phanerozoic flooding of continental platforms[J]. Nature,344(6268):187-194.

HARRISON T M,COPELAND P,HALL S A,et al.,1993. Isotopic preservation of Himalayan/Tibetan uplift, denudation,and climatic histories of two molasse deposits[J]. The journal of geology,101(2):157-175.

HARRISON T M,YIN A,GROVE M,et al.,2000. The Zedong Window:a record of superposed Tertiary convergence in southeastern Tibet[J]. Journal of geophysical research:solid earth,105(B8):19211-19230.

HILLER K,ELAHI M,1988. Structural growth and hydrocarbon entrapment in the Surma basin,Bangladesh[M]//WAGNER H C,WAGNER L C,WANG F F H,et al. Petroleum resources of China and related subjects,Houston,Texas. Circum-Pacific Council for Energy and Mineral Resources Earth Science Series,10:657-669.

HOLTROP J F,KEIZER J,1970. Some aspects of the stratigraphy and correlation of the Surma Basin wells,East Pakistan[J]. ECAFE Mineral Resources Development Series,36:143-154.

HOLBROOK W S,PURDY G M,SHERIDAN R E,et al.,1994. Seismic structure of the US Mid-Atlantic continental margin[J]. Journal of geophysical research:solid earth,99(B9):17871-17891.

HUTCHISON C S,1989. Geological evolution of South-East Asia[M]. London:Clarendon Press:1-368.

INGERSOLL R V,BUSBY C J,1995. Tectonics of Sedimentary Basins[M]. Oxford:Blackwell Science,1-51.

ISLAM M S,SHINJO R,KAYAL J R,2011. Pop-up tectonics of the Shillong Plateau in northeastern india:insight from numerical simulations[J]. Gondwana research,20(2):395-404.

ISLAM M S, ISLAM A, RAHMAN F, et al.,2014. Geomorphology and land use mapping of northern part of Rangpur District, Bangladesh[J]. Journal of geosciences and geomatics, 2(4): 145-150.

JOHNSON S Y,NUR ALAM A M,1991. Sedimentation and tectonics of the Sylhet trough,Bangladesh[J]. Geological society of America bulletin,103(11):1513.

Kent R,1991. Lithospheric uplift in eastern Gondwana:evidence for a long-lived mantle plume system? [J]. Geology,19(1):19-23.

KENT W,SAUNDERS A D,KEMPTON P D,et al.,1997. Rajmahal Basalts,Eastern India:mantle sources and melt distribution at a volcanic rifted margin[J]. Washington D C. American geophysical union geophysical monograph,100:145-182.

KENT R W,PRINGLE M S,MÜLLER R D,et al.,2002a. ^{40}Ar/^{39}Ar geochronology of the Rajmahal basalts,India,and their relationship to the Kerguelen Plateau[J]. Journal of petrology,43(7):1141-1153.

KENT W N, HICKMAN R G, DASGUPTA U, 2002b. Application of a ramp/flat-fault model to interpretation of the Naga thrust and possible implications for petroleum exploration along the Naga thrust front [J]. American association of petroleum geologists bulletin, 86(12): 2023-2045.

KHAN M R, MUMINULLAH M, 1980. Stratigraphy of Bangladesh[C]//Petroleum and Mineral Resources of Bangladesh. Petroleum and Mineral Resources of Bangladesh. Seminar and Exhibition,Dhaka,35-40.

KHAN P K,CHAKRABORTY P P,2005. Two-phase opening of Andaman Sea:a new seismotectonic insight[J]. Earth and planetary science letters,229(3):259-271.

KHAN M A,STERN R J,GRIBBLE R F,et al.,1997. Geochemical and isotopic constraints on subduction polarity,magma source,and paleogeography of the Kohistan intra-oceanic arc,Northern Pakistan Himalaya[J]. Journal of the geological society,154(8):935-946.

KRISHNA K S,2003. Structure and evolution of the Afanasy Nikitin Seamount,buried hills and 85°E Ridge in the northeastern Indian Ocean[J]. Earth and planetary science letters,209(3/4):379-394.

KRISHNA K S,LAJU M,BHATTACHARYYA R,et al.,2009. Geoid and gravity anomaly data of conjugate regions of Bay of Bengal and Enderby Basin:new constraints on breakup and early spreading history between India and Antarctica[J]. Journal of geophysical research:solid earth,114(B3):199-206.

KUMAR A,DAYAL A M,PADMAKUMARI V M,2003. Kimberlite from Rajmahal magmatic province:Sr-Nd-Pb isotopic evidence for Kerguelen plume derived magmas[J]. Geophysical research letters,30(20):315-331.

KUNDU A,MATIN A,MUKUL M,2012. Depositional environment and provenance of Middle Siwalik sediments in Tista valley,Darjiling District,eastern Himalaya,India[J]. Journal of earth system science,121(1):73-89.

LAKSHMINARAYANA G,2002. Evolution in basin fill style during the Mesozoic Gondwana continental break-up in the Godavari triple junction,SE India[J]. Gondwana research,5(1):227-244.

LAL R K,ACKERMAND D,SEIFERT F,et al.,1978. Chemographic relationships in sapphirine-bearing rocks from Sonapahar,Assam,India[J]. Contributions to mineralogy and petrology,67(2):169-187.

LAL N K,SIAWAL A,KAUL A K,2009. Evolution of east coast of India:a plate tectonic reconstruction[J]. Journal of the geological society of India,73(73):249-260.

LEE H Y,CHUNG S L,YANG H M,2016. Late Cenozoic volcanism in central Myanmar:geochemical characteristics and geodynamic significance[J]. Lithos,245(6):174-190.

LI R Y,MEI L F,ZHU G H,et al.,2013. Late Mesozoic to Cenozoic tectonic events in volcanic arc,west burma block: evidences from U-Pb zircon dating and apatite fission track data of granitoids[J]. Journal of earth science,24(4):553-568.

LICHT A,FRANCE-LANORD C,REISBERG L,et al.,2013. A paleo Tibet-Myanmar connection? Reconstructing the Late Eocene drainage system of central Myanmar using a multi-proxy approach[J]. Journal of geological society,170(6):929-939.

LICHT A,REISBERG L,FRANCE-LANORD C,et al.,2015. Cenozoic evolution of the central Myanmar drainage system:insights from sediment provenance in the Minbu Sub-Basin[J]. Basin research,28(2):237-251.

LIETZ J K,KABIR J,1982. Prospects and constraints of oil exploration in Bangladesh[C]//Proceedings of 4th Offshore Southeast Asia Conference,Singapore:1-6.

LIMONTA M,RESENTINI A,CARTER A,et al.,2017. Provenance of Oligocene Andaman sandstones (Andaman-Nicobar Islands): Ganga-Brahmaputra or Irrawaddy derived? [J]. Geological society,London,memoirs,47(1):141-152.

LINDSAY J F,HOLLIDAY D W,HULBERT A G,1991. Sequence stratigraphy and the evolution of the Ganges-Brahmaputra Delta Complex [J]. American association of petroleum geologists bulletin,75(7):1233-1254.

LIU C Z,CHUNG S L,WU F Y,et al.,2016. Tethyan suturing in Southeast Asia:Zircon U-Pb and Hf-O isotopic constraints from Myanmar ophiolites[J]. Geology,44(4):311-314.

MALL D M,RAO V K,REDDY P R,1999. Deep sub-crustal features in the Bengal Basin:Seismic signatures for plume activity[J]. Geophysical research letters,26(16):2545-2548.

MAURIN T,RANGIN C,2009a. Impact of the 90°E ridge at the Indo-Burmese subduction zone imaged from deep seismic reflection data[J]. Marine geology,266(1):143-155.

MAURIN T,RANGIN C,2009b. Structure and kinematics of the Indo-Burmese Wedge:recent and fast growth of the outer wedge[J]. Tectonics,28(2):115-123.

METCALFE I, 1996. Pre-Cretaceous evolution of SE Asian terranes [J]. Geological society,London,special publications,106(1):97-122.

METCALFE I,2011. Tectonic framework and Phanerozoic evolution of Sundaland[J]. Gondwana research,19(1):3-21.

METCALFE I,2013. Gondwana dispersion and Asian accretion:tectonic and palaeogeographic evolution of eastern Tethys[J]. Journal of Asian earth sciences,66:1-33.

MEYERS J B, ROSENDAHL B R, GROSCHEL-BECKER H, et al., 1996. Deep penetrating MCS imaging of the rift-to-drift transition, offshore Douala and North Gabon basins, West Africa[J]. Marine and petroleum geology,13(7): 791-835.

MITCHELL A H G,1974. Flysch-ophiolite successions:polarity indicators in arc and collision-type orogens[J]. Nature,248(5451):747-749.

MITCHELL A H G,1992. Late Permian-Mesozoic events and the Mergui group nappe in Myanmar and Thailand[J]. Journal of southeast Asian earth sciences,7(2/3):165-178.

MITCHELL A H G,1993. Cretaceous-Cenozoic tectonic events in the western Myanmar (Burma)-Assam region[J]. Journal of the geological society,150(6):1089-1102.

MITCHELL A H G,2010. The Chin Hills segment of the Indo-Burman Ranges：not a simple accretionary wedge[C]// Proceedings of the Seminar on Indo-Myanmar Ranges in the Tectonic Framework of the Himalaya and Southeast Asia. Manipur University, Conchipur, 2008：3-24.

MITRA S K,MITRA S C,2001. Tectonic setting of the Precambrian of the north-eastern India (Meghalaya Plateau) and age of the Shillong Group of rocks[J]. Geological survey of India,special publication,64：653-658.

MITROVICA J X,BEAUMONT C,JARVIS G T,1989. Tilting of continental interiors by the dynamical effects of subduction[J]. Tectonics,8(5):1079-1094.

MORLEY C K, 2017a. Cenozoic rifting, passive margin development and strike-slip faulting in the Andaman Sea：a discussion of established v. new tectonic models[J]. Geological Society, London, Memoirs, 47(1)：27-50.

MORLEY C K,2017b. Syn-kinematic sedimentation at a releasing splay in the northern Minwun Ranges,Sagaing Fault zone,Myanmar：significance for fault timing and displacement[J]. Basin research,29(S1)：684-700.

MORLEY C K, ALVEY A, 2015. Is spreading prolonged, episodic or incipient in the Andaman Sea? Evidence from deepwater sedimentation[J]. Journal of Asian earth sciences,98：446-456.

MUKHERJEE S,KOYI H A, TALBOT C J,2009. Out-of-sequence thrust in the Higher Himalaya：a review and possible genesis [C]//European Geosciences Union General Assembly, 19-24 April 2009, Vienna, Austria. Geophysical Research Abstracts,11：EGU2009-13783.

MUKHOPADHYAY M,DASGUPTA S,1988. Deep structure and tectonics of the Burmese arc：constraints from earthquake and gravity data[J]. Tectonophysics,149(3)：299-322.

MUKHOPADHYAY M,KRISHNA M R,1991. Gravity field and deep structure of the Bengal Fan and its surrounding continental margins,northeast Indian Ocean[J]. Tectonophysics,186(3/4)：365-386.

MUKHOPADHYAY M, KRISHNA M R, 1992. Geophysical evidences for crustal transition under the eastern continental margin of India[J]. Geological survey of India,29：87-103.

MÜLLER R D,SDROLIAS M, GAINA C,et al.,2008. Age,spreading rates,and spreading asymmetry of the World's Ocean Crust[J]. Geochemistry,geophysics,geosystems,9：Q04006.

MURTHY K S R,RAO T C S,SUBRAHMANYAM A S, et al.,1993. Structural lineaments from the magnetic anomaly maps of the eastern continental margin of India (ECMI) and NW Bengal Fan[J]. Marine geology,114(1/2)：171-183.

NAING T T,BUSSIEN D A,WINKLER W H,et al.,2014. Provenance study on Eocene-Miocene sandstones of the Rakhine Coastal Belt,Indo-Burman Ranges of Myanmar：geodynamic implications[J]. Geological, society London, special publications,386(1)：195-216.

NAJMAN Y, CLIFT P, JOHNSON M R W, et al., 1993. Early stages of foreland basin evolution in the Lesser Himalaya,N India[J]. Geological, society London,special publications,74(1)：541-558.

NAJMAN Y,BICKLE M,BOUDAGHER-FADEL M,et al.,2008. The Paleogene record of Himalayan erosion：Bengal Basin,Bangladesh[J]. Earth and planetary science letters,273(1/2)：1-14.

NAJMAN Y,BRACCIALI L,PARRISH R R,et al.,2016. Evolving strain partitioning in the Eastern Himalaya：the growth of the Shillong Plateau[J]. Earth and planetary science letters,433：1-9.

NEMCOK M,SINHA S T,STUART C J,et al.,2012. East Indian margin evolution and crustal architecture：integration of deep reflection seismic interpretation and gravity modelling[J]. Geological, society London, special publications, 369(1)：477-496.

NIELSEN C,CHAMOT-ROOKE N,RANGIN C,2004. From partial to full strain partitioning along the Indo-Burmese hyper-oblique subduction[J]. Marine geology,209(1)：303-327.

ODEGARD M E, 2003. Geodynamic evolution of the atlantic ocean：constraints from potential field data[C]//8th International Congress of the Brazilian Geophysical Society.

ODEGARD M E, DICKSONB W G, ROSENDAHLC B R, et al., 2002. Proto-oceanic crust in the north and south

Atlantic: types, characteristics, emplacement mechanisms, and its Influence on Deep and Ultra-Deep Water Exploration[C]//American Association of Petroleum Geologists Hedberg Conference on Hydrocarbon Habitat of Volcanic Rifted Passive Margins.

OJHA T P, BUTLER R F, QUADE J, et al., 2000. Magnetic polarity stratigraphy of the Neogene Siwalik Group at Khutia Khola, far western Nepal[J]. Geological society of America bulletin, 112(3):424-434.

PIVNIK D A, NAHM J, TUCKER R S, et al., 1998. Polyphase deformation in a fore-arc/back-arc basin, Salin Subbasin, Myanmar (Burma)[J]. American association of petroleum geologists bulletin, 82(10):1837-1856.

POGUE K R, 1993. Stratigraphic and structural framework of Himalayan foothills, northern Pakistan[D]. Oregon: Oregon State University.

POGUE K R, HYLLAND M D, YEATS R S, et al., 1999. Stratigraphic and structural framework of Himalayan foothills, northern Pakistan[J]. Geological society of America special papers, 328:257-274.

POWELL C M, ROOTS S R, VEEVERS J J, 1988. Pre-breakup continental extension in East Gondwanaland and the early opening of the eastern Indian Ocean[J]. Tectonophysics, 155(1):261-283.

PRABHAKAR K N, ZUTSHI P L, 1993. Evolution of southern part of Indian east coast Basins. Journal of the Geological Society of India [J]. Journal of the geological society of India, 41(3):215-230.

POWERS P M, LILLIE R J, YEATS R S, 1998. Structure and shortening of the Kangra and Dehra Dun reentrants, Sub-Himalaya, India[J]. Geological society of America bulletin, 110(8):1010-1027.

RADHAKRISHNA M, SUBRAHMANYAM C, DAMODHARAN T, 2010. Thin oceanic crust below Bay of Bengal inferred from 3-D gravity interpretation[J]. Tectonophysics, 493(1):93-105.

RADHAKRISHNA M, SRINIVASA R G, NAYAK S, et al., 2012a. Early Cretaceous fracture zones in the Bay of Bengal and their tectonic implications: constraints from multi-channel seismic reflection and potential field data[J]. Tectonophysics, 522-523:187-197.

RADHAKRISHNA M, TWINKLE D, NAYAK S, et al., 2012b. Crustal structure and rift architecture across the Krishna-Godavari basin in the central Eastern Continental Margin of India based on analysis of gravity and seismic data[J]. Marine and petroleum geology, 37(1):129-146.

RAIVERMAN V, 2000. Foreland sedimentation in Himalayan tectonic regime: a relook at the orogenic process[M]. Dehradum: Bishen Singh Mahendra Pal Singh.

RAJESH S, MAJUMDAR T J, 2009. Geoid height versus topography of the Northern Ninetyeast Ridge: implications on crustal compensation[J]. Marine geophysical research, 30(4):251-264.

RAJU K A K, 2005. Three-phase tectonic evolution of the Andaman backarc basin[J]. Current science, 89(11): 1932-1937.

RAJU S V, MATHUR N, 1995. Petroleum geochemistry of a part of Upper Assam Basin, India: a brief overview[J]. Organic geochemistry, 23(1):55-70.

RAJU K A K, RAMPRASAD T, RAO P S, et al., 2004. New insights into the tectonic evolution of the Andaman basin, northeast Indian Ocean[J]. Earth and planetary science letters, 221(1/4):145-162.

RAMANA M V, RAMPRASAD T, DESA M, 2001. Seafloor spreading magnetic anomalies in the Enderby Basin, East Antarctica[J]. Earth and planetary science letters, 191(3):241-255.

RAO D G, KRISHNA K S, SAR D, 1997. Crustal evolution and sedimentation history of the Bay of Bengal since the Cretaceous[J]. Journal of geophysical research, 102(B8):17747-17768.

REA D K, DEHN J, DRISCOLL N W, et al., 1990. Paleoceanography of the eastern Indian Ocean from ODP Leg 121 drilling on Broken Ridge[J]. Geological society of America bulletin, 102(5):679-690.

REEVES C V, WIT M J D, SAHU B K, 2004. Tight reassembly of Gondwana exposes Phanerozoic Shears in Africa as global tectonic players[J]. Gondwana research, 7(1):7-19.

RIDD M F, RACEY A, 2015a. Frontier onshore petroleum basins of Myanmar [J]. Geological society, London, memoirs,45(1):51-55.

RIDD M F, RACEY A, 2015b. Onshore petroleum geology of Myanmar: Central Burma depression[J]. Geological Society, London, Memoirs, 45(1): 21-50.

ROBINSON R A J,BREZINA C A,PARRISH R R,et al.,2014. Large rivers and orogens:the evolution of the Yarlung Tsangpo-Irrawaddy system and the eastern Himalayan syntaxis[J]. Gondwana research,26(1):112-121.

ROOTS W D, VEEVERS J J, CLOWES D F, 1979. Lithospheric model with thick oceanic crust at the continental boundary:a mechanism for shallow spreading ridges in young oceans[J]. Earth and planetary science letters,43(3): 417-433.

ROSENDAHL B R,GROSCHELBECKER H,1999. Deep seismic structure of the continental margin in the Gulf of Guinea:a summary report[J]. Geological, society London,special publications,153(1):75-83.

ROSENDAHL B R,MOHRIAK W U,ODEGARD M E,et al.,2005. West African and Brazilian conjugate margins: Crustal types, architecture, and plate configurations [C]//GCSSEPM 25th Annual Bob F. Perkins Reseach Conference,Petroleum Systems of Divergent Continental Margin Basins,261-317.

SAGER W W,PAUL C F,KRISHNA K S,et al.,2010. Large fault fabric of the Ninetyeast Ridge implies near - spreading ridge formation[J]. Geophysical research letters,37(17):270-274.

SAHOO M,GOGOI K D. 2011. Structural and sedimentary evolution of upper Assam Basin,India and implications on hydrocarbon prospectivity[C]//GEO-India,Greater Noida,New Delhi,India,January 12-14:Search and Discovery Article :10315.

SASTRI V V,SINHA R N,SINGH G,et al.,1973. Stratigraphy and tectonics of sedimentary basins on east coast of peninsular India[J]. American association of petroleum geologists bulletin,57(4):655-678.

SEVASTJANOVA I, HALL R, RITTNER M, et al., 2016. Myanmar and Asia united, Australia left behind long ago[J]. Gondwana research,32:24-40.

SIKDER A M,ALAM M M,2003. 2-D modelling of the anticlinal structures and structural development of the eastern fold belt of the Bengal Basin,Bangladesh[J]. Sedimentary geology,155(3/4):209-226.

SCHWENK T,2003. The Bengal Fan: architecture, morphology and depositional processes at different scales revealed from high-resolution seismic and hydroacoustic data[D]. Bremen:University of Bremen:1-139.

SREEJITH K M,RADHAKRISHNA M,KRISHNA K S,et al.,2011. Development of the negative gravity anomaly of the 85°E Ridge, northeastern Indian Ocean-a process oriented modelling approach[J]. Journal of earth system science,120(4):605-615.

SRISURIYON K,MORLEY C K,2014. Pull-apart development at overlapping fault tips:oblique rifting of a Cenozoic continental margin,northern Mergui Basin,Andaman Sea[J]. Geosphere,10(2):80-106.

SRIVASTAVA R K, SINHA A K, 2004a. Early Cretaceous Sung Valley ultramafic-alkaline-carbonatite complex, Shillong Plateau Northeastern India:petrological and genetic significance[J]. Mineralogy and petrology,80 (3): 241-263.

SRIVASTAVA R K,SINHA A K,2004b. Geochemistry and petrogenesis of early Cretaceous sub-alkaline mafic dykes from Swangkre-Rongmil, East Garo Hills, Shillong plateau, northeast India[J]. Journal of earth system science, 113(4):683-697.

SRIVASTAVA R K,HEAMAN L M,SINHA A K,et al.,2005. Emplacement age and isotope geochemistry of Sung Valley alkaline-carbonatite complex,Shillong Plateau,northeastern India:implications for primary carbonate melt and genesis of the associated silicate rocks[J]. Lithos,81(1):33-54.

STEPHENSON D, MARSHALL T R,1984. The petrology and mineralogy of Mt. Popa Volcano and the nature of the late-Cenozoic Burma Volcanic Arc[J]. Journal of the geological society,141(4):747-762.

SOE A N,MYITTA,TUN S T,et al.,2002. Sedimentary facies of the late Middle Eocene Pondaung Formation (central Myanmar) and the palaeoenvironments of its Anthropoid Primates[J]. Comptes rendus palevol,1(3):153-160.

SUBRAHMANYAM C,CHAND S,2006. Evolution of the passive continental margins of India:a geophysical appraisal[J]. Gondwana research,10(1):167-178.

SUBRAHMANYAM A S,LAKSHMINARAYANA S,CHANDRASEKHAR D V,et al.,1995. Offshore structural trends from magnetic data over Cauvery Basin,east coast of India[J]. Journal of the geological society of India, 46(3):269-273.

SUBRAHMANYAM C,THAKUR N K,RAO T G,et al.,1999. Tectonics of the Bay of Bengal:new insights from satellite-gravity and ship-borne geophysical data[J]. Earth and planetary science letters,171(2):237-251.

TALUKDAR S S N,1982. Geology and hydrocarbon prospects of east coast basins of India and their relationship to evolution of the Bay of Bengal [C]//Offshore South East Asia Show Offshore South East Asia Show,Society of Petroleum Engineers.

TALWANI M,DESA M A,ISMAIEL M,et al.,2016. The Tectonic origin of the Bay of Bengal and Bangladesh[J]. Journal of geophysical research:solid earth,121(7):4836-4851.

TRÉHU A M,BALLARD A,DORMAN L M,et al.,1989. Structure of the lower crust beneath the Carolina Trough, US Atlantic continental margin[J]. Journal of geophysical research:solid earth,94(B8):10585-10600.

UDDIN A,LUNDBERG N,1999. A paleo-Brahmaputra? Subsurface lithofacies analysis of Miocene deltaic sediments in the Himalayan-Bengal system,Bangladesh[J]. Sedimentary geology,123(3/4):239-254.

UDDIN A,LUNDBERG N,2004. Miocene sedimentation and subsidence during continent-continent collision,Bengal basin,Bangladesh[J]. Sedimentary geology,164(1/2):131-146.

UDDIN A,KUMAR P,SARMA J N,2007. Early orogenic history of the Eastern Himalayas:compositional studies of Paleogene sandstones from Assam,Northeast India[J]. International geology review,49(9):798-810.

UPRETI B N,1996. Stratigraphy of the western Nepal Lesser Himalaya:a synthesis[J]. Journal of nepal geological society,13:11-28.

UPRETI B N,1999. An overview of the stratigraphy and tectonics of the Nepal Himalaya[J]. Journal of Asian earth sciences,17(5/6):577-606.

VAIL P R,MITCHUM R M J,THOMPSON S I,et al.,1977. Seismic stratigraphy and global changes of sea level[M]// PAYTON C E. Seismic Stratigraphy--Applications to Hydrocarbon Exploration. American association of petroleum geologists memoir 26:49-212.

VAN BREEMEN O,BOWES D R,BHATTACHARJEE C C,et al.,1989. Late Proterozoic-Early Palaeozoic Rb/Sr whole-rock and mineral ages for granite and pegmatite,Goalpara,Assam,India[J]. Journal of the geological society of India,34(1):89-92.

VANĚK J,HANUS V,SITARAM M V D,1990. Seismicity and deep structure of the Indo-Burman plate margin[J]. Journal of southeast Asian earth sciences,4(2):147-157.

VEEVERS J J,2009. Palinspastic (pre-rift and-drift) fit of India and conjugate Antarctica and geological connections across the suture[J]. Gondwana research,16(1):90-108.

WILSON P G, TURNER J P, WESTBROOK G K, 2003. Structural architecture of the ocean-continent boundary at an oblique transform margin through deep-imaging seismic interpretation and gravity modelling: Equatorial Guinea, West Africa[J]. Tectonophysics, 374(1/2): 19-40.

YEATS R S,HUSSAIN A,1987. Timing of structural events in the Himalayan foothills of northwestern Pakistan[J]. Geological society of America bulletin,99(2):161-176.

YIN A,2006. Cenozoic tectonic evolution of the Himalayan orogen as constrained by along-strike variation of structural geometry,exhumation history,and foreland sedimentation[J]. Earth-science reviews,76(1): 1-131.

YIN A,HARRISON T M,2000. Geologic evolution of the Himalayan-Tibetan orogen[J]. Annual review of earth and planetary sciences,28(1):211-280.

YIN A,HARRISON T M, DUBEY C S,et al.,2003. The Kumharsain shear zone in the Garhwal Himalaya, a segment of the folded South Tibet Detachment south of the Greater Himalayan Crystyallines? [G]//Geological society of America abstracts with programs,35(6):27-30.

YIN A,DUBEY C S,WEBB A A G,et al.,2010. Geologic correlation of the Himalayan orogen and Indian craton:Part 1. Structural geology,U-Pb zircon geochronology,and tectonic evolution of the Shillong Plateau and its neighboring regions in NE India[J]. Geological society of America bulletin,122(3/4):336-359.

YOSHIDA M,FUNAKI M,VITANAGE P W,1992. Proterozoic to Mesozoic East Gondwana: the juxtaposition of India,Sri Lanka,and Antarctica[J]. Tectonics,11(2):381-391.

ZAHER M A,RAHMAN A,1980. Prospects and investigations for minerals in the northwestern part of Bangladesh [C]//Petroleum and mineral resources of Bangladesh,Seminar and Exposition:Dhaka,Bangladesh,Ministry of Petroleum and Mineral Resources,9-18.

ZHANG P，QIU H，MEI L,2015. Multi-phase uplift of the Indo-Burman Ranges and Western Thrust Belt of Minbu Sub-basin (West Myanmar): constraints from apatite fission track data[C]//AGU Fall Meeting Abstracts.

ZHANG P,MEI L,XIONG P,et al.,2017a. Structural features and proto-type basin reconstructions of the Bay of Bengal Basin: a remnant ocean basin model[J]. Journal of earth science,28(4):1-17.

ZHANG P,MEI L F,HU X L,et al.,2017b. Structures,uplift,and magmatism of the Western Myanmar Arc: constraints to mid-Cretaceous-Paleogene tectonic evolution of the western Myanmar continental margin [J]. Gondwana research,52:18-38.

第3章

印度东部被动大陆边缘断陷盆地

    印度东部被动大陆边缘自北向南包括默哈讷迪盆地、克里希纳-戈达瓦里盆地及高韦里盆地。默哈讷迪盆地位于印度东部被动大陆边缘的最北部,盆地包含多个垒堑系统,发育从白垩系到全新统的沉积序列。克里希纳-戈达瓦里盆地发育在印度东部大陆边缘的中段,包括克里希纳(Krishna)拗陷、西戈达瓦里(Godavari)拗陷、东戈达瓦里(Godavari)拗陷、巴伯德拉(Bapatla)隆起和德努古(Tanuku)隆起五个构造单元。高韦里盆地位于印度东部被动大陆边缘东南部,由高韦里和帕拉尔两个次盆组成,发育晚侏罗世东冈瓦纳大陆破裂时形成的北东—南西向的垒堑系统。这些盆地均起源于东冈瓦纳大陆的破裂,经历了早侏罗世陆内裂谷作用与之后的被动陆缘的演化过程。

3.1　印度东部被动大陆边缘岩石圈结构与盆地分布

被动大陆边缘占现今全球大陆边缘的一半以上,总长度约 105 000 km(Levell et al.,2010),是全球主要含油气盆地的分布区域。研究被动大陆边缘的形成机制不仅涉及大陆的初始破裂或者威尔逊旋回的开端,而且关系到岩石圈的新生与大洋盆地的形成(Olsen,1995)。通常认为大陆裂谷是“地壳上部狭长的构造沉降带,并伴生岩石圈的轻微伸展”(Olsen,1995)。大陆的初始破裂分为被动裂谷和主动裂谷两种类型(Sengör and Burke,1978)。它们的形成机制存在明显的区别,对于被动裂谷,岩石圈的伸展引起大陆岩石圈的减薄;而对于主动裂谷,上地幔异常引起对流运动,从而产生由岩石圈和下伏软流圈内的热密度侧向变化而引起的应力。除了上述机制外,其他一些过程也可能影响岩石圈的减薄,如二次对流、地幔岩石圈的分层、岩浆增生或地壳的底侵作用。

被动大陆边缘由大陆岩石圈的伸展和减薄形成,可以出现在多种构造背景下(Le Pichon and Sibuet,1981)。一旦大陆岩石圈发生破裂,形成的洋盆在后期就有可能不同程度地受到构造、岩浆和沉积过程的影响(Watts,2001)。被动大陆边缘表现为双极性重力异常,即陆架区自由空气正异常和斜坡区自由空气负异常(Karner and Watts,1982),重力异常特征的振幅和波长代表的是不同大陆边缘类型或沉积样式(Watts,1988)。被动大陆边缘的演化过程大致可以分为两个阶段:大陆破裂前的初始裂谷期和稍后的漂移期或裂后期(大洋扩张期)。根据构造因素和岩浆过程可以将被动大陆边缘分为几种类型:裂谷型或剪切型、火山型或非火山型、富沉积型或沉积饥饿型和宽阔型或狭长型(Davison,1997;White,1992)。

印度东部被动大陆边缘总长度约 2000 km,形成于早白垩世印度大陆从南极洲大陆东侧的裂开(Talwani et al.,2016;Powell et al.,1988)。印度东部大陆边缘与南极洲大陆东缘的这种共轭特征在磁异常条带分布、岩浆作用和构造特征上均有体现(Lal et al.,2009;Lawver et al.,1991;Johnson et al.,1976)。在此基础上,印度东部大陆边缘发育了数个重要的含油气沉积盆地,形成了典型的被动大陆边缘盆地分布区(Bastia and Radhakrishna,2012;Bastia et al.,2010a;Powell et al.,1988)。

3.1.1　印度东部被动大陆边缘岩石圈结构

印度东部大陆边缘基底的岩石类型在北段与东高止山(Eastern Ghat mobile belt)相同,在南段与南部麻粒岩单元(southern granulite terrain)一致(Bastia and Radhakrishna,2012),大陆边缘相关的构造走向,如古生代裂谷、剪切带和麻粒岩地体,与南极洲板块东缘具有相似的特征(Gaina et al.,2007;Ramana et al.,1994;Yoshida et al.,1992;Fedorov et al.,1982)。板块重建模型也证实印度与南极洲大陆之间发生过相关联的裂谷作用(Veevers,2009;Reeves et al.,2004;Powell et al.,1988)。需要指出的是,凯尔盖朗热点的活动可能诱发了印度东部大陆边缘裂陷的发育及相关的岩浆作用(Kumar et al.,2003；Kent et al.,1997；Kent,1991)。磁异常资料显示印度东部大陆边缘基底的埋深在 1～12 km,向孟加拉湾盆地方向逐渐加深(Radhakrishna et al.,2012a)。地球物理资料还表明印度东部大陆边缘可以分为南北两段,其中北段为正常的破裂型大陆边缘,而南段为具有剪切性质的破裂大陆边缘(Chand et al.,2001；Subrahmanyam et al.,1999)。具体表现为:在南部的高韦里盆地,南北向的沉积中心和北东—南西向的走滑断层在盆地中发育;在克里希纳-戈达瓦里盆地,盆地基底走向突变为北东东—南西西向,基底埋深最大的地区在深水区;在默哈讷迪盆地,基底构造走向与海岸线相平行,反映了同裂谷期的盆地几何形态,基底埋深向孟加拉湾盆地方向变大,与地震资料反演结果相吻合,均显示了与裂谷作用相关的地堑-地垒构造(Bastia and Radhakrishna,2012)。

1. 深部地震数据约束下的地壳组成

印度与南极洲大陆裂开以后,由于不同壳下块体的差异(Lal et al.,2009),印度东部大陆边缘在岩性、构造和地形上表现为数个由克拉通块体分割的陆内裂谷盆地组成(Valdiya,2013)。已有的地球物理调查证实印度东部大陆边缘盆地内发育大量裂谷阶段形成的北东—南西向地垒-地堑构造(Rao,2001；Prabhakar and Zutshi,1993；Fuloria,1993)。深部地震探测(deep seicmic sounding)提供了这些裂谷盆地下伏基底甚至是下至莫霍面的速度分布和几何结构特征的重要信息。正因如此,深部地震反射资料的分析有助于理解地壳的基本性质(Bastia and Radhakrishna,2012)。

Bastia 和 Radhakrishna(2012)在前人的基础上总结了印度东部大陆边缘深部地震剖面的特征,包括折射和宽角反射资料。这些剖面(图 3.1)的反射速度显示印度东部大陆边缘莫霍面深度在默哈讷迪盆地为 33～37 km,在克里希纳-戈达瓦里盆地为 41～43 km(Kaila,1990),在孟加拉盆地西部为 26～36 km。在克里希纳-戈达瓦里盆地南段,上地壳层速度为 5.5～6.2 km/s,反映结晶基底特征,下地壳速度层多变,莫霍面之上发育了一个相对较高的速度层(>7.2 km/s);在北段,结晶基底之下发育两个明显的速度层,层速度分别为 6.5～6.6 km/s 和 6.7～6.8 km/s,向下跳跃至莫霍面的层速度为 6.9～8.2 km/s。在默哈讷迪盆地,可能存在 5 个明显的速度层,层速度为 6.0～7.5 km/s(Behera et al.,2004)。更重要的是,中地壳低速层(6.0 km/s)和下地壳高速层(7.5 km/s)的存在均表明了与裂谷作用相关的盆地演化和与地幔柱相关的岩浆底侵作用。在孟加拉盆地西部也同样存在下地壳高速层(7.5 km/s)(Mall et al.,1999)。默哈讷迪盆地和孟加拉盆地西部下伏地壳基底存在大规模的岩浆底侵作用,证明了印度东北部出现了广泛的地幔柱岩浆作用(拉杰默哈尔-锡尔赫特火成岩省)(Islam et al.,2014；Baksi,1995；Curray and Munasinghe,1991；Baksi et al.,1987)。在印度大陆边缘向孟加拉湾盆地的过渡区域,地震剖面揭示孟加拉湾盆地洋壳的速度为 6.2 km/s,而上覆沉积层的速度为 2.0～5.7 km/s。受到东经 85°海岭侵位影响的印度东部大陆边缘部分的火山岩基底的速度在 6.2～7.5 km/s;而在孟加拉湾基底洋壳莫霍面的速度在 8.3～8.5 km/s(Radhakrishna et al.,2012a)。

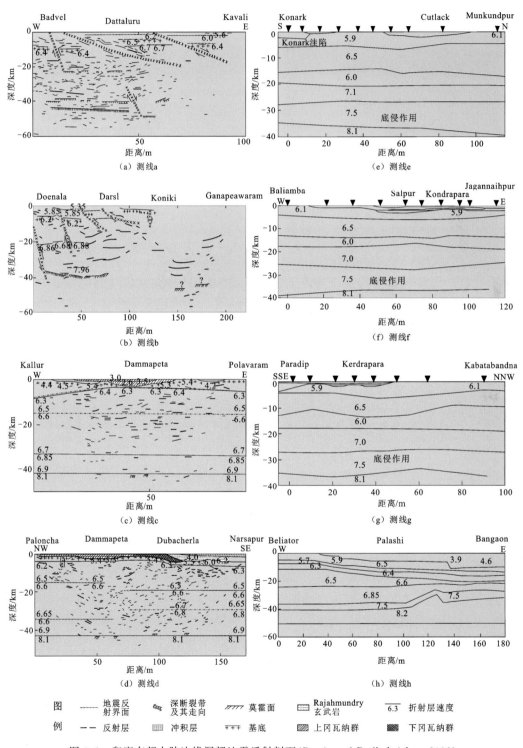

图 3.1　印度东部大陆边缘深部地震反射剖面(Bastia and Radhakrishna,2012)

注:测线位置见图 3.4

2. 地震反射剖面约束下的地壳结构层

尽管印度东部大陆边缘可能受到邻近的东经85°海岭热结构和岩浆作用的影响,但是已有的地震剖面和野外调查为分析和标定大陆边缘上、下地壳的结构奠定了基础。位于克里希纳盆地南部的北西—南东向地震剖面GXT-1000[图3.2(a)],避开了那些由热点形成的岩浆底辟体,很好地揭示了盆地的地壳结构(Nemčok et al.,2012a)。在这条地震剖面上,Nemčok等(2012a)解释出了大陆地幔的反射特征,并认为是下伏的大陆地壳遭受去顶剥蚀后形成的过渡性地壳(原始洋壳)条带。相似的地壳结构特征在戈达瓦里盆地和默哈讷迪盆地的地震剖面中都有体现(图3.2)。在戈达瓦里盆地中,莫霍面反射结构清

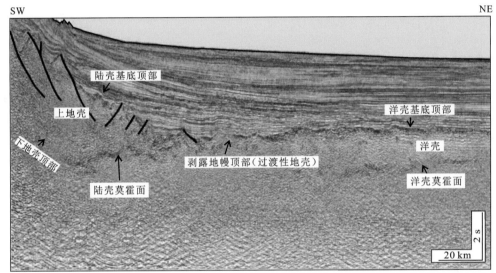

（a）克里希纳盆地南部(垂直走向)(测线位置GXT1000)

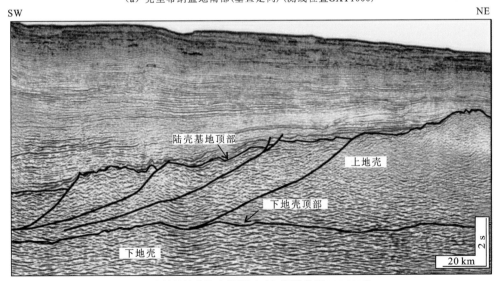

（b）克里希纳盆地南部(沿走向)(测线位置GXT4000)

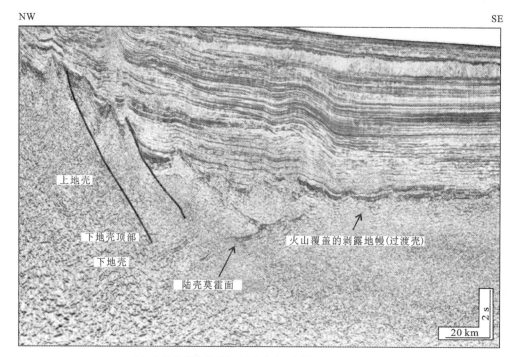

（c）克里希纳盆地北部(垂直走向)(测线位置GXT1200)

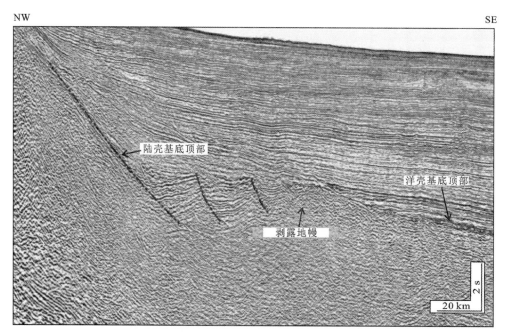

（d）默哈讷迪盆地(测线位置GXT1600)

图 3.2　印度东部大陆边缘下伏地壳地震反射结构图(Nemčok et al.，2012a)

晰,但是过渡性地壳上覆有厚层的火山岩及侵入岩。在默哈讷迪盆地,受到东经85°海岭侵入的影响,过渡壳结构层反射特征不明显,但是重力异常资料证实存在相似的高密度过渡壳物质。这些识别出的过渡壳构成的"过渡性地壳走廊"距离印度海岸100~150 km,宽度为50~120 km,与印度东部海岸近平行延伸分布。

1) 印度东部大陆边缘陆壳的结构特征

脆性的上地壳与下地壳在地震反射特征和地壳结构等方面存在显著差异。上地壳表现为弱地震反射,发育与裂谷结构相关的构造变形,深大断层向下收敛于中地壳(图3.2)。在某些特定的区域,上地壳保存了一些古老的构造变形痕迹,可能反映了前裂谷期的构造演化,如发生在前寒武纪的造山运动。地震资料显示上地壳向洋-陆过渡带逐渐减薄甚至消失。

下地壳在地震剖面上以相对高反射率、近平行反射为特征,它们呈楔形逐渐向洋-陆壳边界过渡。Nemčok 等(2012a)认为下地壳断续分布的前裂谷期结构和同裂谷期结构与其韧性流变有关,即使上、下地壳之间存在的这种具有显著结构差异的反射界面在某些特定的地震剖面上没有明确显示,但它们作为一种物理差异界面肯定是存在的[图3.2(a)(b)]。

高密度和高速度的地幔岩石与上覆的相对低密度和低速度的地壳岩石之间的界面在地震剖面上产生了显著的阻抗对比,反映了大陆地壳之下莫霍面的不连续分布特征(Nemčok et al.,2012a),相似的莫霍面分布特征也能够在洋壳之下的地震反射剖面上得到显示(图3.2)。

2) 印度东部大陆边缘过渡地壳(原始洋壳)的结构特征

除了大陆地壳与下伏的莫霍面和壳下地幔,图3.2同时还显示在印度东部大陆边缘发育过渡性地壳和正常的洋壳。与大陆地壳相邻发育的是过渡性地壳(图3.2),厚度为4.5~11.2 km,平均厚度达到8.7 km。尽管在某些地震反射剖面上[图3.2(a)(c)],过渡性地壳顶部发育明显的高速反射层,但是在大多数地震剖面中过渡性地壳的底部界面并不清晰。在地震剖面上,过渡性地壳包含明显扭曲的反射特征,记录了过渡性地壳内破裂和变形。那些洋壳破碎带发育大型断裂,切割整个地壳(Nemčok et al.,2012a)。

Nemčok 等(2012a)同时建立了印度东部大陆边缘地壳的结构模型(图3.3)。第一种模型是印度东部大陆边缘发育洋-陆过渡带[图3.3(a)],这种模型存在的基础是过渡性地壳内发育高密度的蛇绿岩体,其密度大于上、下地壳及正常的洋壳的密度。蛇绿岩体的密度与高密度的橄榄岩体相似,并逐渐向大洋方向减小。第二种模型是无过渡性地壳模型[图3.3(b)],这一模型只有上地壳在与洋壳的边界处增厚的情况下才可能出现,虽然这种情况出现的概率很小(因为上地壳在洋-陆边界方向逐渐减薄),但是仍然可以合理解释。

Bird(2009)提出的印度东部大陆边缘地壳模型强调了多种地球物理资料约束下识别地壳类型、地壳结构和板块构造的重要性。在判别印度东部大陆边缘是否存在过渡性地壳时,如果仅仅依据重力和磁异常资料,那么可能存在一种多解的地壳模型,难以理解印度东部大陆边缘的陆壳、过渡性地壳和洋壳结构关系。如果仔细分析覆盖印度东部大陆边缘的重力异常资料(图2.2),可以看到陆架坡折地区的重力异常为0 mGal,在横切剖面

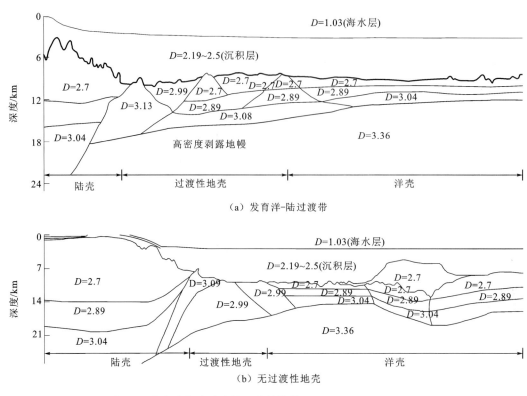

（a）发育洋-陆过渡带

（b）无过渡性地壳

图 3.3　印度东部大陆边缘地壳结构模型（Nemčok et al.，2012a）

注：D 为密度，单位为 g/cm³

上对应减薄的地壳。在这种情况下计算得到的重力异常曲线与实际测量得到的异常曲线不符（Nemčok et al.，2012a），也就说明含过渡性地壳的大陆边缘模型可能并不适合于印度陆缘，而具有厚层陆壳的模型可能更适合。自由空气异常曲线和地震资料已经证实在印度东部大陆边缘中段邻近洋-陆转换带发育高密度的陆壳块体（Nemčok et al.，2012a；Radhakrishna et al.，2012a），相应的高密度陆块对应重力负异常区。深部反射地震资料能够清晰地显示对应的重力和磁力曲线的上升区间。正常洋壳的标志是在壳下出现莫霍面反射层，但是过渡性地壳在其底部缺少这样的标志性反射层，在它的底部是由一系列不连续的变形反射体组成。这一特征与那些由缓慢伸展过程形成的大陆边缘洋壳反射特征相似（Karner，2008；Manatschal，2004；Manatschal et al.，2001；Manatschal and Bernoulli，1999，1998；Boillot et al.，1987，1980）。因此，Nemčok（2012a）指出发育在大陆边缘由去顶的大陆岩石圈地幔构成的过渡性地壳，在地震反射和折射剖面上通常具有很差的反射特征，这可能显示了地幔在剥露过程中及之后的蛇纹岩化作用（Pickup et al.，1996）。在这种情况下，过渡性地壳的地震反射速度和密度与正常洋壳的地震反射速度或密度将会有很大差异（Rosendahl et al.，2005；Wilson et al.，2003；Meyers et al.，1996），这在印度东部大陆边缘地壳的物理属性上也有非常明显的体现。

　　Nemčok 等（2012）对印度东部大陆边缘和世界其他典型被动大陆边缘的对比研究发

现,在后者观察到的过渡壳的厚度与发育在西非海岸的过渡壳的厚度非常相近(Rosendahl et al.,2005)。过渡壳的地震反射特征与正常的陆壳及洋壳的地震反射特征都有明显区别(Odegard,2003;Odegard et al.,2002;Rosendahl and Groschel becker,1999;Meyers et al.,1996),前者表现为杂乱的多重不连续反射,这可能是由于地幔在剥露过程中受到破裂或剪切作用的影响。理论上,洋-陆过渡带的地幔在剥露过程中与海水和裂后期沉积物直接接触,橄榄岩与下渗的海水发生化学反应转换为蛇纹岩(Odegard,2003;Odegard et al.,2002;Manatschal and Bernoulli,1998)。海水的渗流还会在大陆地幔剥露的区域形成压裂(Manatschal,2004)。在橄榄岩向蛇纹岩转变的过程中,橄榄石转变为磁铁矿,转变的程度受流体迁移路径的影响,这一过程可能对磁异常有显著的影响(Sibuet et al.,2007)。超深地震反射资料及重力、磁异常资料的联合约束下,成功地在印度东部大陆边缘正常洋壳和陆壳之间识别出了不同于两者的过渡壳。虽然对于过渡壳的定义还有很多争议(Karner,2008;Odegard,2003;Odegard et al.,2002;Jackson et al.,2000;Meyers et al.,1996),但是研究表明过渡壳是一类向深部塌陷的异常地壳类型,局限的分布于几个大陆边缘,具有明显的热动力学行为,因此更接近正常的洋壳。印度东部大陆边缘高密度异常体表明了该地区地壳混合了剥露地幔和陆壳下部的岩石组合,因此可能经历了上述蛇纹岩化的过程。

3.1.2　印度东部被动大陆边缘盆地分布

印度东部陆缘裂陷盆地自北向南包括默哈讷迪盆地、克里希纳-戈达瓦里盆地及高韦里盆地(图 3.4)。这些盆地均起源于东冈瓦纳大陆的破裂,经历了早侏罗世陆内裂谷作用与之后的被动陆缘盆地的演化过程(Powell et al.,1988)。盆地基底发育一系列近北东—南西走向的地堑-地垒构造,在重力异常图上分别与负异常带和高正异常带相对应;地堑内部充填侏罗系至白垩系早期陆源河流-湖泊相沉积岩系及同裂谷期岩浆侵入岩和相关的火山碎屑岩(Bastia and Radhakrishna,2012;Fuloria,1993;Sastri et al.,1981)。渐新世以来,自印度大陆边缘向盆地方向堆积了大量的河流-三角洲相沉积物,发育斜坡扇和盆底扇等多种类型的扇体和深水浊流沉积,盆地沉积物总厚度为 3~8 km。受印度板块早期北西—南东向破裂的影响,南部高韦里盆地兼具拉分盆地性质,而克里希纳-戈达瓦里盆地与默哈讷迪盆地则为典型的裂谷边缘盆地。

孟加拉-印度东部大陆边缘盆地多为富含油气盆地,发育多种有利的圈闭类型。在西孟加拉盆地,水下河道与前积三角洲发育,河道-堤岸系统成为最有利的勘探目标(Bastia and Radhakrishna,2012;Bastia et al.,2010a)。在默哈讷迪盆地,陆架边缘沉积和斜坡扇发育,有利的圈闭主要为深水河道充填沉积与地层岩性尖灭。而克里希纳-戈达瓦里盆地与高韦里盆地自裂谷边缘盆地开始即接受印度大陆河流沉积物源,中生代地堑、半地堑内河流-湖泊相沉积是重要的烃源岩和储集层。此外,新生代以来向盆地方向的深水河道-堤岸复式沉积具有较高的砂泥比,为有利的勘探储集层系。

中生代中晚期开始,冈瓦纳大陆发生大规模的泛裂谷事件,导致印度大陆与南极洲-

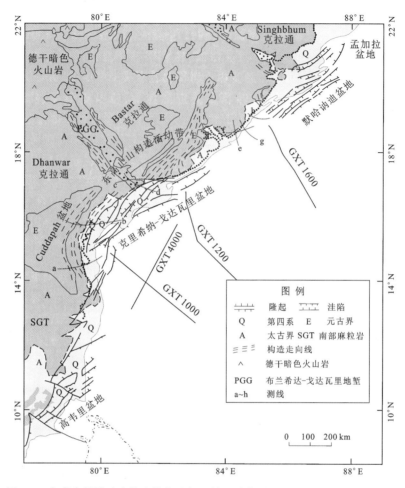

图 3.4　印度东部被动大陆边缘盆地与区域地质简图(Radhakrishna et al.,2012)

澳大利亚联合大陆开始分裂及之后东北印度洋扩张(Talwani et al.,2016；Powell et al.，
1988)。泛裂谷事件早期(160～132 Ma)印度大陆与南极洲大陆之间发生陆内伸展作用,
伸展距离约40 km；泛裂谷鼎盛期(132～120 Ma)伴随有强烈的火山作用和张性断裂的发
育。印度大陆的分裂及东北印度洋的扩张首先从印度-澳大利亚大陆边缘开始发生,依次
向南扩展,在这期间印度板块发生逆时针旋转,使东西向张性断裂产生南北向走滑分量
(Powell et al.,1988)。因此,北段的克里希纳-戈达瓦里盆地和默哈讷迪盆地具有大陆边
缘裂谷的典型特征,它们与其西缘北西—南东向的古陆内裂谷系相连;而南段的高韦里盆
地表现为拉分盆地的特征(Talukdar,1982),这一时期可能未发育相应走向的大规模的陆
内裂谷系(Biswas,1993)。印度东部大陆边缘盆地发育在高度断裂化/裂谷化的陆壳基底
之上,受北东—南西向正断层控制。平面上,正断层一般成排成对出现,控制着地堑-地垒
构造的发育;剖面上,断层呈阶梯状组合分布,北部盆地内断层主要东倾,高韦里盆地内断
层则表现为东、西双向倾斜。印度东部陆缘张性断裂体系不仅反映了印度大陆边缘的早
期分裂史,而且对后期陆缘沉积体系的分布产生了明显的控制。

3.2　印度东部被动大陆边缘默哈讷迪盆地

默哈讷迪盆地位于印度东部被动大陆边缘的最北部,是一个面积广阔的大陆边缘盆地,其陆上面积达到 55 000 km²,浅海地区(150 m 海水等深线)面积约 14 000 km²。默哈讷迪(Mahānadi)河、Baitarani 河和婆罗门(Brāhmani)河三角洲系统为盆地提供了充足的沉积物源(Mahalik,1995),同时盆地可能接受来自恒河-布拉马普特拉河系统和苏伯尔讷雷卡(Subarnarekha)河携带的少量碎屑沉积。默哈讷迪盆地陆上地区的西部和西北部以印度地盾前寒武纪露头为界,东北部与孟加拉盆地相邻,西南部大致以东经 85°海岭为界。由于默哈讷迪盆地受到渐新世到中新世板块碰撞的影响,加上大型河流三角洲对于盆地沉积的补给,使默哈讷迪盆地与孟加拉盆地的边界较难确定,通常以两者之间发育的隐伏走滑断层为界(图 3.4)(Fuloria,1993)。露头资料显示,默哈讷迪盆地基底以上冈瓦纳群的孔兹岩、花岗岩、片麻岩和变质红土层(Subrahmanyam et al.,2008)为主;在火成岩和变质岩基底上,盆地内主要沉积了一套从白垩系到全新统的沉积地层。

3.2.1　盆地结构与构造单元

默哈讷迪盆地的演化始于侏罗纪冈瓦纳大陆的破裂和裂谷作用(Fuloria,1993;Sastri et al.,1981)。从白垩纪开始,一系列的海侵和海退事件导致盆地在陆上部分和海上部分均逐渐形成众多狭长的凹陷带及内部所夹的凸起带(Fuloria,1993)。盆地内的次级构造单元走向近平行于北东—南西向的海岸线;默哈讷迪盆地内北西—南东向的古默哈讷迪地堑与盆地正交并延伸到盆地的深海地区。上古生界和中生界陆源碎屑主要分布在默哈讷迪地堑深部,上部发育侏罗纪至早白垩世同裂谷期沉积层。

为研究默哈讷迪盆地基底结构、厚度、速度和沉积层的密度,同时更好地理解盆地深部的结构和构造变形(Kaila et al.,1987),前人在该盆地建立了三条折射和宽角反射地震剖面(图 3.5)。盆地基底结晶岩的结构、反射速度和上覆沉积盖层的反射速度等数据均得到了确定,结果显示基底的速度在 5.6～6.0 km/s,而上覆的两套或三套沉积盖层的速度由于受断层影响变化范围很大。在此之前,航磁异常资料的解释成果使人们首次认识到了默哈讷迪盆地海域与陆地部分下伏基底的组成(Baburao et al.,1982)。

与此同时,油气钻井和地震资料的获取极大地丰富了人们对默哈讷迪盆地基底岩性和上覆沉积层系的认识(Fuloria,1993;Jagannathan et al.,1983)。在重力异常图中(图 2.2),相间排列的正负异常条带代表了北东—南西向相间分布的地堑-地垒构造(Radhakrishna et al.,2012b;Bastia et al.,2010a)。在这些资料研究的基础上,建立了默哈讷迪盆地的基底构造(构造单元)划分方案(图 3.5)。在陆上地区,陆壳基底被一系列白垩纪北东东—南西西向主断层分割(Fuloria et al.,1992);虽然这一时期的盆地结

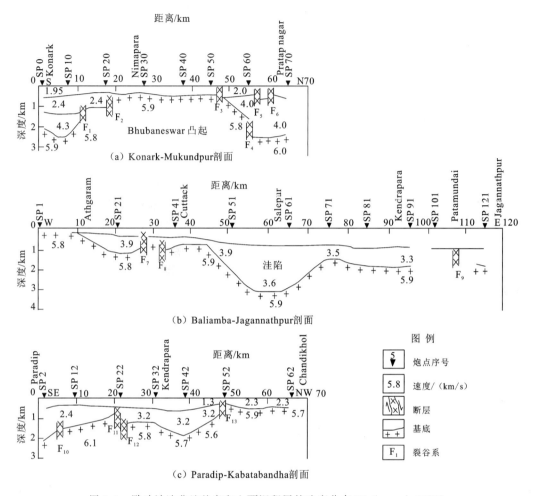

图 3.5　默哈讷迪盆地基底和上覆沉积层的速度分布(Kaila et al.,1987)

构主要受下伏的地堑-地垒构造的控制,盆地上部的年轻地层则主要受北东东—南西西向断裂的走滑作用和垂直于这些断层系的构造的影响。最具代表性的是北西—南东走向的 Dhamara 走滑断裂带,它构成了默哈讷迪盆地和孟加拉盆地的边界断裂(Subrahmanyam et al.,2008;Fuloria et al.,1992)。此外,资料显示陆上地区的次级构造单元可能具有拉分盆地的一些属性,表现为平行于海岸方向的地堑内的地层向海方向快速增厚。

Bastia 和 Radhakrishna(2012)对地震和重力、磁力等地球物理资料的研究,默哈讷迪盆地包含多个地堑、地垒构造,自北西向南东分别是:Cuttack-Chandbali 洼陷和Bhubaneswar 凸起、Paradeep 洼陷和 Nimapara-Balikuda 凸起、Puri 洼陷和 Konark 凸起、北部盆地洼陷、中央凸起和南部洼陷,向南东方向过渡为陆壳减薄转换带和生长断层活跃区。默哈讷迪盆地东北部以 Dhamara 走滑断裂带与孟加拉盆地的稳定陆架和洋陆转换带等次级构造单元相连接(图 3.6)。盆地基底的埋藏深度由 Bhubaneswar 凸起处约

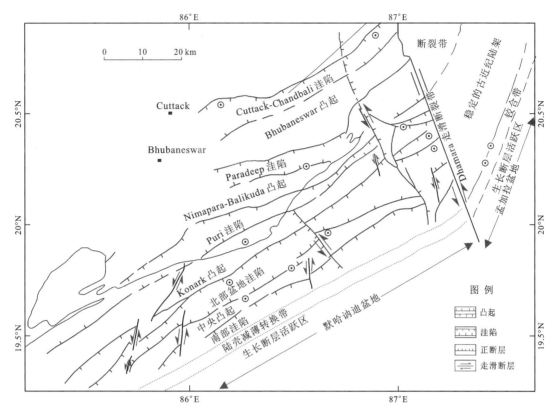

图 3.6　默哈讷迪盆地基底构造与次级单元组成(Fuloria,1993)

200 m增加到 Cuttack-Chandbali 洼陷处约 900 m(Murthy et al.,1973)。Sastri 等(1981)认为,Cuttack-Chandbali 洼陷是一个狭长的、整体呈北东东—南西西走向的地堑;洼陷内沉积了厚 2 000～2 500 m 的晚中生代地层,这套地层在整个陆上地区的洼陷内均有分布。Paradeep 洼陷位于现今的洋-陆过渡带,在南部呈北东—南西走向,向北逐渐转变为南北向,地层厚约 2 500 m。Bhubaneswar 凸起分割上述两个狭长的洼陷,表现为近东西走向,向东逐渐隐伏。北东东—南西西走向的 Puri 洼陷在其东北部等局部地区可能主要受控于 Bhubaneswar 凸起。整体上,Puri 洼陷主要受 Nimapara-Balikuda 凸起构造的影响,后者分割了 Paradeep 洼陷和 Puri 洼陷。Puri 洼陷内的地层厚度为 1 500～3 000 m。默哈讷迪盆地地堑-地垒构造整体受北东东—南西西走向的正断层控制而依次发育,同时,北北西—南南东向的走滑断层近正交于上述地堑-地垒构造,使盆地的构造格局和构造单元更复杂。默哈讷迪盆地南部的洋陆转换带与孟加拉盆地西部的洋陆转换带一致,显示相似的构造发育背景和结果。因此可以推测,在孟加拉盆地西部陆架区厚层陆源碎屑岩和海相碳酸盐岩层之下必然发育印度大陆裂离之前的伸展构造,这些推断近年来逐渐为大量的地质调查资料所证实(Farhaduzzaman et al.,2013)。

3.2.2　盆地地层与沉积充填历史

　　默哈讷迪盆地陆上和海域的露头与钻井资料初步揭示了盆地的沉积充填历史和岩性组合(Fuloria,1993)(图3.7,表3.1)。Bastia 和 Radhakrishna(2012)根据前人的研究对盆地的沉积历史做了进一步总结和评述,他们指出上覆于前寒武系结晶基底之上的冈瓦纳期的 Talchir 组(下二叠统)砾石层是盆地出露的最古老的沉积岩系,厚约 200 m,下段

地质时代	岩性柱	岩性	沉积环境	厚度/m
更新世		砂岩、粉砂岩、黏土	三角洲沉积到浅陆架沉积	200~600
		整合到不整合接触		
上新世		砂岩、黏土	前三角洲沉积到海相沉积	200~700
		整合到不整合接触		
中新世		砂岩、粉砂岩、黏土,下部可见含化石的石灰岩	三角洲到开放海沉积	600~1 900
		不整合接触		
始新世		含化石石灰岩、碳质页岩、砂岩、粉砂岩	陆架内的浅海沉积	200~400
		不整合接触		
古新世		黏土质石灰岩,页岩,砂岩,粉砂岩	三角洲沉积到浅海相沉积	50~600
		不整合接触		
晚白垩世		主要为砂岩,少量页岩和石灰岩	浅海相沉积	0~500
		不整合接触		
早白垩世		玄武岩、凝灰岩、页岩、黏土岩	陆上沉积和水下沉积	25~850
		不整合接触		
前寒武纪		花岗岩、片麻岩（基底杂岩）		

图例　泥质砂岩　灰岩　泥岩　火成岩　细砂岩　粗砂岩　基底

图 3.7　默哈讷迪盆地地层综合柱状图(Fuloria,1993;Sastri et al.,1981)

表 3.1　印度东部大陆边缘默哈讷迪盆地地层序列综合表（Bastia and Radhakrishna，2012）

地质时代		组	厚度/m	岩性	与下伏地层接触关系	沉积环境
新生代	更新世	—	200～600	砂岩、粉砂岩、黏土	整合接触到不整合接触	三角洲沉积到浅陆架沉积
	上新世	—	200～700	砂岩、黏土	整合接触到不整合接触	前三角洲沉积到海相沉积
	中新世	—	600～1900	砂岩、粉砂岩、黏土，下部可见含化石的石灰岩	不整合接触	三角洲到开放海沉积
	渐新世	—	—	—	—	—
	始新世	—	200～400	含化石石灰岩、碳质页岩、砂岩、粉砂岩	不整合接触	陆架内的浅海沉积
	古新世	—	50～600	黏土质石灰岩、页岩、砂岩、粉砂岩	不整合接触	三角洲沉积到浅海沉积
中生代	白垩纪 晚白垩世	—	0～500	主要为砂岩，少量页岩和石灰岩	不整合接触	浅海相沉积
	白垩纪 早白垩世	—	25～850	玄武岩、凝灰岩、页岩、黏土岩	不整合接触	陆上沉积和水下沉积
	侏罗纪	—	—	—	—	—
	三叠纪 晚三叠世	Mahadeva组	300	—	—	—
	三叠纪 早三叠世	Kamthi组	400	由中-粗粒不成熟的发育交错层理的陆相砂岩夹卵石层组成，偶见陆相页岩夹层和薄的煤层	—	—
古生代	二叠纪 晚二叠世	Barakar组	＞200	杂砂岩、暗色煤层和砂岩	—	—
	二叠纪 晚二叠世	Karharbari组	400	砂岩和煤系及少量页岩	—	—
	二叠纪 早二叠世	Talchir组	200	下段由未分层的浊流层或韵律层组成，上段主要由橄榄绿色页岩、黑色页岩和发育交错层理的砂岩组成	—	—
	前寒武纪	—	—	花岗岩、片麻岩（基底杂岩）	—	—

由未分层的浊流层或韵律层组成，上段主要由橄榄绿色页岩、黑色页岩和发育交错层理的砂岩组成。上冈瓦纳群露头为 Athagarh 组砂岩，包含丰富的河流相和河流三角洲相植物化石；上二叠统 Karharbari 组和 Barakar 组不整合于下二叠统 Talchir 组之上，前者由砂岩和煤系及少量页岩组成，厚约 400 m，后者主要包括杂砂岩、暗色煤层和砂岩，厚度＞200 m。下三叠统 Kamthi 组厚约 400 m，由中-粗粒不成熟的发育交错层理的陆相砂岩夹卵石层组成，偶见陆相页岩夹层和薄的煤层。上三叠统 Mahadeva 组厚约 300 m，由粗粒陆相砂岩加卵石层组成，同时见红色粉砂岩和陆相页岩沉积。上冈瓦纳群主要分布于默哈讷迪盆地的各个洼陷中，在盆地局部有露头出现。钻井揭示了白垩纪以来的盆地沉积序列，其中下白垩统为拉杰默哈尔玄武岩及其相关的火山碎屑岩，在盆地的西部和北部广泛发育。研究证实拉杰默哈尔玄武岩是克罗泽热点开始喷发的产物，与盆地南部的东经 85°海岭同源，为大洋中脊玄武岩（mid ocean ridge basalt，MORB）型玄武岩，推测是冈瓦纳大陆早期伸展破裂时期的岩浆作用的产物（Bastia et al.，2010b；Kumar et al.，2003；

Kent et al.，2002，1997；Curray and Munasinghe，1991)。拉杰默哈尔玄武岩系与上覆的阿尔布阶—塞诺曼阶(Albian-Cenomanian)碎屑沉积不整合接触。早期的古生代—中生代沉积岩形成了默哈讷迪盆地的主要烃源岩。

上白垩统主要由砂岩和少量的页岩和灰岩组成，为浅海陆架环境的产物，整体厚度小于 500 m。古新统下段由厚层的泥灰岩组成，上段则由砂岩、页岩和粉砂岩层组成，推测是三角洲至浅海的产物，厚度为 50～600 m。早-中始新世主要沉积了一套厚层状含化石的灰岩、碳质页岩和少量粉砂岩、砂岩层，沉积环境为浅海内陆架，厚度为 200～400 m。默哈讷迪盆地陆上地区缺失渐新统，在海域见到少量碎屑沉积，通常认为是印度板块与欧亚板块碰撞的产物。中新统至第四系则主要是三角洲到三角洲-浅海陆架沉积，岩性以砂岩、粉砂岩和少量泥岩为主，厚度为 200～1 000 m。

3.2.3　默哈讷迪盆地含油气系统

1. 烃源岩

钻井资料显示，默哈讷迪盆地的烃源岩主要有三套：①白垩纪的凹陷充填沉积岩系；②始新世到渐新世相关的沉积序列；③与喜马拉雅隆起有关的中新统碎屑岩。早白垩纪的烃源岩主要在缺氧环境中形成，有机质类型以 III 型为主，其次为 II 型；始新世到渐新世烃源层与印度东部大陆边缘其他盆地类似，然而由于埋深的不足，以及处于浅海地区，该时期烃源岩成熟度较低。中新世到上新世的沉积层厚度较大，烃源岩成熟较高。中新统烃源岩的发现，证实了盆地内存在成熟烃源岩的油气系统(Bastia and Radhakrishna，2012)。

2. 储层

默哈讷迪盆地存在碎屑岩和碳酸盐岩两套优质储层。储集岩的沉积相包括前积三角洲相、深水浊流相、低位楔和盆底扇，整体具有良好的孔渗条件。同时，破裂风化的玄武岩也可以作为盆地的潜在储层(Bastia and Radhakrishna，2012)。

3. 主要的圈闭类型

据 Bastia 和 Radhakrishna(2012)的研究，默哈讷迪盆地具有多种圈闭类型：①构造圈闭主要与断层和深海地区凸起有关；②地层圈闭主要包括尖灭型圈闭和斜坡扇；③在大陆架-大陆坡地区，较老的浊积扇也是一种主要的圈闭类型，其通常被较新的浊积岩冲刷形成的峡谷所切断。

3.3　印度东部被动大陆边缘克里希纳-戈达瓦里盆地

克里希纳-戈达瓦里盆地(简称 K-G 盆地)发育于印度东部大陆边缘的中段，地理位

置介于北部的维沙卡帕特南(Visakhapatnam)和南部的内洛尔(Nellore)之间。陆上面积
28 000 km²,海域面积为 24 000 ~ 49 000 km²,海域部分水深为 200 ~ 2000 m
(Venkatarangan and Ray,1993)。盆地现今主要被克里希纳河和戈达瓦里河两条河流形
成的三角洲沉积和三角洲间沉积覆盖,沉积物源也主要受这两条河流控制(Rao,2001)。
K-G 盆地通常被认为属于克拉通边缘裂谷盆地(Biswas,1993)。而实际上,在早侏罗世
之前,K-G 盆地就已经发展为冈瓦纳大陆内部的一个主要的裂谷系统(Rao,2001)。盆
地西北部边界发育太古代结晶基底和上白垩统露头,盆地陆上部分多见第四纪冲积
层。在对 K-G 盆地野外露头编绘的基础上,1959 年起,印度石油天然气公司(Oil and
Natural Gas Corporation,ONGC)进行了一系列详细的地质填图和地球物理调查工作。
到 20 世纪 70 年代,印度石油天然气公司综合运用重力、磁力、地震技术,完成了 K-G
盆地海域和陆上部分的地质调查工作。其他的相关机构,如印度国家海洋科学研究
所,也对盆地近海陆架-陆坡地区的地质概况进行了调研。这些丰富的数据,与钻井获
取的相关资料,为研究盆地的结构提供了宝贵的资料。1978 年完成的陆上钻井
(Narsapur-1 号)和 1980 年开始进行的海上钻井(G-1-1 号),是这一时期完成的第一批
钻井,证实了 K-G 盆地存在丰富的油气资源(Bastia and Radhakrishna,2012)。自此,K-
G 盆地开始不断有新的油气发现。瑞来斯(Reliance)和古吉拉特邦石油公司(Gujarat
State Petronet Company,GSPC)两家石油公司发现两处大型气田之后,凯恩印度(Cairn
India)公司又在深海地区发现了油气资源,K-G 盆地因而成为印度最重要的含油气盆
地之一。

3.3.1　盆地结构与构造单元

太古代的火成岩和变质岩出露于盆地的西缘,呈北东东—南西西和北东—南西走向,
与印度东部的高止山变质带相似。这套火成岩和变质岩系也是 K-G 盆地下伏基底的主
要岩石组成类型(Rao,2001),包括片麻岩、石英岩、紫苏花岗岩和孔兹岩系。盆地大部分
区域为第四纪洪泛层覆盖,在盆地边缘的少量地区出露二叠系、白垩系、古新统、中新统和
上新统。

K-G 盆地是一个在克拉通边缘裂谷系基础上发育起来的大陆边缘盆地,与印度大陆
中段的 Pranahita-Godavari 地堑(简称 PGG)垂直。K-G 盆地主要经历了两期裂谷作用:
第一期为较早期的北西—南东走向的 PGG 冈瓦纳克拉通内部裂谷系;第二期为东冈瓦
纳大陆破裂及之后印度大陆裂离时形成的、较年轻的北北东—南南西走向的 K-G 裂谷系
(Gupta,2006)。盆地结晶基底发育一系列北东—南西走向的地垒-地堑构造(图 3.4)。
其中一些地堑地层发育较厚,显示从晚石炭世到全新世的多个沉积旋回(Rao,2001)。通
过对盆地陆上部分重力数据的研究,Murty 和 Ramakrishna(1980)将 K-G 盆地划分为三
个次级单元:克里希纳拗陷、西戈达瓦里拗陷和东戈达瓦里拗陷。三个单元的分界线分别
为巴伯德拉隆起和德努古隆起。Kumar(1983)对盆地进一步的研究分析表明西戈达瓦里
拗陷可以分为由 Kaza-Kaikalur 隆起分割的 Gudivada 洼陷和 Bantumilli 洼陷。近些年

来,详尽的地震资料和钻井资料为盆地陆上和海域部分的结构、地层岩性和基底构造研究提供了基础(Radhakrishna et al.,2012a,b;Bastia et al.,2010a,2006;Gupta,2006;Rao,2001;Venkatarengan and Ray,1993;Mohinuddin et al.,1993;Prabhakar and Zutshi,1993)。

1. K-G 盆地深部地震反射特征

切过西部 PGG 的深部折射地震剖面(Kaila,1990)为研究盆地下部地壳结构和上覆沉积盖层的速度结构提供了丰富的地质信息(图 3.8)。Reddy 等(2002)在前人的基础上通过射线追踪技术获得了两个剖面沉积盖层的详细速度结构。Paloncha-Narsapur 剖面显示,巴伯德拉隆起将西戈达瓦里拗陷与东戈达瓦里拗陷区分。两者之间的差异还表现在不同凹陷的速度结构的差异:东戈达瓦里拗陷识别出了 5 个速度层,其速度分别是1.8 km/s、2.5 km/s、4.0 km/s、2.8 km/s 及 4.7～4.8 km/s;西戈达瓦里拗陷分为两个速度层,分别为 2.3 km/s 和 3.5 km/s(Reddy et al.,2002)。反射地震数据结合钻井资料信息,进一步揭示在 K-G 盆地近海地区,可能存在德干岩浆活动期间的壳下伸展过程(Bastia and Radhakrishna,2012)。

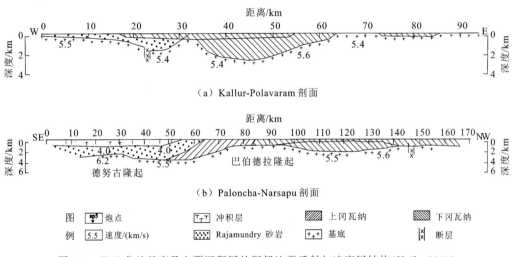

（a）Kallur-Polavaram 剖面

（b）Paloncha-Narsapu 剖面

图 3.8　K-G 盆地基底及上覆沉积层的深部地震反射与速度层结构(Kaila,1990)

2. K-G 盆地的基底结构与构造单元

1) K-G 盆地的基底结构

通过详细的重力、磁力数据解释,并结合相关地震资料分析,前人研究(Radhakrishna et al.,2012a,b;Bastia et al.,2010a;Murthy and Babu,2006;Reddy et al.,1988;Murty and Ramakrishna,1980)认识到盆地中一系列呈北东—南西走向线性排列的狭窄基底凸起将盆地分割出众多次级凹陷。重力异常数值的闭合曲线在海岸地区具有很好的连续性,在向陆架延伸的方向也同样如此。盆地陆上部分的布格异常清楚揭示了基底隆拗相间的格

局,重力异常值为 20～30 mGal(图 2.2)。基于对重力、磁力数据的解释,Murty 和
Ramakrishna(1980)和 Kumar(1983)划分了相关的次级构造单元,其中包括重力低值对
应的克里希纳拗陷、东戈达瓦里拗陷和西戈达瓦里拗陷等负向单元,也包括重力高值对
应的德努古、巴伯德拉等隆起带。在陆架地区同样具有这种隆拗相间的格局,这种构
造格局主要体现在盆地典型的双极性重力异常特征等方面(Radhakrishna et al.,
2012a)。Mishra 等(1987)通过对重力、磁力资料的解释,识别出一些侵入体,同时指出,
在盆地南部,这些侵入体的存在可能代表了盆地的高热流值。Rajaram 等(2000)在磁异
常资料分析的基础上,指出存在北东—南西向的地堑-地垒构造可以清晰确定古德伯
(Cuddapah)盆地和相邻的结晶岩层的边界。异常趋势还呈现北西—南东走向,与 PGG
裂谷系相对应,也与北东—南西走向的西戈达瓦里拗陷和东戈达瓦里拗陷相对应。以上
构造单元被北西—南东走向的 Pithapuram、Chintalapudi 和 Avanigadda 等构造趋势线截
切。盆地陆上部分的磁异常可能与地表和地下的紫苏花岗岩、以及较厚的沉积层有关
(Rajaram et al.,2006)。

　　地震资料约束下的重力资料解释(Radhakrishna et al.,2012a)表明印度东部大陆边
缘的地壳厚度由 39～41 km 逐渐减薄至洋-陆转换带的 20～23 km。Pranhita-Godavari
拗陷的地壳结构与印度地盾厚度相比较正常,而向近海地区由于裂谷作用逐渐减薄。
陆壳薄弱带的发育可能会导致盆地分段发育,这跟盆地渐进式的斜向深入岩石圈有关
(Odegard,2005)。最近,Nemčok 等(2012a)通过建立的重-磁-震模型在 K-G 盆地近海
地区识别出了除正常洋壳和陆壳之外的过渡壳,它的发育宽度受印度板块演化的
控制。

2) K-G 盆地次级构造单元

　　过去 40 多年的油气勘探获取的地震和钻井资料为详细地划分 K-G 盆地的构造单元提
供了基础(Bastia,2006;Gupta,2006;Rao,2001;Venkatarangan and Ray,1993;Mohinuddin
et al.,1993;Prabhakar and Zutshi,1993)。盆地的基底发育数个北东—南西向的地堑-地垒构
造,并充填 2～4 km 厚的沉积盖层,在 K-G 盆地的陆架地区沉积厚度则超过 8 km(Bastia and
Radhakrishna,2012)。盆地内识别出了 16 个主要的次级构造单元(图 3.9 和图 3.10),它们
分别是:Krishna 拗陷、Bapatla 隆起、Gudivada 拗陷、Kaza 隆起、Tanuku 隆起、Narsapur 拗陷、
Yanam 隆起、Mandapeta 拗陷、Kakinada 拗陷、Nizampatnam 拗陷、Pennar 隆起、Krishna 隆
起、Nayudupeta 隆起、Pennar 拗陷、Bhadrachalam 隆起和 Bhimadole 拗陷。Bastia 和
Radakrishna(2012)对上述构造单元做了详细的总结。

　　(1) Krishna 拗陷

　　Krishna 拗陷位于 K-G 盆地西南部,北东—南西走向,西部边界为印度地盾大陆壳,
东部边界为 Bapatla 隆起。Krishna 拗陷沉积层厚度超过 2 500 m,主要为中生代沉积,与
上覆新生界薄层呈平行不整合接触。地震剖面显示该凹陷的基底是一个与 Bapatla 隆起
相伴的半地堑。

　　(2) Bapatla 隆起

　　Bapatla 隆起主要沿着近海地区分布,延伸长度超过 200 km,向东南延伸到

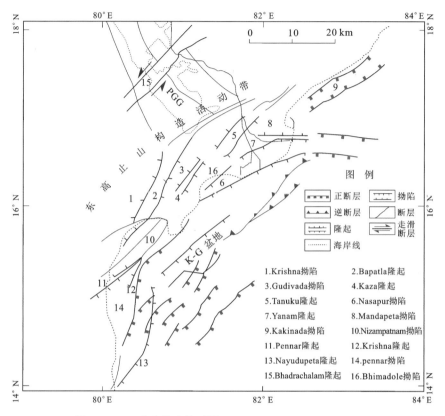

图 3.9　K-G 盆地构造单元图（Bastia and Radhakrishna，2012）

Nizampatnam 海湾。Bapatla 隆起上覆沉积层很薄，通常小于 500 m。隆起东北方向延伸，可以见到白垩系、中新统至上新统出露（Bastia，2006）。

（3）Nizampatnam 拗陷

Nizampatnam 拗陷位于 Krishna 拗陷东南部，面积 7 000 km²。Nizampatnam 拗陷向东南方向轻微倾斜，发育从侏罗纪到现今的地层和沉积物，其中下白垩统最厚。

（4）Tanuku 隆起

Tanuku 隆起为一北东—南西走向的构造单元。该地区的钻井资料揭示了基底之上白垩统和古新统。Tanuku 隆起北部，出露上白垩统和古新统火山岩。Tanuku 隆起向南一直延伸至 Kaza 隆起，Kaza 隆起将西 Godavari 拗陷一分为二，即 Gudivada 拗陷和 Narsapur 拗陷。

（5）西 Godavari 拗陷

西 Godavari 拗陷的西部边界为 Bapatla 隆起，南部边界为 Avanigadda 构造，西 Godavari 拗陷可进一步分为三个单元，即 Gudivada 拗陷、Bhimadole 拗陷和 Narsapur 拗陷。其中，Gudivada 拗陷和 Bhimadole 拗陷的分界线为 Kaza 隆起。

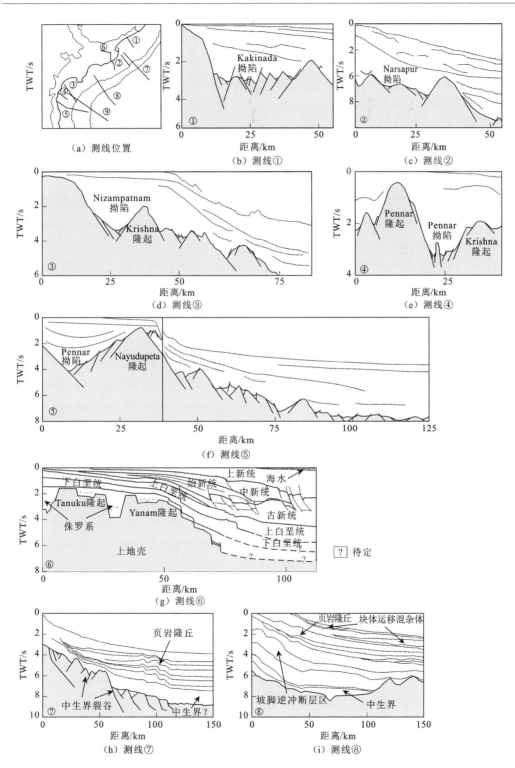

图 3.10　K-G 盆地构造单元结构图(Radhakrishna et al.,2012)

（6）东 Godavari 拗陷

东 Godavari 拗陷位于 Tanuku 隆起西部并延伸到深海地区，主要发育中新世到上新世的沉积岩系。具体来说，东 Godavari 拗陷可由一些次级构造高点将其分为更小的拗陷：Narsapur 拗陷、Amalapuram 拗陷和 Yanam 隆起。东 Godavari 拗陷可见一系列古近纪—新近纪的生长断层及伴生的滚动背斜和泥底辟。

3.3.2　盆地地层与沉积充填历史

前人通过详细的地震数据和钻井信息，建立了 K-G 盆地的地层格架（图 3.11，表 3.2），包括陆上地区（Rao，2001；Venkatarangan and Ray，1993；Kumar，1983；Sastri et al.，1973）和近海地区（Sahu，2005）。Govindan（1984）在微古生物学研究的基础上建立了盆地的生物地层格架。研究表明，K-G 盆地在太古代基底之上发育了前白垩纪红层（陆相碎屑岩）、下古新统玄武岩和中始新统石灰岩（图 3.11，表 3.2）。Bastia 和 Radhakrishna（2012）对 K-G 盆地的地层与沉积充填历史做了以下细致和全面的总结。

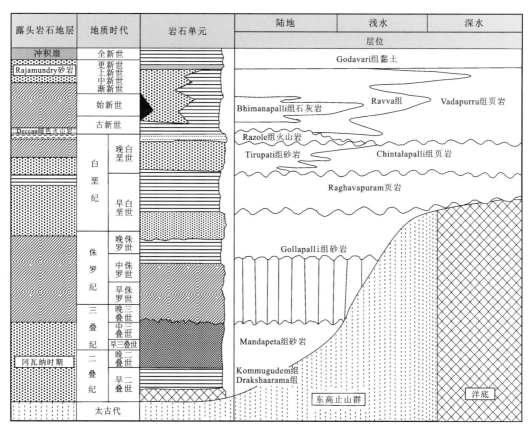

图 3.11　K-G 盆地综合地层柱状图（Sahu，2010）

表 3.2　K-G 盆地地层综合表（Bastia and Radhakrishna, 2012）

沉积序列	地质时代	组名	厚度/米	岩性	与下伏地层接触关系	沉积环境
新生代沉积序列	第四系	Godavari 组	2500	黏土层	—	—
	中新世至上新世	Ravva 组	1000～3000	砂岩和页岩互层	—	—
	中始新世	Bhimanapalli 组灰岩	≤600	由富含化石的石灰岩组成，偶见砂岩和页岩互层出现	—	边缘海至浅海
	古新世—上新世	Vadaparru 组	1500～2000	黏土质页岩	不整合接触	—
侏罗纪—白垩纪沉积序列	马斯特里赫特期—丹麦期	Razole 组	—	玄武岩	—	—
	晚白垩世	Chintalapalli 组	—	主要为页岩沉积，下部为细粒砂岩	—	内陆架环境
		Tirupati 组	—	下部为黏土质砂岩，上段为中-粗粒含铁质砂岩	不整合接触	边缘海
	早白垩世	Raghavapuram 组	2000	下段主要为碳质页岩	不整合接触	—
	晚侏罗世—早白垩世	Gollapalli 组	—	下段由含卵石砂岩和含铁质黏土岩组成，中段为含泥砂岩，上段为中-细粒砂岩	—	陆相河-湖相
冈瓦纳期沉积序列	晚二叠世—三叠纪	Mandapeta 组	—	主要由二叠系至三叠系砂岩和少量页岩夹层构成	—	河流
	早二叠世	Kommugudem 组	>900	由下二叠统砂岩、碳质页岩和少量煤线组成	不整合接触	河流和潟湖
		Draksharama 组	—	主要由下二叠统页岩和少量砂岩	不整合接触	—

1. 冈瓦纳期沉积序列

冈瓦纳期的沉积主要分布在 PGG 的深拗区，厚度超过 3000 m，包括三个地层单元：Draksharama 组、Kommugudem 组、Mandapeta 组。

（1）Draksharama 组

下二叠统 Draksharama 组主要由页岩和少量砂岩构成，与下伏前寒武纪基底和上覆 Kommugudem 组均呈不整合接触。

（2）Kommugudem 组

下二叠统 Kommugudem 组由砂岩、碳质页岩和少量煤线组成，厚度超过 900 m。地层内发现的陆生花粉和孢子及相应的岩性组合指示为河流和潟湖沉积环境。

（3）Mandapeta 组

二叠系至三叠系 Mandapeta 组的砂岩层厚度在 1 200 m 以上，由砂岩和少量页岩夹层构成，为河流环境的沉积产物。

2. 侏罗纪—白垩纪沉积序列

侏罗纪—白垩纪沉积序列主要与东冈瓦纳大陆内的裂谷作用及之后的印度大陆的分离相关，北东—南西向的构造叠加在早期北西—南东向冈瓦纳地堑系之上，发育 5 个具有代表性的地层单元。

（1）Gollapalli 组

Gollapalli 组包含分布在不同地堑系中的同裂谷沉积序列，下段由含卵石砂岩和含铁质黏土岩组成，中段为含泥砂岩，上段为中-细粒砂岩。Gollapalli 组砂岩层厚度大多超 1 000 m，时代上为晚侏罗世至早白垩世。

（2）Raghavapuram 组

Raghavapuram 组页岩分别与上覆的 Tirupati 组砂岩层和下伏的 Gollapalli 组砂岩层呈不整合接触。Gudivada 拗陷和 Mandapeta 拗陷的钻井资料表明，该层下段主要为碳质页岩。Raghavapuram 组页岩层最大沉积厚度约为 2 000 m（近海地区），主要为巴雷姆期至坎潘期内陆架至中陆架环境的海相沉积。Raghavapuram 组页岩有机质含量高，在各个拗陷均有分布，为重要的烃源层。

（3）Tirupati 组

上白垩统 Tirupati 组主要发育厚层的海相沉积，下部为黏土质砂岩，上段为中-粗粒含铁质砂岩，厚度超过 1 000 m。

（4）Chintalapalli 组

上白垩统 Chintalapalli 组主要为页岩，下部发育细砂岩，为内陆架环境，在海岸区最大沉积厚度约为 2 000 m。

（5）Razole 组

在 Rajahmundry 地区 Razole 组暗色玄武岩的分布面积达 15 000 km^2。Govindan (1984)在东 Godavari 拗陷发现了 4 期暗玄武岩层，这 4 个玄武岩层被海相玄武岩沉积夹层分开，这些夹层主要包括黏土岩、砂岩和石灰岩。根据孢粉鉴定，Razole 层为晚马斯特里赫特期-丹麦期的沉积。

3. 新生代的沉积序列

（1）Vadaparru 组

Vadaparru 组主要为黏土质页岩，在陆上地区上覆在 Razole 火山岩上，在海上地区上覆在 Chintalapalli 页岩层上。Vadaparru 组页岩层在 Razole 火山作用之后开始沉积，并且与暗色火成岩呈不整合接触。该层页岩富含有机质，可见砂岩、粉砂岩薄层。Vadaparru 组页岩层厚为 1 500～2 000 m，是重要的烃源层，主要为古新统到上新统沉积。

（2）Bhimanapalli 组

Bhimanapalli 组由富含化石的石灰岩组成，偶见砂岩和页岩互层。该组的最大厚度为 600 m。Bhimanapalli 组属中始新世，灰岩层是盆地的标志层。

（3）Ravva 组

该套地层为砂岩和页岩互层，可见粉砂岩，各小层厚度存在显著差异。地层总厚度为 1 000~3 000 m，为中新世到上新世的沉积。向盆方向延伸，岩性逐渐变为 Vadaparru 组页岩。在该层砂岩中已有若干重大油气发现。

（4）第四系

第四系的黏土层上覆于 Ravva 组之上，命名为 Godavari 组黏土层，是盆地中最年轻的地层单元。由于中新世之后沉积作用加强，第四系厚度很大，最大厚度超过 2 500 m。该套地层中的砂岩段是良好的油气储集层，在海上部分已被证实为富含油气储层。

4．K-G 盆地构造-沉积历史

K-G 盆地沉积地层从二叠系一直延续到第四纪，最大沉积厚度达 9 km。这一套巨厚的沉积层被若干不整合面所分开，每个不整合面都可与相应的地球动力学事件、全球海平面变化和物源搬运系统演化相关联（Sahu，2010）。其中次级沉积层系又被相应的内部不整合面分割，形成了对应于盆地构造作用的构造地层层序。已证实的主要的地球动力学事件包括：①侏罗纪—早白垩世，印度大陆与东冈瓦纳大陆分离；②中白垩世马达加斯加与印度大陆分离；③晚白垩世的 Deccan 岩浆活动；④始新世（或渐新世）至中新世开始的印度板块与欧亚板块的软接触和硬碰撞事件（Talwani et al.，2016；Radhakrishna et al.，2012a，b）。除此之外，海平面变化也会影响盆地的演化。盆地内的不整合面（Sahu，2010）主要包括：渐新统不整合面、白垩系与三叠系的不整合面、土伦阶顶部不整合面、阿普特阶与阿尔布阶之间的不整合面、古近系到中侏罗统及二叠系底部的不整合面等。中新统和上新统的不整合面是盆地陆上部分和海域部分的一个重要的沉积间断，该不整合面延伸到中中新统甚至是早上新统。Raju 等（2005）通过古生物资料推测该不整合面的间断期为 5~18 Ma。渐新世中期，由于全球海平面低位，该时期不整合面发育于盆地的陆上部分，陆架区的沉积量很小或无沉积，而相应的主要沉积作用发生在斜坡带和盆地底部。

在印度东部大陆边缘盆地中，可见一个存在于白垩系和新生界之间的沉积间断，其时间跨度为 5~22 Ma，即著名的 K/T 界线。K/T 界线主要为与 Deccan 暗色火山岩有关的火山喷发活动有关。马达加斯加与印度大陆的分离导致 K-G 盆地中土伦阶内部的一个小规模的不整合面，其在高韦里盆地中表现得十分显著。阿普特阶到阿尔布阶不整合面在盆地中有良好的记录，并且与同期的断裂作用和海侵事件相对应。三叠系和上侏罗统的不整合面为破裂不整合面，以盆地内的红层（陆相碎屑岩）为标志层。盆地经历了 5 个重要的构造阶段：前裂合期、同裂谷期、破裂-漂移转换期、裂后阶段早期和裂后阶段晚期（Bastia and Radhakrishna，2012）。

3.3.3　克里希纳-戈达瓦里盆地含油气系统

K-G 盆地被证实是一个具有工业性油气聚集的含油气盆地，在盆地陆上部分和深海地区均有油气发现。Bastia 和 Radhakrishna 等(2012)对 K-G 盆地的含油气系统做了较好的总结。

1. 烃源层系

K-G 盆地中烃源岩的层位、类型和品质为盆地的烃源层系的区分提供了重要信息。根据相关文献资料,K-G 盆地的烃源层系主要包括:

裂陷早期烃源层系:这一时期主要为氧化环境下的粗碎屑岩沉积。沉积地层中页岩较少,有机质含量低,因此烃源岩发育较差。同时,碎屑岩的存在具有良好的储层潜力。

最大裂陷期烃源层系:这一时期主要为还原环境下的河湖相沉积,页岩的发育程度同前一时期相比有显著提高,有机质保存非常好(主要为 I 型和 III 型),为晚侏罗世沉积。该时期烃源层系与北海盆地具有很好的相似性。

裂后期烃源层系:这一时期为浅海至深海沉积,海相环境的页岩层更为发育。有机质类型更加丰富,主要为 II 型和 III 型。

大陆漂移期烃源层系:这一时期主要为阿普特阶到马斯特里赫特阶的页岩沉积,有机质保存较差,主要为 III 型有机质。

几乎所有的深海钻井中都存在上侏罗统钦莫利阶-提塘阶的烃源岩,主要为河湖相沉积,有机质类型为 I 型和 III 型。

晚侏罗世,主要为河湖沉积相的烃源岩,到下白垩统的贝里阿斯阶-巴雷姆阶的浅海-深海沉积相,有机质类型为 II 型和 III 型。

晚白垩世主要为开阔海环境,有机物类型主要为 III 型,烃源岩质量较差。但在阿尔布阶-塞诺曼阶海侵导致的缺氧环境下形成的地层则多含有效烃源岩,有机质主要为 II 型干酪根。

2. 储层

K-G 盆地的储集层由不同沉积时期的碳酸盐岩和碎屑岩组成,盆地裂谷阶段三角洲沉积相发育良好的储集层。白垩系碳酸盐岩是盆地中 Kaza 隆起和 Tanuku 隆起地区的重要的储集岩层。由于淋滤作用和白云石化作用,基底隆起上的碳酸盐岩孔隙度较高。在渐新世,陆架地区的碳酸盐岩由于台地的位置不同而有不同的储层性质。钻井表明,白垩系碎屑层系具有很好的烃源潜力,中新统 Ravva 组也发现了优质储层。此外,在 Razole 和 Naraspur 构造中,下古新统中 Razole 组破裂的火山岩中也发现了气显示。

3. 圈闭

K-G 盆地已发现大量的油气显示,在冈瓦纳期到晚白垩世的冲断背斜中发现油气,古近系主要圈闭为背斜圈闭和断层圈闭(图 3.12)。构造圈闭主要与断层作用形成的地垒断块有关。逆冲带中挤压作用形成的背斜圈闭是盆地中重要圈闭类型。Ravva 地区生长断层圈闭/掀斜断块圈闭也是较为常见的圈闭类型。与不整合面相关的上超、尖灭、剥蚀等也可以作为盆地中良好的地层圈闭。

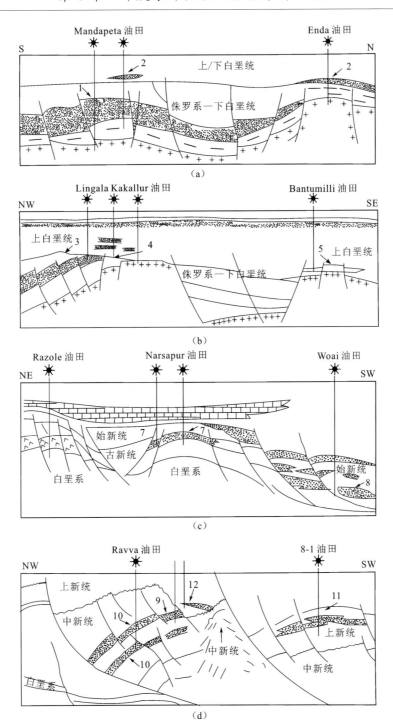

图 3.12　K-G 盆地内的典型圈闭类型(Bastia and Radhakrishna,2012)

1.断背斜圈闭;2.岩性圈闭;3.断层圈闭(裂谷期);4.漂移期不整合圈闭 (早期);5.漂移期岩性圈闭(砂岩透镜体);
6.破裂的火山岩(岩性圈闭);7.断层-岩性复合圈闭;8.岩性圈闭;9.不整合圈闭;10.断层圈闭;11.岩性圈闭(滚动
砂体);12.侵蚀不整合圈闭

3.4　印度东部被动大陆边缘高韦里盆地

　　高韦里盆地位于印度大陆东南部,由高韦里和帕拉尔两个次盆组成,陆上面积 35 000 km²,近海面积约 33 000 km²,深水区面积约 95 000 km²(Rangaraju et al.,1993)。通常认为高韦里盆地属于典型的克拉通陆内断陷盆地(Biswas,1993),以发育晚侏罗世东冈瓦纳大陆破裂时形成的北东—南西走向的地堑 - 地垒构造为特征(Biswas,1993;Balakrishnan and Sharma,1981)。帕拉尔-本内尔河和高韦里河等河流携带来自印度大陆内部的变质岩屑和火成岩屑,成为盆地沉积充填序列的主要供给者。高韦里盆地可以明显地分为上下两个构造层,下构造层由中生代裂谷层系构成,地层向两侧的凸起上超;上构造层由新生代层序组成,呈现向深海地区前积增厚,向印度大陆陆壳基底上超减薄的特征。

3.4.1　盆地结构与构造单元

1. 盆地基底结构特征

　　自由空气异常和磁异常资料显示高韦里盆地内发育北东—南西向相间分布的高异常和低异常条带(图 2.2),可能揭示了盆地基底的结构组成与分布特征(Bastia et al.,2010a)。资料同时还显示了高正异常值的快速转换,可能表示陆壳的快速减薄。Rangaraju 等(1993)编制的高韦里盆地地层厚度图显示不同区域的沉积盖层厚度差异巨大,在 1~6 km 之间变化,沉积中心的走向与重力和磁异常条带走向相近[图 3.13(a)]。高韦里盆地的基底构造主要受侏罗纪—早白垩世北东—南西向正断层的控制[图 3.13(b)、图 3.14],20 世纪 60 年代的油气勘探证实了这类断裂系统的发育。盆地基底的构造走向与印度东高止山的走向相似(Prabhakar and Zutshi,1993),判断高韦里盆地基底的岩性与东高止山岩系相同,即由石英岩、花岗片麻岩和片岩组成。地震和钻井资料还同时揭示盆地基底发生过破裂和强烈的风化。

2. 盆地构造单元

　　根据重力和磁异常资料、地震和钻井数据,前人基本查清了高韦里盆地的次级构造单元[图 3.13(b)、图 3.14]和充填序列(Bastia et al.,2010a;Lal et al.,2009;Biswas,1993;Chandra et al.,1993;Prabhakar and Zutshi,1993;Rangaraju et al.,1993;Kumar,1983;Sastri et al.,1973)。Bastia 和 Radhakrishna 等指出各个拗陷和隆起之间大多以正断层相接触(图 3.13):①Pondicherry 拗陷和 Thanjavur-Tranquebar 拗陷分居 Kunbakonam-Madanam 隆起北部和南部,Thanjavur-Tranquebar 拗陷南部与 Mannargudi 和 Karaikal 隆起相邻;②Nagapattinam 拗陷的北部和南部两侧分别与 Karaikal 隆起和 Vedaranniyam 隆

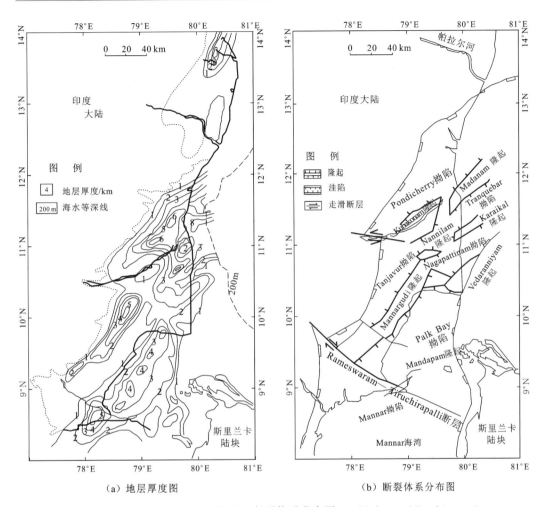

（a）地层厚度图　　　　　　　　（b）断裂体系分布图

图 3.13　高韦里盆地地层厚度图和断裂体系分布图（Prabhakar and Zutshi，1993）

起相邻；③Mannargudi-Vedaranniyam 隆起的南部是 Palk Bay 拗陷，Mandapam 隆起将其与南侧的 Mannar 拗陷分割［图 3.13（b）］。Pondicherry、Tranquebar、Nagapattingam 和Mannar 拗陷向深海区延伸逐渐过渡为孟加拉湾残留洋盆地，唯一的例外是 Palk Bay 拗陷，它局限地发育在印度大陆和斯里兰卡陆块之间。盆地内北东—南西走向的构造被北西—南东向大型走滑断层——Rameswaram — Tiruchirapalli 断层切割和复杂化（Prabhakar and Zutshi，1993）。Mitra 和 Agarwal（1991）认为北西—南东向走滑断层的活动时间晚于北东—南西向地堑-地垒结构，因此高韦里盆地可能存在两期主要的构造活动，并对后期的油气运移起了至关重要的作用。

（1）Pondicherry 拗陷

高韦里盆地 Pondicherry 拗陷的西部和西北部以出露的印度地盾花岗岩系为界，东南部与 Kunbakonam-Madanam 隆起相邻。拗陷内发育晚侏罗世—新生代地层，总厚度约 6 km。

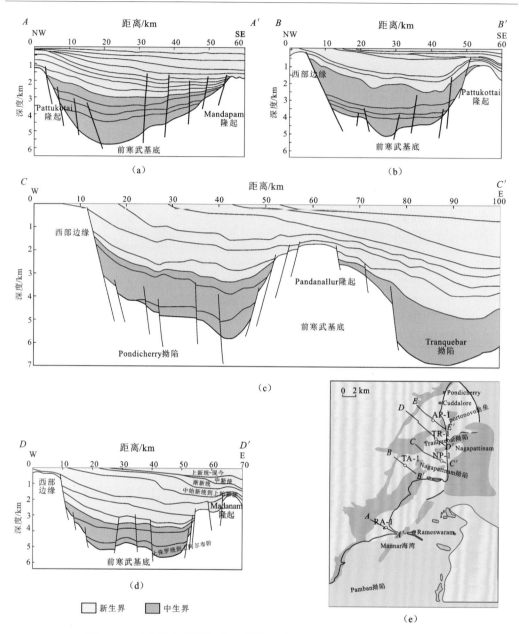

图 3.14　高韦里盆地拗陷-隆起结构地质剖面(Chaudhuri et al.,2010)

（2）Kumbakonam-Madanam 隆起

Kumbakonam-Madanam 隆起是前寒武纪结晶岩系伸展后导致的,上覆沉积物厚为 1.5～2.0 km。北西向构造构成一次级构造单元的主要特征。

（3）Thanjavur 拗陷

Thanjavur 拗陷是一个北东—南西走向的半地堑,其西部与前寒武纪花岗岩相邻。洼陷内发育从早白垩世至新生代的沉积地层,可分为 6 个地层单元。Thanjavur 拗陷的几何形态向 Tranquebar 拗陷不同,可能与两者之间南北向的 Nanilam 鞍部有关。

（4）Tranquebar 拗陷

北东—南西走向的 Tranquebar 拗陷位于南部的 Kunbakonam-Madanam 隆起和西北部的 Mannargudi-Karaikal 隆起之间,横跨陆上与浅海地区,发育早白垩世—新生代的完整沉积序列,总厚度超过 6 km,其中新生代的地层厚度约占一半。从西南向西北,拗陷的极性逐渐发生反转,由拗陷向低隆起过渡(Sahu et al.,1995)。

（5）Karaikal 隆起和 Mannargudi 隆起

Karaikal 隆起是一条北东—南西走向的线性隆起,由陆上地区一直延伸至浅海陆架,埋藏深度为 1.0~2.5 km。与 Karaikal 隆起不同的是 Mannargudi 隆起呈北北东—南南西走向,沿 Palk Bay 海岸分布,分割了 Thanjavur 拗陷和南部的 Palk Bay 拗陷。上覆沉积层以新近系为主,厚度向东北方向逐渐增加到 1 km。

（6）Nagapattinam 拗陷

Nagapattinam 拗陷的西部与 Mannargudi 隆起相邻,北部与 Karaikal 隆起相接触,南部紧邻 Vedaranniyam 隆起。拗陷内部发育六个主要的沉积单元,总厚度约 5 km。

（7）Palk Bay 拗陷

Palk Bay 拗陷是一个浅水拗陷,最大水深仅 20 m,总面积约 7 600 km²。拗陷的西北部出露前寒武系结晶基底、侏罗系—下白垩统和中新统,局部为第四系冲积层覆盖。西北部为 Mannargudi 隆起,东南部与 Mandapam-Delft 隆起相邻,东北部与 Vedaranniyam 隆起接触。拗陷内发育七个沉积单元,总厚度约 5 km,其中新生代厚度约 2 km。Chandra 等(1991)在 Palk Bay 拗陷内进一步识别出了数个低隆起构造,它们分别是位于南部的 Devipattinam 和 Uppurchattram 低隆起,位于拗陷中央的 Mimisal 低隆起和位于东北部的 Mullipalam 低隆起。

（8）Vedaranniyam 隆起

Vedaranniyam 隆起位于 Nagapattinam 拗陷东南方向的近海地区,上覆沉积地层的总厚度约 2.5 km。该隆起可能代表了斯里兰卡基底的向北延伸。

（9）Mannar 拗陷

Mannar 拗陷位于高韦里盆地的最南端,向南过渡为开阔的印度洋。Madurai-Rameswaram 十字型隆起将其与东北部的 Palk Bay 拗陷分开,内部发育了 6 个沉积单元,钻井揭示,上白垩统下部发育玄武岩层。

3.4.2　盆地地层格架与沉积充填

为了更好地理解高韦里盆地的形成演化和重建盆地的沉积充填历史,Bastia 和 Radhashrina(2012)充分利用已有的地震层序、测井、岩石学和沉积环境等方面的资料(表 3.3),同时考虑:①盆地不同构造单元在不同地质历史阶段的构造活动强度,因为它可以明显地影响地层单元的时空变化和地层演化(Allen and Allen,1990;Dickinson,1974);②盆地古陆架在不同地质历史时期的位置及迁移变化(Kalyanasundaram and Vijayalakshmi,1991;Venkatarangan,1987),建立了盆地地层格局。

表 3.3　高韦里盆地地层综合（Bastia and Radhakrishna, 2012）

地质时代	组名	岩性	接触关系	沉积环境
中新世—上新世	Tittacheri 组	未固结的含砾石砂岩和黏土层	—	滨岸地区浅水内陆架环境
中始新世—早中新世	Vedaranniyam 组	主要由珊瑚礁灰岩和少量砂质砂岩组成	—	中始新世—早中新世浅水内陆架环境
早中新世	Madanam 组	主要包括灰岩和少量粉砂质泥岩	—	浅水内陆架环境
早中新世	Tirutaraipundi 组	主要包括砂岩和少量的灰岩夹层	—	内陆架至中部陆架环境
渐新世—早中新世	Vanjiyur 组	主要由深灰色钙质砂岩组成,局部呈豆荚状产出	—	发育在内陆架至中部陆架环境
	Shiyali 组	主要由泥岩组成,偶见含粉砂岩和砂岩透镜体	—	沉积于内陆架环境
晚始新世	Kovilkalappal 组	主要由泥质砂岩与灰岩夹层	整合接触	—
晚始新世—渐新世	Niravi 组	由灰色中细粒钙质砂岩和页岩夹层组成	不整合接触	主要沉积于晚始新世—渐新世
中始新世—中新世	Tiruppundi 组	包括灰岩、粉砂岩和砂岩	—	沉积于内陆架至中部陆架
始新世	Padanallur 组	主要由泥质砂岩组成	—	始新世期间中陆架至外陆架环境
古新世—始新世	Karaikal 组	主要由页岩组成,偶见钙质结核和黄铁矿颗粒	整合接触	古新世至始新世中部陆架环境
马斯特里赫特期—中始新世	Kamalapuram 组	主要由泥质砂岩和页岩组成	—	
圣通期—马斯特里赫特期	Komarakshi 组	以钙质粉砂岩为主	不整合接触	外陆架至海湾环境
圣通期—马斯特里赫特期	Porto-Novo 组	泥质岩和少量砂岩组成	整合接触	外陆架至海湾环境
马斯特里赫特期	Namilam 组	由互层分布的页岩、钙质粉砂质砂岩和钙质砂岩组成	整合接触	发育在中部陆架至滨海环境
康尼亚克期—圣通期	Kudavasal 组	由页岩、钙质粉砂质砂岩和少量钙质砂岩透镜体组成	—	属于前陆前三角洲环境
	Palk Bay 组	以碳质砂岩夹少量泥质砂岩条带为特征	—	浅海三角洲环境
塞诺曼期—土伦期	Bhuvanagiri 组	主要包括砂岩和少量的黏土层与页岩	—	发育在中部陆架至滨海环境
阿尔布期—塞诺期	Sattapadi 组	粉砂质岩和薄层的钙质砂岩	—	沉积环境为近两中部—外陆架
	Andimadam 组	浅灰色中粗粒云母砂岩和云母粉砂岩页岩及少量砾岩	—	三角洲—潮汐—浅海环境
	—	中粗粒花岗岩、石英岩、花岗质麻岩、片岩	—	河流—三角洲前寒武系结晶岩系微咸水的环境
	—	紫苏花岗岩、石英岩、花岗质麻岩、片岩	—	

1. 前寒武纪结晶岩系

高韦里盆地基底为东高止山群(Eastern Ghat group),岩性包括紫苏花岗岩、石英岩、花岗质片麻岩和片岩等。盆地钻井资料揭示前寒武系结晶岩系遭受过强烈的破裂和风化作用。

2. 上侏罗统—下白垩统上冈瓦纳群

上覆于前寒武系结晶岩系的上冈瓦纳群主要沿盆地的东部边缘出露,主要岩石类型包括中粗粒石英和长石砂岩及少量砾岩。上冈瓦纳群的上部发育白色和灰色页岩,如盆地北部发育的 Therani 组和南部发育的 Sivaganga 组。化石组合分析表明 Therani 组内出现了冈瓦纳植物化石(Datta and Bedi,1968)。由此可以推断上冈瓦纳群可能主要发育在河流-三角洲到微咸水的环境中,很大程度上受到河流带来的淡水的影响(Datta and Bedi,1968)。

3. 下白垩统 Uttattur 群

Uttattur 群上覆于冈瓦纳群和前寒武系基底,露头岩性以碳质页岩为主,包括 Kalakundi 组、Karai 组和 Maruvathur 组三个组;盆内地层则以 Andimadam 组、Sattapadi 组和 Bhuvanagiri 组等为代表(图 3.14)。

（1）Andimadam 组

Andimadam 组由浅灰色中粗粒云母砂岩和云母粉砂质页岩及少量砾岩组成。Andimadam 组在盆地的大部分拗陷内均有分布,如 Pondicherry、Tranquebar、Thanjavur 和 Ramnad 拗陷。该地层单元的下部与基底前寒武系结晶岩系直接接触,顶部发育一套黏土标志层。基于岩性和化石组合分析认为,Andimadam 组可能发育于三角洲-潮汐-浅海的环境中。

（2）Sattapadi 组

Sattapadi 组页岩对应的地质年代为白垩纪中期阿尔布期—塞诺曼期(Albian—Cenomanian),主要由粉砂质页岩和薄层的钙质砂岩组成。Sattapadi 组在盆地内广泛分布,仅在盆地的南部存在缺失。推测沉积环境为近海中部-外陆架。Sattapadi 组页岩是高韦里盆地内部的一套重要的烃源岩层系。

（3）Bhuvanagiri 组

塞诺曼期—土伦期发育的 Bhuvanagiri 组岩性主要包括砂岩和少量的黏土层与页岩层,在盆地的北部和中部广泛发育。露头发育 Karai 组页岩或 Maruvathur 组黏土层。推测形成于中部陆架至滨海环境。

（4）Palk Bay 组

Palk Bay 组局限地分布于 Palk 海湾,岩性上以碳质砂岩夹少量砂质泥岩条带为特征,可能是浅海三角洲环境的产物。

4. 上白垩统 Ariyalur 群

Ariyalur 群在露头上分为 Trichinopoly 组和 Ariyalur 组两个组,岩性以砂岩和灰岩为主;Bastia 和 Radhakrishna(2012)指出,在盆地深部则分为 Kudavasal、Nannilam、Porto-Novo 和 Komarakshi 四个组(图 3.15)。

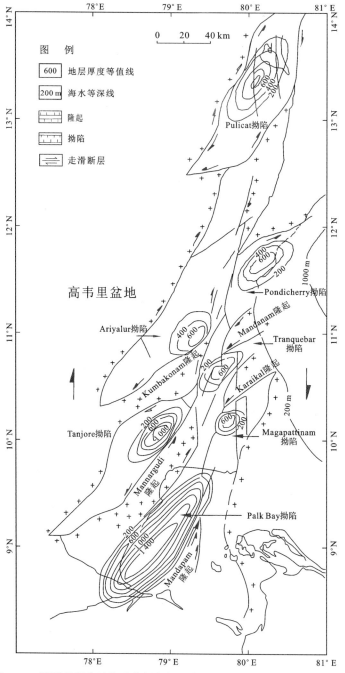

图3.15　同裂谷期盆地构造特征与沉积中心分布(Rangaraju et al.,1993)

（1）Kudavasal 组

Kudavasal 组广泛分布于除 Nagapattinam 拗陷外的盆地大部分区域,由页岩、钙质粉砂质页岩和少量钙质砂岩透镜体组成。推测 Kudavasal 组形成于康尼亚克期—圣通期(Coniacian—Santonian),属于三角洲环境的产物。

（2）Nannilam 组

Nannilam 组在地质时代上大致为圣通期—马斯特里赫特期(Santonian — Maastrichtian),由互层分布的页岩、钙质粉砂质页岩和钙质砂岩组成,与上覆的 Porto-Novo 组和下伏的 Kudavasal 组之间均呈整合接触。推测发育在中部陆架至滨海环境。

（3）Porto-Novo 组

Porto-Novo 组主要分布在 Porto-Novo 近海地区的 Pondicherry 拗陷北部、Karaiikal 隆起的西部和 Palk Bay 拗陷,由泥质岩和少量砂岩组成。Porto-Novo 组形成于圣通期—马斯特里赫特期,为外陆架至海湾环境的产物。

（4）Komarakshi 组

Komarakshi 组主要发育在盆地的东部,不整合于 Bhuvanagiri 组或 Palk Bay 组之上,上覆 Karaikal 组或 Kamalapuram 组。岩性组合上以钙质粉砂质页岩为主,可能形成于圣通期—马斯特里赫特期,外陆架至海湾环境。

5. 新生界

在高韦里盆地,钻遇的新生代地层与露头区发现的古近系 Niniyur 组及中新统—上新统 Cuddalore 组相当。Bastia 和 Radhakrishna(2012)认为盆内可以分为两个群:Nagore 群和 Narimanam 群,两者之间以不整合接触(图 3.15)。

1）Nagore 群

Nagore 群不整合于 Narimanam 群之上,分为 Kamalapuram 组等四个组。

（1）Kamalapuram 组

Kamalapuram 组的沉积时代相当于马斯特里赫特期—中始新世,分布在盆地的大部分区域,特别是 Pondicherry 拗陷和 Karaiikal 隆起的部分区域,主要由泥质砂岩和页岩组成。与下伏的 Porto-Novo 组和 Komarakshi 组不整合接触,而与上覆的 Karaikal 组页岩整合接触。

（2）Karaikal 组

Karaikal 组主要由页岩组成,偶见钙质结核和黄铁矿颗粒。该套地层主要分布 Karaikal 拗陷和 Mandapame 拗陷内并延伸至 Mannar 拗陷,地层时代古新世至始新世,中部陆架到外陆架环境下的沉积产物。

（3）Padanallur 组

Padanallur 组目前仅发现于 Bhuvanagiri 地区的拗陷内,主要由泥质砂岩组成,地层时代为始新世,中部陆架至外陆架环境下形成。

(4) Tiruppundi 组

Tiruppundi 组广泛地分布在盆地的大部分地区,主要沉积中心包括 Pondicherry 近海各拗陷、Nagapattinam 拗陷和 Palk Bay 拗陷的南部。这套地层岩性包括灰岩、粉砂岩和砂岩,对应的地质时代为中始新世—中新世,内陆架至中部陆架环境。

2) Narimanam 群

Narimanam 群是整个高韦里盆地最年轻的地层,与下伏的 Nagore 群不整合接触。岩性主要包括砂岩、泥岩和灰岩,可以进一步划分为八个组。

(1) Niravi 组

Niravi 组广泛地分布在高韦里盆地的东部地区,如 Pondicherry 拗陷、Tranquebar 拗陷、Nagapattinam 拗陷的西部和 Karaikal 隆起的南翼。Niravi 组不整合于 Tiruppundi 组或 Karaikal 组页岩之上,由灰色中细粒钙质砂岩和页岩夹层组成,沉积时代晚始新世至渐新世。

(2) Kovilkalappal 组

Kovilkalappal 组主要分布在 Thanjavur 拗陷和 Nagapattinam 拗陷内,覆盖于 Niravi 组之上,两者呈整合接触。这套上始新统的地层单元主要由泥质岩与灰岩夹层组成。

(3) Shiyali 组

Shiyali 组泥岩出现在 Madanam 和 Karaikal 地区,属于渐新世至早中新世的沉积地层,主要由泥岩组成,偶见少量的粉砂岩和砂岩透镜体,沉积于内陆架环境。

(4) Vanjiyur 组

Vanjiyur 组砂岩的分布地区比较局限,仅出现在 Karaikal 隆起和 Tranquebar 拗陷内。该套地层主要由深灰色钙质砂岩组成,局部呈豆荚状产出。发育在内陆架至中部陆架环境,地质时代为晚渐新世至早中新世。

(5) Tirutaraipundi 组

Tirutaraipundi 组砂岩出现在 Nagapattinam 拗陷的南部地区并可能延伸至 Palk Bay 地区。岩性主要包括砂岩和少量的灰岩夹层,是渐新世至早中新世发育在内陆架至中部陆架环境中的沉积地层。

(6) Madanam 组

Madanam 组灰岩与下伏的 Tiruturaipundi 组或 Vanjiyur 组砂岩之间为不整合接触。岩性主要包括灰岩和少量粉砂质泥岩,发育在早中新世的浅水内陆架环境。

(7) Vedaranniyam 组

Vedaranniyam 组灰岩仅出现在盆地的南部地区,主要由珊瑚礁灰岩和少量砂岩组成,推测为中始新世—早中新世的浅水内陆架条件下形成。

（8）Tittacheri 组

Tittacheri 组广泛分布在盆地的大部分区域,与露头区的 Cuddalore 组砂岩相当。岩性组成上包括未固结的含砾石砂岩和黏土层,推测是中新世—上新世发育在滨岸地区浅水内陆架环境下的沉积单元。

6. 高韦里盆地主要不整合面

在盆地构造演化和沉积历史分析过程中,识别盆地内的不整合面(沉积间断)是一项基本任务。盆地中的不整合面代表了某一地质历史时期内的沉积间断或构造剥蚀形成的地层记录的缺失(Bastia and Radhakrishna,2012)。高韦里盆地发育多个不整合面(Basavaraju and Govindan,1997;Govindan and Ravindran,1996;Raju et al.,1994),Raju 等(2005)及 Sahu(2008)系统总结了重要不整合面的特征与性质。

① Thanjavur 拗陷内发育下二叠统(Basavaraju and Govindan,1997),但是缺失上二叠统、三叠系和侏罗系。

② 盆地拗陷内和露头区均发现了晚白垩世早期土伦期(Turonian)不整合面(Govindan and Ravindran,1996)。

③ Raju 等(1994)识别了白垩系与古近系之间的不整合面,时间跨度在 1~30 Ma。

④ Mannargudi 和 Pattukottai 构造顶部发育早始新统不整合面,而在 Nagapattinam 拗陷、Tranquebar 拗陷和 Karaikal 隆起等地区可能存在中中新统不整合面。

7. 高韦里盆地的构造地层演化历史

Sahu(2008)基于详细的地震和钻井数据及露头区的地层及岩性信息划分了盆地的地层单元:Andimadam、Sattapadi、Bhuvanagiri、Nannilam、Kamalapuram、Niravi 和 Cuddalore。而在前,Rangaraju 等(1993)已经系统总结了高韦里盆地的沉积和地层特征,并将盆地的整个充填序列命名为“东海岩超层序(east coast supersequence)”超层序,并进一步将其分为两个次级构造-地层单元:晚侏罗世—早白垩世同裂谷期陆相层序和早白垩世—新生代裂后期海相层序(图 3.15)。上述构造-地层单元在高韦里盆地的局部地区直接与下伏的结晶基底相接触。根据盆内地层的古生物学证据和 Mannar 海湾地层中钻遇的火山熔岩层(Kalyanasundaram and Vijayalakshmi,1991),Rangaraju 等(1993)认为这两个构造-地层单元之间的破裂不整合面的形成时间是早阿普特期(Early Aptian)。高韦里盆地中出现的那些北东—南西走向的构造主要形成于裂谷期。值得注意的是在这一时期,出现了与南北走向低凸起相伴生的弧形构造(图 3.15),推测与剪切运动相关,这一点得到了板块重建模型和地球物理资料的证实(Chand et al.,2001;Subrahmanyam et al.,1999;Powell et al.,1988)。但是在高韦里盆地的南部,裂谷作用并没有将印度大陆与斯里兰卡岛之间的陆壳“撕裂”。同裂谷期层序主要受北东—南西走向的地堑和地垒系统的控制,而裂后期沉积作用的早期主要受裂谷两侧的热沉降作用控制。这一时期,沉积了一套有限的海相烃源岩层。裂后期沉积层序整体上向近海地区增厚。由于同裂谷期的沉积供给不足以完全充填整个拗陷,导致裂谷作用形成的断陷形态甚至在白垩纪晚期的伸展作用停止后仍然发挥着影响(Chaudhuri et al.,2009)。实际上,同裂谷期发育的 Andimadam组、Palk Bay组的扇体和粗砂岩主要由相邻隆起的剥蚀作用提供(Husain et al.,2000)。Mannar海湾内的火山活动标志着印度大陆的裂谷作用和裂后的漂移运动之间的转换,同裂谷期主要的沉积中心包括 Thanjavur、Nagapattinam、Tranquebar、Ramnad 和 Pondicherry 拗陷(Chaudhuri et al.,2009)。塞诺曼期—马斯特里赫特期发生的热沉降导致盆地区域内的海侵作用,形成了 Sattapadi 组、Porto-Novo 组、Kudavasal组、Bhuvanagiri组和 Nannilam组等多套沉积单元(Husain et al.,2000)。

3.4.3 高韦里盆地含油气系统

1. 烃源岩及其成熟度

基于钻井岩心资料,前人已经对高韦里盆地钻遇的多套烃源岩的生烃潜力进行了综合评价(Ramani et al.,2000;Thomas and Sharma,1993;Balan et al.,1993;Chandra et al.,1991)。尽管已发现的油气田显示生烃作用在现阶段仍然持续进行,但是详细的分析显示在各个拗陷内的烃源岩的生烃潜力存在差异。Bastia 和 Radhakrishna(2012)认为高韦里盆地的烃源岩与构造演化有良好的对应关系。他们指出高韦里盆地最初是在晚侏罗世—早白垩世,地壳伸展导致前寒武系结晶基底裂陷成一系列的地堑和地垒系统,相应地出现三套重要的构造-地层单元。

① 同裂谷期,河流相的沉积旋回主要受幕式伸展作用及相应的沉降作用控制,在地堑中,烃源岩形成于河流-湖泊环境。尽管很少有钻井能够钻到如此深的位置,但是石油标志化合物的研究表明,大部分的石油主要来自该套烃源岩。

② 同裂谷期到裂后期的转换代表了由湖相向深海相的逐渐转变。在同裂谷期沉积单元和裂后期沉积之间发育了重要的破裂不整合面;这一时期的沉积环境主要是河流-三角洲,发育海相 II 型干酪根。

③ 在裂后期,海相地层的发育主要受拗陷的热沉降和后期由洋壳、陆壳差异沉降控制。

盆地各拗陷发育的局限性及相关的缺氧事件导致 Karai Clay 组发育厚达 90 m 的富含有机质的黑色页岩(Tewari,1996;Govindan,1993,1982)。另外,阿尔布期—马斯特里赫特期全球的缺氧事件和大规模海侵同样影响了高韦里盆地(Nagendra et al.,2011),有力地促进盆地内发育一套高质量的 III 型干酪根的烃源岩。而康尼亚克期—马斯特里赫特期的海退作用则很少出现高质量的烃源岩层系(Chandra et al.,1991)。此外,耐低氧型微生物的出现支持高质量烃源岩的出现并与海退事件有关,该认识进一步得到了 Nagapattinam 和 Tranquebar 拗陷内烃源岩层的证实(Govindan,1993)。

油气的生成主要受与裂谷作用相关的古热流控制,上覆沉积盖层的厚度在各个洼陷内的差异,可能起到了次要作用。推测 Ariyalur 和 Tranquebar 拗陷内油气生成始于古新世,而 Nagapattinam 和 Palk Bay 拗陷内的油气从中始新世才开始生成(Sahu,2008)。众多的断裂为油气运移提供了有利条件。

2. 储层

高韦里盆地裂谷期发育的河流-三角洲相已经被证实是良好的储集层。Palk Bay 拗陷内的下白垩统和 Bhuvanagiri 拗陷内的上白垩统粗粒沉积碎屑层均为重要的油气储层(Bastia and Radhakrishna,2012)。在高韦里盆地的北部,发育前积型三角洲体系;与此同时,根据对海平面变化的研究,发现陆架区存在碳酸盐岩建造。裂后期储集层包括晚白垩世—中新世的高密度浊积层,其分布范围相对于同裂谷期要小很多。盆地内具有重要意义的储层主要发育在 Kamalapuram 组页岩层和 Niravi 组之间,以厚层砂岩夹薄层页岩为主。裂后期储层包括 Narimanam 组、Kovikalappal 组、Vengidengal 组、Tiruvarur 组和 Nannilam 组。除了上述传统意义上的储集层,基底花岗岩的裂缝性储层在某些拗陷内也可能具有一定的储集能力。

3. 盖层和圈闭

在高韦里盆地的近海和深海地区,能起区域封闭作用的沉积单元主要包括 Kudavasal 组和 Kamalapuram 组页岩,以及 Kovikallapal 组和 Madanam 组灰岩。而在陆上地区,阿尔布期—塞诺曼期广泛分布的页岩层则起到了区域盖层的作用(Bastia and Radhakrishna,2012)。对于盆地内海域和陆上地区的上白垩统各储集单元,上覆的古近系页岩层起到了区域封闭作用。

高韦里盆地的圈闭变化非常大。盆地内的构造圈闭其闭合点主要与基底构造高点有关。由于断层对其上下盘均可起封闭作用,与断层相关的构造圈闭在科里佛里比较常见。已经发现的典型圈闭分布在陆上地区的 Thanjavur 拗陷和 Tranquebar 拗陷,海域的 Pondicherry 拗陷、Palk Bay 拗陷和 Mannar 拗陷。常规的地层圈闭,如基底附近的地层尖灭形成的圈闭也有发现。高密度浊流、盆底扇、斜坡扇和低位楔这类新的勘探领域也引起了一些学者和石油公司的重视。

3.5　印度东部被动大陆边缘盆地演化与形成机制

3.5.1　被动大陆边缘的演化过程

被动大陆边缘是地球表面最重要和最常见的构造单元,总长度超过 105 000 km,远远大于洋中脊(65 000 km)和会聚大陆边缘(53 000 km)的长度(Bradley,2008)。被动大陆边缘在其破裂、漂移和碰撞等不同演化阶段形成的沉积序列是全球地层记录的主要载体，蕴含了全球大量的油气资源（Mann et al.，2003）、碳酸盐岩型铅锌矿资源（Leach et al.，2001）和磷矿资源等（Cook and McElhinny，1979）。

被动大陆边缘是衰减的大陆壳发育区，上覆厚薄不一的楔形沉积体，宽度一般为50～150 km，最宽可达400～500 km（Keen et al.，1987）。通常，被动大陆边缘表现为地震不活跃、中等热流值。典型的被动大陆边缘（如大西洋两侧大陆边缘）可以由破裂不整合面（Falvey，1974）区分为上下两个截然不同的构造-地层单元：下部构造-地层单元由一系列受向海倾斜的断层切割的基底陆块和所夹的同裂谷期沉积层序构成（地堑-地垒构造），代表的是大陆地壳的最原始破裂过程；上部构造-地层单元则由向海方向发展增厚的裂后期海相沉积序列组成（Allen and Allen，2005）。根据对大西洋周边大陆边缘的研究，特别是结构和发育特征的分析，Allen 和 Allen（2013）指出被动大陆边缘可以分为以下几类。

① 非火山型被动大陆边缘岩石圈变形以一系列正断层切割的向海倾斜的断块为特点，分布范围可达 100～300 km，火山活动处于次要位置［图 3.16(a)］。典型的实例包括红海、美国东部大陆边缘、非洲西北部和伊比利亚半岛等地。这些大陆边缘裂后期的沉积盖层厚度从≤1 km（饥饿型）到≥10 km（过沉积型）不等。

② 火山型被动大陆边缘的特征是在陆壳和正常洋壳之间发育向海倾斜的厚层的火山岩单元。这类被动大陆边缘的宽度往往小于非火山型大陆边缘［图 3.16(b)］。典型的实例包括挪威、格陵兰岛、纳米比亚和巴西东南部等地区 Larsen et al.，1996；Eldholm and Grue，1994）。

③ 裂谷转换型被动大陆边缘起源于大陆的伸展变形（包括走滑运动）［图 3.16(c)］。它的最初提出是假设南美大陆和非洲大陆之间早期的发育演化受到了走滑运动的影响。典型的实例是美国南加利福尼亚州的近海地区。

被动大陆边缘代表了大陆岩石圈破裂的边缘，与其共轭存在的相类似的大陆边缘之间往往以大洋相分割，如大西洋两侧的被动大陆边缘。对共轭被动大陆边缘进行对比分析有重要的意义，尤其考虑大洋盆地发育之前的伸展构造的几何形态。例如，深部地震反射剖面显示一些共轭被动大陆边缘是对称的，以发育旋转断块为特征；另也有显示大陆边缘的地壳内发育平伏的或向大陆方向倾斜的拆离断层或剪切带，产生了非对称型共轭被动大陆边缘（Bosworth，1985；Bally et al.，1982；Bally，1981）（图 3.17）。此外，横穿格陵兰岛大陆西南大陆边缘的地震剖面显示尽管脆性的上地壳的伸展是对称的，然而下地壳的伸展是非对称性的（Allen and Allen，2013）。此外，某些大陆边缘发育高度断裂化的上地壳，通常与下伏的蛇纹岩化的上地幔之间以平缓的拆离断层分割（如伊比利亚和格陵兰岛西北边缘）。其他一些发育厚层楔形沉积体的大陆边缘仅出现一个或几个主要的翘倾的断块，这类大陆边缘往往缺少水平状拆离断层（如拉布拉多大陆边缘）。

Lister 等（1991）指出大尺度的大陆伸展通常是构造非对称的，并且拆离断层可能在大陆伸展过程中扮演了一个基本角色。因此，被动大陆边缘的形成可能包括两个阶段：

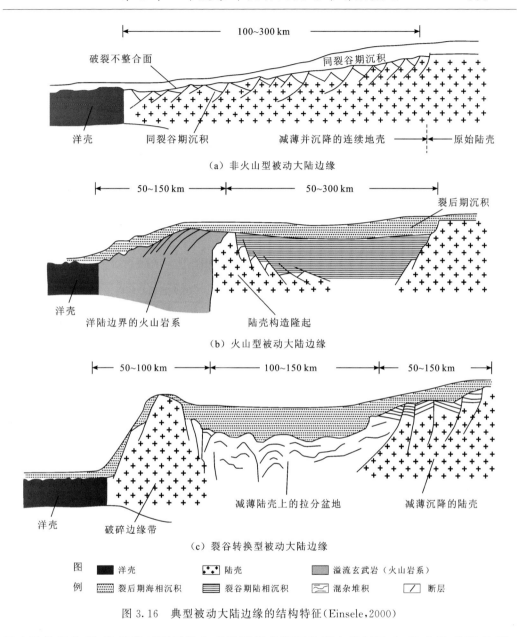

（a）非火山型被动大陆边缘

（b）火山型被动大陆边缘

（c）裂谷转换型被动大陆边缘

图例

| | 洋壳 | | 陆壳 | | 溢流玄武岩（火山岩系） |
| | 裂后期海相沉积 | | 裂谷期陆相沉积 | | 混杂堆积 | | 断层 |

图 3.16　典型被动大陆边缘的结构特征（Einsele, 2000）

①大陆伸展作用,阶梯状正断层组合或浅层拆离断层和壳内剪切运动;②大陆破裂作用,即由深部存在的熔融作用诱发的岩石圈脆性破裂作用。岩石圈的非对称伸展作用往往与下地壳的塑性拉伸和上地壳的脆性拉伸有关（Kusznir and Morley, 1990; Buck, 1988）（图 3.16）,这就是大陆边缘演化模型中简单剪切的由来（Wernicke, 1981）。Wernicke（1985, 1981）指出可能存在三个与地壳剪切带相关的带（图 3.18）:①上地壳减薄带,在拆离断层带之上发育大量的正断层组合;②上地壳与下地壳之间的差异带,下地壳发生减薄而上地壳仅发生微弱的减薄作用;③穿过壳下地幔岩石圈的剪切带。

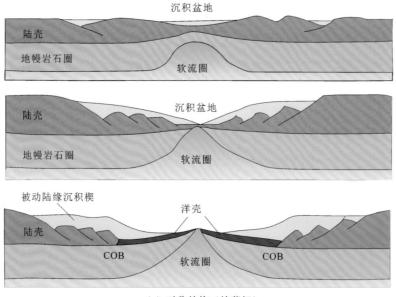

（a）对称结构（纯剪切）

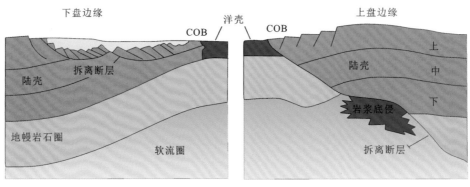

（b）非对称结构（简单剪切）

图 3.17　共轭被动大陆边缘深部反射地震剖面（Louden et al.,1999；Lister et al.,1986）

COB 为洋-陆壳边界

　　由断层控制的伸展作用引起的地壳减薄将会导致大规模的沉降作用,但是壳下减薄作用也会引起陆块的抬升;因此在由伸展构造引起的减薄带将会发生沉降,而在下地壳和地幔减薄带将会发生构造抬升（Allen and Allen,2013）。软流圈之后的冷却则可能会导致两个结果:①差异带之上的热沉降带可能会使地壳恢复到其初始深度;②如果同时叠加壳下侵蚀作用,则热沉降作用将会导致差异带之上形成一个浅盆,且盆地的下伏基底应当没有发育断裂。

　　岩石圈的拉伸与沿拆离断层的负载可能会导致下盘地幔岩石的剥露,称为变质核杂岩（core complex）或片麻岩穹顶（gneissic domes）。构造负载还可能导致邻近主拆离断层

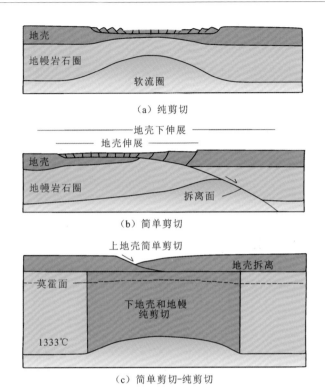

（a）纯剪切

地壳下伸展

地壳伸展

（b）简单剪切

上地壳简单剪切

（c）简单剪切-纯剪切

图 3.18　陆内裂谷作用的应变模型（Allen and Allen，2013；Buck，1988；Coward，1986）

（a）上地壳脆性破裂与下伏塑性层形成的纯剪切几何模型，产生了对称的岩石圈剖面模型；该模型显示断层控制的沉降在空间上叠加于热沉降之上，塑性拉伸伴随有熔体的侵入（Royden and Keen，1980）。

（b）简单剪切模型中低角度拆离断层将岩石圈切割为上、下两盘；下地壳的减薄于拆离面，产生了高度不对称的岩石圈剖面模型（Wernicke，1985，1981）。同裂谷期沉降与热沉降在空间上独立分布。

（c）上地壳内的断层面内出现简单剪切的混合模型而下地壳或地幔中出现塑性纯剪切（Kusznir et al.，1991）

区域的挠曲抬升（图 3.19），Kusznir 等（1991）称为挠曲悬臂效应（flexural cantilever effect）（图 3.20）。挠曲悬臂效应的规模取决于拆离断层的滑脱深度。这一模型成功地解释了纽芬兰 Grand 海岸、北海维京地堑（Kusznir et al.，1991；Marsden et al.，1990）和东非坦噶尼喀地堑（Kusznir and Morley，1990）下盘的抬升与剥露机制。

涉及大尺度简单剪切的模型并不能很好地解释为什么盆地的热沉降在空间上叠加在构造沉降（断层控制）之上，如北海地区（Klemperer，1988），这种情况可能更多的是纯剪切效应。但是也可能是上地壳构造变形主要由简单剪切影响，下地壳和壳下岩石圈地幔主要由纯剪切控制，中地壳内发育拆离体系（Coward，1986）（图 3.17）。Huismans 和 Beaumont（2008，2002）的数值模拟实验中，根据岩石圈圈层的流变结构拉伸应变速率的不同，对称结构（纯剪切）和非对称结构（简单剪切）均会出现。

被动大陆边缘持续沉降演化过程中，晚期的沉积覆盖下伏的裂谷体系时，会产生一套平缓的、分布范围巨大的、向海进积的沉积序列,从而导致大陆架的产生。Frisoh(2011)指出这一时期的沉降主要由以下因素控制。

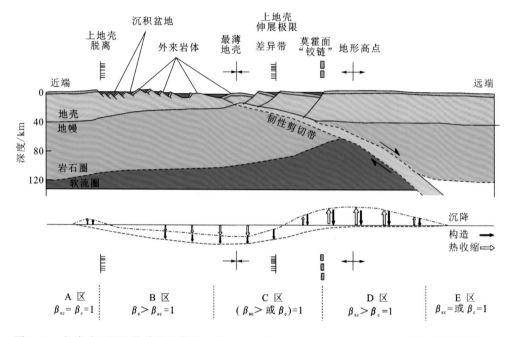

图 3.19 切穿岩石圈的简单剪切模型(Allen and Allen,2013;Wernicke,1985;美国西南部盆岭省)

β_c 指地壳拉伸因子;β_{sc} 指地幔岩石圈拉伸因子

注:上盘的中地壳塑性剪切带经历抬升、冷却和脆性变形后可能经历了与绿片岩相或角闪岩相相当的变化条件;

β_c 和 β_{sc} 分别指的是地壳和下地壳岩石圈的拉伸指数

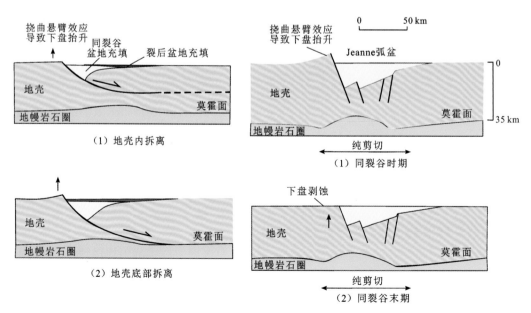

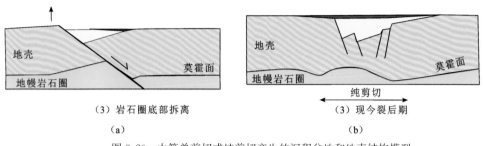

图 3.20　由简单剪切或纯剪切产生的沉积盆地和地壳结构模型

(Allen and Allen，2013；Kusznir et al.，1991；Kusznir and Egan，1990)

(a)发育不同层次拆离体系的地壳和盆地结构模型；(b)纽芬兰 Hibernia-Ben 剖面显示的主拆离断层系的挠曲抬升

和剥蚀，总伸展量 18 km，初始断层倾角 60°，初始地壳厚度 35 km，Te＝10 km

① 大陆分裂之前大规模的陆壳伸展和减薄引起均衡沉降。高密度的地幔物质取代低密度的地壳物质。在壳下 10～12 km 的深度，正断层调节相应的沉降量，而在这一深度以下，则是塑性变形减薄，导致地壳下降。在减薄的陆壳(15～20 km)和洋壳(6～8 km)的厚度差异驱动下地壳的韧性流向洋壳下运移补偿。这一因素进一步导致地壳的减薄和被动大陆边缘的沉降。

② 新生的洋壳和邻近的陆壳会随着大洋张开、扩张逐渐冷却。被动大陆边缘逐渐远离热源中心——扩张中心和上升的地幔环流，在这一过程中，洋壳岩石圈和软流圈继续变冷，而变冷会导致岩石圈物质密度增大从而引起沉降。

③ 沉积负载是一个重要的外部因素。被动大陆边缘产生沉积物补偿的沉积空间，而这一空间大部分位于海平面以下。这一有利条件汇聚了大量的沉积物；急剧增加的沉积物的重力产生新的沉降。一旦沉积负载开始启动，就会产生新的沉降量，又进一步汇聚更多的沉积物。

3.5.2　印度东部大陆边缘盆地的演化

板块重建模型认为印度东部大陆边缘的演化经历了三个重要的构造演化阶段(Krishna et al.，2009；Lal et al.，2009；Royer and Sandwell，1989；Powell et al.，1988)：印度东北部—澳大利亚西南部的裂谷作用(晚侏罗世—早白垩世)、印度—南极洲—澳大利亚大陆陆内伸/裂谷作用(早白垩世)、Elan Bank 从印度东部陆缘的分裂(早白垩世晚期)。而印度与南极洲-澳大利亚大陆裂离之前，印度东部陆缘曾发生过广泛的陆内裂谷作用与火山活动，产生了多个古生代—中生代裂陷槽。关于两者的相对位置关系，Kal 等(2009)认为斯里兰卡夹持在印度南部高韦里剪切带与南极洲 Lutzow-Holm 湾之间，南极洲 Lambert 地堑与默哈讷迪地堑相邻，恩德比与 Mac Robertson 高地则紧靠印度 Pranhita-Godavari 地堑。这些地堑结构的相似性通过详细的地震和海洋磁异常等调查得到了验证(Talwani et al.，2016；Radhakrishna et al.，2012a，b；Bastia et al.，2010a；Solli et al.，2007；Gaina et al.，2007；Stagg et al.，2004，2005)。

但是如何准确地理解相应构造单元之间的共轭关系仍需要进一步验证,如 Stagg 等(2004,2005)主导的地震调查显示在恩德比盆地内缺少向海倾斜反射层(SDR),可能显示在大陆破裂时并没有出现大规模的地幔柱活动,但是根据 Gaina 等(2007)的研究,Prydz 海湾受到古生代—中生代 Lambert 继承性地堑的影响,并且凯尔盖朗高原大规模的岩浆活动就发生在大陆破裂 10～15 Ma 之后。随着不同学者对孟加拉湾盆地内洋壳破裂带和海洋磁异常数据的研究(Nogi et al.,2004,1996;Ramana et al.,2001,1994),人们进一步认清了大陆破裂后东北印度洋的扩张过程和印度大陆的运动规律。

晚侏罗世—早白垩世(157～132 Ma),印度大陆与南极洲-澳大利亚大陆之间的伸展首先从印度东北部/澳大利亚西南部开始,早期可能发育一组多叉裂谷,最后仅有孟加拉-阿萨姆与 K-G-默哈讷迪裂谷一直保留并持续向南发育。早白垩世(132～120 Ma),印度-南极洲大陆之间发生陆内伸展与泛裂谷作用,产生大量的堑-垒构造;而早白垩世晚期(120 Ma)印度大陆与南极洲-澳大利亚大陆开始裂离,新生洋壳出现,印度与南极洲大陆的裂离运动产生大规模北西向右行走滑断裂。这一时期的扩张活动得到了澳大利亚西北部海洋磁异常数据的完整记录(Robb et al.,2005;Larson,1977;Markl,1974)。随着印度大陆与南极洲-澳大利亚大陆的分离,海底持续扩张,孟加拉湾盆地基底洋壳开始生长(图 3.21)。Müller 等(2008)建立的孟加拉湾盆地基底洋壳年龄条带表明洋壳自 120 Ma 左右开始形成,向东一直延续到 70 Ma 左右,年龄条带大致分为三段,南段呈近南北向,中段呈北东向,北段大致北北东向。洋壳年龄的分布提供了两个方面的信息:①形成盆地基底的海底扩张中心有相对印度大陆向东迁移的过程;②洋壳年龄条带的展布反映了大陆分裂的初始位置与方向。基底洋壳的演化可能对基底结构与盆地结构均产生影响。

Radhakrishna 等(2012a)注意到:①位于印度洋中的 Elan Bank 陆块具有印度东部大陆边缘东高止山岩系属性(Ingle,2002);②南极洲大陆恩德比盆地中 M9～M2 磁异常带及指示的古扩张脊(Gaina et al.,2007,2003)可能对进一步认识印度东部大陆边缘的演化提供了新视角。资料表明印度东部大陆边缘经历了两次分裂过程(图 3.21),首先是印度东部大陆边缘的东南部与南极洲大陆恩德比盆地西部的初始分离发生在 Elan Bank 和恩德比陆块之间的洋中脊扩张期间(M9～M2),其次是在 M2 期间印度东部大陆边缘和 Elan Bank 陆块由于向北跳跃的洋中脊而发生分裂。其中,第二期分裂的主要疑问是 Elan Bank 陆块分裂之前位于印度东部大陆边缘的位置。Gaina 等(2007)认为 Elan Bank 位于大陆边缘中段的 K-G 盆地附近,而 Desa 等(2008)则认为其位于默哈讷迪盆地的东北部。Radhakrishna 等(2012a)则支持 Gaina 等(2007)的观点,因为洋壳破裂带特征显示两者之间的扩张机制或破裂机制存在明显差异,印度东部大陆边缘中段缺少东高止山变质岩系(Ramakrishnan et al.,1998)。根据上述地质证据,他们认为孟加拉湾西北部高韦里盆地附近的中生代转换性质的洋壳破裂带与恩德比盆地西部的洋壳破裂带成共轭关系,正常拉伸形成的洋壳破裂带则与 Elan Bank 附近的洋壳破裂带成共轭关系(图 3.21)。

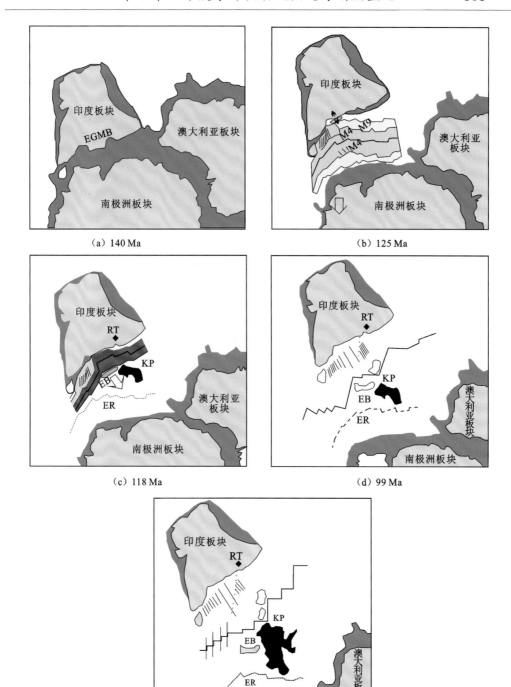

图 3.21　印度东部大陆边缘的构造演化(Radhakrishna et al.,2012a)

EGMB:东高止山活动带;KP:凯尔盖朗高原;RT:拉杰默哈尔玄武岩;

EB:Elan Bank;ER:消亡的扩张脊;M4、M9:磁异常条带

3.5.3　印度东部大陆边缘盆地的形成机制

被动大陆边缘盆地的形成受控于同裂谷期大陆的伸展与破裂作用和裂后期大陆边缘的沉降作用。同裂谷期盆地内地堑-地垒构造的几何形态与大陆岩石圈的拉伸机制密切相关,而裂后期盆地的结构主要与这一时期的沉积建造过程有关。印度东部大陆边缘发育典型的同裂谷期和裂后期两套沉积序列(Radhakrishna et al.,2012a;Bastia et al.,2010a),显示它们可能也受到了类似因素的影响。除此之外,研究还表明印度东部大陆边缘盆地的形成和演化还可能受到以下因素的影响。

① 岩石圈拉伸与洋壳扩张速率。尽管 Ramana 等(1994)认为孟加拉湾盆地中的中生代磁异常带属于洋中脊快速扩张的产物,但是 Radhakrishna 等(2012a)根据孟加拉湾盆地中北西—南东向的洋壳破裂带的性质,认为其与缓慢扩张的洋中脊有关。与印度东部大陆边缘共轭的南极洲恩德比盆地的显示初始扩张速率(3.9 cm/a)要大于后期的扩张速率(2.2 cm/a)(Gaina et al.,2007)。这一结果与印度东部大陆边缘缓慢扩张的破裂带表明印度与南极洲大陆的早期(M9~M4磁异常)拉伸和破裂是受高角度断层控制的非对称扩张(Gopala Rao et al.,1997)。已有 Nemčok 等(2012b)认为 K-G 盆地与默哈讷迪盆地之间东西两端的伸展距离约为 160 km 和 310 km,据此判断扩张速率分别是2.7 cm/a 和 5.2 cm/a,可能代表的是大陆地壳的快速伸展过程。同时,过渡壳的出现也是大陆岩石圈快速伸展的结果(Nemčok et al.,2012a)。

② 火山岩的侵入改造。印度东部大陆边缘及其共轭的大陆边缘在白垩纪早期(130 Ma)出现了规模巨大($>1000 \mathrm{~km}^2$)的火山作用事件(Coffin et al.,2002),最具代表性的是凯尔盖朗超级地幔柱的强烈活动(发生在 120~90 Ma)。如此大规模的岩浆活动很有可能产生多个短期活动的热点,并对大陆岩石圈的伸展和破裂加以改造,如拉杰默哈尔和锡尔赫特熔岩体(117 Ma)。更有甚者,Subrahmanyam 等(1999)认为整个印度东北部属于大火成岩省(large igneous province)的一部分。尽管印度大陆与南极洲—澳大利亚大陆的破裂可能发生在大规模岩浆作用之前,但是 Bastia 等(2010b)通过高分辨率地震剖面揭示了大陆边缘向海倾斜的反射层(seaward dipping reflector),证明了大规模岩浆作用的存在。

参 考 文 献

ALLEN P A,ALLEN J R,1990. Basin analysis:principal and applications[M]. London:Blackwell Science Publications.

ALLEN P A, ALLEN J R, 2005. Basin analysis: principles and applications [M]. Malden: Blackwell Science Publications.

ALLEN P A,ALLEN J R,2013. Basin analysis:principles and application to petroleum play assessment[M]. London: John Wiley and Son.

BABU RAO V, ATCHUTA RAO D, SANKERNARAYAN P V, et al., 1982. Aeromagnetic survey over parts of Mahanadi basin and the adjoining offshore region,Orissa,India[J]. Indian geophysical research bulletin,20:219-226.

BAKSI A K,1995. Petrogenesis and timing of volcanism in the Rajmahal flood basalt province,northeastern India[J]. Chemical geology,121(1/4):73-90.

BALAKRISHNAN T S, SHARMA D S, 1981. Tectonics of Cauvery basin [J]. Bulletin of oil and nature gas commission,India,18:49-51.

BALAN K C, DHAR P C, BANERJEE B, et al., 1993. Quantitative genetic modelling of Cauvery Basin[C]// Proceedings of the 2nd Seminar on Petroliferous Basins of India. Indian Petroleum Publishers,Dehradun,India,1: 127-160.

BALLY A W,1981. Atlantic-type margins[J]. American association of petroleum geologists education,I9:1-48.

BALLY A W,PRICE R A,ROBERTS D G,et al.,1982. Musings over sedimentary basin evolution and Discussion[J]. Philosophical transactions of the royal society of London,305(1489):325-338.

BASAVARAJU M H,GOVINDAN A,1997. First record of permian palynofossils in sub surface sediments of cauvery basin,India[J]. Journal of the geological society of India,50(5):571-576.

BASTIA R,2006. An overview of Indian sedimentary basins with special focus on emerging east coast deepwater frontiers[J]. The leading edge,25(7):818-829.

BASTIA R,RADHAKRISHNA M,2012. Basin evolution and petroleum prospectivity of the continental margins of India[M]. Holand:Elsevier.

BASTIA R,RADHAKRISHNA M,DAS S,et al.,2010a. Delineation of the 85°E ridge and its structure in the Mahanadi Offshore Basin,Eastern Continental Margin of India (ECMI),from seismic reflection imaging[J]. Marine and petroleum geology,27(9):1841-1848.

BASTIA R,RADHAKRISHNA M,SRINIVAS T,et al., 2010b. Structural and tectonic interpretation of geophysical data along the Eastern Continental Margin of India with special reference to the deep water petroliferous basins[J]. Journal of Asian earth sciences,39(6):608-619.

BEHERA L,SAIN K,REDDY P R,2004. Evidence of underplating from seismic and gravity studies in the Mahanadi delta of eastern India and its tectonic significance[J]. Journal of geophysical research:solid earth,109(B12311):1-25.

BIRD D,2009. Offshore East India,two dimensional gravity and magnetic models[J]. Bird geophysical,unpublished report,Reliance Industries Limited.

BISWAS S K,1993. Major Neotectonic events during the Quaternary in Krishna-Godavari[J]. Current science,64(11/12): 797-803.

BOILLOT G, GRIMAUD S, MAUFFRET A, et al., 1980. Ocean-continent boundary off the Iberian margin: a serpentinite diapir west of the Galicia Bank[J]. Earth and planetary science letters,48(1):23-34.

BOILLOT G,RECQ M,WINTERER E L,et al.,1987. Tectonic denudation of the upper mantle along passive margins: a model based on drilling results (ODP leg 103,western Galicia margin,Spain)[J]. Tectonophysics,132(4):335-342.

BOSWORTH W,1985. Geometry of propagating rifts[J]. Nature,316(6029):625-627.

BRADLEY D C,2008. Passive margins through earth history[J]. Earth-science reviews,91(1):1-26.

BUCK W R,1988. Flexural rotation of normal faults[J]. Tectonics,7(5):959-973.

CHAND S,RADHAKRISHNA M,SUBRAHMANYAM C,2001. India-East Antarctica conjugate margins:rift-shear tectonic setting inferred from gravity and bathymetry data[J]. Earth and planetary science letters,185(1):225-236.

CHANDRA K, PHILIP P C, SRIDHARAN P, et al., 1991. Petroleum source-rock potentials of the Cretaceous transgressive-regressive sedimentary sequences of the Cauvery Basin[J]. Journal of Southeast Asian earth sciences,5 (1/4):367-371.

CHANDRA K,RAJU D S N,MISHRA P K,1993. Sea level changes,anoxic conditions,organic matter enrichment,and petroleum source rock potential of the Cretaceous sequences of the Cauvery Basin, India [J]. Source rocks in a sequence stratigraphic framework,American association of petroleum geologists special volumes,9:131-146.

CHAUDHURI A,RAO M V,DOBRIYAL J,et al.,2009. Prospectivity of Cauvery Basin in deep syn-rift sequences,SE

India[C]//American association of petroleum geologists Annual Convention and Exhibition,Denver,Colorado,USA, 7-10 June 2009.

CHAUDHURI A,RAO M V,DOBRIYAL J P,et al.,2010. Prospectivity of Cauvery Basin in deep synrift sequences, SE India[G]American association of petroleum geologists Search and Discovery Article,10232.

COFFIN M F,PRINGLE M S,DUNCAN R A,et al.,2002. Kerguelen hotspot magma output since 130 Ma[J]. Journal of petrology,43(7):1121-1137.

COOK P J,MCELHINNY M W,1979. A reevaluation of the spatial and temporal distribution of sedimentary phosphate deposits in the light of plate tectonics[J]. Economic geology,74(2):315-330.

COWARD M P,1986. Heterogeneous stretching,simple shear and basin development[J]. Earth and planetary science letters,80(3):325-336.

CURRAY J R,MUNASINGHE T,1991. Origin of the Rajmahal Traps and the 85°E Ridge:preliminary reconstructions of the trace of the Crozet hotspot[J]. Geology,19(12):1237-1240.

DATTA A K,BEDI T S,1968. Faunal aspects and the evolution of the Cauvery Basin.:Cretaceous-Tertiary formations of South India[J]. Memoir Geological Society of India,2:168-177.

DAVISON I A N,1997. Wide and narrow margins of the Brazilian South Atlantic[J]. Journal of the geological society, 154(3):471-476.

DESA M,RAMANA M V,RAMPRASAD T,2008. Elan Bank,a continental fragment and an enigmatic feature in the Indian Ocean[C]//Process International Association for Gondwand Research Conference,Series 5:215-216.

DICKINSON W R,1974. Plate tectonics and sedimentation[M]//DICKINSON W R. Tectonics and Sedimentations, Society of Petroleum Engineering,Special Publications,22:1-27.

EINSELE G,2000. Sedimentary basins:evolution,facies,and sediment budget[M]. Berlin Heidelberg:Springer Science and Business Media-Verlag.

ELDHOLM O,GRUE K,1994. North Atlantic volcanic margins:dimensions and production rates[J]. Journal of geophysical research:solid earth,99(B2):2955-2968.

FALVEY D A,1974. The development of continental margins in plate tectonic theory[J]. Journal of Australian petroleum production and exploration association,14(1):95-106.

FARHADUZZAMAN M,WAN H A,ISLAM M A,2013. Petrographic characteristics and palaeoenvironment of the Permian coal resources of the Barapukuria and Dighipara Basins,Bangladesh[J]. Journal of Asian earth sciences,64: 272-287.

FEDOROV L V, GRIKUROV G E, KURININ R G, et al., 1982. Crustal structure of the Lambert Glacier area from geophysical data[J]. Antarctic geoscience:931-936.

FULORIA R C, 1993. Geology and hydrocarbon prospects of Mahanadi Basin, India[C]//Proceedings of Second Seminar on Proliferous Basins of India:Indian Petroleum Publishers,355-369.

FULORIA R C,PANDEY R N,BHARALI B R,et al.,1992. Stratigraphy,structure and tectonics of Mahanadi offshore basin[J]. Geological survey of India, Special Publication,29:255-265.

GAINA C,MÜLLER R D,BROWN B,et al.,2003. Microcontinent formation around Australia[J]. Geological society of America, Special Paper,372(372):405-416.

GAINA C,MÜLLER R D,BROWN B,et al.,2007. Breakup and early seafloor spreading between India and Antarctica [J]. Geophysical journal international,170(1):151-169.

GOPALA RAO,KRISHNA K S,SAR D,1997. Crustal evolution and sedimentation history of the Bay of Bengal since the Cretaceous[J]. Journal of geophysical research:solid earth,102(B8):17747-17768.

GOVINDAN A,1982. Imprints of global 'Cretaceous Anoxic Events' in east coast basins of India and their implications[J]. Bulletin oil and natural gas commission,19:7-270.

GOVINDAN A,1984. Stratigraphy and sedimentation of East-Godavari sub-basin[J]. Petroleum Asia journal,7(1):

132-146.

GOVINDAN A,1993. Cretaceous anoxic events, sea level changes and microfauna in Cauvery Basin, India[C]// Proceedings of the Second Seminar on Petroliferous basins of India,1:161-176.

GOVINDAN A,RAVINDRAN C N,1996. Cretaceous biostratigraphy and sedimentation history of Cauvery Basin, India[C]//XV Indian Colloquium Micropal. Strat. Dehradun:19-31.

GUPTA S K,2006. Basin architecture and petroleum system of Krishna Godavari Basin, east coast of India[J]. The leading edge,25(7):830-837.

HUISMANS R S, BEAUMONT C, 2002. Asymmetric lithospheric extension: the role of frictional plastic strain softening inferred from numerical experiments[J]. Geology,3(3):211-214.

HUISMANS R S,BEAUMONT C,2008. Complex rifted continental margins explained by dynamical models of depth-dependent lithospheric extension[J]. Geology,36(2):163-166.

HUSAIN R,MITRA T,GUPTA R P,et al.,2000. Tectonostratigraphy of the East coast of India vis-a-vis development of cretaceous petroleum systems[C]//Petroleum Geochemistry and Exploration in the Afri-Asian Region, 5th International Conference and Exhibition,5-27 November.

INGLE S,2002. Indian continental crust recovered from Elan Bank,Kerguelen Plateau (ODP Leg 183,Site 1137)[J]. Journal of petrology,43(7):1241-1257.

ISLAM M S,MESHESHA D,SHINJO R,2014. Mantle source characterization of Sylhet Traps,northeastern India:a petrological and geochemical study[J]. Journal of earth system science,123(8):1839-1855.

JACKSON M P A,CRAMEZ C,FONCK J M,2000. Role of subaerial volcanic rocks and mantle plumes in creation of South Atlantic margins:implications for salt tectonics and source rocks[J]. Marine and petroleum geology,17(4): 477-498.

JAGANNATHAN C R,RATNAM C,BAISHYA N C,et al.,1983. Geology of the offshore Mahanadi Basin[J]. Petroleum Asia journal,6(4):101-104.

JOHNSON B D,POWELL C M A,VEEVERS J J,1976. Spreading history of the eastern Indian Ocean and Greater India's northward flight from Antarctica and Australia[J]. Geological society of America bulletin, 87 (11): 1560-1566.

KAILA K L, 1990. Deep Seismic sounding in the Godavari Graben and Godavari (coastal) Basin, India [J]. Tectonophysics,173(1/4):307-317.

KAILA K L,TEWARI H C,MALL D M,1987. Crustal structure and delineation of Gondwana basin in the Mahanadi delta area,India,from deep seismic soundings[J]. Journal of the geological society of India,29(3):293-308.

KAL N K, SIAWAL A, KAUL A,2009. Evolution of east coast of India:a plate tectonic reconstruction[J]. Journal geological societ of India, 73(2):249-260.

KALYANASUNDARAM R,VIJAYALAKSHMI K G,1991. Paleogeography of Cauvery basin[R]. Oil and Natural Gas Corporation Limital,Unpublished.

KARNER G D,2008. Depth-dependent extension and mantle exhumation:an extreme passive margin end-member or a new paradigm[C]//Central Atlantic Conjugate Margins Conference-Halifax:13-15.

KARNER G D, WATTS A B, 1982. On isostasy at Atlantic-type continental margins [J]. Journal of geophysical research:solid earth,87(B4):2923-2948.

KEEN C E,STOCKMAL G S,WELSINK H,et al.,1987. Deep crustal structure and evolution of the rifted margin northeast of Newfoundland results from Lithoprobe East[J]. Canadian journal of earth sciences,24(8):1537-1549.

KENT R,1991. Lithospheric uplift in eastern Gondwana:evidence for a long-lived mantle plume system[J]. Geology, 19(1):19-23.

KENT W,SAUNDERS A D,KEMPTON P D,et al.,1997. Rajmahal Basalts,eastern India:mantle sources and melt distribution at a volcanic rifted margin[J]. American geophysical union geophysical monograph,100:145-182.

KENT R W,PRINGLE M S,MÜLLER R D,et al.,2002. ^{40}Ar/^{39}Ar geochronology of the Rajmahal basalts,India,and their relationship to the Kerguelen Plateau[J]. Journal of petrology,43(7):1141-1153.

KLEMPERER S L,1988. Crustal thinning and nature of extension in the northern North Sea from deep seismic reflection profiling[J]. Tectonics,7(4):803-821.

KRISHNA K S,LAJU M,BHATTACHARYYA R,et al.,2009. Geoid and gravity anomaly data of conjugate regions of Bay of Bengal and Enderby Basin: new constraints on breakup and early spreading history between India and Antarctica[J]. Journal of geophysical research:solid earth,114(B3):199-206.

KUMAR S P,1983. Geology and hydrocarbon prospects of Krishna-Godavari and Cauvery Basins[J]. Petroleum Asia journal,6(4):57-65.

KUMAR A,DAYAL A M,PADMAKUMARI V M,2003. Kimberlite from Rajmahal magmatic province:Sr-Nd-Pb isotopic evidence for Kerguelen plume derived magmas[J]. Geophysical research letters,30(20):315-331.

KUSZNIR N J,EGAN S S,1990. Simple-shear and pure-shear models of extensional sedimentary basin formation: application to the Jeanne d'Arc Basin,Grand Banks of Newfoundland[J]. American association of petroleum geologists memoir,156(5):14-16.

KUSZNIR N J,MARSDEN G,EGAN S S,1991. A flexural-cantilever simple-shear/pure-shear model of continental lithosphere extension:applications to the Jeanne d'Arc Basin,Grand Banks and Viking Graben,North Sea[J]. Geological society of London,Special Publications,56(1):41-60.

LAL N K,SIAWAL A,KAUL A K,2009. Evolution of east coast of India:a plate tectonic reconstruction[J]. Journal of the geological society of India,73(2):249-260.

LARSON R L,1977. Early Cretaceous breakup of Gondwanaland off western Australia[J]. Geology,5(1):57-60.

LARSEN H C,DUNCAN R A,ALLAN J F,et al.,1996. Introduction:Leg 163 background and objectives[R]. Proc ODP,Init Rept 163:1-12.

LAWVER L A,ROYER J Y,SANDWELL D T,et al.,1991. Crustal development:gondwana break-up[M]. Geological Evolution of Antarctica. Cambridge:Cambridge University Press,533-539.

LE PICHON X,SIBUET J C,1981. Passive margins:a model of formation[J]. Journal of geophysical research:solid earth,86(B5):3708-3720.

LEACH D L,BRADLEY D,LEWCHUK M T,et al.,2001. Mississippi valley-type lead-zinc deposits through geological time:implications from recent age-dating research[J]. Mineralium deposita,36(8):711-740.

LEVELL B, ARGENT J, DORÉ A G, et al., 2010. Passive margins: overview[C]//Geological Society, London, Petroleum Geology Conference series,7:823-830.

LISTER G S,ETHERIDGE M A,SYMONDS P A,1986. Detachment faulting and the evolution of passive continental margins[J]. Geology,14(3):246-250.

LISTER G S,ETHERIDGE M A,SYMONDS P A,1991. Detachment models for the formation of passive continental margins[J]. Tectonics,10(5):1038-1064.

LOUDEN K E,CHIAN D,OSMASTON M,et al.,1999. The deep structure of non-volcanic rifted continental margins [J]. Philosophical transactions,mathematical physical and engineering sciences,357(1753):767-804.

MAHALIK N K, 1995. Geomorphology[M]//MOHANTY B K, MAHALIK N K, MISHR A R N. Geology and Mineral Resources of Orissa. Bhubaneswar:Society of Geoscientists and Allied Technologists:1-7.

MALL D M,RAO V K,REDDY P R,1999. Deep sub-crustal features in the Bengal Basin:seismic signatures for plume activity[J]. Geophysical research letters,26(16):2545-2548.

MANATSCHAL G,2004. New models for evolution of magma-poor rifted margins based on a review of data and concepts from West Iberia and the Alps[J]. International journal of earth sciences,93(3):432-466.

MANATSCHAL G,BERNOULLI D,1998. Rifting and early evolution of ancient ocean basins:the record of the Mesozoic Tethys and of the Galicia-Newfoundland margins[J]. Marine geophysical research,20(4):371-381.

MANATSCHAL G,BERNOULLI D,1999. Architecture and tectonic evolution of nonvolcanic margins：present-day Galicia and ancient Adria[J]. Tectonics,18(6)：1099-1119.

MANATSCHAL G,FROITZHEIM N,RUBENACH M,et al.,2001. The role of detachment faulting in the formation of an ocean-continent transition：insights from the Iberia Abyssal Plain[J]. Geological society, London, special publications,187(1)：405-428.

MANN P, GAHAGAN L, GORDON M, 2005. Tectonic setting of the world's giant oil and gas fields[C]// HALBOUTY M T. Giant oil and gas fields of the decade 1990-1999：American Association of Petroleum Memoir 78, Tulsa：15-105.

MARKL R G, 1974. Evidence for the breakup of eastern Gondwanaland by the early Cretaceous[J]. Nature, 251(5472)：196-200.

MARSDEN G,YIELDING G,ROBERTS A M,et al.,1990. Application of a flexural cantilever simple-shear/pure-shear model of continental lithosphere extension to the formation of the northern North Sea Basin[M]//MARSDEN G, YIELDING G,ROBERTS A M. Tectonic Evolution of the North Sea Rifts Oxford：Clarendon Press：240-261.

MEYERS J B,ROSENDAHL B R,GROSCHEL-BECKER H,et al.,1996. Deep penetrating MCS imaging of the rift-to-drift transition,offshore Douala and North Gabon basins,West Africa[J]. Marine and petroleum geology,13(7)：791-835.

MISHRA D C,BABU RAO V,LAXMAN G,et al.,1987. Three-dimensional structural model of Cuddapah Basin and adjacent eastern part from geophysical studies[J]. Memoir geological society of India,6：313-330.

MITRA D S,AGARWAL R P,1991. Geomorphology and petroleum prospects of Cauvery Basin,tamilnadu,based on interpretation of indian remote sensing satellite (IRS) data[J]. Journal of the Indian society of remote sensing,19 (4)：263-268.

MOHINUDDIN S K, SATYANARAYANA K, RAO G N, 1993. Cretaceous sedimentation in the sub-surface of Krishna-Godavari basin[J]. Journal of the geological society of India,41(6)：533-539.

MÜLLER R D,SDROLIAS M,GAINA C,et al.,2008. Age,spreading rates,and spreading asymmetry of the world's ocean crust[J]. Geochemistry geophysics geosystems,9(4)：Q04006.

MURTY K V S,RAMAKRISHNA M,1980. Structure and tectonics of Godavari-Krishna coastal sedimentary basins [J]. Bulletin of ONGC,17(1)：147-158.

MURTHY I V R,BABU S B,2006. Structure of Charnockitic basement in a part of the Krishna-Godavari Basin, Andhra Pradesh[J]. Journal of earth system science,115(4)：387-393.

MURTHY K V S,SINGH R P,NAGAR V K,1973. Hydrocarbon prospects of Mahanadi Basin[R]. Unpublished report of ONG Commission of India,53.

NAGENDRA R, KANNAN B V K, SEN G, et al.,2011. Sequence surfaces and paleobathymetric trends in Albian to Maastrichtian sediments of Ariyalur area, Cauvery Basin, India[J]. Marine and petroleum geology,28(4)：895-905.

NEMČOK M, SINHA S T, STUART C J, et al., 2012a. East Indian margin evolution and crustal architecture： integration of deep reflection seismic interpretation and gravity modelling[J]. Geological society, London, special publications,369(1)：477-496.

NEMČOK M, STUART C, ROSENDAHL B R, et al., 2012b. Continental break-up mechanism lessons from intermediate-and fast-extension settings[J]. Geological society,London,special publications,369(1)：373-401.

NOGI Y,SEAMA N,ISEZAKI N,et al.,1996. Magnetic anomaly lineations and fracture zones deduced from vector magnetic anomalies in the West Enderby Basin[J]. Geological society of London,108(1)：265-273.

NOGI Y,NISHI K,SEAMA N,et al.,2004. An interpretation of the seafloor spreading history of the West Enderby Basin between initial breakup of Gondwana and anomaly[J]. Marine geophysical research,25(3)：221-231.

ODEGARD M E,2003. Geodynamic Evolution of the Atlantic Ocean：constraints from potential field data[C]//The 8th International Congress of The Brazilian Geophysical Society.

ODEGARD M E,2005. Passive margin development in the Atlantic and Gulf of Mexico with a special emphasis on proto-oceanic crust[C]//Proceedings 25th Annual GCSSEPM Foundation Bob F. Perkins Research Conference,December,Houston.

ODEGARD M E,DICKSONB W G,ROSENDAHLC B R,et al.,2002. Proto-oceanic crust in the north and south Atlantic:types,characteristics,emplacement mechanisms,and its influence on deep and ultra-deep water exploration[C]//American Association of Petroleum Geologists Hedberg Conference on Hydrocarbon Habitat of Volcanic Rifted Passive Margins.

OLSEN K H,1995. Continental rifts:evolution,structure,tectonics[M]. New York:Elsevier.

PICKUP S L B,WHITMARSH R B,FOWLER C M R,et al.,1996. Insight into the nature of the ocean-continent transition off West Iberia from a deep multichannel seismic reflection profile[J]. Geology,24(12):1079-1082.

POWELL C M A,ROOTS S R,VEEVERS J J,1988. Pre-breakup continental extension in East Gondwanaland and the early opening of the eastern Indian Ocean[J]. Tectonophysics,155(1):261-283.

PRABHAKAR K N,ZUTSHI P L,1993. Evolution of southern part of Indian east coast basins[J]. Journal of the geological society of India,41(3):215-230.

RADHAKRISHNA M,TWINKLE D,NAYAK S,et al.,2012a. Crustal structure and rift architecture across the Krishnae-Godavari Basin in the central Eastern Continental Margin of India based on analysis of gravity and seismic data[J]. Marine and petroleum geology,37(1):129-146.

RADHAKRISHNA M,RAO S,NAYAK S,et al.,2012b. Early Cretaceous fracture zones in the Bay of Bengal and their tectonic implications:constraints from multi-channel seismic reflection and potential field data[J]. Tectonophysics,522:187-197.

RAJARAM M,ANAND S P,ERRAM V C,2000. Crustal magnetic studies over Krishna-Godavari Basin in eastern continental margin of India[J]. Gondwana research,3(3):385-393.

RAJARAM M,ANAND S P,BALAKRISHNA T S,2006. Composite magnetic anomaly map of India and its contiguous regions[J]. Journal of the geological society of India,68(4):569-576.

RAJU D S N. 1994. The magnitude of hiatus and sea level changes across KIT Boundary in Cauvery and Krishna-Godavari Basins,India[J]. Geological society of India,44(3):301-315.

RAJU K A K,2005. Three-phase tectonic evolution of the Andaman backarc basin[J]. Current science,89(11):1932-1937.

RAMAKRISHNAN M,NANDA J K,AUGUSTINE P F,1998. Geological evolution of the Proterozoic Eastern Ghats mobile belt[J]. Geological survey of India,Special Publication,44:1-21.

RAMANA M V,NAIR R R,SARMA K,et al.,1994. Mesozoic anomalies in the Bay of Bengal[J]. Earth and planetary science letters,121(3/4):469-475.

RAMANI K K V,NAIDU B D,GIRIDHAR M,2000. Reassessment of hydrocarbon potential of Cauvery Basin,India e A quantitative genetic model approach[C]//Petroleum Geochemistry and Exploration in the Afro-Asian Region,5th International Conference and Exhibition,25-27 November.

RAMANA M V,RAMPRASAD T,DESA M,2001. Seafloor spreading magnetic anomalies in the Enderby Basin,East Antarctica[J]. Earth and planetary science letters,191(3/4):241-255.

RANGARAJU M K,AGARWAL A,PRABHAKAR K N,1993. Tectono-stratigraphy,structural styles,evolutionary model and hydrocarbon habitat,Cauvery and Palar Basins[C]//Proceedings of 2nd seminar on petroliferous basins of India,1:331-354.

RAO G N,2001. Sedimentation,stratigraphy,and petroleum potential of Krishna-Godavari Basin,east coast of India[J]. American association of petroleum geologists bulletin,85(9):1623-1643.

REDDY S I,ROYCHOWDHURY K,DROLIA R K,et al.,1988. On the structure of the western continental margin off Mangalore coast[J]. Journal of association of exploration geophysicists,9(4):181-189.

REDDY P R，VENKATESWARLU N，PRASAD A，et al.，2002. Basement structure below the coastal belt of Krishna-Godavari Basin：correlation between seismic structure and well information[J]. Gondwana research，5(2)：513-518.

REEVES C V，WIT M J D，SAHU B K，2004. Tight reassembly of Gondwana exposes Phanerozoic Shears in Africa as global tectonic players[J]. Gondwana research，7(1)：7-19.

ROBB M S，TAYLOR B，GOODLIFFE A M，2005. Re-examination of the magnetic lineations of the Gascoyne and Cuvier Abyssal Plains，off NW Australia[J]. Geophysical journal international，163(1)：42-55.

ROSENDAHL B R，GROSCHELBECKER H，1999. Deep seismic structure of the continental margin in the Gulf of Guinea：a summary report[J]. Geological society，London，Special Publications，153(1)：75-83.

ROSENDAHL B R，MOHRIAK W U，ODEGARD M E，et al.，2005. West African and Brazilian conjugate margins：crustal types，architecture，and plate configurations [C]//GCSSEPM 25th Annual Bob F. Perkins Reseach Conference，Petroleum Systems of Divergent Continental Margin Basins，261-317.

ROYDEN L，KEEN C E，1980. Rifting process and thermal evolution of the continental margin of Eastern Canada determined from subsidence curves[J]. Earth and planetary science letters，51(2)：343-361.

ROYER J Y，SANDWELL D T，1989. Evolution of the eastern Indian Ocean since the Late Cretaceous：constraints from Geosat altimetry[J]. Journal of geophysical research：solid earth，94(B10)：13755-13782.

SAHU J N，2005. Deep water Krishna-Godavari basin and its potential[J]. Petromin (Asia's Exploration and Production Business magazine)，April issue：26-34.

SAHU J N，ZUTSHI P L，SHUKLA S D，1995. Seismic sequence analysis of Tanjore Subbasin，Cauvery Basin[C]// India Pro. Petrotech-95，9-12 Jan，New Delhi，Technology Trend in Petroleum Industry，1：257-262.

SAHU J N，2005. Krishna Godavari offshore basin emerging to be a world class petroleum province[J]. DEW J，80.

SAHU J N，2008. Hydrocarbon potential and exploration strategy of Cauvery Basin[M]. Dehradun：Technology publications：1-314.

SAHU J N，2010. Hydrocarbon Exploration Opportunities in Krishna Godavari Basin，India[M]. Dehradun：Technology Publications.

SASTRI V V，SINHA R N，SINGH G，et al.，1973. Stratigraphy and tectonics of sedimentary basins on east coast of peninsular India[J]. American association of petroleum geologists bulletin，57(4)：655-678.

SASTRI V V，VENKATACHALA B S，NARAYANAN V，1981. The evolution of the east coast of India[J]. Palaeogeography，6(1/2)：23-54.

SENGÖR A M，BURKE K，1978. Relative timing of rifting and volcanism on Earth and its tectonic implications[J]. Geophysical research letters，5(6)：419-421.

SIBUET J C，SRIVASTAVA S，MANATSCHAL G，2007. Exhumed mantle-forming transitional crust in the Newfoundland-Iberia rift and associated magnetic anomalies[J]. Journal of geophysical research：solid earth，112 (B6)：623-626.

SOLLI K，KUVAAS B，KRISTOFFERSEN Y，et al.，2007. Seismic morphology and distribution of inferred glaciomarine deposits along the East Antarctic continental margin，20°E-60°E[J]. Marine geology，237(3/4)：207-223.

STAGG H M J，COLWEL J B，DIREEN N G，et al.，2004. Geology of the continental margin of enderby and Mac. Robertson Lands，East Antarctica：insights from a regional data set[J]. Marine geophysical research，25(3)：183-219.

STAGG H M J，COLWELL J B，DIREEN N G，et al.，2005. Geological framework of the continental margin in the region of the Australian Antarctic Territory[G]. Geoscience australia record，25：356.

SUBRAHMANYAM C，THAKUR N K，RAO T G，et al.，1999. Tectonics of the Bay of Bengal：new insights from satellite-gravity and ship-borne geophysical data[J]. Earth and planetary science letters，171(2)：237-251.

SUBRAHMANYAM V，SUBRAHMANYAM A S，MURTY G P S，et al.，2008. Morphology and tectonics of Mahanadi

Basin,northeastern continental margin of India from geophysical studies[J]. Marine geology,253(1):63-72.

TALUKDAR S,1982. Geology and hydrocarbon prospects of East Coast Basins of India and their relationship to evolution of The bay of bengal[C]//Offshore South East Asia Show,Society of Petroleum Engineers.

TALWANI M,DESA M A,ISMAIEL M,et al.,2016. The tectonic origin of the Bay of Bengal and Bangladesh[J]. Journal of geophysical research:solid earth,121(7):4836-4851.

TEWARI V C,1996. Discovery of pre Ediacaran acritarch Chuaria circularis (Walcott,1899,Vidal and Ford,1985) from the Deoban Mountains,Lesser Himalaya[J]. India geoscience journal,17(1):25-39.

THOMAS N J,SHARMA V N,1993. Thermal evolution of source rocks in Cauvery Basin[C]//Proceedings of the 2nd Seminar on Petroliferous Basins of India. Indian Petroleum Publishers,Dehradun,1:245-254.

VALDIYA K S,2013. The Making of India-Geodynamics Evolution[M]. New Delhi:Macmillan India Limited:1-816.

VEEVERS J J,2009. Palinspastic (pre-rift and-drift) fit of India and conjugate Antarctica and geological connections across the suture[J]. Gondwana research,16(1): 90-108.

VENKATARANGAN R,1987. Depositional systems and thrust areas for exploration in Cauvery Basin[J]. Oil and natural gas commission bulletion,24(1):56-69.

VENKATARANGAN R,RAY D,1993. Geology and petroleum systems,Krishna-Godavari basin[C]//Proceedings of the second seminar on petroliferous basins of India. Indian Petroleum Publishers Deh-radun,1:331-354.

WATTS A B,1988. Gravity anomalies,crustal structure and flexure of the lithosphere at the Baltimore Canyon Trough [J]. Earth and planetary science letters,89(2):221-238.

WATTS A B,2001. Isostasy and Flexure of the Lithosphere[M]. Cambridge:Cambridge University Press.

WERNICKE B,1981. Low-angle normal faults in the Basin and Range Province:nappe tectonics in an extending orogen [J]. Nature,2915817:645-648.

WERNICKE B,1985. Uniform-sense normal simple shear of the continental lithosphere[J]. Canadian journal of earth sciences,22(1):108-125.

WHITE R S, 1992. Magmatism during and after continental break-up [J]. Geological society, London, special publications,68(1):1-16.

WILSON P G,TURNER J P,WESTBROOK G K,2003. Structural architecture of the ocean-continent boundary at an oblique transform margin through deep-imaging seismic interpretation and gravity modelling:equatorial Guinea,West Africa[J]. Tectonophysics,374(1/2):19-40.

YOSHIDA M,FUNAKI M,VITANAGE P W,1992. Proterozoic to Mesozoic East Gondwana: the juxtaposition of India,Sri Lanka,and Antarctica[J]. Tectonics,11(2):381-391.

第4章

缅甸-安达曼主动大陆边缘弧盆体系

　　缅甸-安达曼主动大陆边缘兼具北部缅甸陆上"A"型俯冲和南部安达曼海域 B 型俯冲的两类主动大陆边缘属性。北部缅甸陆上为大陆边缘弧沟系,火山岛弧发育于大陆边缘,将大陆边缘分割成弧前体系和弧后体系。南部安达曼海域为洋内弧沟系,海域内的弧前地区和弧后地区的岩石圈属于洋壳性质或过渡壳性质。缅甸-安达曼主动大陆边缘南北具有不同的岩石圈属性、沟-弧盆体系、盆地属性和构造特征,以及演化历史。缅甸-安达曼主动大陆边缘发育三种属性类型的盆地,即增生楔斜坡盆地、弧前盆地和弧后盆地。火山岛弧带作为主动大陆边缘的典型标志,与主动大陆边缘的不同属性盆地的形成及演化息息相关。

4.1　弧盆体系的组成与结构特征

　　根据板块性质的不同,主动大陆边缘之间的汇聚可分为洋壳之间、陆壳之间和洋壳与陆壳之间三种俯冲类型,其中洋壳与陆壳之间的俯冲称为"B"型俯冲,陆壳与陆壳之间的俯冲称为"A"型俯冲。不同类型的主动大陆边缘所发育的代表性的沟(海沟)-弧(岛弧)-盆(边缘海)体系的特征不同,盆地类型也各不相同。沟-弧盆体系是主动大陆边缘的标志性体系组合,其弧沟系按其空间分布可分为两类:洋内弧沟系和大陆边缘弧沟系。缅甸-安达曼主动大陆边缘兼具北部缅甸陆上"A"型俯冲和南部安达曼海域"B"型俯冲的两类主动大陆边缘属性。北部缅甸陆上为大陆边缘弧沟系,火山岛弧发育于大陆边缘,将大陆边缘分割成弧前体系和弧后体系。南部安达曼海域为洋内弧沟系,海域内的弧前地区和弧后地区的岩石圈属于洋壳性质或过渡壳性质。缅甸-安达曼主动大陆边缘南北具有不同的岩石圈属性、沟-弧盆体系、盆地属性和构造特征,以及演化历史。

　　缅甸-安达曼主动大陆边缘自西向东构造分带特征明显,东西走向起分割作用的构造带主要有海沟及大型逆冲断裂带、造山楔、火山岛弧带及掸泰地块边界断裂、变质带等。平面上,可将缅甸-安达曼主动大陆边缘划分为四个一级构造单元,自西向东分别是增生楔构造带、弧前构造带、火山岛弧带、弧后构造带(图4.1)。

4.1.1　构造格局及构造单元

　　北部缅甸陆上西缅地块主动大陆边缘盆地的整体格局自西向东表现为"两山控一带,低隆分两盆"。"两山控一带"中的"两山"分别指若开山造山带和掸泰地块,"一带"指夹持在其间自北向南呈条带状展布的中央沉降带;"低隆分两盆"中的"低隆"是指自北向南呈"S"形展布、断续出露的火山岛弧带,"两盆"指被岛弧带分割的弧前和弧后盆地。"两山控一带,低隆分两盆"的构造格局不仅反映了西缅地块主动大陆边缘自西向东的分带性,同时也体现了不同属性构造带的差异性。除了自西向东的分带性外,缅甸-安达曼主动大陆边缘自北向南还具有分区差异性的特点,体现了构造带内部的差异性。无论是增生楔构造带,还是弧前和弧后构造带,由于板块俯冲作用的差异性,自北向南表现出明显的差异性。以增生楔构造带为例,从北向南可划分为三个不同特征的段,即印缅边界那加山一带古老增生楔带、若开山海岸增生楔带及安达曼—尼科巴增生楔带。

　　西缅地块主动大陆边缘弧前构造带自北向南包括钦敦拗陷、沙林拗陷、皮亚-伊洛瓦底拗陷和安达曼海弧前拗陷四个构造单元,弧后构造带包括睡宝拗陷和勃固-锡当拗陷,南北具有明显的差异性特征。这些被分割的拗陷往往以大型断裂和隆起为界,而盆内进一步被低隆起分隔。从主干剖面可以清晰地看到缅甸—安达曼主动大陆边缘增生楔构造带、弧前构造带、火山岛弧带和弧后构造带的区域宏观格架(图4.2、图4.3)。

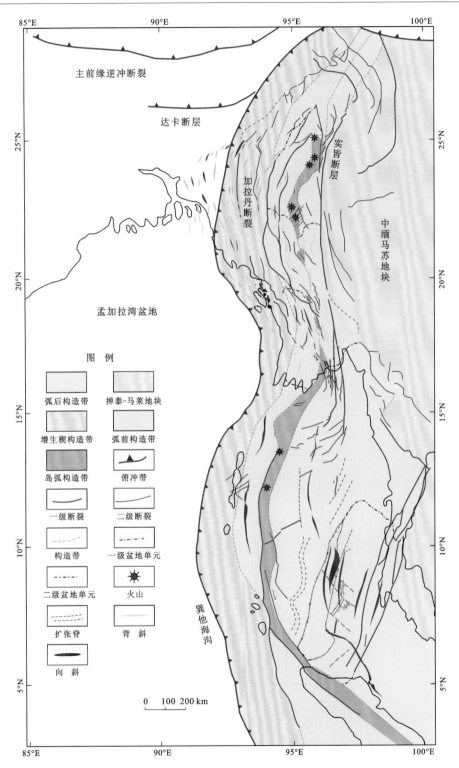

图 4.1　缅甸-安达曼主动大陆边缘弧盆体系构造纲要图

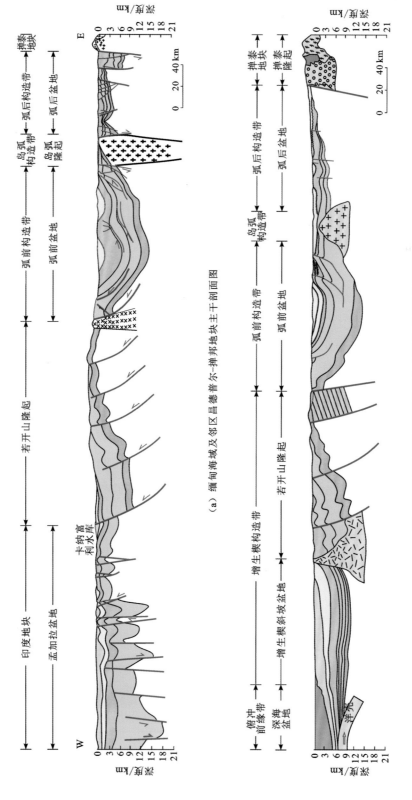

（a）缅甸海域及邻区昌普尔-掸邦地块主干剖面图

（b）缅甸海域及邻区若开海岸实兑-仁安佳-掸邦地块剖面图

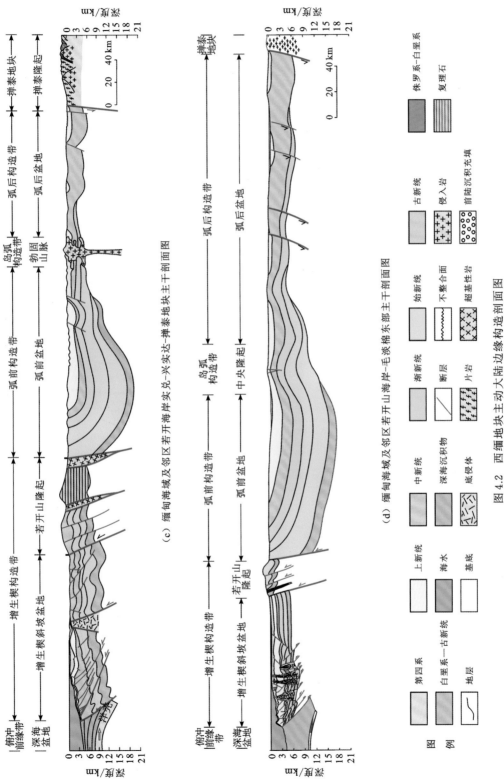

(c) 缅甸海域及邻区若开海岸实兑-兴实达-掸泰地块主干剖面图

(d) 缅甸海域及邻区若开山海岸-毛淡棉东部主干剖面图

图 4.2　西缅地块主动大陆边缘构造剖面图

图例

第四系	上新统	中新统	渐新统	始新统	古新统	侏罗系-白垩系
	海水	深海沉积物	断层	不整合面	侵入岩	复理石
基底		底侵体		片岩	超基性岩	前陆沉积充填
地层						

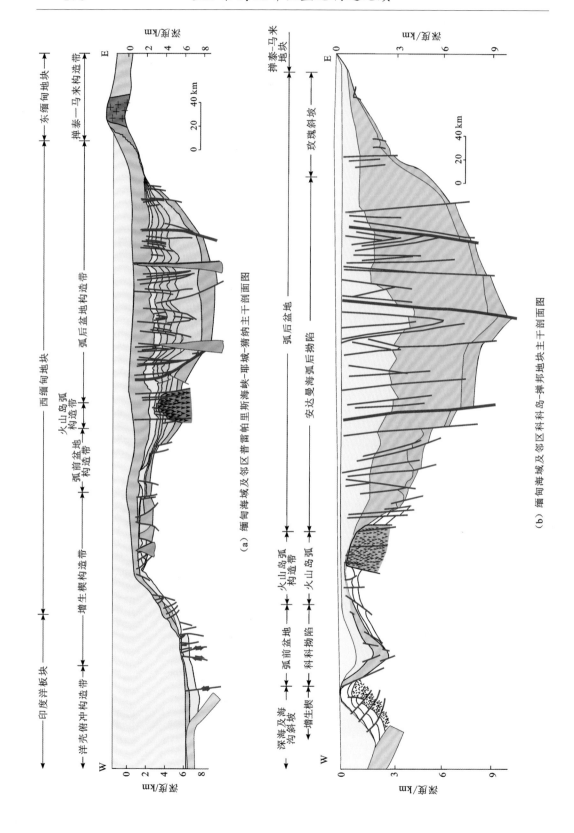

（a）缅甸海域及邻区普雷帕里斯海峡-那城-猜纳主干剖面图

（b）缅甸海域及邻区科科岛-掸邦地块主干剖面图

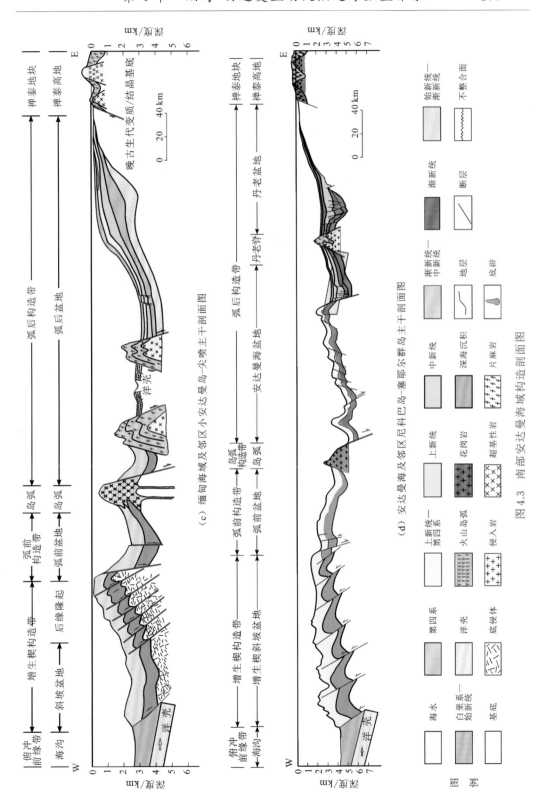

（c）缅甸海域及邻区小安达曼岛–尖喷主干剖面图

（d）安达曼海及邻区尼科巴岛–塞耶尔群岛主干剖面图

图 4.3　南部安达曼海域构造剖面图

西缅地块主动大陆边缘,俯冲板块向仰冲板块的俯冲消减已经完毕,处于陆-陆碰撞的"A"型俯冲阶段,印度板块和欧亚板块已经焊接成一个统一的整体。北部增生楔构造带部分已隆升为山,演变成造山楔。增生楔内部发育一系列向东倾的大型逆冲断裂及褶皱,同时也继承了原始增生楔的构造特征。增生造山楔在北部隆升幅度高于南部,一方面与印度板块与欧亚板块间的碰撞率先始于北部有关,另一方面也反映了北部碰撞强度大于南部。弧前构造带的西部与增生楔构造带以卡包右旋逆冲走滑断裂为界,东部以火山岛弧带隆起为界,带内挤压作用明显,逆冲推覆构造发育。整体表现为一个复式向斜,发育巨厚的沉积盖层。岛弧构造带南北向宏观展布,整体不连续出露,北部隆起高,多刺穿构造,局部具有低隆特征。弧后构造带结构和属性与弧前构造带差异较大,其边界西起火山岛弧带,东部与掸泰地块间以实皆断层为界。弧后构造带总体为断陷结构,呈半地堑形态,晚期强抬升遭受剥蚀(图 4.2)。

南部安达曼海域为洋内弧沟系,增生楔构造带形成时间晚于北部陆上,中部安达曼-尼科巴群岛增生楔最宽,达 100 km,向南北变窄。增生楔上局部发育逆冲披覆的同沉积生长斜坡盆地,除了与陆上古老增生楔相似发育叠瓦状逆冲推覆断层外,还发育大量雁行排列的张扭性断裂及底辟构造。弧前构造带窄而深,沉积盖层厚达 7000m,沉积充填受大型走滑断层控制,具高角度地堑、半地堑结构特征,与陆上弧前构造带的差异在于晚期为继承性走滑伸展断陷,而非压扭性反转改造。火山岛弧构造带在南部海域为高隆,分割弧前和弧后构造带。与陆上火山岛弧带相比,海上火山形成时代新,酸性增强,多期次不间断隆起,热流值高,隆起顶部发育生物礁。弧后构造带由于中中新世以来的强烈走滑拉张作用,发育宽阔的弧后盆地,沉积地层厚度远远大于陆上弧后盆地,并被大量张扭性断层呈网格状切割,泥底辟构造沿大型走滑断层带状分布(图 4.3)。

缅甸-安达曼主动大陆边缘"东西分带,南北分块"的构造格局的形成与西缅地块与邻区块体的相互作用、安达曼海的扩张等动力学过程密切相关,特别是西缅地块从拉张、扩展、裂离、漂移、俯冲到汇聚造山的整个演化过程,不仅完成了缅甸-安达曼主动大陆边缘洋-陆时空结构的转换,而且奠定了各个构造单元的基本格局。

根据盆地基底属性、地层充填及构造变形特征,将缅甸-安达曼主动大陆边缘划分为九大构造单元,具体包括增生楔南北不同段、四个弧前盆地和四个弧后盆地(图 4.4、表 4.1)。

4.1.2 盆地类型与结构特征

缅甸-安达曼主动大陆边缘发育三种属性类型的盆地,即增生楔斜坡盆地、弧前盆地和弧后盆地(图 4.5)。

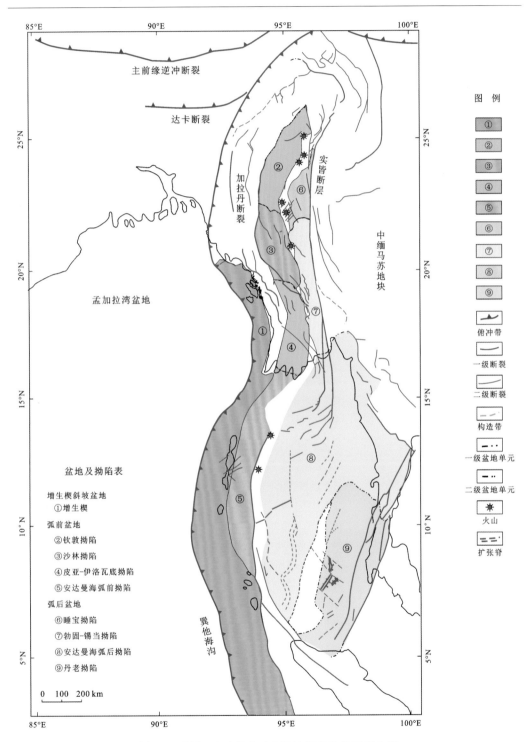

图 4.4　缅甸-安达曼主动大陆边缘构造单元划分图

表 4.1　缅甸-安达曼主动大陆边缘不同构造单元划分表

增生楔斜坡盆地 （北段、中段、南段）	弧前盆地 （四大拗陷）	火山岛弧 （分割性）	弧后盆地 （四大拗陷）
北段——古老增生楔	钦敦拗陷		睡宝拗陷
增生楔北段西以临加拉丹断裂带，东至卡包断裂，向北延伸至那加断裂，南部止于孟加拉西缘褶皱带吉大港海岸断层，为陆上部分古老增生楔，不发育增生楔斜坡盆地	钦敦拗陷西以若开山脉的卡包断裂为界，东为火山岛弧隆起，北为碰撞带抬升高地，南为北纬 22°低隆起分割其与南部的沙林拗陷。为弧前盆地中强压扭性盆地，拗陷构造轴整体展布为北东向	高隆分割	睡宝拗陷西邻钦敦拗陷与火山岛弧相隔，东至掸泰地块以掸泰断裂和抹谷变质带为界，南抵勃固隆起，北部限于北部高地。整体表现为弧后裂陷，局部出现压扭改造
中段——若开海岸增生楔	沙林拗陷		勃固-锡当拗陷
自北段以下向海延伸到 M2 区块西侧科科岛，贯穿 A2—M2 区块，西以海沟为界。结构形态保存完整，其上发育典型的增生楔斜坡盆地	沙林拗陷东西边界与钦敦拗陷相同，北以北纬 22°低隆起为界，南至北纬 20°隆起。拗陷构造轴走向为北西向，整体构造体系为压扭性，陆壳基底	中隆分割	拗陷东西边界与睡宝拗陷相同，南部抵于马达班湾海域，拗陷整体特征为早期断陷，后期遭受挤压改造抬升
南段——安达曼-尼科巴增生楔	皮亚-伊洛瓦底拗陷		安达曼海弧后拗陷
南段增生楔为中段自然沿海沟向南，向深海区域的延伸，直到安达曼-尼克巴群岛，东以西安达曼断层为界，南段增生楔所处位置俯冲强度弱于北部，增生楔规模相对较小	拗陷西以若开山脉东缘的卡包断裂带为界，东临勃固隆起，南抵伊洛瓦底江三角洲，为弧前盆地沉积厚度最大的区域，拗陷整体体现较北部弱的压扭性特征	低隆分割	拗陷位于安达曼海海域弧后地区，包括马达班湾部分，向南限于与丹老脊。拗陷整体为弧后裂陷，后期遭受强烈张扭性改造，整体表现为继承性断陷
	安达曼海弧前拗陷		丹老拗陷
	拗陷东部为岛弧带，西部为卡包断裂在海山的延伸接上迪利让断层。拗陷结构整体为紧闭浅窄的挤压性向斜，整体展布为狭长条带南北向展布	低隆分割	拗陷西以丹老脊为界，东界为马来半岛上的拉廊断层，南至苏门答腊断层，北部为丹老斜坡过渡带。拗陷早期断陷，后期拗陷特征明显，弱张扭性改造特征

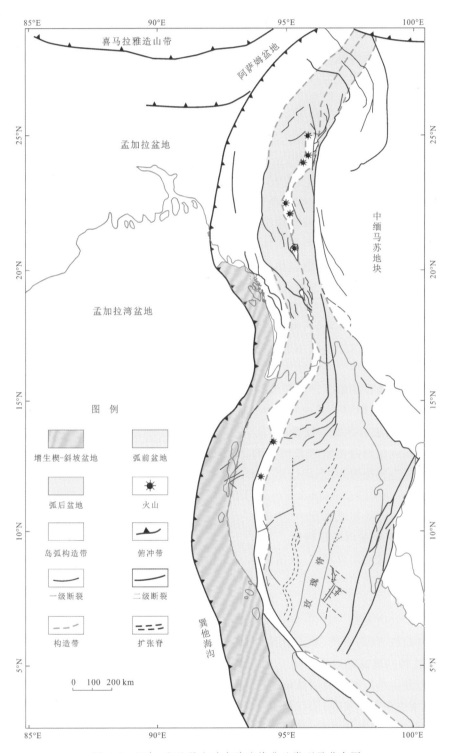

图 4.5　缅甸-安达曼主动大陆边缘盆地类型及分布图

1. 增生楔斜坡盆地

印缅边界及向南海域的增生楔南北长约2 000 km,从北到南可以划分为三个构造带,即北段印缅边界那加山一带古老增生楔,中段若开海岸增生楔及南段安达曼-尼科巴增生楔。那加山一带古老增生楔由于板块的完全碰撞缝合,以造山带形式产出。

北段印缅边界那加山一带古老增生楔发育较宽,北东向发育;中段若开山海岸增生楔发育较窄,北西向发育;而南段安达曼-尼科巴增生楔发育又较宽,南北向发育。三段增生楔构成印缅-尼科巴南北约2 000 km的增生楔构造带。

若开海岸增生楔斜坡盆地发育在增生楔构造带之上,与印度板块向安达曼海海沟的俯冲作用密切相关。增生楔的物质组成主要有大陆架沉积物、大陆坡沉积物和海沟沉积物,随俯冲板块载荷而来的深海平原沉积物非常有限。增生楔斜坡盆地的基底为变形的混杂堆积,不断的挤压作用使斜坡盆地沉积物很快地卷入褶皱和冲断层,并堆积在沉积速率比俯冲速率大的地方;海底扇沉积岩系和伴生的斜坡沉积物能够稳定地覆盖在俯冲杂岩体之上,将海沟充填,此时斜坡盆地与海沟连为一体(如安达曼海外侧海沟)。斜坡盆地从斜坡底部开始形成,沉积物堆积在相邻的冲断层之间,随着洋壳俯冲增生作用,冲断层及上覆斜坡沉积物上升和旋转,冲断层活动逐渐消失,盆地沿斜坡壁往上变大,沉积物覆盖冲断层来增大斜坡范围。增生楔斜坡盆地为逆冲板片间所夹持发育,表现为向海沟方向后退迁移叠加。盆地受高角度叠瓦状逆冲断层控制,伴生横向的张性正断层。大型高角度逆冲断层作为控制增生楔混杂堆积的边界,同时也是高压流体的泄压通道,常常诱发泥底辟或泥火山,与断裂一起控制增生楔斜坡盆地的结构。

1) 增生楔斜坡盆地发育位置

增生楔斜坡盆地向西紧邻孟加拉湾,东部紧邻若开山褶皱带和安达曼海弧前盆地。盆地西部边界为巽他海沟,东部边界为加拉丹断裂和安达曼海弧前拗陷的西部边界,呈南北向弧形展布,面积约200 000 km²。增生楔斜坡盆地内沉积物主要来自半远洋沉积和邻近浅水与陆源区的块状流沉积。

2) 增生楔斜坡盆地结构构造

增生楔斜坡盆地发育局限,改造强烈,盆地由主干逆冲断层控制,属逆冲披覆同沉积生长斜坡盆地。盆地由印度洋洋壳的斜向俯冲和西缅地块的顺时针旋转共同控制。增生楔由东向西、由南向北扩展,产生一系列近南北向、北西—南东向压性断裂和北东—南西向张扭断裂。盆内发育一系列、多属性的背斜、断背斜、底辟构造、断层(张性、压性、扭性)控制的正向断块、反向断块、重力滑脱构造、花状构造、逆冲推覆体等构造。

3) 增生楔斜坡盆地地层

中段若开山海岸增生楔斜坡盆地属于压扭性盆地,发育四个构造层:第一构造层为更新统,晚期增生楔斜坡盆地;第二构造层为上新统,中期增生楔斜坡盆地;第三构造层为上中新统,早期增生楔斜坡盆地;第四构造层为始新统—中中新统,基底增生楔杂岩体。南段安达曼-尼科巴增生楔斜坡盆地属于张扭性盆地,发育三个构造层:第一构造层为上新统及其以上地层,第二构造层为中新统,第三构造层为始新统至渐新统。南北增生楔斜坡盆地地层受到南北盆地性质差异而产生不同的沉积演化差异。

4) 增生楔斜坡盆地发育模式

不同演化阶段增生楔斜坡演化模式不同。中生代若开海岸增生楔斜坡盆地处于被动大陆边缘,属于被动大陆边缘断陷盆地,沉积了一套碟状、海相灰岩、碎屑岩,该阶段处于缅甸地块裂离、漂移、增生及拼合阶段;西缅地块在晚白垩完成与欧亚大陆的拼合。古新世—始新世,若开海岸增生楔斜坡盆地处于过渡性大陆边缘,属于过渡性大陆边缘断陷盆地,沉积相以半深海、浅海为特征。该阶段为印度大陆与欧亚大陆软碰撞结束、硬碰撞开始的时期,在板块挤压背景下逆冲岩片向同沉积盆地、增生楔斜坡盆地转换。渐新世—全新世,若开海岸增生楔斜坡盆地处于主动大陆边缘,盆地属性从逆冲披覆同沉积斜坡盆地向挤压改造型同沉积斜坡盆地转变,沉积相为半深海、浅海相及三角洲相;在中新世晚期,挤压造山作用强烈,阿拉干山脉全面抬升,对早期同沉积披覆盆地进行了强烈反转挤压改造。

2. 弧前盆地

弧前盆地发育于海沟斜坡折点与岩浆弧的前锋之间。弧前盆地跨覆在岩浆弧、残留洋壳和俯冲杂岩体之上,靠岩浆弧一侧一般为超覆接触,且发育正断层构成盆地边界。靠俯冲杂岩体一侧为不整合接触,以挤压褶皱和冲断作用为主,使盆地内构造复杂,地层被切割形成叠瓦状断片、推覆褶皱和滑塌层。弧前盆地整体呈南北向带状分布,东西向较窄。西部边界缅甸陆上以右旋压扭性的卡包断裂为界与若开山毗邻,安达曼海上以增生楔逆冲推覆带为界;东部与近南北向弧形分布的火山岛弧带为界。总体上,弧前盆地北部陆上宽缓,出露范围广泛,沉积厚度大,后期主要以陆相碎屑岩沉积为主,属于弧前盆地演化阶段的晚期。弧前盆地南部海域地区深窄狭小,沉积厚度相对较薄,属于弧前盆地的早中期。弧前盆地南北地层发育差异大,陆上弧前盆地基底为前白垩系浅变质岩和局部火成岩,海上弧前盆地基底主要为中生界,可能以白垩系和侏罗系为主,盆地充填主要由上白垩统—新生界碎屑岩组成。

3. 弧后盆地

弧后盆地位于岩浆弧后侧、朝陆一侧发育,和弧前盆地在活动大陆边缘成对出现,但两者性质不同。若板块俯冲速度快,可使软流圈加热增温,在弧后地区诱发小型热对流,部分上地幔物质上升流动,上部岩石圈产生拉张,形成弧后伸展盆地。盆地中沉积物可以来源于大陆,也可以来源于岛弧。

缅甸-安达曼主动大陆边缘发育规模巨大的弧后盆地,盆地北抵我国的青藏高原,南至北苏门答腊,西侧以岛弧为边界,东侧陆上部分经掸泰断层与掸泰地块相连,海上部分则由丹老斜坡过渡到马来半岛,南北长约 3 000 km,面积约 500 000 km²。盆地北部位于陆上,呈狭长的带状平行于岛弧展布;南部位于安达曼海,呈南北向展布,但较之陆上盆地东西向明显拓宽。弧后盆地整体呈勺状,北部(陆上)窄南部(海上)宽,这是盆地发育后期强烈的张扭作用及转换断层的张开导致安达曼海扩张的结果(Curray et al.,1977)。弧后盆地由北向南依次为睡宝拗陷、勃固-锡当拗陷、安达曼海拗陷及丹老拗陷。

缅甸-安达曼主动大陆边缘弧后盆地沉积上整体存在由深海、浅海相向三角洲-河流相过渡的趋势,物源具有多方向性。盆地的演化存在早期被动大陆边缘伸展断陷、中期弧后断陷、晚期压扭和张扭改造三个演化阶段。在纵向上南北都存在下部地堑或半地堑结构和上部的层状拗陷结构。弧后盆地南北跨度大,在地层充填、盆地结构类型及演化特征上均存在差异:①沉积充填厚度存在南北两端厚中间薄的特点,陆上勃固-锡当拗陷充填沉积盖层最厚达 9 000 m,丹老拗陷沉积层总厚度为 1 000~8 000 m。②弧后各盆地物源不同,北部睡宝拗陷和勃固-锡当拗陷主要为轴向物源,物源主要来自喜马拉雅山脉;而安达曼海拗陷物源则主要来自东部掸泰地块,少量北部轴向物源;丹老拗陷的物源来自马来半岛。③拗陷演化的最后阶段扭动改造的属性和强度不同,安达曼海拗陷的走滑拉分改造最为显著,安达曼海的张开是走滑拉分改造的结果;而丹老拗陷的张扭改造最弱,甚至没有影响;陆上睡宝拗陷、勃固-锡当拗陷的改造强度介乎两者之间,北部存在压扭作用,这与印度板块在不同区域斜向俯冲角度不同有关。

4.1.3 火山岛弧带分布及特征

岩浆活动作为板块俯冲碰撞的连锁反应,不仅可以反映板块汇聚速率,即为探讨板块扩张或缩短速率提供有利条件,同样可以根据岩浆岩时代推演板块的构造演化与运移(万天丰,2004)。火山岛弧带作为主动大陆边缘的典型标志,与主动大陆边缘的不同属性盆地的形成及演化息息相关。

1. 火山岛弧带分布

缅甸-安达曼主动大陆边缘火山岛弧介于弧前盆地东部隆起带和弧后盆地西部隆起带之间,向南延伸至苏门答腊岛。这些岛弧隆起带作为反映板块俯冲活动的重要单元,因板块俯冲强度不一,隆升幅度差异很大,既可出露地表,也可隐伏于地层之下。北部岛弧隆起高,多刺穿;南部海底火山高隆起,部分低隆隐伏,为隐刺穿,上部发育披覆构造,易于形成生物礁并发育为礁型油气藏,如南部 Yedana 礁型油气藏、中带靠近岛弧带发育的 Chauk 油气田等。

2. 火山岛弧岩性和形成时代

缅甸陆上火山岛弧构造带上有著名的博巴(Popa)火山,岩石类型属于钙碱性系列,形成时间最晚在中新世和上新世;玄武岩及玄武质安山岩组成的火山锥在更新世及其更早的时期形成,从西到东,碱性增大。在马达班湾地区,分布有 55~57 Ma 的洋壳玄武岩。安达曼—尼科巴岛弧带,岩浆类型以拉斑玄武岩为主。在南安达曼岛,发现的大量火山碎屑为安山岩,推测形成于古新世。苏门答腊岛的苏门答腊平移断层常沿岛弧火山活动带发生,可能与岩石圈弱化有关。

3. 火山岛弧差异对比

缅甸陆上岛弧火山碎屑为中新世和上新世钙碱性玄武岩,马达班湾地区地层中分布的火山碎屑岩为古新世安山岩,安达曼—尼科巴岛弧带有新近纪晚期的安山岩、古新世到始新世的枕状玄武岩,南安达曼海分布古新统安山岩(何文刚 等,2011),丹老拗陷发育年龄＞49 Ma 的花岗岩(表 4.2)。从北部陆上到南部海域,火成岩岩石类型从玄武岩过渡到玄武质安山岩再到安山岩,酸性增强。陆上地区火成岩年龄普遍比南部安达曼海域火成岩年龄老。

表 4.2　缅甸海域及邻区火成岩分布统计表

构造带位置	火山名称	分布位置	火成岩形成时间	火成岩类型及物性	火成岩分布层位	喷发范围及强度	资料来源
缅甸陆上盆地	——	岛弧	中新世、上新世	钙碱性玄武岩	——	——	Stephenson 和 Marshall(1984)
缅甸陆上火山弧	——	沿着岛弧	上新世—全新世	碱性玄武岩-玄武质安山岩	——	——	王瑜(1999)
安达曼—尼科巴俯冲带	巴廉(Barren)	火山弧内	现今仍在活动的火山	玄武岩及玄武质安山岩	出露地表	各时期活动有差别	Pal 等(2010)
安达曼—尼科巴俯冲带	纳孔达姆(Narcondam)	火山弧内	——	斑状英安岩、角闪石安山岩	——	从缅甸到印度尼西亚	Pal 等(2007)
安达曼—尼科巴褶隆带	——	弧前	第四纪	安山岩	水下火山出露海面有巴廉岛等	向北延伸到伊洛瓦底三角洲	张文佑和吴根耀(1986)
安达曼-尼科巴构造脊	——	滨岸带	渐新世—始新世	枕状玄武岩、蛇纹岩	蛇绿岩套	——	Curray(2005)
缅甸陆上岛弧	博巴(Popa)	火山弧	——	高钾钙碱性安粗岩、流纹辉绿岩	位于缅甸北纬 21°附近	——	Stephenson 和 Marshall(1984)
丹老拗陷	——	——	晚白垩＞49 Ma	花岗岩	——	——	Curray(2005)
安达曼海北部	纳孔达姆(Narcondam) 巴廉(Barren)	——	——	英安岩、玄武岩、安山岩	出露地表	死火山、活火山	Bhattacharya(1993)
南安达曼海	——	——	古新世	安山岩	Namunagarh Grit 地层	——	Bandopadhyay(2005)

4.2　南部安达曼海域弧盆体系特征

4.2.1　安达曼–尼科巴增生楔

安达曼–尼科巴增生楔段位于缅甸海域,东邻安达曼海弧前盆地西部边界,西为普雷帕斯海峡以西海沟,北部紧邻若开山褶皱带,南部靠近苏门答腊岛。东西最宽可达 200 km,其中马达班湾较窄,约 50 km,南北长约 1 000 km。

1. 构造单元及结构

安达曼–尼科巴增生楔可划分为三个构造单元:西部凹陷、中部凸起和东部斜坡(图 4.6),西部凹陷的西侧有近南北向展布的板块俯冲带及深海平原。西部凹陷主要地层为古近系和新近系,最大埋深达 6 000 m。凹陷呈北东向展布,面积约 3 000 km²。中部为从北向南倾没的鼻状隆起,面积约 1 500 km²。中部隆起与西部凹陷以南北向展布的断层接触,东部以斜坡形式过渡。中部隆起近南北向延伸向北可能与若开山山脉相连。东部斜坡位于中央凹陷的西部,东倾,面积为 2 800 km²,最大埋深 2 800 m。

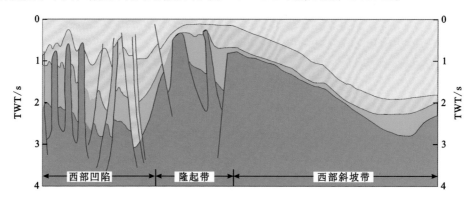

图 4.6　缅甸海域安达曼–尼科巴构造剖面图

2. 断裂分布规律

西部凹陷断裂发育,中部凸起及东部斜坡断裂较少。断层主要有两组,一组为南北走向,主要发育在西部凹陷的板块俯冲带附近,另一组发育在西部凹陷及中部凸起,呈北东向展布(图 4.7)。区内发育逆冲断层(图 4.8)和正断层,逆冲断层主要发育在西部凹陷,正断层发育在东部斜坡。南北向的西 1 号断层(图 4.7),位于板块俯冲带边缘,为俯冲带边界断层,区域上贯穿南北,断层以东是东部凹陷,以西为深海平原。受印度板块斜向俯冲的影响,在东部地区形成右旋张扭应力场,在西部凹陷形成一系列右旋雁列式的张扭断层。东部斜坡发育两条北东走向的正断层,分别为东 1 号断层和东 2 号断层,为中新世以前同裂谷期断层。

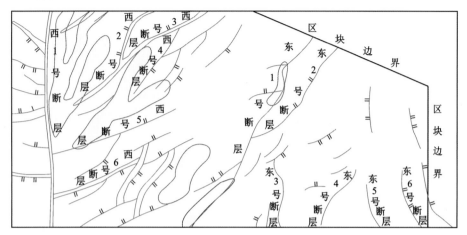

图 4.7　缅甸 M2 区块断层系统图

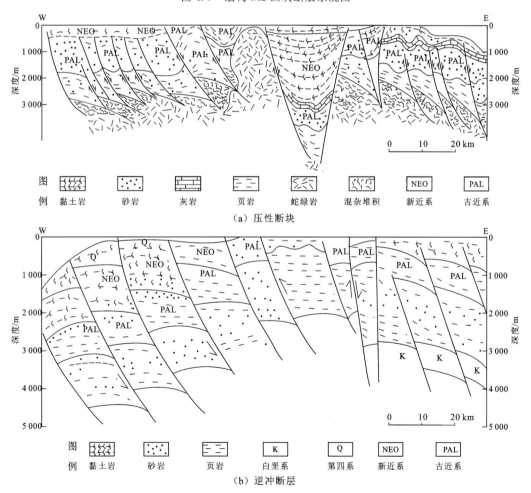

图 4.8　安达曼–尼科巴增生楔段压性断块和逆冲断层(Curray,2005)

3. 构造演化

控制凸起与凹陷的边界断裂继承发育于古新世、中新世及上新世,凹陷内断裂及泥底辟在中新世或中新世以后形成。东部斜坡形成于上新世,上新世中央凹陷的沉降及火山岛弧的隆升,使东部形成斜坡。中央凸起在中新世形成,并在上新世继承性活动。

4.2.2　安达曼海弧前拗陷

安达曼海弧前拗陷位于安达曼海域西部安达曼-尼科巴海脊与火山岛弧带之间,北接马达班湾陆架,南抵北苏门答腊,南北长 1 000 km,东西宽仅数十千米,水深约 3 000 m,呈弧形狭长带状展布。由北向南,盆地被隆起阻隔为三段,即北部北安达曼岛-中安达曼岛段、中部南安达曼-尼科巴群岛段、南部北苏门答腊群岛段,形成隆凹相间的格局。

1. 地层特征

安达曼海弧前拗陷形成于活动的弧-沟间隙内,向陆一侧与活动火山弧相连,被火山岩及相关变质岩系所围限;向洋一侧则角度不整合于构造抬升的俯冲杂岩系之上,并随增生杂岩的生长渐次向洋一侧扩展(张传恒和张世红,1998)。拗陷基底主要由蛇绿岩增生杂岩系组成,拗陷内主要发育有三个沉积中心,发育巨厚不对称沉积。

晚白垩世—始新世西缅地块处于新特提斯洋被动大陆边缘的断陷阶段,沉积巨厚的海相页岩和滨浅海砂泥岩互层,达 2 000 余米,为箕状或堑状充填;渐新世—早中新世,拗陷处于过渡性大陆边缘的断拗沉降期,主要发育海陆交互相泥岩、粉砂质泥岩夹砂岩;中中新世,拗陷进入弧前拉分断陷期,沉积和沉降速率明显加快,中下部为海陆交互相砂-泥岩组合,顶部发育生物礁;更新世至现今,拗陷处于张扭改造期,受南北走向的张扭作用强烈改造,发育一套浅海砂-泥岩互层组合(图 4.9)。拗陷充填序列总体表现为一个向上变粗、变浅的沉积序列,下部由硅质岩、再搬运重力流沉积和深水、半深水泥岩组成,向上整合覆盖滨海、浅海,甚至陆相沉积,沉积盖层总厚达 7000 余米。

2. 结构构造特征

安达曼海弧前拗陷整体上具半地堑结构,但不同段断层发育的位置及倾向不同,结构形态各异。北段即北安达曼-中安达曼岛段,控盆断层发育在岛弧一侧,断层西倾,形成较早,切穿基底及整个沉积盖层直至海底,为同沉积断层,沉降中心和沉积中心均位于断层一侧。始新世断层活动强度较大,拗陷快速沉降,沉积一套巨厚的地层。下始新统为泥岩,其上快速充填粗粒砂岩甚至砾岩。始新世后岛弧渐渐隆起,拗陷的沉积充填及结构形态受到控拗断层和岛弧隆起的双重控制。整体上拗陷呈箕状断陷结构,断陷中心位于东侧,地层向西侧斜坡超覆,厚度明显减薄。斜坡上发育一组反向断阶,顶部生物礁发育(图 4.10)。

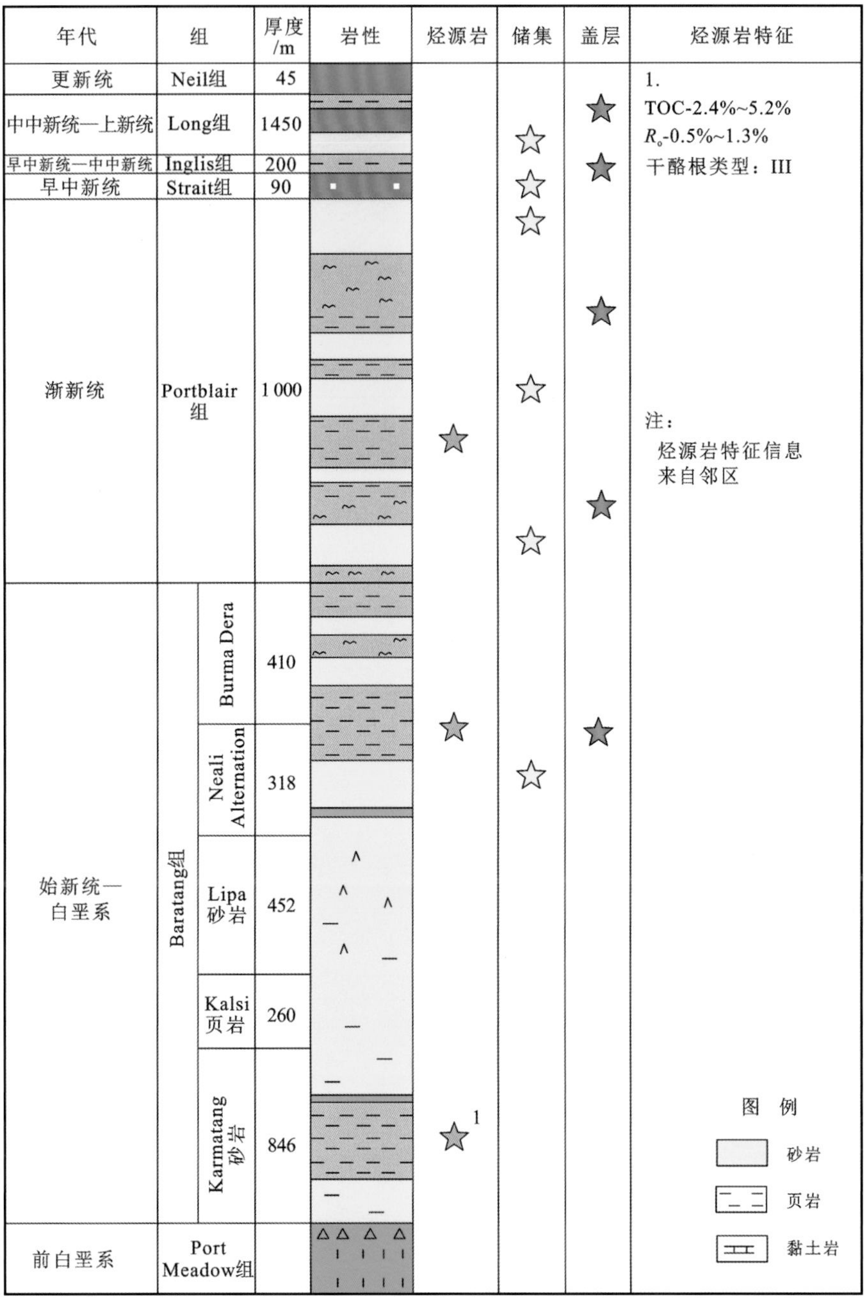

年代	组	厚度/m	岩性	烃源岩	储集	盖层	烃源岩特征
更新统	Neil组	45				★	1. TOC-2.4%~5.2% R_o-0.5%~1.3% 干酪根类型：III
中中新统—上新统	Long组	1450		☆		★	
早中新统—中中新统	Inglis组	200		☆		★	
早中新统	Strait组	90		☆			
渐新统	Portblair组	1 000		★	☆	★ ☆ ★	注： 烃源岩特征信息 来自邻区
始新统—白垩系	Baratang组 Burma Dera	410		★		★	
	Neali Alternation	318			☆		
	Lipa 砂岩	452					
	Kalsi 页岩	260					
	Karmatang 砂岩	846		★ 1			
前白垩系	Port Meadow组						

图 4.9　安达曼海弧前拗陷地层柱状图

图　例

☐ 砂岩

▭ 页岩

▤ 黏土岩

中段位于南安达曼岛至尼科巴增生楔西侧,两者之间为东部边缘断层。该段与北段一样具有明显的断陷结构特征,东部和中部两条大型边缘断层控制拗陷的沉积充填,发育两个北南向箕状断陷,中间为一凸起,形成"两凹夹一隆"的格局(图 4.11)。

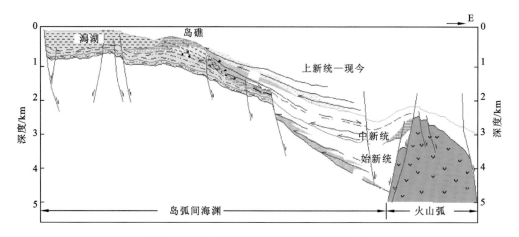

图 4.10　安达曼海弧前拗陷沉积发育剖面

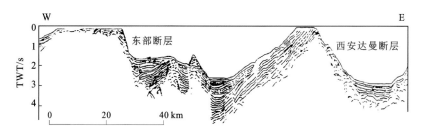

图 4.11　安达曼海弧前拗陷中段地震反射记录线描图(Curray,2005)

　　南段位于北苏门答腊西北部,为断控地堑或半地堑(图 4.12)。该段控拗断层在早中新世开始发育,形成陡峭的断崖,控制拗陷的沉积充填。中部发育与走滑活动相关的活动背斜。

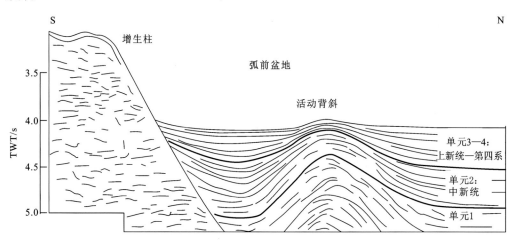

图 4.12　安达曼海弧前拗陷南段典型地震剖面(Van der Werff et al.,1994)

　　受印度板块斜向俯冲影响,安达曼海弧前拗陷处于右旋走滑应力场中(徐思煌,
2012),拗陷内发育张扭断层控制拗陷内沉积充填和结构形态。横向上,北段整体为一
箕状断陷,东断西超,而南段和中段为半地堑组合,西断东超,各段之间通过转换带连
接。纵向上,不同时期断层的活动强度及对沉积的控制作用存在明显差异。始新世—
渐新世,拗陷处于断陷发育期,岛弧尚未隆出海面,未分割弧前和弧后拗陷,拗陷西侧
东部边缘断层对拗陷的沉降及沉积起主要控制作用,半地堑开始形成。火山岛弧于始
新世开始发育,中新世显著增强,逐渐隆起而分割弧前和弧后构造带。此后,拗陷的沉
积和沉降作用受到张扭性断层和火山岛弧隆起作用的联合控制。岛弧带顶部及边缘
发育大量张性断层,同时由于岛弧隆起和四周相对沉降而形成周缘向斜。上新世后火
山活动进入间歇期,拗陷受强烈的张扭改造,发育一组呈雁行排列的北东向张性断层,
形成断背斜和断块组合(图 4.13)。弧前盆地所具有的结构形态及构造特征与所处大
陆边缘性质有着密切的关系(表 4.3)。

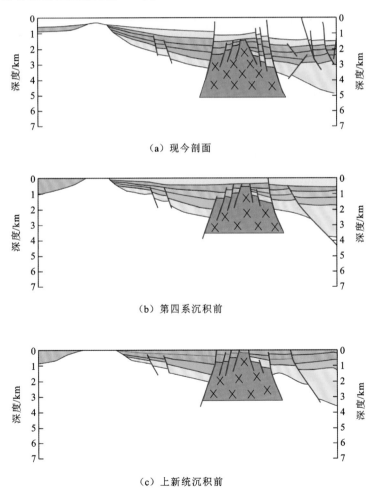

(a) 现今剖面

(b) 第四系沉积前

(c) 上新统沉积前

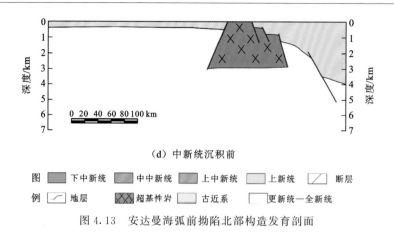

（d）中新统沉积前

图例：
下中新统　中中新统　上中新统　上新统　断层
地层　超基性岩　古近系　更新统—全新统

图 4.13　安达曼海弧前拗陷北部构造发育剖面

表 4.3　安达曼海弧前拗陷构造演化总表

地质时代		安达曼海弧前拗陷（仰冲板块）			
		板块位置	拗陷属性	拗陷充填特征	演化阶段
第四纪（Q）	全新世（Q_h）	主动大陆边缘	张扭改造型拗陷	远洋泥质、黏土质沉积	弧前热沉降断拗期的拗陷盆地，拗陷整体受南北走向走滑断裂的走滑拉分强烈改造
	更新世（Q_p）			浊流沉积	
新近纪（N）	上新世（N_2）			楔状；河流-三角洲沉积	
	中新世（N_1）		弧前拉分断陷	楔状；海陆交互相砂岩-页岩沉积	岛弧隆起分割弧前、弧后，弧后裂陷演化
古近纪（E）	渐新世（E_3）	过渡性大陆边缘	过渡性断陷沉降		碰撞相对缅甸中央西部挤压弱，挠曲沉积幅度小，向东超覆沉积
	始新世（E_2）				
	古新世（E_1）		继承性断陷	楔状；边缘海相页岩	板块软碰撞接触，边缘海阶段
中生代（Mz）		被动大陆边缘	大陆边缘海断陷	箕状或堑状；新特提斯海相页岩	印支板块与欧亚板块拼合后的新特提斯洋边缘海阶段，缅甸地块于晚白垩世也完成拼接

中生代以来，西缅地块一直处于被动大陆边缘，随着新特提斯洋的扩展，西缅地块从冈瓦纳大陆裂解出来并逐步完成与欧亚板块的拼合，这一时期拗陷具有明显的断陷特征，呈地堑或半地堑结构形态。晚白垩世，新特提斯洋闭合，印度板块开始与欧亚板块软碰撞，拗陷由被动大陆边缘向主动大陆边缘过渡，为继承性断陷或断拗阶段。渐新世始，西缅地块东缘转为主动大陆边缘，受印度板块持续俯冲，拗陷拉分断陷特征明显，上新世以来又受到强烈的张扭改造。

4.2.3　安达曼海弧后拗陷

安达曼海弧后拗陷北起马达班湾，南至丹老海脊，西侧与安达曼海弧前拗陷以火山岛弧带为界,东侧边界为掸断层。拗陷为北东—南西走向,长约 1 200 km,宽达 650 km,总面积为 600 000 km²。受印度板块斜向俯冲影响,安达曼海弧后拗陷处于右旋走滑应力场中,具有张扭性质。北东向-南西的扩张脊将安达曼海弧后拗陷一分为二,即相对较为平坦的东部次拗和包含与岛弧带平行的海山链及南北向断裂系统发育的复杂的安达曼海槽,代表着安达曼海张开的不同阶段及沉积中心与沉降中心的向西迁移。拗陷内沉积物厚度很薄且时代较新,据 Curray(2005)等研究,安达曼海扩张脊现今仍处于活动期,海槽已拉分产生洋壳且仍在进一步扩张。

1. 地层特征

安达曼海弧后拗陷基底主要为前白垩纪的结晶基底,拗陷发育始新统至全新统,缺失古新统。晚白垩世西缅地块完成与中缅马苏地块的拼合之后处于由被动大陆边缘向主动大陆边缘过渡的阶段,发育继承性断陷,沉积半深海-深海相的页岩,含少量砂岩和灰岩,该套地层与基底不整合接触。晚渐新世—早中新世,受右旋走滑应力场的控制,发育大量张扭性断层,控制着盆地的沉积充填。下渐新统以浅海-半深海相粉砂质泥岩和碳酸盐岩沉积为主,夹灰岩薄层;上渐新统下部泥质含量较多,向上砂质含量增加,以砂岩为主。下中新统以灰岩、泥岩为主,为半深海-深海环境。中中新世走滑拉分作用加剧,拗陷快速沉降、缓慢沉积,发育一套三角洲-海相页岩体系,含少量砂岩;晚中新世—上新世快速沉积三角洲-滨浅海相砂泥岩互层。全新世环境转为滨浅海,岩性以粗粒砂岩、砾岩为主。沉积物源主要来自东部的马来高地和北部的伊洛瓦底江和萨尔温江,早期以马来高地的物源为主,晚期则主要来自伊洛瓦底江和萨尔温江的搬运。

2. 结构构造特征

安达曼海弧后拗陷处于印度板块与西缅地块斜向汇聚导致的右旋走滑应力场中,近南北向的右行力偶的剪切作用使区内发育一系列张扭断层。三条近南北向主干走滑断裂中,丹老(Mergui)断层和实皆(Sagaing)断层发育于东侧,为东侧控拗断层;西侧紧邻火山岛弧带发育西安达曼海断层,为西侧控拗断层。拗陷由西向东依次划分丹老斜坡、东部次拗、安达曼海中央海槽、东部次拗四个构造单元。总体上安达曼海弧后拗陷沉积充填受到三条大型走滑断裂的控制,呈地堑结构形态。

丹老断层形成时间较早,渐新世开始发育,切割基底和整个沉积盖层,为同沉积断层。断层东侧为丹老斜坡,西侧通过断阶组合过渡到拗陷中心。中中新世丹老断层活动强度显著增强,在丹老海脊和海山之间走滑拉分产生安达曼海中央海槽。晚中新世至全新世断层活动强度减弱,沉降速率低,两侧地层厚度差异及断距均较小,但扭动特征明显,伴生一系列密集的小型断层,形成负花状构造。实皆断层形成于中中新世,是一条具有明显张扭性质的同沉积断层。由于实皆断层的拉分作用,奥洛克(Aolock)海山与休厄尔(Sewell)海山分离,形成安达海弧后拗陷的中央海槽。上新世实皆断层的活动速率明显加快,安达曼海进一步拉张,4 Ma 以来扩张近 150 km,并产生新生洋壳(Raju et al.,2004)。

拗陷西侧边界断层为西安达曼海断层,是一条切割基底的走滑断层,近南北走向,与火山岛弧带大致平行。断层发育时代早,断距大,形成单断山形式,断层西侧发育极深的拗陷(图 4.14)。

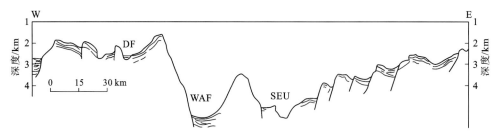

图 4.14　安达曼海弧后拗陷西侧剖面图(curray,2005)

WAF 为西安达曼断层;SEU 为瑟利门断层

安达曼海弧后拗陷的地堑结构明显。渐新世处于弧后伸展断陷期,具有地堑或半地堑的结构特征。中新世随着印度板块的俯冲加剧及俯冲角度的变化,产生大量走滑断层,对拗陷的沉积充填起控制作用,产生快速的楔状沉积充填。纵向上安达曼海弧后拗陷的结构具有上下分层的特点,下层的结构形态为地堑或半地堑,而上层则主要为丹老和实皆等大型走滑断层控制的楔状充填。丹老和实皆两条大型走滑断层还为饱含流体的泥底辟的形成提供了通道,泥底辟沿着断层呈狭长条带状分布。

安达曼海弧后拗陷的演化分为三个阶段:被动大陆边缘阶段、过渡大陆边缘阶段和主动大陆边缘阶段。被动大陆边缘自三叠纪西缅地块从冈瓦纳大陆分离一直延续至晚白垩世西缅地块完成与欧亚板块的拼合,拗陷处于持续的伸展断陷期,形成地堑或半地堑结构。印度板块与西缅地块软碰撞时期为过渡大陆边缘阶段,拗陷以继承性断陷或断拗沉降作用为主。渐新世以来,拗陷进入强烈弧后走滑拉分断陷和张扭改造期,并产生新生洋壳(表 4.4)。

表 4.4　安达曼海弧后拗陷构造-沉积演化总表

地质时代		安达曼海弧后拗陷(仰冲板块)			
		板块位置	拗陷属性	拗陷充填特征	演化阶段
第四纪 (Q)	全新世(Q_n)	主动大陆边缘	张扭继承性改造拗陷	层状	实皆断层走滑拉分,弧后伸展,安达曼海拗陷打开,扩张继续,继续发育为弧后断陷-拉分拗陷
	更新世(Q_p)			层状;海陆交互相,陆源碎屑岩和近海湖相沉积	
新近纪 (N)	上新世(N_2)			楔状;海陆交互相,陆源碎屑岩和近海湖相沉积	
	中新世(N_1)		弧后拉分断陷-拗陷	楔状;砂屑灰岩、碳酸盐岩、灰岩粉砂岩、砂岩	沟-弧-盆体系成型,拉分出新生洋壳
古近纪 (E)	渐新世(E_3)	过渡性大陆边缘	弧后断陷-拗陷沉降	层状;浊积岩	仰冲板块残留洋壳弧后扩张断陷,伴随走滑拉分,北西—南东向扩张
	始新世(E_2)			箕状、层状;深海远洋物质(遂石、千枚岩、页岩)	
	古新世(E_1)		继承性断陷	楔状;边缘海相页岩	印支板块与西缅地块软碰撞接触,边缘海阶段

续表

地质时代	安达曼海弧后拗陷(仰冲板块)			
	板块位置	拗陷属性	拗陷充填特征	演化阶段
中生代(Mz)	被动大陆边缘	大陆边缘海断陷	楔状;新特提斯海相页岩	印支板块与欧亚板块拼合后的新特提斯洋边缘海阶段

4.2.4　丹老拗陷

丹老拗陷位于安达曼海域东南隅,苏门答腊岛以北,西以丹老脊为界,南抵北苏门答腊,东北部通过丹老斜坡与马来半岛相连,面积约 50 000 km²,近南北走向,平面上呈尖端北指的"V"字形,是一个以新生界为主的发育于巽他大陆西缘减薄陆壳上的扭张性弧后拗陷(Polachan,1995)。拗陷形成于晚始新世—渐新世印支地块的伸展阶段,印支地块的挤出作用和西缅地块的顺时针旋转,致使应力体制发生重大改变,从以汇聚为主的环境变为具有明显走滑运动的环境。渐新世形成一系列南北向半地堑,发育西丹老、东丹老和拉廊断槽等三个拗陷,分别被中部隆起和拉廊洋脊所隔开(图 4.15)。

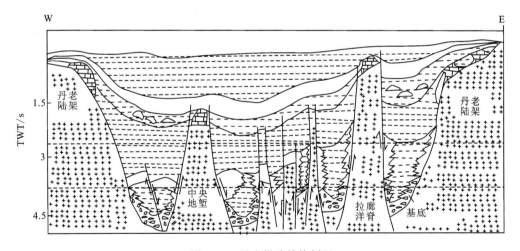

图 4.15　丹老拗陷结构剖面

1. 地层特征

马来半岛的花岗岩类岩石为印度洋洋壳向东南亚板块南缘之下俯冲所产生的岩浆弧(Hutchison,1977),构成丹老拗陷基底主体。晚渐新世,丹老拗陷北部和东部的河流-三角洲沉积物来自马来半岛,而海相页岩和浊积岩沉积于盆地南部。早中新世,碳酸盐礁发育于构造高地,而深海页岩和海岸-三角洲碎屑岩沉积于盆地的其他区域。中中新世至今,持续沉降以半深海页岩沉积为主,偶夹浅海砾岩,盆地沉积厚度为1 000～8 000 m(图4.16)。

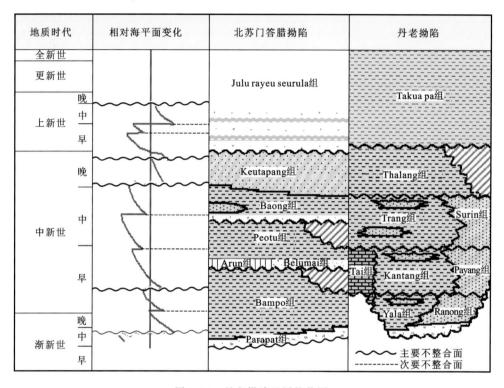

图 4.16　丹老拗陷地层柱状图

2. 结构构造特征

Molnar 和 Tapponnier(1975)、Tapponnier 等(1986,1982)认为,渐新世随着印度板块的楔入和巽他大陆的顺时针旋转,安达曼海弧后拗陷应力体制发生重大改变,从以汇聚为主的环境转变为明显的走滑环境,盆地普遍发育北西—南东向的走滑断层。沿西部地区北西—南东向苏门答腊断层的右旋扭张和沿东部地区拉廊断层带与马鲁伊山断层带的左旋运动导致丹老拗陷呈楔形裂口逐渐向北张开。走滑运动受北北西—南南东向丹老断层带和北北东—南南西向雁列正断层调节。随着裂谷作用的发生,来自东侧马来高地的物源被搬运到盆地的较深部位。晚渐新世,海水逐渐向北侵入,较深水海相沉积物逐渐沉积。早中新世,伴随印度板块继续北向俯冲,断陷中心向西转移,丹老拗陷停止断陷发育转入拗陷期,西丹老拗陷、东丹老拗陷及拉廊断槽合并成为单一的拗陷(表4.5)。早中新世以来的持续沉降导致拗陷中部以深海相页岩为主,拗陷边缘为浅海-进积三角洲前缘砾岩和页岩沉积,构造凸起及其周围发育浅海相生物礁。

表 4.5　丹老拗陷构造–沉积演化表

地质时代		弧后盆地丹老拗陷			
		板块位置	拗陷属性	拗陷充填特征	演化阶段
第四纪（Q）	全新世（Q_n）	主动大陆边缘	弧后拗陷	层状；半深海页岩沉积夹浅海砾岩	弧后盆地后期热沉降拗陷期，受实皆—北苏门答腊走滑断裂带的共同调节，走滑断裂改造阶段
	更新世（Q_p）				
新近纪（N）	上新世（N_2）				
	中新世（N_1）				
古近纪（E）	渐新世（E_3）	主动大陆边缘	弧后张扭断陷	楔状；高地发育碳酸盐礁其他地方深海页岩和河流–三角洲碎屑岩	巽他大陆西缘减薄陆壳边缘弧后断陷沉积，丹老海脊与丹老陆架南北向分裂，形成系列南北向半地堑结构，为张扭性弧后断陷，下–中中新统界限为断–拗转换的破裂不整合面
				楔状；北部东部河流–三角洲；南部海相页岩浊积岩	
	始新世（E_2）	过渡性大陆边缘		堑状、箕状；海相页岩及陆源碎屑岩（砂岩）	
	古新世（E_1）		大陆边缘海断陷	碟状；深海相页岩及海底浊积岩	巽他克拉通边缘海断陷阶段
中生代（Mz）		被动大陆边缘	大陆边缘海断陷	楔状；新特提斯海相页岩	新特提斯海边缘海

　　丹老拗陷由一系列近南北向、同沉积断层为边界的半地堑组成。纵向上发育二个构造层，即下部的半地堑张扭断陷构造层和上部的碟状拗陷构造层（图 4.17）。渐新世和早中新世为主要断陷发育期，北南向正断层控制拗陷，拗陷沉降和沉积中心位于靠断层的西侧，向东朝基底超覆，形成典型的箕状结构。早中新世后拗陷整体热沉降，右旋力偶产生的张扭性断层对沉积没有明显的控制作用，地层近乎水平充填，碟状结构形态明显。拗陷位于印度板块与欧亚板块斜向汇聚所导致的扭动应力场，为具有张扭性质的弧后盆地。

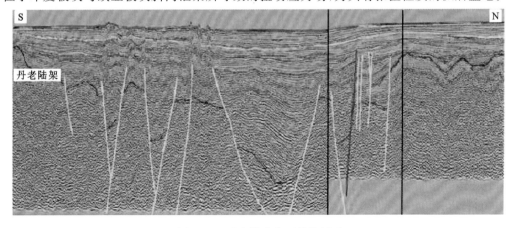

图 4.17　丹老拗陷典型结构剖面

4.3　北部西缅地块弧盆体系特征

　　西缅地块位于东南亚板块活跃地区,构造活动强烈,盆地类型多样,是全球构造活动最复杂的地区之一(Metcalfe,2006)。作为现今典型的汇聚型大陆边缘,经历了冈瓦纳大陆裂解以来,古生代至中生代的漂移拼贴与新生代印度大陆的碰撞挤压,最终同其他微陆块缝合在一起,形成现今的构造格局(Acharyya,2000;Sengör,1984)。其具备由裂离微陆块与其他地块拼贴形成被动大陆边缘再由于洋陆的俯冲作用向主动大陆边缘过渡的特征。西缅地块处于印度板块与欧亚板块交汇的主动大陆边缘弧前盆地、火山岛弧带和弧后盆地区域,构造作用机制复杂,控盆因素既有挤压推覆,也有拉张、走滑,表现出复杂多变的特点。

　　复杂的地块属性转换及空间格局变换,使西缅地块成为全球构造地质研究的热点和难点区域。作为世界"地质公园",其独特的构造演化背景吸引了全世界地质学家的目光。20 世纪 50 年代以来,世界诸多学者对东南亚地区板块重建开展了大量的研究工作,认为该地区记录了具有冈瓦纳亲缘性的几个陆块的增生过程(Varga,1974;Falvey,1974)。公认的印度大陆,从冈瓦纳的南极洲-澳大利亚联合大陆裂离,最初向北西漂移,早白垩世转向北运动(Acharyya,1998;Hutchison,1989;Curray et al.,1982;Curray and Moore,1974)。通过盆地内地层发育的部分沉积物源、古水流和磁异常资料,以及澳大利亚西北缘地层不整合发育的证据,Audley-Charles(1988)揭示了微地块、大陆碎片,包括拉萨、西缅、马来半岛、西南婆罗洲和苏门答腊,在侏罗纪从冈瓦纳大陆裂离。Veevers 等(1991)认同 Audley-Charles 的观点,但认为并不存在侏罗纪从 Argo深海平原地区分离的具体各个大陆微地块,只是将它们命名为统一的"Argo 古陆"。但也有学者认为"Argo 古陆"就是现今的西缅地块(Heine and Muller,2005;Jablonski and Saitta,2004)。Mitchell(1989)首次将现今缅甸陆上地区西缘称之为维多利亚山脉陆块,Metcalfe(1990)提出侏罗纪从 Argo 深海平原分离的大陆微地体包括现今缅甸西缘的地块,并沿用 Mitchell(1986)的维多利亚山脉地块的命名。Acharyya(1998,1994)将其称为印缅-安达曼地块(IBA 地块),Hutchison(1989)在对前人的观点进行总结的基础上,首次将缅甸陆上西缘地区命名为西缅地块。通过对缅甸陆上地区进行岩石组合特征与基底变质岩年龄数据分析的研究后,Metcalfe(1996)确定将缅甸陆上地区西缘的地块命名为西缅地块。

　　大多数学者在研究西缅地块及邻区的构造属性时,将其置于东南亚原陆块群的演化序列中,通过东南亚原陆块中出露的麻粒岩相陆核及其变质作用定年研究(Nam et al.,2001;Katz,1993)、Nd 地幔亏损模型对变形年龄的控制(Lan et al.,2003),以及与中国-澳大利亚动植物群亲缘关系的差异对比(Thanh et al.,1996;Rong et al.,1995;Metcalfe,

1988,1986),得出冈瓦纳古陆的裂解次序及东南亚原始地块的演化模式(Metcalfe,2006)。Alam 等(2003)认为来自冈瓦纳大陆的西缅地块拼贴在晚白垩世—古近纪期间同样来自冈瓦纳大陆的掸泰地块上;对于西缅地块与掸泰地块拼贴的时间,Mitchell(1989)提出是在早白垩世,Hutchison(1989)认为在晚白垩世,Mitchell(1993)后认为是中始新世,Acharyya(1998)认为是晚渐新世。Metcalfe(2006)的研究将西缅地块的构造演化划分为两阶段:第一阶段西缅陆块自身从冈瓦纳古陆裂离漂移,与欧亚板块发生拼贴;第二阶段印度板块向欧亚板块的俯冲收敛,产生的会聚型大陆边缘。通过对古生代—中生代东亚板块、东南亚板块重建,在古生代—中生代,东亚及东南亚原始陆块从冈瓦纳大陆裂离后在泥盆纪、早二叠世末、晚三叠世—晚侏罗世存在三大条形陆块群,其间分别存在着古特提斯洋、中特提斯洋和新特提斯洋。推测此三阶段存在冈瓦纳大陆的"幕式裂离"事件,并认为西缅地块于晚三叠世—晚侏罗世从冈瓦纳大陆裂离,经过系列北行漂移的演化过程,于早白垩世拼贴至掸泰地块(Metcalfe,2006)。

早白垩世印度大陆从南极洲-澳大利亚大陆开始裂离北行漂移(Curray et al.,1982;Veevers,1982),新特提斯洋也向东南亚陆缘持续俯冲。大多数学者将拉萨地块、拉萨地体与西缅地块联系在一起,认为晚侏罗世或早白垩世时拉萨地体与欧亚板块发生碰撞,并公认印度板块与欧亚板块的碰撞发生在古近纪,古新世时印度板块与欧亚板块发生初始软碰撞接触(Wandrey,2006),并于中始新世时与西缅地块发生硬碰撞(Lee and Lawver,1995;Pivnik et al.,1998)。Lee 和 Lawver(1995)通过大洋磁异常数据编制了印度板块与欧亚板块碰撞模式的会聚速率和角度图。会聚速率改变的时间为 70 Ma、59 Ma、44 Ma、22 Ma 和 11 Ma。Alam 等(2003)认为所记录的构造事件与汇聚角度或方向的改变一致。早白垩世,在印度板块裂离之前,拉萨地体、西缅地块和掸泰地块已经拼贴在欧亚板块之上(Alam et al.,2003)。印度大陆与欧亚板块的碰撞不仅导致印支板块沿红河主断裂的顺时针旋转,同样导致西缅地块与掸泰地块相对印支板块的旋转。关于西缅地块与掸泰地块的旋转问题,诸多学者做过大量研究,也产生了不同的意见。Richter 和 Fuller(1996)用古地磁证据证明了大部分马来西亚地块和部分掸泰地块,在晚始新世和晚中新世逆时针转动了 30°~40°。多数学者没有收集到西缅地块的确切的古地磁资料,但大多假设西缅地块的顺时针转动成立(Lee and Lawver,1995;Mitchell,1989;Ninkovich,1976;Varga,1974;Curray and Moore,1974)。根据 Tapponnier(1982)的滑线场理论模型,印度大陆通过碰撞和楔入作用挤入欧亚板块边缘之下(Alam et al.,2003);同时印度板块洋壳向西缅地块之下发生持续的斜向俯冲,随着西缅地块蛇绿岩带与增生楔的发育,岩浆侵入及火山岛弧隆起,沿着印缅造山带—安达曼岛一带形成了典型的主动大陆边缘沟—弧盆体系(Curray et al.,1979)。

随着研究的深入,Oo 等(2002)在西缅地块 Karmine 附近发现了与冈瓦纳冷水环境生物群具有明显差异的中二叠世暖水生物群筳类,说明西缅地块可能存在古生代或者更老的大陆基底,并和西苏门答腊地块一起形成部分起源于华南-中南半岛-东马来组合地体的华夏系地层,之后由于安达曼海的张裂,西缅地块与西苏门答腊地块分开(Barber and Crow,2009)。在重新认识巽他大陆构造演化后,Metcalfe(2011)提出西缅地块、西苏门答腊地块、华南大陆、东马来亚地块及印支地块早于泥盆纪从冈瓦纳大陆裂离;西缅地块在晚二叠世—早三叠世拼贴于掸泰地块,并持续西行走滑。Bannert 和 Helmcke (1981)通过在西缅地块印缅造山带发现的晚始新世—中新世的复理石沉积单元,构建了西缅地块新生代以来的构造演化模式,并推测晚始新世以来,西缅地块火山活动逐渐强烈,印度板块向西缅地块的持续俯冲作用与火山岛弧快速隆升造成的分割阻挡作用,使弧前、弧后盆地发育逐渐定型。西缅地块开始由被动大陆边缘向主动大陆边缘演化。也有学者对西缅地块的演化持有不同观点。Brunnschweiler(1966)将西缅地块解释为始新统复理石之上的西部边缘推覆体。Mitchell (1993)认为西缅地块是欧亚板块西缘早期存在的铁镁质岛弧,于晚侏罗世—早白垩世末期推覆至欧亚板块边缘,导致局部增生形成的地块,在中中新世,演化成为具有完整沟-弧盆体系的主动大陆边缘。在对西缅地块构造体系进行大量研究的基础之上,Mitchell(1993)与 Acharyya(2007)根据西缅地块的结构构造特征,将其自西向东划分为五个地质构造单元:增生楔构造带、弧前构造带、岛弧构造带、弧后构造带和实皆断裂带。

增生楔构造带在西缅地块异常发育,向西最远延伸到孟加拉东部褶皱带(Gani and Alam,2003),在地震剖面上可清楚地识别出其东向西逆冲的构造特征,其最古老的地层年龄是晚白垩世。增生楔构造带与掸泰地块之间自西向东依次为弧前构造带、岛弧构造带和弧后构造带,边界分别为卡巴断裂和实皆断层,前者为逆冲断裂,后者为走滑断层(Pivnik et al.,1998)。Rodolfo(1969)对西缅地块及安达曼海的沉积体系进行了研究,认为白垩纪末期,印缅造山带出露水面形成若开山半岛,并向弧前盆地提供物源,掸泰地块则是弧后盆地稳定的物源供给区。新生代以来西缅地块弧前、弧后盆地的物源供应主要由喜马拉雅造山带提供,自北向南沉积形成西缅地块现今的沉积格局。火山岛弧带向南延伸到安达曼海,并与西苏门答腊火山岛弧相连,是西太平洋火山岛弧带的组成部分。其间分布众多活火山,如著名的博巴(Popa)火山。火山岛弧的隆起伴随着印度板块的斜向俯冲,在沉积地层中保存了古新统安山型火山碎屑岩的记录,揭示了火山活动多期发育的特征(Pal et al.,2007)。

4.3.1　大地构造背景、构造格局及地层

1. 大地构造背景

西缅地块位于东经92°10′~101°21′和北纬16°2′~28°29′,处于印度板块与欧亚板块交汇的主动大陆边缘地区,西部、西北部与印度和孟加拉国毗邻,东以实皆断层为界,北与喜马拉雅造山带相连,南部和西南濒临印度洋的孟加拉湾与安达曼海扩张中心(图4.18)。

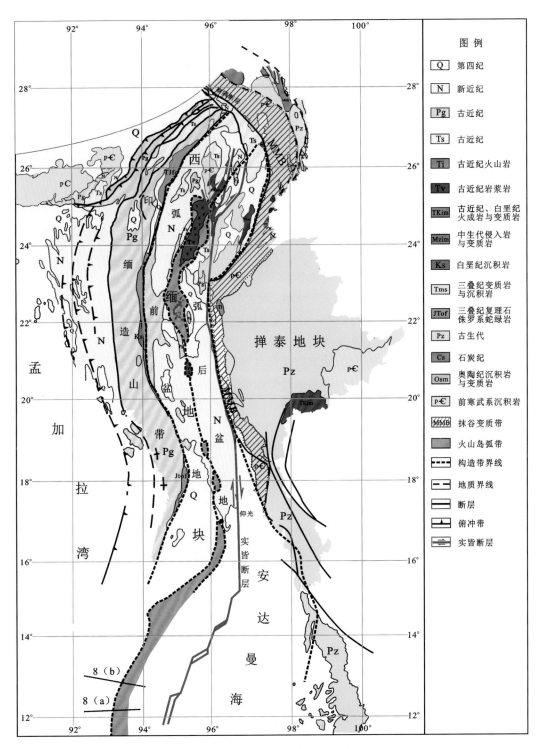

图 4.18　缅甸陆上地区地质图

西缅地块在大地构造位置上,位于印度板块和掸泰地块之间的新特提斯褶皱体系内,从西到东依次可划分为四个构造单元:①印缅造山带,自北向南由那加山、曼尼普尔山、钦山、若开山一系列山链组成;②弧前构造带,主要为一系列逆冲挤压推覆作用形成的复式向斜;③岛弧构造带,由于碰撞挤压作用形成的火山隆起,在区内呈南北向带状展布;④弧后构造带,早期处于伸展拉张环境下,发育一系列断陷特征,晚期由于压扭改造作用的影响形成拗陷。

西缅地块弧前、弧后盆地,也统称为缅甸中央盆地,处于钦敦江、伊洛瓦底江流域。构造位置为若开褶皱带和掸-丹那沙林地块之间的中央低地(甘玉青,2013),又称中央沉降带,或伊洛瓦底盆地。盆地南北长约 1 600 km,东西宽为 150～200 km,面积约为 2.52×10^5 km²。

关于东南亚地区在中生代、新生代的构造演化史,目前主要有两种构造模式:一是根据 Tapponnier(1982)的滑线场理论模型,印度大陆与欧亚大陆碰撞造山过程中随着青藏高原的隆升,东南亚地区产生向外大规模挤出逃逸,具体表现为印支地块沿红河走滑断裂向南东方向挤出,同时引起南海的海底扩张及东南亚诸地块的碰撞与缝合。二是根据地球动力学模型,强调东南亚诸地块在中生代、新生代的运动学特征,它们在发生各种类型的运动(平移与转动)后,最终拼合在一起(姚伯初,1999)。东南亚地区拼合的微板块除一些古陆之外,还有一些是在后期构造活动中新生的火山弧及增生楔。在中生代早期,印支地块和华南地块碰撞缝合在一起,构成古南海北部陆缘。新生代期间,随着印度板块向欧亚板块的俯冲碰撞,西缅地块及周缘地区开始由被动大陆边缘向主动大陆边缘转换,与之相适应的是主动大陆边缘不同构造体系的发育形成和构造带内不同属性盆地所作出的构造响应与改造调整。

根据西缅地块现今构造体系和古地磁、岩性等相关资料及前人研究成果,大致将其形成演化按各微板块从冈瓦纳大陆分离的时空过程划分为三个阶段(图4.19,表4.6)。

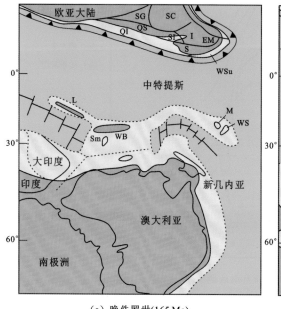

(a) 晚侏罗世(165 Ma)

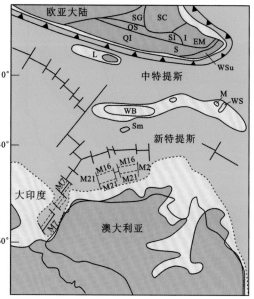

(b) 早白垩世(120 Ma)

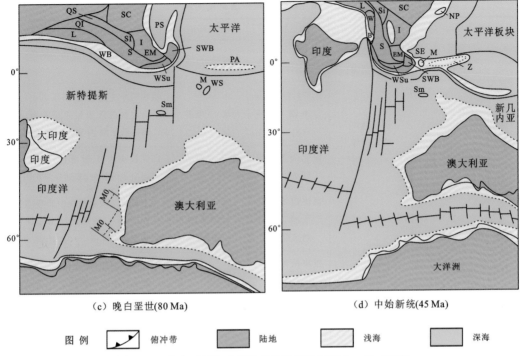

（c）晚白垩世(80 Ma)　　　　　　　　　（d）中始新统(45 Ma)

图 例　　⌐∨⌐ 俯冲带　　▨ 陆地　　▨ 浅海　　▨ 深海

图 4.19　东南亚板块晚新生代构造演化图（Metcalfe,2006）

SG 为松潘—甘孜增生带;SC 为华南;QS 为昌都;SI 为思茅;QI 为羌塘;S 为泰缅马苏;I 为印支;EM 为东马来;WSu
为西苏门答腊;L 为拉萨;WB 为西缅;SWB 为西苏拉威西;SE 为实密省;NP 为北巴拉望及其他微陆块;Si 为 Sikuleh
微块体;M 为 Mangkalihat 微地块;PB 为菲律宾弧雏形;PA 为东菲律宾弧雏形;PS 为原始南中国海;Z 为 Zambales
蛇绿岩;RB 南沙礼乐滩;MB 为中沙群岛;Da 危险滩;Lu 为南康及北康暗沙;Sm 为松巴

（1）古特提斯洋阶段

早古生代,现今华南板块、华北板块、塔里木地块、印支地块、掸泰地块、西缅地块均属
于冈瓦纳大陆的一部分,处于冈瓦纳大陆北缘。从晚泥盆世开始,这些块体相继从冈瓦纳
大陆裂离,并向北漂移,最终与北部西伯利亚板块碰撞融合并汇聚为一体,造成欧亚大陆
的增生。

晚泥盆世,西缅地块、华南地块、华北地块、印支地块、塔里木地块因古特提斯洋的形
成和扩张而从冈瓦纳大陆裂离并北向漂移,随着古太平洋的消失和闭合而先后与欧亚板
块拼贴为一体。具体过程为早石炭世华南地块与印支地块拼贴,早二叠世塔里木地块与
欧亚板块相拼贴,晚三叠世华南地块又与华北地块拼贴在一起。最后在侏罗纪时华北地
块拼贴到欧亚板块,完成第一个阶段裂离-拼贴旋回。

（2）中特提斯洋阶段

第二期裂离、拼贴旋回始于早二叠世中特提斯洋的形成与扩张。早二叠世时,掸泰地
块和羌塘地块相继从冈瓦纳大陆裂离,并随着中特提斯洋的扩张而持续向北漂移。早三
叠世,掸泰地块与印支地块完成与欧亚板块的拼贴。随后西缅地块与掸泰地块拼贴。
中-晚三叠世时,羌塘地块与思茅微地块陆续拼贴到掸泰地块和印支地块南缘,成为欧亚
板块的一部分。

表 4.6　西缅地块构造演化简表

地质时代		大地构造位置	构造特征	沉积环境	构造演化
第四纪 (Q)	全新世(Q$_h$)	印支地块 西南边缘	持续走滑改造	河流-三角洲	印度板块继续向北,北部隆升,走滑改造
	更新世(Q$_p$)				
新近纪 (N)	上新世(N$_2$)	印支地块 西南边缘	俯冲持续,碰撞加剧,挤压造山	河流-三角洲	板块俯冲碰撞加剧,挤压造山,并造成盆内褶皱和局部断裂,火山活动加剧,中央隆起带隆起
	中新世(N$_1$)		向北变为走滑滑动	河流-三角洲 河流-滨海	印度板块北移,致北西—南东断层向走滑拉分,安达曼海扩张
古近纪 (E)	渐新世(E$_3$)	印支地块 西南边缘	板块俯冲持续下拗,接受拗陷沉积	三角洲-滨浅海,北部隆起沉积缺失	印度板块与欧亚板块沿雅鲁藏布江带缝合,西缅地块由东西向转变为南北向
	始新世(E$_2$)		板块俯冲产生地壳下拗	三角洲-滨浅海	印度板块俯冲,洋壳持续消减,西缅地块顺时针旋转
	古新世(E$_1$)		开始向主动大陆边缘转变	稳定陆块边缘海浅海-三角洲	印度板块向北俯冲,开始与欧亚板块软碰撞
中生代 (Mz)	白垩纪(K)	印支地块 西南边缘	稳定陆块	稳定陆表海,重新接受沉积	稳定陆块继续向北漂移,晚期完成与欧亚板块拼接
	侏罗纪(J)	澳大利亚板块 北部边缘	稳定陆块	稳定陆块,沉积缺失	缅甸地块作为稳定陆块裂离北漂
	三叠纪(T)	澳大利亚板块北部边缘	被动大陆边缘断陷	结束陆表海沉积,转化为陆	缅甸地块开始裂离,东南亚 I、EM、WSu、S 等地块开始与华南板块拼接
晚古生代 (Pz$_2$)	二叠纪(P)	澳大利亚板块 西北边缘	持续的被动大陆边缘早期裂陷阶段	持续稳定的陆表海沉积	华北、华南等部分板块相继裂离冈瓦纳古陆边缘,向北漂移
	石炭纪(C)				
	泥盆纪(D)				
早古生代 (Pz$_1$)	志留纪(S)	冈瓦纳 古陆西北缘	被动大陆边缘早期克拉通内裂陷	稳定的陆表海沉积,基底断陷沉积充填	冈瓦纳古陆边缘早期微板块初始裂离
	奥陶纪(O)				
	寒武纪(Є)				

（3）新特提斯洋阶段

早白垩世(130 Ma):冈瓦纳大陆进一步分裂,一条"Y"形裂谷把印度与非洲、南极洲、澳大利亚分开,印度大陆与澳大利亚大陆分离后,印度洋快速张开,印度大陆开始向北漂移,其后印度大陆北移的速率一度高达 15 cm/a。随着印度大陆的向北推移,前方的新特提斯洋底沿北缘海沟潜入欧亚大陆之下,并逐渐收缩,后方的印度洋则扩张开来。早白垩世期间,东南亚和西缅地块向北越过赤道,并在北纬 10°～20° 之间向北移动。西缅地块南缘处于新特提斯洋俯冲作用下的由被动大陆边缘向主动大陆边缘转换阶段。

晚白垩世(80 Ma):印度洋的扩张,印度板块进一步向北漂移,同时受到澳大利亚板块的影响,引起印度板块、欧亚板块和西缅地块的互相作用,形成了东南亚现今的构造格局。印度洋加速扩张,印度板块北缘已开始与欧亚板块南缘局部点接触,其范围十分有限,西缅地块此时呈东西向展布,为浅海环境,尚未与印度板块开始接触。

古新世—始新世(60～40 Ma):印度板块在中古新世时与欧亚板块开始软碰撞,印度大陆与欧亚大陆发生初始碰撞;印度板块北部的洋壳向欧亚大陆俯冲,与缅甸所在的微陆块在西北角发生碰撞。随着印度板块与欧亚板块接触面积开始扩大,印度板块在拉萨地体南缘开始强烈俯冲造山作用,印度大陆背缘消亡并增生到欧亚板块,青藏高原开始隆升;斜向的汇聚作用还导致整个东南亚地体的挤出逃逸作用,印支地块开始沿红河—哀牢山断裂和高黎贡断裂为边界向东南运动。始新世,在印度板块东缘,俯冲作用开始,印度板块最先与西缅地块西北角接触,导致西缅地块顺时针旋转,由原来近东西向转变为南北向展布。

渐新世(32～23 Ma):印度板块北部与欧亚大陆持续陆陆碰撞,青藏高原的强烈隆升,成为西缅地块周缘各类盆地的重要物源区。印度板块东缘,沿着从北部北东走向到南部北西走向绵延约 3000 km 的巽他海沟俯冲作用持续发生,岩浆活动十分强烈,同时,西缅地块西缘大陆增生作用持续进行并向西迁移,陆上火山岛弧带活动活跃,已完全分割弧前、弧后盆地,缅甸主动大陆边缘沟-弧盆体系形成。

中新世(23 Ma):缅甸地块北部洋壳逐渐俯冲消亡,印度板块与西缅地块大面积陆-陆碰撞。此时期,火山活动显著减弱,缅甸弧后地区弧后伸展作用也趋于停止。中新世晚期,由于斜向汇聚速率的加剧,实皆断层开始右旋走滑活动,缅甸地块沿着实皆断层向北运动。

上新世—现今:印度板块对西缅地块持续强烈挤压,在缅甸中央沉降带以西形成了强烈的褶皱和逆冲带,弧前盆地和弧后盆不同拗陷内部地层产生明显的褶皱和逆断层,同时沿着中央岛弧带有火山岩侵入活动。斜向汇聚的应力可以分解为沿实皆断层的南北向走滑分量及垂向的挤压分量。反映在构造变形机制上,则是南北向的走滑运动,以及东西向,缅甸陆上地区遭受强烈的挤压反转,弧前拗陷与弧后拗陷均遭受强烈的抬升剥蚀。弧前来自印度板块的挤压碰撞与弧后来自实皆断层强烈的走滑压扭作用,致使缅甸陆上地区主动大陆边缘沟-弧盆体系构造格局在上新世发育定型并接受改造。

2. 构造格局

西缅地块主动大陆边缘自东向西,构造上分带特征明显。东西走向起分割作用的构造带主要有海沟及陆上大型逆冲断裂带、造山楔、火山岛弧带及掸泰地块边界断裂变质带等。这种分带性在平面上,可将西缅地块划分为五个大的一级构造单元,自西向东分别是增生楔构造带、弧前构造带、火山岛弧带、弧后构造带和实皆断裂带。在这些不同级别的断裂、隆起及褶皱的限制作用下共同形成了现今"东西分带,南北分块"的构造格局(李兴振 等,2004)(图 4.20)。

从西缅地块主动大陆边缘盆地的整体构造格局来看,自西向东整体表现为"两山控一

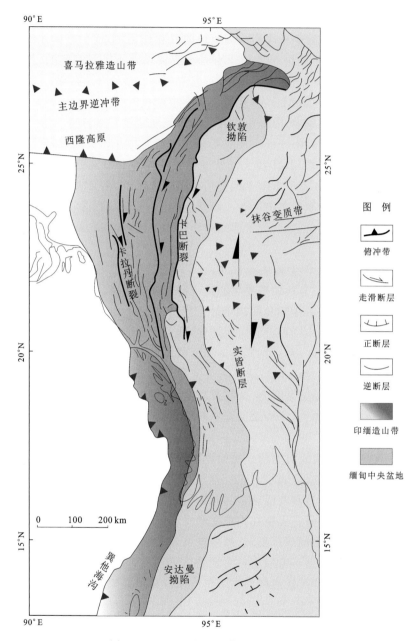

图 4.20　西缅地块弧盆体系构造纲要图

带,低隆分两盆"的宏观展布格局。前者"两山控一带"中的"两山"分别指印缅造山带和掸泰地块,"一带"泛指夹持在其间自北向南呈条带状展布的中央沉降带,后者"低隆割两盆"中的"低隆"是指自北向南呈"S"形展布发育并不完善且不连续出露的火山岛弧带,"两盆"是指被火山岛弧带所分割的弧前盆地和弧后盆地。"两山控一带,低隆分两盆"的构造格局不仅反映了缅甸海域及邻区自西向东的分带性,同时也体现了西缅地块主动大陆边缘不同属性构造带的差异性(图 4.2)。

自东向西的分带性体现了主动大陆边缘的"构造控盆"的特点,自北向南的分块性则体现了盆地内部"拗陷差异"的特征。无论是增生楔构造带,还是弧前构造带和弧后构造带,板块俯冲作用的差异构造作用,导致自北向南表现出明显的分块性。以增生楔构造带为例,从南向北长 2 000 多千米可以划分为三段,即印缅边界那加山一带古老增生楔,若开山海岸增生楔及安达曼–尼科巴增生楔。在弧前盆地,自北向南被分割为钦敦拗陷、沙林拗陷、皮亚–伊洛瓦底拗陷和安达曼–尼科巴苏拗陷四个构造单元。对弧后盆地而言,则同样被分割成睡宝拗陷、勃固–锡当拗陷、安达曼海弧后拗陷和丹老拗陷,体现出明显的分块特征。这些被分割成不同区块的拗陷单元或以大型断裂为界,或被盆内低隆起所分隔,这种"南北分块"的特点也从侧面为不同属性盆地内部在统一大构造背景下的"拗陷差异"提供了证据。

根据区内自北向南的主要地质及地球物理资料,通过切割区内东西向不同构造单元的四条主干剖面,可以揭示和归纳不同构造带的结构、构造特征,阐明区内的增生楔构造带、弧前构造带、火山岛弧和弧后构造带的宏观区域构造构架。

陆上四条主干剖面所揭示的区域构造格局显示(图 4.2),俯冲板块向仰冲板块的俯冲消减已经完毕,正处于陆–陆碰撞造山阶段,印度板块和欧亚板块已经焊接成一个统一的板块。北部增生楔构造带部分已经到达增生楔的演化终极,并向造山楔转换。增生楔内部发育一系列向东倾的大型逆冲断裂及褶皱,同时也继承了原始增生楔的构造特征。增生造山楔在北部隆升幅度高于南部,一方面与印度板块与欧亚板块间的碰撞率先始于北部有关,另一方面也反映了北部碰撞强度大于南部。另外,从增生楔内构造变形看,北部强于南部,西缘强于东缘。

对于增生楔构造带,在区内发育于缅甸西海岸若开造山带,向南延伸至安达曼海域北起安达曼–尼科巴群岛海脊。陆上为古老增生楔,由北向南,自西向东时代逐渐变新,本质上为前展式逆冲叠瓦状构造;在古老增生楔西缘发育斜坡盆地,基底由大陆板块向大洋板块仰冲作用产生的增生杂岩体组成。在弧前构造带,西部与印缅造山带以右旋逆冲走滑卡包断裂为界,东部以火山岛弧带隆起为界带内受挤压应力作用明显,逆冲推覆构造发育。整体表现为一个复式向斜,发育巨厚的沉积盖层。东西向上钦敦拗陷、沙林拗陷反向逆冲。由北向南,后期挤压改造强度减弱。至于岛弧构造带,南北向宏观展布和走向趋势明显,整体不连续出露,北部隆起高,多刺穿构造,但局部具有低隆特征。弧后构造带内,平面形态和发育的盆地结构和属性与弧前构造带差异很大,其边界西起火山岛弧带,东部与掸泰地块间以大型右旋走滑实皆断层为边界。受印度板块的碰撞挤压作用弧后构造带发育窄,地层厚度薄,为断陷结构,总体上呈半地堑形态,抬升幅度大,剥蚀作用强。由于火山岛弧带的阻隔作用,后期挤压改造作用不显著,受右旋走滑改造作用相对强烈。带内以发育扭动构造、张性断块和花状构造为主要特征。

3. 地层

西缅地块内部盆地发育新生代地层,主要岩石类型为砂岩、泥岩、粉砂岩和粉砂质泥岩。盆地沉积厚度为上万米(图4.21),有三个大的不整合界面,分别位于沉积盖层与花岗岩体基底之间、始新统与中新统和中新统与上新统之间。由于构造运动的差异性,各盆地内部地层发育不同:缅甸北部陆上中新统发育完整,根据钦敦拗陷西侧边界地层出露及钻井揭示,拗陷盖层主要是上白垩统、古近系和新近系,大部分地区缺失渐新统。南部渐新统发育完整,中新统发育不完整。睡宝拗陷地层厚度较西部钦敦拗陷薄,盖层主要是上白垩统和新生界,地层剥蚀严重。在平原区地层覆盖齐全,南部出露上新统—中新统,北部有渐新统—始新统及白垩系等出露。睡宝拗陷沉积中心在中部深拗带,地层厚度最大。区内东西部厚度差异大,整体西部地层厚度大于东部。

(1) 前白垩系

中生界为海相泥岩(轻微变质),是钦敦拗陷基底,主要出露于缅甸西部的阿拉干-钦山(Arakan-Chin Hills)地区,岩性以暗灰色板岩和板状页岩为主,为浅海相沉积。

(2) 白垩系

主要出露地层为晚白垩世Kabaw组,其厚度变化范围较大,钦敦拗陷与沙林拗陷相对较厚(1 200～1 400 m),而在东部睡宝拗陷相对较薄(500 m)。在钦敦拗陷及沙林拗陷中从北向南呈窄条带状出露。岩性以泥岩、粉砂质泥岩、泥质粉砂岩和粉砂岩为主,为浅海相、滨海相沉积。

(3) 古近系

古新统与中生界呈不整合接触,古新统主要为Paunggyi组,出露于钦敦拗陷及沙林拗陷西部从北到南延伸的窄带内,其厚度变化范围较小,在钦敦拗陷及沙林拗陷相对较厚(1 200～1 400 m),向东减薄。地层岩性以粗砂岩、砾岩为主,部分地区可见少量灰岩,为水下扇和浅海相沉积。

始新统自下而上可划分为Laungshe组、Tilin组、Taybin组、Pondaung组和Yaw组五个组,在钦敦拗陷和沙林拗陷都有广泛出露。钦敦拗陷以泥岩、粉砂质泥岩为主,其厚度较大,约为7 000 m,向南逐渐减薄;在沙林拗陷中约为6 000 m。Taybin组—Tilin组—Laungshe组主要为三角洲海相沉积,岩性以碎屑岩为主,Laungshe组为浅灰色-绿灰色泥岩组成,夹黄褐色-绿灰色粉砂岩、细砂岩;Tilin组为中-厚层灰色细、中砂岩夹深灰色薄层泥岩;Taybin组为蓝灰色泥岩,夹浅灰色-褐灰色厚层砂岩。Pondaung组开始向河流沉积过渡,岩性为浅灰色-黄灰色中-粗砂岩夹少量的浅灰-红灰色泥岩,个别地方见砾岩。Yaw组为三角洲-河流相沉积,岩性为浅蓝灰-黑灰泥岩和页岩组成夹薄层致密砂岩,顶部可见煤层发育。

渐新统在钦敦拗陷大部分缺失,在沙林拗陷中发育较为完整,自下而上可划分为Shewzetaw组、Padaung组和Okhmintaung组三个组,主要出露在沙林拗陷、睡宝拗陷和皮亚-伊洛瓦底三角洲拗陷内。在北部钦敦拗陷缺失,其地层在沙林拗陷中较厚,约4 000 m,岩性以砂岩、泥岩为主,早期为河流三角洲沉积,中晚期为河流-浅海沉积。皮亚-伊洛瓦底三角洲拗陷中渐新统较厚,约为3 000 m,岩性以砂岩、泥岩为主,为三角洲-浅海-半深海沉积。

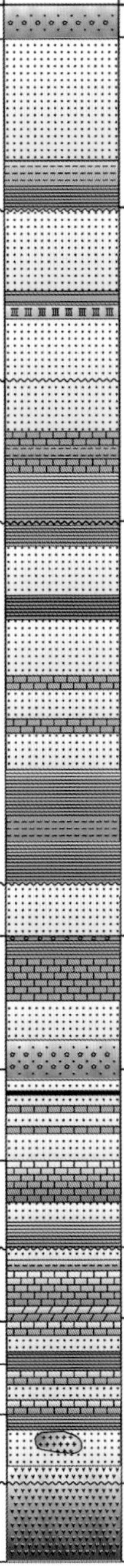

年代地层			厚度/m	岩性简述	岩性柱	沉积相	区域分布	年龄/Ma
界	系	统						
新生界 (Kz)	第四系 (Q)		>90	砂岩,含砾砂岩黏土		河流相	伊洛瓦底江流域	16.4
	新近系 (N)	上新统 (N₂)	3 050	浅色砂岩、页岩、泥岩		河流-三角洲		
		中新统 (N₁)	3 350	砂岩、砂质黏土 砂质页岩,含石膏		河流-海相	勃固山区 伊洛瓦底江流域	23.3
	古近系 (E)	渐新统 (E₃)	2 265 ~ 2 865	砂岩、页岩, 夹有灰岩条带		河流-海相	若开山地区 弧前钦敦拗陷 弧后睡宝拗陷	
		始新统 (E₂)	8 230	浅蓝灰色页岩、 砂岩、黏土				
		古新统 (E₁)	900	粗粒岩、砾岩				65
中生界 (Mz)	白垩系 (K)			页岩、砂岩、灰岩		河流-三角洲	卡劳,伊洛瓦底 江峡谷区,吉 坎湄地区	135
	侏罗系 (J)			砂岩、页岩、夹灰岩条带、煤层			腊戌,卡劳地区	208
	三叠系 (T)			页岩、砂岩、灰岩、蒸发岩			掸邦,吉坎湄, 若开山脉, 曼尼普尔地区	250
上古生界 (Pz₂)			915	碳酸盐岩、白云岩、灰岩、砂岩		浅海相-陆架	掸邦,克耶-丹 那沙林地区	409
下古生界 (Pz₁)	志留系 (S)		762	灰岩、页岩、砂岩		浅海相-陆架	掸邦,克耶-丹那 沙林地区	439
	奥陶系 (O)			粉砂质灰岩、页岩、粉砂岩				510
	寒武系 (∈)		1 067	砂岩、页岩、火山岩				570
	前寒武系		>3 050	结晶杂岩、浅变质岩		沉积基底	掸邦,丹那沙林 地区印缅边界, 阿拉干山区	

图例

含砾砂岩　砂岩　泥岩　页岩　灰岩　白云岩　火山岩　杂岩浅变质岩　煤层　角度不整合　石膏

图 4.21 综合地层柱状图(中国地质科学院亚洲地质图编图组,1980)

（4）新近系

中新统与下伏地层呈不整合接触，以河流-浅海沉积为主，自下而上划分为 Letkat 组、Natma 组和 Shwethamin 组三个组。中新统整体沉积环境由北向南以粗砂岩及泥岩为主的河流-浅海沉积过渡到以砂岩、泥岩及砂泥岩互层为主的三角洲-浅海-半深海沉积。Letkat 组为河流-浅海沉积，岩性为砂岩夹泥岩和粉砂岩，可见少量褐煤或煤。Natma 组为河流-浅海沉积，岩性为杂色泥岩夹细-中砂岩和灰色粉砂岩，见少量褐煤或煤。Shwethamin 组为河流沉积，岩性以白灰色、黄色-褐色细-中砂岩和砾岩为主夹蓝灰色-棕褐色泥岩为主，局部为灰白色-白色中-粗厚砂岩夹少量浅灰色、暗灰色泥岩，灰绿色-淡黄色中-粗粒砂岩，夹少量泥岩及薄层灰绿色粉砂岩。上新统与中新统呈不整合接触，为伊洛瓦底河流沉积，岩性主要为棕色-白灰色砂岩、砂质泥岩和粗粒砂岩条带，厚度北部约 1 500 m，向南逐渐减薄。

4.3.2　弧盆体系结构、构造特征

火山岛弧、海沟和频繁的地震活动、强烈的构造变动是主动大陆边缘的基本特征。与板块俯冲作用相关的动力学机制是导致主动大陆边缘盆地类型多样、演化差异大、构造活动复杂的关键因素，弧盆体系则是作为主动大陆边缘的标志性结构组合。

1. 结构特征

西缅地块火山岛弧发育于大陆边缘，将大陆边缘分割成弧前盆地和弧后盆地。弧前盆地和弧后盆地的地貌形态、沉积充填和构造特征都有很大区别，盆地属性也明显不同。两者间通过火山岛弧的活动密切关联。弧前、弧后地区的各类构造的发育均与俯冲作用相关的动力学有关（表 4.7）。

表 4.7　西缅地块主动大陆边缘结构构造特征

地质时代	构造位置	构造单元属性	主要构造类型
第四纪（Q）	主动大陆边缘	北部陆上弧前为压扭性-强压扭型盆地，弧后为张扭性改造盆地；岛弧带完成隆起定型	北部陆上弧前挤压褶皱和逆断层、逆冲构造发育，弧后张扭断裂，弱挤压褶皱发育
上新世（N₂）			
中新世（N₁）		北部陆上为反转挤压盆地，弧后为继承性断陷；岛弧带强烈隆起，定型	弧前产生构造反转，挤压褶皱、逆断层，伴有强烈的走滑；弧后为张性断裂，受实皆断层的改造
渐新世（E₃）		过渡性断拗沉降；岛弧带开始微隆起	张性断裂发育
始新世（E₂）	过渡性大陆边缘		
古新世（E₁）		继承性断陷	张性断裂发育，边界发育走滑断裂雏形
中生代（Mz）	被动大陆边缘	大陆边缘海断陷	

弧前盆地经历了早期被动大陆边缘及过渡大陆边缘断陷、断拗阶段和后期主动大陆边缘挤压反转阶段,盆地的挤压特征明显,整体为由逆冲褶皱带组成的复式向斜,逆断层发育。而弧后盆地则表现为继承性的断陷结构特征,张性正断层发育。受东部实皆断层的走滑改造,弧后盆地发育张扭构造。岛弧带具有高、低隆分割的特点,其结构和构造特征与弧前和弧后盆地有密切联系。

1) 构造单元

西缅地块在长期的演化历史中,特别是新生代以来,经历了多次构造运动,由于地块性质、边界条件、形变层和构造部位的差异,构造在不同部位具有不同的特征。整体来看,弧前钦敦拗陷是一个在强烈的挤压作用下形成的复式向斜,岛弧带表现为北南向的介于弧前盆地与弧后盆地之间的隆起带,而弧后睡宝拗陷则表现为断陷特征。根据区域地质-地球物理综合解释剖面、地表露头构造特征、钻井揭示的构造特征和重力异常图的平面特征等,考虑新生代以来俯冲碰撞作用对区域改造在不同地区所表现出来的差异,以现今各构造层变形强度及组合特征为依据进行构造区划分。构造单元界线主要为在不同地质历史时期所形成的对构造变形有控制作用的各种类型及级别的深大断裂和主断裂。根据这些原则,将西缅地块构造区划分为三个一级大地构造单元和六个二级构造单元(图 4.22,图 4.23)。

(1) 钦敦拗陷

钦敦拗陷位于西缅地块北部西缘,紧邻印缅造山带,以高角度逆冲褶皱构造为主。上新世中晚期的强烈挤压改造作用使钦敦拗陷形成现今北北东向的复式向斜形态(图 4.24)。拗陷两翼边缘受北北东向展布的高角度冲起断裂控制,并成为现今钦敦拗陷的构造边界,拗陷内次级逆冲断裂发育,伴生断层相关褶皱,构造主体展布方向与复式向斜轴展布方向一致。拗陷内还发育部分小型张性正断层,近东西向展布。

钦敦拗陷西侧以压扭性的卡包断裂为界与印缅山造山带毗邻,东部边界为高角度冲起带,南部以 22°隆起与沙林拗陷分隔。复向斜中部挤压褶皱形成背斜隆起,使钦敦拗陷整体呈隆凹相间的构造格局,自西向东依次可划分为三个二级构造带:西缘冲断构造带、中央构造带和东缘冲起构造带,二级构造带与盆地轴基本平行,北北东向展布(图 4.25)。

① 西缘冲断构造带

西缘冲断构造带处于复式向斜西翼并受卡包边界断裂控制。钦敦拗陷西缘地层向西逆冲覆于若开山之上,构造带整体抬升较高,沉积盖层完全剥蚀出露(图 4.26)。发育一系列前展式逆冲推覆构造,各逆冲岩席依次向钦敦拗陷西缘扩展,断面东倾,走向为北北东向,具有滑脱性质,上盘发育断层相关褶皱,背斜顶部同时伴生张性断裂。

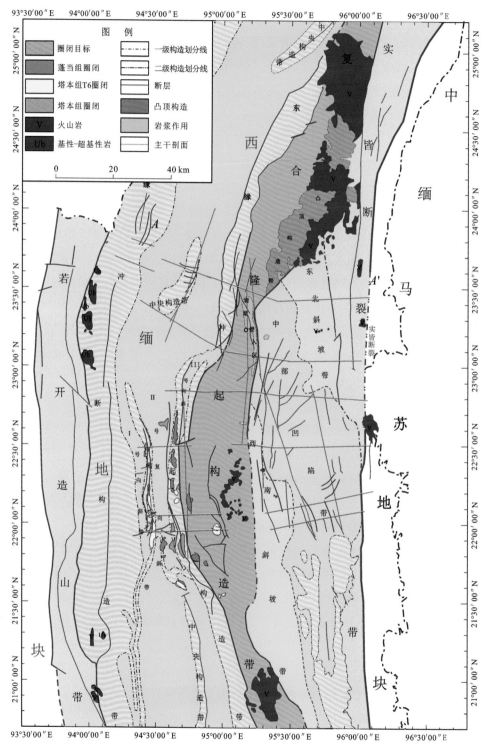

图 4.22 西缅地块北部主动大陆边缘构造单元及构造纲要图

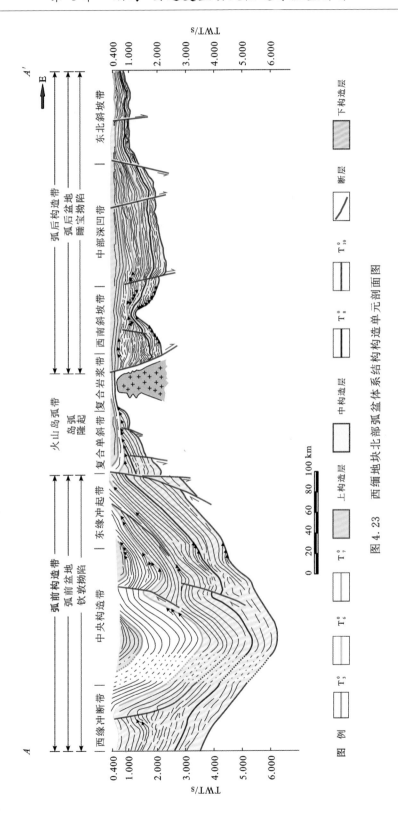

图 4.23 西缅地块北部弧盆体系结构构造单元剖面图

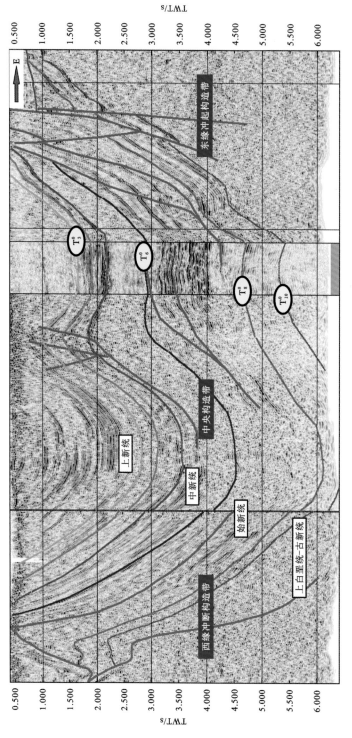

图 4.24　西缅地块北部弧前软数拗陷构造单元剖面图

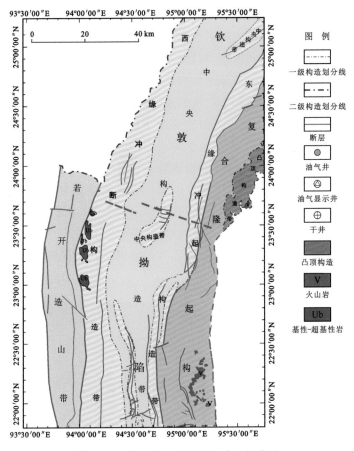

图 4.25　弧前钦敦拗陷构造单元划分图

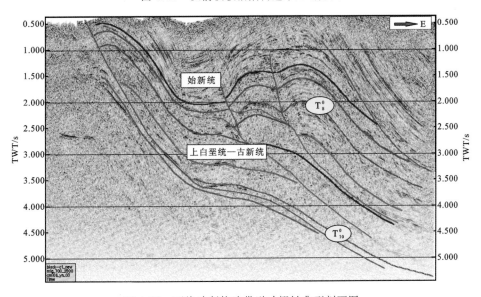

图 4.26　西缘冲断构造带逆冲褶皱典型剖面图

② 中央构造带

中央构造带主要为发育在复式向斜腹部的逆冲-褶皱组合或宽缓背斜,为重要的含油气构造。构造带由北往南具有分段性,构造特征迥然不同。北部发育的 Indaw 构造为断背斜,逆断层断穿背斜顶部,构造整体走向为北北东向,褶皱轴面和断面西倾,盖层整体卷入,并发育深、浅两套不同的构造组合。浅层逆冲断面上陡下缓呈铲形,断面西倾,断开上始新统和中新统,断层上盘及上覆地层褶皱变形,断裂上盘断层作用形成断展褶皱,同时在背斜顶部发育一系列近东西向、规模较小的正断层,多断至地表,对背斜的切割作用较强。逆冲断层下盘地层卷入变形,但变形强度较弱。深层逆冲断裂断面平缓、西倾,断开始新统,在上盘形成断弯褶皱,褶皱平缓。中部主要发育宽缓的背斜构造,断裂不发育(图 4.27)。南部帕特隆(Patolon)构造靠近钦敦拗陷南缘 22°隆起,为上新世中晚期发育的逆冲-褶皱组合,浅层发育冲起断裂,断穿始新统各组,其上盘地层冲起剥蚀,深层断裂为一条隐伏逆冲断裂,卷入其与帕特隆断裂之间的地层发生断展-断弯褶皱变形,形成一个较为完整的背斜圈闭(图 4.28)。

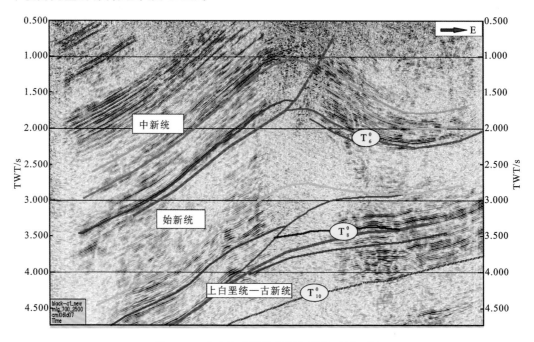

图 4.27　中央构造带北部断背斜典型剖面图

③ 东缘冲起构造带

东缘冲起构造带靠近岛弧隆起带,冲起断裂断面整体东倾,受钦敦拗陷东部岛弧隆起带刚性体的阻挡作用,断裂冲起幅度大,大部分断至地表。断裂走向近南北,具分段特征。北段受岛弧隆起带高幅度隆起,在盆地东缘形成切入基底的陡直正断裂作为早期钦敦拗陷与岛弧隆起带边界,在上新世中晚期强烈挤压作用下,东缘冲起构造带北段主要发育切入基底且断至地表的冲起断裂(图 4.29)。

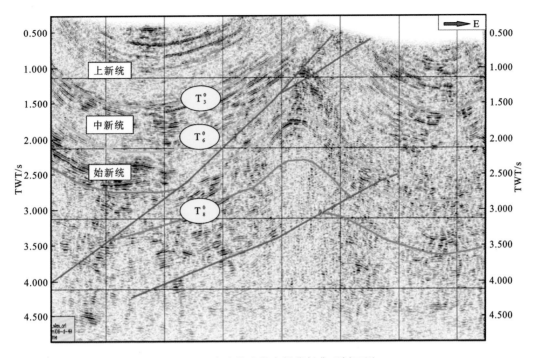

图 4.28　中央构造带南部背斜典型剖面图

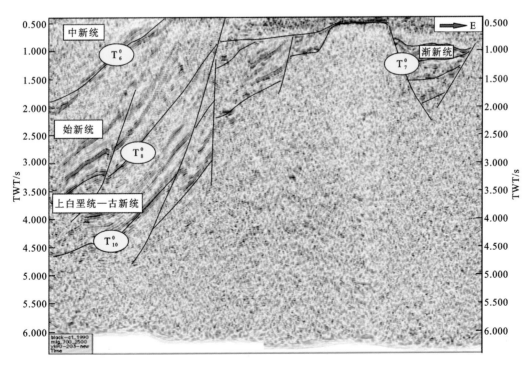

图 4.29　东缘冲起构造带构造带典型剖面图

南段东部岛弧隆起带隆起幅度较北段低,早期没有切入基底的边界正断裂,冲起断裂下段一般具有顺层滑脱的特征,没有断入基底,局部冲起断裂下盘发育褶皱。

(2) 火山岛弧带

火山岛弧带位于西缅地块钦敦拗陷、沙林拗陷东部隆起带和睡宝拗陷西部隆起带之间,分割弧前和弧后构造单元。岛弧带西侧以与钦敦拗陷差异隆升所形成的近南北向展布的边界正断裂为界,东侧以与睡宝拗陷因岛弧带岩浆活动所形成的边界断层为界,自北部陆上向南延伸至安达曼海,并与西苏门答腊火山岛弧相连,是西太平洋火山链的组成部分。火山岛弧的隆起伴随着印度板块的斜向俯冲,呈多期次发育,现今带间仍分布众多如博巴火山在内的活火山(Pal et al.,2010)。

岛弧带受渐新世晚期和上新世晚期两期构造作用,加上其特有的岩浆活动,构造较为复杂。岛弧带西侧以高角度逆冲断裂与钦敦拗陷相邻,东侧边界为下正上逆的反转断层。北部高隆起,发育凸顶构造,南部低隆起,南北向断裂广泛发育。中新世之前,整体呈现隆起分割弧前和弧后,内部除了岩浆活动形成的局部岩浆侵入及火山喷发外,地层无明显的变形;渐新世末期—中新世早期,受印度板块的俯冲碰撞作用,开始形成东西向的单斜,局部发育由逆断层控制的背斜、张性断块等局部构造,且地层剥蚀严重,T_6^0 形成明显的角度不整合界面。上新世晚期压扭改造作用对岛弧带影响不大,可能是岛弧隆起幅度较高,应力传递受阻。

依据现今基底及上覆沉积层形态结构特征及白垩纪以来岩浆活动的分布范围将火山岛弧带(中央隆起带)划分为两个构造单元,即西部复合单斜构造带和东部复合岩浆构造带。

① 西部复合单斜构造带

西部复合单斜构造带西部边界为钦敦拗陷东缘的逆冲断裂带,东部边界为岩浆活动形成的岩性界界。中新统以下地层整体呈现向西倾斜,为基底卷入型单斜,主要是由渐新世晚期和上新世晚期两期构造作用形成。构造带南北向具有分段性,构造特征和形成机制具明显差异。

北段凸顶构造——迎春构造地层掀斜角度较高,中新统之下地层发育张性正断裂,并且有反转迹象,主要是渐新世晚期的差异隆升作用和上新世晚期的挤压反转作用形成(图 4.30)。

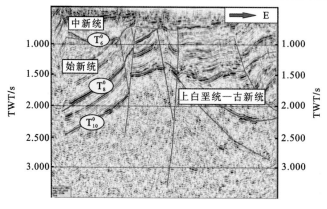

图 4.30　凸顶构造——迎春构造张性断裂典型剖面

南段迎春构造——卡宾构造(图 4.31~图 4.33),地层倾斜较北部变缓,并形成由断层控制的局部背斜,形成于渐新世晚期和上新世晚期两期挤压作用。

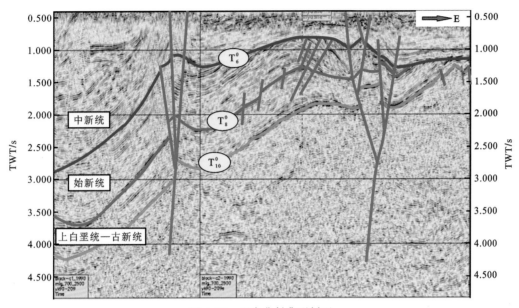

图 4.31　迎春背斜典型剖面

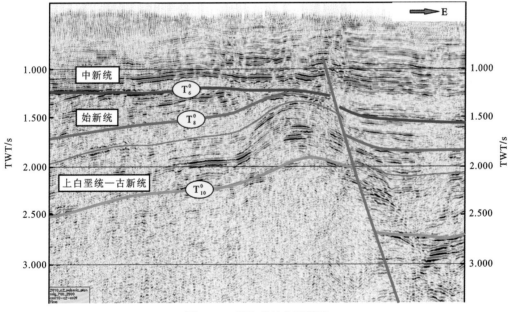

图 4.32　迎宾背斜典型剖面

② 东部复合岩浆构造带

东部复合岩浆构造带岩浆活动强烈,火成岩广泛发育。该带东部以睡宝西侧的边界正断裂为界,西侧紧邻复合单斜构造带。南北向具分段性,北段广泛出露花岗岩侵入体,

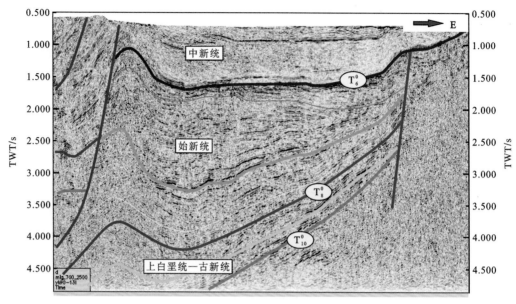

图 4.33　卡宾构造典型剖面

形成时间较早,为白垩世晚期(图 4.34)。南段迎春构造处在地震剖面上识别出多处岩浆底辟构造,刺穿中新统之下地层,侵入体两侧地层呈现明显的拖曳,活动时间大致在渐新世—中新世。迎宾构造附近未发现典型的岩浆活动,南端主体为第四纪至今仍在活动的钙碱性博巴火山和蒙育瓦火山。

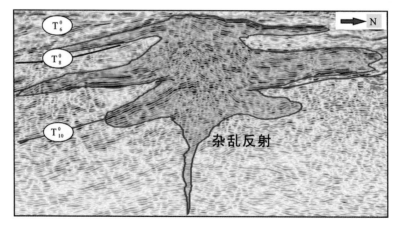

图 4.34　岩浆底辟构造典型剖面

(3) 睡宝拗陷

睡宝拗陷位于西缅地块东缘,紧邻掸泰地块,南北向带状展布,东侧以与掸泰地块间发育的实皆断层为界,西部以与弧前钦敦拗陷间发育的岛弧隆起带为界,北部以地表出露的结晶岩及浅变质岩区为界,南部以分割缅甸弧后盆地睡宝拗陷与勃固-锡当拗陷的 22° 低凸起为界。

　　睡宝拗陷构造单元的划分主要考虑拗陷现今基底形态、结构特征、拗陷内构造变形的分带特征、沉积盖层的展布及厚度的横向变化等。基于此,将睡宝拗陷划分为三个二级构造单元,即西南斜坡带、中部深拗带、东北斜坡带(图 4.35)。拗陷东侧与掸泰地块的实皆断层为南北向、平直的大型走滑断层,由多条平行的走滑断层组成,由于后期右旋压扭作用强烈,该带地层十分破碎,地震剖面上成层性差,主要为杂乱反射或空白反射。西侧与岛弧的边界在南北段上存在一定差异,北段岛弧与睡宝拗陷的边界为渐新世岛弧剧烈隆升而形成的正断层。而迎宾构造以南,岛弧则是通过斜坡向拗陷过渡(图 4.36)。

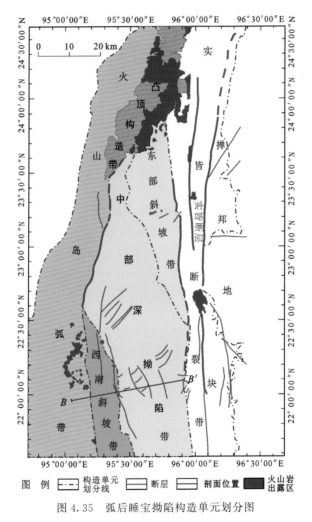

图 4.35　弧后睡宝拗陷构造单元划分图

　　① 西南斜坡带

　　西南斜坡带位于盆地的西南部,基底隆起幅度较高,并且隆升时间较早,晚白垩世即已隆起。西南斜坡带构造十分简单,早期地层由东侧的中部深拗带逐渐向西超覆,较为稳定,上新世末期强烈的反转导致斜坡带上形成由两条逆断层背冲所夹持的背斜。

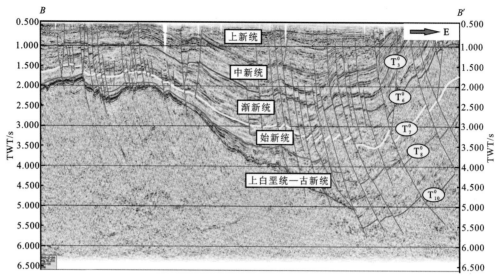

图 4.36　西缅地块北部弧后睡宝拗陷构造单元剖面图

② 中部深拗带

中部深拗带是盆地基底埋藏最深、沉积盖层最厚的构造单元。带内南北存在较大差异,北部基底较浅且地势平坦,沉积盖层较薄,断裂发育一般,与岛弧的西侧边界处后期发生反转,上部地层形成较低幅度的背斜。南部基底埋藏较深,最深达 8 000 m,从南北向剖面上看,中部深拗带内地层具有由南向北超覆的特征。东西向剖面显示下构造层(古新统、始新统)由东向西超覆,而上构造层(上新统及以上地层)为由中央向两侧超覆。中部深拗带内(尤其是南部)还发育大量张性断层,为北东东向,具有形成时代晚(上新世之后)、切穿层位多、断距小等特点,是张扭作用的结果。

③ 东北斜坡带

东北斜坡带基底受后期实皆断裂强烈压扭走滑的影响抬升较高。该带构造简单,褶皱与断层均不发育。从地层的接触关系上看,早期应为东倾的斜坡,地层由实皆断层控制的断陷中心向西超覆。上新世的反转抬升使东部基底强烈抬升,地层遭受剥蚀,并转变为现今西倾的斜坡。

2) 构造层

构造层是与构造运动相对应的一套地层-岩石组合。根据构造运动、不整合面、沉积建造、岩浆活动和变质作用,可以对构造层进行划分。区域上,西缅地块北部可以分为上、中、下三个构造层。由于各构造层厚度及岩石物理性质等方面的差异,它们在构造作用下往往表现出不同的形变特征。地震剖面的解释表明西缅地块北部主动大陆边缘表层构造与地腹构造存在明显的垂向分异现象。

（1）钦敦拗陷

钦敦拗陷为一早期断拗、中期反转、晚期逆冲褶皱改造的北北东向残留型挤压拗陷,整体具有复式向斜的结构形态。根据钦敦拗陷的构造演化,将盆地自上而下划分出三个构造层,分别对应拗陷构造演化的三个阶段(图 4.37)。

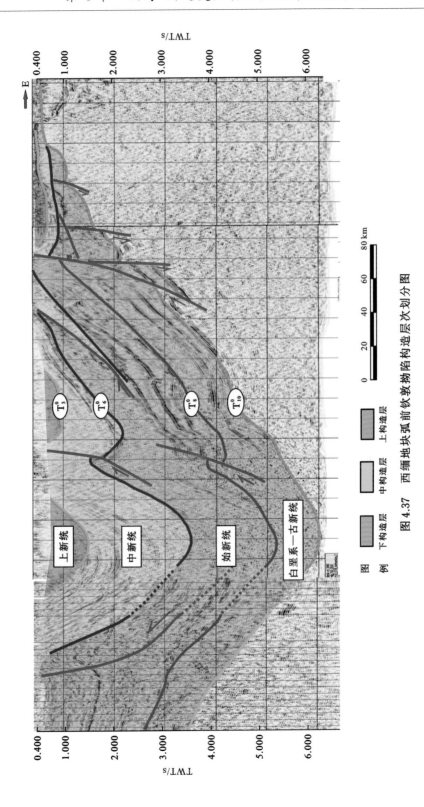

图 4.37　西缅地块弧前钦敦拗陷构造层次划分图

① 下构造层为白垩系—始新统断拗沉降层。拗陷西断东超,为一典型的半地堑结构,在地震剖面上,上白垩统、古新统和始新统逐渐向东超覆,但地层的沉积中心不在西侧边界断裂附近,而是在拗陷中心,表现为断拗特征。

② 中构造层为中新统强构造反转层。反转改造强度大,拗陷从断拗型开始逐渐转变成一个复向斜构造,局部发育逆冲推覆构造、断层相关褶皱,一些早期正断层反转。

③ 上构造层为上新统压扭改造层。盆地抬升,地层剥蚀,盆地呈碟状,两端逆冲断裂背冲,冲起幅度较大。

(2)火山岛弧带

根据地震资料将火山岛弧带顶部划分出三个构造层(图 4.38)。

① 下构造层由白垩系—始新统组成,整体驮伏在火山岛弧上,厚度展布比较稳定,为被动大陆边缘和过渡性大陆边缘盆地阶段发育的沉积。岛弧隆升对地层沉积影响较小,弧前和弧后盆地地层沉积差异不明显,该构造层是在岛弧隆起定型之前西缅地块断陷和断拗时期的盆地充填。上构造层主要由中新统及以上地层组成(大部分缺失渐新统),构造层在邻近弧前盆地和弧后盆地两侧厚度较大,向岛弧带顶部逐渐变薄,整体为披覆背斜,并且在弧前边界断裂附近受到明显的挤压改造成为边缘向斜。

② 中构造层为中新统组成,底界为 T_6^0 的高角度削截不整合面,上界为 T_3^0 低角度超覆不整合面。经历了渐新世强烈火山作用,岛弧带大幅隆升之后,中新世构造活动趋于减弱。

③ 上构造层发育于岛弧带隆起趋于稳定的条件,沉积中心和范围受岛弧隆起形成的高地形控制,与弧前和弧后盆地存在很大差异。

(3)睡宝拗陷

根据拗陷内重要不整合面及不同层位断裂、褶皱等的发育变形特征的不同,由下向上将睡宝拗陷划分为三个构造层(图 4.39)。

① 下构造层为上白垩统—渐新统断陷层。该时期为睡宝拗陷弧后扩张的主要阶段,具有明显的断陷特征。控制沉积充填和结构形态的断层为拗陷东侧实皆边界断裂,断陷中地层向东部凸起逐渐超覆。现今睡宝拗陷与火山岛弧带之间的边界断层并不是同发育的伸展断层,而是与渐新世火山活动的差异隆升有关,不控制拗陷早期的结构和沉积充填。

② 中构造层为中新统稳定热沉降的拗陷层。此时构造活动趋于减弱,断裂及褶皱均不发育,拗陷转入稳定期。实皆断层也处于间歇期,对沉积充填控制作用明显减弱,地层向西侧的超覆不明显,地层厚度横向变化较小,近等厚沉积。

③ 上构造层为上新统以上的压性拗陷层。上新世以来盆地发生压扭反转,东侧随着实皆断层的压扭走滑作用而强烈抬起,同时西侧岛弧带发生继承性隆起,形成"两隆夹一拗"的构造格局,沉积中心由早期实皆断层控制的断陷向西迁移到盆地的中央,并向两侧缓慢超覆。

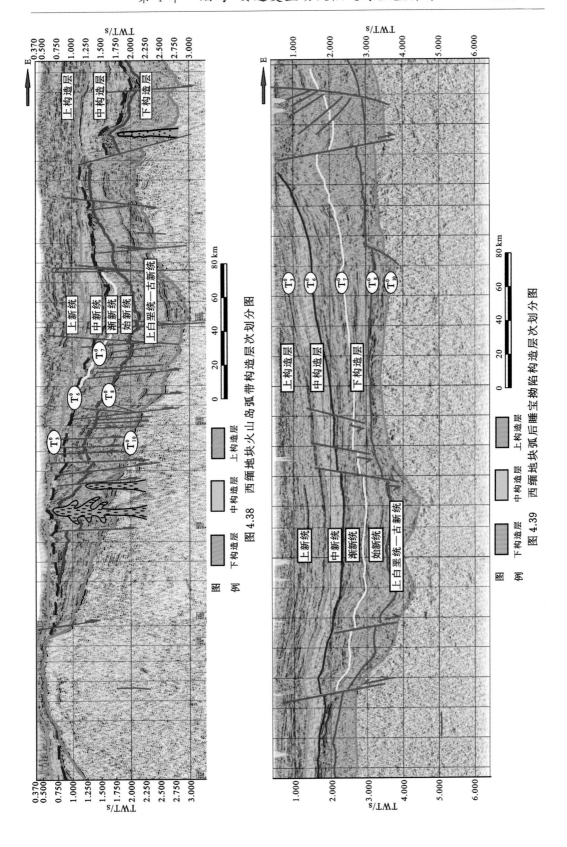

图 4.38　西缅地块火山岛弧带构造层次划分图

图例　下构造层　中构造层　上构造层

图 4.39　西缅地块弧后睡宝拗陷构造层次划分图

图例　下构造层　中构造层　上构造层

2. 变形特征

1) 构造变形分带

（1）钦敦拗陷

钦敦拗陷受印度板块的斜向俯冲挤压与东部岛弧隆起带的活动强度影响，南北具有明显的变形差异（图4.40）。北部早期持续稳定拗陷沉降，东缘与岛弧隆起带以生长性的正断裂作为边界，始新统沉积时期，边界正断裂活动不强，拗陷与岛弧隆起带整体缓慢沉降。晚期逆冲断裂发育，下构造层逆冲变形。沉积中心在盆地的西部，东缘沉积受边界正断裂控制，厚度较大，具有断拗结构特征。中构造层及以上构造发育，晚期挤压伴生的正断裂多切割上构造层，拗陷中部发育晚期逆冲断裂；拗陷东部上构造层受东部边界正断层控制，地层厚度比岛弧隆起带大，沉积中心在拗陷中部。南部没有边界正断层发育，地层向隆起带超覆过渡，沉积中心在拗陷中央偏西侧位置，具有对称的结构特征。上、下构造层结构特征相似，沉积中心在拗陷中部，两侧地层逐渐减薄。上新世中晚期，因强烈的挤压改造，拗陷压缩呈现复式向斜形态，形成现今北北东向残留型拗陷。盆地北部深度大，形态较为宽缓，向南部由于受到岛弧带差异隆升的影响，逐渐变窄，深度也由北向南逐渐变浅。北部东缘见地表出露冲起的中新统，向南冲起地层为始新统，中新统以上地层由于拗陷的南北差异遭受剥蚀。拗陷北部中央构造带发育断背斜，向南逐渐变为冲断层下盘的层间拆离滑脱面，为典型的断层传播-转折-滑脱叠加型褶皱。钦敦拗陷整体形态表现为北深西浅，北宽南窄，隆拗相间的构造格局。

（2）火山岛弧带

火山岛弧带的整体受控于印度板块对西缅地块的俯冲碰撞作用所引起的区域差异隆升，主体为一个复合隆起的岩浆构造带（图4.41）。岛弧带自北向南发育有火山喷发作用、岩浆侵入作用和基底抬升。北端隆起幅度最大，发育凸顶构造，中新统披覆于岛弧带顶部。向南隆升幅度逐渐降低，局部发育火山岩浆侵入引起的刺穿，在岩浆侵入区南缘，发育一系列挤压成因的断块，顶端局部区域发育似生物礁丘状构造。岛弧带上覆地层整体缺失渐新统，隆起南缘发育中新世形成的正断层，断至基底，沿断裂带局部发育岩浆侵入。南部低隆起与北部高隆间由一个低凹的鞍部沟通弧前与弧后盆地，其间发育渐新统。

（3）睡宝拗陷

睡宝拗陷受控于火山岛弧带的隆升分割阻挡和实皆断层的强烈右旋走滑，拗陷南北构造变形特征存在较大的差异。北部呈现向西的箕状断陷特征，以东倾的正断层与岛弧隆起带分界，靠近岛弧带基底埋藏深，地层厚度大。东侧靠近实皆断层基底埋藏较浅。南部东侧靠近实皆断层基底埋藏深，地层厚度大，西侧基底相对浅。中部整体上呈地堑结构，东西向基底深度相差不大。在南北向构造剖面上（图4.42），从北至南，基底由浅到深，地层由薄变厚，中部为构造转换带。拗陷北部基底形态自西向东抬起，中部发育低隆起。北部部分早期正断层后期出现反转。南部靠近掸泰地块一侧正断层作为断陷边界，自西向东为一个倾覆且深度较大的斜坡，控边断裂发育在东部，向东延续到实皆断层，边界断裂出现反转特征，表现出下正上逆的特征（图4.43）。

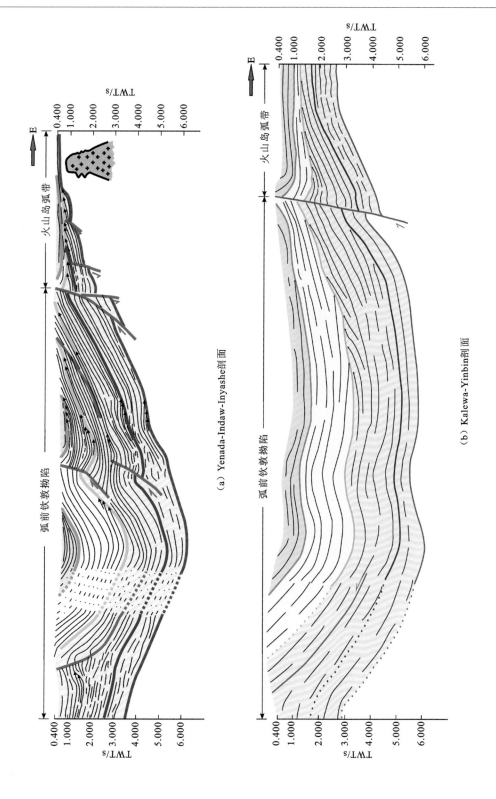

（a）Yenada-Indaw-Inyashe剖面

（b）Kalewa-Yinbin剖面

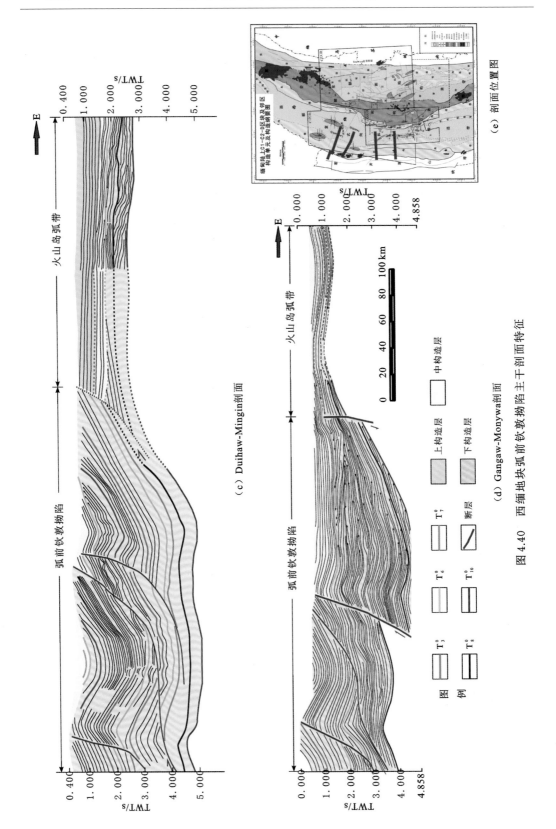

（c）Duihaw-Mingin剖面

（d）Gangaw-Monywa剖面

（e）剖面位置图

图 4.40 西缅地块弧前弧后敦拗陷主干剖面特征

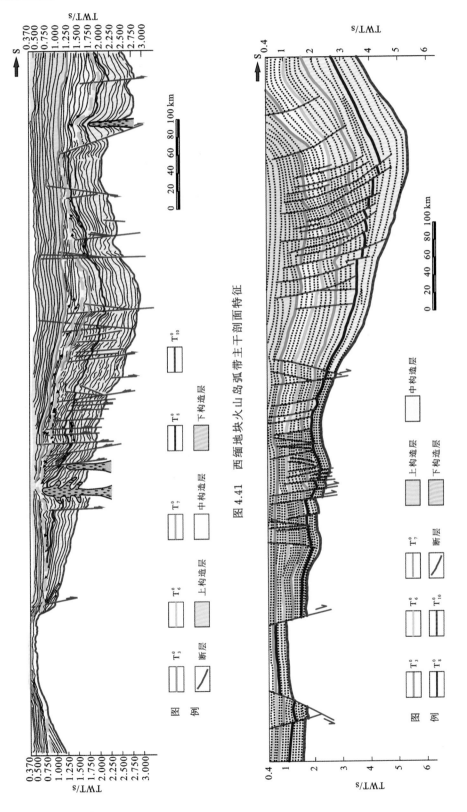

图 4.41　西缅地块火山岛弧带主干剖面特征

图 4.42　西缅地块弧后睡宝拗陷南北向主干剖面特征

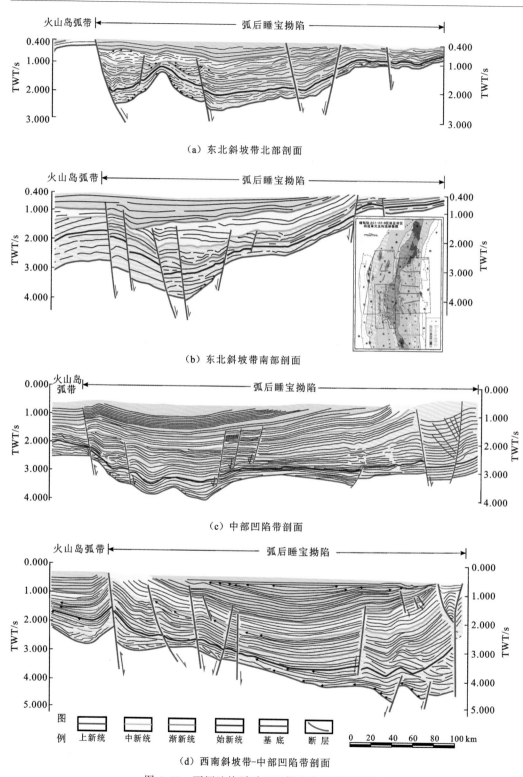

（a）东北斜坡带北部剖面

（b）东北斜坡带南部剖面

（c）中部凹陷带剖面

（d）西南斜坡带-中部凹陷带剖面

图 4.43　西缅地块弧后睡宝拗陷主干剖面特征

2）构造变形阶段

（1）钦敦拗陷

钦敦拗陷北部东西向平衡剖面揭示［图 4.44(a)］，渐新统沉积前，新特提斯洋向西缅地块俯冲，北部增生楔和岛弧隆起带形成。拗陷内部构造稳定，持续沉降，晚白垩世—始新世沉积厚度较大，沉积中心在拗陷西部，西缘边界主要是增生楔后缘隆起，上白垩统—古新统向下伏基底超覆逐渐减薄。东缘边界为岛弧隆起带高幅度隆起与钦敦拗陷东缘形

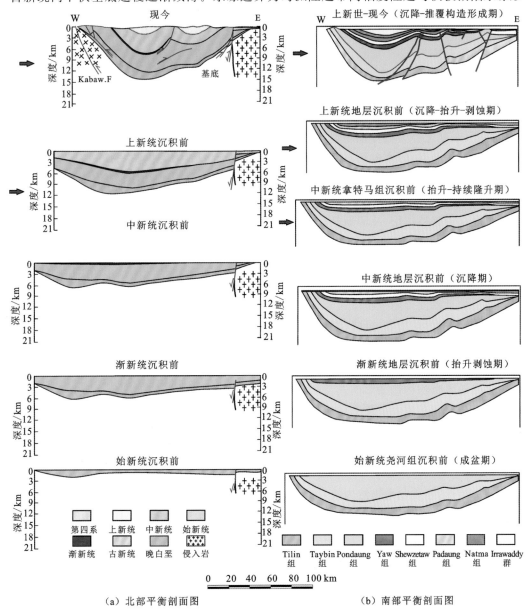

（a）北部平衡剖面图　　　　　　　　（b）南部平衡剖面图

图 4.44　西缅地块弧前钦敦拗陷平衡剖面图

成高角度的边界生长断裂,该断裂北部活动速率为 30 m/Ma,中部活动速率为 38.7 m/Ma。始新世,增生楔和岛弧隆起带构造活动性较弱,正断裂活动速率也较小,始新世早期、中期,增生楔和岛弧隆起带与钦敦拗陷整体沉降,增生楔接受东部物源沉积物,岛弧隆起带有厚层的始新统。

渐新世新特提斯逐渐俯冲消亡,钦敦拗陷北部沉降作用较弱,沉积环境由海相开始向陆相过渡,渐新统厚度较薄。渐新世晚期,印度板块开始向西缅地块俯冲碰撞,钦敦拗陷构造抬升,岛弧隆起带构造活动较强。岛弧的隆起导致钦敦拗陷东缘边界正断层再次活动,古近系剥蚀之后,拗陷再次断拗沉降,边界正断裂活动速率较大(95.8m/ Ma),拗陷内有厚层的中新统。

中新世—上新世早期,印度板块的斜向俯冲对钦敦拗陷形成侧向挤压,拗陷北部挠曲沉降,沉积厚层陆相地层。同时拗陷东部边界正断裂持续活动,中新统—上新统在拗陷沉积厚度较大,沉积中心有北北东向过渡到近南北向,靠近拗陷中央。该时期拗陷具有断拗结构特征,东部边界为陡直正断裂,西部边界为增生楔后缘隆起。

上新世中晚期,印度板块与欧亚板块的陆-陆碰撞形成强烈的挤压应力,使钦敦拗陷经历了强烈的挤压改造、缩短变形,拗陷两翼地层高角度倾斜,压性断裂形成拗陷两侧的边界,拗陷内压性断裂多具滑脱性质。西缘逆冲断裂形成滑脱逆冲断层-褶皱组合,东缘受岛弧隆起带阻挡作用,冲起断裂发育,断裂上盘地层高角度冲起。现今的复式向斜格局在该时期定型。

从钦敦拗陷南部东西向平衡剖面演化可见[图 4.44(b)],渐新统在向斜中心沉积最厚,南部沉降作用大于北部。中新世,南部受印度板块挤压应力的影响,构造活动强于北部。构造抬升致使拗陷中新统大套缺失,仅残存部分中新统,表明中新世时期南部处于构造多期变迁过程,即抬升、沉降、剥蚀的构造活跃期。上新世末期,受区域由东向西强烈的挤压作用影响,拗陷南部形成褶皱、西倾逆冲断裂发育,形成现今构造格局。

(2) 火山岛弧带

火山岛弧带的构造变形模式与新特提斯洋的俯冲与印度板块对西缅地块的俯冲碰撞作用息息相关。东西向平衡剖面演化显示(图 4.45),晚白垩世—古新世,洋、陆壳软接触碰撞,火山岛弧带还未隆起成型。始新世,印度板块东北角与西缅地块边缘开始接触,火山活动趋于强烈,中央盆地被一分为二,弧前盆地由岛弧隆起期前的断陷盆地向断拗盆地发展,弧后盆地发育则体现继承性断陷的特征。虽然盆地被一分为二并显示出弧前和弧后盆地的雏形,但是盆地仍然为统一的整体,伸展构造体制仍占主导地位,盆地充填具有较高的一致性。岛弧带此时已具雏形。渐新世,印度板块向西缅地块强烈俯冲,火山大规模活动,西部增生楔开始发育,岛弧带发育。岛弧快速隆起并真正分割弧前和弧后盆地,弧前和弧后盆地进入差异演化阶段。中新世,受区域构造影响,钦敦拗陷、睡宝拗陷及岛弧带整体沉降,岛弧带顶部发育中新统,并与弧前钦敦拗陷与弧后睡宝拗陷连通。上新世晚期,在新构造运动影响下,钦敦拗陷大型隆拗相间构造格局发育成型,睡宝拗陷发育右旋走滑断裂带,岛弧带由于受南北基底影响,整体抬升,但该期构造运动对其构造格局改造不大。

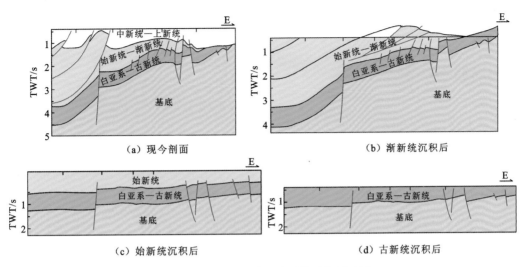

图 4.45　西缅地块火山岛弧带平衡剖面图

（3）睡宝拗陷

睡宝拗陷的区域变形可以划分为四个主要阶段：①晚白垩世—早始新世被动大陆边缘断陷阶段；②中始新世—渐新世弧后断陷阶段；③中新世热伸展拗陷阶段；④上新世中晚期压扭改造阶段。晚白垩世—早始新世，睡宝拗陷处于被动大陆边缘断陷发育阶段，岛弧尚未隆起。拗陷基底具有北高南低的特征，北部断陷层厚度明显小于南部，中部具有由东西两个相对的半地堑组成（图 4.46）。南部结构形态相对简单，为由实皆断层控制的东断西超的箕状半地堑（图 4.47）。

中始新世—渐新世，岛弧带在隆起幅度较大的趋于完全分割弧前钦敦拗陷和弧后睡宝拗陷，睡宝拗陷南部等隆起相对较低的位置仍然贯通，地层由东西两侧的睡宝拗陷和钦敦拗陷向岛弧带超覆。此时睡宝拗陷处于弧后拉张断陷期，实皆断层持续伸展活动。

中新世，火山作用趋于减弱，构造相对平静，睡宝拗陷转入热沉降拗陷阶段。盆内没有强烈的构造变形，实皆断层活动速率大幅降低。中新统在弧前、弧后盆地分布较为均一。

上新世中晚期，实皆断层持续强烈右旋压扭活动，导致缅甸陆上地区整体转入压性构造体制。受岛弧带阻挡作用，来自西侧的挤压应力无法全部传递到睡宝拗陷，造成钦敦拗陷挤压褶皱作用十分强烈，而睡宝拗陷主要沿实皆断层压扭反转。通过实皆断层的调节作用，睡宝拗陷早期的断陷大幅抬升。

3. 断裂特征

西缅地块的断裂体系主要受两方面因素制约：一是印度板块向欧亚板块俯冲在西缅地块主动大陆边缘形成的一系列压性逆冲断裂；二是印支板块受印度板块的挤入影响向东南方向逃逸而产生的一系列走滑断裂和张性断裂。总体上，西缅地块北部地区断裂走向具有分带特征，体现出"西压东张，压扭普遍，属性复杂，分割性强"的特点。即弧前部分

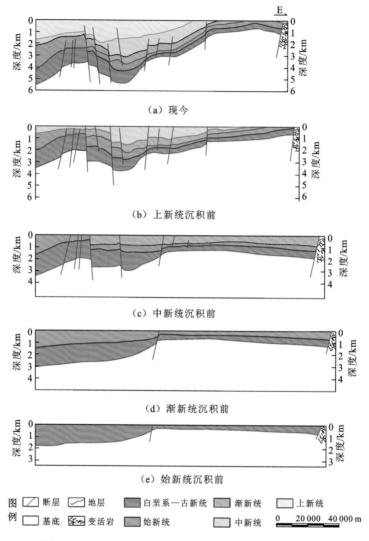

（a）现今

（b）上新统沉积前

（c）中新统沉积前

（d）渐新统沉积前

（e）始新统沉积前

图例　▨ 断层　◪ 地层　■ 白垩系—古新统　■ 渐新统　□ 上新统
　　　□ 基底　▧ 变活岩　■ 始新统　■ 中新统　　0　20000　40000 m

图 4.46　西缅地块弧后睡宝拗陷北部东西向平衡剖面图

主要以发育南北向压性断裂为主，弧后部分以中部深拗发育近东西向张性正断裂为主，东西盆缘发育南北向压性断裂。弧前、弧后盆地都受压扭作用影响，表现出一定的扭动特征。弧前、弧后盆地主要发育四种性质的断裂，分别是北西向及近南北向逆断层、北东向正断层、南北向走滑断裂（图 4.48）。

　　按发育规模和对盆地的影响，断裂大致可以划分为三个级别。一级断裂如实皆、卡包、加拉丹等断裂，是西缅地块的区域性断裂。由于印度板块的碰撞导致西缅地块的顺时针旋转，在与掸泰地块之间形成以实皆断层为代表的大型走滑断裂系。实皆断裂在缅甸陆上地区南北延伸 1000 多千米，北部呈帚状撒开，南部一直延伸至安达曼海域，成为拉开安达曼海新生洋壳的转换断层。断裂对弧后地区影响强烈，控制弧后盆地的结构、构造形态及沉积充填。卡包断裂、加拉丹断裂分布在若开造山带，近南北向延伸，卡包断裂控

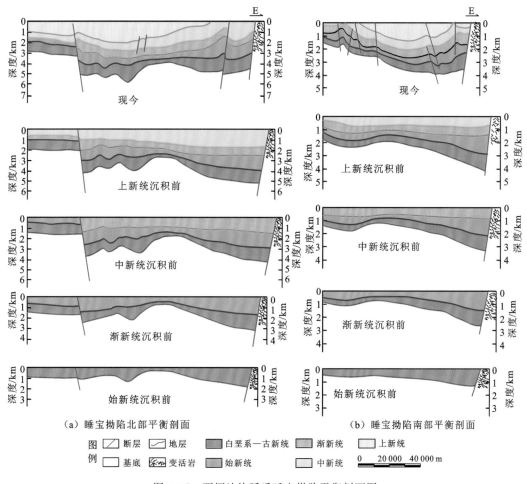

（a）睡宝拗陷北部平衡剖面　　　　　　　　　　（b）睡宝拗陷南部平衡剖面

图例　　🗡断层　　〰地层　　▨白垩系—古新统　　▨渐新统　　▢上新统
　　　　▢基底　　▨变活岩　　▨始新统　　▢中新统　　0 20 000 40 000 m

图 4.47　西缅地块弧后睡宝拗陷平衡剖面图

制了弧前盆地的西部边界，加拉丹断裂是印缅边界的大型逆冲断裂。作为若开造山带的西部边界，对孟加拉东缘褶皱带与西缘海岸增生楔逆冲推覆构造起控制作用。

西缅地块弧前、弧后盆地在早期断陷、后期张扭或压扭构造应力背景下发育形成，一级与二级边界断裂对盆地或盆内构造单元的发育起主要控制作用，表现为"一级控盆，二级控带，多级分割复杂化"的特征。西缅地块主动大陆边缘一级断裂是在东南亚地区宏观动力学演化背景下形成的，对盆地属性、结构构造产生了重要的影响。多与造山带和盆地同时期形成，直接控制整个区域构造带的形成。二级断裂作为一级断裂下的次一级断裂，主要对构造带起分割作用，即控制盆地内部构造单元，同时还控制物源分布和沉积作用。二级断裂的形成大多与一级断裂存在不同程度的成因联系，但其断裂属性、发育规模、几何学特征不尽相同。区内二级断裂主要为早期活动的同沉积断层（晚白垩世—渐新世）。三级断裂一般作为盆地内部的调节断裂，对次级构造单元起控制作用。区内三级断裂正、逆断层均有发育，将西缅地块分割成网格状。

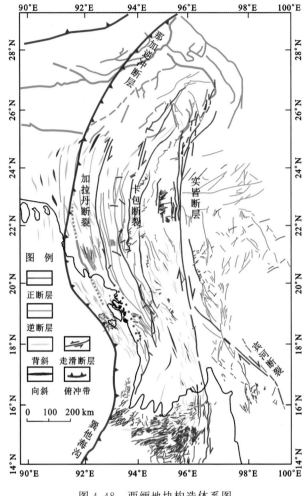

图 4.48 西缅地块构造体系图

4.3.3 弧盆体系沉积充填及演化

1. 地层、沉积特征

1) 盆地充填序列

西缅地块大部分盆地基底为前白垩系火成岩和浅变质岩,盆地沉积盖层包括上白垩统至第四系,厚度上万米。根据露头、钻井和地震资料揭示,由于南北构造体制差异大,同时受到古气候、古环境、物源及其供给量等诸多因素控制,地层发育特征不尽相同。

(1)弧前钦敦坳陷

钦敦坳陷主要发育上白垩统、古近系和新近系,坳陷东西部地层厚度差异大,北部缺失渐新统,整体西部地层厚度大于东部,古近系和新近系累计厚度达 14 000~16 000 m

（图 4.49）。

钦敦拗陷最老的沉积地层是晚白垩世 Kabaw 组,地质时代通过孢粉确认。Khin 和 Win(1969)提供了晚白垩世浅海沉积环境的化石证据,Tainsh(1950)也在区域研究报告中阐释钦敦拗陷东部边缘发现了白垩系灰岩沉积。Kabaw 组厚度为 800～2 500 m。缅甸国家石油天然气公司在区域地质报告中也提到弧前钦敦拗陷出现的碱玄白榴岩大化石,认为这是基于其控制岩相的灰岩、含灰质砂岩、页岩和泥岩,沉积环境解释为浅海沉积、近滨海和部分潟湖沉积环境。

古新统与上白垩统不整合接触,由灰黄色-灰色砂岩、灰黑色泥岩、灰黄色砾岩、灰褐色灰岩及薄层的凝灰岩组成。微体古生物化石的鉴定认为古新世发育于半深海潮间沉积环境。

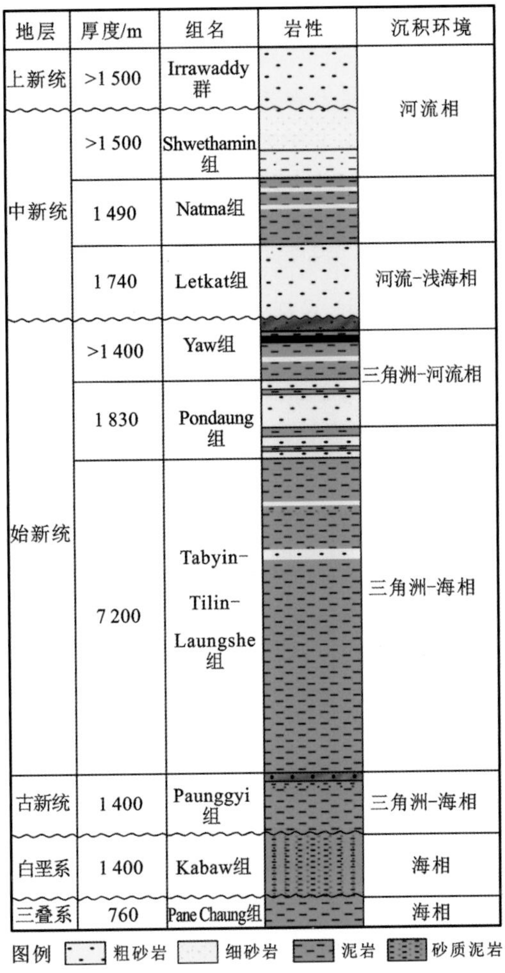

始新统在区内南部发育厚度最大,自下而上可划分为五个组,分别是 Laungshe 组、Tilin 组、Tabyin 组、Pondaung 组和 Yaw 组。主要为浅海-三角洲沉积环境,岩性以碎屑岩为主,Laungshe 组为浅灰色-绿灰色泥岩组成,夹黄褐色-绿灰色粉砂岩、细砂岩。Bender 和 Bannert(1983)在区域早始新世灰岩中发现有孔虫类化石,认为这是一

地层	厚度/m	组名	岩性	沉积环境
上新统	>1 500	Irrawaddy 群		河流相
中新统	>1 500	Shwethamin 组		
	1 490	Natma 组		
	1 740	Letkat 组		河流-浅海相
始新统	>1 400	Yaw 组		三角洲-河流相
	1 830	Pondaung 组		
	7 200	Tabyin-Tilin-Laungshe 组		三角洲-海相
古新统	1 400	Paunggyi 组		三角洲-海相
白垩系	1 400	Kabaw 组		海相
三叠系	760	Pane Chaung 组		海相

图例 ⬚ 粗砂岩　□ 细砂岩　▨ 泥岩　▨ 砂质泥岩

图 4.49　弧前钦敦拗陷综合地层柱状图

套在潮上、部分潮间和内浅海沉积环境中形成的地层。Tilin 组岩石类型由灰色细砂岩夹深灰色薄层泥岩组成,在钻井取心样品的砂岩层中发现煤层产出和波纹层理,因此解释为三角洲到海岸相沉积环境。Tabyin 组可解释为始新世中期沉积,环境总体以浅海相沉积为主,岩石类型为深灰色泥岩。通过 Padaukkone 1 井钻遇 Tabyin 组中发现的薄含炭层,将其沉积环境解释为多沼泽三角洲到受部分浅海相影响的河口湾环境。Pondaung 组大部分地层由砂岩、含砾岩及少量的泥岩组成,为海陆交互的半咸水沉积环境。通过钻井岩性数据和钦敦拗陷东部野外露头资料,在 Pondaung 组中找到了火山角砾岩和凝灰岩沉积,也由此说明火山岛弧带在始新世后期有较强的活动。Yaw 组地质时代为始新世后期沉积,Bender 和 Bannert(1983)找到了始新世后期沉积地层中出现有孔虫类和软体动物化石,判断此时期为浅海环境,缅甸国家石油天然气公司在区域地表出露的同套地层中,找到了淡水和咸水微古生物化石,由此提出区内由北向南,沉积环境由淡水沉积过渡成浅海相沉积。Yaw 组沉积充填主要由黑灰色泥岩、页岩夹少量致密砂岩组成,沉积环境中

陆相向浅海相过渡,局部地区可见河口湾沼泽及前缘三角洲沼泽环境。

　　渐新世,由于区域大地构造作用使拗陷整体抬升,拗陷内大部分缺失渐新统,仅在拗陷南端有少量发育,主要为河流-浅海沉积。

　　中新统与下伏地层呈角度不整合接触,以河流-浅海沉积为主,可划分为三个组。Letkat组为河流-浅海沉积,岩性为砂岩夹泥岩和粉砂岩,可见少量褐煤或煤。Natma组为河流-浅海沉积,岩性为杂色泥岩夹细中砂岩和灰色粉砂岩,见少量褐煤或煤。Shwethamin组为河流沉积,岩性以白灰色、黄色-褐色细-中砂岩和砾岩为主夹蓝灰色-棕褐色泥岩为主,局部为灰白色-白色中-粗厚砂岩夹少量浅灰色、暗灰色泥岩,灰绿色-淡黄色中-粗粒砂岩,夹少量泥岩及薄层灰绿色粉砂岩。

　　上新统与中新统平行不整合接触,沉积环境为典型的河流环境,岩性主要为棕色-白灰色砂岩、砂质泥岩和粗粒砂岩条带,厚度最大可达3 000 m。

（2）弧后睡宝拗陷

　　睡宝拗陷沉积盖层主要由上白垩统、古近系和新近系组成。拗陷内地层剥蚀严重,平原区地层大都被第四系覆盖,南部出露上新统——中新统,北部有渐新统——始新统及白垩系出露。沉积中心在中部深拗带。盆地南北两口钻井（Sabade-1井、Aungzeya-1井）揭示了地层组成和区域地层沉积特征（图4.50）。

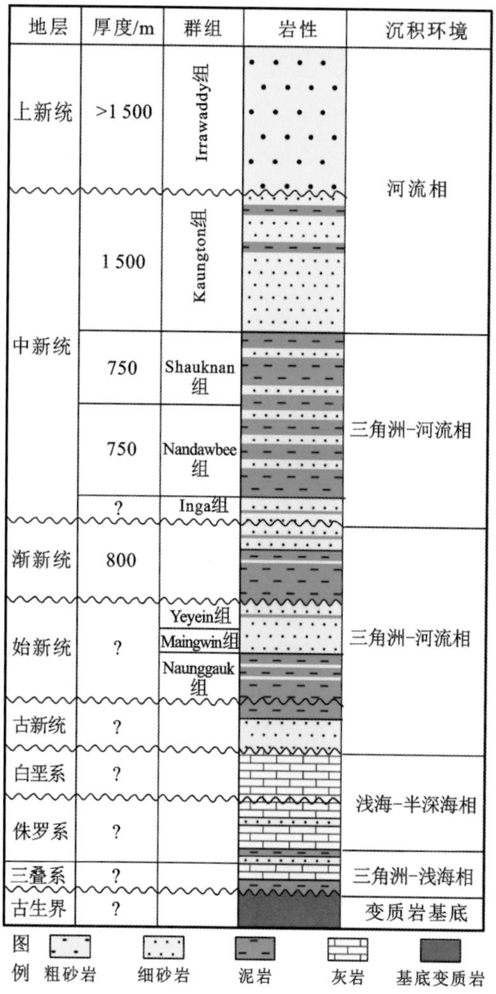

　　晚白垩世,西缅地块沉积环境为浅海-半深海,主要岩性为灰岩,白垩系与下伏地层不整合接触。

　　古新世沉积环境由浅海-半深海转为陆相三角洲-河流环境,下古新统与下伏白垩系呈不整合接触,岩性以砂岩为主,向上泥质含量增加,至上古新统变为泥岩。

　　始新世沉积环境为三角洲-浅海环境,自下而上发育三套地层。下始新统Naunggauk组岩性主要为泥岩,夹砂岩薄层。中始新统Maingwin组岩性主要为砂岩。上始新统Yeyein组岩性主要为砂岩,夹泥岩薄层。下始新统与下伏古新统之间呈不整合接触。

　　渐新统与下伏始新统局部地区为不整合接触,沉积环境为河流-三角洲-浅海环境,下渐新统以泥岩为主,夹砂岩薄层,向上砂质含量增加,至上渐新统转为以砂岩

地层	厚度/m	群组	岩性	沉积环境
上新统	>1 500	Irrawaddy组		河流相
中新统	1 500	Kaungton组		
	750	Shauknan组		三角洲-河流相
	750	Nandawbee组		
	?	Inga组		
渐新统	800			三角洲-河流相
始新统	?	Yeyein组 Maingwin组 Naunggauk组		三角洲-河流相
古新统	?			
白垩系	?			浅海-半深海相
侏罗系	?			
三叠系	?			三角洲-浅海相
古生界	?			变质岩基底

图例　▦ 粗砂岩　▦ 细砂岩　▦ 泥岩　▦ 灰岩　▦ 基底变质岩

图4.50　弧后睡宝拗陷综合地层柱状图

为主,夹泥岩薄层。

中新统与下伏渐新统之间呈不整合接触,地层厚度较大,最大可达3 000 m。自下而上可划分为四个组。Inga组岩性为砂岩,夹泥岩薄层,沉积环境为三角洲-河流相。Nandawbee组岩性以砂岩为主,含部分砂岩,沉积环境为三角洲-河流相。Shauknan组岩性以泥岩为主,含部分砂岩,沉积环境为三角洲-河流相。Kaungton组岩性以砂岩为主,上部含少量泥岩薄层,沉积环境转为河流环境。

上新统与中新统呈不整合接触,为伊洛瓦底河流沉积,主要为粗砂岩。

(3) 火山岛弧带

火山岛弧带顶部现今大部分被全新世沉积所覆盖,零星出露有火山。迎春1井位于火山岛弧带北部高隆起区,井深2 420 m,钻遇白垩系、古新统、始新统、中新统和上新统5套地层,完井于白垩纪花岗岩基底(图4.51)。

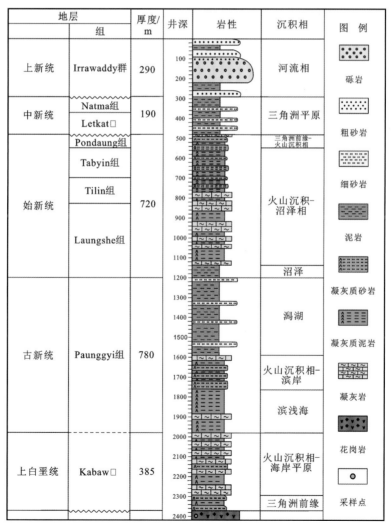

图4.51　火山岛弧带综合地层柱状图

白垩纪基底岩性为花岗岩。井壁取心显示岩石类型为花岗闪长岩,暗灰色,粒状结构,块状构造。镜下斜长石以聚片双晶形式大量出现。副矿物包括锆石、磷灰石、磁铁矿等。上白垩统钻遇 Kabaw 组,主要由灰色凝灰岩、凝灰质泥岩、凝灰质细砂岩、棕色-深棕色凝灰质泥岩组成。Kabaw 组可以分为上下两段,下段主要是灰色凝灰质泥岩与凝灰岩互层,中间夹有凝灰质细砂岩层;上段为棕色-深棕色凝灰质泥岩与凝灰岩的互层。Kabaw 组是一套海岸平原火山岩相沉积。

古新统发育 Paunggyi 组,厚约 780 m,由棕色-深棕色凝灰质泥岩、灰色凝灰质泥岩、凝灰质细砂岩、凝灰岩、灰白色泥质灰岩、灰色-棕色泥质粉砂岩、土黄色-黑灰色泥岩、炭质泥岩夹煤层组成。Paunggyi 组可以分为上、中、下三段。下段主要由大段的棕色-深棕色凝灰质泥岩夹薄层的灰白色凝灰质粉砂岩和凝灰岩组成,是一套滨浅海火山岩沉积;中段厚约 180 m,主要由灰色凝灰质中-细砂岩和灰色凝灰质泥岩组成,顶部为凝灰岩夹棕色凝灰质泥岩,可能是一套滨浅海火山岩沉积。上段主要由大段土黄色、灰色、棕色、深棕色泥岩夹灰色粉砂岩、泥质粉砂岩组成,夹有灰白色泥质灰岩薄层、灰色砂砾岩、炭质泥岩和煤层。其中,灰白色泥质灰岩为隐晶质,中等固结、块状结构。大段泥岩及炭质泥岩和煤层的出现表示该段为潟湖相沉积环境。

始新统岩性主要是由灰色凝灰质细-粗砂岩、凝灰岩、凝灰质泥岩、深绿色凝灰质泥岩、土黄色凝灰质泥岩、土黄色泥岩、灰色粉砂岩组成。下始新统厚约 400 m,底部为灰色粉砂岩和土黄色泥岩层,发育沼泽沉积环境。大段灰色凝灰岩和棕色凝灰质泥岩互层发育,向上则变为凝灰岩与灰色凝灰质泥岩互层。中始新统厚 250 m,下部为灰色凝灰岩与灰色凝灰质泥岩、棕色凝灰质泥岩互层;上部主要是灰色凝灰质细砂岩、中砂岩与深绿色凝灰质泥岩互层。上始新统下部为灰色凝灰质中砂岩、粗砂岩与深绿色凝灰质泥岩互层,向上变为灰色凝灰质细砂岩与土黄色凝灰质泥岩互层,其中顶部为深绿色凝灰质泥岩夹灰色凝灰岩。

中新统厚约 190 m,主要由深绿色凝灰质泥岩、灰色凝灰质细-粗砂岩、灰色凝灰质含砾粗砂岩、灰色凝灰质泥岩和灰色泥岩组成。下中新统底部为大段的深绿色凝灰质泥岩夹灰色凝灰质细砂岩,有薄层凝灰岩出现,向上变为灰色凝灰质粗砂岩夹深绿色和土黄色凝灰质泥岩。上中新统岩石充填特征较为简单,主要是由灰色泥岩薄层组成,是一套河流相的沉积。

上新统厚约 290 m,主要由灰色含砾粗砂岩组成,夹有灰色泥岩薄层,是伊洛瓦底河流相沉积。

2) 沉积相类型及特征

西缅地块在其构造演化阶段经历一系列复杂的地质环境与空间格局的转换,沉积古地貌频繁变换,沉积类型多种多样。结合前人研究成果与区域钻井、野外地质观察、地震等资料,西缅地块晚中生代—新生代地层中识别出海岸平原相、滨海相、浅海相、三角洲相、河流相、火山岩相等六种主要的沉积相类型。

(1) 海岸平原相

海岸平原是指平均高潮线以上至最大高潮线之间的区域。海岸平原体系中因相带复杂,既可有厚度大、分选好的风成砂丘砂岩,也常有分布局限的潮道、决口扇砂岩,又可有大面积的潮上带沼泽泥岩,以及局部洼陷形成的潟湖泥岩沉积,偶见大风暴时所形成的砾石滩脊。

(2) 滨海相

滨海指平均高潮线至平均浪基面之间的海域,水深一般小于 20 m,可分为波浪型、潮汐型两种类型。开阔滨海一般为波浪型,包括前滨、临滨等亚相;有障壁滨海多为潮汐型,包括潮间带、潮下带等亚相。西缅地块北部地区钻井岩心资料中,常可识别前滨、临滨、浅水台地、潟湖、潮间坪、潮控三角洲等沉积。西缅地块弧前盆地为例,经常可在野外观察到始新统和渐新统中滨海相沉积特征。岩性由浅灰色、灰色、灰黑色、蓝灰色泥岩、页岩、碳质页岩及粉砂质泥岩夹细砂岩组成,具有水平层理和块状层理。泥岩、页岩中富含指示海相有孔虫化石、鱼类化石,以及瓣鳃和腹足类化石(图 4.52)。

(a) 平行层理 　　　　(b) 平行层理 　　　　(c) 大型槽状交错层理、波状交错层理

(d) 冲刷面,有泥砾、虫孔集中、正粒序 　　　　(e) 细-中粒灰云质富岩屑砂岩 　　　　(f) 不等粒钙质岩屑砂岩

图 4.52 西缅地块北部海相沉积特征

(3) 浅海相

浅海指平均浪基面以下至陆架坡折之间的海域,在无陆架坡折时可采用 130～200 m 水深作为其下界。该相带以泥岩和粉砂质泥岩为主,夹薄层的粉砂岩、细砂岩。具水平层理和波状层理。区内弧前、弧后地区古近系中可见大量的浅海相沉积特征。露头资料揭示浅海相沉积地层以深色泥页岩夹中层砂岩为主要组合特征,局部地区可见生物碎屑灰

岩(图4.53)。在弧前盆地钻遇晚白垩世地层中可见浮游有孔虫化石和始新世浮游有孔虫化石,始新世地层中以钙质超微化石为主。

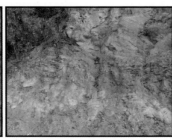

　　(a) 若开山白垩灰黑色泥岩　　　(b) 弧前盆地西缘晚白垩　　　(c) 弧前盆地西缘晚白垩生
　　　　　　　　　　　　　　　　　　　灰绿色砂泥岩互层　　　　　　物碎屑灰岩局部特征

　　(d) 弧前盆地生物碎屑灰岩全景　　(e) 弧前盆地生物碎屑灰岩　　　(f) 弧后盆地始新统黑色页岩

图 4.53　西缅地块北部浅海相沉积露头特征

（4）三角洲相

根据不同的沉积特征,三角洲可划分为三个沉积相带:以冲积作用为主的三角洲平原,遭受盆地水动力改造的三角洲前缘及以盆地水体作用为主的前三角洲。西缅地块北部地区三角洲体系主要发育于中新世之后,随着板块之间俯冲作用的增强,呈自东北向西南方向进积式发育。其岩性主要由砂岩和泥岩组成,夹煤层,砂岩以灰色细-中粒为主,砂体的底部具滞留沉积和冲刷面,具有多期河道叠置,单层砂体厚度为$10\sim15$ m。发育块状层理、大型槽状交错层理及平行层理,见垂直虫孔,纵向上具有正粒序和反粒序特征,泥岩为灰绿色、杂色和深灰色(图4.54)。

① 三角洲平原亚相

岩性主要由浅灰色-灰绿色细粒-粗粒砂岩和浅褐色、红褐色泥岩组成,砂岩分选差-中等,次棱-次圆状,野外剖面观察中见到槽状交错层理,硅化木化石和薄煤层。可以进一步划分出分支河道和沼泽两种微相,分支河道自然伽马曲线呈齿化箱形,而沼泽微相表现为锯齿状高值[图4.55(a)]。

② 三角洲前缘亚相

岩性以浅灰色-灰绿色细砂岩与灰色泥岩为主,砂岩分选中等,以次圆状为主,野外剖面观察见到交错层理。自然伽马曲线表现为齿化箱形、钟形、倒钟形与锯齿状高值间互,可以进一步划分出水下分流河道、河口坝和河道间微相[图4.55(b)]。

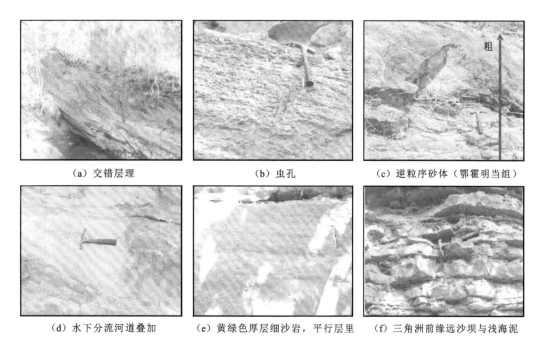

（a）交错层理　　　　　　　（b）虫孔　　　　　（c）逆粒序砂体（鄂霍明当组）

（d）水下分流河道叠加　　（e）黄绿色厚层细沙岩，平行层里　（f）三角洲前缘远沙坝与浅海泥

图 4.54　西缅地块北部典型三角洲相沉积露头特征

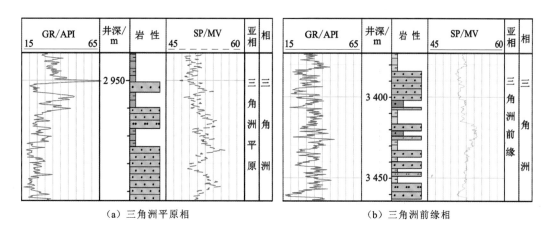

（a）三角洲平原相　　　　　　　　　　　　（b）三角洲前缘相

图 4.55　弧前盆地 KabaingIM-1 井中新统三角洲平原、前缘亚相

③ 前三角洲亚相

岩性以灰色泥岩为主，夹有指状浅灰色-灰色粉细砂岩，泥岩厚-薄层，可见水平层理。自然伽马曲线总体成锯齿状高值(图 4.56)。

（5）河流相

河流相沉积在区内新近纪地层中大量发育，主要为来自北部喜马拉雅山物源的古伊洛瓦底河与钦敦江和来自东部掸泰地块物源的古萨尔温江沉积形成。在钦敦拗陷及睡宝拗陷都有钻井揭示。弧前钦敦拗陷的河流相主要分布在中新统和上新统，由浅黄色、灰黄

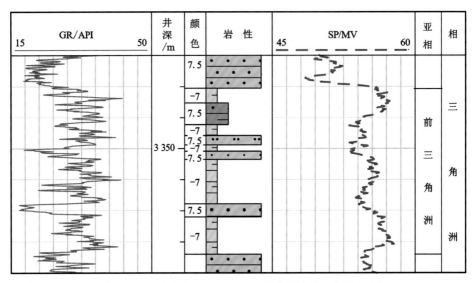

图 4.56　弧前盆地 KabaingIM-1 井中新统前三角洲亚相

色的含砾砂岩、灰绿色-浅灰色细-粗砂岩夹薄层泥岩组成,具有块状层理、大型的槽状交错层理、平行层理等。通常具有底冲刷和充填构造,一般由多期河道叠加形成巨厚的砂体,具有向上的变细的正粒序。可以进一步划分出河道滞留和泛滥平原两种亚相。睡宝拗陷河流相主要分布在中新统、上新统和全新统,岩性为浅灰色松散粗粒砂岩,夹黄棕色砂质泥岩,浅灰色-黄灰色松散粗粒砂岩,夹砂质泥岩(图 4.57)。

（a）若开造山带深灰　　　　（b）弧前盆地西缘下中　　　　（c）弧前盆地西缘上中
　　色砂泥岩互层　　　　　　　新统含砾粗砂岩　　　　　　新统红褐色泥岩

（d）弧前盆地中部厚层　　　　（e）弧后盆地上新　　　　（f）弧前盆地上新
　　砂岩夹薄泥岩层　　　　　　统砂泥岩互层　　　　　　统砂泥岩互层

图 4.57　西缅地块北部典型河流相沉积露头特征

(6) 火山岩相

火山岩是西缅地块火山岛弧带发育的主要岩相。迎春 1 井钻遇的火山岩主要为火山碎屑岩,包括凝灰岩(374.6m/69 层)、凝灰质粉、细砂岩与凝灰质泥岩,根据火山岩岩性、火山灰及沉积夹层分析,认为该井揭示了晚白垩世—古新世、始新世—中新世两次较大的火山旋回,每个旋回又具有多期、间歇性喷发的特点。

镜下薄片分析认为火山岛弧带凝灰岩来自中-基性火山作用,以晶屑岩屑凝灰岩和玻屑凝灰岩为主。前者主要由岩屑和晶屑组成,岩屑含量约为 45%,塑性、刚性岩屑均有,塑性岩屑多为次圆状、扁长状,可见假流纹构造、斑杂构造,刚性岩屑以安山岩为主,有少量火山角砾岩产出,铁化现象常见,并见港湾状的熔蚀;晶屑含量约为 40%,以石英为主,少量斜长石,凝灰结构,石英多为棱角状,表面较光洁、鲜亮,可见表面裂开纹;部分玻屑已脱玻化重结晶,火山灰普遍绿泥石化、褐铁矿化,少量颗粒被铁方解石交代氧化。玻屑凝灰岩主要由玻屑和泥级的火山灰组成,少量晶屑和岩屑,表面光洁,玻屑可见脱玻化重结晶,火山灰被绿泥石化和褐铁矿化,凝灰结构。

根据地震反射特征在岛弧带识别出多个火山机构,火山通道相地震反射杂乱,爆发相与溢流相地震反射特征较清晰,层状反射波组清楚,具有多期喷发叠置地震反射特征,而边界处与沉积相交叉叠置,火山沉积相与碎屑岩沉积相边界不清晰。结合重力、航磁、地震反射特征及地表踏勘等资料对区域火山岩分布进行研究,纵向上火山分布时代从前白垩纪到上新世均有分布,主要分布于始新世—渐新世。平面上主要分布于火山岛弧带,睡宝拗陷内为点状存在。

通过火山岛弧带迎春 1 井揭示,由于火山沉积作用,火山灰多充填于颗粒之间,表现在火山灰多为填隙物(杂基与胶结物)[图 4.58(a)]。上白垩统—古新统岩性主要为凝灰质细砂岩和细砂岩,单层厚度为 2~12 m,累计为 248 m/45 层,砂泥比为 21%。镜下岩石为含凝灰质岩屑石英砂岩,分选差—中等,次棱角状—次圆状,以次棱角状为主,点-线接触,孔隙式胶结,填隙物以泥晶、粉晶结构为主,富含大量火山灰杂基[图 4.58(b)]。残余粒间原生孔隙发育,次为微裂隙溶孔,多呈狭长或窄条带状,分布不均[图 4.58(c)]。迎春 1 井始新统以凝灰质细砂岩为主,单砂层为 4.5~13 m,累计为 166 m/25 层,砂泥比为 23%。镜下特征分选中等,次棱角状—次圆状,主要以次棱角状为主,点线式或线-线式接触,孔隙式胶结,填隙物以泥晶、粉晶结构为主[图 4.58(d)]。

2. 地震相-沉积相分析

地震相分析是划分沉积相的基础,根据一系列地震反射参数确定地震相类型。实际研究中,在层位标定之后,结合钻井测井数据,可以进行地震相的沉积学属性分析(表 4.8)。地震相作为沉积体系识别标志具有多解性,并且由于受到地震分辨率的限制,利用地震剖面识别沉积体系时一般精度较低。进行地震相特征的分析首先需要对地震剖面进行地震相的识别和划分,在地震地层单元内部,根据地震相标志划出不同的地震相单元,依据地震相特征进行沉积相的解释推断。根据在划分时所利用的地震相标志的不同,可分为单因素划分和综合因素划分两种不同方法。单因素划分时每次都只考虑一种

$$(a)\qquad\qquad\qquad\qquad(b)$$

$$(c)\qquad\qquad\qquad\qquad(d)$$

图 4.58　火山岩镜下特征

地震相标志。综合因素划分时综合考虑各种地震相标志,由此划分出的每一个地震相单元都具最丰富的地震相信息,便于进行沉积相解释推断(王英民,1991)。

表 4.8　地震相参数与地质解释(Sangree and Widmier,1977)

地震相参数	地质解释
反射结构	反映层理类型、沉积作用、剥蚀、古地貌及流体类型
反射连续性	反映地层本身的连续性,与沉积作用有关。连续性好,表明地层与相对较低的能量有关。连续性差,反映地层横向变化快,沉积能量高
反射振幅	与波阻抗差有关,反映界面速度-密度差、地层间隔、流体成分和岩性变化。大面积的稳定振幅揭示地层的良好连续性,反映低能沉积;振幅快速变化,表示地层岩性快速变化,是高能环境的反映
反射频率	受多种因素的影响,如地层厚度、流体成分、岩性组合、资料处理参数等。频率的快速变化往往说明岩性的快速变化,因而是高能环境的产物
层速度	反映岩性、孔隙度、流体成分和地层压力
外形及平面分布关系	不同沉积环境下形成的岩相组合有特定的层理模式和形态模式,导致反射结构和外形的特定组合,从而反映沉积环境、沉积物源、地质背景

1) 沉积界面的地震识别

地震界面识别是建立宏观层序地层格架的基础,这是由于地震剖面具有连续性、系统性、区域分布的优势。根据地震反射的终止方式,可以划分出削截(或削蚀)、顶超、下超和上超等几种类型。层序界面常为不整合接触,反映在地震剖面上即表现为不协调的反射终止类型,其底界面上常见上超、下超、双向下超等反射特征,顶界面常见顶超、削截等反射特征(vail,1977)(图 4.59)。

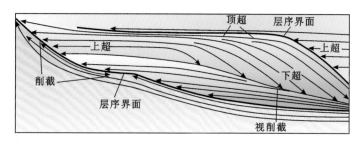

图 4.59 层序界面及内部地震反射终止类型(Van Wagoner,1990)

(1) 削截

在地震剖面上,削截是识别层序界面最直接可靠的标志和证据,反映了地层因被剥蚀而产生不整合。削截是层序顶界面的反射终止方式,它既可以是水平地层顶部与上覆地层沉积初期因河流下切而造成的下伏地层的反射终止方式,也可以是下伏倾斜地层顶部与水平或倾斜地层的反射终止方式。

一般来说,最典型的削截反射发育在盆地边缘的斜坡带,底界面削截和顶界面超覆构成最清晰的沉积界面特征。削截也较多发育在多级断阶的上部。T_6^0 界面为渐新世晚期强烈构造活动形成的、在西缅地块北部地区广泛发育的角度不整合界面[图 4.60(b)],该界面上超下削特征明显,界面发育时期,西缅地块经历了强烈构造抬升暴露剥蚀作用,下伏地层具有十分明显的削截现象。地震上标定为 T_6^0 中新统的底界面,该界面在区域上具有中-强振幅、中-高频连续。界面上覆地层地震相为平行-亚平行、中-弱振幅、中-高频不连续反射的特征。

(2) 顶超

顶超是识别沉积层序界面的另一个标志,在地震剖面上表现为下伏原始倾斜地层的顶界面与无沉积作用面的上界面形成的反射终止现象,在地质上代表了一种与沉积作用同时发生的,时间不长的路过冲刷现象。顶超一般以很小的角度收敛于上覆层底界面上,常常出现在沉积速率较高的三角洲体系中,在层序的顶界面处发育。

(3) 上超

上超表现为层序的底界面自原始倾斜面逐渐终止,是老的层序结束后新的层序开始发育的标志,表示在水域不断扩大的情况下出现的逐层超覆的沉积现象,也是识别层序界面的一种可靠标志[图 4.60(a)]。

(4) 下超

下超指的是一套地层沿原始沉积界面向下超覆,表现为较陡的新地层超覆在较老的

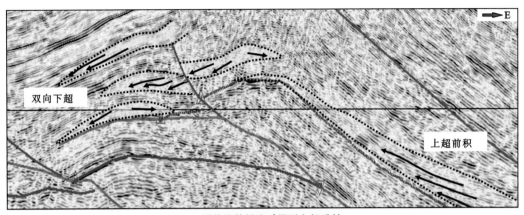

（a）弧前钦敦拗陷T_6^0界面上超反射

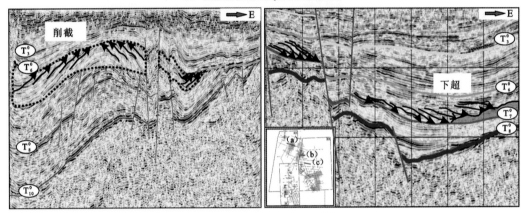

（b）岛弧带T_6^0界面削截反射　　　（c）弧后睡宝盆地T_6^0下超反射

图 4.60　西缅地块北部沉积界面识别特征

地层之上，代表定向水流的前积作用。下超面一般为最大海泛面[图 4.60(a)(c)]。

2）典型地震相剖面反射特征

地震相的突变主要表现为地震反射同向轴振幅和连续性的变化，能够反映沉积环境的突变和层序之间的沉积环境的转变。当上下地层存在截然差异时，振幅或连续性会发生突变。区内共识别出五套主要层序界面，T_{10}^0为基底，T_8^0为始新统底界面，T_7^0为渐新统底界面，T_6^0为中新统底界面，T_3^0为上新统底界面。其中 T_{10}^0、T_6^0 及 T_3^0 为全区的不整合界面，T_8^0 和 T_7^0 在区内表现为局部超覆不整合。睡宝拗陷各层序界面的地震属性特征见表 4.9。

表 4.9　睡宝拗陷主要界面地震反射特征表

层序界面	界面地震反射特征	界面属性	界面上部地震相特征
T_3^0	中振幅、高连续、高频	超覆不整合	中振幅席状平行亚平行反射
T_6^0	强振幅、低连续、中低频	超覆不整合	强振幅席状平行亚平行反射
T_7^0	中强振幅、中连续、中频	局部超覆不整合	中振幅楔状反射-中振幅席状平行亚平行反射
T_8^0	强振幅、高连续、中低频	局部超覆不整合	中强振幅楔状反射-中振幅席状平行亚平行反射
T_{10}^0	强振幅、低连续、中频	超覆不整合	中振幅楔状反射

T_{10}^0 界面以下整体表现为强振幅、低连续、中频反射特征,与上覆地层呈超覆不整合接触。T_6^0 界面具强振幅、低连续、中低频反射特征,在地震剖面上表现为下伏地层的削截面,而为上覆地层的超覆面。T_3^0 界面是区域上的超覆不整合面,呈中振幅、高连续、高频的反射特征。T_8^0 界面为始新统的底界面,具强振幅、高连续、中低频反射特征,上覆地层在局部超覆于其上,与下伏地层呈超覆不整合接触,而大部分区域为与之对应的整合面。T_7^0 为渐新统的底界面,呈中强振幅、中连续、中频反射特征,区域上的特征与 T_8^0 界面相似。

典型剖面一[图 4.61(a)]选取钦敦拗陷西部近南北向地震剖面,T_6^0 界面之上显示一套中连续中强振幅高频率的地震相反射。剖面显示的位置是中新世的早期沉积,钦敦拗陷北部整体受挤压地壳挠曲沉降,发育厚层的陆相地层沉积。依据反射特征与区域钻井资料分析,反映中新世早期地层沉积是一套有河流注入浅海沉积环境。沉积地层厚度大,充填速度快。

典型剖面二[图 4.61(b)]为钦敦拗陷东西向地震剖面,为 T_8^0 界面之上的一套中连续中振幅中频率地震相反射,显示特征反映钦敦拗陷始新世早期滨浅海环境下沉积的海相泥岩。

典型剖面三[图 4.61(c)]反映弧前钦敦拗陷 T_6^0 界面的上超下削特征,该界面为经历了强烈构造抬升暴露剥蚀层序不整合界面,地震上标定为 T_6^0 中新统的底界面。界面中-强振幅、中-高频连续。界面上覆地层地震相为平行-亚平行、中-弱振幅、中-高频不连续反射。

典型剖面四[图 4.61(d)]为火山岛弧带顶部一条南北向地震剖面测线,该剖面反映火山岛弧带岩浆侵层特征明显,岩浆侵入区表现为杂乱反射,岩浆侵入顺层流动,在大的层界面顶底,都可见杂乱反射特征,岩浆侵入造成 T_{10}^0—T_6^0 地层刺穿,表现为典型的火山通道相。

典型剖面五[图 4.61(e)]位于弧后睡宝拗陷中部一条东西向地震测线,剖面东侧为中连续中弱振幅、楔状前积反射地震相,显示向 T_8^0 界面低角度超覆的特征。剖面西侧低连续中强振幅丘状波形反射,在沉积底界面上具有双向下超的特征,其顶界面为一下超面。上述的地震相特征可解释为斜坡上的沉积。斜坡上部发育下切谷,下部为拗陷底扇沉积,拗陷底扇之上被进积楔超覆。根据上述特征推测始新世早期,区内相对海平面下降,滨岸向海方向迁移,在斜坡处由于角度突然增大,由陆向海的水流动力突然增大,侵蚀能力突然增强,在斜坡上部造成了下切谷的形成,同时水流携带的沉积物在盆底形成了具有重力流性质的拗陷底扇沉积,随后相对海平面基本在低位保持不变,斜坡上部发生沉积间断,而在斜坡下部这个时期发育了低水位楔,向拗陷底扇顶部超覆。始新世晚期,相对海平面快速上升,水进体系域基本未发育或沉积厚度较薄,相对海平面到达高位时,发育了一套高位体系域沉积体,逐渐向西进积超覆。

典型剖面六[图 4.61(f)]为弧后睡宝拗陷中部东西向剖面,在 T_7^0—T_6^0 界面下部可见低连续强振幅丘状反射特征。这种特征可能为台地边缘和台地边缘斜坡生物礁地震剖面标志,在睡宝拗陷中部和北部多条剖面中也可见此类型反射,具有成带分布特征。推测渐新世时期睡宝拗陷中部发育台地相,且在台地边缘和台地边缘斜坡有大片的生物礁。T_7^0—T_6^0 界面间上部表现为中连续、中弱振幅的亚平行与中连续、中强振幅亚平行反射特征。

典型剖面七[图 4.61(g)]是过睡宝拗陷中部的北东—南西向剖面,在 T_7^0—T_6^0 界面之间显示为中连续、中强振幅前积反射,从南西向北东方向下超。渐新世盆地中部靠近岛弧带地区的沉积受西倾正断层控制,为中部的沉降中心和堆积中心。这种反射特征对应的扇三角洲前缘沉积反射,表明渐新世岛弧带发育向北东方向进积的扇三角洲沉积。

典型剖面八[图 4.61(h)]是睡宝拗陷南部的东西向剖面,T_7^0 界面之上,东侧显示由低连续、中强振幅杂乱反射,过渡到低连续、中振幅续前积反射,向西低角度超覆;西侧则由低连续、中强振幅杂乱反射过渡为中连续、弱振幅前积反射,向东超覆。而在两者之间的位置,剖面上表现为中连续、中强振幅亚平行反射。结合构造沉积特征分析,渐新世盆地南部继续发育扇三角洲,向西进积,低连续、中强振幅杂乱反射与低连续、中振幅前积反射分别对应扇三角洲平原及扇三角洲前缘。而盆地西侧岛弧带也已隆起并向盆地内部提供物源,形成扇三角洲的沉积,向东侧进积,低连续、中强振幅杂乱反射与中连续、弱振幅前积反射可分别解释为扇三角洲平原与扇三角洲前缘的地震反射特征。而中间的中连续、中强振幅亚平行反射推断为前扇三角洲的地震反射特征。

3) 典型地震相剖面解释

西缅地块新生代以来经历构造作用复杂,沉积相类型多样,在地震剖面上表现丰富而复杂。研究采用综合因素分析方法,选取资料品质相对较好、沉积体系类型发育较全的典型二维地震剖面,以各时代地层主要层界面为研究单元,对区内地震相特征进行沉积学属性的精细解释(图 4.62)。

通过西缅地块北部陆上弧前盆地和弧后盆地白垩系—上新统进行地震相分析,在区内共识别出 10 余种较为典型的地震相反射特征:强振幅高连续(亚)平行地震相、强振幅中连续亚平行地震相、强振幅中连续"S"形前积地震相、中振幅差连续波状地震相、强(中)振幅中连续透镜状、中振幅中连续"S"形前积地震相、中振幅中连续亚平行地震相、杂乱反射地震相、丘状反射地震相等。地震相在平面上具有多样性,纵向上也有继承性发育。结合区域野外露头资料,单井、连井相分析、测井资料解释的共同认识,认为沉积相主要为滨浅海相、碳酸盐岩台地、扇三角洲相、浊积扇(海底扇)、潟湖相、火山通道相等(表 4.10)。

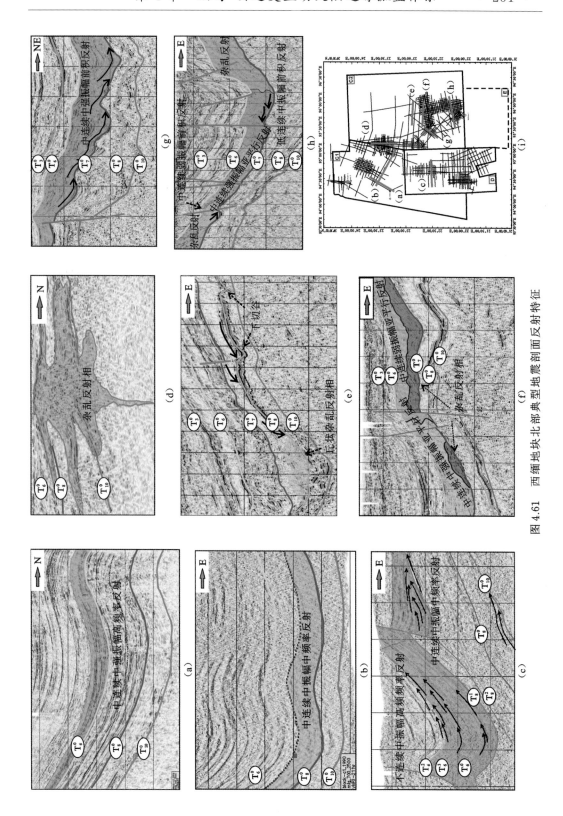

图 4.61　西缅地块北部典型地震剖面反射特征

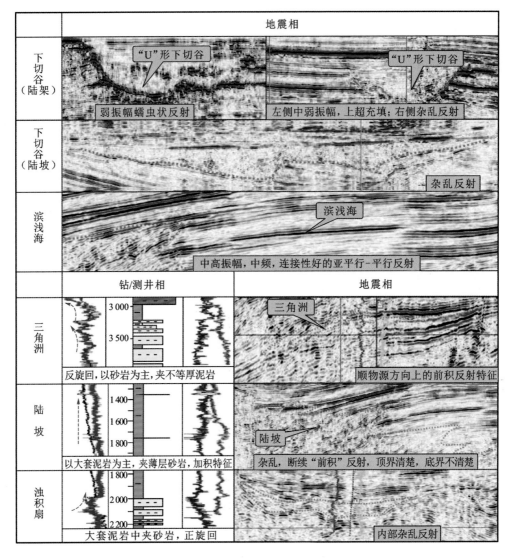

图 4.62　西缅地块北部典型剖面地震相反射特征

表 4.10　西缅地块北部地震相分析统计表

地震相类型	分布位置	典型侧线	沉积相
强振幅高连续亚平行	钦敦拗陷和睡宝拗陷中部深凹	YK90-211w	浅海
中振幅中连续亚平行	钦敦拗陷西缘冲断带	Cml-06-yn03	滨海
中强振幅中高频率连续性亚平行	钦敦拗陷中央构造 睡宝拗陷东北斜坡	Cml-06-yn04	海岸平原
中振幅中低频率高连续平行	火山岛弧带	YK90-111t	滨海、海岸平原

地震相类型	分布位置	典型侧线	沉积相
强振幅中连续亚平行	火山岛弧带、钦敦拗陷中、西部	YK90-209	三角洲前缘
低连续中-强振幅杂乱反射	火山岛弧带、睡宝拗陷东北斜坡	YK90-125new	三角洲平原
强振幅中连续"S"形前积	火山岛弧带东侧、东北斜坡	YK90-103	扇三角洲
中振幅差连续波状	火山岛弧带	Cm106-131	三角洲前缘
	睡宝拗陷东部斜坡、中部深凹	YK90-145	三角洲前缘
强(中)振幅中连续透镜状	火山岛弧带、睡宝拗陷中部深凹	YK90-101	扇三角洲
	火山岛弧带	Cm106-201	扇三角洲
中振幅中连续"S"形前积	睡宝拗陷东北斜坡、西南斜坡	YK90-121	三角洲前缘
	睡宝拗陷东部斜坡	YK90-113test	
	睡宝拗陷东部斜坡	YK90-145	
中振幅中连续亚平行	火山岛弧带	YK90-209e	潟湖
中弱振幅中连续性平行反射	钦敦拗陷和睡宝拗陷	YK90-113test	河流-三角洲
	钦敦拗陷中央构造	YK90-105	河流-三角洲
杂乱反射	火山岛弧带	Iau-8-218	火山通道
丘状反射	火山岛弧带	YK90-208new	溢流相,爆发相

以西缅地块弧前盆地中央构造带北东向和南东向地震剖面[图 4.63(a)(c)]和东缘冲起构造带南东向地震剖面为例[图 4.63(b)],中新统底界面 T_6^0 之上为一套典型的三角洲相沉积。低连续、中强振幅杂乱反射为扇三角洲平原沉积的地震响应,而前积反射对应扇三角洲前缘,扇三角洲前缘在垂直物源方向的测线上为丘状体和侧向前积地震反射特征。中新世为区内的构造转型期,印度板块的强烈挤压碰撞使盆地整体挠曲沉降,北部河流带来充足的物源,同时岛弧带的强烈抬升也使其早期沉积地层抬升遭受剥蚀,为弧前盆地提供物源。T_6^0 界面以上,三角洲前缘反射相连前积反射,局部见双向下超特征,前缘相过渡为滨海相处,可见地震的反射特征由强振幅中连续波状反射过渡为中振幅中连续亚平行反射。

从火山岛弧带中段东西向地震剖面来看[图 4.63(d)],地震相继承了弧前盆地沉积的整体特征,火山岛弧带在晚白垩世—古新世局部发育,整体还未形成现今隆起的状态,早期滨浅海环境沉积与弧前盆地 T_{10}^0 反射面之上地层厚度相当,表现为强振幅、高连续、亚平行和中振幅、中连续、亚平行的反射特征。受到火山喷发和岩浆侵入作用的影响,在岛弧带地震剖面局部高部位,可见杂乱反射与丘状反射的特征,对应岩浆的侵入作用与火山喷发所形成的凝灰岩层段反射特征。火山岛弧带顶部缺失渐新统,在 T_8^0 与 T_6^0 反射层之间可见底部强振幅、高连续、亚平行反射向低连续、中强振幅杂乱反射,对应始新世—中新世西缅地块由从被动陆缘向主动陆缘过渡演化,北部盆地强烈挠曲、抬升,随之

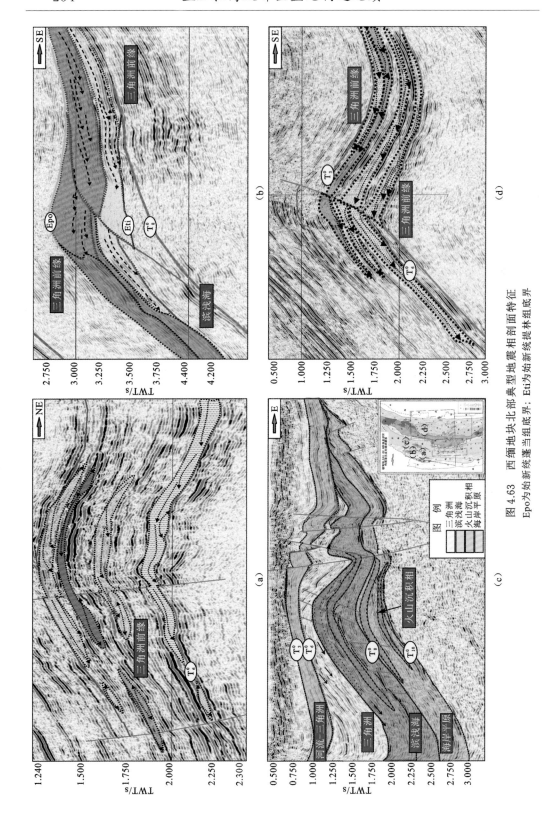

图 4.63　西缅地块北部典型地震相剖面特征
Epo 为始新统蓬当组底界；Eti 为始新统提林组底界

所引起的沉积环境变化,由滨浅海沉积环境过渡为三角洲沉积环境。始新统变形强烈,其反射特征有向弧前钦敦拗陷前积充填的特征,在 T_6^0 界面以下,可见始新统被剥蚀削截现象明显,T_6^0 界面以上中新统可见发育较小规模前积层,倾角平缓、具有叠瓦型反射特征。中新世,西缅地块北部整体发育河流三角洲沉积环境,岛弧带顶部地震相反射特征反映此时期的沉积是在水深较浅的环境下形成的河控型三角洲。

在对区内典型地震剖面进行沉积属性解释的基础上,选取西缅地块北部一条横穿弧前盆地、火山岛弧带和弧后盆地的东西向主干剖面,进行地震相精细解释与对比,并将地震相结合剖面沉积相特征进行分析(图 4.64、图 4.65)。

剖面显示钦敦拗陷的发育受控于东缘冲起构造带的边界逆冲断裂,断裂东缘为火山岛弧带。中新世前,地层的发育在地震剖面上显示弧前盆地与岛弧带厚度相当,且缺失渐新统。在弧前盆地西缘冲断构造带与东缘冲起构造带 T_6^0 界线以下,可见中振幅、中连续、"S"形前积反射与中振幅、低连续波状地震反射特征,指示盆地东、西部两侧提供物源。向盆地中部,可见中连续、中振幅、亚平行反射,中高连续、中强振幅、亚平行反射特征,指示盆地在中新世之前整体处于滨浅海相环境,拗陷中部局部区域识别双向下超反射特征,与中强振幅、中连续性、下超地震反射特征。与滨浅海相交界明显,指示发育海底扇特征。海岸平原相在弧前盆地发育,始新世前,发育于拗陷西缘与拗陷中部,由陆向海方向在地震反射形态经历了楔状到亚平行再到杂乱反射的变化,分别对应从中强振幅、中高频率、差连续性到中弱振幅、低频率、高连续性再到弱振幅、低频率、差连续性的地震反射特征。在 T_6^0 界面以上,可见厚度较大的中弱振幅、中连续性斜交前积反射,局部低连续、中振幅、杂乱反射与高中振幅、中连续透镜体。中新世以后钦敦拗陷接受来自北部河流的充足物源,其盆内主要发育河控型三角洲。

在岛弧带顶部,可见 T_{10}^0—T_3^0 之间的杂乱反射区,特别在较大的层组界面处,杂乱反射特征顺层分布特征明显,显示典型的火山岛弧带的岩浆作用造成的地层刺穿与侵层现象。岛弧带顶部可见始新统顶部地层向上超覆,在接近火山侵入区域,可见较强的削截,反映岛弧带在始新世后期的抬升,整体缺失渐新统,隆升致使始新世地层遭受剥蚀,并与上覆中新统呈角度不整合,岛弧带顶部发育透镜状反射与杂乱反射,反映火山碎屑岩的沉积特征。在靠近杂乱反射区域,可识别中振幅、中连续"S"形向钦敦拗陷一侧前积反射,岛弧带的隆升造成早期地层的再旋回沉积,为弧前盆地提供物源。岛弧带顶部 T_3^0 层界限由底至顶,可见中低频、弱振幅、低连续性过渡为杂乱反射再过渡为中振幅、中连续透镜状反射特征,反映中新世之后的河流三角洲相沉积环境。

弧后睡宝拗陷西部受控于与岛弧带之间的一条反转逆断层,其早期形态为断陷的边界正断裂,中新世之后断层反转。睡宝拗陷地层发育齐全,但厚度整体小于钦敦拗陷,地层厚度在拗陷西部大于东部,沉积中心位于西部 2 号断裂的下降盘,中部以弱振幅或杂乱反射为主,东西边界表现为上超反射特征,为一套浅海–半深海反射。睡宝拗陷东部受控于实皆走滑断裂带,东部物源供给充盈,靠近东部盆缘处各时期地层均可见前积反射特征。

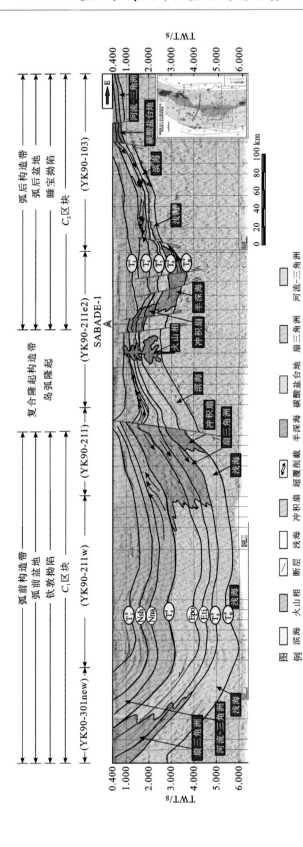

图 4.64 西缅地块北部弧前盆地–火山岛弧带–弧后盆地沉积相解释剖面图

Eti为始新统提林组底界；Epo为始新统蓬当组底界；Nna为中新统拿特马组底界；Nsh为中新统瑞塔组敏组底界

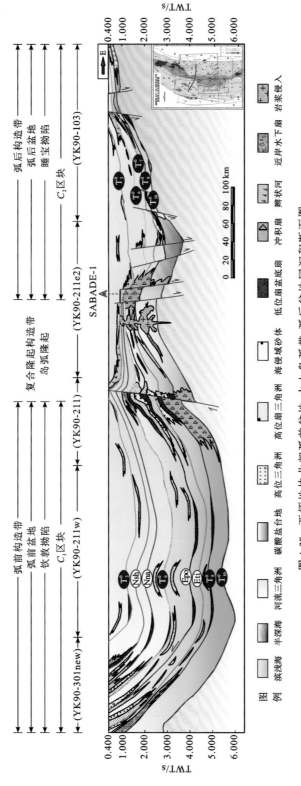

图 4.65　西缅地块北部弧前盆地-火山岛弧带-弧后盆地同沉积断面图

Eti 为始新统渐提林组底界；Epo 为始新统渐蓬当组底界；Nna 为中新统拿特马组底界；Nsh 为中新统瑞塔敏组底界

拗陷东部 T_{10}^0—T_7^0 层界线底部,可见低连续、强振幅丘状反射,在拗陷缘局部高隆部位,该类反射更为明显,地边缘发育礁滩的标志。T_6^0 之上中新统与上新统在睡宝拗陷发育厚度大,整体反射具有弱振幅、中连续、亚平行反射,中振幅、低中连续性、亚平行反射,楔状-杂乱、前积反射与斜交前积反射的特征,指示沉积环境自中新世以后主要以河流-三角洲相沉积为主。

4) 地震相平面特征

剖面上地震相的分析是为了认识和了解平面上相的展布特征和组合方式,前者是后者分析的基础(王英民,1991)。利用将各地震剖面上同一地层中同类地震相单元投影至区内,得到某一时期地层的地震相平面图。随着地震技术水平的提高,平面上地震相的分析又涌现出了很多新的方法,如瞬时频率、相位、均方根振幅、反射平均能量等,但大多都是基于地震属性提取分析(张军华 等,2007)。通过对西缅地块北部 C_1、C_2、D 区块内地震测线的地震相的识别和划分,将总结出的地震相类型投影到平面上,并在平面上对这些地震相进行勾绘,得到区内各时期地震相属性平面分布图(图 4.66)。

以 T_8^0 始新统层界面地层反射特征为例,区内整体以中连续、中振幅反射特征为主。其他主要反射类型有中连续、中弱振幅平行-亚平行反射、中连续、中强振幅亚平行反射,中连续、弱振幅亚平行反射,高连续、中强振幅亚平行-平行反射,以及中高连续、中强振幅亚平行反射。杂乱反射分布于火山岛弧带北部与睡宝拗陷东侧靠近实皆断层处,为低连续、中振幅杂乱反射或丘状杂乱反射,范围较小。弧前拗陷前积反射特征主要分布在北部中央构造带处,其周围分布中连续、中振幅亚平行反射与低连续、中振幅丘状杂乱反射相,构成弧前盆地北部中央构造带的主要特征。南部区域地震相反射特征相对丰富,有亚平行-平行反射、楔状反射,反映了海岸平原-滨浅海过渡的特征,其局部发育丘状反射,反映了由于岛弧隆起为弧前盆地提供物源,在局部区域发育浊积扇的特征。弧后盆地前积反射主要与杂乱反射相邻,北部多数为中连续、中弱振幅前积反射,多发于盆地边缘,而南部前积反射主要为中连续、中振幅,局部可见中连续、中强振幅前积反射和低连续、中振幅前积反射。另外,睡宝拗陷北部和中部大范围可见中低连续、强振幅反射特征,其周围显示中低连续、中强振幅反射,低连续、强振幅丘状反射和低连续、中振幅丘状杂乱反射,反映了在滨海环境下,局部发育台地生物礁的特征。除此之外,睡宝拗陷西侧靠近火山岛弧部分地区表现为由中连续、中振幅平行反射向中连续、中弱振幅平行、亚平行反射过渡的特征,也反映了火山岛弧带地势较高,沉积环境由滨浅海环境向海岸平原环境过渡的特征。

3. 沉积相空间配置

综合以上单井(测井)、野外露头、地震反射特征、典型地震相分析等资料,在对西缅地块北部现有地震资料精细解释的基础上,结合区内构造演化特征及各时期地震相平面空间展布规律,遵循能量匹配、岩心相匹配、沉积体系匹配、沉积演化匹配的原则(孙家振和李兰斌,2002),恢复各时期盆地残存形态(图 4.67),并运用地震趋势法,计算各时期地层

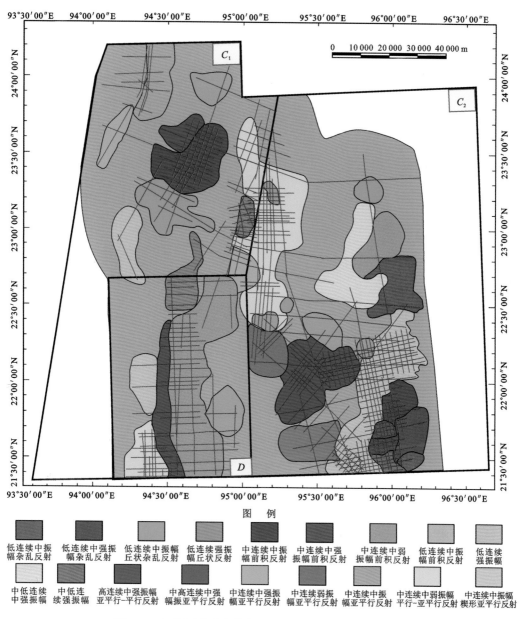

图 4.66　西缅地块北部始新统（T_8^0）地震相平面分布特征图

剥蚀厚度，对比分析各地层及不同区域剥蚀动力学的差异，编制西缅地块新生代以来各时期的沉积相平面展布图，再现其沉积体系空间配置特征。

1）古新统

　　钦敦拗陷晚白垩世—古新世沉积地层主要分布在盆地东部，厚度最大处位于西缘冲断构造带与中央构造带之间，呈北北东向展布，向两侧逐渐减薄。在钦敦拗陷东部上白垩统—古新统在现今岛弧隆起带剥蚀严重，残余厚度向东明显快速减薄。

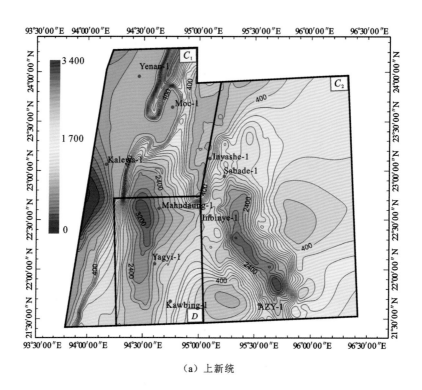

（a）上新统

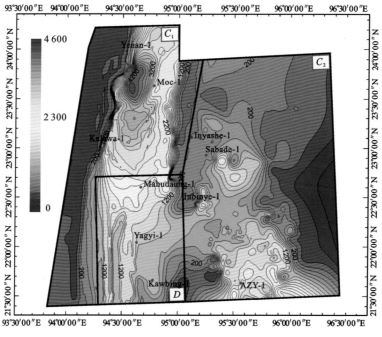

（b）中新统

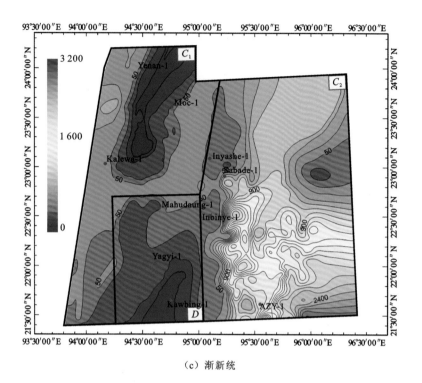

（c）渐新统

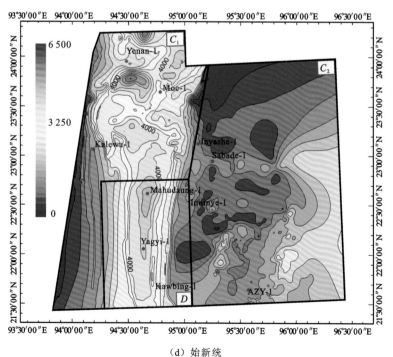

（d）始新统

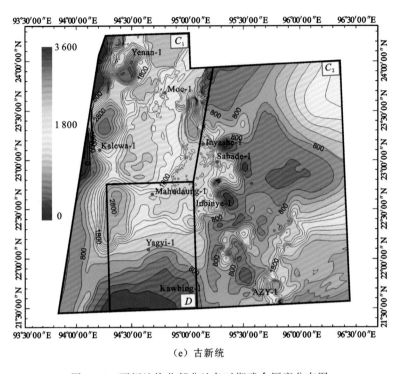

（e）古新统

图 4.67 西缅地块北部盆地各时期残余厚度分布图

上白垩统—古新统在沉积中心两侧减薄并超覆,没有明显的削截剥蚀现象。剥蚀区域主要分布在钦敦拗陷南部西缘和北部东缘。西缘剥蚀区地层高幅度倾斜,可见上白垩统 Kabaw 组和古新统 Paunggyi 组出露,而东缘北部的剥蚀主要分布在现今火山岛弧隆起带北部,与上覆中新统高角度不整合接触,甚至完全剥蚀尖灭。两个剥蚀区剥蚀的时期明显不同,东部主要由于渐新世晚期东部火山岛弧高幅度隆起被剥蚀,岛弧高角度隆起与钦敦拗陷东缘差异隆升形成高角度的边界正断裂,断裂上盘地层基本被剥蚀。钦敦拗陷南部西缘主要由于上新世强烈挤压冲断形成剥蚀。

睡宝拗陷晚白垩世—古新世地层在盆内全区均有分布,现今地层残存最厚区域位于盆地南部实皆断层一侧和火山岛弧带迎春构造与迎宾构造之间的鞍部,而最薄处位于盆地北部的台地。

弧后睡宝拗陷北部地层厚度变化不大,由两侧向中部逐渐减薄。南部地层厚度整体大于北部,横向变化复杂,具有明显由东向西减薄的趋势,盆内还存在多个凸起减薄的区域。整体而言,晚白垩世—古新世残留盆地展布受实皆断层及中部台地的控制。上白垩统—古新统剥蚀具有显著的分带特征。地层剥蚀部位位于现今火山岛弧带上,尤其是迎春构造与迎宾构造处,反映剥蚀的动力学机制为岩浆活动导致的基底隆升作用。盆内地层剥蚀不均,因后期火山岛弧隆升的幅度差异而存在剥蚀强度的差异。迎春构造及其北部遭受最为严重的剥蚀,剖面上可见凸顶构造,地层全部被剥蚀。迎宾构造剥蚀强度也较大,但弱于迎春构造及其北部,岛弧带最南部仅微弱剥蚀或无剥蚀。

晚白垩世—古新世,西缅地块整体处于被动大陆边缘阶段,火山岛弧尚未隆起,仅在区域南部有小范围的火山活动。弧前钦敦拗陷与弧后睡宝拗陷大部分连接在一起,盆地整体处于由断陷控制的滨浅海相沉积环境(图 4.68)。由于新特提斯在晚白垩世—古新世对西缅地块的俯冲作用,致使西缅地块西缘沿海沟俯冲带形成古老的增生楔堆积,并出露水面。海岸平原是该时期较发育的海陆过渡相类型之一,主要分布于盆地周缘古隆区与缓坡区,尤其在东北部靠近掸泰地块处有大面积分布。滨海相分布于盆缘隆起周围及与海岸平原过渡的区域,沉积时地势较为平缓,主要分布弧前盆地、弧后盆地相对低洼处。扇三角洲在此时期主要发育于盆地东南部及盆内凸起的周缘,多呈朵状或裙带状展布,厚度较大,但平面分布范围局限。通过地震识别,盆内海岸平原向滨浅海过渡区域与各小型古凸起周缘,形成较多小规模的冲积扇与海底扇体。在重力作用下,由于坡降和构造运动

图 4.68　西缅地块古新统(T_{10}^0—T_8^0)沉积相空间配置关系图

等因素的影响,沉积物滑塌堆积在深拗区,也反映盆地古地势特征与盆内基底局部形态。在睡宝拗陷中部深拗带滨海沉积相带中央局部基底隆起区域发育碳酸盐岩台地相,从地震反射特征看,具有中振幅、丘状杂乱反射的特征,是台地边缘发育生物礁滩的典型标志,分布范围广泛。在火山岛弧带迎春构造附近,根据地震解释特征分析,可见地层局部上超的特征,说明火山岛弧带附近,在地史较短期时限内,沉积具有上超反射特征的沉积体系,但很快就被其他沉积物覆盖填平:当时在基底有局部隆起,但未完全暴露水面,隆起的部位充当障壁。井资料显示,相应层段发育炭质泥岩及薄煤层,过井剖面上也表现为高频率、强振幅的反射特征,反映岛弧带局部区域有潟湖环境,并且具有沼泽化的特征。

晚白垩世—古新世,西缅地块的物源供给主要来自东部掸泰地块,在地震反射特征上可以识别明显的自东向西前积反射特征,掸泰地块作为区域东部早期存在的古老克拉通陆块,发育古生代—中生代地层,为区内稳定的物源供应区。新特提斯洋的俯冲作用,致使西缅地块西缘海岸形成的古增生楔后缘也向盆内提供部分物源,同样在弧前盆地西缘冲断构造带也可识别连带分布的丘状反射与前积反射。在南部,火山隆起带局部活跃区由于岛弧隆升形成与钦敦拗陷之间次级正断层,沿断层向浅海沉积区过渡发育冲积扇体,由此可见,在晚白垩世—古新世,由于火山岛弧的隆升,局部区域也为盆地提供物源。

2) 始新统

弧前钦敦拗陷自北向南始新统厚度逐渐变厚,在拗陷南部现存巨厚的始新统残留沉积,残留中心近南北向展布,主要分布于拗陷西缘冲断构造带和中央构造带之间。西缅地块上新世晚期形成复式向斜,地层剥蚀严重,现今地层残留厚度较薄,局部缺失。始新统经历渐新世晚期和上新世强烈构造活动之后,西部和东部剥蚀严重,残留厚度明显减薄。

始新统在钦敦拗陷两侧高角度倾斜,地震剖面上具有明显的削截剥蚀现象,东西两侧地层剥蚀期次不同。东部剥蚀区主要受两期构造抬升活动暴露地表被剥蚀,在渐新世晚期受东部岛弧隆起带强烈隆升影响,抬升剥蚀作用强烈。地震剖面上始新统上部削截现象明显,火山岛弧带在渐新世晚期北部抬升幅度高,由于差异隆升,早期正断裂活动,上下盘地层剥蚀厚度明显差异,火山岛弧带上始新统剥蚀严重,甚至完全剥蚀。上新世的强烈挤压改造使盆地东缘发育西倾冲断裂,断裂上盘地层冲起导致始新统剥蚀,而西缘基底挤压抬升也较高,始新统同样剥蚀严重。

睡宝拗陷始新统残留厚度整体上具有两侧厚、中间薄的特征。残留地层展布与上白垩统—古新统相比,既具有同样受实皆断层及中部台地控制的继承性,又具有局部地层缺失、中部台地范围扩大、总体地层厚度相对更薄等差异性特征。晚白垩世—古新世到始新世,西缅地块存在由北向南海退的过程,睡宝拗陷由于受到新特提斯洋的俯冲作用与实皆断层的影响,北部地区抬升,未接受始新世沉积。始新世睡宝拗陷剥蚀区域主要位于火山岛弧带北部,火山岛弧带的发育较晚白垩世—古新世更为活跃,造成睡宝拗陷西南斜坡带处,其沉积地层剥蚀厚度可达千米。其他沉积区域未见明显剥蚀,地层保存完好。始新统与白垩系—古新统的剥蚀动力机制相同,为始新世晚期至渐新世岛弧带的隆升作用。

　　始新世,西缅地块处于由被动大陆边缘向主动大陆边缘演化过渡初始阶段。区内发育的沉积环境以滨浅海相为主,南部火山岛弧隆起的范围进一步扩大,北部大面积地区弧前、弧后盆地依然为连通的整体(图 4.69)。主要沉积相类型有海岸平原、滨海、浅海、碳酸盐岩台地和在缓坡过渡带与小型古凸起周缘形成的扇体。此时期弧前盆地的沉积中心有向东部迁移的特征,由于新特提斯洋的持续俯冲作用,古增生楔后缘隆起范围也逐步扩大,弧前早期断陷发育的特征也开始向拗陷演化,盆地中部浅海沉积环境贯通南北,呈条带状分布,在盆地东西边缘由于挤压作用形成南北向边界正断裂,控制盆地的沉积。弧前钦敦拗陷西缘冲断构造带在始新世整体发育海岸平原沉积,向东逐渐过渡为滨海、浅海沉积。在盆地西缘隆起区域与海岸平原环境过渡区发育小型断控冲积扇。从钻井资料显示,为分选磨圆较差的砾岩沉积。弧前盆地东缘冲起构造带,发育南北向滨海沉积环境向岛弧带过渡为海岸平原。由于受到构造活动影响,海岸平原沉积相带频繁迁移,而导致在

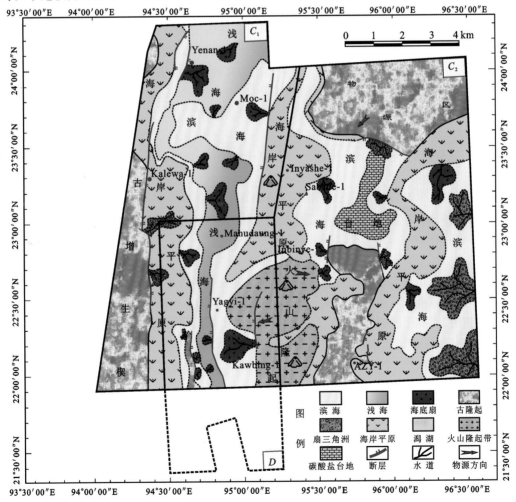

图 4.69　西缅地块始新统(T$_8^0$—T$_7^0$)沉积相空间配置关系图

钦敦拗陷东缘出现垂向上沉积地层多而薄的特点,沉积环境表现出不稳定的特征。钻井资料显示,其具有垂向砂岩、泥岩及薄煤层的不规则互层特点,地震反射特征多以中弱振幅、低连续地震相反射特征为主。睡宝拗陷沉积水体环境相对于弧前钦敦拗陷浅,以广泛发育海岸平原与滨海环境为主,拗陷北部东北斜坡带发育扇三角洲。受实皆断层控制的影响,拗陷北部东侧为始新世的沉降中心和堆积中心。北部中部深拗带继承晚白垩世—古新世沉积环境发育碳酸盐岩,但发育范围较古新世有所缩减。台地边缘斜坡局部发育浊积扇体,在剖面上显示为丘状杂乱反射。拗陷南部东侧同样发育扇三角洲,受控于实皆断层。平面上表现为杂乱反射-前积反射,而近南北向剖面上显示向北超覆的特征,说明始新世拗陷南部的扇三角洲整体上是向近北西方向的进积。同时根据 AZY-1 井测井曲线资料,表明该井始新统下段为向上变粗的反旋回,中上段为向上变细的正旋回,由此可判断东侧的扇三角洲早期是向盆地内部进积,中晚期表现出退积的特征,说明始新世早期为海退的过程,中晚期又发生海进。另外,从该井揭示的整个始新统岩性来说,砂岩厚度明显小于泥岩厚度,砂泥比小,由此可标定该井处应为前扇三角洲。

始新世,掸泰地块依然为西缅地块的稳定物源供应区,陆源物质供应量较古新世时更为丰盈,弧前西缘古增生楔后缘持续的隆起也为弧前盆地提供物源,但主要在断层转换带处和局部陡坡处形成一些规模不大的冲积扇体。火山岛弧带在南部的活动范围加大,并且具有局部喷发的特征,也为区内带来少量物源供应。

3) 渐新统

弧前钦敦拗陷渐新统残留厚度小,在中央构造带西侧残存厚度最大约 500 m,残留中心呈北北东向展布,地层向两侧和南部减薄尖灭,向北部地层略有减薄。渐新统剥蚀区域分为东西两侧,东部剥蚀区主要受渐新世晚期东部火山岛弧带抬升影响,地层剥蚀,地震剖面上渐新统削截现象明显,向东逐渐削截尖灭。上新世强烈挤压改造作用使钦敦拗陷东西两翼高角度冲起,西部渐新统被剥蚀。

渐新世,弧后睡宝拗陷地层发育变化和剥蚀特征都与其前期沉积产生了较大差异。渐新世早期,火山岛弧带强烈大幅隆升,导致该带缺失渐新统。渐新统残留厚度最大位于盆地东南部,近火山岛弧带迎宾构造周围局部断陷残留厚度较大。沉积主要受控于实皆断层。该时期岛弧带的活动改变了早期拗陷的结构形态,并造成了沉积中心的迁移,形成了两个相对独立地半地堑的形态,地层由两侧的断陷中心向中部台地超覆。区内最大残留厚度正好位于两个半地堑的断陷中心,尤其是睡宝拗陷南部实皆断层控制的深大断陷,表明实皆断层活动的持续性。

渐新统的剥蚀范围较小,主要位于拗陷北部的东缘及拗陷内局部区域。其剥蚀动力机制一种为实皆断层的晚期强烈压扭反转使北部地层被强烈抬升,造成了渐新统大量剥蚀以致在地表出露,最大剥蚀厚度达 1000 余米,剥蚀区沿实皆断层呈带状分布。另一种为受岛弧整体抬升的影响,在睡宝拗陷近岛弧带一侧,零星存在多个剥蚀点,剥蚀厚度 500 m 左右。由于渐新世岩浆顺断层侵入底辟作用,使地层抬升遭受剥蚀。

渐新世,西缅地块处于由被动大陆边缘向主动大陆边缘演化过渡的中晚期,局部地区已经开始出现主动大陆边缘的特征。区内整体发育滨浅海相(图 4.70)。由于受印度板块对西缅地块的俯冲碰撞作用,西缅地块整体抬升,弧前钦敦拗陷大面积暴露水面,缺失渐新统。拗陷的原始形态已具下拗的雏形,其复式向斜特征也开始形成,中央构造带隆起具备背斜形态。拗陷东西两侧早期沉积地层也在挤压应力作用下,沿边界正断裂向两翼冲起,其空间构造格局呈现"一隆分两凹"的特征,渐新统少量发育于中央构造带两翼的向斜中,由于整体抬升幅度大,沉积环境为海岸平原相。火山岛弧带在渐新世时期的活动变得更加激烈,隆起持续发展。原弧前、弧后连通的盆地被一分为二,弧前和弧后盆地雏形开始形成。

图 4.70　西缅地块渐新统(T_7^0—T_8^0)沉积相空间配置关系图

　　睡宝拗陷北部东侧地震反射特征显示向西超覆的特征,靠近实皆断层处发育受断层控制的扇三角洲沉积,向西显示中连续、中强振幅"S"形前积反射,反映三角洲前缘的特征。中部的碳酸盐岩台地的发育范围有所减小,并表现向南的迁移特征,台地边缘依然可见连片的丘状反射,顶部见中强振幅,对应为台地边缘生物礁的地震特征。拗陷北部近火山岛弧带一侧发育大范围隆起,通过迎春1井的揭示,岛弧带顶部渐新统缺失,也反映岛弧带的快速隆升作用。渐新世,北部岛弧带已成为剥蚀区向拗陷内提供物源,在隆起周缘发育冲积扇沉积。地震剖面也表现出由西向东由杂乱反射向中连续、中强振幅前积反射转换的特征。拗陷南部发育受实皆断裂控制的扇三角洲沉积,范围较始新世有所扩大,在近东西向上表现出低连续、强振幅杂乱反射—低连续、中振幅前积反射,近南北剖面上为向北超覆的特征。根据AZY-1井的测井曲线资料,该井渐新统下段为向上变细的正旋回,中上段整体呈现向上变粗的反旋回特征,说明始新世晚期的海进一直持续到渐新世的早期,渐新世中晚期整体又发生海退。从AZY-1地层发育岩性特征可以看出,砂泥岩厚度大致相等,且在过井的剖面上可见中连续、弱振幅前积反射,低角度向西超覆,据此判断该井渐新世处于扇三角洲前缘环境。睡宝拗陷西南斜坡带部分近东西向地震剖面上可见向东下超的前积反射,向东过渡为中连续、中强振幅亚平行反射,也反映火山岛弧带南部发生隆起遭受剥蚀,并向拗陷内提供物源的信息。

4) 中新统

弧前钦敦拗陷周缘和中央构造带可见广泛出露的中新统沉积,在中央构造带西侧发育厚度较大,残留中心呈北北东向展布,两侧地层高角度倾斜削截剥蚀,残留厚度快速减薄,在残留中心两侧可见地层超覆现象。中新统剥蚀发育范围较广,主要分布在钦敦拗陷的东缘、中部和西缘,地震剖面可见中新统Letkat特组和Natma组上部明显的削截现象。中新统在钦敦拗陷东部受多期次构造抬升剥蚀,但剥蚀强度不大。大规模剥蚀主要是上新世强烈挤压改造作用形成复式向斜,复式向斜东西两翼高角度冲起所致,同时在钦敦拗陷中部地层挤压褶皱作用,背斜顶部剥蚀出露中新统上部的Shwetaung组。

弧后睡宝拗陷中新统残留地层分布较前期明显缩小,在实皆断层沿线、西南斜坡带及盆地北部均可见由于构造作用造成的剥蚀。拗陷内残留厚度变化相对较小,由于渐新世睡宝拗陷整体抬升,以及实皆断裂中新世时期活动减弱,中部深拗陷带早期发育台地区域对中新统沉积控制作用明显减弱,地层在拗陷内近等厚沉积,睡宝拗陷的沉积充填模式发生了较大的变化。中新统沉积主要受控于古地理环境,沉积中心位于盆地东南部。弧后睡宝拗陷中新统剥蚀区域分布相对广泛,由于中新世晚期的强烈反转抬升作用,拗陷东侧近实皆断层一侧被剥蚀程度较为严重,其剥蚀量接近2 000 m。拗陷北部近岛弧带一侧也由于大范围的岩浆活动使中新统遭受剥蚀。中新世末期,弧后地区的压扭改造作用,使弧后盆地周缘普遍抬升剥蚀,盆地快速萎缩。

中新世,西缅地块大规模海退,由于印度板块对西缅地块的持续碰撞作用,北部钦敦江,萨尔温江形成,西缅地块由早期的以滨浅海相沉积环境为主过渡为以陆相河流-三角洲为主的沉积环境(图4.71)。北部河流带来充足物源,并快速向南部推进。北部早期发育的增生楔也在大的构造格局下隆升造山,形成现今盆地西缘印缅造山带,该造山带在中新世向弧前盆地提供物源。在巨大的河流充填作用下,弧前盆地大规模发育辫状河三角洲平原相,盆地东西侧早期形成的边界断裂控制河流-三角洲扇体发育的规模。据钻井揭示,岩性为灰白色砂砾岩,棱角-次棱角状,测井曲线多表现为钟形的叠加样式。分析认为此时期处于较还原的沉积环境,砂岩粒度变化大,整体属于三角洲平原环境,并发育分流河道、分流间湾等沉积微相。向南沉积物粒度变细,分选磨圆较好,发育三角洲前缘沉积。火山岛弧带在中新世早期继承渐新世强烈隆升,在西缅地块北部区域隆升呈带状分布,与南部隆起火山弧之间仅有局部连通,对弧前钦敦拗陷与弧后睡宝拗陷的分割作用强。中新世岛弧带在北部的隆起使其顶部地层遭受剥蚀,在弧前、弧后近岛弧带边缘局部区域可识别地震相低连续、丘状反射,为岛弧带向盆地提供物源,局部形成浊积扇的反射特征。

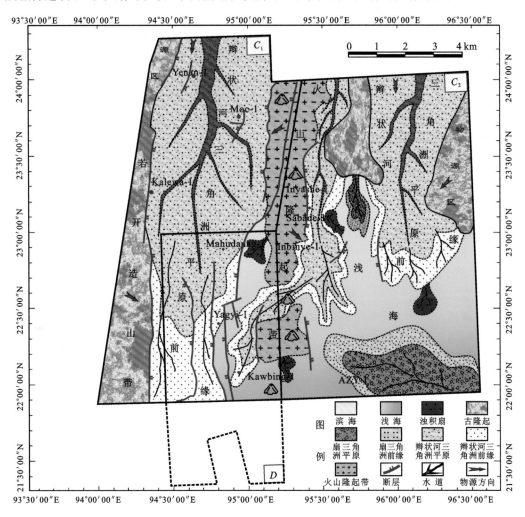

图 4.71　西缅地块中新统(T_6^0—T_3^0)沉积相空间配置关系图

弧后睡宝拗陷发育的河流-三角洲沉积体系规模小于弧前钦敦拗陷,北部地层反射多表现为低连续、中强振幅杂乱反射,为三角洲平原沉积环境的典型特征。由于印度板块的斜向俯冲作用,睡宝拗陷东北部地势一直较高,自渐新世末期至中新世早期弧后区域一直处于稳定的抬升阶段,北部隆起地区,形成规模较小的扇三角洲沉积向拗陷中部发育。

古地势也决定了扇体的发育规模,在拗陷南部区域,扇体向西南方进积逐渐与浅海环境过渡。掸泰地块在中新世为拗陷南部带来稳定的物源供应,所在睡宝拗陷南部形成的扇三角洲发育规模较前期加大,AZY-井揭示中新统以发育大套分选磨圆较好的粉砂岩为主,反映扇三角洲前缘的沉积特征。火山岛弧带南部局部区域连通弧前、弧后盆地,在连通部位地震相反射特征为低连续、中-弱振幅的杂乱反射与低连续、中-强振幅的波状反射,个别测线见自东向西的进积反射,反映三角洲平原与前缘的沉积,自弧后盆地向弧前地区推进。

5) 上新统

上新世,弧前钦敦拗陷受挤压作用影响,继承性拗陷沉降作用形成近南北向展布的沉积中心。沉积厚度最大处可达 3 500 m,地层向拗陷两侧逐渐减薄,具有沉积拗陷特征。钦敦拗陷遭受强烈挤压改造作用发育典型的复式向斜,拗陷两翼地层高角度冲起,地层剥蚀严重。上新世实皆断层的持续压扭反转,睡宝拗陷由伸展体制转变为挤压体制。拗陷东缘及南端均大幅反转抬升,北部地区和西缘岛弧带也在火山岩浆作用的影响下不断隆起。睡宝拗陷在上新世快速萎缩,成为一个挤压挠曲性拗陷,地层由盆地中心向四周明显超覆减薄。因区域性挤压、隆升,水退作用的影响,睡宝拗陷上新统全面遭受剥蚀,但拗陷形态得以保持,在实皆断层的控制下,上新世晚期区域压扭反转作用达到高峰,区域构造格架定型。

上新世,西缅地块北部整体继承中新世沉积,在弧前、弧后地区广泛发育河流-三角洲沉积(图 4.72)。钦敦江流域规模变大,覆盖整个中央盆地区域,在南部与多条河流汇入伊洛瓦底河。辫状河三角洲在弧前、弧后地区持续向南推进,西缅地块北部地区被进积的辫状河三角洲平原所覆盖。从钻井资料来看,岩性组合上主要为灰色粗砂岩、含砾中砂岩,砂岩规模自下而上逐渐增大,整体表现为一个长期基准面下降半旋回特征。至上新世末期,火山岛弧带已发育定型,成为现今形态,南北向呈带状分布,中部局部低隆起区域发育地层厚度大。在海平面升高时,水体加深,由于物源供给充足,火山岛弧带没于水下接受沉积,发育辫状河三角洲沉积。通过地震剖面可以看出,现今岛弧带顶部自北向南,上新世河流-三角洲相沉积地层厚度逐渐变大,区域上北部隆起高于南部隆起。同时,从其沉积演化特征分析,也是持续自北向南海退的过程。河流沉积覆盖火山岛弧带,从带内两口钻井特征看主要发育灰色含砾粗砂岩夹薄层灰色泥岩,是伊洛瓦底河沉积的典型特征。上新世早期弧后盆地西南斜坡带发育滨浅海相沉积,并由于南部火山的隆起提供物源,形成扇三角洲。

4. 物源及沉积演化

通过对西缅地块北部弧前盆地与弧后盆地主要区块钻井取样,对样品进行砂岩骨架成分特征、元素地球化学、锆石 U-Pb 年代学特征研究。

1) 砂岩骨架成分特征

砂岩的骨架成分特征可以反映砂岩成熟度,一般来说,石英含量越高,砂岩成熟度越

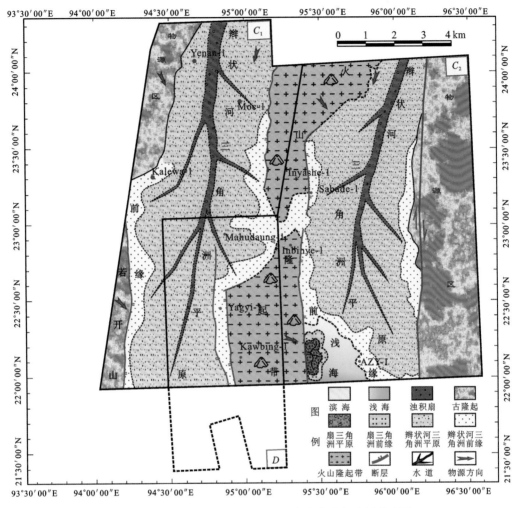

图 4.72　西缅地块上新统(T_3^0 以上)沉积相空间配置关系图

高,表明其沉积过程中所经历的搬运距离较长。Dickinson 对现代和古代一万多个砂岩样研究表明,砂岩成分组成和结构特征可以直接反映物源区和沉积盆地的构造环境。本书对区内砂岩样品骨架矿物成分含量数据进行统计,使用 Dickinson 等(1983)三角图解进行投图分析。

　　投影结果表明,弧前盆地 C_1 区块始新统主要为火山弧物源,表明此时火山活动强烈。岩石类型为长石岩屑砂岩,其成分成熟度较差,为近源堆积。D 区块古新统、始新统、中新统为北部喜马拉雅造山带和火山岛弧物源。弧后盆地 C_2 区块中新统、上新统主要为克拉通物源和再旋回造山带物源,岩石类型主要为次长石石英砂岩、次岩屑石英砂岩和成熟度较高的岩屑长石砂岩、长石岩屑砂岩,表明其沉积过程中所经历的搬运距离较长,其中克拉通物源来自东部掸泰地块,再旋回造山带物源来自北部喜马拉雅碰撞造山带(图 4.73)。

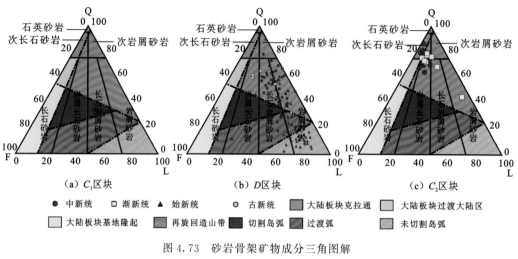

（a）C_1区块　　　　　（b）D区块　　　　　（c）C_2区块

● 中新统　　□ 渐新统　　▲ 始新统　　◎ 古新统　　■ 大陆板块克拉通　　■ 大陆板块过渡大陆区

□ 大陆板块基地隆起　　■ 再旋回造山带　　■ 切割岛弧　　■ 过渡弧　　■ 未切割岛弧

图 4.73　砂岩骨架矿物成分三角图解

Q 为石英；F 为长石；L 为岩屑

2）常量元素地球化学特征

前人研究表明，碎屑砂岩的地球化学成分特征主要受物源区构造类型控制（Bhatia，1983；Bhatia and Taylor，1981），Bhatia（1983）提出的根据 $Fe_2O_3 + MgO$、分别与 TiO_2、Al_2O_3/SiO_2、K_2O/Na_2O、$Al_2O_3/(CaO+Na_2O)$ 的关系反映物源区构造类型的判别图解较为成功（Bender and Bannert，1983），此方法将构造类型分为大洋岛弧、大陆岛弧、主动大陆边缘和被动大陆边缘四类。对西缅地块弧后盆地 C_2 区块钻井所取得的砂岩常量元素地球化学数据进行统计（表 4.11），按此方法投影，所得结果如图 4.74 所示。

表 4.11　弧后盆地 C_2 区块砂岩主量元素定结果　　　　　　　　　（单位：%）

地层	井号	SiO_2	Al_2O_3	TFe_2O_3	MgO	CaO	Na_2O	K_2O	TiO_2	P_2O_5	MnO	H_2O	烧失
中新统	A-9	78.07	11.64	1.58	0.73	1.58	2.26	2.54	0.18	0.041	0.029	0.14	1.1
	A-15	65.59	11.42	2.66	1.29	7.12	2.48	2.31	0.26	0.059	0.26	0.22	5.88
渐新统	A-31	71.89	12.39	3.93	1.74	1.63	2.54	2.35	0.44	0.075	0.066	0.32	3.06
始新统	A-38	62.25	15.11	6.72	2.41	1.8	2.21	2.59	0.64	0.15	0.11	0.58	5.56

投影结果表明，区内始新统砂岩主要投在 A、B 区及其附近，为岛弧型物源，表明此时火山活动强烈。渐新统投在 C 区内，为主动大陆边缘型物源，主要来自北部喜马拉雅碰撞造山带。中新统分别投影在 C、D 区，表明此时为混合物源，既有来自掸泰地块的被动大陆边缘型物源，也有来自北部喜马拉雅造山带的主动大陆边缘型物源。

3）微量元素地球化学特征

不同的岩石组合微量元素分布具有不同的分配状态和类型。可利用沉积物中微量元素的地球化学特征确定物源区构造属性。Bhatia 等（1986）所建立的微量元素 La-Th-Sc 和 Th-Sc-Zr/10 判别图解是较成功的一种，应用较广。此方法将物源区构造环境划分为

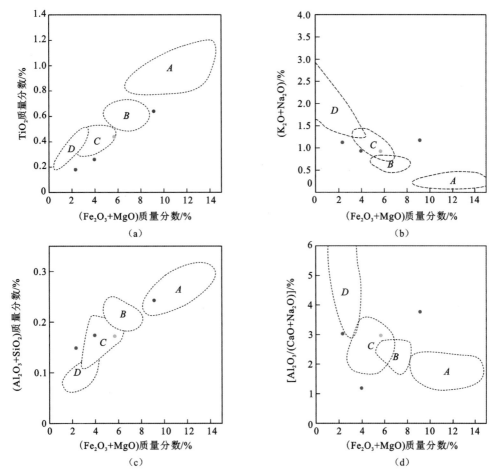

图 4.74　砂岩主要元素成分构造背景判别图解(Bhatia,1983)

A 为大洋岛弧;B 为大陆岛弧;C 为主动大陆边缘;D 为被动大陆边缘

大洋岛弧(A)、大陆岛弧(B)、主活动大陆边缘(C)和被动大陆边缘(D)四种类型。对区内钻井所取得的砂岩常量元素地球化学数据进行统计(表 4.12),按此方法投影,所得结果如图 4.75 所示。

表 4.12　弧后盆地 C2 区块砂岩微量元素测定结果　　　　单位:ppm[①]

地层	井号	La	Th	Sc	Co	Zr/10	Zr
中新统	A-9	15.1	4.46	4.47	5.20	4.92	49.2
中新统	A-15	15.3	6.61	5.80	9.25	5.14	51.4
渐新统	A-31	24.6	10.10	8.24	11.50	11.19	112.0
始新统	A-38	30.4	12.00	13.50	19.60	13.58	136.0

---

① 1 ppm $=1\times10^{-6}$

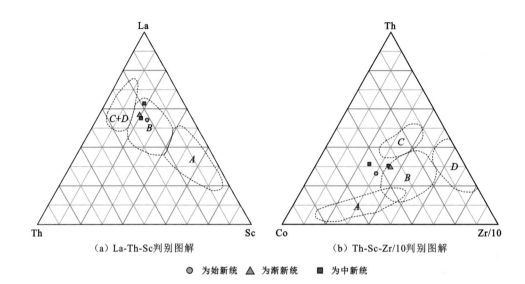

图 4.75　弧后盆地 C_2 区块砂岩 La-Th-Sc,Th-Sc-Zr/10 判别图解(Bhatia and Crook,1986)

A 为大洋岛弧;B 为大陆岛弧;C 为主动大陆边缘;D 为被动大陆边缘

投影结果表明,弧后盆地 C_2 区块砂岩样品在 La-Th-Sc 图中全部投影在 B 区,即为大陆岛弧型物源,而其中又以始新统样品最为明显,渐新统、中新统靠近 C 区和 D 区,表明始新统以火山弧型物源为主,火山活动较强烈,渐新统、中新统同时兼有其他物源类型。在 Th-Sc-Zr/10 图中得到了类似结果,始新统样品靠近 A、B 区,渐新统、中新统样品则处在岛弧区与 C 区主动大陆边缘型物源之间,即同时还有北部喜马拉雅碰撞造山带物源。

4) 锆石年代学分析

锆石是一种稳定的常见副矿物,其晶型的演化取决于结晶期间的物理化学条件,可以经历岩浆熔融、变质改造和风化作用后得以保存。通过对其内部的 U-Pb 同位素时钟年龄测定,可以判定其母岩形成时间。沉积岩中的碎屑锆石来自物源区各类岩石中锆石的混合,其年龄集中程度可以反映物源区相应期次的岩浆构造活动强烈程度。碎屑锆石具有沉积岩中其他组分一般所缺乏的优势:它的形成时间可以精确测定,可以提供物源区的年龄组成信息。

本书针对西缅地块弧后盆地 AZY-1 井 4 个岩屑细砂岩样品进行锆石 U-Pb 年代学分析。岩样粉碎后经淘洗、磁选和重液分选后,分离出锆石。制靶进行阴极发光(CL)分析,确定锆石颗粒的内部结构,阴极发光图像(图 4.76)显示所选锆石极大部分为无色透明,有较好的自形程度,在阴极发光图像上呈现密集的岩浆型锆石震荡环带。

AZY-1-37 和 AZY-1-41 为始新统样品,分析样品数据点 36 个,阴极发光图像中,锆石大小不均一,大的 200 μm,小的 60 μm 左右。锆石形状保存完好,大部分锆石呈椭球形、球形、锥形。测年结果表明分为四期:34~130 Ma、300~350 Ma、1 000~1 200 Ma、

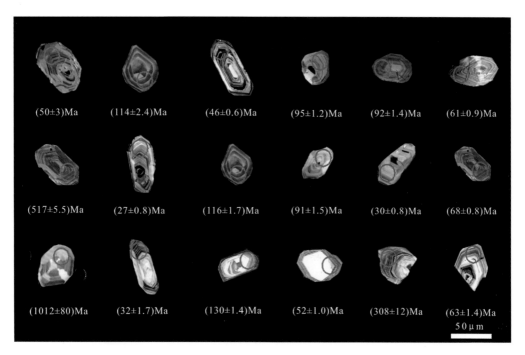

(50±3)Ma	(114±2.4)Ma	(46±0.6)Ma	(95±1.2)Ma	(92±1.4)Ma	(61±0.9)Ma
(517±5.5)Ma	(27±0.8)Ma	(116±1.7)Ma	(91±1.5)Ma	(30±0.8)Ma	(68±0.8)Ma
(1012±80)Ma	(32±1.7)Ma	(130±1.4)Ma	(52±1.0)Ma	(308±12)Ma	(63±1.4)Ma

50μm

图 4.76　AZY-1 井锆石阴极发光图像

2 800～2 900 Ma,始新世和晚白垩世在锆石频率图上是两个峰值,代表了当时两次大的构造事件,同时也反映了始新统具有晚中生代、新元古代及新太古代物源。

　　AZY-1-33 渐新统样品分析数据点 18 个,阴极发光图像中,锆石大小比较均匀,都集中在 100 μm,锆石形状保存完好,大部分锆石呈椭球形、球形、锥形,内部环带清晰,测年结果表明渐新统最大年龄 517 Ma、最小 44 Ma,为三期:40～130 Ma、240～260 Ma、500～520 Ma,年龄集中分布在晚白垩世,表明晚白垩世发生了强烈构造运动,同时记录了渐新统具有寒武纪早期物源。

　　AZY-1-12 中新统样品分析数据点 16 个,阴极发光图像中,锆石大小比较均匀,都集中在 80 μm,锆石形状保存完好,大部分锆石椭球形、球形、锥形,内部环带清晰,年龄最大的数据为 137 Ma,最小为 29 Ma,年龄值分四期:33～24 Ma、55～40 Ma、65～55 Ma、140～100 Ma,年龄集中分布在早渐新世(图 4.77)。

　　AZY-1 井始新统样品 AZY-1-37 与样品 AZY-1-41 中所获得锆石 U-Pb 最小的年龄信息分别为 34 Ma 和 44 Ma,揭示中始新统和上始新统的沉积年龄信息,与地层时代匹配。在渐新统 AZY-1-33 所获得最小的 U-Pb 年龄信息为 44 Ma,代表中始新统物源年龄信息,中新统样品 AZY-1-12 所获得最小的 U-Pb 年龄信息为 29 Ma 的特征分析,代表早渐新统物源年龄信息。

　　物源分析结果表明,西缅地块新生代物源主要来自三个方向:北部喜马拉雅碰撞造山带和东部掸泰地块和火山岛弧带提供少量物源。其中始新统火山岛弧带物源特征明显,

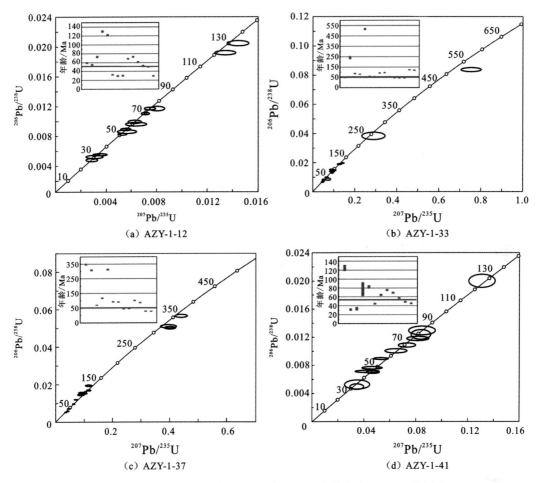

图 4.77　西缅地块弧后盆地 C_2 区块 AZY-1 井样品锆石 U-Pb 谐和图

表明此时岛弧活动强烈,与构造研究结果相吻合。通过弧后盆地 C_2 区块始新统砂岩微量元素判别图解表明其更靠近大陆岛弧区,但同时也具有部分大洋岛弧特征,表明此时弧后盆地处于陆缘区域,为滨浅海沉积环境。弧前盆地 C_1 区块样品的砂岩骨架成分特征分析表明火山弧物源为近源堆积,弧前盆地始新世 C_1 区块处于火山弧以外浅海,发育滨浅海沉积体系。而弧后盆地晚渐新统样品的砂岩骨架成分和地球化学特征表明渐新世时北部喜马拉雅碰撞造山带物源开始注入,局部地区已发育河流体系搬运。

锆石 U-Pb 年代学分析指示,西缅地块弧后盆地古近系物源以来自东部掸泰地块为主。新近纪弧后盆地逐渐转变为以喜马拉雅碰撞造山带物源供应为主,同时掸泰地块也提供物源,其北部河流带来的充足碎屑物源沉积成熟度高,表明具有河流经长距离搬运的特征。同时火山岛弧带的活动较前期减弱,物源供应减少。

西缅地块沉积环境具备总体从海相到陆相的转变,并受火山岛弧带隆起和多期火山活动的影响和改造。

（1）前白垩纪

西缅地块在晚古生代—中生代从冈瓦纳大陆裂解，经历系列漂移，与现今掸泰地块拼贴在一起，此时西缅地块西缘未发生洋壳的俯冲作用，处于洋壳与陆壳的软接触阶段，发育广泛浅海大陆架沉积（图4.78）。

（2）晚白垩世—古新世

晚白垩世—古新世，西缅地块由北向南整体发育滨浅海沉积环境（图4.79）。弧前和弧后盆地大部分被滨浅海占据，以发育浅海相、滨海相、海岸平原相沉积为主，盆内海岸平原向滨浅海过渡区域与各小型古凸起周缘，形成较多小规模的冲积扇与海底扇体。掸泰地块在此阶段为西缅地块北部主要的物源供应区。火山岛弧带Inyashe-1井岩性资料表明白垩纪到古新世早期岛弧带处于滨浅海沉积环境中，并受到火山喷发的影响，期间至少有两次小规模的海平面升降变化过程。晚古新世，物源供应主要来自掸泰地块，海面范围广泛，火山岛弧带钻井钻遇的晚白垩世沉凝灰岩，证明此阶段火山活动在区内呈现局部活跃的特征。

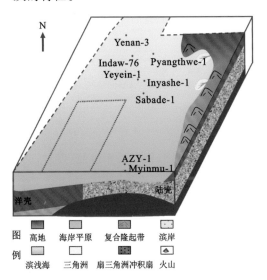

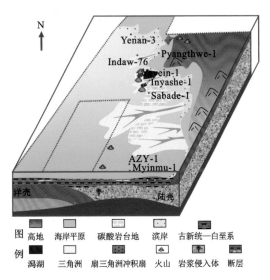

图 4.78　前白垩纪沉积演化模式图　　　　　图 4.79　晚白垩世—古新世沉积演化模式图

（3）始新世

始新世初期，受新特提斯洋的俯冲作用，岛弧带火山较晚白垩世—古新世更为活跃，并在持续隆升发育。此时的沉积环境依然是以海相为主，与晚白垩世—古新世相似（图4.80），但整体持续海退，转变为滨浅海和海岸平原相沉积并受火山活动的改造。物源在向海进积的过程中，在有河流入海口的位置发育小型扇三角洲沉积。弧前和弧后盆地扇三角洲砂体向海推进。掸泰地块为此阶段西缅地块的主要物源供应区。

（4）渐新世

渐新世，海平面进一步下降，物源向海推进，三角洲的发育规模较前期变大，火山岛弧带发育形成带状分布，在局部火山岛弧带高隆的区域，高隆区本身提供物源沉积，发育扇三角洲沉积(图 4.81)。此阶段东部掸泰地块和北部火山岛弧带同时为区内提供物源,沉积物快速充填。早期形成的断层在渐新世继续发育,部分控制盆地沉积作用。尤其是在西部靠近火山弧部位,断裂从深部开始,穿越古新统和始新统,显示了火山岛弧隆起作用。

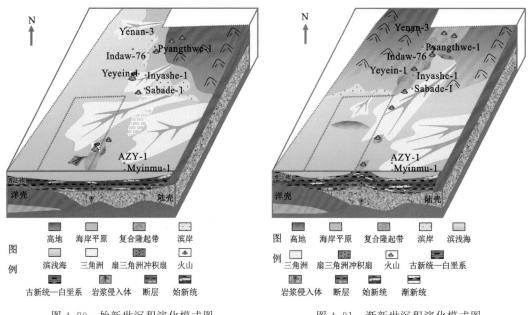

图 4.80　始新世沉积演化模式图　　　　　图 4.81　渐新世沉积演化模式图

(5)中新世

中新世开始,区内持续大规模海退。西缅地块沉积环境由海相向陆相过渡,发育三角洲前缘砂泥岩沉积(图 4.82)。

中新世为弧前、弧后盆地发育较为成熟时期,在经历了晚渐新世—早中新世西缅地块北部快速持续抬升后,中新世中晚期盆地开始稳定沉降。中新世断层开始在东部发育,其原因可能是与火山弧快速隆起有关。至上中新统沉积时期盆地进入拗陷阶段,地层厚度大,显示此时盆地的快速沉降与沉积物的快速充填。此时弧前盆地整体发育河流相沉积,弧后盆地沉降中心向西部转移,早期延续渐新世强烈的火山活动,后相对稳定沉积。弧后盆地主体为陆相河流三角洲沉积,向南逐渐转为滨浅海相沉积环境,随着钦敦江的发育,三角洲快速进积,至中新世晚期,西缅地块大面积以河流相沉积为主,沉积物主要来自北部喜马拉雅碰撞造山带,东部掸泰地块也为盆地提供充足物源。

(6)上新世

上新世西缅地块基本结束海相沉积,转变为伊洛瓦底江河流相沉积为主(图 4.83)。中新世的沉积作用继承性强。受印度板块持续挤压碰撞,海平面继续南退,北部地区以发育辫状河-三角洲沉积为主。在实皆断层右旋压扭作用下,西缅地块整体转入压性构造体制。在靠近掸泰地块一侧,地层大幅抬升,致使该区较少接受上新世沉积。弧前盆地在新构造作用的影响下,复式向斜的构造格局定型,稳定地接受来自北部河流的沉积。

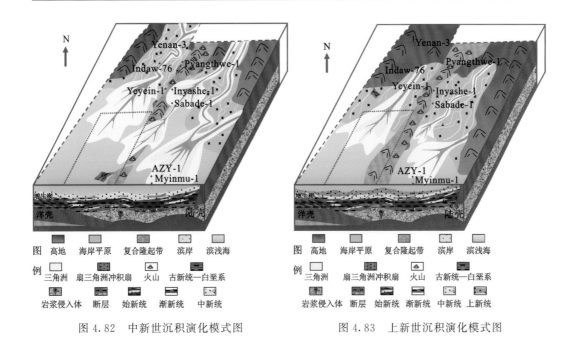

图 4.82　中新世沉积演化模式图　　　　　图 4.83　上新世沉积演化模式图

4.4　弧盆体系演化及动力学

4.4.1　锆石 U-Pb 年代学

锆石是岩石中最重要的副矿物。由于锆石具有特殊的矿物性质,能够用来讨论岩石成因和地质事件的形成时代。

西缅地块北部火山岛弧带钻井资料揭示,岛弧带内各套地层均分布有不同比例的凝灰岩与沉凝灰岩层段。火山岛弧带作为西缅地块构造演化的产物,不同地史时期,由于区域应力状态的不同,表现出快速隆升、岩浆侵入和火山喷发的不同特征。在新特提斯洋壳与印度板块强烈的挤压碰撞作用之下,西缅地块北部火山岛弧带局部地区火山作用,形成的火山灰物质部分就地沉积成为凝灰岩层,部分随水携同陆源碎屑物质同时沉积,形成沉凝灰岩层段。本书针对西缅地块北部火山岛弧带钻井获取的凝灰岩、沉凝灰岩层段开展的锆石 U-Pb 的测年分析,意在揭示西缅地块北部火山岛弧带的喷发和期次规律,为区域热演化提供更多的证据。

西缅地块北部火山岛弧带迎春 1 井共进行 5 块样品的锆石 U-Pb 年代学测试(表 4.13)。所选锆石极大部分为无色透明,有较好的自形程度,在阴极发光图像上呈现密集的岩浆型锆石震荡环带(图 4.84)。测试样品的 Th/U 比值均大于 0.4,暗示其岩浆成因。

表 4.13　迎春 1 井锆石 U-Pb 测试信息

序号	样品编号	层位	岩性	挑选矿物数量	打点总量	有效点	外环	内环
1	Y1-10	中新统	凝灰质砂岩	>2000	44	40	33	7
2	Y1-16	上始新统	凝灰岩	>300	36	24	23	1
3	Y1-34	下始新统	凝灰岩	110	30	23	19	4
4	Y1-56	古新统	凝灰质砂岩	>1000	39	36	36	0
5	Y1-67	晚白垩	凝灰岩	>500	36	32	32	0

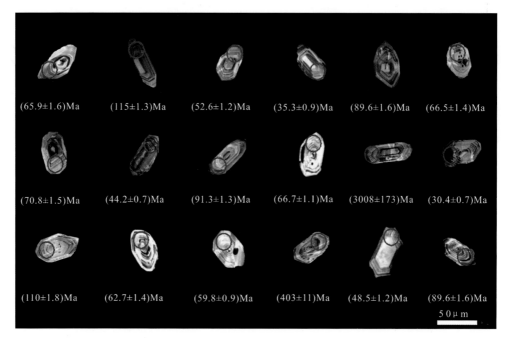

图 4.84　迎春 1 井具典型特征的锆石阴极发光图像

　　Y1-10 中新统样品取自井深 445 m。测试样品数据点 40 个,阴极发光图像中,锆石大小比较均匀,都集中在 100 μm,锆石形状保存完好,大部分锆石呈椭球形,内部环带清晰,测年结果表明渐新统最大年龄为(2 343±163)Ma、最小为(32.7±0.8)Ma,年龄值分为五组:第一组 21 个矿物单颗粒,32.7~91 Ma,集中于(55±1.2)Ma(早始新世);第二组 3 个矿物单颗粒,105~111 Ma,集中于(111±3)Ma(早白垩世);第三组 2 个矿物单颗粒,403~579 Ma,集中于(491±7)Ma(晚寒武世);第四组 8 个矿物单颗粒,(1 033~1 261)Ma,集中于(1 048±75)Ma(中元古代);第五组 6 个矿物单颗粒,1 731~2 343 Ma,集中于(1 974±137)Ma(古元古代)(图 4.85)。

　　Y1-16 上始新统样品取自井深 528 m。测试样品数据点 36 个,阴极发光图像中,锆石大小比较均匀,都集中在 90 μm,锆石形状保存完好。测年结果表明渐新统最大年龄为(2 457±42)Ma、最小年龄为(42.7±0.8)Ma,年龄值分为四组:第一组 9 个矿物单颗粒,42.7~101 Ma,集中于(69±5)Ma(晚白垩世);第二组 2 个矿物单颗粒,415~438 Ma(泥盆纪);第三组 9 个矿物单颗粒,1 077~1 411 Ma,集中分布于(1 038±131)Ma(新元古代);第四组 2 个矿物单颗粒,2 074~2 457 Ma(古元古代)(图 4.85)。

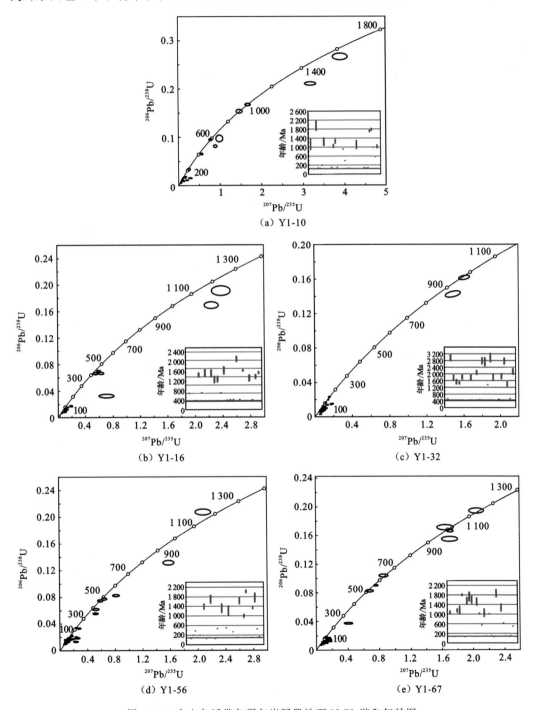

图 4.85　火山岛弧带各凝灰岩层段锆石 U-Pb 谐和年龄图

Y1-34 下始新统样品取自井深 999 m。测试样品数据点 23 个,阴极发光图像中,锆石大小比较均匀,都集中在 60 μm,锆石偏破碎,自形程度较差。测年结果表明渐新统最大年龄为(2 596±200)Ma,最小年龄为(41.4±0.7)Ma,年龄值为三组:第一组 5 个矿物单颗粒,41~77 Ma,集中于(51±0.9)Ma(早始新世);第二组 6 个矿物单颗粒,966~1 435 Ma,集中于(1 306±85)Ma(中元古代);第三组 3 个矿物单颗粒,2 344~2 596 Ma(古元古代)。

Y1-56 古新统样品取自井深 1 641 m。测试样品数据点 36 个,阴极发光图像中,锆石大小比较均匀,都集中在 100 μm,锆石形状保存完好。测年结果表明渐新统最大年龄为(2 814±359)Ma,最小年龄为(63±1.2)Ma,年龄值分为三组:第一组 18 个矿物单颗粒,63~136 Ma,集中于(97.5±1.9)Ma(晚白垩世);第二组 7 个矿物单颗粒,212~461 Ma,集中于(371±5)Ma(泥盆纪);第三组 11 个矿物单颗粒,1 655~2 814 Ma,集中于(1 711±167)Ma(古元古代)。

Y1-67 晚白垩世样品取自井深 2 112 m。测试样品数据点 30 个,阴极发光图像中,锆石大小比较均匀,都集中在 120 μm,锆石形状保存完好。测年结果表明渐新统最大年龄为(2 540±177)Ma,最小年龄为(66.7±1.4)Ma,年龄值分为四组:第一组 12 个矿物单颗粒,67.3~104 Ma,集中于(79.5±1.7)Ma(晚白垩世);第二组有 2 个矿物单颗粒,554~635 Ma(震旦纪);第三组 6 个矿物单颗粒,1 031~1 281 Ma,集中于(1 118±91)Ma(中元古代);第四组 10 个矿物单颗粒,2 231~2 540 Ma,集中于(2 398±290)Ma(古元古代)。

通过井震结合,地层时代划分的基础上,依据碎屑岩中具备 1 粒锆石颗粒的最小的结晶颗粒年龄能够代表地层最大的沉积时限的原则,判别迎春 1 井的 5 个沉凝灰岩样品锆石 U-Pb 年代学相应的地层年龄信息。其揭示 Y1-67 上白垩统中获得锆石的 U-Pb 年龄为 66 Ma,揭示中晚白垩世沉积年龄;Y1-56 古新统样品中获得锆石的 U-Pb 年龄为 63 Ma,揭示早古新世沉积年龄;Y1-34 始新统样品中获得锆石的 U-Pb 年龄为 47 Ma,揭示中早始新世沉积年龄;Y1-16 上始新统样品中获得锆石的 U-Pb 年龄为 42 Ma,揭示晚始新世沉积年龄。研究所获得 4 样品中都找到了与地层时代匹配的沉积年龄信息,代表凝灰岩的沉积就位年龄。而 Y1-10 下中新统样品中获得锆石的 U-Pb 年龄为 32 Ma,所得年龄信息与地层时代不匹配。在沉积地层中,当新老年龄分子混杂在一起时,较老的分子能够代表物源信息的年龄。渐新世以来,西缅地块受到来自印度板块的俯冲碰撞作用,其北部地区处于快速的隆升剥蚀状态,导致北部大幅抬升,至中新世,区内北部渐新统的地层被风化剥蚀出露地表,经再旋回沉积被河流携带至区内位置接受再沉积,同时,从 Y1-10 样品 32 Ma 的 U-Pb 年龄锆石矿物颗粒形态特征分析,其具有破碎残缺,破碎面处被磨圆,表明此颗粒随水迁移的特征(表 4.14)。

表 4.14　迎春 1 井锆石 U-Pb 揭示火山活动特征表

样品	地层	凝灰岩就位年龄	揭示地质年代	火山活动特征
Y1-10	下中新统	—	—	持续海退,弧前沉降,火山活动自中新世后减弱
Y1-16	上始新统	(42.7 ± 0.8)Ma	晚始新世	区域整体隆升,火山持续喷发
Y1-34	始新统	(41.4 ± 0.7)Ma	中早始新世	
Y1-56	古新统	(63 ± 1.2)Ma	早古新世	北部局部火山活动
Y1-67	上白垩统	(66.7 ± 1.4)Ma	中晚白垩世	

中新世以前,西缅地块北部存在火山喷发的迹象,地层中保留了相应的凝灰岩就位沉积年龄,推测北部地区相应地层中都发育有凝灰岩、沉凝灰岩。中新世以后,西缅地块北部火山岛弧带形成,并持续隆升,弧前盆地沉降,海退持续,火山喷发作用相对进入停滞期(表 4.14)。

火山岛弧带迎春 1 井的 5 块凝灰岩、沉凝灰岩样品的锆石 U-Pb 年代学所揭示的地层沉积年龄与地震解释层位标定和井标定层位时代一致,进一步验证了西缅地块地层划分的可靠性。钻井基底花岗岩所揭示早晚白垩世的锆石 U-Pb 年龄为(102.7 ± 0.81)Ma,也说明自西缅地块拼贴于掸泰地块后,遭受持续的俯冲作用,岩浆活动频繁,直至渐新世新特提斯洋俯冲消亡殆尽,在印度板块的碰撞作用下,火山岛弧带强烈快速地隆升。

弧前盆地西缘与火山岛弧带的裂变径迹模拟结果都反映,在晚渐新世—早中新世西缅地块存在一期快速的区域性隆升事件,印度板块的强烈碰撞使火山岛弧带快速隆升,北部地区已分割弧前、弧后盆地,隆升所伴随的火山强烈喷发,是这一期构造事件的响应。因此,从所测定的火山岛弧带凝灰岩锆石 U-Pb 年龄信息来看,中新世之前地层都有凝灰岩就位年龄信息,符合区域演化的特征。至早中新世以后,西缅地块整体构造相对前期减弱,印度板块的碰撞作用一方面使西缅地块北部地区演化成为弧盆体系构造格局,另一方面使北部发育河流相沉积环境,河流带来充足的物源供应。西缅地块在中新世由前期海相沉积环境过渡为陆相河流三角洲沉积环境。河流从喜马拉雅碰撞造山带带来了更为充足的碎屑物质供应,在西缅地块北部地区快速充填,致使这一期沉积作用在区内分布广泛。而火山岛弧带隆升活动减弱,火山喷发作用也表现出停滞状态,因此在中新统中,未找到凝灰岩就位的年龄信息。

火山岛弧带各地层凝灰岩样品所揭示的锆石 U-Pb 年龄,反映了在中新世以前火山喷发作用多期次持续强烈的特征。反映结果与西缅地块构造演化事件吻合,是区域演化的构造沉积响应。

4.4.2　弧盆体系的形成与演化

1. 演化阶段

西缅地块北部主动大陆边缘弧盆体系的形成与板块碰撞、造山带褶皱、火山岛弧隆起、海底扩张等作用息息相关,由于板块汇聚过程中的极大的不确定性和转换多变性,西缅地块的形成演化极为复杂。世界范围内的大多数盆地的形成往往具有复杂的、多阶段性的演化特点,其与所处大地构造环境有密切关系。盆地在不同演化阶段因其构造属性不同而表现出很大的差异。盆地的结构构造受到多期不同动力学环境的影响,具有不同结构的盆地原型叠加和组合。

西缅地块弧盆体系的形成与改造,主要受印度板块与欧亚板块的碰撞作用影响,碰撞导致西缅地块顺时针旋向,在顺时针旋转过程中遭受挤压、伸展和走滑多重构造运动的改造作用,形成了一系列不同动力学环境的盆地及其改造方式。弧前、弧后盆地的发育分别受控于不同动力学的制约与影响。在各构造时期,具有不同的演化阶段和相应的构造体制下的结构构造特征。现今区内的盆地多经历三种不同属性的大陆边缘的成盆阶段,弧盆体系多具有叠合性质。按构造演化阶段划分,西缅地块在中生代为被动大陆边缘演化阶段;晚白垩世—始新世处于拼贴过程中的过渡性大陆边缘演化阶段;渐新世晚期以后,为典型的主动大陆边缘演化阶段。

1) 被动大陆边缘演化阶段

晚白垩世以前,西缅地块从冈瓦纳大陆裂离,出现地幔上隆地壳减薄和热收缩、地表侵蚀及大幅度沉陷。此时,西缅地块及边缘主要发育伸展体系下的断陷结构,形成一系列的地堑、半地堑。

被动大陆边缘的形成演化模式大致可以分为三个阶段:①裂陷阶段,地壳拉伸减薄,地幔上涌,岩石圈上拱。这种初始上拱意味着地表的区域抬升,遭受侵蚀(马文璞,1986)。进一步伸展在地表形成复杂的地堑和半地堑系。②裂离开始,裂陷的最高峰以大洋中脊的出现为标志。③裂离阶段,大陆岩石圈从扩展中心的向外移动意味着逐渐远离高热流中心而不断冷却、沉陷,导致巨厚沉积。

西缅地块在中生代裂离直到晚白垩世拼贴于印支板块之上,经历了漫长的被动大陆边缘演化阶段,遭受了长时间的海侵。地壳在被动大陆边缘演化阶段主要处于伸展构造体制,地壳拉伸减薄产生一系列地堑和半地堑,充填物质可以分为两类,一类为粗碎屑堆积,空间上位于近大陆一侧;另一类为碳酸盐岩-蒸发岩,位于远离大陆一侧。

西缅地块弧前盆地西缘边界控盆卡巴断裂早期为正断裂,具有西断东超的特征,早期的结构构造特征和地层发育情况,反映出西缅地块在中生代前为被动大陆边缘环境,盆地主要发育伸展构造,以一系列铲式正断层控制的地堑、半地堑为主。

2) 过渡性大陆边缘演化阶段

过渡性大陆边缘是被动大陆向主动大陆边缘转化的过渡阶段,其构造动力学环境既不简单同于被动大陆边缘拉张应力体制下的地壳减薄、裂陷沉降,也不同于主动大陆边缘板块聚敛俯冲的碰撞挤压体制下的压陷和挠曲作用。

西缅地块过渡大陆边缘时期主要在古新世—始新世,在构造演化上主要为西缅地块完成与掸泰地块的拼贴后,印度板块向北漂移,但尚未与西缅地块发生实质性碰撞接触,而新特提斯洋对西缅地块西缘持续俯冲的阶段。它继承了早期被动陆缘格局,同时受到有限的板块俯冲洋壳消减作用的影响,处于沟-弧盆体系雏形发育期。在过渡性大陆边缘阶段,印度板块洋壳消减,其东北角开始初步与西缅地块边缘接触,但对其构造影响不大。此时西缅地块边缘主要为被动大陆边缘继承性特征,为稳定沉积沉降阶段。从成盆动力学和构造体制上讲,西缅地块为弱挤压体制下挠曲和继承性裂陷复合作用下的断拗演化期。

虽然从成盆动力学和构造应力体制上讲,过渡性大陆边缘与早期的被动大陆边缘的伸展体制有较大不同,但并未对早期的被动陆缘的盆地原型进行强烈改造,更多的只是体现纵向上的叠合。例如,弧前盆地在古新世为简单沉积物负载沉降阶段。始新世,随着盆地继续沉降,中部开始有走滑断层发育,东部地层受火山弧隆起作用影响,开始发生变形,表现出断拗的特征。

3) 主动大陆边缘演化阶段

西缅地块在渐新世晚期进入主动大陆边缘演化阶段,在中新世晚期大陆边缘沟-弧-盆体系发育完善,为主动大陆边缘成型期。构造演化上,主要为印度板块向欧亚板块强烈俯冲,洋壳消减殆尽,北部开始陆-陆碰撞,印支板块向东南方向逃逸,造成缅甸地块顺时针的旋转和向北运动,对缅甸地块边缘进行强烈挤压改造。Besse 和 Courtillot(1991)的研究中指出白垩纪末至始新世时,印度板块和欧亚板块的古磁极相差较大,直到 10 Ma才有接近的趋势。他们提供了印度板块和欧亚板块在渐新世晚期以后开始进入主动大陆边缘演化阶段的主碰撞期的古地磁证据。

事实上,板块碰撞和叠覆的过程并不像二维图解那样简单。两个板块的碰撞通常是由点开始,到沿缝合带的全面碰撞,即"构造迁移"(任纪舜等,1980)。时沿缝合带既不对相邻板块形成纵向的,也不形成横向的约束。由于作用在板块上的力总能分解出平行缝合带的分量,为了调整和释放应力,两个板块沿缝合带及造山带主要断裂系的走滑运动不可避免。印度板块与欧亚板块在白垩纪末—始新世开始软接触碰撞,上新世后喜马拉雅山脉和青藏高原才开始快速隆升(黄汲清 等,1984)。

印度板块向欧亚板块俯冲碰撞所产生的古老增生楔,现已为印缅造山带的一部分——若开山造山带,造山带中现今保留有渐新统以前的沉积,验证了印度板块和欧亚板块在渐新世晚期以后进入主动大陆边缘演化阶段。

西缅地块在主动大陆边缘演化阶段主要为挤压构造应力体制下的压陷-挠曲沉降。弧前、弧后盆地表现出差异演化的特征。火山岛弧带隆起,弧前和弧后盆地构造体制发生差异转变。弧前盆地主要在挤压体制下形成一系列逆冲断层及相关褶皱,弧后盆地则由于弧后扩张进入独立的热伸展型拗陷演化阶段。弧前盆地早期在被动大陆边缘和过渡性大陆边缘阶段形成的裂陷,在主动大陆边缘时期遭受强烈改造,成为构造改造型盆地。而弧后地区则整体改造较弱,为继承性拗陷。

2. 弧前拗陷

弧前钦敦拗陷形成和演化分为四个阶段:①晚白垩世—始新世;②渐新世;③中新世—上新世早期;④上新世中晚期(图 4.86,表 4.15)。

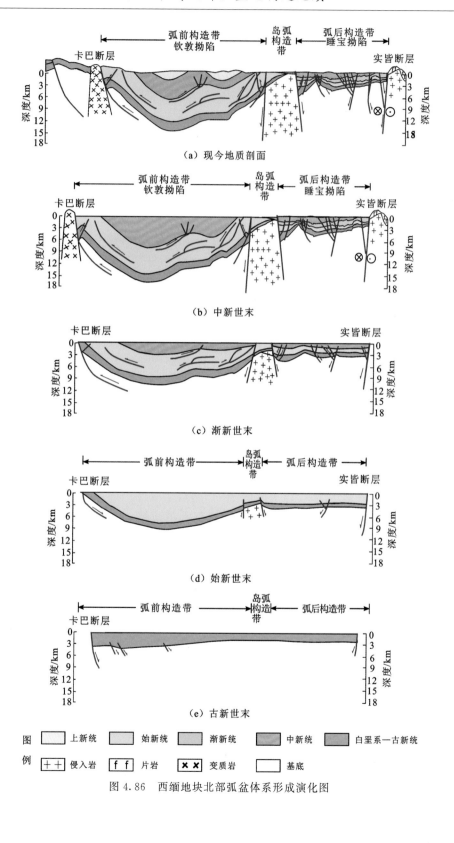

图 4.86　西缅地块北部弧盆体系形成演化图

表 4.15　弧前钦敦拗陷构造-沉积演化表

地质时代		弧前钦敦拗陷			
		板块位置	拗陷属性	拗陷充填特征	演化阶段
第四纪 （Q）	全新世（Q_h）	主动大陆边缘	压扭改造型盆地		板块碰撞后期受东西向挤压和印度板块向北运动形成的南北走滑联合改造,形成后期构造反转改造型弧前盆地
	更新世（Q_p）				
新近纪 （N）	上新世（N₂）			楔状;河流-三角洲沉积	
	中新世（N₁）		构造反转型挤压盆地	楔状;海陆交互相砂岩-页岩沉积	断拗沉降阶段
古近纪 （E）	渐新世（E₃）				构造抬升剥蚀阶段
	始新世（E₂）	过渡性大陆边缘	继承断拗	层状;边缘海相页岩	残留新特提斯洋边缘海,断拗沉降阶段
	古新世（E₁）				
中生代（Mz）		被动大陆边缘	大陆边缘海断陷	箕状或堑状;新特提斯洋海相页岩	印支板块与欧亚板块拼合后的新特提斯洋边缘海阶段,缅甸地块在晚白垩世完成拼接

1）晚白垩世—始新世断拗沉降期

新特提斯洋向西缅地块俯冲,钦敦拗陷内部构造稳定,地层平缓,没有大规模构造的形成,盆缘局部区域增生楔发育。岛弧带与弧前钦敦拗陷之间发育小型边界正断裂,弧前钦敦拗陷发育滨浅海相沉积。

2）渐新世构造抬升剥蚀期

新特提斯洋逐渐俯冲消亡,弧前钦敦拗陷拗陷沉降作用较弱,沉积环境由海相开始向陆相过渡,地层厚度较薄,至晚期在印度板块向西缅地块的俯冲作用下,拗陷整体构造抬升剥蚀,地层倾斜,火山岛弧带构造活动强烈,与弧前盆地边界形成的早期正断裂再次活动。

3）中新世—早上新世断拗沉降期

印度板块的斜向俯冲对弧前钦敦拗陷形成侧向挤压,地壳挠曲沉降,钦敦拗陷受挤压变形初具复式向斜雏形,压性断裂开始发育。

4）上新世中晚期挤压改造期

印度板块北部与欧亚板块的陆-陆碰撞形成强烈的挤压应力,弧前钦敦拗陷挤压缩短变形强烈形成复向斜,两翼地层高角度倾斜,顺层滑脱的压性断裂成为两侧的边界。西缘逆冲断裂形成滑脱逆冲褶皱组合,东缘受火山岛弧带阻挡上盘地层高角度冲起。实皆断层强烈活动,钦敦拗陷处于右旋走滑环境,拗陷内因走滑伸展分量形成张扭性断裂组合。

3. 岛弧带

根据岛弧带自身的发展演化特征及对弧前、弧后盆地沉积和构造演化的影响,将岛弧带的形成演化划分为四个阶段:①晚白垩世火山活动期;②古新世—始新世岛弧发育期;③渐新世—早中新世岛弧建造期;④晚中新世—早上新世岛弧定型期(图4.86)。

(1)晚白垩世火山活动期

晚白垩世,新特提斯洋的俯冲作用造成西缅地块北部火山岛弧带发生持续的岩浆侵入。钻井揭示的岛弧带基底花岗岩锆石 U-Pb 年龄为 102 ± 0.81 Ma,意味着西缅地块西缘早白垩世晚期发生板块俯冲作用。西缅地块北部由被动大陆边缘向主动大陆边缘过渡,随着洋壳的持续俯冲作用,火山岛弧具备雏形古隆特征。

(2)古新世—始新世岛弧发育期

印度板块与欧亚板块在古新世发生初始软碰撞接触(Wandrey,2006)。该阶段火山岛弧的发育在区内南部地区已具备小型隆起的特征,火山活动频繁,延续时期长,喷发期次多,火山岛弧带保留了相应的凝灰岩就位沉积年龄。在持续的俯冲作用下,火山岛弧带持续发育。

(3)渐新世—早中新世岛弧建造期

随着印度板块强烈的碰撞作用,火山岛弧带表现出快速隆升的特点,北部火山岛弧带呈带状产出,早期连通为一体的弧前、弧后盆地被一分为二,弧前和弧后盆地雏形开始形成。裂变径迹模拟结果显示晚渐新世—早中新世[$(29 \pm 1) \sim (20 \pm 1)$ Ma]的快速隆升事件,指示了该阶段西缅地块发育的区域性构造抬升事件。

(4)晚中新世—早上新世岛弧定型期

印度板块的持续俯冲作用使火山岛弧隆升并完全分割弧前、弧后盆地。弧前钦敦拗陷复式向斜构造定型,并在拗陷两侧形成顺层滑动的逆冲推覆。弧后睡宝拗陷则通过实皆断层强烈的右行走滑压扭活动来调节,拗陷两侧大幅抬升,并遭受强烈剥蚀。裂变径迹热历史模拟的西缅地块北部火山岛弧带早上新世以来[(4.2 ± 1) Ma]的隆升过程与这一时期的构造动力学过程吻合。弧前来自印度板块的挤压碰撞与弧后来自实皆断层强烈的走滑压扭作用,使火山岛弧带在上新世定型。

4. 弧后盆地

弧后睡宝拗陷的形成和演化划分为三个阶段:①晚白垩世—渐新世弧后伸展断陷阶段;②中新世热伸展拗陷阶段;③上新世至今的挤压挠曲拗陷阶段(图4.86,表4.16)。

1)晚白垩世—渐新世弧后伸展断陷阶段

弧后睡宝拗陷的演化继承了早期被动陆缘断陷构造格局,拗陷内部构造稳定,地层平缓,沉积中心及沉降中心均位于靠近实皆断层一侧。拗陷东西两缘发育边界正断层,为滨浅海沉积环境。

表 4.16　弧后睡宝拗陷构造–沉积演化表

地质时代		弧后睡宝拗陷			
		板块位置	拗陷属性	拗陷充填特征	演化阶段
第四纪（Q）	全新世（Q_n）	主动大陆边缘	弧后挤压挠曲拗陷		板块碰撞后期受南北向的实皆断裂和火山弧成型基底隆升，压扭作用联合改造，形成后期继承性改造的弧后盆地
	更新世（Q_p）			楔状；河流–三角洲沉积	
新近纪（N）	上新世（N_2）				
	中新世（N_1）		弧后热伸展拗陷	楔状；海陆交互相砂岩–页岩沉积	弧后冷却沉降阶段
古近纪（E）	渐新世（E_3）				岛弧隆起分割弧前、弧后盆地，弧后断陷阶段
	始新世（E_2）	过渡性大陆边缘	弧后伸展断陷	层状；边缘海相页岩	残留新特提斯洋边缘海阶段
	古新世（E_1）				
中生代（Mz）		被动大陆边缘	大陆边缘海断陷	箕状或堑状；新特提斯洋海相页岩	印支板块与欧亚板块拼合后的新特提斯洋边缘海阶段，缅甸地块在晚白垩世完成拼接

2）中新世热伸展拗陷阶段

中新世，岛弧带岩浆活动趋于减弱，处于构造平静期，弧后睡宝拗陷转入热沉降拗陷阶段。该时期拗陷内未发生强烈构造变形作用，断层不发育，实皆断层活动减弱，处于间歇期。中新统在拗陷内分布均一，厚度稳定，沉积中心位于睡宝拗陷中央，呈北西向带状展布。

3）上新世至今的挤压挠曲拗陷阶段

实皆断层开始持续的右旋走滑，西缅地块整体转入压性构造体制。受岛弧带铁镁质岩墙的阻挡作用，来自西侧的挤压应力无法传递到弧后盆地，睡宝拗陷遭受实皆断裂强烈的右行走滑压扭活动调节，表现出挤压挠曲拗陷的特征。早期的断陷中心大幅抬升遭受剥蚀，拗陷内形成一系列花状构造及雁行排列的狭长背斜。

参 考 文 献

陈剑光,刘怀山,周军,2006.缅甸 D 区块构造特征与油气储层评价[J].西北地质,39(1):105-114.

甘玉青,曾庆立,冯春蓉,2013.伊洛瓦底盆地油气成藏模式研究[J].江汉石油科技,23(2):1-6.

何文刚,梅廉夫,朱光辉,等,2011.安达曼海海域盆地构造及其演化特征研究[J].断块油气田,18(2):178-182.

黄汲清,陈国铭,陈炳蔚,1984.特提斯-喜马拉雅构造域初步分析[J].地质学报,1:1-17.

李兴振,刘朝基,丁俊,2004.大湄公河次地区构造单元划分[J].沉积与特提斯地质,24(4):13-20.

马文璞,1986.被动大陆边缘地质[J].中国区域地质,3:239-247.

任纪舜,姜春发,张正坤,等,1980.中国大地构造及其演化[M].北京:科学出版社.

沈传波,梅廉夫,刘昭茜,等,2009.黄陵隆起中-新生代隆升作用的裂变径迹证据[J].矿物岩石,29(2):45-60.

孙家振,李兰斌,2002.地震地质综合解释教程[M].武汉:中国地质大学出版社.

万天丰,2004.论中国大陆复杂和混杂的碰撞带构造[J].地学前缘,11(3):207-220.

王英民,1991.《地震相分析》讲座(三)[J].岩相古地理,4:46-52.

王瑜,1999.西藏及腾冲地区晚新生代火山作用的构造背景[J].地质论评,(A1):905-913.

谢楠,姜烨,朱光辉,等,2010.缅甸Sagaing走滑断裂及对睡宝拗陷构造演化的控制和影响[J].现代地质,24(2):268-272.

徐思煌,郑丹,朱光辉,等,2012.缅甸安达曼海弧后坳陷天然气成藏要素及成藏模式[J].地球科学与环境学报,34(1):29-34.

姚伯初,1999.东南亚地质构造特征和南海地区新生代构造发展史[J].南海地质研究,11:1-13.

张传恒,张世红,1998.弧前盆地研究进展综述[J].地质科技情报,17(4):1-7.

张军华,周振晓,谭明友,等,2007.地震切片解释中的几个理论问题[J].石油地球物理勘探,(3):348-352.

张文佑,吴根耀,1986.试论碰撞运动:一种假说性的探讨[J].大自然探索,1:23.

中国地质科学院亚洲地质图编图组,1980.亚洲地质资料汇编(第三册)[M].北京:中华人民共和国地质情报研究所.

POLACHAN S,项光.1995.安达曼海丹老盆地的地层及其石油勘探意义[J].海洋地质译丛,4:57 67.

ACHARYYA S K,1994. Accretion of Indo-Australian Gondwanic blocks along peri-Indian collision margins[C]// Ninth International Gondwana Symposium,10-14 January,Hyderabad,India. Geological society of America:1029-1049.

ACHARYYA S K,1998. Break-up of the Greater Indo-Australian Continent and accretion of blocks framing South and East Asia[J]. Journal of geodynamics,26(1):149-170.

ACHARYYA S K,2000. Break up of Australia-India-Madagascar block,opening of the Indian Ocean and continental accretion in Southeast Asia with special reference to the characteristics of the peri-Indian collision zones[J]. Gondwana research,3(4):425-443.

ACHARYYA S K,2007. Collisional emplacement history of the Naga-Andaman ophiolites and the position of the eastern Indian suture[J]. Journal of Asian earth sciences,29(2):229-242.

ALAM M,ALAM M M,CURRAY J R,et al.,2003. An overview of the sedimentary geology of the Bengal Basin in relation to the regional tectonic framework and basin-fill history[J]. Sedimentary geology,155(3):179-208.

ALLEN P A,ALLEN J R,1990. Basin Analysis:Principal and Applications[M]. London:Blackwell Science.

AUDLEY-CHARLES M G,1988. Evolution of the southern margin of Tethys (North Australian region) from early Permian to late Cretaceous[J]. Geological society,London,special publications,37(1):79-100.

BANDOPADHYAY P C,2005. Discovery of abundant pyroclasts in the Namunagarh Grit,South Andaman:evidence for arc volcanism and active subduction during the Palaeogene in the Andaman area[J]. Journal of Asian earth sciences,25(1):95-107.

BANNERT D,HELMCKE D,1981. The evolution of the Asian plate in Burma[J]. Geologische rundschau,70(2):446-458.

BARBER A J,CROW M J,2009. Structure of Sumatra and its implications for the tectonic assembly of Southeast Asia and the destruction of Paleotethys[J]. Island Arc,18(1):3-20.

BENDER F,BANNERT D N,1983. Geology of Burma[M]. Borntraeger:Federal Republic of Germany:1-293.

BERTRAND G,RANGIN C,MALUSKI H,et al.,2001. Diachronous cooling along the Mogok Metamorphic Belt (Shan Scarp,Myanmar):the trace of the northward migration of the Indian syntaxis[J]. Journal of Asian earth sciences,19(5):649-659.

BESSE J,COURTILLOT V,1991. Revised and synthetic apparent polar wander paths of the African,Eurasian,North American and Indian plates,and true polar wander since 200 Ma[J]. Journal of geophysical research:solid earth,96(B3):4029-4050.

BHATIA M R,1983. Plate tectonics and geochemical composition of sandstones[J]. The journal of geology,91(6):611-627.

BHATIA M R,TAYLOR S R,1981. Trace-element geochemistry and sedimentary provinces:a study from the Tasman Geosyncline,Australia[J]. Chemical geology,33(1):115-125.

BHATIA M R,CROOK K A,1986. Trace element characteristics of graywackes and tectonic setting discrimination of sedimentary basins[J]. Contributions to mineralogy and petrology,92(2):181-193.

BHATTACHARYA A,REDDY C S S,SRIVASTAV S K,1993. Remote sensing for active volcano monitoring in

Barren Island,India[C]//Ninth Thematic Conference on Geologic Remote Sensing,Pasadena,California:993-1003.

BOUCOT A J,2002. Some thoughts about the Shan-Thai terrane[C]//Proceedings of the Symposium on Geology of Thailand,26-31 August,2002,Mantajit N. Department of Mineral Resources,Bangkok:26-31.

BRUNNSCHWEILER R O,1966. On the geology of the Indoburman Ranges[J]. Journal of the geological society of Australia,13(1):137-194.

CHAPPELL B W,WHITE A J R,1974. Two contrasting granite types[J]. Pacific geology,8(2):173-174.

COBBING E J,MALLICK D I J,PITFIELD P E J,et al.,1992. The granites of the Southeast Asian Tin Belt[J]. Journal of the geological society,143(3):537-550.

COLLINS W J,BEAMS S D,WHITE A J R,et al.,1982. Nature and origin of A-type granites with particular reference to southeastern Australia[J]. Contributions to mineralogy and petrology,80(2):189-200.

CURRAY J R,2005. Tectonics and history of the Andaman Sea region[J]. Journal of Asian earth sciences,25(1):187-232.

CURRAY J R,MOORE D G,1974. Sedimentary and Tectonic Processes in the Bengal Deep-Sea Fan and Geosyncline [M]//BURK C A,DRAKE C L. The geology of continental margins. New York:Springer-Verlay:617-628.

CURRAY J R,SHOR JR G G,RAITT R W,et al.,1977. Seismic refraction and reflection studies of crustal structure of the eastern Sunda and western Banda arcs[J]. Journal of geophysical research,82(17):2479-2489.

CURRAY J R,MOORE D G,LAWVER L A,1979. Tectonics of the Andaman Sea and Burma[J]. American association of petroleum geologists bulletin,29:189-198.

CURRAY J R,EMMEL F J,MOORE D G,et al.,1982. Structure,tectonics,and geological history of the Northeastern Indian Ocean[M]//NAIRN A E M,STEHLI F G. The ocean basins and mavgins:The Indian Ocean. New York: Plenum Press:399-450.

DALY M C, COOPER M A, WILSON I, et al., 1991. Cenozoic plate tectonics and basin evolution in Indonesia[J]. Marine and petroleum geology, 8(1): 2-21.

DARBYSHIRE D P F, SWAINBANK I G,1988. Geochronology of a Selection of Granites from Burma[R]. London: National Environment Research Council Isotope Geology Centre .

DICKINSON W R, BEARD L S, BRAKENRIDGE G R, et al., 1983. Provenance of North American Phanerozoic sandstones in relation to tectonic setting[J]. Geological society of America bulletin,94(2):222-235.

DONELICK R A,KETCHAM R A,CARLSON W D,1999. Variability of apatite fission-track annealing kinetics:II. Crystallographic orientation effects[J]. American mineralogist,84(9):1224-1234.

DONELICK R A,O'SULLIVAN P B,KETCHAM R A,2005. Apatite fission-track analysis[J]. Reviews in Mineralogy and Geochemistry,58(1):49-94.

FALVEY D A, 1974. The development of continental margins in plate tectonic theory[J]. Australian petroleum production and exploration association journal,14(1):95-106.

GALLAGHER K,BROWN R, JOHNSON C, 1998. Fission track analysis and its applications to geological problems[J]. Annual review of earth and planetary sciences,26(1):519-572.

GANI M R, ALAM M M, 2003. Sedimentation and basin-fill history of the Neogene clastic succession exposed in the southeastern fold belt of the Bengal Basin, Bangladesh: a high-resolution sequence stratigraphic approach[J]. Sedimentary geology, 155(3/4): 227-270.

HALL R,VAN HATTUM M W A,SPAKMAN W,2008. Impact of India-Asia collision on SE Asia:the record in Borneo[J]. Tectonophysics,451(1):366-389.

HALL R,1997. Cenozoic plate tectonic reconstructions of SE Asia[J]. Geological society,London,special publications, 126(1):11-23.

HALL R,2009. The Eurasian SE Asian margin as a modern example of an accretionary orogen[J]. Geological society, London,special publications,318(1):351-372.

HEINE C,MULLER R D,2005. Late Jurassic rifting along the Australian North West Shelf: margin geometry and spreading ridge configuration[J]. Australian journal of earth sciences,52(1):27-39.

HUTCHISON C S,1977. Granite emplacement and tectonic subdivision of Peninsular Malaysia[J]. Geological society of Malaysia bulletin,9:187-207.

HUTCHISON C S,1989. Geological evolution of South-east Asia[M]. London:Clarendon Press:1-368.

JABLONSKI D, SAITTA A J, 2004. Permian to Lower Cretaceous plate tectonics and its impact on the tectono-stratigraphic development of the Western Australian margin[J]. Australian petroleum production and exploration association Journal,44(1):287-327.

KATZ M B,1993. The Kannack complex of the Vietnam Kontum massif of the Indochina Block:an exotic fragment of Precambrian Gondwanaland//FINDLAY R H,UNRUG R,BANKS M R,et al. Gondwana 8-assembly,evolution and dispersal. Rotterdam:A. A. Balkema Publishers:161-164.

KETCHAM R A, 2005. Forward and inverse modeling of low-temperature thermochronometry data[J]. Reviews in mineralogy and geochemistry,58(1):275-314.

KETCHAM R A,DONELICK R A,CARLSON W D,1999. Variability of apatite fission-track annealing kinetics:III. Extrapolation to geological time scales[J]. American mineralogist,84(9):1235-1255.

KHIN A,WIN K,1969. Geology and hydrocarbon prospects of the Burma Tertiary geosyncline[J]. Union of burma journal of science and technology,2(1):53-73.

KOHN B P, GREEN P F, 2002. Low temperature thermo-chronology:from tectonics to landscape evolution[J]. Tectonophysics,349 (1/4):1-4.

LAN C Y,CHUNG S L, VAN LONG T,et al.,2003. Geochemical and Sr-Nd isotopic constraints from the Kontum massif,central Vietnam on the crustal evolution of the Indochina block[J]. Precambrian research,122(1):7-27.

LASLETT G M,GREEN P F,DUDDY I R,et al.,1987. Thermal annealing of fission tracks in apatite 2. A quantitative analysis[J]. Chemical geology isotope geoscience,65(1):1-13.

LEE T Y, LAWVER L A, 1995. Cenozoic plate reconstruction of Southeast Asia[J]. Tectonophysics,251(1/4):85-138.

LIU Y S,HU Z C,GAO S,et al.,2008. In situ analysis of major and trace elements of anhydrous minerals by LA-ICP-MS without applying an internal standard[J]. Chemical geology,257(1):34-43.

LIU Y S,GAO S,HU Z C,et al.,2010. Continental and oceanic crust recycling-induced melt-peridotite interactions in the Trans-North China Orogen:U-Pb dating, Hf isotopes and trace elements in zircons from mantle xenoliths[J]. Journal of petrology,51(1/2):537-571.

LUDWIG K R,2003. User's manual for Isoplot 3. 00:a geochronological toolkit for microsoft excel[M]. Berkeley: Berkeley Geochronlogy Center,Special Publication:4,25-32.

MAURY R C,PUBELLIER M,RANGIN C,et al.,2004. Quaternary calc-alkaline and alkaline volcanism in an hyper-oblique convergence setting,central Myanmar and western Yunnan[J]. Bulletin de la societe geologique de France,175(5):461-472.

METCALFE I,1986. Late Palaeozoic palaeogeography of Southeast Asia:some stratigraphical, palaeontological and palaeomagnetic constraints[J]. Geological society of Malaysia bulletin,19:153-164.

METCALFE I,1988. Origin and assembly of south-east Asian continental terranes[J]. Geological society, London, special publications,37(1):101-118.

METCALFE I,1996. Gondwanaland dispersion, Asian accretion and evolution of eastern Tethys[J]. Australian journal of earth sciences,43(6):605-623.

METCALFE I,2006. Palaeozoic and Mesozoic tectonic evolution and palaeogeography of East Asian crustal fragments: the Korean Peninsula in context[J]. Gondwana research,9(1):24-46.

METCALFE I,2011. Tectonic framework and Phanerozoic evolution of Sundaland[J]. Gondwana research,19(1):3-21.

METCALFE I,IRVING E,1990. Allochthonous terrane processes in Southeast Asia [and Discussion][J]. L. Erlbaum Associates,331(1620):625-640.

MIDDLEMOST E A K,1994. Naming materials in the magma/igneous rock system[J]. Earth-science reviews,37(3/4):215-224.

MIDDLEMOST E A K,1985. Magmas and Magmatic Rocks[M]. London:Longman:1-266.

MITCHELL A H G,1989. The Shan Plateau and western Burma:Mesozoic-Cenozoic plate boundaries and correlations with Tibet[M]//SENGÖR A M C. Tectonic evolution of the Tethyom Region. Dordrecht: Kluwer Acadenic Publisher:567-583.

MITCHELL A H G,1993. Cretaceous-Cenozoic tectonic events in the western Myanmar (Burma)-Assam region[J]. Journal of the geological society,150(6):1089-1102.

MITCHELL A H G,1986. Mesozoic and Cenozoic regional tectonics and metallogenesis in Mainland SE Asia[J]. Geological society of Malaysia bulletin,20:221-239.

MITCHELL A H G,CHUNG S L,OO T,et al.,2012. Zircon U-Pb ages in myanmar: magmatic-metamorphic events and the closure of a neo-Tethys ocean? [J]. Journal of Asian earth sciences,56(3):1-23.

MOLNAR P,TAPPONNIER P,1975. Cenozoic tectonics of Asia:effects of a continental collision:features of recent continental tectonics in Asia can be interpreted as results of the India-Eurasia collision[J]. Science,189(4201): 419-426.

NAM T N,SANO Y,TERADA K,et al.,2001. First SHRIMP U-Pb zircon dating of granulites from the Kontum massif (Vietnam) and tectonothermal implications[J]. Journal of Asian earth sciences,19(1):77-84.

NIELSEN C,CHAMOT-ROOKE N,RANGIN C,2004. From partial to full strain partitioning along the Indo-Burmese hyper-oblique subduction[J]. Marine geology,209(1):303-327.

NINKOVICH D,1976. Late Cenozoic clockwise rotation of Sumatra[J]. Earth and planetary science letters,29(2):269-275.

OO T,HLAING T,HTAY N,2002. Permian of Myanmar[J]. Journal of Asian earth sciences,20(6):683-689.

PAL T,MITRA S K,SENGUPTA S,et al.,2007. Dacite-andesites of Narcondam volcano in the Andaman Sea:An imprint of magma mixing in the inner arc of the Andaman-Java subduction system[J]. Journal of Volcanology and Geothermal research,168(1):93-113.

PAL T,RAGHAV S,BHATTACHARYA A,et al.,2010. The 2005-2006-eruption of the Barren Volcano,Andaman Sea:Evolution of basaltic magmatism in island arc setting of Andaman-Java subduction complex[J]. Journal of Asian earth sciences,39(1):12-23.

PEARCE J A,PEATE D W,1995. Tectonic implications of the composition of volcanic arc magmas[J]. Annual review of earth and planetary sciences,23(1):251-285.

PEARCE J A,HARRIS N B W,TINDLE A G,1984. Trace element discrimination diagrams for the tectonic interpretation of granitic rocks[J]. Journal of petrology,25(4):956-983.

PECCERILLO A,TAYLOR S R,1976. Geochemistry of Eocene calc-alkaline volcanic rocks from the Kastamonu area, northern Turkey[J]. Contributions to mineralogy and petrology,58(1):63-81.

PIVNIK D A,NAHM J,TUCKER R S,et al.,1998. Polyphase deformation in a fore-arc/back-arc basin,Salin subbasin,Myanmar (Burma)[J]. American association of pretroleum geologists bulletin,82(10):1837-1856.

RAJU K A K,RAMPRASAD T,RAO P S,et al.,2004. New insights into the tectonic evolution of the Andaman basin, northeast Indian Ocean[J]. Earth and planetary science letters,221(1/4):145-162.

RICHTER B,FULLER M,1996. Palaeomagnetism of the Sibumasu and Indochina blocks:implications for the extrusion tectonic model[J]. Geological society,London,special publications,106(1):203-224.

RODOLFO K S,1969. Sediments of the Andaman Basin,northeastern Indian Ocean[J]. Marine geology,7(5):371-402.

RONG J,BOUCOT A J,SU Y,et al.,1995. Biogeographical analysis of Late Silurian brachiopod faunas,chiefly from Asia and Australia[J]. Lethaia,28(1):39-60.

SANGREE J B,WIDMIER J M,1977. Seismic stratigraphy and global changes of sea level:Part 9. Seismic interpretation of clastic depositional facies:Section 2[J]. American association of pretroleum geologists bulletin,65-184.

SENGÖR A M C,1984. The Cimmeride orogenic system and the tectonics of Eurasia[J]. Geological society of America, 195:1-82.

SRISURIYON K,MORLEY C K,2014. Pull-apart development at overlapping fault tips:Oblique rifting of a

Cenozoic continental margin, northern Mergui Basin, Andaman Sea[J]. Geosphere, 10(1): 80-106.

STEPHENSON D, MARSHALL T R, 1984. The petrology and mineralogy of Mt. Popa Volcano and the nature of the late-Cenozoic Burma Volcanic Arc[J]. Journal of the geological society, 141(4): 747-762.

SUN S S, MCDONOUGH W F, 1989. Chemical and isotopic systematics of oceanic basalts: implications for mantle composition and processes[J]. Geological society, London, special publications, 42(1): 313-345.

TAINSH H R, 1950. Tertiary geology and principal oil fields of Burma[J]. American association of petroleum geologists bulletin, 34(5): 823-855.

TAPPONNIER P, PELTZER G, LE DAIN A Y, et al., 1982. Propagating extrusion tectonics in Asia: new insights from simple experiments with plasticine[J]. Geology, 10(12): 611-616.

TAPPONNIER P, PELTZER G, ARMIJO R, 1986. On the mechanics of the collision between India and Asia[J]. Geological society, London special publications, 19(1): 115-157.

THANH T D, JANVIER P, PHUONG T H, 1996. Fish suggests continental connections between the Indochina and South China blocks in Middle Devonian time[J]. Geology, 24(6): 571-574.

United Nations, 1978a. Geology and Exploration Geochemistry of the Pinlebu-Banmauk area, Sagaing Division, Northern Burma "Draft"/Technical Report No. 2. DP/UN/BUR-72-002[R]. Geological Survey and Exploration Project. New York: United Nations Development Programme, 69.

United Nations, 1978b. Geology and Exploration Geochemistry of the Salingyi-Shinmataung area, Central Burma/ Technical Report No. 5, DP/UN/BUR-72-002[R]. Geological Survey and Exploration Project. New York: United Nations Development Programme, 29.

VARGA R J, 1974. Burma: Encyclopedia of european and Asian regional geology[M]. London: Chapman & Hall, 109-121.

VAIL P R, MITCHUM R M J, THOMPSON S I, et al., 1977. Seismic Stratigraphy and Global Changes of Sea Level, in Payton C E ed., Seismic Stratigraphy-Applications to Hydrocarbon Exploration[J]. American association of petroleum geologists memoir, 26: 49-212.

VAN WAGONER, 1990. Sequence boundaries in siliciclastic strata on the shelf: physical expression and recognition criteria[J]. American association of prtroleum geologists Bulletin (American Association of Petroleum Geologists): (USA), 74(11): 1774-1775.

VAN DER WERFF W, KUSNIDA D, PRASETYO H, et al., 1994. Origin of the Sumba forearc basement[J]. Marine and petroleum geology, 11(3): 363-374.

VEEVERS J J, 1982. Australian-Antarctic depression from the mid-ocean ridge to adjacent continents[J]. Nature, 295(5847): 315-317.

VEEVERS J J, MCA C, ROOTS S R, 1991. Review of seafloor spreading around Australia. I. Synthesis of the patterns of spreading[J]. Australian journal of earth sciences, 38(4): 373-389.

WANDREY C J, 2006. Eocene to Miocene composite total petroleum system, Irrawaddy-Andaman and north Burma geologic provinces, Myanmar[R]. US Geological Survey Bulletin, 2208-E: 1-26.

WIEDENBECK M, ALLE P, CORFU F, et al., 1995. Three natural zircon standards for U-Th-Pb, Lu-Hf, trace element and REE analyses[J]. Geostandards and geoanalytical research, 19(1): 1-23.

WILSON M, 1989. Igneous Petrogenesis[M]. London: Unwin Hyman: 1-466.

ZAW K, 1990. Geological, petrogical and geochemical characteristics of granitoid rocks in Burma: with special reference to the associated W-Sn mineralization and their tectonic setting[J]. Journal of southeast asian earth sciences, 4(4): 293-335.

ZAW K, 1998. Geological evolution of selected granitic pegmatites in Myanmar (Burma): constraints from regional setting, lithology, and fluid-inclusion studies[J]. International geology review, 40(7): 647-662.

第5章

孟加拉湾残留洋盆地

　　孟加拉湾残留洋盆地位于印度洋东北部,西部和北部分别为印度东部被动大陆边缘和孟加拉国陆架,东部为缅甸-安达曼主动大陆边缘,南部与中印度洋盆地邻接。盆地的形成与下伏地壳南北向的收缩和北部的快速挠曲,以及基底火山侵入有关,孟加拉湾洋壳向西缅地块的斜向俯冲也可能导致下伏地壳的东西向缩短。孟加拉湾残留洋盆地发育世界上最大的深水扇系统。孟加拉扇面积近 $300 \times 10^4 \ \mathrm{km}^2$,最大沉积厚度约 17 km,分为上扇、中扇和下扇。孟加拉扇发育在白垩纪洋壳基底之上,主体为新生代地层,扇体浊流的活动引起新河道-堤岸系统的形成和早先河道的废弃,内部充填体系垂向叠置。

5.1　孟加拉湾残留洋盆地结构与变形特征

孟加拉湾残留洋盆地(简称孟加拉湾盆地)位于印度洋东北部,西部和北部分别为印度东部被动大陆边缘和孟加拉国陆架,东部为缅甸-安达曼弧盆体系,南部与中印度洋盆地(Mid-India Ocean basin)和沃顿盆地(Wharton basin)相邻接,基底发育白垩纪洋壳,上覆世界上规模最大的深水扇系统——孟加拉扇。盆内发育两条近南北向延伸的海岭——东经85°海岭和东经90°海岭,对盆地结构和早期的沉积格局有重要的控制作用(图5.1)。

印度东部大陆边缘及孟加拉湾盆地基底构造主要继承于白垩纪早期东冈瓦纳大陆的破裂及之后的印度洋扩张(Talwani et al.,2016;Radhakrishna et al.,2012a,b;Bastia et al.,2010a,b,c;Bastia,2006;Fuloria,1993;Powell et al.,1988;Sastri et al.,1981)。冈瓦纳大陆的分裂经历了三个主要的时期,初始裂谷期发生在早侏罗世(180 Ma),第二个阶段和第三个阶段分别发生在早白垩世(120 Ma)和晚白垩世(92~100 Ma)。为了解释Elan Bank微陆块位于凯尔盖朗高原西缘这一问题,Talwani等(2016)、Krishna等(2009)和Gaina等(2003)先后推测印度东部大陆边缘经历了两期分裂:第一期是白垩纪早期印度板块与南极洲-澳大利亚板块的分离;第二期是大约120 Ma时,Elan Bank微陆块从印度东部大陆边缘中段的分裂。印度东部大陆边缘的演化得到了古地磁与同裂谷期火山作用研究的证实。地球物理资料同时显示印度东部大陆边缘由两种性质不同的部分组成,北部(16°N以北)为典型的大陆裂谷边缘;南部受大陆分裂早期阶段的剪切作用改造,盆地显示为走滑的结构特征(Bastia et al.,2010b)。板块重建模型表明东北印度洋经历了三期重要的海底扩张(Royer and Sandwell,1989):白垩纪中期以前为北西—南东向扩张,古近纪为南北向扩张及之后的北东—南西向持续扩张。这些海底扩张事件得到了磁异常条带和洋壳断裂带研究的证实,孟加拉湾盆地基底洋壳大部分是在前两个阶段形成的(Müller et al.,2008)。

孟加拉湾盆地岩石圈演化过程中受到了分别由凯尔盖朗和克罗泽热点形成的东经90°海岭和东经85°海岭就位隆升的改造,在两条海岭之下发育的洋壳相对较厚,而在孟加拉湾盆地中央发育的洋壳较薄。这两条近南北向延伸的海岭将孟加拉湾盆地分割成两个次盆,发育早白垩世以后的地层。始新世印度板块与欧亚板块的碰撞对孟加拉湾盆地的构造和沉积格局产生了重要影响,来自喜马拉雅造山带的大量粗碎屑物质开始向孟加拉湾卸载,形成了世界上规模最大的深水扇系统。在现今的孟加拉国陆架地区最大沉积厚度超过22 km,并呈现自北向南逐渐减薄的趋势。深海钻探计划DSOP216站位基底火成岩为不含枕状构造的拉斑玄武岩(Pimm,1974),表明东经90°海岭是暴露或浅水环境时就位的产物;洋壳基底之上为白垩纪晚期的火山灰层及近代钙质远洋沉积,表明东经90°海岭在白垩纪之后存在缓慢冷却和沉降过程。类似的情况也出现在东经85°海岭的演化过程中。

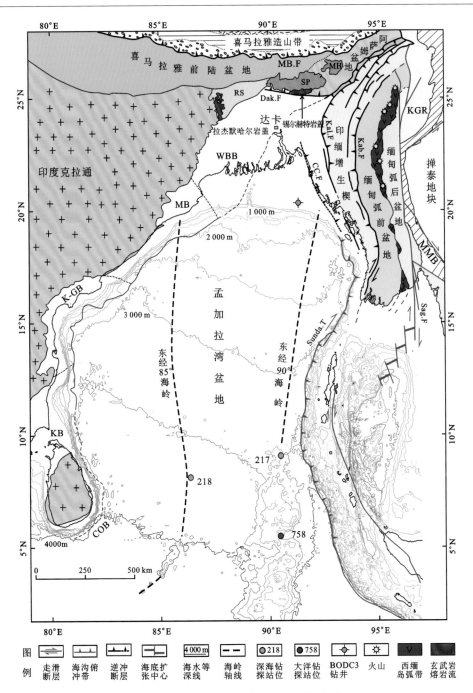

图 5.1　孟加拉湾盆地及邻区构造简图(张朋 等,2014)

COB—洋-陆边界;KB—高韦里盆地;K-GB—克里希纳-戈达瓦里盆地;MB—默哈讷迪盆地;WBB—西孟加拉盆地;
RS—构造鞍部;MB·F—主前缘逆冲推覆带;SP—西隆高原;MH—米尔山;KGR—卡萨-甘高山系法;Kal. F—加拉
丹断裂;Kab. F—卡包断裂;CC. F—吉大港边界断裂;Sunda. T—巽他海沟;Sag. F—实皆断层;MMB—抹谷变质带

印度板块向欧亚板块北东向斜向楔入,在导致欧亚板块向东和东南方向挤出的同时,印度板块也发生逆时针旋转。印度板块与欧亚板块的初始软碰撞及喜马拉雅山的初始隆升大约发生在早古新世(59 Ma)(Lee and Lawver,1995)。在早始新世,与喜马拉雅造山有关的硬碰撞及印度板块向西缅地块下的俯冲开始活动,二者在中新世达到最高峰并一直延续至今(Kohn,2008;Webb et al.,2007;Kohn et al.,2004;Johnson et al.,2001;Yin et al.,1999;Burchfiel et al.,1992;Hubbard and Harrison,1989),最终导致新特提斯洋的缝合与喜马拉雅造山带的隆起,与此相关的沉积记录和火山活动有力地证明了这一过程(Najman et al.,2008;Oddin and Lundberg,1998;Cochran,1990)。印缅增生楔的隆升、褶皱带的发育及一系列走滑断层的活动也与这一过程密切相关。Rajesh 和 Majumdar(2009)通过重力场反演证实东经 90°海岭部分俯冲到西缅地块之下,并导致俯冲带前缘一系列拗陷的形成。孟加拉湾盆地在中新世时已演化为残留洋盆地(Ingersoll and Busby,1995)。

5.1.1　盆地次级构造单元及其分布

1. 孟加拉湾盆地结构特征

孟加拉湾盆地自晚白垩世开始接受周围大陆的沉积物供给,在白垩纪洋壳基底之上沉积了巨厚的白垩纪和新生代地层。通过选取孟加拉湾盆地及邻区大致位于同一纬度的零散地震剖面进行连接,自北向南建立了横切孟加拉湾盆地的 8 条近东西向主干剖面(图 5.2),对孟加拉湾盆地自北向南进行详细的切片式解剖(Zhang et al.,2017;张朋 等,2014)。

主干剖面-1(20°N)[图 5.2(a)]显示盆地西侧印度东部陆缘基底断裂不发育,被动陆缘的地堑-地垒结构特征相对不显著,上部地层向海域方向倾斜,前积反射明显;盆地东侧印缅增生楔基底轻微抬升、向东倾斜,盖层发生褶皱变形,见明显的前积反射特征。孟加拉湾盆地主要发育中央拗陷,东侧东经 90°海岭在此侵没于增生楔构造带下;基底为西倾斜坡构造,除上白垩统—古新统自西向东减薄并上超于斜坡基底外(Maurin and Rangin,2009a),上覆盖层整体近平行发育,东西两侧厚度基本一致,构造变形较弱。

主干剖面-2(18°N)[图 5.2(b)]揭示了孟加拉湾残留洋盆地及两侧主、被动陆缘的全貌。西侧印度陆缘底部可见由中生代地层与正断裂组成的半地堑系统,陆壳在此迅速减薄并向洋壳过渡,上覆新生界自西向东倾斜、减薄。东侧增生楔构造带前缘以发育高角度东倾逆冲断裂系为特征,盖层被断裂化,整体西倾。主干剖面显示孟加拉湾盆地包含五个次级构造单元:西部拗陷、东经 85°海岭、中央拗陷、东经 90°海岭和若开拗陷,呈"三拗夹两隆"的格局。拗陷单元中,西部拗陷夹持于东经 85°海岭和印度被动陆缘之间,基底受东经 85°海岭影响,轻微东倾,上覆盖层平缓,厚度变化小;中央拗陷是盆地的主体,基底下拗,盖层变形微弱,两者形成显著的拗陷结构;若开拗陷为洋壳俯冲形成的挤压单元,基底受东经 90°海岭就位的影响起伏变化较大,大致为东倾,上覆盖层也发生轻微的挤压变

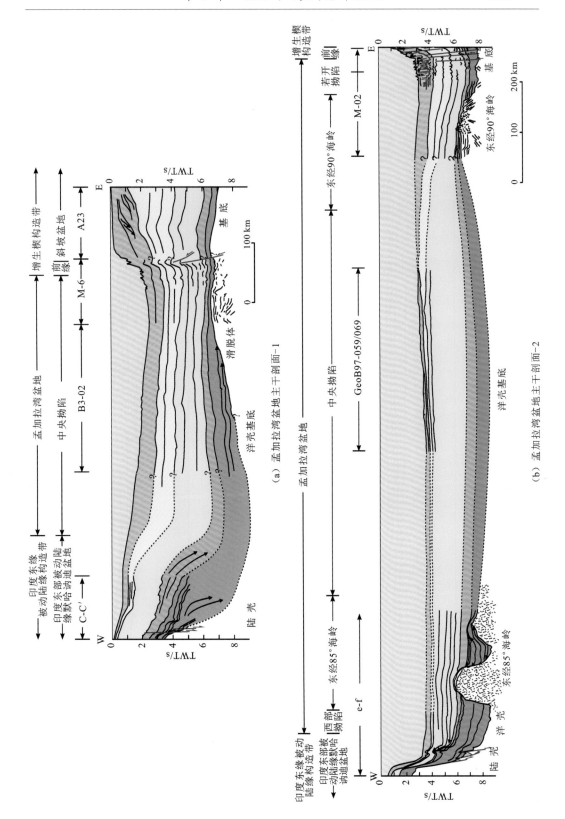

(a) 孟加拉湾盆地主干剖面-1

(b) 孟加拉湾盆地主干剖面-2

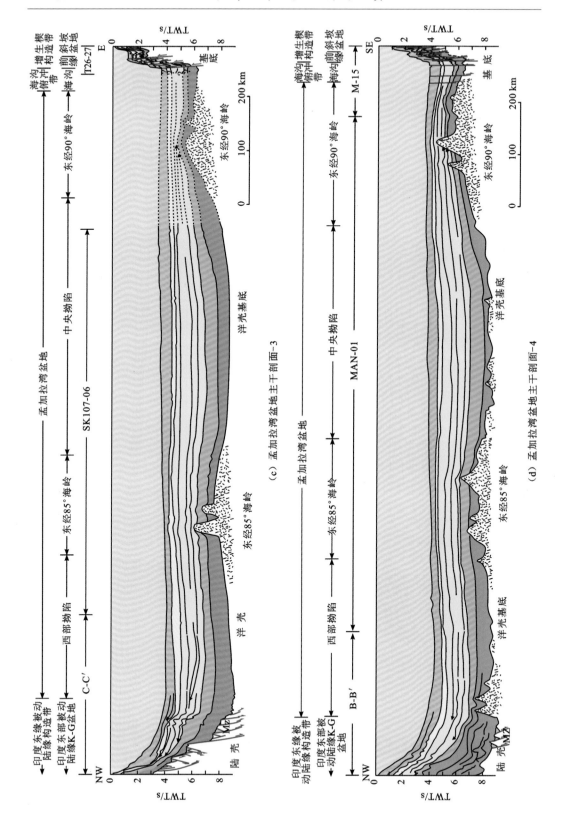

（c）孟加拉湾盆地主干剖面-3

（d）孟加拉湾盆地主干剖面-4

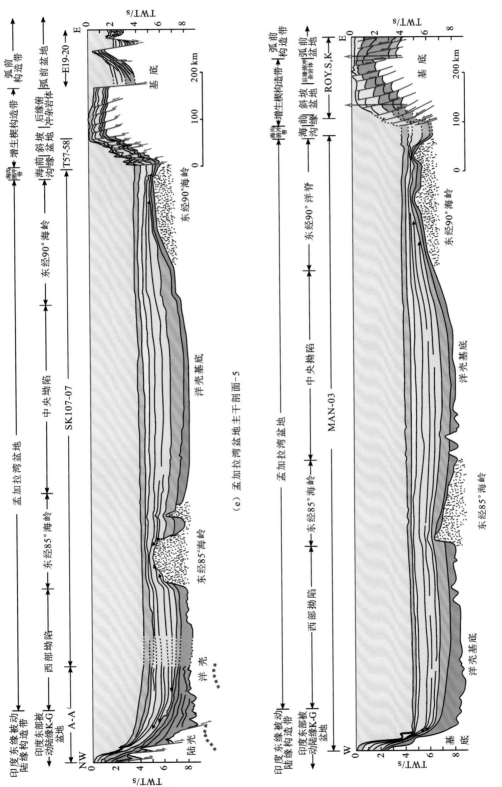

（e）孟加拉湾盆地主干剖面-5

（f）孟加拉湾盆地主干剖面-6

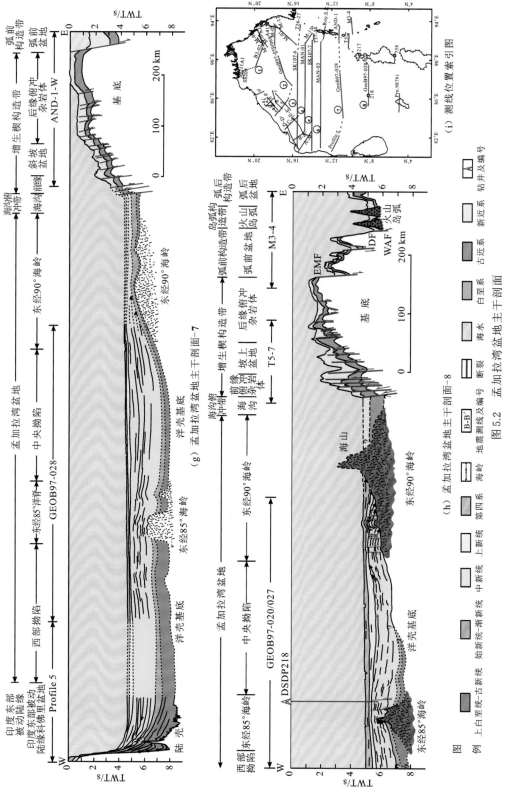

图 5.2　孟加拉湾盆地主干剖面

Mz-中生代裂谷系；EMF-东部边缘断层；DF-迪利让断层；WAF-西安达曼断层

形,与基底共同构成拗陷结构。东经 85°海岭在此分为东西两条次级山脉,中间发育小型拗陷结构;西侧山脉规模较大,隆起幅度高,影响着西部拗陷结构形态。东经 90°海岭在这一区域表现为一低缓隆起,与东经 85°海岭的东侧山脉共同控制着中央拗陷的结构特征。

主干剖面-3(15.5°N)[图 5.2(c)]显示主、被动陆缘结构特征与主干剖面-2 相似,其中被动陆缘的堑垒结构系统更加显著,东倾的正断裂使陆壳迅速减薄。孟加拉湾盆地包含西部拗陷、东经 85°海岭、中央拗陷、东经 90°海岭四个构造单元,隆拗单元并列发育。西部拗陷规模增大,基底向西缓缓倾斜;中央拗陷规模减小,表现为拗陷结构。西部拗陷、东经 85°海岭和中央拗陷可以看作是由西部拗陷和中央拗陷形成的孟加拉湾拗陷被东经 85°海岭隆起分割形成的两个次级拗陷结构;东经 85°海岭分为东西两个规模减小的山脉,中间夹持的拗陷单元也减小。在此剖面中显示的东经 90°海岭已经部分俯冲到缅甸-安达曼增生楔构造带之下,导致造山楔隆起的规模增大。

主干剖面-4(15°N)[图 5.2(d)]显示印度被动陆缘底部地堑-地垒结构系统不发育,上覆被动陆缘楔形沉积结构规模增大,主动陆缘结构与前述剖面类似。孟加拉湾盆地也包含西部拗陷、东经 85°海岭、中央拗陷、东经 90°海岭四个构造单元,隆拗结构并列发育。西部拗陷和中央拗陷均表现为显著的拗陷结构。该主干剖面显示结构特征变化最明显的是东经 85°海岭和东经 90°海岭隆起:首先是隆起的起伏变化大,发育多个小凸起(山脉),其次是基底隆起变化对隆起带的结构无显著控制作用,隆起带仍表现为低缓背斜形态。盆地拗陷结构单元中,上白垩统—中新统表现为拗陷结构层,而上新统—第四系下拗特征不显著。

主干剖面-5(14°N)[图 5.2(e)]显示孟加拉湾盆地及邻近的主、被动陆缘结构特征与主干剖面-2 相近。不同之处在于西部拗陷的规模更大,拗陷结构特征更显著;东经 85°海岭东侧山脉的规模更小,分割上白垩统—渐新统,中新统呈顶薄翼厚特征。东经 90°海岭顶面平缓,由于其东翼已经俯冲到增生楔构造带下,整体显示为西倾的单斜构造。在缅甸-安达曼主动陆缘增生楔构造带可见成排成带分布的逆冲叠瓦构造,弧前构造带为正断裂控制的地堑-半地堑结构。

主干剖面-6(13.2°N)[图 5.2(f)]显示印度被动陆缘底部堑垒结构单元不发育,但陆壳在此仍迅速减小,楔形沉积体发育特征也不明显;缅甸-安达曼主动陆缘以发育成排分布的逆冲叠瓦构造为特征。主、被动陆缘隆起幅度远远高于孟加拉湾残留洋盆地,后者夹持于两类陆缘之间发育,形成一个巨大的拗陷结构单元。孟加拉湾残留洋盆地在此处包含四个构造单元,由于东经 85°海岭规模减小和西部拗陷规模增大,盆地基底下拗,其主体部分表现为十分显著的拗陷结构单元。东经 85°海岭西翼陡直,东翼较平缓,形成东倾的单斜结构;而东经 90°海岭则与东经 85°海岭正好相反,西翼平缓,东翼俯冲到缅甸-安达曼增生楔构造带下,形成西倾单斜结构。中央拗陷呈"碟形拗陷"结构。

主干剖面-7(11°N)[图 5.2(g)]显示主、被动陆缘特征与主干剖面-6 相近。孟加拉湾残留洋盆地内东经 85°海岭的规模继续减小,西部拗陷和中央拗陷构成了基本统一的拗陷单元,其中中央拗陷的下拗特征十分明显,西部拗陷基底相对平缓,下拗特征不显著。东经 85°海岭结构特征与主干剖面-5 相似。东经 90°海岭分为结构相异的两部分,西翼为西倾单斜,东翼为次级的拗陷结构,由于缺乏地震测线,这种拗陷结构主要依据地层厚度推测产生。

　　主干剖面-8(8°N)[图 5.2(h)]显示西部拗陷和中央拗陷为明显的下拗结构单元,其中中央拗陷的规模减小,盖层厚度也减小。东经85°海岭为单峰隆起,西翼缓东翼陡,规模更小。东经90°海岭的变化趋势则与东经85°海岭相反,规模逐渐增大。西翼表现为宽缓的单斜结构,局部被断层切割;东翼为陡倾单斜,规模较小。东经90°海岭在此处刺穿沉积盖层,成为海山。

　　整体上看,孟加拉湾盆地是夹持于印度被动大陆边缘与缅甸-安达曼主动大陆边缘之间的拗陷结构单元,自北向南有一定的差异和变化。首先,东经85°海岭规模自北向南逐渐减小,而东经90°海岭规模自北向南相对变大,隆起幅度增加。这两条近南北向的海岭从整体上影响孟加拉湾盆地的结构。其次,相应的西部拗陷向南开阔,向北逐渐收敛,规模减小,整体为受东经85°海岭和印度陆缘控制的拗陷单元。中央拗陷南部相对收敛,北部开放,规模增大,为特征明显的拗陷结构单元。通常,当海岭两翼发育宽缓的情况下,盆地的拗陷结构特征相对更加显著,而当海岭两翼陡直时,盆地的下拗特征则不显著。可以认为孟加拉湾残留洋盆地是发育在主、被动陆缘之间的巨大的拗陷结构单元,受东经85°海岭和东经90°海岭改造而在空间上呈现复杂的变化。

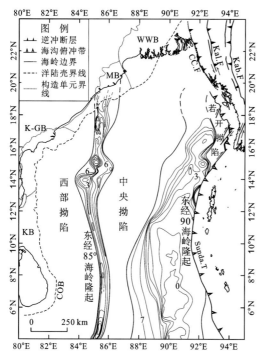

图 5.3　孟加拉湾盆地构造单元划分图
(张朋 等,2014)

2. 盆地构造单元划分及其特征

　　印度板块向北漂移过程中经过不同地幔柱(热点)时在印度大陆和印度洋洋壳上分别产生了规模巨大的火成岩省和洋壳踪迹。东经85°海岭和东经90°海岭被认为是由地幔柱在东北印度洋壳上产生的踪迹(Curray and Munasinghe,1991),它们作为孟加拉湾盆地中的基底隆起,对盆地构造格局和沉积体系分布产生了重要影响。基于对盆地结构和构造特征的分析,将孟加拉湾盆地划分出西部拗陷、东经85°海岭隆起、中央拗陷、东经90°海岭隆起和若开拗陷五个构造单元,整体上,盆地呈"三拗夹两隆"的格局(图5.3)。

1) 东经85°海岭重力异常与结构特征

　　在东北印度洋,东经85°海岭是一条重要的海岭(无震脊),分割了盆地的西部拗陷与中央拗陷。尽管对东经85°海岭的成因存在多种理论解释模型,但是基于详细的地球物理资料,大多数学者认为热点理论更能合理地解释其成因及复杂的重力、磁异常特征。在自由空气异常图中东经85°海岭显示为明显的负异常带(图5.4),Liu 等(1982)认为这种负异常特征与海岭就位和上覆沉积物前后叠加造成的岩石圈负载有关;Krishna(2003)则认为负异常是低密度海岭物质与上

覆变质沉积岩之间的密度差及海岭之下莫霍面大范围沉降的结果。最近,Sreejith 等
(2011)提出东经 85°海岭在晚白垩世时为重力正异常,由于上覆沉积物沉积速率和性质
的变化最终导致东经 85°海岭在中新世早期转变为负异常。基于重力延拓结果,笔者认
为东经 90°海岭比东经 85°海岭具有更深的就位深度,是导致两者重力异常、极性相反的
原因之一。此外东经 85°海岭南北上覆地层厚度与重力正负异常之间具明显的对应关
系。可见,东经 85°海岭重力负异常是由海岭就位深度、上覆沉积物厚度及莫霍面沉降等
多种因素影响下联合产生的,可能存在极性的反转过程。

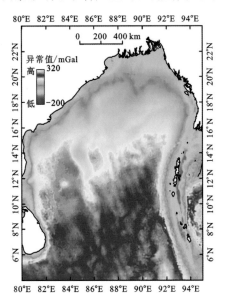

（a）布格重力异常

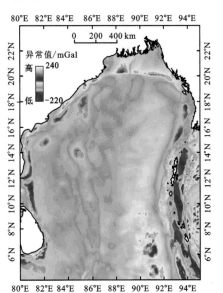

（b）自由空气重力异常

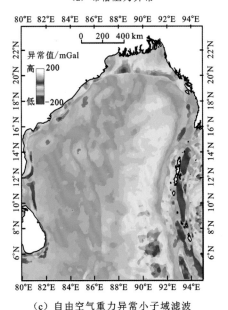

（c）自由空气重力异常小子域滤波

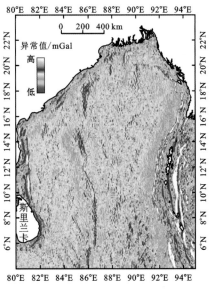

（d）自由空气重力异常垂向梯度

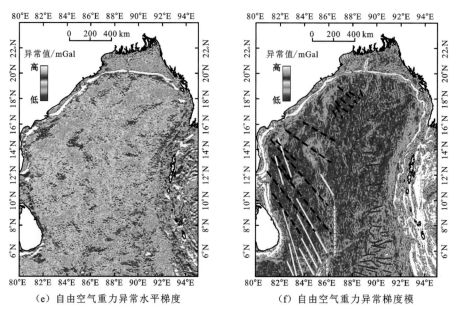

（e）自由空气重力异常水平梯度　　　　　　（f）自由空气重力异常梯度模

图 5.4　东经 85°海岭重力异常特征（张朋 等,2014）

　　主干地震剖面（图 5.2）显示东经 85°海岭由东西两条山脉构成,上白垩统—渐新统在东西两翼上超于海岭之上。山脉之间发育小型次级盆地,内部充填来自盆地西侧印度大陆中部的克里希纳-戈达瓦里分散体系,说明海岭形成初期隆起幅度低于现今,能够允许部分印度大陆物源跨越西侧山脉进入次盆中,之后随着海岭的多期隆升才形成现今的构造格局。这一推测与 Bastia 等（2010c）对默哈纳迪海岸东经 85°海岭内部地震反射特征的研究结果相吻合。孟加拉湾盆地地层厚度反演结果表明东经 85°海岭是由相对孤立的高凸起和相对连续的低隆起构成的。海岭西侧山脉断续分布,反映海岭就位时热点的强-弱变化规律,具有幕式活动特征,这也是造成海岭两侧上白垩统—古新统西厚东薄的重要原因。

　　现代热点与地幔柱理论认为热点自身也存在一定程度的迁移运动（O'Neill et al.,2003）,这为解释海岭的多期次隆升提供了可能。通过对横切东经 85°海岭的地震剖面的地层学分析,认为东经 85°海岭存在四期隆升活动:①白垩系向海岭东、西山脉两侧超覆,可以证明海岭是先成的古隆起并且海岭的隆起幅度不高,初始隆升大致发生在晚白垩世初期,来自西部印度陆缘沉积物可自西向东到达小次盆甚至是东部山脉的东侧。②白垩纪末期,海岭发生一次较强的隆起活动,最明显的证据是次级盆地中白垩系上部表现出了明显的削截反射特征,局部地层被剥蚀,这种剥蚀作用可能是由水下河道引起,因为在地震剖面中可见明显的水下河道下切谷反射。之后沉积了一套较薄的古新世地层。③始新世—渐新世,海岭发生第三次隆升,其高度相当于现今渐新世地层界面高度,主要表现为在海岭上部两侧具上超反射,此时沉积物源以孟加拉扇体系为主,海岭西侧地层较薄而东侧较厚。④上新世晚期,海岭整体发生一次抬升过程,导致海岭顶部上覆地层发生上拱,类似底辟作用。海岭局部小构造/小隆起与上覆地层的变形具有非常好的协调关系。

除了上覆地层的证据之外，在东经85°海岭内部还可见一些有规律的反射界面，也可能是海岭多期活动的直接证据(Bastia et al.，2010c)。此外，在东经85°海岭顶部(西山)可见倾斜的空白反射，Gopala Rao 等(1997)认为是碳酸盐岩礁体，可能代表海岭隆起到浅水(<200 m)时的产物，也反映了海岭多期隆升的结果。东经85°海岭顶部整体为一规模巨大的披覆背斜。

2) 东经90°海岭展布特征及其俯冲作用

东经90°海岭自南部布罗肯(Broken)海岭向北径向延伸至缅甸近海，总长约5 600 km，是地球上最长的线性火山构造之一。东经90°海岭在北纬10°以南出露于海底之上，在北纬10°以北掩埋于孟加拉扇之下，在自由空气异常图上表现为正异常—高正异常(图5.4)。大多数学者认为东经90°海岭是由白垩纪晚期—新生代早期印度板块底部凯尔盖朗地幔柱(热点)形成的，这一理论得到了深海钻探计划 DSDP26 航次和大洋钻探计划(ocean drilling program，ODP)ODP121 航次获取的基底火山岩岩心年代学证据的支持。

Royer 等(1991)认为凯尔盖朗热点与沃顿(Wharton)扩张中心的相对位置、洋壳破碎带走向、板块运动方向、热点漂移、热点岩浆溢流量变化及与构造变形相关的断裂等因素共同影响了东经90°海岭的演化、结构和形态(图5.2)。在盆地中，东经90°海岭经向上呈现复杂多变的状态。主干地震剖面上，东经90°海岭南北向由低幅-高幅海山和线性脊构成，东西向不对称状展布，西翼为缓坡带，东翼为阶梯状陡坡带，上覆地层向海岭的两翼上超。在南纬5°~10°，海岭被一系列近东西走向的正断层切割。自由空气异常水平梯度图(图5.4)显示在东经90°海岭内部发育许多近东西向断层，这些正断层的产生可能与海岭就位时邻近沃顿(Wharton)扩张脊有关。Gopala Rao 等(1997)在解释穿过东经90°海岭的地震剖面时认为东经90°海岭也存在类似于东经85°海岭那样的东、西排列的小型山脉和所夹的次级盆地，并且下部地层被密集正断层切割，但由于穿越东经90°海岭的地震测线非常稀少，上述结构特征是否具有普遍性仍存在疑问。

自由空气异常及其延拓结果表明，东经90°海岭与缅甸海岸之间存在多个重力负异常区[图5.4(b)、(c)、图5.5]，这些负异常区是由孟加拉湾盆地洋壳及东经90°海岭向缅甸-安达曼主动陆缘斜向俯冲与挤压产生的，这些负异常区在地质单元上位于若开拗陷。主干剖面显示，东经90°海岭的南段(北纬7°~14°)被安达曼增生楔叠瓦状逆冲推覆体掩盖，表明该段海岭已经部分俯冲于主动陆缘之下(Gopala Rao et al.，1997)。而海岭最北端的地震剖面和重力负异常特征表明东经90°海岭延伸至20°之后也发生了向缅甸主动陆缘的俯冲作用(Maurin and Rangin，2009a)。孟加拉湾盆地地层厚度(张朋 等，2014；Radhakrishna et al.，2010；Curray et al.，1982)揭示盆地北部巨厚沉积中心的形成除了受孟加拉陆架前积层的生长、沉积负载及东西向挤压等因素影响外，还与东经90°海岭的存在密切相关。正是由于东经90°海岭(南北向的刚性地质体)阻挡，印度板块与欧亚板块南北向碰撞产生的巨大挤压应力只能在东经90°海岭与东喜马拉雅造山带之间的区域释放，从而促进了北部孟加拉湾洋壳南北向的挠曲沉降和西隆高原的隆升。喜马拉雅前陆盆地的展布、西隆高原隆升史与孟加拉湾北部沉积充填特征佐证了这一点。东经90°海岭与印缅增生楔的相互作用导致增生楔南北向上不同部分的差异演化，控制着增生楔内走滑断层与褶皱的发育与应力机制(张朋 等,2014)。

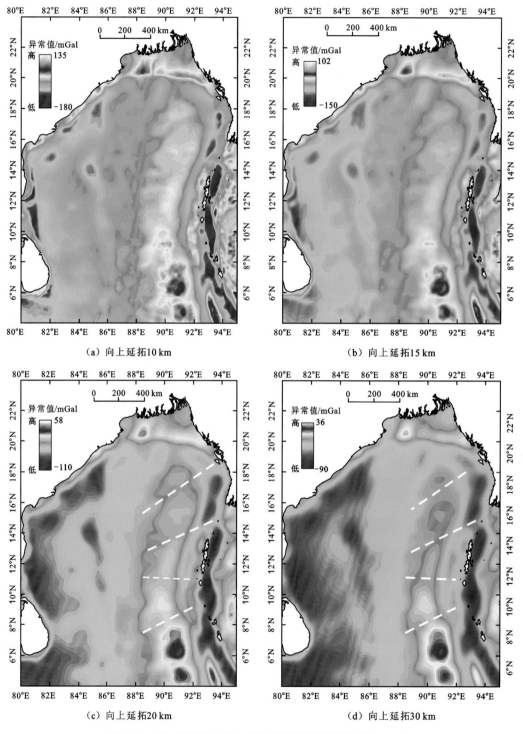

图 5.5　孟加拉湾盆地自由空气异常延拓图(张朋 等,2014)

3) 西部拗陷

东经 85°海岭和东经 90°海岭将孟加拉湾盆地分割成三个次级拗陷,即西部拗陷、中央拗陷和若开拗陷,它们具有"隆拗相间、东西分带"的构造格局。西部拗陷发育在印度东部被动大陆边缘和东经 85°海岭之间,向北在印度默哈讷迪盆地附近海岸收敛,向南散开。拗陷基底为白垩纪洋壳(Talwani et al.,2016;Müller et al.,2008),重力和磁力垂向梯度图均揭示基底发育北西—南东向洋壳破碎带,是由东北印度洋北西—南东向扩张有关产生;部分基底表现为剥露的莫霍面属性,即过渡性地壳,呈狭长的、平行于印度东部被动大陆边缘分布(Nemčok et al.,2012)。早期来自印度东部陆缘方向的沉积物主要聚集在这一拗陷中,是全盆中白垩系分布最广、厚度最大的区域,这与其靠近早期物源区,优先接受沉积物输入有关。下部地层普遍向东经 85°海岭的西翼上超,发育早期水下河道活动产生的下切谷(充填);邻近印度东部大陆边缘一侧,在地震剖面中可识别出来自印度陆缘的斜坡扇体,与孟加拉扇呈交切关系(常见晚期孟加拉扇体系向斜坡扇上超)。上部地层是平缓的孟加拉扇体系,内部结构与构造变形相对简单,常见呈空白反射的水下河道充填与堤岸相沉积。

4) 中央拗陷

中央拗陷在南部相对收敛,在北部散开,内部地层发育平缓,构造变形相对较弱。在拗陷北部,最大沉积厚度超过 19 km(张朋 等,2014;Radhakrishna et al.,2010;Curray et al.,1982),向拗陷南部逐渐减薄至<2 km。中央拗陷北端邻近世界上最大的河流三角洲体系——恒河-布拉马普特拉河三角洲(Alam et al.,2003),其覆盖面积超过 200 000 km²;中央拗陷的中南部以孟加拉扇深水沉积体系为主体,两者之间大致以现代孟加拉国陆架为分界并以 No-Swatch 水道相连(Curray et al.,2003)。中央拗陷重力与磁力异常波动相对平缓,显示其基底为均一洋壳。拗陷下部上白垩统—下中新统向两侧东经 85°海岭和东经 90°海岭上超,是这一时期孟加拉湾盆地的主要沉降、沉积区域。上中新统及以上地层覆盖在海岭之上,内部常见水下河道充填与堤岸相沉积(Bastia et al.,2012a,b),数量自北向南呈减少趋势。类似的沉积相类型在孟加拉扇体系中普遍发育。

5) 若开拗陷

若开拗陷位于盆地东北部,大致呈北西向延伸,西侧与东经 90°海岭隆起相邻,东侧以巽他海沟为界。拗陷的基底可能是已经部分俯冲的东经 90°海岭与局部残留的洋壳板片(Maurin and Rangin,2009a)。若开拗陷底部上白垩统—渐新统相对不发育或大部分已经卷入巽他俯冲带内,刮落形成印缅造山带的外部单元;拗陷上部以新近系—第四系占绝对优势,厚度较大,可能反映了喜马拉雅造山带与印缅造山带方向物源晚期持续快速输入的结果。若开拗陷东侧的印缅造山带(若开增生楔)发育一系列西倾的叠瓦状逆冲褶皱构造,向西延伸至若开拗陷新近系中。向西邻近东 90°海岭隆起的区域发育少量受基底控制的板式正断层(图 5.2)。而在第四系中则发育深水重力滑脱构造(图 5.2),受到很多学者的关注(Morley et al.,2011;Maurin and Rangin,2009a,b)。

5.1.2　盆地基底属性与结构特征

1. 莫霍面特征

为了深入研究孟加拉湾盆地的基底类型和性质,必须考虑两个关键因素:一是莫霍面的埋藏深度,二是地壳的速度层结构特征。根据前人在孟加拉湾盆地建立的二维地壳结构和速度模型,给出了莫霍面的埋藏深度和地壳厚度、层速度等关键数据(Radhakrishna et al.,2012a,2010;Nemčok et al.,2012),从中可以得出以下总结性的认识。

① 莫霍面等深线整体呈北东向展布,深度从孟加拉湾盆地北部约 30 km 向南逐渐减小,在南部深海区减小至 10 km。大致可以划分为明显的三部分,即北部(深度 18~30 km),中部(深度 13~18 km)和南部(深度 10~12 km)(图 5.6)。

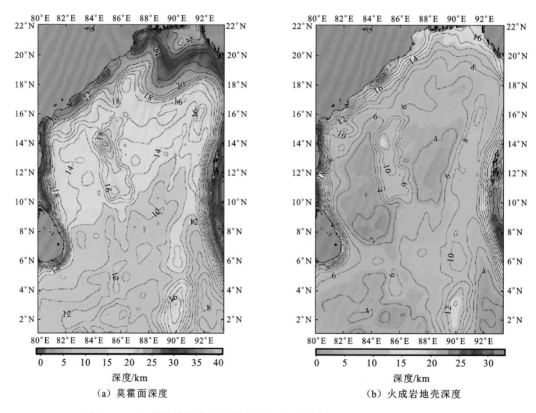

图 5.6　孟加拉湾盆地莫霍面深度与地壳厚度图(Radhakrishna et al.,2010)

②　在莫霍面深度图上存在两条南北向的异常突变带，一条是东经 85°海岭，另一条是东经 90°海岭，莫霍面深度分别为 15～17 km 和 13～16 km，比周围正常洋壳区域明显偏大。东经 85°海岭莫霍面深度异常主要表现在盆地中部，而东经 90°海岭南北相对连续，贯穿盆地(图 5.6)。

③　盆地基底(洋壳)厚度在 2～8 km，在盆地北部地壳增厚至 16 km，属于增厚洋壳。在盆地南缘及西部拗陷和中央拗陷地区洋壳的厚度大部分为 4～6 km，属于正常洋壳，斯里兰卡东北部存在＜2 km 的减薄洋壳(图 5.5)。东经 85°海岭和东经 90°海岭具有增厚的地壳，厚度为 10～12 km。在海岭处，洋壳厚度的变化与莫霍面深度的变化趋势具有相似性。

④　二维剖面上，东经 85°海岭和东经 90°海岭与正常洋壳之间呈现截然不同的结构特点，密度比相同深度的正常洋壳大($2.7～3.04$ g/cm^3)，使海岭呈现与造山带山根相似的结构特征，即呈"浮岛"状叠加在洋壳之上。

⑤　盆地基底的层速度为 5.0～6.7 km/s(表 5.1)，可以区分出地幔结构层、地壳结构层、火山体和沉积盖层等不同的速度层(体)，反映了孟加拉湾盆地复杂的基底属性。

⑥　孟加拉湾盆地复杂的基底属性与盆地结构之间具有良好的吻合关系(Maurin and Rangin，2009a；Curray et al.，1982)，说明盆地基底在控制盆地演化和沉积物聚集等过程中扮演了重要角色。

通过对孟加拉湾盆地莫霍面深度和地壳厚度的分析，可以看出盆地范围内除了正常洋壳外，还存在减薄和增厚型洋壳。盆地北部增厚洋壳可能是印度陆缘演化过程中受到底侵作用的影响。而盆地南部发育的减薄洋壳主要位于东经 85°海岭西侧、印度陆缘以东的洋壳破碎带，并且由于邻近沃顿扩张中心而具有较大的扩张速率，这种减薄洋壳的产生可能是由凯尔盖朗地幔柱和沃顿扩张中心在耗尽或略冷地幔背景下相互反应产生的，并且受到形成后上覆沉积物的影响(Radhakrishna et al.，2010)。同时考虑盆地洋壳的演化史和复杂的磁异常背景，减薄洋壳也可能是在超慢速扩张脊条件下产生。减薄的洋壳在上覆沉积物的影响下发生弯曲导致莫霍面深度加大，这一现象在西部次盆尤为明显。而两条海岭的莫霍面较深与其具有较大的地壳厚度有关。

2. 盆地基底结构与类型

通过对盆地重力和磁力数据及莫霍面深度和地壳厚度分析，可以了解盆地基底类型与结构特征(图 5.7)。

①　东西向剖面中，自印度陆缘向巽他海沟方向由陆壳变为洋壳，陆壳层密度及速度大于洋壳层密度及速度(表 5.1)。中央拗陷下伏洋壳层推测可分为三层，密度分别为 2.70 g/cm^3、2.89 g/cm^3 和 3.04 g/cm^3，表明洋壳存在明显的成层结构。东经 85°海岭的密度为 2.70 g/cm^3 与上层地壳密度一致。

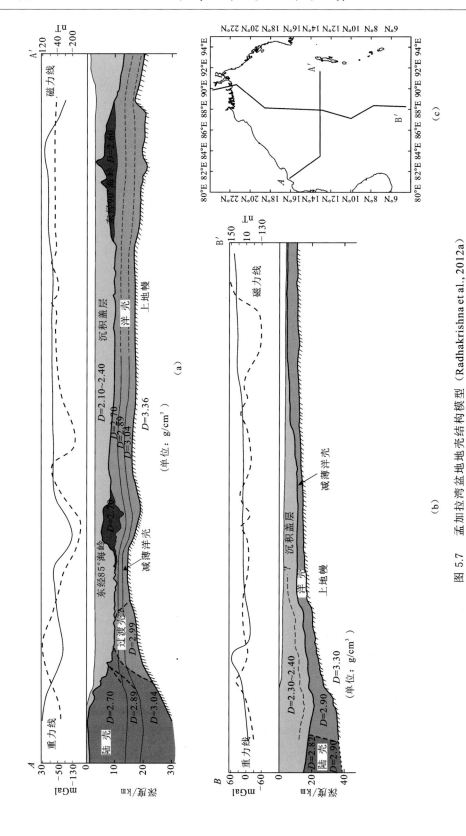

图 5.7　孟加拉湾盆地地壳结构模型（Radhakrishna et al., 2012a）

表 5.1　孟加拉盆地及邻区基底属性（Radhakrishna et al.,2012a；Nemčok et al.,2012）

地壳层 结构层	印度东部大陆边缘		西部拗陷		东经 85°海岭		中央拗陷	
	速度 /(km/s)	密度 /(g/cm³)	速度 /(km/s)	密度 /(g/cm³)	速度 /(km/s)	密度 (g/cm³)	速度 (km/s)	密度 /(g/cm³)
沉积层	1.8～5.4	—	1.7～5.0	—	—	—	1.6～6.6	2.2～2.4
上地壳	5.5～6.2	2.7	5.0～6.3	2.7			4.4～7.1	2.7
中地壳	6.2～6.5	2.75	6.4～6.7	2.9	7.2～8.0	3.0	6.2～7.0	2.89
下地壳	6.8～6.9	2.85						3.04
地幔层	8.1～8.2	3.3	7.9～8.2	3.3	—	3.4	—	3.36

② 在南北向剖面上，洋壳在拗陷内的密度为 2.89 g/cm³，相当于中地壳密度。重力线和磁力线在南北向上变化复杂，规律性不明显。

盆地地壳模型表明盆地以发育洋壳基底为主要特征，洋-陆转换带可能存在过渡性地壳。在东经 85°海岭和东经 90°海岭之下，莫霍面埋深显著增大，地壳厚度相对较大。在东经 85°海岭西侧和盆地中南部存在减薄洋壳。在盆地北部，基底发生大规模弯曲，莫霍面深度达到 40 km，对应沉积物厚度达到 20 km（Radhnkrishna, et al.,2010），而在其他沉积物厚度分布较小的地区，没有发生地壳的弯曲，表明两者之间存在密切联系，可能是在基底演化过程中上覆沉积物不断累积的重力负载导致。应当指出，上述盆地基底模型是在已有资料基础上建立的，并不完全代表基底的真实结构，尤其是两条海岭在重力、磁力特征方面存在显著差异，反映了两者不同的演化机制与过程。

5.1.3　关键构造界面与构造层

为了揭示孟加拉湾盆地沉积响应过程与新特提斯洋关闭、印度板块与欧亚板块碰撞及喜马拉雅造山带隆升等重大地质事件之间的联系，深海钻探计划与大洋钻探计划先后在孟加拉湾地区进行了三个航次的钻探任务，获取了大量地球物理、古地理、古生物、地球化学及岩石学等方面的重要信息。1972 年进行的深海钻探 22 航次在孟加拉扇和东经 90°海岭北部钻孔三个站位：216～218 站位。1987 年 7～8 月实施的大洋钻探 116 航次在盆地南端钻孔三个站位：717～719 站位。1988 年实施的大洋钻探 121 航次在东经 90°海岭北部钻孔一个站位：758 站位。除了深海钻探和大洋钻探的资料之外，最近 20 年研究者还在盆地北部获取了大量的地震数据。综合利用上述资料可以建立盆地的区域构造格架，分析关键地层界面属性和盆地结构。

1. 盆地内重要不整合界面及其属性

盆地内存在的重要地层界面的意义不仅体现在对盆地地层格架的控制上，还体现在其包含了与区域构造演化、构造-沉积响应等相关的丰富地质信息。Curray 等(1982)首先在盆地内识别了古新统与下始新统的不整合界面，定义为"P"界面，代表印度板块与欧亚板块碰撞前和碰撞过程中地层的分界线,响应于两大板块的初始接触作用。Moore 等 (1974)首次定义了上中新统与上新统、更新统与全新统之间的不整合界面,分别称为"A" 和"B"界面,这两个区域界面被大洋钻探 116 航次研究证实。除了上述三个显著的不整 合面之外,盆地内可能还存在其他区域性的重要界面,代表着其他重要的构造-沉积事件。

古新统与始新统之间的不整合界面——"P"界面在两条海岭的两翼发育特征尤为明 显,在地震剖面上表现为基本连续的强反射轴。上覆的中始新统上超于"P"界面之上。 该界面由于埋藏较深,只在盆地高部位出现,但全区可追索并被 DSDP216～217 站位和 ODP758 站位证实(图 5.8)。在盆地拗陷内该界面之上地震显示较连续,偶见古河道充填 相(Bastia et al.,2010a),代表了古孟加拉扇体系或前孟加拉扇沉积体系;在东经 90°海岭 隆起带和盆地南部远端,钻井揭示上部为球藻软泥和白垩系软泥,下部为白垩系软泥和燧 石岩,该不整合界面上下的沉积样式和沉积物来源存在极大的差别(Bastia et al.,2010a)。 "P"界面代表的是重要的沉积间断(Curray et al.,2003),一般认为该界面代表的是早始新 世的地质历史(Curray,1994),可能代表了印度板块与欧亚板块的软碰撞过程。但是在盆 地南部见到的与孟加拉扇沉积物相关的地层时代为中新世(Cochran,1990),不能排除孟 加拉扇于中新世开始发育的可能,这种观点显然比传统观点认为的孟加拉扇发育的时间 要晚很多。Zhang 等(2017)在综合考虑前人的研究基础上,认为"P"界面代表的时间是中 始新世,最直接的证据是北部孟加拉盆地中发现与喜马拉雅造山带相关的最古老的沉积 物的时代是中始新世(43 Ma)(Najman et al.,2012,2008)。

"A"界面也是全区广泛发育的一个重要地层界面,其下是厚层同变形层系,上覆层系角 度不整合于该层系之上,在地震剖面中显示为强反射、上超特征。ODP718 站位生物地层资 料证实该界面的年龄为 7.6 Ma(Cochran,1990),表明板内变形的时间应该是在晚中新世。 Cloetingh 和 Wortel(1986,1985)强调这一构造变形的发生和印度板块与欧亚板块的碰撞角 度改变及向巽他海沟的俯冲有关,因为此时印度板块与欧亚板块碰撞的应力场挤压主应力 方向由南北向转变为北西—南东向,同时在印度西北部出现北西—南东向的张性应力场。 这也可能意味着印度板块向西缅地块下的俯冲在此时达到了一个活动的高峰。

"B"界面在全区也可追索,尤其是在盆地北部和南部,地震反射特征尤为明显,表现 为明显的切割关系。ODP116 航次 717、718 和 719 站位生物地层证据证实这一不整合面 的年龄分别为 0.77 Ma、0.82 Ma 和 0.76 Ma(Cochran,1990),表明其为中-晚更新世不整 合界面。地震反射特征显示不整合面可能是沉积剥蚀或沉积间断/密集段产生。考虑该 区域晚上新世至中更新世的低沉积速率向晚更新世高沉积速率的突变(Métivier et al., 1999),可基本断定是由沉积剥蚀引起(Cochran,1990)。沉积速率的突然增加可能与第 四纪冰川活动、喜马拉雅造山带的持续隆升等因素有关。大量粗碎屑沉积物在深海形成 粗粒浊积体系,一方面破坏原有的河道-堤岸沉积单元,形成剥蚀不整合面,同时再建河 道-堤岸系统,叠加至不整合面之上,形成新的粗碎屑浊积单元(图 5.8)。除上述三个在 全区可追索的不整合面之外,在地震剖面中还可识别出其他一些重要的地层界面。例如, 中中新世不整合面("M"界面,Schwenk et al.,2005,2003a)在部分地震剖面中具有非常 明显的反射特征,表现为强反射、强振幅和高连续,与上下地层层面协调展布,可能代表了 喜马拉雅造山带主隆升期的沉积响应。

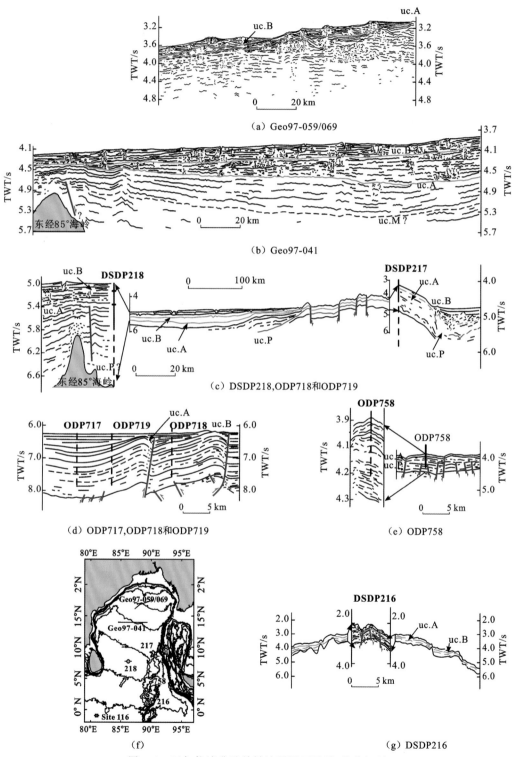

图 5.8　孟加拉湾盆地关键地层界面地震-钻井解释

uc. 不整合界面

2. 盆地地层特征及对比

孟加拉湾盆地沉积盖层发育在白垩纪洋壳基底之上,通过对单井地层发育特征及岩石学分析、连井地层对比分析等可以发现盆地地层的空间发育存在明显的差异。从地层的整体发育特征来看,盆地主要发育新生代地层,在盆地东经85°海岭和东经90°海岭之上的钻井(钻孔)(DSDP216~217站位、ODP758站位)揭示发育很薄的上白垩统。

不同井位可划分出数个不同的岩性组合/单元,代表不同的沉积环境和构造背景。盆地北端陆架区BODC3井以砂岩、粉砂岩、粉砂质泥岩和泥岩及其组合为主,为典型的河流三角洲相沉积,不含远洋沉积物,而南部钻井揭示的地层中普遍发育远洋沉积,两者显然代表了不同的沉积环境和沉积体系。远洋沉积岩性主要为球藻(微化石)软泥、黏土岩、黏土质粉砂岩、富软泥粉砂岩、有孔虫微化石软泥、海绿石有孔虫软泥、超微方解石软泥、球藻有孔虫白垩岩和白垩岩(图5.9),在软泥中常见燧石、生物壳和钙质结核及粉砂岩夹层。DSDP216~217站位、ODP758站位三口钻井位于东经90°海岭之上,揭示上白垩统为砂屑白云岩、硅质岩和生物壳方解石白垩岩组合或/和火山灰质白垩岩、火山灰质泥岩、海绿石有孔虫黏土岩及隐晶质枕状玄武岩。其中火山灰层和隐晶质枕状玄武岩的出现及产状特征表明在形成东经90°海岭期间凯尔盖朗热点快速而强烈的水下喷发活动。研究表明盆地高隆起下部最老地层单元为上白垩统圣通阶(Santonian)(86.3~83.6 Ma),可见东经90°海岭在盆地北部的就位活动时间发生在晚白垩世,而相邻的基底洋壳也大致在这个时期形成,这表明凯尔盖朗热点上涌溢流中心靠近东北印度洋的扩张中心,两者存在密切的演化联系(Krishna et al.,2012),导致东经90°海岭具有复杂的结构形态并与东经85°海岭形成显著差异。这三口钻井揭示的地层中砂质、粉砂质和纯泥质沉积碎屑非常少见,考虑到东经90°海岭的构造演化历史,可以基本认定包含了晚白垩世以来的远洋沉积,可能记录了丰富的古构造、古气候和古生物演变信息。

位于盆地中央拗陷的两口钻井——DSDP218站位和ODP718站位,在远洋沉积背景之上富含泥质浊积岩和砂质浊积岩,浊积岩系互层发育,一方面代表了孟加拉扇系统自北向南一直延续,径向规模巨大,陆源碎屑被搬运至深海沉积的状态;另一方面也反映了孟加拉扇系统内部河道充填相、堤岸相及河道间湾相在垂向上的叠置状态,表明深水扇演化过程中水下河道存在多期次改道行为,与地震相研究结果一致。砂质与泥质碎屑含量的增加也可能是沉积区邻近印度东部大陆边缘的缘故(Bastia et al.,2010a)。沉积速率的变化和水下河道的改道行为反映了物源区剥蚀速率的改变或海平面的相对升降变化,与这一时期喜马拉雅造山带持续隆升活动并不吻合。说明物源供给的变化可能主要受海平面变化或印度大陆方向物源供给的叠加影响。

Zhang等(2017)在前人的基础上总结了孟加拉湾残留洋盆地的模型,指出沉积体系由河流三角洲相向深海浊积相、远洋沉积相转变是发育于板块缝合带内的一系列盆地的重要特征之一。孟加拉湾盆地地层的总沉积厚度自北向南逐渐减薄,由陆架区的20 km

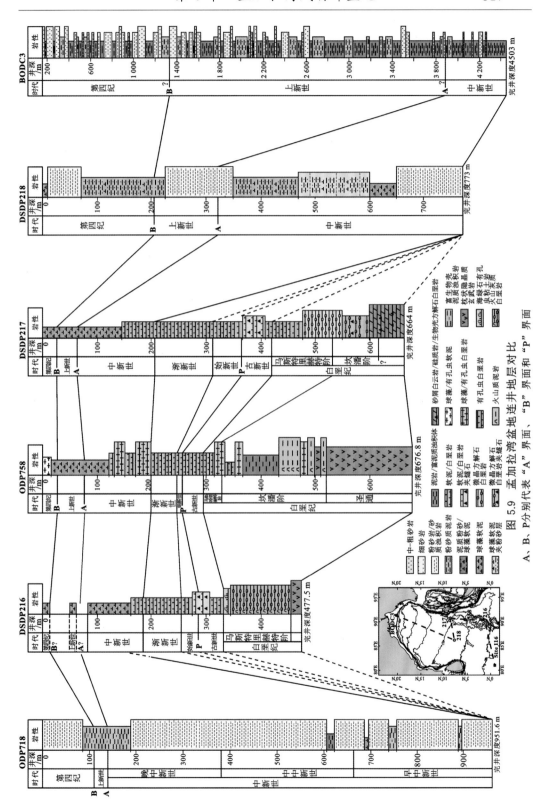

图 5.9 孟加拉湾盆地地层连井地层对比
A、B、P 分别代表 "A" 界面、"B" 界面和 "P" 界面

减小至 6°N 处的 2 km(张朋 等,2014;Radhakrishna et al.,2010;Curray et al.,1982)。西部拗陷和中央拗陷具有相对更完整的沉积序列,但大洋钻探和深海钻探并未钻遇相关地层,因此不清楚拗陷区岩性及其时代。详细的地震分析显示,中央拗陷带盆地沉积序列平缓而连续(Bastia et al.,2010a),但整体表现为向南迁移的特征(Zhang et al.,2017;Curray and Munasinghe,1991),表面盆地地层充填是由北向南渐进式发生的。

5.1.4 基本构造变形样式

1. 断裂体系的重、磁、地震联合反演

环孟加拉湾地区主要发育四类典型的构造体系,分属不同演化阶段的不同构造应力场。孟加拉湾盆地属于典型的残留洋盆地,盆地内部的构造特征从侧面反映了盆地的属性特征,即沉积盖层构造变形微弱。虽然处于弱挤压应力环境,盆地构造变形整体较弱,但是通过对盆地重-磁-震数据的综合分析,仍可识别盆地内有规律分布的断裂体系。反过来,这些断裂的性质与分布格局则反映了盆地构造演化过程中的重要信息。前人通过对研究区重力、磁力与地震资料的分析,识别出了盆地基底洋壳破碎带、盆地南部构造变形带和东经 90°海岭断裂带等重要的构造体系。但是受盆地内地震数据缺乏的限制,盆地大部分区域仍处于地震解释"盲区",前人对盆地内断裂的发育研究大多依靠船载重力、磁二维剖面,精度和可靠性较差。Bastia 等(2010b)和 Radhakrishna 等(2012a,b)基于高精度重力、磁场数据与少量地震资料的联合反演,推测了印度东部陆缘与孟加拉湾西部的断裂发育格局,并将上述断裂的发育与印度板块早期裂离及印度洋洋壳生长相联系,丰富了对该区域大地构造演化的认识。本书基于使用已获取的重力、磁场数据和研究区相对完整的地震资料联合约束,尝试构建盆地断裂体系的发育格局。

1) 自由空气重力深度处理

自由空气异常初步揭示了孟加拉湾盆地主要构造带的异常及其展布特征,但是对局部构造的刻画有限,需要进一步对自由空气异常数据进滤波和梯度等深度处理。孟加拉湾盆地小子域滤波(窗口 7×7,半径 20 km)显示了更加清晰的构造带边界[图 5.4(c)],对不同构造带的刻画更逼近其真实形态。垂向梯度图[图 5.4(d)]显示,在东经 85°海岭西侧发育数条北西向线性构造,可能是与印度洋早期北西向扩张有关的基底破碎带(Gopala Rao et al.,1997),这些破碎带得到了地震资料的证实;在东经 85°海岭东缘显示为高异常梯度带,可能与海岭向沉积盖层岩性突变或海岭东侧的一条大型断裂有关;在东经 90°海岭内部见少量南北向短轴异常梯度带,可能由东经 90°海岭内部发育的南北向断裂引起。在水平梯度图中,主要在东经 90°海岭内部和盆地西部见一系列近东西向异常梯度带,推测为东西向的正断层组合[图 5.4(e)]。东经 90°海岭内显示的断裂可能是与海岭同期形成的正断裂,这与海岭南段存在的已被地震资料证实的一系列东西向正断裂具有相似的特征(Sager et al.,2010),它们可能形成于凯尔盖朗地幔柱沿海底扩张中心上

涌的构造背景之下(Krishna et al.,2012)。上述北西向破碎带、南北向断裂和东西向断裂在梯度模图上的异常显示也非常清晰,并基于上述分析初步识别出北西向、近东西向和南北向的断裂[图5.4(f)]。重力异常对断裂带等局部构造的解释存在多解性,有时重力异常的出现可能与断层并无直接关系,而与岩性或基底结构等因素有关。因此,断裂的确定还需要其他资料的验证,而重-磁-震联合约束手段已经被证实为一种有效的技术方法,在解释孟加拉湾盆地西部拗陷基底破碎带的实践中取得了较好的效果(Radhakrishna et al.,2012a)。

2) 磁力资料深度处理

盆地磁力异常显示盆地中存在多组不同方向的磁异常条带,为进一步识别其属性,对磁异常数据求取水平方向和垂向导数(图2.4)。水平梯度图[图2.4(b)]显示存在短轴状/串珠状高磁异常梯度带,且主要在两条海岭范围内呈东西向或北东东向展布,这些异常梯度带也可能是由基底火山岩或断裂引起。在磁异常垂向导数图中[图2.4(c)]高磁异常梯度带呈北东方向连续展布或被北西向低磁异常切割成串珠状,也呈北东向展布。在盆地东北部显示存在北东向低磁异常梯度带。高磁异常梯度带主要分布在盆地南部东经90°海岭和中西部东经85°海岭附近区域,推测这些高磁异常梯度带可能与基底火山岩的分布或基底断裂有关,而北西向与北东向低磁异常梯度带在盆地大部分区域显示,可能是基底洋壳破碎带的表现。

3) 重-磁-震数据综合解释模型

仅仅依靠重力或磁力资料对盆地中相关断裂(破碎带)进行解释,结果往往存在多解性,导致对盆地断裂体系的认识具有很大的不确定性。为此,本书尝试使用重力、磁力与地震资料联合约束盆地内断裂体系发育格局,建立预测模型(图5.10)。其思路是利用重力或磁力资料推测盆地内不同方向的断裂或断裂组合(两者可相互验证),再利用已有地震剖面对所推测断裂进行判别,剔除那部分由岩性边界或地形边界引起的异常突变,从而提高断裂预测的准确性。这种综合的研究方法能够很大程度地提高对断裂的预测精度,但是也受地震资料分布的制约。在印度东部大陆边缘的高韦里盆地及邻近的孟加拉湾盆地地区,Radhakrishna 等(2012a)应用此方法研究了白垩纪中期东北印度洋洋壳初始形成时的洋壳破碎带,取得了较好的效果。

利用上述建立的盆地断裂体系预测模型,对孟加拉湾盆地断裂进行综合解释,主要识别出三组方向断裂:①北西向洋壳破碎带;②东西向断裂;③南北向断裂。前人对北西向洋壳破碎带研究较多,并且先前推测破碎带也被 Radhakrishna 等(2012a)由地震剖面证实。这组北向的洋壳破碎带与印度-南极洲板块早期的分裂方向一致,可能代表了早期洋壳生长过程中的拉张作用。东西向断裂大多发育在东经90°海岭内部,其发育可能与海岭的形成机制有关。南北向断裂在东经85°海岭和东经90°海岭两翼发育,一方面可能代表了基底断块的差异隆升,另一方面也可能是由基岩向沉积岩转变形成的断裂,这一组方向断裂在穿过海岭的地震剖面中常见。

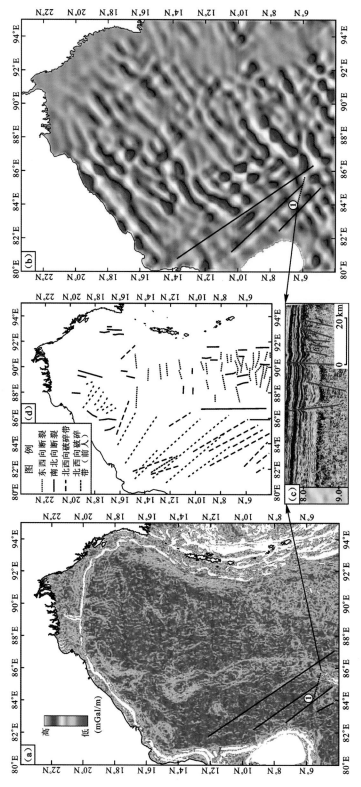

图 5.10 孟加拉湾盆地断裂体系综合解释模型与解释结果

虽然对断裂的预测加入了地震数据这一约束条件,但是由于地震资料较少,加之重力、磁力约束的精度较低,对盆地断裂的识别带有一定的推测性,可能需要其他方法或更详尽的资料支撑来获得对盆地断裂体系的认识。

2. 海岭就位与盆地构造格局

白垩纪晚期以来东经85°海岭和东经90°海岭在新生洋壳基底的侵位活动对盆地构造格局产生了重要的影响。海岭侵位的初期表现为盆地内火山底辟的上涌及南北走向高隆起带的形成,从而对盆地沉积碎屑的搬运路径和沉积样式产生了决定性的影响;海岭侵位后期受重力和热沉降影响,使下伏洋壳发生明显弯曲,莫霍面埋藏加深。海岭的多期次活动一方面在其内部和两翼产生多组不同方向断裂,另一方面与其上覆地层组成了规模巨大的披覆背斜,奠定了盆地整体的隆拗构造格局的基础。东经90°海岭随着孟加拉湾洋壳向西缅地块下的俯冲,对增强海沟构造带和增生楔构造带的构造变形与演化产生了重要的影响(Gopala Rao et al.,1997),但是该地区海岭的局部俯冲过程与机制目前还不清楚。

3. 孟加拉盆地东部褶皱带

孟加拉盆地东部褶皱带在大地构造位置上处于印度板块与西缅地块的缝合处,通常认为是印度板块向西缅地块西缘沟-弧背景下俯冲,增生楔向西扩展的结果(Alam et al.,2003;Sikder and Alam,2003),包含了新近系与第四系典型的残留洋沉积体系(Gani and Alam,1999)。东部褶皱带物源主要来自两个方向:一是北部喜马拉雅造山带方向物源,二是东部西缅岛弧带方向物源,并且表现前者占主导地位的特点(Allen et al.,2008a)。褶皱带东部以加拉丹断裂与古近纪印缅增生楔分割(Maurin and Rangin,2009b),向西延伸至孟加拉前缘拗陷带,发育一系列褶皱-冲断体系,褶皱和断裂在南部呈北西向展布,在北部转变为北东向展布。自东向西,由冲断褶皱、紧闭褶皱向宽缓褶皱过渡,褶皱的发育规模和构造变程度形逐渐减小,断裂的发育规模和数量逐渐递减(Maurin and Rangin,2009b)。

关于孟加拉湾盆地东北缘褶皱带的变形机制,Sikder 和 Alam(2003)认为是由印度板块向西缅地块下斜向俯冲产生的东西向挤压应力导致东倾的逆冲断裂切割增生楔层序。二维地震模型推测褶皱带是在滑脱褶皱或深部滑脱断层基础上发育而成(Sikder and Alam,2003)。Maurin 和 Rangin(2009b)则认为是褶皱带的形成是上覆地层在渐新统泥岩滑脱面上滑脱变形而成,同时受控于基底逆冲断裂控制,吉大港海岸断裂(Chittagong Coastal fault)以东、加拉丹断裂以西为厚皮构造,吉大港海岸断裂以西为薄皮构造。根据地震地层解释,推测褶皱变形的时间是在早更新世(2 Ma)(Najman et al.,2012;Maurin and Rangin,2009b;Johnson and Alam,1991)。更新世以来,印缅造山带的持续扩展与巽他海沟形成了巨大的地形差异,加之频繁发生的地震活动,诱发了一系列的重力滑脱构造(Morley et al.,2011;Maurin and Rangin,2009a),为研究深水重力流提供了实例。

5.2　孟加拉深水扇系统

5.2.1　孟加拉深水扇系统概况

孟加拉扇首先由美国地质学家 Dietz 在分析深海回声资料的基础上发现并命名 (Dietz,1953)。早期的形态学研究认为孟加拉扇由北部的孟加拉洪泛平原向南部的印度洋呈平缓的倾斜状态。后来,Curray 和 Moore(1971)对孟加拉扇进行了第一次现代意义上的科学调查,将原来称为"恒河锥"(Ganges Cone)(Heezen and Tharp,1964)正式命名为孟加拉扇。

孟加拉扇由古新世—始新世印度板块与欧亚板块的初始碰撞产生(Gani and Alam, 2003;Lee and Lawver,1995;Curray et al.,1982;Curray and Moore,1974)。恒河-布拉马普特拉河搬运的沉积物堆积在喜马拉雅造山带的南缘并向南聚集在孟加拉复合盆地和孟加拉湾盆地中;聚集在孟加拉湾盆地中的沉积物最终形成了世界上最大的海底扇系统 (表 5.2)。由于东经 90°海岭的分割,广义的深水扇系统分为西部的孟加拉扇部分和东部的尼科巴扇部分。中更新世以来,东经 90°海岭与巽他海沟的汇聚切断了供给尼科巴扇生长的河道系统,致使其停止生长(Curray and Moore,1974)。本书中的孟加拉扇系统指的是狭义上的孟加拉扇,即位于东经 90°海岭以西的水下扇系统。

表 5.2　世界上著名的深水扇系统(Curray et al.,2003)

深水扇系统	最大长度 /km	宽度 /km	面积 /×10³ km²	最大厚度 /m	体积 /km³	水深(顶端) /m	水深(下端) /m
孟加拉和尼科巴扇	3 800?	~2 000	—	16 500	—	1 400	5 500
孟加拉扇	3 000	830~1 430	2 800~3 000	16 500	12.5×10⁶	1 400	5 000
印度扇	1 500	<960	1 100	>9 000	1×10⁶	~1 500	~4 600
亚马孙扇	>700	250~700	330	4 200	>7×10⁵	1 500	4 800
密西西比扇	540	570	>300	4 000	2.9×10⁵	1 200	3 300
蒙特里扇	400	250	75	2 000	5×10⁴	1 280	4 570
阿斯托里亚扇	>250	130	32	2 200	2.7×10⁴	1 140	2 840
拉霍亚扇	40	50	12	1 600	1 175?	550	1 100

注:? 指估计量

孟加拉扇的面积为 $2.8×10^6 \sim 3.0×10^6$ km²(不包括尼科巴扇),长度为 2 800~3 000 km(从 20°10′N 延伸至 7°S),最大宽度约 1 430 km(15°N),最小宽度约 830 km(6°N,位于斯里兰卡和东经 90°海岭之间),在扇体顶端的水深约 1 400 m,在底端水深约 5 000 m

（Curray et al.，2003）。孟加拉扇的体积约 $12.5 \times 10^6 \ km^3$，总质量约 2.88×10^{16} t（Curray，1994）。这些参数（表 5.2）表明孟加拉扇是世界上最大的水下扇系统。

孟加拉扇表面非常平缓，扇体顶端的梯度约 5.7m/km，扇体底端的梯度则 <1.0 m/km（Curray，2003）。尽管整体上看孟加拉扇的表面比较平缓，实际上孟加拉扇体之上发育一系列规模不等的水下河道（channel）或水下峡谷（valley）。其中规模最大的是中央水下峡谷（the main central valldy，MCV）（图 5.11），它是连通恒河-布拉马普特拉河的唯一通道，直接接受来自陆上河流搬运的沉积物，至今仍处于活动状态。

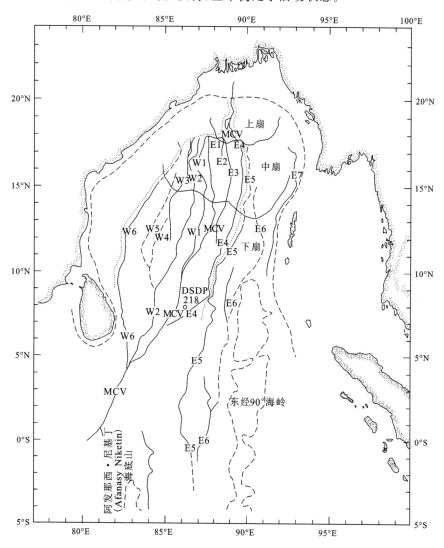

图 5.11　孟加拉扇水下河道分布图（Curray et al.，2003）

W 代表西部水下充填河道；E 代表东部水下充填河道

孟加拉扇的西部和北部边界位于印度东部大陆边缘和孟加拉大陆斜坡，东部边界沿巽他海沟延伸，与缅甸-安达曼-尼科巴增生楔相邻（Curray et al.，2003）。Krishna 等

(2010)基于南北向的长地震剖面认为孟加拉扇的南部边界大致位于 7°40′S。实际上，DSDP211 站位(10°S)发现了与孟加拉扇和相关的沉积物，甚至在印度洋中部地区(12°57′S)的海岭上也发现了来自喜马拉雅造山带的硅质碎屑(Banakar et al.，2003；Curray et al.，2003)。扇体表面浊流的活动引起新河道-堤岸系统的形成和先前活动的水下河道的废弃。整体看，由于新的活动河道重新占据古老的河道，水下河道的密度由上扇至下扇呈递减的趋势，并表现为支流的样式(图 5.11)而不是其他扇体常见的水下分流的样式(Curray et al.，2003；Pirmez and Flood，1995)。

1. 孟加拉扇系统与盆地下伏沉积体系的接触关系

通常认为孟加拉扇系统是印度板块与欧亚板块碰撞后产生的(Lee and Lawer，1995；Curray et al.，1982)，而其底界面通常认为是古新统与下始新统分界的"P"界面(Curray and Moore，1971)。板块重建模型已经表明东北印度洋地区存在三期扩张事件：白垩纪中期以前的北西—南东向扩张、白垩纪中期至古近纪的南北向扩张和始新世以来的北东—南西向扩张(Radhakrishna et al.，2012a；Desa et al.，2006；Gopala Rao et al.，1997；Ramana et al.，1994；Powell et al.，1988)，这些扩张事件得到了海洋磁异常资料的证实。在印度大陆的裂离和向北漂移的过程中，在古孟加拉湾主要聚集两种类型的沉积物：来自印度东部大陆边缘的陆源碎屑和远洋沉积，将其定义为碰撞前沉积(Bastia et al.，2010a；Curray et al.，2003)。显然，碰撞前沉积体系与孟加拉扇体系无论是沉积物源还是沉积样式、分布区域都存在明显差别。

1) "P"界面的形成时间

印度板块与欧亚板块的碰撞过程深刻地影响着孟加拉湾盆地洋壳的构造变形和沉积演化。基于地层学、岩石学、古生物、古地磁和年代学资料，前人对印度板块与欧亚板块初始碰撞的时间大致有三种认识：70～62 Ma(Mo et al.，2007；Ding et al.，2005；Wang et al.，2003；Yin and Harrison，2000；Jaeger and Nittrouer，1995)、55～50 Ma(Najman et al.，2010；Green et al.，2008；Hodges，2000；Searle et al.，1997；Klootwijk et al.，1992；)和 34 Ma(Aitchison et al.，2007)。Lee 和 Lawver(1995)在东南亚板块的重建序列认为印度板块与欧亚板块的初始碰撞(软碰撞)时间约为 59 Ma，主碰撞(硬碰撞)时间为 43 Ma；两大板块的主碰撞过程意味着喜马拉雅造山带和青藏高原开始快速隆起(Aikman et al.，2008；Rowley and Currie，2006)，以及邻近的拗陷区沉积物的快速堆积。新生代以来，在青藏高原周缘盆地的沉降和沉积速率发生了深刻的变化(Métivier et al.，1999)，显然是受控于印度板块与欧亚板块的剧烈碰撞过程。

Curray 和 Moore(1974)、Curray 等(1982)及 Curray(1994)等先后讨论了印度板块与欧亚板块碰撞在孟加拉湾盆地的沉积响应，认为早始新世不整合面响应于印度板块与欧亚板块的硬碰撞，并将其定义为"P"界面。该不整合面在地震剖面上显示为强反射轴，并向东经 90°海岭上超，推测可能代表了沉积间断的过程(Curray et al.，2003)。"P"界面之上地层反射速率为 2.4～4.7 km/s，界面之下地层反射速率为 4.4～6.6 km/s(Curray，

2003)。DSDP216、217 和 ODP758 站位在东经 90°海岭钻遇"P"界面,显示其时间为早始新世(Peirce et al.,1989)或中-晚始新世(Zhang et al.,2017),同样的地震反射界面在孟加拉扇的下扇也被 DSDP212 和 215 站位证实(Curray et al.,2003)。不同于东经 90°海岭上各个站位钻井钻遇的大部分为火山岩和远洋沉积,在 DSDP212 和 215 站位钻遇了部分浊积岩系列。这表明,"P"界面在整个孟加拉湾盆地中都可以追索,代表了新生代发生的重要的地质事件。

基于板块重建模型(Hall and Sevastjanova,2012;Morley,2009;Yin,2006;Uddin and Lundberg,1998;Lee and Lawver,1995),印度板块相对于欧亚板块是斜向收敛的,两者首先在印度板块的西北角发生碰撞。随着碰撞的进行,印度板块相对于华南大陆逆时针旋转了 20°～30°(Morley,2004;Benammi et al.,2002;Hall,2002;Richter and Fuller,1996;Tapponnier et al.,1986)。保存在板块缝合带内的沉积碎屑完整地记录了这一重要地质事件的全过程。例如,Najman 等(2010)通过研究西藏南部印度河—雅鲁藏布缝合带内的碎屑岩推测板块间的初始碰撞时间是 50 Ma。保存在喜马拉雅前陆盆地和残留洋盆地内的沉积碎屑的沉积年龄可能比缝合带年轻,但是对于喜马拉雅造山带的早期隆起可能具有完整的记录(Najman et al.,2009,1997;White et al.,2001)。前人在研究印度扇的陆源碎屑时已经阐明,西喜马拉雅的造山运动发生在约 40 Ma(Carter et al.,2010;Clift et al.,2001;Qayyum et al.,1997);在东喜马拉雅,保存在孟加拉盆地中的古近系的最古老年龄是约 38 Ma(Najman et al.,2012,2008)。在孟加拉扇中,大洋钻探和深海钻探均没有钻遇始新统,已知的最古老的地层是中中新统(约 17 Ma)(Curray,1994)。此外,由古孟加拉扇沉积碎屑形成的印缅造山带的最古老地层年龄是 37 Ma(Allen et al.,2008b)。这些证据显示来自喜马拉雅造山带沉积物的最古老地层年龄可能是中-晚始新世,同时考虑来自北部造山带物源的向南迁移过程和规律,保存在孟加拉湾残留洋盆地中的具有喜马拉雅造山带属性的沉积碎屑的最大沉积年龄不会早于这一时间(Zhang et al.,2017)。据此可以推断,"P"界面代表的地质时代可能不是早始新世,而是中-晚始新世。这一认识与晚始新世—渐新世喜马拉雅造山带的快速隆升记录相吻合(Martin et al.,2007;Kohn et al.,2004;Godin et al.,2001;Catlos et al.,2001;Argles et al.,1999;Vannay and Hodges,1996)。因此,可以推测孟加拉湾中孟加拉扇发育的时间开始于晚始新世。

2) 碰撞前沉积体系的沉积样式

碰撞前沉积体系与碰撞后沉积体系(孟加拉扇系统)由区域性不整合面"P"界面分割(<38 Ma)。印度板块与欧亚板块碰撞之前,没有直接证据表明存在大型的活动河流体系可以向古孟加拉湾盆地搬运陆源碎屑(Bastia et al.,2010a)。因此,古孟加拉湾盆地主要以远洋沉积和半远洋沉积为主,地层厚度不超过 2 km(张朋 等,2014;Radhakrishna et al.,2010;Curray et al.,1982)。但是,同时也应该注意到印度东部大陆边缘的默哈纳迪河、戈达瓦里河等古河流作为物源通道的重要意义。地震剖面已经证实,在印度东部大陆边缘盆地向孟加拉湾盆地过渡的区域发育大型的斜坡扇和坡底扇、前积型三角洲等,显示

了早期陆源碎屑向古孟加拉湾盆地搬运的特征(Bastia et al.,2010a,b)。晚白垩世—古新世孟加拉湾盆地残留地层等厚图也显示这一时期的沉积中心呈串珠状沿印度东部大陆边缘分布(Zhang et al.,2017;Curray and Munasinghe,1991)。在这一时期,影响碰撞前沉积体系、沉积样式和分布的最重要构造事件是东经85°海岭侵位过程(Bastia et al.,2010c),这是因为:①东经85°海岭从北部默哈讷迪盆地向南延伸至斯里兰卡以东区域,走向大致与印度东部陆缘相近(图5.3);②东经85°海岭西侧的西部拗陷内发育的碰撞前沉积体系发育厚度明显比海岭东侧的中央拗陷大,对沉积碎屑向远洋的搬运起到了阻隔作用;③东经85°海岭的断续分布特征又能够允许少量沉积碎屑穿过海岭而搬运至中央拗陷一侧(张朋 等,2014;Bastia et al.,2010c)。

孟加拉湾盆地西部拗陷是碰撞前沉积体系最发育的地区,这也从一个侧面证实了碰撞前沉积体系主要由来自印度大陆边缘的沉积物组成。印度东部大陆边缘盆地中的盆底扇和斜坡扇序列及孟加拉湾盆地西部拗陷中的古河道充填序列表明河流三角洲体系在古孟加拉湾盆地中占有重要地位。整体而言,碰撞前沉积体系在地震反射剖面上表现得比较平缓,推测可能以三角洲前缘相为主(Bastia et al.,2010c)。中央拗陷碰撞前沉积体系由西向东逐渐减薄,向东经90°海岭的西翼逐渐上超尖灭,但是整体上地层厚度不超过2 km(Bastia et al.,2010a)。中央拗陷的南部区域碰撞前沉积体系以远洋沉积为主,这已经被大洋钻探所证实(Curray et al.,2003)。

2. 孟加拉扇系统的构成单元

根据孟加拉扇中央水下峡谷和扇表面梯度,将孟加拉扇三分为上扇、中扇和下扇(图5.11)(Curray et al.,2003)。

上扇的水下峡谷的平均梯度是2.39m/km,扇表面的平均梯度是5.7 m/km。活动扇体峡谷的最深谷底线位于邻近的扇体之上,上扇与中扇的分界线位于峡谷最深谷底线切割扇表面而不是建造型表面的位置,大致与2 250 m海水等深线相吻合。中扇的扇表面和水下峡谷的平均梯度约1.68 m/km,水下峡谷的发育规模比较小,中扇与下扇的分界线大致与2 900 m海水等深线相当。下扇的扇表面和水下峡谷的平均梯度通常<1.00 m/km,在水下峡谷充填的地区梯度可能会增加。

全球其他研究比较深入的深水扇在进行构成单元划分时通常还要考虑扇体的物源供给特征,这决定了扇体的初始发育位置和推进方向。如果不考虑扇体形成的单一物源特征(喜马拉雅造山带物源),则可以认为古新世以后孟加拉扇系统是由恒河-布拉马普特拉河、默哈讷迪河、戈达瓦里河、克里希纳河和高韦里河等多条河流系统搬运的沉积碎屑组成,因此在对扇体构成单元进行划分时必须考虑物源的供给条件。基于上述分析,另外一种可行的划分方案是孟加拉扇系统的上扇还包括盆地西北部的默哈讷迪水下扇系统,而中扇则主要覆盖了孟加拉湾盆地的中部区域,包括西部拗陷和东经85°海岭隆起带,下扇则占据水下扇系统的大部分,向南延伸至中印度洋盆地[图5.12(a)]。

利用卫星重力数据获得的孟加拉扇系统的自由空气异常图[图5.12(a)],可以对扇

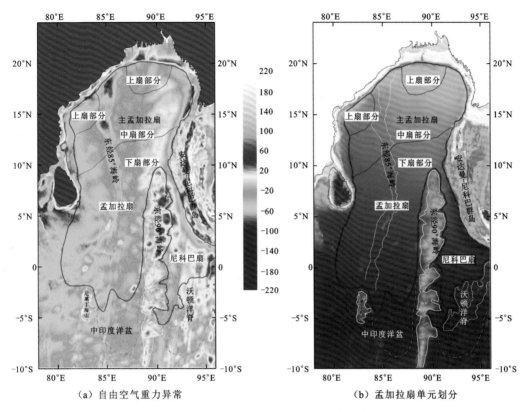

（a）自由空气重力异常　　　　　　　　　（b）孟加拉扇单元划分

图 5.12　孟加拉扇扇体分布与重力异常带划分

体内的重力异常分布特征进行分析。从图上看[图 5.12（a）]，扇体内部异常带主要呈近南北走向，从西到东异常值的变化依次为负-正-负-正-正，大小从 −220 mGal 增加至 60 mGal。对比两图可以发现，异常单元的特征与按水深和坡度所划分的扇体构成单元特征并没有直接的对应关系。因此，在构造角度上讲，扇体的异常特征应受其内部各构造单元的影响较大。

　　孟加拉扇的地球物理场特征与以水深和坡度为依据划分的孟加拉扇系统构造单元并不一致。从重力异常图上看[图 5.12（a）]，孟加拉扇上扇部分主要是较大值负异常，这与上扇部分沉积厚度大，下部拗陷结构有关；中扇部分，自西向东，南北向的正负异常带相互交替，东经 85°海岭和东经 90°海岭分割中扇，构成异常交替变化的格局；下扇部分继承中扇异常特征，东经 90°海岭隆起部分异常值明显变大，可见扇体的沉积对异常的影响主要是引起负异常。磁异常图上（图 2.4），异常格局较重力异常有明显的变化，主要是因为引起磁异常的物质是扇体下伏的基底火成岩，沉积岩基本没有磁性或带有微弱的负磁性，而基底火成岩往往表现强磁性，在区域异常上，表现为正负异常杂乱特征。因此，在扇体各部分中，只有东经 85°海岭和东经 90°海岭所在部分表现为典型的正负异常杂乱特征，其他区域往往异常变化平缓，这与其基底均匀展布有密切联系。

　　基于上述分析,一种可行的方案是将研究区孟加拉扇自西向东划分为四个近南北向的扇体单元,分别为西部扇带、东经85°海岭扇带、中央扇带和东经90°海岭扇带。西部扇带的重力异常表现为低负异常,局部有高负异常,这一特征跟该构造单元处于印度东部大陆边缘和东经85°海岭隆起带西侧有关;东经85°海岭带表现为高负异常,Subrahmanyam(1999)认为是岩浆底侵作用的结果,而Sreejith等(2011)则认为负异常主要受莫霍面弯曲、洋脊两翼高密度变质沉积岩及洋脊顶部巨厚沉积层——孟加拉扇系统的综合影响。研究认为巨厚沉积层对古老的东经85°海岭长时间的作用,并使之深部发生沉降挠曲是有可能的,因此,其与新生的东经90°海岭相比,表现为较大的负异常;中央扇带主要是来自南北向水下河道沉积形成,它位于孟加拉湾深海平原之上,被东经85°海岭和东经90°海岭左右封闭,形成局部盆地特征,使沉积物在此广泛且均匀地分布;东经90°海岭扇带主要是沉积在东经90°海岭北段区域的扇体,其下部仍受基底隆起的影响,地层沉积特征有一定的继承性。

5.2.2　深水扇系统的地震沉积相类型

　　深水扇系统在地震剖面上表现出复杂多变的特征,但也有明显的标志性地震反射相。在全球众多的深水扇系统中,发育于巴西海岸的亚马孙扇研究较为成熟(Jegou et al.,2008;Pirmez and Imran,2003;Lopez,2001;Flood and Piper,1997;Hiscott et al.,1997;Flood et al.,1995;Pirmez and Flood,1995)。基于高精度二维地震数据的处理与刻画,Schwenk等(2005)和Schwenk(2003)在孟加拉扇中识别出四种具有代表性的地震沉积相。这些沉积类型可与全球其他研究比较成熟的深海扇(如密西西比扇和亚马孙扇)对比,代表了深海扇建造中的主要结构要素。本节引用上述研究成果,重点表述四种不同地震沉积相的结构特征、成因及在深海扇中的主要出现位置。

　　第一种地震沉积相是堤岸相[图5.13(a)]。在地震剖面上显示为呈楔形的、向水道-堤岸系统两侧倾斜收敛、向充填水道中心发散的弱振幅反射相,常常向下下超于一个强振幅反射面,部分反射体出现波形反射特征。这类地震反射相通常出现在河道-堤岸系统的两翼,有时构成充填水道两侧相对空白反射的楔形单元。堤岸相的高度与宽度之比在不同的堤体中各不相同,但是一般情况下堤岸相的宽度<5 km,高度一般在10~110 m。通常认为,堤岸相是由邻近的水道中的浊流活动发生越岸沉积而形成,岩性以中-细砂为主。这种解释与亚马孙深水扇钻遇的结果相同。亚马孙深水扇的钻井结果显示堤岸相的岩性主要为层间和层内细砂岩、粉砂岩和泥岩(Lopez,2001;Hiscott et al.,1997),并向上逐渐变细。这是由于混合负载浊流中的分层作用使粗粒物质在浊流的下部,而细粒物质在上部流动导致的(Lopez,2001;Peakall et al.,2000a,b;Hiscott et al.,1997)。因此,随着堤岸的持续建造,这种细粒沉积物会越来越多地富集在堤岸相的上部。

　　第二种地震沉积相是河道间沉积相[图5.13(b)]。在地震剖面上主要包括大范围近平行展布的强振幅反射层,这种强振幅反射层分布于河道-堤岸系统之间,这种地震反射

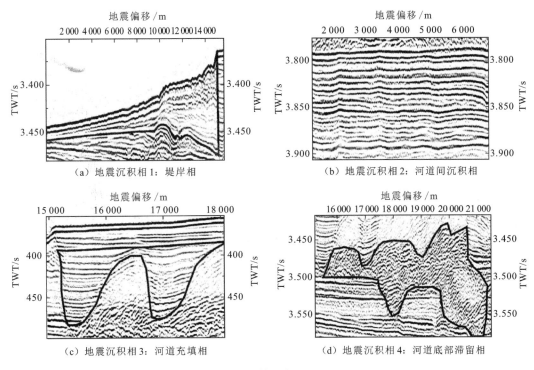

（a）地震沉积相 1：堤岸相　　　（b）地震沉积相 2：河道间沉积相

（c）地震沉积相 3：河道充填相　　（d）地震沉积相 4：河道底部滞留相

图 5.13　孟加拉扇地震反射相类型（Schwenk et al.，2005）

相往往贯穿于整个地震剖面。尤其是地震剖面的上部，强振幅反射层往往上超于堤岸相之上。强振幅反射层一般比较连续，延续距离非常远，偶尔也会出现断续和丘状反射特征。这种强振幅反射相的延伸长度为 46～53 km，厚度为 10～110 m。在亚马孙扇中，强振幅反射层通常代表的是厚层的中-细粒块状砂岩（Lopez，2001；Hiscott et al.，1997），因此在孟加拉扇的地震相解释中同样认为强振幅反射相代表这类岩性。在亚马孙深水扇中扇-上扇中，这种沉积特征是由无水道浊流引起的堤岸崩塌形成的，而在亚马孙的下扇强振幅反射层则代表的是河道-堤岸系统末端的富砂垛体（Lopez，2001）。

　　第三种地震沉积相是河道充填相[图 5.13（c）]。在地震剖面上表现为平行的、中等振幅的反射层。河道充填相呈现垂向生长的"V"形块体，具有明显的侧向边界。河道充填相常分布在活动的或埋藏的水道-堤岸系统的中央，也出现在强振幅反射层中，它具有更强的振幅。在活动的或埋藏的水道-堤岸系统中，这类垂向建造的沉积块体常常是海底的小凹陷或上覆沉积层的下凹部分。它们的宽度为 0.7～1.0 km，最大宽度可达2.5 km；垂向建造的高度为 20～110 m。通常将这类垂向分布的强振幅反射体解释为废弃河道-堤岸系统中的水道充填沉积（Schwenk，2003）。在水道充填相中，由浊流的越岸流形成的废弃环状砂体是最重要的沉积储层（Mayall et al.，2006；Schwenk et al.，2005）。废弃充填水道-堤岸系统可能是后期活动的水道-堤岸系统的越岸流充填形成。废弃河道充填相与堤岸相相比具有相对更强的振幅，因此可以推断岩性主要是以中-粗粒砂岩为主,这也可以从亚马孙扇钻井结果中得到验证(Hiscott et al.,1997)。如果河道充填相这种反射体出现在强振幅反射层中,则可能代表无堤岸的河道充填沉积,此类实例在亚马孙扇研究中也有报道(Lopez,2001;Hiscott et al.,1997)。

第四种地震沉积相是河道底部滞留相[图5.13(d)]。在地震剖面上表现为杂乱的、不连续的强振幅反射体,通常出现在水道-堤岸系统的底部。这类地震相与周围的地震反射相之间在形态和沉积建造方式等方面存在显著的差异。杂乱强振幅反射体可以向上垂直建造,也可以向下侵蚀沉积,还可以水平延伸,形成多种形式的沉积块体。杂乱强振幅反射体在侧向上的延伸可以超过10 km,而在某些指状沉积中宽度不超过100 m。这类地震反射相可以出现在活动的水道-堤岸系统的两侧或底部;在埋藏的水道-堤岸系统中,这类地震反射相往往与充填水道相伴。此外,杂乱强振幅反射体往往是向下切割强振幅反射层或堤岸反射体。与亚马孙扇沉积相相比,孟加拉扇系统中的杂乱强振幅反射体可能与其强振幅反射相类似。这类强振幅反射体以垂向叠置的强振幅反射层为标志组成充填河道的轴,代表的是水道内大规模的富砂流(Lopez,2001)。河道内的砂质沉积同样是由混合负载浊流的分异形成的,浊流的下部携带的粗粒沉积物不能越过堤岸(Lopez,2001;Hiscott et al.,1997)。在亚马孙扇中,砂质沉积导致河道-堤岸系统往往加积在相同深度的其他沉积体之上(Lopez,2001;Pirmez and Flood,1995)。与此相反,在孟加拉扇的中扇杂乱强振幅反射体显示了不同的形态。当杂乱强振幅反射体进行垂向建造时,解释为垂向加积的河道充填相;当杂乱强振幅反射体侧向建造或位于河道的两侧时,解释为浊流侵蚀堤岸导致的河道迁移形成的点状砂坝;当杂乱强振幅反射体向下切割下伏沉积体时,则解释为充填河道轴部侧向迁移与垂向加积的结果。这种同时发生侧向迁移和垂向加积的水下河道及相关的沉积样式在刚果扇中也有报道(Kolla et al.,2001)。

5.2.3　深水扇系统的形态与结构特征

1. 孟加拉扇系统第四纪活动水下河道结构特征

深入刻画深水扇系统的峡谷和浊流水下河道样式是理解其发育过程的基础(Curray et al.,2003)。经过20世纪后叶40多年的努力(Hübscher et al.,1997;Weber al.,1997;Curray and Moore,1974,1971),现在已经认识到孟加拉扇系统只有一条活动扇峡谷系统与现今水下峡谷相连,其余的均为废弃的扇峡谷系统。根据中央活动峡谷的位置,将废弃峡谷分为西部扇体峡谷系统和东部扇体峡谷系统(图5.11)。第四纪的孟加拉扇系统发育多条水下峡谷通道,这与世界上其他著名深水扇系统(如印度扇、亚马孙扇、密西西比扇和刚果扇)只有单一的活动水下峡谷提供沉积物源存在显著差异(Curray et al.,2003)。通过二维地震测线的精细刻画,Curray(2003)核对Swatch of No Ground水下峡谷西部扇体峡谷系和东部扇体峡谷系统在横向和轴向上的几何学特征进行了深刻的总结。深海扇水下河道(峡谷)是扇体建造的重要区域,认清水下河道的迁移和发育规律是理解深海扇发育的关键。以 Curray(2003)的研究为基础,本节对孟加拉扇的主要水下河道系统进行简要总结。

1) Swatch of No Ground 水下峡谷

现今孟加拉扇系统的水系(drainage system)由活动的水下峡谷——Swatch of No Ground 与孟加拉三角洲体系相连,是现今孟加拉扇系统生长的主要物源供给通道。Swatch of No Ground 的顶端位于 21°27′N,89°41′E,水深约 38 m,水下峡谷向南延伸约 160 km,最南端位于 20°12′N,89°12′E,水深约 1 406 m,平均梯度达到了 8.2 m/km(Curray et al.,2003)。

Swatch of No Ground 水下峡谷被认为是最后一期冰川时期河口的位置,弯曲的水下峡谷穿过孟加拉内陆架,可能代表了中更新世海平面下降时期河口向南西方向迁移的结果。已经证实孟加拉三角洲和内陆架水下部分具有非常高的沉积速率(Michels et al.,1998;Kuehl et al.,1997;Hübscher et al.,1997;Kuehl et al.,1989)。与此类似,Swatch of No Ground 顶端的内陆架也证实具有很高的沉积速率,可能是风暴和潮汐作用于三角洲下捕获的沉积物(Kudrass et al.,1998)。但是由于扇体缺乏现代浊流活动的证据,大部分学者(Emmel and Curray,1985;Curray et al.,1982;Curray and Moore,1974)认为晚全新世和现代滑坡和浊流活动与前述海平面下降期相比无论规模还是频率都小得多。

Curray 等(2003)通过两条穿过 Swatch of No Ground 水下峡谷的地震剖面首次展示了峡谷的形态变化(图 5.14)。位于内陆架的横剖面显示水下峡谷为宽缓的"U"形,峡谷口的宽度约 20 km,谷底宽度约 8 km,深度 862 m,横截面积约 11 200 000 m^2。峡谷内沉积层可视厚度约 800 m(0.8 s)。充填层的上段显示很弱的成层性,下段地震反射非常杂乱,表明是不规则砂体和透镜体。峡谷西侧阶梯状的台阶可能是断裂作用或滑塌作用形成的(Shepard,1973)。另外一种解释是它们是峡谷充填侧向切割或局限于 Swatch of No Ground 水下峡谷内的小规模浊流沉积形成的天然堤(Curray et al.,2003)。

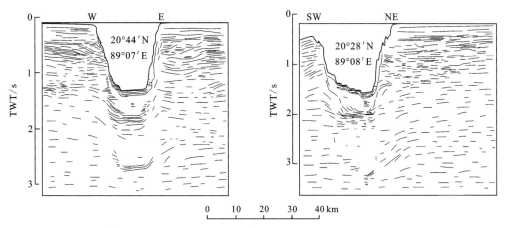

图 5.14　穿过 Swatch of No Ground 水下峡谷的地震剖面(Curray et al.,2003)

活动的水下峡谷的位置与河口迁移、沉积作用和第四纪海平面升降相关。在高水位时,河口可以在海岸附近的三角洲上自由地来回迁移而不用受制于之前形成的废弃峡谷;在低水位时,河道可能会向海或向陆方向切割先前形成的高位海岸,而河流则往往占据新的高水平位置。但是随着海岸线的继续退缩,河流可以自由选择越过陆架以响应于陆架地形、波浪和沿岸流的影响。在任何时候河流都可能会返回至古老的水下峡谷,这时峡谷就会重新活动(Curray et al.,2003)。

新的水下峡谷的轨迹可能由低水位时河口的位置决定,除非河口已经位于水下峡谷的位置。河流搬运的沉积物基本都沉积在河口以外的地方。如果大规模的沉积物堆积在陆架破折带及陆架地区,陆架斜坡的剥蚀作用将会加强。河流的向源侵蚀可以形成新的水下峡谷。随着海平面的下降和大陆冰川的减少,河流会倾向于返回它自己的河道或峡谷。伴随着海平面的快速上升或者沉积物供应的不足,会形成新的河口并限制或阻止河口的迁移。但是第四纪末期(距今6 000~7 000年)随着隆升速率的降低或者原地沉积物供给的增加,河流可以将河道和河口填满。这种情况很有可能发生在现今的孟加拉三角洲和 Swatch of No Ground 水下峡谷的顶端。如果不考虑沉降,海平面将位于9 000年前的位置(Fairbanks,1989;Curray,1964),如果根据最高沉降速率1 cm/a(Milliman et al.,1989;Morgan and Mcintire,1959)~2.5 cm/a来评估,则海岸线将位于1 500~3 800年前的位置。但是孟加拉陆架水深150 m和世界陆架平均水深120~130 m的实际情况,表明上述沉降速率不适用孟加拉陆架。如果河流或河流废弃的峡谷位于6 500年前低海平面上升速率条件下,那么 Swatch of No Ground 水下峡谷河口的沉降速率大致是3 mm/a(Curray et al.,2003)。

总之,可以认为新的峡谷将会产生于低海平面时的河口位置。峡谷的初始剥蚀作用发生于低海平面或海平面快速上升的早期,而峡谷的废弃发生在海平面缓慢上升的晚期或高海平面时期(Curray et al.,2003)。峡谷的充填和新峡谷的产生发生在高海平面或海平面的下降段。这种相似的过程也发生在亚马孙深水扇系统(Flood and Piper,1997)。

2) 中央活动峡谷的结构特征

已经获取的横切中-下扇中央水下峡谷(AV)的地震剖面显示了峡谷形态多变的性质,主要体现在水下峡谷的曲折和"U"形特征上,也正是因为水下峡谷的这种特征,对其进行定量化的对比和计算非常困难(Curray et al.,2003)。例如,在某些实例中,"U"形峡谷是充填状态,而另外一些情况下它们却是未充填的。能够观察和进行对比的是水下峡谷的深度,无论它们是充填的还是未充填的,谷底是平整的还是起伏的。那些未被充填的峡谷,可能是现今仍在活动的,或是废弃的且远离现今浊流沉积作用的区域。中央活动水下峡谷谷底线是位于下伏扇体的表面,而在中扇和下扇是切割所在扇体的表面。中央水下峡谷的梯度在上扇为5.7 m/km,在中扇为1.68 m/ km。中扇和下扇地区,沿着活动峡谷的两翼可观察到堤岸相和越岸沉积。

剖面1~6(图5.15)显示中央水下峡谷是"V"形,并指示了附近弯曲峡谷的充填特征,如剖面 1、2 和 4。剖面 5 和 6 的水下峡谷底部可能存在滑塌体。剖面 7 峡谷的规模特别小,谷底面平整。剖面 8 中的中央水下峡谷几乎被沉积物完全充填,具有较平坦的谷底,与西部扇体水下河道 W1 邻近。相似的,剖面 9 也具有非常平坦的谷底,但是剖面 10、11、12 和 13 表现为"V"形峡谷,估计仅有少量沉积物聚集。剖面 14 位于最南端,规模很小,具有平坦的谷底,而且右侧堤坝比左侧堤坝相对较高,形成原因存有争议(Curray et al.,2003;Menard,1960)。

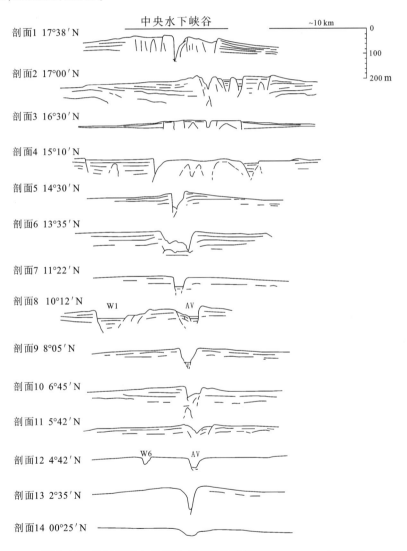

图 5.15　孟加拉扇中央活动水下峡谷线描图(Curray et al.,2003)

　　Curray 等(2003)认为水下峡谷平坦的谷底充填是一定程度上峡谷不活动或废弃的体现,表现为浊流活动强度的下降或规模的减小;而那些未被充填的"V"形水下峡谷可能指示的是浊流活动或邻近水下峡谷溢出流沉积难以到达。总之,中央水下峡谷可以小规模活动(如剖面 7),也可以活动得非常弱并经历很少的沉积过程(如剖面 7 和 8),还可以是活动非常弱,不存在沉积过程(如剖面 9)。水下峡谷 W6 和 W2 在 5°N 邻近中央水下峡谷,可能是中央水下峡谷袭夺的实例(Emmel and Currary,1981b)。剖面 12 显示了悬垂的水下峡谷 W6 的形态,在较短的地质历史时期内,W6 与中央水下峡谷可能是同一条水道。Weber 等(1997)对中央水下峡谷进行了地形测绘,发现中央水下峡谷在 11°N 处消失,取而代之的是 W1 水下峡谷(11°N~11°45′N)。他们认为 W1 峡谷是不活动的,而中央峡谷在 14°N~15°N 开始活动。这一观点与 Curray 等(2003)的解释相似,即中央水下峡谷在 13°35′N~11°22′N 是活动的(如剖面 6 和 7)。至于 8°N 的地区,中央水下峡谷未被充填,但是活动性可能也不强,并从沉积物源区孤立出来。这可能是全新世高海平面作用的结果(Curray et al.,2003)。之后海平面上升期和高海平面期的小型浊流活动没有产生越岸沉积而充填于中央峡谷。所以,中央水下峡谷并不是以越岸流的形式向邻近的上扇搬运沉积物,而是大部分的沉积物均受到峡谷的约束再沉积于此。因此这段区间内(10°N~12°N)的峡谷具有较平整的谷底,并且 10°N 以南的地区,中央水下峡谷只接受少量沉积物,但整体上仍表现为未充填状态。

剖面 3 比较特殊,最早是由 Hübscher 等(1997)和 Weber 等(1997)对这一区域的中央水下峡谷进行测绘时获取的。他们的研究表明,中央水下峡谷(16°30′N)复杂的河道-堤岸系统形成于 12 800~9 700 年前,叠加在一个更古老的扇体表面之上。在 9 700 年前,堤岸系统的建造高度已经超过 40 m,而在 6 000 年前水下河道的充填高度超过 70 m,只留下一些小型的内部水道系统。前文讨论中已提及恒河-布拉马普特拉河搬运的沉积物进入 Swatch of No Ground 被切断的时间是 6 500 年前。因此可以推测出,中央水下峡谷形成并成为活动水下河道的时间是 12 000 年前,而中央峡谷浊流活动消失的时间约为 6 500 年前(Curray et al.,2003)。Hübscher 等(1997)和 Weber 等(1997)还同时认识到,孟加拉扇的独特之处在于沉积物的供应横穿整个全新世,并且在海平面上升期和高海平面期均经历了明显的生长过程。前人在亚马孙扇和密西西比扇等地的研究表明,深水扇在海平面上升的晚期和高海平面期是不活动的。

剖面 3 的地震解释方案的真正意义在于:① 孟加拉扇中央水下峡谷是在 12 800 年前的古老扇体表面于 12 000 年前形成的;② 浊流活动形成的高约 40 m 的堤岸系统,发生在 9 700 年前,并导致先前的大型峡谷封闭;③ 大约 6 000 年前,中央水下峡谷与恒河-布拉马普特拉河隔断,此后,除了一些小型的内部水道,中央水下峡谷开始被浊流携带的沉积物充填;④ 在过去的 6 000 年,中央水下峡谷充填之上又堆积了大约 70 m 厚的沉积物,这表明中央水下峡谷内仍然有弱的浊流持续活动并伴有少量的越岸流,尽管此时中央水下峡谷已经不能从恒河-布拉马普特拉河接受沉积物(Curray et al.,2003)。

3) 东部扇体水下河道的结构特征

除了中央水下峡谷,前人在中扇还识别出了很多未被充填的水下峡谷(图 5.11),它们与上扇峡谷系统的关系已经很难辨认。一个特例是 E4 水下河道[图 5.16(a)],它可能是早威斯康星冰期(Wisconsin Glacier,85 000~11 000 年)的产物。E4 水下河道在中扇的延伸距离大约 1 550 km,它之前可能占据着现在中央水下峡谷所在的位置,如果假设成立,那么中央水下峡谷的形成时间会早于 12 000 年,并且当中央水下峡谷因为河道变更而发育时,它就占据了这一古老的峡谷系统。

　　最北端的横切剖面(剖面 1)显示,水下河道是充填状态,毫无疑问,这是由邻近地区的河道-堤岸系统垮塌导致的快速沉积。剖面 2~4 显示河道未被充填[图 5.16(b)],而继续向南,剖面 5 显示河道是部分充填。剖面 6~8 显示水下河道切割非常深(超过 100 m)。而最南端的剖面 9 则显示具有相对平坦的充填谷底。地震剖面显示 E4 水下河道的充填样式与中央水下峡谷相类似,都是在中扇地区发生水道的沉积和回填作用(back-filling),可能是 125 000 年前水道废弃之前浊流活动迅速减小导致的。而剖面 9 显示的水道充填可能是后来的水道继续沉积的结果,如西部的水下河道和中央水下峡谷等。E4 水下河道的结构特征表明浊流的侵蚀作用可能非常强,因为在超过 160 km 的长度范围内,水下河道的深度均超过 100 m(Curray et al.,2003)。

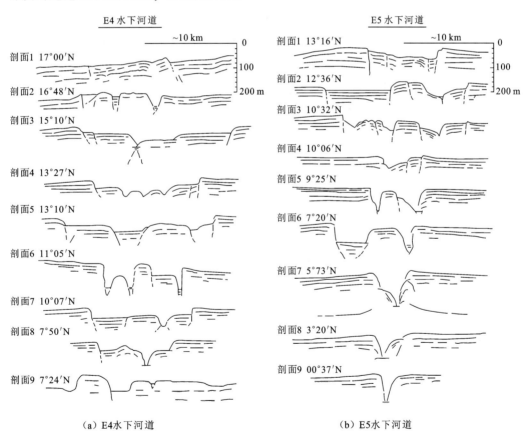

(a) E4水下河道　　　　　　　　　　(b) E5水下河道

图 5.16　孟加拉扇东部扇体水下河道结构图(Curray et al.,2003)

　　东部扇体,相对古老的水下峡谷系统中 E5 水下河道最具特色,总长度超过 2 500 km。

最北端的剖面 1,显示水下河道发育部分残留的沉积充填。剖面 2 显示水下河道未被充填,而继续向南剖面 3~6 显示沉积充填越来越少。剖面 7 揭示了最深的水下河道特征,其谷底深度达到了 143 m,水下河道甚至剥蚀到了上新统顶界面,这一区域性的地层界面被深海钻探 DSDP218 站位所证实。在这一纬度(5°43′N)至赤道之间,水下河道的深度普遍超过 100 m。与此相比,同一纬度区间的中央水下峡谷的规模则小得多。由于剖面较稀疏,剖面 5 和 6 中显示了两个水下河道系统,但是不确定哪一个是 E5 水下河道。

前人的研究(Curray et al.,2003)假设 E5 水下河道形成于威斯康星冰川期之前。这一水下河道向南发育到 2°S,但是没有详尽的资料覆盖,并不清楚水下河道发育的细节。

下扇的 E4 和 E5 水下河道受低海平面期强烈的浊流影响而剥露出来,对于 E5 水道,内部的沉积充填可能在低海平面期被重新覆盖或侵蚀。在上扇地区(19°35′N,89°44′30″E~90°17′E),发育的大型水道均被埋藏,也说明了水道沉积收到后期浊流活动影响,而且这一区域还发育了两个大型的新扇体。在扇的最南端(83°52.5′E,0°45′N~4°00′S),可能还存在其他活动的水下河道,其深度也超过 100 m,并且其路径与 E5 近似于平行。据此可以推测这一水下河道也是形成于威斯康星冰期之前,北部的河道已经被向南活动的越岸流携带的沉积物充填。另一条重要的水下河道是 E7,它沿着巽他海沟向南延伸至安达曼岛西侧,与大陆斜坡近似平行,在剖面上呈"U"形(Moore et al.,1976)。在 15°30′N~14°18′N,E7 水下河道被泥质沉积物充填,这些泥质沉积体是 Bassein 水下扇滑坡形成的。推测在南北两侧,E7 水下河道具有相似的充填特征,因为泥质沉积物可以由 Bassein 水下扇滑坡或印缅增生楔的泥火山活动产生(Curray et al.,2003)。

4)西部扇体水下河道的结构特征

基于目前的认识,前人(Curray et al.,2003)已经注意到东部扇体的 E5 水下河道是在威斯康星冰期之前形成,而 E4 水下河道可能是在威斯康星冰期末期开始活动(大约 12 500 年以前)。目前 E4 水下河道已经废弃,那么可以推测水下河道的活动与废止是逐渐向西迁移的,即由 E5→E1,然后转换到西部扇体的水下河道。虽然没有确切的证据,但是可以基本确定第四纪孟加拉扇水下河道的迁移次序是:E5→E4→E3→E2→E1→W3→W2→W1→AV。目前还不清楚 W6 水下河道是何时开始活动的,但是由于它位于扇体的最西缘并靠近印度东部大陆边缘,成因上可能与默哈讷迪河、戈达瓦里河和克里希纳河的活动有关。这部分孟加拉扇体也被称作奥里萨(Orissa)扇(Emmel and Curray,1981a)。至今,这部分扇体仍然可能接受来自上述河流的沉积物供给,这可以从这些河流在大陆边缘发育的大型三角洲中推断出来。E6 水下河道的北端(初始发育端)可能与默哈讷迪盆地三角洲中的众多小型水下峡谷相连,而戈达瓦里河和克里希纳河携带的沉积物可以直接越过印度东部大陆陆架搬运至西部扇体。奥里萨(Orissa)扇底部的沉积物矿物学研究表明它们主要来自印度大陆(Kolla et al.,1976;Kolla and Biscaye,1973)。更南端的 ODP116 站位钻井揭示物源来自印度大陆和斯里兰卡(Brass and Raman,1990;Yokoyama et al.,1990)。

图 5.17 编绘了穿过 W3 水下河道的地震剖面。该水道向南最远可追溯至 12°N,通

常它在上扇地区是呈未充填状态,如剖面 1、2 和 3 所示。再向北,13°N 以南地区,W3 水下河道规模减小,河道被完全充填,逐渐消失。这可能是 W2 水下河道开始活动产生的越岸流导致的结果。

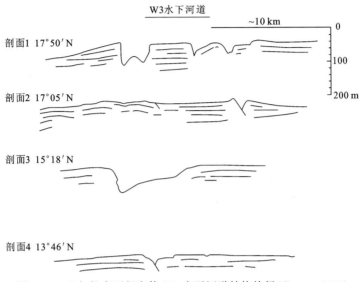

图 5.17　孟加拉扇西部扇体 W3 水下河道结构特征(Curray,2003)

　　水下河道 W2 规模很小[图 5.18(a)],上扇地区地震剖面显示是充填状态,如剖面 1、2 和 3 所示。但是在 13°N 以南地区,W2 水下河道的规模非常大,深度超过 100 m,水道通常是未充填状态。在 5°N 与中央水下峡谷合并之前,W2 水下河道的规模已经非常狭小。

　　根据现有认识,W1 水下河道是 12 000 年前中央水下峡谷形成之前的活动水道。在 11°N 以北地区,W1 水下河道规模很小,基本被完全充填[图 5.18(b)]。剖面 6 揭示了一个规模很大的谷底平缓的水道结构,但是这一剖面与水道可能不是正交关系,导致它看起来比较宽。剖面 7 与图 5.15 中的剖面 8 相同,显示的是 W1 水下河道逐渐向中央峡谷合并之前的状态。在中央活动峡谷活动之前,这一区域可能被 W1 水下河道占据,而更早的时候可能是被 W4 水下河道占据。

　　Curray 等(2003)认为 W3 水下河道在 W2 水下河道之前活动,因为 W3 水下河道的下端看起来是被 W2 水下河道产生的片流(sheet flow)掩埋的;同时 W1 水下河道应该是在 W2 水下河道以后开始活动的,因为 W1 水下河道与中央水下峡谷是在同一层面合并的,而 W2 水下河道在与中央峡谷合并时呈现的是悬垂的峡谷。当 W1 水下河道废弃而中央水下峡谷开始活动时,中央水下峡谷在 10°N 以南占据了 W1 水下河道的位置;而 W1 水下河道在 7°N 以南占据了 E4 水下河道的位置,与此同时,E4 水下河道由于被侵蚀的足够深,可以在 5°N 切割 W6 和 W2 水下河道。当然,这一假设还没有得到直接证据的证实。但是已经证实的事实是中央水下峡谷是在 12 000 年前形成的(Hübscher et al.,1997;Weber et al.,1997)。

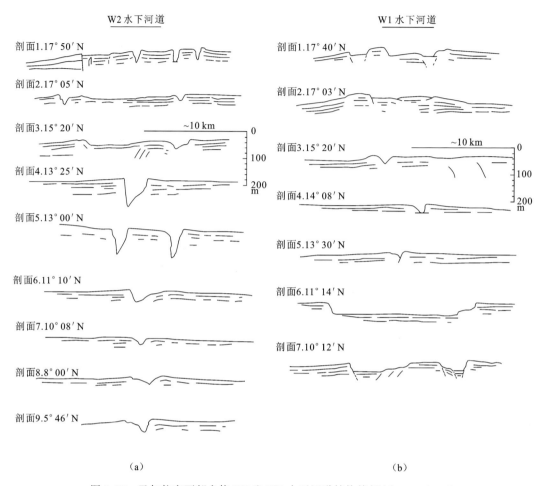

图 5.18　孟加拉扇西部扇体 W2 和 W1 水下河道结构特征(Curray,2003)

很显然,中央水下峡谷是占据先前存在的水下河道的基础上发育起来的,已知的最古老的水下河道是 E4 水下河道,其向南延伸至赤道附近。E3、E2 和 E1 水下河道可能先后占据了 E4 水道的下端,而对于西部扇体中的 E4～E6 水下河道,目前已知的信息相对较少。一个重要的认识是,下扇中新河道占据古老河道是孟加拉扇河道迁移的重要规律(Curray et al.,2003)。

2. 孟加拉扇系统内部垛体的叠置关系

1) 孟加拉扇内部水道-堤岸系统的侧向叠置

孟加拉扇第四纪水下河道的结构与迁移规律可能揭示了水下扇系统建造具有一定的时序关系。图 5.19 不仅显示了水下河道由 E5→E4→E3→E2→E1→W3→W2→W1→AV 的迁移,而且阐明了水道-堤岸系统及其泥质沉积的叠加关系,即中央峡谷水道-堤岸系统叠加于 W1 水道-堤岸系统,W1 水道-堤岸系统加于 E1 水道-堤岸系统西翼,E1 水道-堤岸系统叠加于 E2 水道-堤岸系统西翼,E2 水道-堤岸系统叠加于 E3 水道-堤岸系统。这种水道-堤岸系统的空间叠置关系与水下河道的活动和迁移时序相吻合,表明了水道-堤岸系统的侧向迁移规律。Bastia 等(2010a)在研究孟加拉西部扇体的结构时同样发现了扇体内部河道-堤岸系统的这种叠置关系,但并不是有规律的自西向东或自东向西依次叠加。垛体的侧向迁移主要受水下河道的废止与活动等因素控制,可能是深水扇发育的基本样式(Deptuck et al.,2007)。

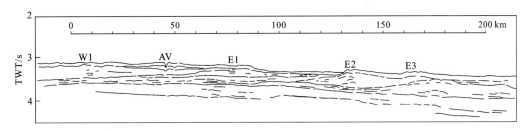

图 5.19　孟加拉扇第四纪水道-堤岸系统的迁移演化(Curray et al.,2003)

2) 孟加拉扇内部水道-堤岸系统的垂向结构与沉积建造

Curray 等(2003)在研究孟加拉扇上扇的沉积结构时,将孟加拉扇第四系层序划分为四个沉积单元,自下而上分别是单元 A、B、C 和 D。这四个沉积单元的水道-堤岸系统在垂向上呈复杂的交切关系,但是每个单元的顶底界面显示上述四个沉积单元的形成时间基本上是由老而新。Schwenk(2003)和 Schwenk 等(2005)研究了新近获取的船载二位地震测线,揭示了孟加拉扇上扇的垂向结构与沉积建造特征(图 5.19～图 5.21)。Schwenk(2005)对孟加拉扇内部的水道-堤岸系统及其垂向结构与沉积建造过程进行了以下阐述。

(1) 剖面 GeoB97-068

最北端的东西向剖面 GeoB97-068(图 5.20)长约 53 km,活动水道-堤岸系统(A)位于剖面中央。活动水道-堤岸系统的东侧,有两个小型、深切的、部分充填的水下河道。活动水道-堤岸系统 A 的宽度不超过 40 km,堤岸的最大高度达 90 m。堤岸的西翼由小尺度的波形沉积构成。在活动水道-堤岸系统 A 内部可以识别出四个充填水道系统,它们的侧翼发育地震空白反射带。在这些充填水下河道的侧面和底下,是宽缓的杂乱强振幅反射带(CHARS),这些反射体深切下伏的堤岸和强振幅反射系统(HARPS)。根据对堤岸系统的测量,这些杂乱的强振幅反射体深切深度为 90 m,而整个水道-堤岸系统的最大厚度达到了 190 m。在活动水下河道底部的西边,有一狭窄的杂乱强振幅反射带,它向下伏沉积层的切割深度仅 20 m。最上部的活动水道-堤岸系统 A 向东叠加于薄层的强振幅反射层之上,后者形成于下伏的埋藏水道-堤岸系统 E 的顶部和水道-堤岸系统 B 的底部(图 5.20),在强振幅反射层的西部,可以识别出无堤岸建造的充填水下河道系统。

水道-堤岸系统 B 的中部,可见三个复杂的充填水道系统,它们部分地相互切割,发育在小型的杂乱强振幅反射单元上。这些水道和杂乱强振幅反射体向下切入强振幅反射沉积体约 30 m。在水道-堤岸系统 B 的西部,显著的、垂向建造的堤岸反射体与各个水下

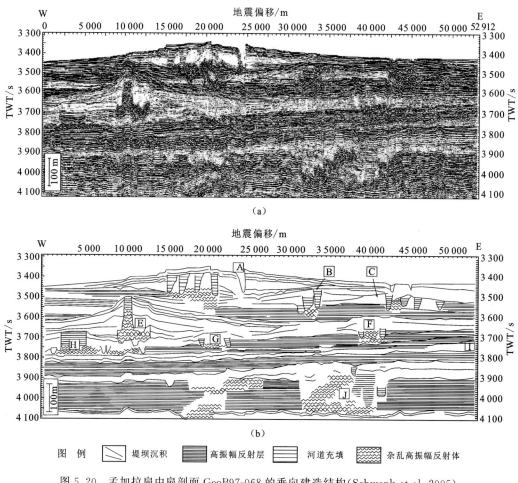

图 5.20　孟加拉扇中扇剖面 GeoB97-068 的垂向建造结构(Schwenk et al.,2005)
A-J 为水道-堤岸系统(地震反射单元)

河道相连接。再向东,堤岸系统超覆在水道-堤岸系统 E 之上。从杂乱强振幅反射体的底部到堤岸系统的顶部,水道-堤岸系统 B 的总厚度超过 105 m。此外,水道-堤岸系统 B 东翼的堤岸沉积叠加在另一个水道-堤岸系统 C 之上,它以杂乱强振幅反射体与水道-堤岸系统 B 为边界,这个水下河道和杂乱强振幅反射体也切入下伏的强振幅反射体内。令人不解的是,在水道-堤岸系统 C 中,这些水道充填的东翼缺失杂乱强振幅反射体而发育高频反射体,水道-堤岸系统 C 的总厚度超过 80 m。

在水道-堤岸系统 B 和 C 下面,发育厚约 50 m 强振幅反射体沉积,它向西终止并上超于大型的、埋藏水道-堤岸系统 E 的东翼之上。在水道-堤岸系统 E 的西翼顶部发育波形沉积,可以识别出上超型的强振幅反射体和堤岸序列。在水道-堤岸系统 E 的中部是宽阔的杂乱强振幅反射体。与最上部的活动水道-堤岸系统不同,水道-堤岸系统 E 只发育一个充填水下河道。该充填水下河道发育于杂乱强振幅反射体的顶部,构成宽缓的垂向建造的沉积体。充填水下河道的宽度与杂乱强振幅反射体构成的垂向沉积

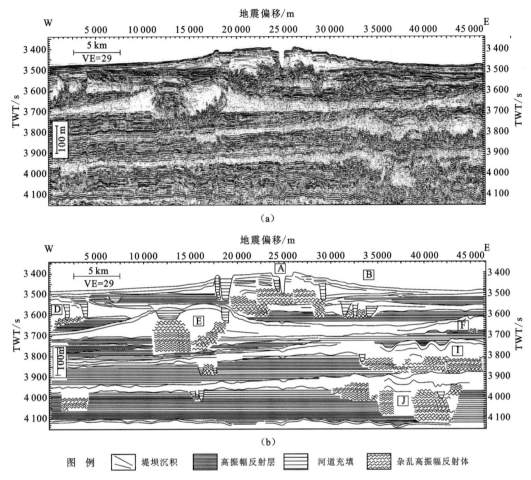

图 5.21　孟加拉扇中扇剖面 GeoB97-065 的垂向建造结构（Schwenk et al.,2005）
A-J 为水道-堤岸系统（地震反射单元）

体相同。杂乱强振幅反射体的下切深度不超过 40 m,因此比活动水下河道系统中杂乱强振幅反射体的规模小得多。充填水道两侧的堤岸高度＜130 m,而水道-堤岸系统 E 的总厚度最高达 180 m。

　　水道-堤岸系统 E 发育于下伏的两个小型的水道-堤岸系统 H 和 G 之间,水道-堤岸系统 H 和 G 是由一些水下河道充填沉积和小规模杂乱强振幅反射带组成,并向下切入强振幅反射体约 20 m。水道-堤岸系统 H 厚 85 m,而水道-堤岸系统 G 厚约 65 m。水道-堤岸系统 E 的堤岸沉积相向东超覆于较小的水道-堤岸系统 F 之上。在水道-堤岸系统 F 的中部,一个小型的杂乱强振幅反射体被两边的充填水下河道包围。水下河道的充填物没有向上延伸到堤岸的顶部,但强振幅反射体上覆的凹陷结构表明先前存在过活动水下河道,当强振幅反射体沉积时这些水下河道未被完全充填。杂乱强振幅反射体和充填水道向强振幅反射体的下切深度达 30 m,充填水下河道两侧的堤岸高度约为 60 m,而水道-

堤岸系统 F 的最大总厚度达 100 m。

　　水道-堤岸系统 F、G 和 H 切入同一个强振幅反射带,该反射带横跨整个剖面,具有恒定不变的厚度约 60 m。在这个强振幅反射带之下是以弱振幅的堤岸系统为特征的沉积相 I,它沿整个剖面延伸,东端厚 40 m,到西端厚度变为 15 m。沉积相 I 被强振幅反射体完全覆盖,厚度为 30～45 m。

　　剖面 GeoB97-068 底部出现了不同的沉积样式。厚约 120 m 的强振幅反射带在不同位置被杂乱强振幅反射体、水下河道沉积或透明单元所深切。这些强振幅反射体的底部是另一突出的反射体的标志层。在剖面中央,空白反射带和杂乱强振幅反射体向强振幅反射带切入约 45 m 深。在其东边,复杂样式的充填水下河道和杂乱强振幅反射单元 J 向底部强振幅反射带切入约 120 m 深,杂乱强振幅反射单元 J 的上方是顶部有水下河道沉积的倾斜块体,杂乱强振幅反射单元 J 的西翼堤岸的厚度从 55 m 减小到 20 m;而东翼堤岸厚度基本不变。系统 J 的最大厚度达 175 m。剖面中部,强振幅反射带被一个倾斜杂乱强振幅反射块体和充填水下河道截断。此外,在这些最底层的强振幅反射体中还有小型充填水下河道。

　　(2) 剖面 GeoB97-065

　　剖面 GeoB97-065 位于剖面 GeoB97-068 向南约 25 km 处(图 5.11),剖面东西向长度约 46 km。最上部的活动水道-堤岸系统 A 内发育有四个充填水道(图 5.21),水下河道的堤岸沉积之间分布着一个宽缓的杂乱强振幅反射带。在下伏的沉积体内可以识别出两套深切的杂乱强振幅反射体:一个是活动水道-堤岸系统 A 东部垂直建造的沉积体;另一个是活动水道-堤岸系统 A 西部倾斜建造的沉积体,它们都与一个充填水下河道相连接。显然,是后期的活动水下河道切割了先前存在的充填水下河道。水下河道堤岸相的最大高度超过 60 m,杂乱强振幅反射体的下切深度超过 80 m,活动水道-堤岸系统 A 的总厚度约 160 m,总宽度＞36 km。在活动水道-堤岸系统 A 的两翼堤岸相上发育波形沉积体。

　　在活动水道-堤岸系统 A 东翼的底部,发育小型的水道-堤岸系统 B。三个充填水下河道及杂乱强振幅反射体向下切入强振幅反射体约 20 m。剖面上可见不同形态的堤岸沉积体,它们的总高度达 40 m。水道-堤岸系统 B 的最大厚度为 60 m。水道-堤岸系统 B 的东部堤岸沉积体建造高度相对稳定,并向东一直延伸发育。

　　在活动水道-堤岸系统 A 的西翼堤岸沉积体之下,识别出了大范围分布的强振幅反射体,它被无堤岸相水下河道截切。这些强振幅反射体上超于剖面西端的水道-堤岸系统 D 上。在水道-堤岸系统 D 内,两个充填水下河道发育在略微倾斜的杂乱强振幅反射带上,后者向下切入强振幅反射体内约 45 m。水道-堤岸系统 D 的东翼堤岸沉积体的高度达 50 m,因而水道-堤岸系统 D 的最大厚度至少是 95 m。

　　水道-堤岸系统 D 及其底部的强振幅反射体均上超于更大的水道-堤岸系统 E 之上,后者以其内部发育两个水下河道充填沉积体叠加在杂乱强振幅反射体之上为特征。强振幅反射体形成了两个沉积单元(一个宽阔的垂向沉积块体和一个狭窄的倾斜沉积体),它们的共同底部深深切入强振幅反射体内。杂乱强振幅反射体的下切深度为 55 m,邻近充填水下河道的堤岸高度接近 95 m,水道-堤岸系统 E 的最大厚度为 170 m。与活动水道-堤岸系统 A 相似,两翼堤岸上都发育波形沉积。

在相同的埋藏深度内,剖面的东侧识别出了小型的水道-堤岸系统 F,它与水道-堤岸系统 E 之间是分割开的。在水道-堤岸系统 F 内,可见小型的杂乱强振幅反射带,但没有出现水下河道充填沉积相,虽然顶部的凹陷反射特征可能反映了水下河道部分充填。杂乱强振幅反射体向下伏的强振幅反射体内的下切深度仅 10 m 左右。水道-堤岸系统 F 的西翼堤岸系统的最大高度超过 50 m,由此可以推断出水道-堤岸系统 F 的总厚度大致是 60 m。在水道-堤岸系统 E 和 F 的底部,强振幅反射体沿整个剖面延伸,西侧厚度约 80 m,向东减小为 25 m 左右。一个不整合面将强振幅反射体分成均匀的底部薄层和较厚的上覆层。在更大的深度上,识别出了水道-堤岸系统 I 和宽阔的杂乱强振幅反射带。后者发育一些不规则沉积体,但不太可能是河道充填沉积。水道-堤岸系统 I 西翼堤岸的高度是 45 m,而水道-堤岸系统 I 向下伏的强振幅反射层的下切深度为 75 m,因此系统 I 的总厚度超过了 120 m。在水道-堤岸系统 I 的西翼堤岸沉积底部,出现了两个充填水下河道和一个杂乱强振幅反射带,但这个复合体内没有发育楔形的堤岸沉积相。复合体向下伏的强振幅反射层的下切深度约 45 m,在整体剖面内,下伏的强振幅反射层厚度大约为 80 m。

在地震剖面 GeoB97-065 的最下部,识别出了具有复杂结构的水道-堤岸系统 J,它包含杂乱强振幅反射带、空白反射带和充填水下河道。它们都向下切入厚层的强振幅反射层,深度达 120 m 并到达反射层的底部。水道-堤岸系统 J 的最大厚度为 165 m,该系统高达 40 m 的堤岸沉积体厚度向西逐渐减小。在水道-堤岸系统 J 与地震剖面最西端之间,有两个沉积体切入强振幅反射层内,一个是由河道充填和杂乱强振幅反射层组成的狭长反射体,深度达到 45 m;另一个是靠近剖面西边缘的、下切深度达 70 m 的以杂乱强振幅反射体为主的沉积体。在剖面的中部和东部边缘,强振幅反射带层的底部是不连续的。

(3) 剖面 GeoB97-064

剖面 GeoB97-064(图 5.11)位于中扇的南部。与剖面 GeoB97-068 和剖面 GeoB97-065 不同的是,长 45 km 的剖面 GeoB97-064 是南西—北东走向,穿过剖面 GeoB97-065 以南 17 km 处的活动水道-堤岸系统(图 5.11)。

剖面最上部的活动水道-堤岸系统 A 发育有三个充填水下河道和一个宽阔的杂乱强振幅反射带,后者在两个位置内向下的切入深度超过 70 m(图 5.22)。剖面西端的杂乱强振幅反射体和剖面东端的充填水下河道构成了平缓的倾斜薄反射带。河道充填体附近的堤岸沉积高度达 65 m 以上,以发育波形沉积为特征,活动水道-堤岸系统 A 的最大总厚度约 150 m。在活动水道-堤岸系统 A 下面发育的强振幅反射层的最大厚度可达 100 m,它被一些充填水下河道截切,并在东北部被两个独立的薄层堤岸相沉积体(属于水道-堤岸系统 B)分割;这两个堤岸沉积体都不具有明显的楔形特征,厚度<20 m,中间也没有水

下河道发育,底部出现杂乱强振幅反射体。

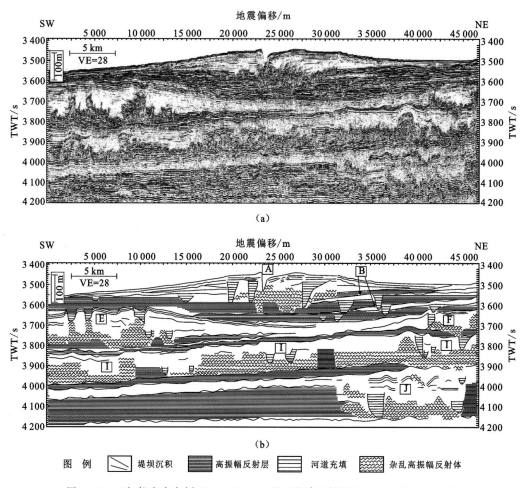

(a)

(b)

图 例 　◁◁◁ 堤坝沉积 　▬▬ 高振幅反射层 　▭▭ 河道充填 　≋≋ 杂乱高振幅反射体

图 5.22　孟加拉扇中扇剖面 GeoB97-064 的垂向建造结构(Schwenk et al.,2005)

　　发育于活动水道-堤岸系统 A 之下的厚层的强振幅反射层在剖面的西南端和东北端
分别上超在下伏的水道-堤岸系统 E 和 F 之上。在强振幅反射层内,区域性的不整合面
可以从水道-堤岸系统 E 追索到水道-堤岸系统 B 下部堤岸系统的底部。大型水道-堤岸
系统 E 内部,发育宽缓的杂乱强振幅反射带和三个不同的局部凸起,每个凸起的顶部均
是充填水下河道沉积,杂乱强振幅反射体与充填水下河道之间的三个界面基本都位于相
同埋藏深度。杂乱强振幅反射体向下切入强振幅反射层约 40 m。

　　堤岸沉积体的最大高度是 110 m,水道-堤岸系统 E 的最大厚度接近 150 m。在水道-
堤岸系统 E 东翼堤岸沉积的底部,可见两个小型的充填水下河道,其周围是杂乱强振幅
反射体,反射体也向下切入强振幅反射层。水道-堤岸系统 E 的东北部,在同一深度上,
一个小型的水道-堤岸系统 F 也发育在同一个强振幅反射层上,地震剖面上只显示了该
系统西翼的堤岸沉积,它与水道-堤岸系统 E 的东翼堤岸沉积直接接触。在地震剖面上

能够观察到的是一个充填水下河道及相关的广泛分布的薄层杂乱强振幅反射层,充填水下河道切穿了下伏的强振幅反射层并进一步切入底部的堤岸沉积。充填水下河道的下切深度达到了 35 m,堤岸沉积的高度约 65 m,而水道-堤岸系统 F 的总厚度超过了 100 m。下伏于水道-堤岸系统 E 和 F 的强振幅反射层的厚度自北东到南西由 20 m(水道-堤岸系统 F 的西翼)增加到 50 m(水道-堤岸系统 E 的东翼)。强振幅反射层内发育的不整合面将其分为两个次级小单元,其中一个上超于另外一个之上。

在强振幅反射层之下,发育有复杂的水道-堤岸系统 I,它包括杂乱强振幅反射体和相关的水下河道充填沉积,后者的顶部是堤岸沉积;杂乱强振幅反射体遍布整个剖面,在两个位置上被狭窄的强振幅反射垂直沉积体截断,其最大厚度约 75 m。在剖面的大部分区域,水道-堤岸系统 I 的下面是厚约 20 m 的强振幅反射层,但是从剖面东端 6 km 处开始,强振幅反射层被杂乱强振幅反射体取代。水道-堤岸系统 I 的厚度为 95~130 m。

剖面 GeoB97-064 的底部,水道-堤岸系统 J 发育在剖面的东北端。它西翼的堤岸沉积可以一直延伸到剖面的西南端,高度基本稳定在 35 m。东北部是由杂乱强振幅反射体、充填水下河道、强反射体和空白反射带组成的复杂结构。这一复杂结构切入下伏的强振幅反射层接近 125 m,甚至部分穿过强振幅反射层的底部。水道-堤岸系统 J 的最大厚度为 195 m。下伏于水道-堤岸系统 J 底部的强振幅反射层厚度为 100~125 m。

3) 孟加拉扇内部结构的南北向变化

孟加拉扇中扇中央活动水下河道及邻近区域的地震测线(图 5.17~图 5.19)详细地介绍了扇体的组成和垂向沉积建造的结构特征。主要表现为:①一个小旋回(期次)的水下扇垛体主要有水下河道(充填水道)、堤岸、杂乱强振幅反射层、强振幅反射层和空白反射层组成;②上覆水下扇垛体的两翼往往向下伏的水下扇垛体的一翼上超,强振幅反射层和空白反射层构成不同垛体间的界面;③充填水下河道向下伏的杂乱强振幅反射层切割,深度在 20~120 m,杂乱强振幅反射体向下伏平缓的强振幅反射层切割,深度在 30~90 m;④各水下扇垛体在南北向上的厚度变化非常小,大致呈自北向南逐渐减小的趋势,但并不是稳定可循的规律(Schwenk et al.,2005)。

在更大范围的尺度上,Schwenk(2003)通过横切孟加拉扇上扇、中扇和下扇的东西向大剖面,介绍了孟加拉扇的结构特征,从相关的地震剖面中可以得到以下基本认识:①扇体内部以水道-堤岸系为特征的垛体主要发育在孟加拉扇的上部(上新统—第四系),上扇和中扇的发育强度比下扇高;②孟加拉扇的中下层以平缓的沉积反射为特征,缺少明显的水道-堤岸系,特别是下扇地区,基本不发育这类大规模的复杂结构系统(表 5.3),但是还有一种解释是先前发育的水道-堤岸系受上覆沉积的重力挤压变形,在地震剖面上表现得不太明显;③孟加拉扇沉积层序之间以频繁的角度不整合(上超反射)和平行不整合相接触(Schwenk,2005);④孟加拉扇扇体整体上表现为下拗的碟形,其西翼向印度东部大陆边缘逐渐抬起,下伏于由印度陆缘形成的斜坡扇和盆底扇,其东翼向东经 90°海岭抬升。表 5.3 介绍了孟加拉扇南北方向上组成扇体的各要素的变化关系,最显著的特点是水道-堤岸系统的数量自最北端的地震剖面向南由 18.7 个/100 km 减小至 6.6 个/100 km,其埋藏深度自北向南由 800 m 减小至 450 m(Schwenk,2003)。

表 5.3　孟加拉扇基本组成要素的南北向变化趋势统计表(Schwenk,2003)

扇体参数	Geo97-020/027	Geo97-028	Geo97-041	Geo97-059/069
距离陆架距离/km	1330	1000	670	365
测线长度/km	470	512	515	309
水道-堤岸系统数量/个	31	64	84	58
水道-堤岸密度(个/100 km)	6.6	12.5	16.3	18.7
水道-堤岸系统的最大埋深/m	450	600	640	>800
堤岸的最大高度/m	48	49	60	173
堤岸的最小高度/m	16	10	9	11
堤岸的平均高度/m	27	24	27	49
充填水下河道的最大侵蚀深度/m	152	153	195	155
充填水下河道的最小侵蚀深度/m	16	9	12	10
充填水下河道的平均侵蚀深度/m	78	67	67	70

Bastia 等(2010a)同样对孟加拉扇结构进行了分析,认为孟加拉扇在历史上存在向南逐渐迁移的过程。上扇的地震剖面显示自下而上由远端扇和扇体边缘沉积相向河道充填单元过渡,如上覆层逐渐变为大型的水道-堤岸沉积。中扇上部新近系主要表现为中扇-下扇环境,水道-堤岸系统的厚度相对减小;中扇下部古近系主要由平行的中-强振幅连续反射层组成,代表的是下扇远端的环境。下扇由强振幅连续反射层组成,可能是反映了远端扇堆体的持续沉积建造。孟加拉扇的垂向结构特征和南北向变化不仅显示了沉积相的变化,还反映了来自印度东部大陆边缘的沉积碎屑从古近纪一直延续到现今。孟加拉扇不同时代的厚度变化同样体现了孟加拉扇体自北向南逐渐迁移的特征(Zhang et al.,2017;Curray et al.,1982)。

3. 孟加拉扇系统与下伏海岭隆起带的配置关系

孟加拉湾盆地及其沉积主体孟加拉深水扇系统在形成和发育的过程中深受东经85°海岭和东经90°海岭的影响(Zhang et al.,2017;张朋 等,2014;Bastia et al.,2010a,c;Maurin and Rangin,2009a;Curray et al.,2003;Gopala Rao et al.,1997;Curray and Munasinghe,1991;Curray et al.,1982)。古近纪孟加拉扇系统主要发育在盆地的西部拗陷和中央拗陷,这主要是受物源体系供给的影响。在西部拗陷,孟加拉扇西缘逐渐上超于印度东部陆缘起源的盆底扇和斜坡扇之上,在东经85°海岭隆起带,孟加拉扇被海岭隆起分割(刺穿)。在中央拗陷,古近纪孟加拉扇逐渐向东经90°海岭的西翼上超,局部可见小型的火成岩底辟(Curray et al.,2003;Moore et al.,1974)。新近纪孟加拉扇系统的范围继续向南和向东、西两侧扩展,并叠置于东经85°海岭和东经90°海岭之上。海岭隆起带的多期次隆升在孟加拉扇系统内产生了多个重要的区域性不整合面,是孟加拉扇扇体结构在时空上变迁的标志。

5.2.4　孟加拉深水扇系统的形成演化

对于孟加拉深水扇系统的形成演化,需要从以下两个角度进行:①孟加拉深水扇内部河道-堤岸系统随时间的迁移、充填导致扇体朵叶的侧向迁移和垂向叠置演化;②宏观上由深水扇扇体厚度的迁移变化解剖扇体形成的控制要素及与区域构造的关系。

1. 控制深水扇系统形成演化的一般要素

影响深水扇发育的因素众多,从深水扇组成物质的剥蚀、运输到沉积整个过程,不同的因素所起的作用并不相同。通常情况下,气候、构造活动、海平面变化及沉积物类型/沉积量被认为是控制深水扇沉积演化的主要因素(Bouma,2001;Stow et al.,1985,1983)。Stow 等(1985)对深海扇形成的控制因素及机理做了详细的总结,极大地促进了地质学家对深海扇形成及发育的认识。需要指出的是,不同因素对深海扇的影响不是孤立存在的,它们之间存在复杂的交叉关系,Stow 等(1985)对此进行了以下简要的总结和归纳。

1) 气候

一般情况下,气候控制着物源区风化作用的类型、强度和速率,以及大气环流、海面温度、全球冷暖变化、降水和河流径流量等,并通过温度和降水影响物源区的剥蚀及河流对沉积物的运输能力的变化。

2) 构造

深水扇及深海沉积体系在成熟的被动大陆边缘、活动裂谷边缘、发育岛弧-海沟系统的汇聚大陆边缘及转换大陆边缘等构造背景下广泛发育(Stow et al.,1985,1983)。构造因素对深水扇形成演化的控制作用首先表现在构造背景上。它通过影响构造上升和剥蚀的速率、水系样式、海岸平原和陆架宽度、大陆边缘坡度(Nelson and Kulm,1973)、沉积物总量、盆地地形及海平面的变化来发挥作用。另外,盆地边缘及盆地可以控制深水扇的类型和几何形态。同时地震和断层活动的方式及频率也会在物源区及沉积物运移过程中产生影响,它们控制着重力流沉积物向盆地的运移频率和运移量大小。例如,在被动大陆边缘构造活动较少发生,但是大规模的地震活动能够触发大规模的滑脱导致碎屑流及浊流的产生。构造因素的控制作用表现在水平和垂向构造运动的速率、大陆边缘的成熟状况、板块构造背景等。如果沉积速率小于构造活动速率,则深水扇的发育将主要受构造控制而不是受水下河道梯度波动和迁移、沉积物分布和末端扇朵体等沉积因素的影响。

3) 海平面变化

海平面的波动不仅影响近海沉积,也极大地影响深水沉积和再沉积。河流或沿岸水流可以在低水位期直接携带近岸物源穿过盆地斜坡区,但不能在高水位时期直接穿过海陆交互带及陆架环境(Nelson and Kulm,1973)。海平面的变化可以是全球性的(剧烈)也可以是区域性的,全球海平面的剧烈升降受大洋盆地可容纳空间或海水体积变化的影响。

Pitman(1979)认为影响洋盆可容纳空间的四个主要因素：①沉积物输入量的变化可以引起海平面最大 2.0 mm/1 000 a 的波动量；②洋-陆俯冲或陆-陆碰撞导致海平面的波动最大可达 1.6 mm/1 000 a(以印度板块与欧亚板块的碰撞为例)；③海底火山链的生长导致海平面变化的最小速率是 0.2 mm/1 000 a；④洋中脊系统的扩张或收缩可导致海平面最大以 6.7 mm/1 000 a 的速率波动。洋陆俯冲、海底火山活动及海底扩张引起的海平面变化不会超过 2.0 mm/1 000 a(Pitman,1979)。但是特殊情况下,如冰川期保存在地球两极的大陆架冰川在气候温暖时期融化可以导致海平面以 10 mm/1 000 a 的速率上升(Pitman, 1979)。与构造隆升或沉降因素引起的海平面变化相比,由气候因素引起的海平面的变化相对较小,它们对主动大陆边缘深水扇的生长影响有限。

4) 沉积物类型及供给

沉积物的供给类型有几种,其中陆源物质在全球范围内是最丰富的,尤以泥岩最重要。另外,碳酸盐岩珊瑚礁或台地的生物碎屑通常分布在低纬度地区,来自远洋高丰度钙质和硅质软泥可以原地发生再沉积作用。蒸发岩、火山碎屑岩及富含有机质沉积物通常可以作为浊流的物质基础,但并不能形成复杂的深水扇。沉积物的粒度影响沉积物的搬运过程、搬运距离及最后沉积体的几何形态。生物颗粒与陆源碎屑颗粒在搬运过程中的表现形式是不同的,因此,碳酸盐相和碳酸盐深水扇与碎屑物质相及深水扇是不同的(Stow and Piper,1984)。

沉积物供给量和供给速率及其影响到的再沉积作用是另外的重要变量(Stow et al., 1985,1983)。河控三角洲体系,如刚果河三角洲、印度河三角洲及密西西比河三角洲,能够向陆架快速、大量地提供沉积碎屑。尽管斜坡沉积碎屑的再沉积作用受海平面变化和陆架宽度的控制。波浪扰动及曲折的河道堤岸能够向大陆外缘提供少量沉积物。在高纬度地区,冰川和浮动冰架能够增加陆源物质向陆架边缘的供给量,而低纬度地区的碳酸盐岩台地和远洋物质覆盖的地形高地能够以很缓慢的速率提供物源供给。

沿大陆边缘输入点的数量及空间将决定是发育单个扇还是孤立扇体,或者是叠覆扇还是斜坡扇。影响沉积物类型及供给的次级因素包括：①源区母岩的类型影响沉积物的组成、粒度及岩屑溶蚀状况；②气候和植被影响自然界及风化速率和沉积物供给形式；③陆内的构造活动影响剥蚀速率及过渡物源的供给；④物源区与过渡物源之间的距离及运输模式影响沉积物的成分成熟度和结构成熟度；⑤过渡物源区地形、构造活动及沉积物沉积时间影响沉积物的压实、溶蚀及类型；⑥深水扇发育海区条件(洋流、地球自转偏向力、海水温度、上升流等)影响生物碎屑和有机碳的供给、生物扰动作用、沉积物的物理改造作用和悬浮作用及沉积物的最后分布(Stow et al.,1985,1983)。

陆上地区的剥蚀速率影响沉积物的供给速率(Stow et al.,1985,1983)。通常情况下,低海拔地区陆源剥蚀速率为 0.01~0.1 m/1 000 a,而高海拔地区或高达 0.1~1.0 m/1 000 a；季节性降水强的地方剥蚀速率是半干旱地区的数倍。沉积物的聚集,尤其在过渡物源区非常重要；在长期的演化过程中,这样的速率不会超过 50 mm/1 000 a；有些特殊的地区,如活动的三角洲地区,可以达到 1 m/a。典型的碳酸盐岩或碎屑岩陆架的平均聚集速率为 10～40 mm/1 000 a,而远洋沉积不会超过 30 mm/1 000 a,受到上升流作用时可以达到 0.1 m/1 000 a。

深水物质在现代深水扇的再沉积作用速率为 0.1～2.0 m/1 000 a,在一些小型的构造活动型盆地内最高可达 10 m/1 000 a。浊流是再沉积作用的一种形式,在深海碎屑岩地区 500～10 000 a 发生一次,在碳酸盐岩地区 20 000～10 Ma 发生一次,而一些活动性强的河流三角洲体系泥质浊流可能每年发生一次。

控制深水扇发育的因素有很多,不同的因素起到什么样的作用在不同的深水扇中也是不同的,但是有一点是明确的,那就是影响深水扇发育演化的这些因素不是孤立的,而是有一定的主次和相互制约关系。通常情况下认为深水扇的发育受构造、气候等因素影响,但是具体到特定的深水扇的研究时,往往需要考虑具体的构造要素、沉积要素及古气候等条件,建立深水扇不同时间不同空间位置的主要控制因素与次要因素之间的关系,才能对深水扇的演化作出合理的解释。

2. 孟加拉扇系统的活动水道-堤岸系统的迁移规律

1) 堤岸的沉积建造过程

剖面 GeoB97-PS08g 发育典型的水道-堤岸系统,为解剖水道-堤岸系统的形成演化提供了条件(Schwenk,2003)。在水道-堤岸系统的东翼,可能存在多个沉积期次(图 5.23),主要的识别标志是两个特征明显的充填水下河道 C 和 D。水下河道 D 被完全充填,累积厚度达 40 m,在其活跃期间,水下河道 D 的逐渐演化到现今的高度。与水下河道 D 不同,水下河道 C 没有被完全充填,代表的是现今活动水下河道活动之前的最后一期活动水下河道。水下河道 C 的高度超过 70 m。堤岸系统内部和水下河道 D 之上的不同形态的沉积单元揭示了不同的沉积过程。通过对各个沉积单元的分析和水道-堤岸系统的结构重建,Schwenk(2003)认为水道-堤岸系统经历了 9 个阶段的沉积过程。

① 在堤岸底部之下,发育以平行和近平行反射特征为标志的均匀沉积体,其中上反射层向水下河道 D 方向收敛。初步研究认为这些沉积体形成于水道-堤岸系统开始发育之前。

② 水下河道 D 开始活动时,在上述沉积体中切割出一个新的沉积物搬运通道。

③ 当水下河道 D 活动时,形成了楔状沉积单元 I,构成水道的东部堤岸。

④ 当水下河道发生破裂后,水下河道 D 演变为废弃水道并继续接收沉积物,其充填速度比东部堤岸的沉积速度快。

⑤ 废弃水下河道 D 被完全充填后,堤岸的外侧和水下河道 D 覆盖了一层均匀的沉积物,掩盖了原先起伏的表面。平行反射层反映了新的沉积与活动水下河道之间距离很远,成为漫溢沉积物的主要来源。这一阶段由单元 II 和 III 构成,它们在地震测线上(图 5.23)比较容易识别,其中单元 III 表现为地震透明反射层。

⑥ 水下河道 C 从西部一个先前存在的未知溢流点穿过,转换到原位置的东侧。

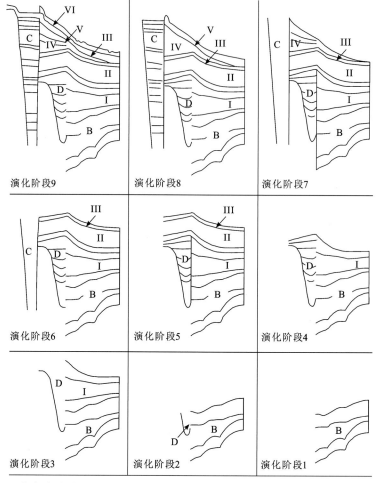

图 5.23　孟加拉扇水道-堤岸系统的发育演化模式图(剖面 GeoB97-PS08g)(Schwenk,2003)

I~VI 为沉积地层单元;B 为初始均匀沉积体局部;C、D 为水下河道

⑦ 新的楔形沉积单元 IV 形成于活动水下河道 C 的东侧,它的楔状形态比单元 I 更加明显。

⑧ 相似的,活动水下河道再次转移到新的位置,致使废弃水下河道 C 被充填。然而,在这一阶段,废弃水下河道 C 容纳沉积物的效率远不如④阶段的废弃水下河道 D,这可能跟溢流的沉积物的数量有关系。因此,沉积单元 V 可能同时在堤岸上形成。

⑨ 当水下河道 C 被完全填满后,在水下河道和堤岸之上发育统一的沉积覆盖单元 VI,在堤岸系统的东翼,它表现为波形沉积。

通常情况下,堤岸沉积作用主要取决于两个因素:浊流的性质和水下河道的几何形状。如果浊流完全局限于水下河道穿越的地区,则沉积作用只能发生在曲流河拐点的外侧,因为浊流的上部受弯曲水下河道的限制,本质上是受浊流的惯性和离心力的控制(Deptuck et al.,2007)。在这样的条件下,类似于楔形沉积单元 IV 在水下河道拐点的上凸边缘将发育舌状下伏沉积层。这类楔形沉积单元无论是厚度还是宽度,变化都非常大并且非常不规则。例如,有些楔形单元规模比较小,像沉积单元 IV,这表明水下河道 C 在活动期间在这一位置对堤岸的沉积作用的贡献非常小;而另外一些楔形沉积单元的规模则比较大,如沉积单元 I,由水下河道向两翼地震反射特征由收敛型反射层渐变为平行反射层。楔形沉积体之间差异程度主要由浊流的规模、速度和密度引起。

与此相反,那些由平行反射层为边界限制的大型沉积单元(沉积单元 II、沉积单元 III 和沉积单元 V)表明浊流的高度和范围往往比凸出的水道-堤岸形态大。此类浊流的沉积作用范围大于水道-堤岸系统的范围。显然,浊流必然受到水下河道的限制,因为沉积作用只发生在水下河道的拐点附近。

与其他海底扇体和水下河道比较,在一些扇体上也发现与水下河道拐点相邻的外侧发育重要的沉积单元。Piper 和 Normark(1983)最早在 Navy 扇体上描述了这样的沉积单元,并用流动-剥离过程做了解释。其他一些扇体中也记录了类似的沉积过程,如密西西比扇体(Twichell et al.,1991)或 Monterey 扇体(Mchugh and Ryan,2000)。此外,Hiscott 等(1997)指出,亚马孙扇体上的溢流主要集中在弯曲河道拐点的外侧。然而,在这些扇体中,水下河道规模的大小、弯曲度、沉积单元的规模及预估的溢出量占浊积流的比例都有很大差别。因此,虽然它们的过程可能相似,但各水道-堤岸系统都有自己独特的沉积。

Peakall 等(2000a)的模型表明,以平行反射体为边界的大型沉积单元需要有大规模的越岸流(overbank flow)。但应注意的是,不能将这样的沉积单元与沿水下河道或穿过水下河道的浊流搬运作用相联系。这一结果与 Peakall 等(2000a)的模型相矛盾,因为后者是基于理论概念和实验结果及对现有一些发育堤岸的水下河道的观察得出的。例如,在北大西洋中部水下河道以活塞和重力冲击取得的浊积流样品显示最远距离可达 300 km(Hesse,1995)。然而,从亚马孙扇体大洋钻探 155 航次发现的浊流沉积物表明,无论是单个位置的浊积物之间,还是非常靠近(相距 65 km;Hiscott et al.,1997)站位的浊流沉积之间,都不存在相关性。Hiscott 等(1997)认为,回声地震反射相表明亚马孙扇体的漫溢过程非常复杂,与 Schwenk(2003)的观察结果一致。

总之,堤岸是由平行的或楔形的沉积单元构成。楔形沉积单元的位置主要受发生沉积作用的活动水下河道的几何形态控制。沉积作用的空间变化在堤岸中形成了不同的沉积单元,并且沉积作用随时间在垂向上和水平方向上的叠加的差异还没有在其他扇体中报道过。因此,要想准确重建研究区复杂的水道-堤岸系统在时间和空间中的发育,需要在大范围内采样以取得必要的真实数据作依据。

2) 深水水下河道的垮塌机制

平面上,水下河道的截弯取直对于水道-堤岸系统内部各独立的结构要素的作用提供了精确信息。在水道-堤岸系统的形成演化过程中,活动水下河道为沉积物在曲流河弯曲处的溢出提供了物源条件。因此,沉积样式和沉积速率的变化主要取决于水下河道的几何形态、距离水下河道轴部的距离和水下河道的弯曲度。

　　基于对孟加拉扇水下河道系统高清影像资料的分析研究,Schwenk(2003)认为废弃水下河道是由一系列活动水下河道切割中央水道-堤岸系统并被快速充填后形成的。图5.24显示了孟加拉扇中扇地区废弃水下河道和邻近的受其剥蚀作用影响的堤岸体系的影像图,图中那些不同的弯曲水下河道可能表示活动水下河道的不同活跃阶段,反映了水下河道的废弃过程(Schwenk,2003)。废弃水下河道的演化过程与以下重复性的地质过程有关:在平面上,水下河道由直道逐渐向弯曲河道演变,直至水下河道中出现新的缺口,形成新的直线水下河道。尤其需要强调的是,近似直线的水下河道[如图5.24(a)中的水下河道A段]向弯曲水下河道[如图5.24(a)中的水下河道B段]的改变是由弯曲水下河道在其拐点处向外侧迁移形成的。后期的越岸剥蚀作用还会继续增加曲流河段C的弯曲度。水下河道A段向下游延伸,会压缩上游与下游出口之间的距离,形成新的曲流河段D。最后,浊流切割曲流河段产生新的直线水下河道,同时会附带产生新的曲流河段E[图5.24(a)]。之后,水下河道会重复上述演变过程,直线水下河道逐渐向曲流河段F演化,同时那些废弃的弯曲水下河道会被充填。

　　在孟加拉湾中扇地区,水下河道废弃的频率非常高。因此图中显示的不同水下河道片段可能代表了处于不同演化阶段的水下河道。水下河道演化阶段A和阶段B所代表的水下河道主要发育在研究区的北部。演化阶段B中曲流河环状河道内侧发育的点砂坝表明环状河道是向外侧迁移的。水下河道演化阶段C和D所代表的水下河道主要发育在研究区的南部,而水下河道演化阶段D向演化阶段E的转变主要出现在研究区的北部,主要是近期活动及废弃的水下河道片段,它们部分被充填。水下河道演化阶段E代表的是点砂坝发育之前的水下河道平台,很显然,处于演化阶段E的水下河道的弯曲度比处于演化阶段A的要小。此外,图5.24(a)的北部地区,处于演化阶段F的水下河道与处于演化阶段A的水下河道相同。最后,废弃水下河道系统将在弯曲水下河道的狭窄处破裂,如处于水下河道演化阶段D的环状水下河道。

3) 孟加拉扇活动水道-堤岸系统的形成演化

　　上述章节对孟加拉扇中扇地区活动水道-堤岸系统的结构进行的解剖,揭示了其内部复杂的河道滞留相、水下河道充填相和堤岸沉积的反射特征。基于对上述水道-堤岸系统结构的分析,Schwenk(2003)阐述了该系统内部各要素及其整体的时空演化过程(图5.25)。

　　在活动水道-堤岸系统演化的最初始阶段,浊流在杂乱强振幅反射体内剥蚀切割出很深的水下峡谷并被部分充填(图5.25,阶段1)。由于浊流的剥蚀和沉积作用,越岸沉积形成了堤岸,水下河道同时发生侧向迁移和垂向加积。最终的结果是首先形成了构成堤岸的点砂坝和条状砂坝,其次是形成了沿水下河道轴部运动的杂乱强振幅反射带(图5.25,阶段2~5)。之后,水下河道只表现出侧向迁移的特征而垂向加积作用不是特别显著(图5.25,阶段6和7),导致杂乱强振幅反射带在平面上持续扩大,堤岸逐渐形成。这一过程可以从GeoB97-065剖面的东段观测到(图5.21)。水下河道持续的侧向迁移会引起

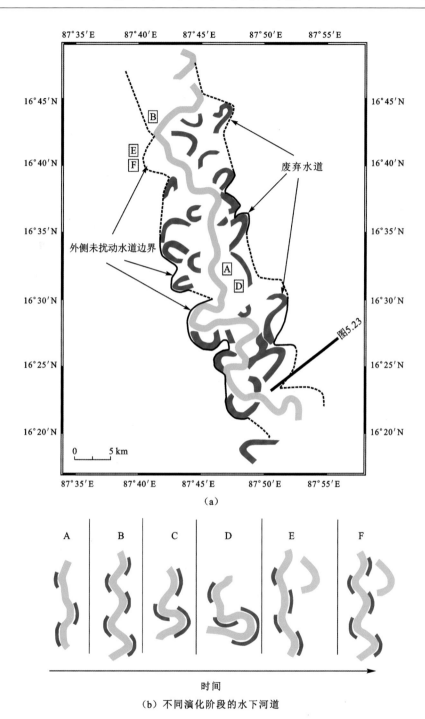

（a）

（b）不同演化阶段的水下河道

图 5.24　孟加拉扇废弃水下河道影像图（Schwenk，2003）

弯曲度的增大直至堤岸发生坍塌（图 5.25，阶段 8）。新形成的水下河道也会倾向于以侧向迁移为主，形成了堤岸的条状砂坝。浊流的越岸沉积致使废弃河道段被迅速充填，沉积

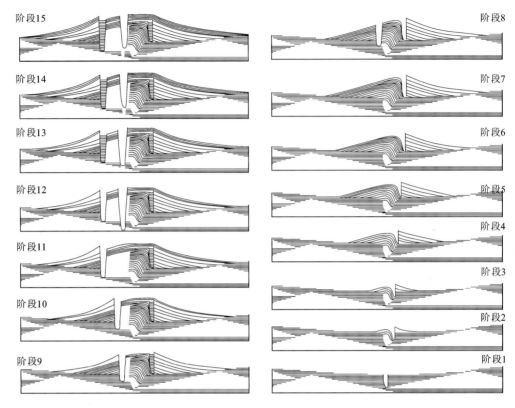

图 5.25 水道-堤岸系统的形成演化模式图(Schwenk,2003)

作用继续发生在堤岸之后的条状砂坝之上(图 5.25,阶段 9)。在水下河道下部的两侧,发育了水平状的杂乱强振幅反射带,而在水下河道上部的两侧,出现了空白的地震反射带。这种空白的地震反射带在充填水下河道两侧和水下河道之间的杂乱强振幅反射带的上部稳定出现(图 5.20)。水下河道向外侧的迁移增加了空白反射带和杂乱强振幅反射带的宽度,在废弃水下河道被完全充填之后,沉积作用产生的沉积物将越来越多地分布在堤岸上(图 5.25,阶段 10)。水下河道的侧向迁移会逐渐向侧向迁移和垂向加积转变,如果浊流的剥蚀深度足够大,则会切割到水下河道的底部(图 5.25,阶段 11),直接的结果是在充填水下河道的东侧产生了向下生长的杂乱强振幅反射带(图 5.22)。

在下一个演化阶段(图 5.25,阶段 12),可能会在堤岸的高部位出现一个新的切割水下河道,新水道的越岸流可能不会完全充填先前废弃的水下河道,而是在堤岸之上产生薄的沉积层。废弃水下河道以垂向加积为主,同时表现出不明显的侧向迁移特征(图 5.25,阶段 13~15)。因此,堤岸之上的沉积作用基本是相似的,既没有点砂坝也没有条状砂坝出现。阶段 15 代表了孟加拉扇水道-堤岸系统的基本结构样式,尽管有一些地震剖面中出现了更加复杂的水道-堤岸系统,特别是有些地震剖面中出现了两个以上的充填水下河道。

为了合理解释水道-堤岸系统的形成演化,必须考虑它们的三维空间形态,在地震剖面上弯曲水下河道和相关的沉积单元会表现出不同的形态。这种差异是由剖面的位置、水下河道的几何形状和水下河道的迁移方向决定的。根据 Peakall 等(2000a,b)的研究,深水扇的水下河道系统以侧向迁移导致的弯曲为特点,而且曲流河道的弯曲作用不会向下扇迁移。一旦达到水下河道平台的平衡点,水下河道就只会发生稳定的垂向加积作用。如果地震剖面穿过水下河道的弯道顶端,则将会在水下河道的底部揭示下倾的杂乱高振幅反射体。如果地震剖面穿过上述水下河道的转折点,则会揭示出垂向叠置的杂乱反射体。但是 Kolla 等(2001)认为向下迁移的水下扇水下河道的弯曲作用会非常普遍地出现在远端扇中。很显然,这一过程将会使水下河道的沉积作用更加复杂,并且会产生宽阔的层状的杂乱高振幅反射体,类似于水下河流的沉积作用(Peakall et al.,2000a,b)。

通常,孟加拉扇中的活动水道-堤岸系统显示了多种沉积建造行为。它们的共同点是向下伏沉积体的切割和堤岸两侧向上的加积作用。但是水下河道向下的切割深度在剖面 GeoB97-068 上大小不一(图 5.20),杂乱强振幅反射带在废弃水下河道下部具有非常大的切割深度,而在活动水下河道之下的切割深度则比较小。孟加拉扇中深切的地震反射体与亚马孙扇活动水道-堤岸系统中的深切反射体有明显的差异,后者水下河道之下的强振幅反射层由于垂向加积作用逐渐向强振幅反射层顶部尖灭(Lopez,2001;Pirmez and Flood,1995)。在水道-堤岸系统初始发育之后,水下河道将以垂向加积为主,侧向迁移为辅。垂向迁移和侧向迁移的比例主要取决于地震剖面切割水下河道的位置。在孟加拉扇系统中,也发现了只有侧向迁移、垂向加积和由垂向加积向侧向迁移的情况。这些特征与前人了解的水下河道迁移行为相吻合(Kolla et al.,2001),但与亚马孙扇中水下河道的迁移行为(Lopez,2001;Pirmez and Flood,1995)和 Peakall 等(2000)建立的模型有所不同。Peakall 等(2000)认为有两种水下河道迁移行为:自始至终为同一种迁移特征的简单迁移和多种简单迁移行为混合的复杂迁移。孟加拉扇中扇的水道-堤岸系统既显示了简单迁移行为也显示了复杂迁移行为,但是仍然不清楚如果水下河道向下迁移会出现什么情况。宽缓的杂乱高振幅反射体可能揭示了环形水下河道向下迁移的某些特征,但是连续的交叉扇迁移作用可能会产生这样的沉积体。

Schwenk(2003)认为孟加拉扇中扇的水道-堤岸系统以发育向下伏沉积层深切的沉积体、系统内频繁的水下河道破裂和多种多样的水下河道迁移行为为特征。水下河道堤岸之上的加积作用在海底面上不会出现,这可能会阻止水下河道的废弃并引起大量环形水下河道的长时间发育。孟加拉扇中的活动水下河道与亚马孙扇中的活动水下河道特征(Lopez,2001;Pirmez and Flood,1995)及 Peakall 等(2000)建立的模型明显不同,后者主要是基于密西西比扇建立的并与古近纪刚果扇具有类似特征(Peakall et al.,2000a,b)。水下河道向下伏沉积层的切割深度显示了形成水道-堤岸系统的浊流在规模、速度和密度等要素方面的差异。

4）孟加拉扇扇体的沉积模式

Curray 等(2003)在总结前人研究成果(Kolla and Coumes,1987;Stow and Piper,1984;Curray et al.,1982)的基础上,讨论了孟加拉扇的沉积模式(图 5.26)。

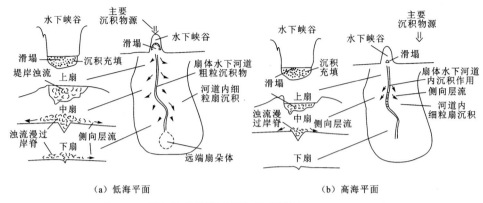

图 5.26　孟加拉扇的形成演化模式图(Curray et al.,2003)

低海平面时[图 5.26(a)],恒河和布拉马普特拉河的汇聚携带了大量的碎屑物,水下扇的水下河道内发生快速沉积。有时,在孟加拉湾内也可能存在其他河流及其伴生的水下扇体和水下河道。当陆上水系没有占据先前存在的水下河道时,大陆斜坡上部的滑塌作用导致新的水下峡谷形成。滑塌作用同时会充填新生的水下峡谷或在斜坡上堆积,产生巨大的浊流,沉积于上扇的水下河道或堤岸上。在堤岸内可能存在小规模的浊流活动,产生的沉积层覆盖于堤岸沉积体脊之上,逐渐增加了堤岸的高度。堤岸的高度主要受大型浊流的规模控制(Komar,1973)。在浊流向下运动的过程中,浊流的运动速率逐渐降低,因为水下河道的梯度和横截面积都在逐渐减小。浊流漫过堤岸脊以表面流的形式从水下河道斜向流动,在扇表面沉积了细颗粒的沉积物。那些粗粒的沉积物则沉积在河道内,在最大浊流活动时,这些粗粒沉积物中的一部分可能会越过水下河道堤岸而形成堆积相对粗粒沉积物的远端扇垛体。

高海平面时[图 5.26(b)],就如同现今的海平面条件,孟加拉扇水下河道不会从陆上大型河流直接接受沉积负载,而是侵蚀大陆斜坡上的沉积物(Kudrass et al.,1998;Hübscher et al.,1997;Kuehl et al.,1997;Weber et al.,1997)。大陆斜坡的滑塌作用和大规模的浊流运动的结果相似,但是发生的频率可能会较低,包含的粗粒沉积物也比低海平面时期少。浊流主要受限于水下河道内,很少有越岸流发生。因为越岸流的规模较小,流速较慢,不能运动到下游的水下河道内。孟加拉扇中扇水下河道内的沉积作用发生在浊流的末端,因此很少或没有浊流沉积能够到达孟加拉扇的下扇。

3. 孟加拉扇系统与喜马拉雅造山带隆升的响应关系

1) 布格重力法约束孟加拉扇扇体的充填规律

关于扇体的沉积充填演化,前人在研究孟加拉湾盆地西部拗陷时已经定性地分析过,认为盆地的物源供应在古新世(软碰撞)之前主要来自西部印度大陆边缘的默哈讷迪河和戈达瓦里河,沉积中心在东经85°海岭西侧;古新世—始新世(硬碰撞),盆地沉积物中出现了来自北部喜马拉雅造山带的陆源碎屑,这一时期沉积开始向东迁移;中新世(硬碰撞)后,随着北部喜马拉雅造山带的快速隆升,北部物源量剧增,沉积中心逐渐向南迁移

（Zhang et al.，2017；Bastia et al.，2010a）。随着后期物源的持续快速供给，孟加拉扇的范围不断向南推进，最终形成了现今的规模。

通过了布格异常资料对扇体主要界面的深度进行的反演处理，得到了模拟的孟加拉扇三个时期的沉积厚度特征（图 5.27）：渐新世（孟加拉湾盆地形成阶段）前、渐新世—中新世末（喜马拉雅造山带快速隆升阶段）和上新世后（现代扇体持续快速沉积阶段）。从前人的观点中，可以定性地认识到扇体范围内渐新世之前沉积的特征。虽然这部分沉积跟

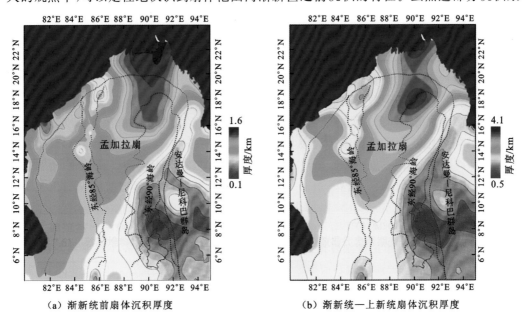

（a）渐新统前扇体沉积厚度　　　　　　　　　　　（b）渐新统—上新统扇体沉积厚度

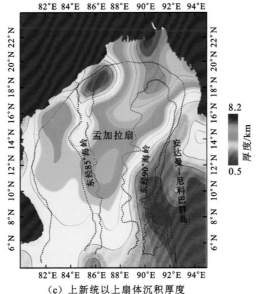

（c）上新统以上扇体沉积厚度

图 5.27　布格异常资料约束下不同时期孟加拉扇的沉积厚度

传统观点认为的以北部物源为主形成孟加拉扇有所不同,但是这部分沉积在扇体范围内,且发育于基底之上,可以认为是扇体下部发育的地层,说明孟加拉扇是一个多期叠加的复合扇体,而不是由单一方向物源形成的扇体。图 5.27 显示,渐新世之前的扇体沉积已经初具规模,这时扇体的地层主要以北部和西部物源充填为主,西部扇体平均沉积达到1.3 km,北部主要是在软碰撞之后快速叠加的沉积,最大厚度约 1.6 km,这时中扇和下扇部分的扇体只有较少沉积,平均在 0.5~0.8 km;渐新世—中新世末期,扇体经历了硬碰撞的强烈影响,喜马拉雅造山带快速隆升,北部造山带迅速成为扇体生长的主要供给物源,这一时期,北部陆架范围的最大沉积厚度从 1.6 km 快速变为 4.1 km。孟加拉扇上扇部分的沉积厚度也达 3.8 km 左右,沉积中心有向南迁移的趋势。与东经 90°海岭不同,东经 85°海岭上部已经有规模性沉积,沉积厚度较之前变大,且南北已有分割之势。西部扇体的厚度虽也在稳步变化。通过时间和沉积厚度的大致估算,可以得到北部河流的物源供给速率应该是西部的五、六倍;上新世后,扇体迎来了长期稳定的沉积充填阶段,陆架最大沉积厚度达到了 8.1 km,扇体最大厚度也有 7.5 km 左右。扇体向南推进明显,较基底及下部地层的"拗陷-海岭隆起-拗陷-海岭隆起"的特征有所不同,上新世后的地层已经较为平整,北部物源沉积向东、西、南三个方向广泛平铺。正是因为它的规模明显大于之前的阶段,且北部物源主导了扇体的沉积,所以有学者将其定义为现代意义上的孟加拉扇。

2）地震资料约束下的孟加拉扇的形成演化

地震资料获取的孟加拉湾盆地原始地层厚度表明,最下部的侏罗系—下白垩统零星分布于印度东部大陆边缘,北东向分布,最大厚度不超过 1.5 km[图 5.28(a)],代表了冈瓦纳陆内裂谷充填层系。上白垩统—古新统在侏罗系—下白垩统基础上继承发育并由印

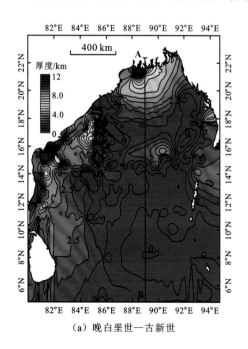 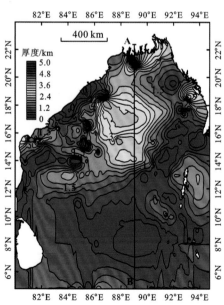

（a）晚白垩世—古新世　　　　　　　　（b）始新世—渐新世

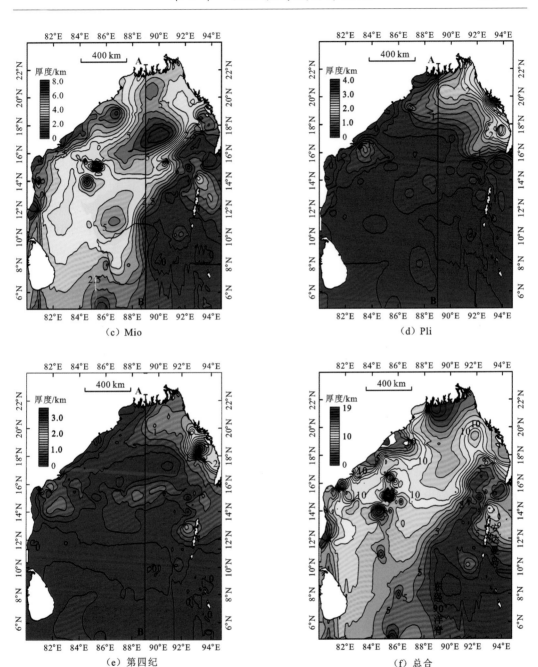

图 5.28　孟加拉湾盆地不同时期沉积地层的迁移演化(Zhang et al.,2017)

度东部大陆边缘向海域推进,在盆地西部拗陷和孟加拉现代陆架沉积厚度较大(局部 6～8 km),代表了印度大陆河流输入体系的影响。其中孟加拉现代陆架陆源碎屑的输入可能代表了印度板块与大洋岛弧体系碰撞的结果。与此形成鲜明对比的是盆地其他区域沉积厚度一般小于 2.5 km。特别是东经 85°海岭隆起带和东经 90°海岭隆起带的大部分区域未发育明显的沉积盖层[图 5.28(b)],这表明这一时期海岭已完成侵位过程并且刺穿上覆沉积盖层。始新世开始(孟加拉扇初始发育)盆地的沉积格局发生重大变化,沉积中心由印度大陆边缘迁移至孟加拉湾盆地中北部,夹持于两条海岭之间呈南北向展布,最大厚度大于 4 km[图 5.28(c)]。其他大部分地区沉积厚度在 1 km 以下,海岭隆起带沉积格局与晚白垩世—古新世相似。始新世—渐新世,沉积中心的迁移及走向分布表明盆地从这一时期开始主要接受南北向物源供给,而南北向物源可能是始新世印度板块与欧亚板块碰撞的响应。中新统覆盖全盆大部分区域(东经 85°海岭隆起带局部地区和东经 90°海岭隆起带除外),厚度为 2.5~7.5 km,主沉积中心进一步向南迁移至 16°N~18°N,最大厚度超过 7.5 km,次级沉积中心迁移至盆地南部(10°N~12°N)。中新统是盆地沉积厚度最大、沉积范围最广的一套地层,两条海岭全部被埋藏[图 5.28(d)]。前人研究也揭示在中新世孟加拉湾盆地的沉积速率普遍在 0.1~0.5 mm/a,表明该时期内盆地经历了长时期较高速率的沉积建造过程,反映了喜马拉雅造山带持续快速隆升的过程。上新世—更新世盆地中央拗陷北部、若开拗陷的沉积速率/沉积厚度较大,可能与该时期这一区域开始接受北部与东部双重物源供给有关[图 5.28(e)(f)]。

通过对盆地不同时期地层发育特征及沉积中心演化分析,认为沉积中心存在自印度陆缘向盆地方向、自北向南的推进过程,这主要体现在孟加拉扇的向南加积生长过程中。侏罗纪—古新世沉积中心呈点状零散分布,始新世—更新世沉积中心相对连续分布并且呈南北向迁移,不同时期地层最大沉积边界变化趋势也与沉积中心变化规律相吻合(图 5.29)。这说明盆地物源在晚白垩世—古新世仍主要受印度东部陆缘河流体系控制,而从始新世开始主要受北部物源控制,反映了喜马拉雅造山带逐渐隆升的影响,并且中新世可能存在剧烈的隆升过程。

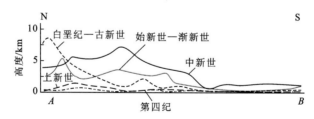

图 5.29　孟加拉湾盆地沉积中心迁移曲线(Zhang et al.,2017)

假设印度板块与欧亚板块的碰撞首先发生在印度板块的西北角,那么保存在这一区域缝合带内的沉积物可能完整地记录了板块间的碰撞过程。基于这一假设,一些国外学者通过研究雅鲁藏布缝合带内碎屑锆石的 U-Pb 年代学,认为两大板块的初始碰撞发生在 50 Ma 左右(Najman et al.,2010)。同样的道理,那些保存在残留洋盆地和前陆盆地中的巨厚沉积层序可能没有很好地记录板块间的初始碰撞,但是它们可能记录了喜马拉雅造山带迅速隆升等重要的地质事件(White et al.,2001;Najman et al.,2009,1997)。新生代印度扇中获取的碎屑岩显示喜马拉雅造山带西段最早隆起的时间可能在 40 Ma(Carter et al.,2010;Clift et al.,2001;Qayyum et al.,1997);相似的,孟加拉盆地中保存的古近纪最古老年龄是 38 Ma(Najman et al.,2012,2008),可能记录了东喜马拉雅早期的隆升剥蚀过程。在孟加拉湾盆地中,钻遇的最古老的沉积地层是中新统(约 17 Ma;Curray,1994),尚未有始新世及以前的沉积记录报道;孟加拉湾盆地东缘的印缅造山带西段的古近系已知的最古老地层年龄是 37 Ma(Allen et al.,2008b)。这些晚始新世年龄数据表明孟加拉扇底部的“P”界面代表的是晚始新世不整合面(Zhang et al.,2017)。那么,孟加拉扇体系开始发育的时间可能在晚始新世。同时,孟加拉盆地始新世—渐新世地层等厚图[图 5.28(b)]和盆地沉积中心迁移曲线(图 5.29)也显示盆地沉积体系是在这一时期开始向南快速迁移的。孟加拉湾盆地中孟加拉扇沉积体系的发育代表的是北部喜马拉雅造山带物源的输入,换句话说,暗示了喜马拉雅造山带在晚始新世隆升到相当的海拔高度并开始遭受强烈的剥蚀(Yin,2006)。

孟加拉扇沉积记录资料与前人认识到喜马拉雅造山带的冷却剥蚀历史相吻合(Yin,2010)。Yin(2006)指出喜马拉雅造山带存在两期明显的冷却过程,分别是晚始新世和早中新世—现今。其中晚始新世喜马拉雅造山带的冷却历史得到了相邻的喜马拉雅前陆盆地碎屑岩锆石 U-Pb 年龄(Najman,2006;DeCelles et al.,2004,1998a,b)、特提斯喜马拉雅层系内岩浆侵入体(44 Ma)(Aikman et al.,2008)和造山带内高级变质岩的 $^{40}Ar/^{39}Ar$ 年龄(Martin et al.,2007;Kohn et al.,2004;Godin et al.,2001;Catlos et al.,2001;Argles et al.,1999;Vannay and Hodges,1996)等证据的支持。而中新世—现今的冷却过程则得到了喜马拉雅造山带内自早-中中新世开始活动的南倾的主中央逆冲推覆带、北倾的藏南拆离系和北倾的反推断层等地质资料的证实(Kohn,2008;Webb et al.,2007;Kohn et al.,2004;Johnson et al.,2001;Yin et al.,1999;Burchfiel et al.,1992;Hubbard and Harrison,1989)。在喜马拉雅造山带晚期的冷却过程中,大量的造山带碎屑经恒河-布拉马普特拉河的搬运,堆积到孟加拉盆地和孟加拉湾盆地中,并导致孟加拉扇向南快速迁移。

5.3　孟加拉湾残留洋盆地的形成机制

残留洋盆地是板块收敛背景下发育的一种盆地类型,又称缝合带内的海湾盆地,位于两个相互靠近的大陆板块之间,沿缝合带走向往大洋方向延伸。基底为稳定的洋壳,上覆沉积物基本未变形或变形较弱,代表了俯冲板块的洋壳性质,火山活动不广泛,热流值低。残留洋盆地三面为年轻的褶皱山系或大陆包围,另一面临海,沉积物源丰富,沉积速率大,沉积厚度大(陈发景 等,1988)。Dickinson(1976,1974)、Ingersoll 和 Busby(1995)定义残留洋盆地为“Shrinking ocean basin caught between collision continental margins and/or arc-trench systems,and ultimately subducted or deformed within suture belts(发育在碰撞大陆边缘或沟-弧系统之间的收缩盆地,该盆地最终俯冲或消亡于缝合带内)”,并将孟加拉湾作为现代残留洋盆地的代表,将美国宾夕法尼亚州沃希托河盆地作为古代残留洋盆地的典型实例(Allen and Allen,2005)。残留洋盆地是发育在板块俯冲背景下的一种原型盆地,从成因机制上主要分为两种类型:一种是单边俯冲残留洋盆地;另一种是双边或多边俯冲残留洋盆地(现代太平洋)。由于板块缝合的不规则性,其一侧常常发育大型的走滑断层来释放板块之间的作用力,并在顺缝合带轴向方向上伴随有浊流和大规模深海扇沉积,如现今的东地中海残留洋盆地。

Graham 等(1975)通过研究美国阿帕拉契亚-沃希托河系统,提出了与连续缝合造山带相关的沉积物扩散方式的"剪刀模型"[图 5.30(a)]:来自造山带高地的沉积物沿轴向方向以浊积体的形式通过三角洲复合体系输送至残留洋盆地,之后由于造山带的碰撞缝合,这些浊积体并入造山带并提供新的物源供给。这一模型合理地解释了同造山期与缝合带有关的复理石和磨拉石沉积。Dickinson(1976)和 Einsele(2000)等建立了与地壳碰撞作用有关的盆地演化模式,初步阐明了由大洋盆地向残留洋盆地、前陆盆地演化过程中的沉积-构造变形特征。当前残留洋盆地研究比较集中的是东地中海残留洋盆地,该盆地是中生代特提斯洋俯冲的残余洋盆,前人通过详细解剖盆地的结构、沉积-构造特征及形成演化,揭示了残留洋盆地结构、构造的一般规律(Platt,2007;Robertson and Mountrakis,2006;Garfunkel,2004;Aal et al.,2000;Robertson,1998),巨大的深海扇与近垂直于俯冲方向的大型走滑断层的发育是残留洋盆地发育过程中的产物。此外,Aal 等(2000),Eppelbaum 和 Katz(2011)指出东地中海残留洋盆地中发育的尼罗河深海扇是油气勘探的有利靶区,这对指示残留洋盆地的油气勘探非常有利。此外,古代残留洋盆地研究较多的地区还包括昆仑-秦岭造山带(Liu et al.,2015;Pullen et al.,2008;Yan et al.,2004)和中亚造山带(Xu et al.,2013;Heumann et al.,2012;Brunet et al.,2003;Carroll et al.,1990)。在这些邻近造山带内的发育深水浊积序列,记录了大洋闭合和造山带建造的详细过程。

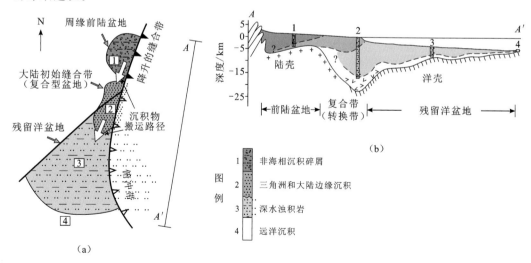

图 5.30　孟加拉湾盆地的演化模式(Zhang et al.,2017)

　　Ingersoll 和 Busby(1995)和 Ingersoll(2011)在总结沉积盆地的形成演化与沉降机制时认为沉积和火山岩负载、构造负载和地幔岩石圈加厚是控制残留洋盆地沉降的主要因素。为了揭示与孟加拉湾盆地形成演化可能的主要因素,需要从盆地的结构和沉积充填序列等方面展开分析。孟加拉湾盆地的骨架剖面(图 2.1)显示盆地呈不对称型,西部以印度东部被动大陆边缘为界,东部以巽他汇聚板块边缘为界。孟加拉盆地呈现下拗的结构特征,与那些受热沉降控制的裂谷盆地具有相似性。与这些受热沉降控制的裂谷型盆地或陆内克拉通盆地不同的是,孟加拉湾残留洋盆地的下拗结构主要是受上覆巨厚沉积盖层的重力负载控制的(Zhang et al.,2017)。这一点可以从盆地南北向的区域剖面中得到证实,即盆地基底在北部最大的挠曲深度达到了 20 km,并向南逐渐减小[图 5.30(b)]。孟加拉湾盆地沉积体系自南向北由远洋沉积逐渐向深水浊积体系和陆相河流三角洲体系过渡,表明盆地的沉降主要与始新世—中新世的孟加拉扇的形成有关[图 5.30(b)]。构造负载可能是影响孟加拉湾盆地挠曲沉降的另一个重要因素。中中新世喜马拉雅造山带内大型逆冲推覆体系和拆离体系开始活动(Yin,2010),同时孟加拉盆地北缘的西隆高原开始突起(Najman et al.,2016;Clark and Bilham,2008;Biswas et al.,2007),可能导致孟加拉湾盆地下伏地壳南北向的挤压缩短和盆地北部的快速向下挠曲(张朋 等,2014)。同时,孟加拉湾洋壳向西缅地块下的斜向俯冲也可能导致下伏地壳的东西向缩短(Maurin and Rangin,2009a;Gopala Rao et al.,1997),直接的结果是孟加拉湾地壳莫霍面挠曲轴线呈北东走向,且埋藏深度自北向南逐渐减小(Radhakrishna et al.,2010)。相应的,孟加拉湾洋壳洋壳的厚度与盆地的沉降深度成正比而与莫霍面的埋藏深度成反比。这说明盆地的沉降与下伏洋壳的厚度有一定的关系。

　　另一个影响孟加拉湾残留洋盆地形成和演化的重要因素是基底火山作用。研究表明盆地内发育的两条南北向火山岩条带东经 85°海岭和东经 90°海岭分别是由克罗泽(Grozet)热点(Krishna et al.,2012;Bastia et al.,2010c;Krishna,2003;Curray and Munasinghe,1991;Curray et al.,1982)和凯尔盖朗热点(Krishna et al.,2012;Ghatak and Basu,2011;Pringle et al.,2008;Royer et al.,1991;Peirce et al.,1989;Peirce,1978)喷发形成。大规模的地幔柱活动首先是影响了孟加拉湾残留洋盆地的基底结构,直接的结果是下伏地壳厚度的增大和莫霍面埋藏深度的增加(Radhakrishna et al.,2010)。在地震剖面上表现为东经 85°海岭和东经 90°海岭将邻近的正常洋壳向下拖拽(Nemčok et al.,2012;Bastia et al.,2010c;Radhakrishna et al.,2010),形成局部的下拗结构。东经 85°海岭和东经 90°海岭的侵位将盆地分为南北走向的"三拗夹两隆"的构造格局,从而对盆地结构和盆地沉积样式的发育产生显著的控制作用,表现为上白垩统—古新统局限地分布于西部拗陷,而始新统—中新统(孟加拉扇系统)则相对的局限地分布于西部拗陷和中央拗陷。这可能是造成盆地下拗的根本原因。大规模的地幔柱岩浆侵入的另一个结果是在残留洋盆地形成的过程中,东西向的挤压应力主要集中于西部拗陷和中央拗陷正常洋壳部分,容易造成洋壳的挠曲沉降。因为东经 85°海岭和东经 90°海岭具有相对较高的岩石密度和速度,变形程度相对较弱。此外,孟加拉湾残留洋盆地的形成还可能与基底洋壳的年龄和洋壳的俯冲速率等因素有关,但仍需要后续进一步的研究。

参 考 文 献

陈发景,陈全茂,孙家振,1988. 板块与油气盆地[M]. 武汉:中国地质大学出版社.

张朋,梅廉夫,马一行,等,2014. 孟加拉湾盆地构造特征与动力学演化:来自卫星重力与地震资料的新认识[J]. 地球科学(中国地质大学学报),39(10):1307-1321.

AAL A A,EL BARKOOKY A,GERRITS M,et al.,2000. Tectonic evolution of the Eastern Mediterranean Basin and its significance for hydrocarbon prospectivity in the ultradeepwater of the Nile Delta[J]. The leading edge,19(10):1086-1102.

AIKMAN A B,HARRISON T M,LIN D,2008. Evidence for early (>44 Ma) Himalayan crustal thickening,Tethyan Himalaya,southeastern Tibet[J]. Earth and planetary science letters,274(1):14-23.

AITCHISON J C,ALI J R,DAVIS A M,2007. When and where did India and Asia collide[J]. Journal of geophysical research:solid earth,112:B05432.

ALAM M,ALAM M M,CURRAY J R,et al.,2003. An overview of the sedimentary geology of the Bengal Basin in relation to the regional tectonic framework and basin-fill history[J]. Sedimentary geology,155(3/4):179-208.

ALLEN P A,ALLEN J R,2005. Basin Analysis:Principles and Applications[M]. 2nd ed. Oxford:Blackwell Publishing Ltd.:1-549.

ALLEN R,NAJMAN Y,CARTER A,et al.,2008a. Provenance of the Tertiary sedimentary rocks of the Indo-Burman Ranges,Burma (Myanmar):burman arc or Himalayan derived[J]. Journal of the geological society,165(6):1045-1057.

ALLEN R,CARTER A,NAJMAN Y,et al.,2008b. New constraints on the sedimentation and uplift history of the Andaman-Nicobar accretionary prism,South Andaman Island[J]. Geological society of America,special papers,436:223-255.

ARGLES T W,PRINCE C I,FOSTER G L,et al.,1999. New garnets for old? Cautionary tales from young mountain belts[J]. Earth and planetary science letters,172(3/4):301-309.

BANAKAR V K,GALY A,SUKUMARAN N P,et al.,2003. Himalayan sedimentary pulses recorded by silicate detritus within a ferromanganese crust from the Central Indian Ocean[J]. Earth and planetary science letters,205(3):337-348.

BASTIA R,2006. Indian sedimentary basins with special focus on emerging east coast deep water frontiers [J]. The leading edge,14(8):839-845.

BASTIA R,DAS S,RADHAKRISHNA M,2010a. Pre-and post-collisional depositional history in the upper and middle Bengal fan and evaluation of deepwater reservoir potential along the northeast Continental Margin of India[J]. Marine and petroleum geology,27(9):2051-2061.

BASTIA R,RADHAKRISHNA M,SRINIVAS T,et al.,2010b. Structural and tectonic interpretation of geophysical data along the Eastern Continental Margin of India with special reference to the deep water petroliferous basins[J]. Journal of Asian earth sciences,39(6):608-619.

BASTIA R,RADHAKRISHNA M,SUMAN DAS,et al.,2010c. Delineation of 85°E ridge and its structure in Mahanad offshore basin,Eastern Continental Margin of India (ECMI) from seismic reflection imaging [J]. Marine and petroleum geology,27(9):1841-1848.

BENAMMI M,SOE A N,TUN T,et al.,2002. First magnetostratigraphic study of the Pondaung formation:implications for the age of the middle eocene anthropoids of myanmar[J]. The journal of geology,110(6):748-756.

BISWAS S,COUTAND I,GRUJIC D,et al.,2007. Exhumation and uplift of the Shillong plateau and its influence on the Eastern Himalayas:new constraints from apatite and zircon (U-Th-[Sm])/He and apatite fission track analyses[J]. Tectonics,26(6):438-451.

BOUMA A H,2001. Fine-grained submarine fans as possible recorders of long-and short-term climatic changes[J]. Global and planetary change,28(1):85-91.

BRASS G W,RAMAN C V,1990. Clay mineralogy of sediments from the Bengal Fan[J]. Proceedings of the ocean drilling program,scientific results,116:35-42.

BRUNET M F,KOROTAEV M V,ERSHOV A V,et al.,2003. The South Caspian Basin:a review of its evolution from subsidence modeling[J]. Sedimentary geology,156(1/4):119-148.

BURCHFIEL B C,ZHILIANG C,HODGES K V,et al.,1992. The South Tibetan detachment system,Himalayan orogen:Extension contemporaneous with and parallel to shortening in a collisional mountain belt[J]. Geological society of America,special papers,269:1-41.

CARROLL A R,LIANG Y H,GRAHAM S A,et al.,1990. Junggar Basin,Northwest China:trapped Late Paleozoic Ocean[J]. Tectonophysics,181(1/4):1-14.

CARTER A,NAJMAN Y,BAHROUDI A,et al.,2010. Locating earliest records of orogenesis in western Himalaya: evidence from Paleogene sediments in the Iranian Makran region and Pakistan Katawaz Basin[J]. Geology,38(9): 807-810.

CATLOS E J,HARRISON T M,KOHN M J,et al.,2001. Geochronologic and thermobarometric constraints on the evolution of the Main Central Thrust,central Nepal Himalaya[J]. Journal of geophysical research:solid earth, 106(B8):16177-16204.

CLARK M K,BILHAM R,2008. Miocene rise of the Shillong Plateau and the beginning of the end for the Eastern Himalaya[J]. Earth and planetary science letters,269(3):337-351.

CLIFT P D,SHIMIZU N,LAYNE G D,et al.,2001. Development of the Indus Fan and its significance for the erosional history of the Western Himalaya and Karakoram[J]. Geological society of America bulletin,113(8):1039-1051.

CLOETINGH S A P L,WORTEL M J R,1985. Regional stress field of the Indian Plate[J]. Geophysical research letters,12(2):77-80.

CLOETINGH S A P L,WORTEL M J R,1986. Stress in the Indo-Australian Plate[J]. Tectonophysics,132(1/3):49-67.

COCHRAN J R,1990. Himalayan uplift,sea level,and the record of Bengal fan sedimentation at the ODP leg 116 sites [J]. Proceedings of the ocean drilling program scientific results,116:397-414.

CURRAY J R,1964. Transgressions and regressions[J]. Marine geology,shepard commemorate volume:175-203.

CURRAY J R,1994. Sediment volume and mass beneath the Bay of Bengal[J]. Earth and planetary science letters, 125(1/4):371-383.

CURRAY J R,MOORE D G,1971. Growth of the Bengal deep-sea fan and denudation in the Himalayas[J]. Geological society of America bulletin,82(3):563-572.

CURRAY J R,MOORE D G,1974. Sedimentary and tectonic processes in Bengal deep-sea fan and geosyncline[M]// BURK C A,DRAKE C L. The Geology of Continental Margins. New York:Springer-Verlag:617-628.

CURRAY J R,MUNASINGHE T,1991. Origin of the Rajmahal Traps and the 85°E Ridge:preliminary reconstructions of the trace of the Crozet hotspot[J]. Geology,19(12):1237-1240.

CURRAY J R,EMMEL F J,MOORE D G,et al.,1982. Structure,tectonics and geological history of the northeastern Indian Ocean[C]//NAIRN A E M,STEHLI F G. The Ocean Basins and Margins:The Indian Ocean,6. New York: Plenum Press:399-450.

CURRAY J R,EMMEL F J,MOORE D G,2003. The Bengal Fan:morphology,geometry,stratigraphy,history and processes[J]. Marine and petroleum geology,19(10):1191-1223.

DECELLES P G,GEHRELS G E,QUADE J,et al.,1998a. Eocene early Miocene foreland nasin development and the history of Himalayan Thrusting,Western and Central Nepal[J]. Tectonics,17(5):741-765.

DECELLES P G,GEHRELS G E,QUADE J,et al.,1998b. Neogene foreland basin deposits,erosional unroofing,and the Kinematic history of the Himalayan Fold Thrust Belt,Western Nepal[J]. Geological society of America bulletin,

110(1):2-21.

DECELLES P G,GEHRELS G E,NAJMAN Y,et al,2004. Detrital geochronology and geochemistry of Cretaceous-Early Miocene strata of Nepal:implications for timing and diachroneity of initial Himalayan orogenesis[J]. Earth and planetary science letters,227(3/4):313-330.

DEPTUCK M E, SYLVESTER Z, PIRMEZ C, et al., 2007. Migration-aggradation history and 3-D seismic geomorphology of submarine channels in the Pleistocene Benin-major Canyon, western Niger Delta slope[J]. Marine and petroleum geology, 24(6/9): 406-433.

DESA M,RAMANA M V,RAMPRASAD T,2006. Seafloor spreading magnetic anomalies south of Sri Lanka[J]. Marine geology,229(3/4):227-240.

DICKINSON W R, 1974. Plate tectonics and sedimentation [J]. The Society of economic paleontologists and mineralogists,tectonics and sedimentation,22:1-24.

DICKINSON W R,1976. Plate tectonic evolution of sedimentary basins[J]. American association petroleum geologists,continuing education course notes series,18(1):1-62.

DIETZ R S,1953. Possible deep-sea turbidity-current channels in the Indian Ocean[J]. Geological society of America bulletin,64:375-378.

DING L,KAPP P,WAN X,2005. Paleocene-Eocene record of ophiolite obduction and initial India-Asia collision,south central Tibet[J]. Tectonics,24:TC3001.

EINSELE G,2000. Sedimentary Basins[M]. Berlin:Springer Berlin Heidelberg.

EMMEL F J,CURRAY J R,1981a. Dynamic events near the upper and mid-fan boundary of the Bengal Fan[J]. Geo-Marine Letters,1(3/4):201-205.

EMMEL F J,CURRAY J R,1981b. Channel piracy on the lower Bengal Fan[J]. Geo-Marine Letters,1(2):123-127.

EMMEL F J,CURRAY J R,1985. Bengal Fan,Indian Ocean[M]//BOUMA A H ,NORMARK W R,BARNES N E. Submarine fans and related turbidite systems. New York:Springer,27(1):107-112.

EPPELBAUM L,KATZ Y,2011. Tectonic-geophysical mapping of Israel and the Eastern Mediterranean:implications for Hydrocarbon Prospecting[J]. Positioning,2(1):36-54.

FAIRBANKS R G, 1989. A 17,000-year glacio-eustatic sea level record:influence of glacial melting rates on the Younger Dryas event and deep-ocean circulation[J]. Nature,342(6250):637-642.

FLOOD R D,PIPER D J W,1997. Amazon Fan sedimentation:the relationship to equatorial climate change,continental denudation,and sea-level fluctuations[R]//FLOOD R D,PIPER D J W,KLAUS A,et al. Proceedings of the Ocean Drilling Program,Scientific Results,Leg 155. Ocean Drilling Program,College Station,TX:653-675.

FLOOD R D,PIPER D J W,KLAUS A,1995. Proceedings of the ODP,Initial Reports[R]. Ocean Drilling Program,College Station,TX:53-75.

FULORIA R C,1993. Geology and hydrocarbon prospects of Mahanadi Basin,India[C]//Proceedings of Second Seminar on Proliferous Basins of India:Indian Petroleum Publishers:355-369.

GAINA C,MÜLLER R D,BROWN B J,et al.,2003. Microcontinent formation around Australia[J]. Geological society of America,special papers,372:405-416.

GANI M R,ALAM M M,1999. Trench-slope controlled deep-sea clastics in the exposed lower Surma Group in the southeastern fold belt of the Bengal Basin,Bangladesh[J]. Sedimentary geology,127(3):221-236.

GARFUNKEL Z,2004. Origin of the Eastern Mediterranean basin:a reevaluation[J]. Tectonophysics,391(1):11-34.

GHATAK A,BASU A R,2011. Vestiges of the Kerguelen plume in the Sylhet Traps,northeastern India[J]. Earth and planetary science letters,308(1/2):52-64.

GOPALA RAO D,KRISHNA K S,SAR D,1997. Crustal evolution and sedimentation history of the Bay of Bengal since the Cretaceous[J]. Journal of geophysical research,102(B8):17747-17768.

GODIN L,PARRISH R R,BROWN R L,et al.,2001. Crustal thickening leading to exhumation of the Himalayan metamorphic core of central Nepal:insight from U-Pb geochronology and $^{40}Ar/^{39}Ar$ thermochronology[J]. Tectonics,

20(5):729-747.

GRAHAM S A,DICKINSON W R,INGERSOLL R V,1975. Himalayan-Bengal model for flysch dispersal in the Appalachian-Ouachita system[J]. Geological society of America bulletin,86(3):273-286.

GREEN O R,SEARLE M P,CORFIELD R I,et al.,2008. Cretaceous-Tertiary carbonate platform evolution and the age of the India-Asia collision along the Ladakh Himalaya (northwest India)[J]. The journal of geology,116 (4): 331-353.

HALL R,2002. Cenozoic geological and plate tectonic evolution of SE Asia and the SW Pacific:computer-based reconstructions,model and animations[J]. Journal of Asian earth sciences,20(4):353-431.

HALL R,SEVASTJANOVA I,2012. Australian crust in Indonesia[J]. Australian journal of earth sciences,59(6):827-844.

HESSE R,1995. Long-distance correlation of spillover turbidites on the western levee of the Northwest Atlantic Mid-Ocean Channel (NAMOC),Labrador Sea[M]//PICRER K T,HISCOTT R N,KENYON N H,et al. Atlas of deep water environments. New York:Springer Netherlands:276-281.

HEEZEN B C,THARP M,1964. Trap,Physiographic diagram of the Indian Ocean[M]. New Your:Geological Society of America.

HEUMANN M J,JOHNSON C A,WEBB L E,et al.,2012. Paleogeographic reconstruction of a Late Paleozoic Arc Collision Zone,Southern Mongolia[J]. Geological society of America bulletin,124(9/10):1514-1534.

HISCOTT R N,HALL F R,PIRMEZ C,1997. Turbidity-current overspill from the Amazon channel:texture of the silt/sand load,paleoflow from anisotropy of magnetic susceptibility and implications for flow processes[R]//FLOOD R D,PIPER D J W,KLAUS A,et al. Proceedings of the ODP,Scientific Results,Leg 155. Ocean Drilling Program, College Station,TX:53-78.

HODGES K V,2000. Tectonics of the Himalaya and southern Tibet from two perspectives[J]. Geological society of America bulletin,112(3):324-350.

HUBBARD M S,HARRISON T M,1989. $^{40}Ar/^{39}Ar$ age constraints on deformation and metamorphism in the MCT zone and Tibetan Slab,Eastern Nepal Himalaya[J]. Tectonics,8(4):865-880.

HÜBSCHER C,SPIEβ V,BREITZKE M,et al.,1997. The youngest channel-levee system of the Bengal Fan:results from digital sediment echosounder data[J]. Marine geology,141(1/4):125-145.

INGERSON R V,2011. Tectonics of sendimentary basins,with revised nomenclature[M]//2nd ed. BUSBY C J,AZOR A. Tectonics of sendimentary basins. Oxford:Wiley-Blackwell.

INGERSOLL R V,BUSBY C J,1995. Tectonics of Sedimentary Basins[M]. Oxford:Blackwell Science:1-51.

JAEGER J M,NITTROUER C A,1995. Tidal controls on the formation of fine-scale sedimentary strata near the Amazon River mouth[J]. Marine geology,125(3/4):259-281.

JEGOU I,SAVOYE B,PIRMEZ C,et al.,2008. Channel-mouth lobe complex of the recent Amazon Fan:the missing piece[J]. Marine geology,252(1):62-77.

JOHNSON S Y,ALAM A M N,1991. Sedimentation and tectonics of the Sylhet trough,Bangladesh[J]. Geological society of America bulletin,103(11):1513-1527.

JOHNSON M R W,OLIVER G J H,PARRISH R R,et al.,2001. Synthrusting metamorphism,cooling,and erosion of the Himalayan Kathmandu Complex,Nepal[J]. Tectonics,20(3):394-415.

KLOOTWIJK C T,GEE J S,PEIRCE J W,et al.,1992. An early India-Asia contact:paleomagnetic constraints from Ninetyeast Ridge,ODP Leg 121[J]. Geology,20(5):395.

KOHN M J,2008. PTt data from central Nepal support critical taper and repudiate large-scale channel flow of the Greater Himalayan Sequence[J]. Geological society of America bulletin,120(3):259-273.

KOHN M J,WIELAND M S,PARKINSON C D,et al.,2004. Miocene faulting at plate tectonic velocity in the Himalaya of central Nepal[J]. Earth and planetary science letters,228(3):299-310.

KOLLA V,BISCAYE P E,1973. Clay mineralogy and sedimentation in the western Indian ocean [J]. Deep sea research and oceanographic abstracts,23(10):949-961.

KOLLA V,COUMES F,1987. Morphology,internal structure,seismic stratigraphy,and sedimentation of Indus Fan
[J]. American association of petroleum geologists bulletin,71(6):650-677.

KOLLA V,MOORE D G,CURRAY J R,1976. Recent bottom-current activity in the deep western Bay of Bengal[J].
Marine geology,21(4):255-270.

KOLLA V,BOURGES P,URRUTY J M,et al.,2001. Evolution of deep-water Tertiary sinuous channels offshore
Angola (west Africa) and implications for reservoir architecture[J]. American association of petroleum geologists
bulletin,85(8):1373-1405.

KOMAR P D,1973. Continuity of turbidity current flow and systematic variations in deep-sea channel morphology[J].
Geological society of America bulletin,84(10):3329-3338.

KRISHNA K S,2003. Structure and evolution of the Afanasy Nikitin seamount,buried hills and 85°E Ridge in the
northeastern Indian Ocean[J]. Earth and planetary science letters,209(3):379-394.

KRISHNA K S,BULL J M,SCRUTTON R A, 2001. Evidence for multiphase folding of the central Indian Ocean
lithosphere[J]. Geology,29(8):715-718.

KRISHNA K S,LAJU M,BHATTACHARYYA R,et al.,2009. Geoid and gravity anomaly data of conjugate regions
of bay of Bengal and enderby basin-new constraints on breakup and early spreading history between India and
Antarctica[J]. Journal of geophysical research:solid earth,114:B03102.

KRISHNA K S,ABRAHAM H,SAGER W W,et al.,2012. Tectonics of the Ninetyeast Ridge derived from spreading
records in adjacent oceanic basins and age constraints of the ridge[J]. Journal of geophysical research:solid earth,
117:B04101.

KUDRASS H R,MICHELS K H,WIEDICKE M,et al.,1998. Cyclones and tides as feeders of a submarine canyon off
Bangladesh[J]. Geology,26(8):715-718.

KUEHL S A,HARIU T M,MOORE W S,1989. Shelf sedimentation off the Ganges-Brahmaputra river system:
evidence for sediment bypassing to the Bengal fan[J]. Geology,17(12):1132-1135.

KUEHL S A,LEVY B M,MOORE W S,et al.,1997. Subaqueous delta of the Ganges-Brahmaputra river system[J].
Marine geology,144(1):81-96.

LEE T Y,LAWVER L A,1995. Cenozoic plate reconstruction of Southeast Asia[J]. Tectonophysics,251(1/4):
85-138.

LIU C S,SANDWELL D T,CURRAY J R,1982. The negative gravity field over the 85°E Ridge[J]. Journal of
geophysical research,87(B9):7673-7686.

LIU J J,LIU C H,CARRANZA E J M,et al.,2015. Geological characteristics and ore-forming process of the gold
deposits in the western Qinling region,China[J]. Journal of Asian earth sciences,103:40-69.

LOPEZ M,2001. Architecture and depositional pattern of the Quaternary deep-sea fan of the Amazon[J]. Marine and
petroleum geology,18(4):479-486.

MARTIN A J,GEHRELS G E,DECELLES P G,2007. The tectonic significance of (U,Th)/Pb ages of monazite
inclusions in garnet from the Himalaya of central Nepal[J]. Chemical geology,244(1):1-24.

MAURIN T,RANGIN C,2009a. Impact of the 90°E ridge at the Indo-Burmese subduction zone imaged from deep
seismic reflection data[J]. Marine geology,266(1):143-155.

MAURIN T, RANGIN C,2009b. Structure and kinematics of the Indo-Burmese Wedge:recent and fast growth of the
outer wedge[J]. Tectonics,28:TC2010.

MAYALL M,JONES E,CASEY M,2006. Turbidite channel reservoirs-key elements in facies prediction and effective
development[J]. Marine and petroleum geology,23(8):821-841.

MCHUGH C M G,RYAN W B F,2000. Sedimentary features associated with channel overbank flow:examples from
the Monterey Fan[J]. Marine geology,163(1):199-215.

MENARD H W,1960. Possible pre-Pleistocene deep-sea fans off central California[J]. Geological society of America
bulletin,71(8):1271-1278.

MÉTIVIER F,GAUDEMER Y,TAPPONNIER P,et al.,1999. Mass accumulation rates in Asia during the Cenozoic [J]. Geophysical journal international,137(2):280-318.

MICHELS K H,KUDRASS H R,HÜBSCHER C,et al.,1998. The submarine delta of the Ganges-Brahmaputra: cyclone-dominated sedimentation patterns[J]. Marine geology,149(1):133-154.

MILLIMAN J D,BROADUS J M,GABLE F,1989. Environmental and economic implications of rising sea level and subsiding deltas:the Nile and Bengal examples[J]. Ambio,18(6):340-345.

MO X X,HOU Z Q,NIU Y L,et al.,2007. Mantle contributions to crustal thickening during continental collision: evidence from Cenozoic igneous rocks in Southern Tibet[J]. Lithos,96(1-2):225-242.

MOORE D G,CURRAY J R,RAITT R W,1974. Stratigraphic-seismic section correlations and implications to Bengal Fan history[R]//VON DER BORCH C C,SCLATER J G, et al. Init. Repts. DSDP,22:Washington (U. S. Govt. Printing Office):403-412.

MOORE D G,CURRAY J R,EMMEL F J,1976. Large submarine slide (olistostrome) associated with Sunda Arc subduction zone,northeast Indian Ocean[J]. Marine geology,21(3):211-226.

MORGAN J P,MCINTIRE W G,1959. Quaternary geology of the Bengal basin,East Pakistan and India[J]. Geological society of America bulletin,70(3):319-342.

MORLEY C K,2004. Nested strike-slip duplexes,and other evidence for Late Cretaceous-Palaeogene transpressional tectonics before and during India-Eurasia collision,in Thailand,Myanmar and Malaysia[J]. Journal of the geological society,161(5):799-812.

MORLEY C K,2009. Geometry and evolution of low-angle normal faults (LANF) within a Cenozoic high-angle rift system,Thailand:implications for sedimentology and the mechanisms of LANF development[J]. Tectonics,28(28):723-735.

MORLEY C K,2012. Late Cretaceous-early Palaeogene tectonic development of SE Asia[J]. Earth-science reviews,115(1):37-75.

MORLEY C K, KING R, HILLIS R, et al., 2011. Deepwater fold and thrust belt classification, tectonics, structure and hydrocarbon prospectivity: a review[J]. Earth-science reviews, 104(1/3): 41-91.

MÜLLER R D,SDROLIAS M,GAINA C,et al.,2008. Age,spreading rates,and spreading asymmetry of the World's Ocean Crust[J]. Geochemistry,geophysics,geosystems,9:Q04006.

NAJMAN Y,2006. The Detrital Record of Orogenesis:a review of approaches and techniques used in the Himalayan sedimentary basins[J]. Earth science reviews,74(3/4):1-72.

NAJMAN Y M R,PRINGLE M S,JOHNSON M R W,et al.,1997. Laser ^{40}Ar/^{39}Ar dating of single detrital muscovite grains from early foreland-basin sedimentary deposits in India: implications for early Himalayan evolution[J]. Geology,25(6):535-538.

NAJMAN Y,BICKLE M,BOUDAGHER-FADEL M,et al.,2008. The Paleogene record of Himalayan erosion:bengal Basin,Bangladesh[J]. Earth and planetary science letters,273(1/2):1-14.

NAJMAN Y,BICKLE M,GARZANTI E,et al.,2009. Reconstructing the exhumation history of the Lesser Himalaya, NW India,from a multitechnique provenance study of the foreland basin Siwalik Group[J]. Tectonics,28(5):335-347.

NAJMAN Y, APPEL E, BOWN P, et al., 2010. Timing of India-Asia collision: geological, biostratigraphic, and palaeomagnetic constraints[J]. Journal of geophysical research solid earth,115(115):1-70.

NAJMAN Y,ALLEN R,WILLETT E A F,et al.,2012. The record of Himalayan erosion preserved in the sedimentary rocks of the Hatia Trough of the Bengal Basin and the Chittagong Hill Tracts,Bangladesh[J]. Basin research,24(5):499-519.

NAJMAN Y,BRACCIALI L,PARRISH R R,et al.,2016. Evolving strain partitioning in the Eastern Himalaya:the growth of the Shillong Plateau[J]. Earth and planetary science letters,433:1-9.

NELSON C H, KULM L D, 1973. Submarine fans and deep-sea channels[M]//MIDDLETON G V,BOUMA A H.

Turbidites and Deep Water Sedimentation. Society of Economic Paleontologists and Mineralogists, Pacific Section, Short Course, Anaheim, CA:39-78.

NEWCOK M,SINHA S T,STUART C J,et al.,2012. East Indian margin evolution and crustal architecture:integration of deep reflection seismic interpretation and gravity modelling[J]. Geological society of London,special publications, 369(1):477-496.

O'NEILL C,MÜLLER D,STEINBERGER B,2003. Geodynamic implications of moving Indian Ocean hotspots [J]. Earth and planetary science letters,215(1/2):151-168.

PEIRCE J W,1978. The northward motion of India since the Late Cretaceous[J]. Geophysical journal international,52 (2):277-311.

PEIRCE J W,LIPKOV L,ANFILOFF V,1989. On:structural interpretation of the Rukwa Rift,Tanzania:discussion and reply[J]. Geophysics,54(11):1499-1500.

PEAKALL J,MCCAFFREY B,KNELLER B,2000a. A process model for the evolution,morphology,and architecture of sinuous submarine channels[J]. Journal of sedimentary research,70(3):434-448.

PEAKALL J,MCCAFFREY W D,KNELLER B C,et al.,2000b. A process model for the evolution of submarine fan channels:implications for sedimentary architecture[J]. American association of petroleum geologists Memoir 72, special publication-SEPM,68:73-88.

PIMM A C,1974. Sedimentology and history of the northeastern Indian Ocean from Late Cretaceous to Recent[R]. Initial Reports of the Deep Sea Drilling Project:717-804.

PIPER D J W,NORMARK W R,1983. Turbidite depositional patterns and flow characteristics,Navy submarine fan, California Borderland[J]. Sedimentology,30(5):681-694.

PIRMEZ C,FLOOD R D,1995. Morphology and structure of Amazon channel[R]//FLOOD R D,PIPER D J W,KLAUS A. Proceedings of the Ocean Drilling Program,Initial Report. Ocean Drilling Program,College Station,TX:23-45.

PIRMEZ C,IMRAN J,2003. Reconstruction of turbidity currents in Amazon Channel[J]. Marine and petroleum geology,20(6):823-849.

PITMAN W C,1979. The effect of eustatic sea level changes on stratigraphic sequences at Atlantic margins[J]. American association of petroleum geologists memoir,29:453-460.

PLATT J P,2007. From orogenic hinterlands to Mediterranean-style back-arc basins:a comparative analysis[J]. Journal of the geological societ,164(2):297-311.

POWELL C M,ROOTS S R,VEEVERS J J,1988. Pre-breakup continental extension in East Gondwanaland and the early opening of the eastern Indian Ocean[J]. Tectonophysics,155(1/4):261-283.

PRINGLE M S,FREY F A,MERVINE E M,2008. A simple linear age progression for the Ninetyeast Ridge,Indian Ocean:new constraints on Indian plate motion and hot spot dynamics[C]//American Geophysical Union Fall Meet Abstract,89(53):T54B-03.

PULLEN A,KAPP P,GEHRELS G E,et al.,2008. Triassic continental subduction in central Tibet and Mediterranean-style closure of the Paleo-Tethys Ocean[J]. Geology,36(5):351-354.

QAYYUM M,LAWRENCE R D,NIEM A R,1997. Discovery of the palaeo-Indus delta-fan complex[J]. Journal of the geological society,154(5):753-756.

RADHAKRISHNA M,SUBRAHMANYAM C,DAMODHARAN T,2010. Thin oceanic crust below Bay of Bengal inferred from 3-D gravity interpretation[J]. Tectonophysics,493(1):93-105.

RADHAKRISHNA M,SRINIVASA R G,NAYAK S,et al.,2012a. Early Cretaceous fracture zones in the Bay of Bengal and their tectonic implications:constraints from multi-channel seismic reflection and potential field data[J]. Tectonophysics,522:187-197.

RADHAKRISHNA M,TWINKLE D,NAYAK S,et al.,2012b. Crustal structure and rift architecture across the Krishnae-Godavari basin in the central Eastern Continental Margin of India based on analysis of gravity and seismic data[J]. Marine and petroleum geology,37(1):129-146.

RAJESH S,MAJUMDAR T J,2009. Geoid height versus topography of the Northern Ninetyeast Ridge:implications on crustal compensation[J]. Marine geophysical researches,30(4):251-264.

RAMANA M V,NAIR R R,SARMA K,et al.,1994. Mesozoic anomalies in the Bay of Bengal[J]. Earth and planetary science letters,121(3-4):469-475.

RICHTER B,FULLER M,1996. Palaeomagnetism of the Sibumasu and Indochina blocks:implications for the extrusion tectonic model[J]. Geological, society London,special publications,106(1):203-224.

ROBERTSON A H, 1998. Tectonic significance of the Eratosthenes Seamount: a continental fragment in the process of collision with a subduction zone in the eastern Mediterranean (Ocean Drilling Program Leg 160)[J]. Tectonophysics,298(1/3),63-82.

ROBERTSON A H F,MOUNTRAKIS D, 2006. Tectonic development of the Eastern Mediterranean region: an introduction[J]. Geological society,London,special publications,260(1):1-9.

ROWLEY D B,CURRIE B S,2006. Palaeo-altimetry of the late Eocene to Miocene Lunpola basin,central Tibet[J]. Nature,439(7077):677-681.

ROYER J Y,SANDWELL D T,1989. Evolution of the eastern Indian Ocean since the Late Cretaceous:constraints from Geosat altimetry[J]. Journal of geophysical research:solid earth,94(B10):13755-13782.

ROYER J Y,PEIRCE J W,WEISSEL J K,1991. Tectonic constraints on the hot-spot formation of Ninetyeast Ridge [R]//Proceedings of the Ocean Drilling Program Scientific Results,121:763-776.

SAGER W W,PAUL C F,KRISHNA K S,et al.,2010. Large fault fabric of the Ninetyeast Ridge implies near-spreading ridge formation[J]. Geophysical research letters,37:L17304.

SASTRI V V,VENKATACHALA B S,NARAYANAN V,1981. The evolution of the east coast of India[J]. Palaeogeography,Palaeoclimatology,Palaeoecology,36(1/2):23-54.

SCHWENK T,2003. The Bengal Fan:architecture,morphology and depositional processes at different scales revealed from high-resolusion seismic and hydroacoustic data[D]. Bremen:University of Bremen.

SCHWENK T,SPIEß V,BREITZKE M,et al.,2005. The architecture and evolution of the Middle Bengal Fan in vicinity of the active channel-levee system imaged by high-resolution seismic data[J]. Marine and petroleum geology, 22(5):637-656.

SEARLE M,CORFIELD R I,STEPHENSON B E N,et al.,1997. Structure of the North Indian continental margin in the Ladakh-Zanskar Himalayas: implications for the timing of obduction of the Spontang ophiolite, India-Asia collision and deformation events in the Himalaya[J]. Geological magazine,134(3):297-316.

SHEPARD F P,1973. Submarine Geology[M]. 3rd ed. New York:Harper and Row,517.

SIKDER A M,ALAM M M,2003. 2-D modelling of the anticlinal structures and structural development of the eastern fold belt of the Bengal Basin,Bangladesh[J]. Sedimentary geology,155(3/4):209-226.

SREEJITH K M,RADHAKRISHNA M,KRISHNA K S,et al.,2011. Development of the negative gravity anomaly of the 85°E Ridge,northeastern Indian Ocean-a process oriented modelling approach[J]. Journal of earth system science,120(4):605-615.

STOW D A V,PIPER D J W,1984. Deep-water fine-grained sediments:facies models[J]. Geological, society London, special publications,15(1):611-646.

STOW D A V,HOWELL D G,NELSON C H,1983. Sedimentary,tectonic,and sea-level controls on submarine fan and slope-apron turbidite systems[J]. Geo-Marine letters,3(2):57-64.

STOW D A V,HOWELL D G,NELSON C H,1985. Sedimentary,Tectonic,and Sea-Level Controls[M]//BOUMA A H,NORMARK W R,BARNES N E. New York:Springer,15-22.

SUBRAHMANYAM C,THAKUR N K,RAO T G,et al.,1999. Tectonics of the Bay of Bengal:new insights from satellite-gravity and ship-borne geophysical data[J]. Earth and planetary science letters,171(2):237-251.

TALWANI M,DESA M A,ISMAIEL M,et al.,2016. The Tectonic origin of the Bay of Bengal and Bangladesh[J]. Journal of geophysical research:solid earth,121(7):4836-4851.

TAPPONNIER P,PELTZER G,ARMIJO R,1986. On the mechanics of the collision between India and Asia[J]. Geological society of London:special publications,19(1):113-157.

TWICHELL D C,KENYON N H,PARSON L M,et al.,1991. Depositional Patterns of the Mississippi Fan Surface: Evidence from GLORIA II and High-Resolution Seismic Profiles[M]//VEIMER P,LINK M H. Seismic facies and sedimentary processes of submarine fans and turbidite systems. New York:Springer:349-363.

UDDIN A,LUNDBERG N,1998. Cenozoic history of the Himalayan-Bengal system:sand composition in the Bengal basin,Bangladesh[J]. Geological society of America bulletin,110(4):497-511.

VANNAY J C,HODGES K V,1996. Tectonometamorphic evolution of the Himalayan metamorphic core between the Annapurna and Dhaulagiri,central Nepal[J]. Journal of metamorphic geology,14(5):635-656.

WANG C Y,CHAN W W,MOONEY W D,2003. Three-dimensional velocity structure of crust and upper mantle in southwestern China and its tectonic implications[J]. Journal of geophysical research:solid earth,108(B9):22-42.

WEBB A A G,YIN A,HARRISON T M,et al.,2007. The leading edge of the Greater Himalayan Crystalline complex revealed in the NW Indian Himalaya:implications for the evolution of the Himalayan orogen[J]. Geology,35(10): 955-958.

WEBER M E,WIEDICKE M H,KUDRASS H R,et al.,1997. Active growth of the Bengal Fan during sea-level rise and highstand[J]. Geology,25(4):315-318.

WHITE N M,PARRISH R R,BICKLE M J,et al.,2001. Metamorphism and exhumation of the NW Himalaya constrained by U-Th-Pb analyses of detrital monazite grains from early foreland basin sediments[J]. Journal of the geological society,158(4):625-635.

XU Q Q,JI J Q,ZHAO L,et al.,2013. Tectonic evolution and continental crust growth of Northern Xinjiang in Northwestern China:reemnant ocean model[J]. Earth – science review,126:178-205.

YAN Q R,HANSON A D,WANG Z Q,et al.,2004. Timing and setting of Guanjiagou conglomerate in South Qinling and their tectonic implications[J]. Chinese science bulletin,49(16):1722-1729.

YIN A,2006. Cenozoic tectonic evolution of the Himalayan orogen as constrained by along-strike variation of structural geometry,exhumation history,and foreland sedimentation[J]. Earth-science reviews,76(1/2):1-131.

YIN A,2010. Cenozoic tectonic evolution of asia:a preliminary synthesis[J]. Tectonophysics,488 (1/4):293-325.

YIN A,HARRISON T M,2000. Geologic evolution of the Himalayan-Tibetan orogen[J]. Annual review of earth and planetary sciences,28(1):211-280.

YIN A,HARRISON T M,MURPHY M A,et al.,1999. Tertiary deformation history of southeastern and southwestern Tibet during the Indo-Asian collision[J]. Geological society of America bulletin,111(11):1644-1664.

YOKOYAMA K,AMANO K,TAIRA A,et al.,1990. Mineralogy of silts from the Bengal Fan[J]. Proceedings of the Ocean Drilling Program,scientific results,116:59-73.

ZHANG P,MEI L,XIONG P,et al.,2017. Structural features and proto-type basin reconstructions of the Bay of Bengal Basin:a remnant ocean basin model[J]. Journal of earth science,28(4):666-682.

第6章

孟加拉复合盆地

　　孟加拉复合盆地处于东西向喜马拉雅构造体系与北东向印度被动陆缘、南北向缅甸-安达曼主动大陆边缘和南部残留洋体系的交接、复合区域。盆地陆壳、过渡壳和洋壳基底并存复合，发育陆内裂谷层系与被动大陆边缘体系及深水浊流体系、河流-三角洲体系垂向叠加的复合沉积序列，具有裂陷层、拗陷层与褶皱变形层等不同构造层的叠加。盆地东西向处于被动大陆边缘伸展体系和印缅俯冲残留洋体系的构造连接处，两侧构造变形存在明显的差异；印度板块与欧亚板块碰撞形成的喜马拉雅前陆体系也在孟加拉复合盆地与前两者发生构造复合，整体表现为东西分带，南北叠加的构造特征，包括三隆、三拗和一斜坡等构造单元。

6.1　孟加拉复合盆地基底结构与构造单元

　　孟加拉复合盆地(简称孟加拉盆地,Bengal basin)位于印度次大陆东北角,孟加拉湾的顶端。盆地三面环山一面向海,即西部、北部分别与印度德干高原和西隆高原相邻,东部则紧靠印度钦山山脉(印缅造山带中段),南部面向广阔的孟加拉湾。盆地以发育由恒河-布拉马普特拉河(Ganges-Brahmaputra River)和梅克纳河(Meghna River)形成的世界上最大的河控三角洲体系而闻名(Goodbred et al.,2003;Milliman et al.,1995;Kuehl et al.,1989),该三角洲的总面积超过 60 000 km^2(Johnson and Alam,1991),最大沉积厚度超过 22 km(Curray and Munasinghe,1991)。孟加拉盆地总面积约 400 000 km^2,其中陆上面积为 151 560 km^2,海上面积为 251 840 km^2。盆地绝大部分位于孟加拉国境内,同时涵盖印度东北部的西孟加拉邦、特里普拉邦的一部分和整个现代孟加拉国大陆架。地貌上[图 6.1(a)],孟加拉盆地包括五个组成单元,即低山带(如吉大港山系)、高地、洪泛平原、三角洲平原和海岸平原(Alam,1989)。地质上,盆地整体位于一个由大陆壳、过渡壳和洋壳组成的复合基底上。盆地边界以大型断裂为主[图 6.1(b)],西部边界为盆地边缘、北东—南西向的复杂断裂系统;北临西隆高原的达卡断层;东部通过加拉丹断裂与西缅地块印缅造山带分割开来,该断裂与达卡断层一起向东北并入那加-迪桑逆冲断裂带(Naga-

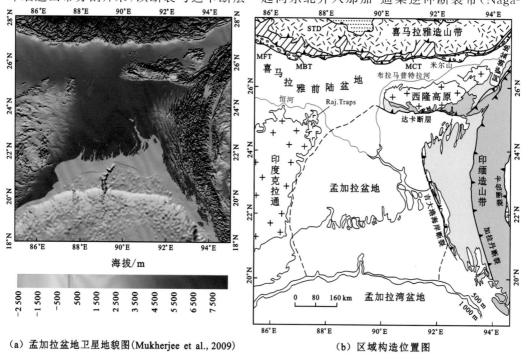

(a) 孟加拉盆地卫星地貌图(Mukherjee et al., 2009)　　　(b) 区域构造位置图

图 6.1　孟加拉盆地卫星地貌图与区域构造位置图

STD 为藏南拆离系;MCT 为主中央推覆带;MFT 为主前缘推覆带;MBT 为主边界推覆带;Raj. Traps 为拉杰默哈尔玄武岩

Disang thrust);向南逐渐过渡到孟加拉残留洋盆地(Najman et al.,2012;Mukherjee et al.,2009;Uddin and Lundberg,2004;Alam et al.,2003)。

孟加拉盆地的形成始于晚中生代冈瓦纳大陆的破裂和之后印度板块与欧亚板块的俯冲、碰撞(Alam et al.,2003;Curiale et al.,2002;Reimann,1993;Alam,1989)。前人对孟加拉盆地进行了大量研究,其中一个核心问题是对孟加拉盆地的属性存在认识上的争议。

① Alam 等(1990,1972)认为孟加拉盆地在大地构造单元上属于"外地槽"(exogeosyncline),即那些沉积于克拉通内的巨厚碎屑是克拉通周缘隆起带剥蚀的产物,其中孟加拉盆地前渊(Bengal foredeep)属于外地槽的一部分,孟加拉外地槽是世界上最大的一个地槽单元,与孟加拉湾一起组成了孟加拉地槽(Bengal geosyncline)。

② 根据板块构造理论和盆地的大地构造位置,一种主流的观点认为孟加拉盆地属于与喜马拉雅造山带平行发育的喜马拉雅前陆盆地的一部分(Mukherjee et al.,2009;Yin,2006;Uddin and Lundberg,1999,1998),后者自巴基斯坦北部经印度西北部、尼泊尔、不丹延伸至印度东北部的阿萨姆地区。

③ 为更好地解释盆地的构造演化与沉积过程,很多学者认为孟加拉盆地与南部的孟加拉湾盆地共同组成了新生代残留洋盆地系统(Najman et al.,2012;Allen and Allen,2005;Ingersoll and Busby,1995;Johnson and Alam,1991;Mitchell and Reading,1986;Graham et al.,1975),这一模型能够合理解释板块不规则碰撞下的盆地发育与演化序列,同时也得到了盆地东部褶皱带沉积学证据的支持,后者主要由一套巨厚的深海浊积岩序列组成(Khin et al.,2014;Gani and Alam,2003,1999;Davis et al.,2003)。

造成如此巨大争议的原因,除了不同学者研究的侧重点和区域不同外,最重要的是孟加拉盆地具有复杂的盆地基底属性、结构特征与演化历史。Graham 等(1975)强调了孟加拉盆地是发育在残留洋盆地和印度东部大陆边缘裂谷盆地基础上的一类盆地,这一论点可能已经认识到孟加拉盆地基底结构的复杂属性与盆地的多期构造史的叠加过程。因此,认清孟加拉盆地的基底性质与结构特征是认识盆地属性、构造和沉积历史的基础和关键。

6.1.1　盆地基底组成与结构特征

孟加拉盆地发育的大地构造位置显示盆地的形成发育、沉积充填和构造变形与印度大陆在地质历史时期内的伸展、破裂、漂移,还有与欧亚板块的碰撞作用等一系列过程存在紧密的联系(Curiale et al.,2002)。大印度陆块(Greater India)的重建模型虽然在论述其西北部和北部的延伸距离上存在争议(Ali and Aitchison,2005),但是这些模型无一例外地支持孟加拉盆地基底与印度大陆具有相似的地壳属性。已有的研究表明,印度大陆实际上是由前寒武纪 Dharwar、Bastar、Singbhum、Bundelkhand 和 Aravalli 等数个克拉通块体在古生代期间拼合而成,它们之间由默哈讷迪(Mahanadi)、戈达瓦里(Godavari)、讷尔默达(Narmada-Son)、加迈湾(Gambay)和 Koyna 等数个裂谷系分割(图 6.2)(Valdiya,2013),现今发育的默哈讷迪、克里希纳-戈达瓦里等盆地实际上是在上述古生代—中生代裂谷系的基础上发育而来(Bastia and Radhakrishna,2012)。Graham 等

（1975）首先认识到孟加拉盆地可能是由残留洋盆地和大陆边缘裂谷系盆地叠加而成，其中至少已经证实孟加拉盆地的西北部发育具有大陆地壳属性的基底（Khan and Agarwal，1993），而在盆地的东南部基底则可能为洋壳（Curray et al.，1982）。此外，Nemčok 等（2012）通过地震与重磁数据揭示出沿印度东部大陆边缘发育的宽 50～100 km 的过渡地壳（去顶的地幔岩石圈），因此有理由相信在孟加拉盆地西北部下伏陆壳与洋壳间可能存在过渡性地壳（Alam et al.，2003）。

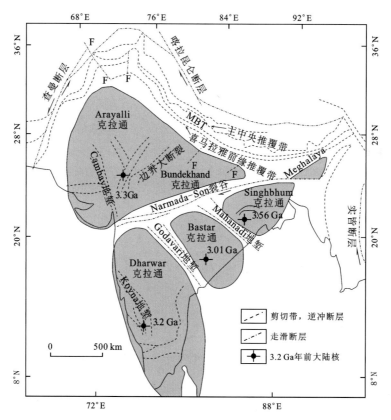

图 6.2　印度大陆前寒武纪克拉通与古生代裂谷系（Valdiya，2013）

1. 孟加拉盆地陆壳性质与分布

　　孟加拉盆地的西部与印度东北部出露的基底岩系和拉杰默哈尔玄武岩相邻。其中印度东北部出露的基底岩系主要由古生代的花岗质和辉绿质侵入体、片麻岩和紫苏花岗岩，还有太古代的花岗岩和片麻岩组成（Valdiya，2013）。而拉杰默哈尔玄武岩（覆盖面积约 4 300 km²）则主要由白垩纪拉斑玄武岩和少量橄榄玄武岩、玄武质安山岩组成，它们与孟加拉盆地北部沿达卡断层出露的拉斑质和碱性玄武岩（锡尔赫特玄武岩）在岩石学和形成时代上具有相似性（Baksi，1995，1989；Storey et al.，1992）。上述露头岩性资料可能说明孟加拉盆地西北部的下伏基底具有陆壳属性。除此以外，大量的直接证据也证实了孟加拉盆地西北部基底具有与印度大陆相同的陆壳属性。

1) 卫星重力、磁力资料特征

卫星自由空气异常显示孟加拉盆地及周缘地区可以识别出 7 个高异常带和 5 个低异常带[图 6.3(a)]。其中分布在盆地周缘的高异常带分别是 H1、H5、H6 和 H7,对应拉杰默哈尔玄武岩、喜马拉雅造山带、西隆高原和印缅造山带;同样的,盆地周缘的低异常带主要是 L5,对应的是喜马拉雅前陆盆地。在盆地内部的高、低异常带大部分呈北东—南西走向、相间分布(如 L1、H2、L2、H3、L4 和 H4)。比较例外的是 L3,位于盆地的东北角,呈近东西走向,与西隆高原的高异常带 H6 形成鲜明的对比。卫星布格异常图上[图 6.3(b)]也可以识别出相应的高、低重力异常带,这些异常带表明盆地可能由不同的次级隆拗单元组成。需要特别指出的是,盆地东北部的低异常带 L5 为 $-60 \sim -100$ mGal,与盆地内其他的负异常单元存在明显区别而与喜马拉雅前陆的负异常特征相似,这可能表明孟加拉盆地东北部具有前陆属性(Johnson and Alam,1991),但是这涉及西隆高原的属性与演化机制,将在后文论述。

Bastia 等(2010a)和 Radhakrishna 等(2012a,2012b)在利用重磁资料研究印度东部大陆边缘盆地结构时,认识到重力负异常带通常与盆地凹陷单元对应,而重力正异常带则与盆地的凸起单元一一对应;大陆边缘发育的磁异常条带则往往指示盆地基底的性质和大型边界断裂的展布。他们的研究对于孟加拉盆地重磁数据的解释和理解孟加拉盆地的结构特征具有很大的启示意义。在孟加拉盆地的西北部地区,卫星重力负异常单元 L1 和 L2 的特征与印度东部大陆边缘盆地内的凹陷单元相似[图 2.2(a)(b)、图 6.3(a)(b)],因此可能代表的是发育在大陆边缘陆壳上的裂陷单元;相应地,高异常带 H2 则可能代表的是大陆边缘陆壳内发育的凸起带。

孟加拉盆地航磁异常显示孟加拉湾盆地可以分为三个梯度带,即西部高/低异常复杂带、中部低异常带和东部平缓带;这些磁异常带整体上呈北东走向,可能指示下伏破碎基底的整体变化。特别需要指出的是孟加拉盆地西部高/低复杂异常带中的高异常单元(最高可达 1 250 nT),推测是大陆边缘变质岩和火成岩侵入体的响应,而低异常单元(最低约 500 nT)则可能表明堆积更厚的沉积层(Rahman et al.,1990)。东部的平缓异常带缺少高/低突变单元,显示下伏基底性质均一而稳定,可能是残留的古孟加拉湾洋壳。孟加拉盆地航磁异常的解释结果与卫星重力异常数据的推测结果相吻合,为进一步合理解释盆地基底性质提供了条件。

2) 地震资料的约束

20 世纪初开始的孟加拉国石油勘探活动为深入研究盆地结构和形成历史提供了直接的证据(Curiale et al.,2002)。已有的地震数据主要覆盖盆地的东北部、近海陆架区和西北部。由于盆地堆积了巨厚的沉积盖层,能够揭示盆地基底属性和结构的地震测线相对较少。Uddin 和 Lundberg(1998)、Curiale 等(2002)等学者在研究孟加拉盆地的构造和沉积历史时给出了盆地南北向和东西向的区域大剖面,直接揭示了盆地北部邻近西隆高原和达卡断裂带的区域发育减薄的陆壳(厚度为 $10 \sim 15$ km),且向南过渡为洋壳;盆地西北部发育正常的陆壳,以冈瓦纳时期形成的地堑-地垒系统为特征,向盆地的东南方向逐渐过渡为减薄的陆壳(厚度为 $10 \sim 12$ km)和洋壳。它们的研究初步表明盆地基底是由陆壳、减薄的陆壳(过渡壳)和洋壳组成,但是这些研究还不足以让我们全面地认清孟加拉盆地基底的组成和分布。为此,本书基于新近收集和已公开发表的地震资料,建立了三条

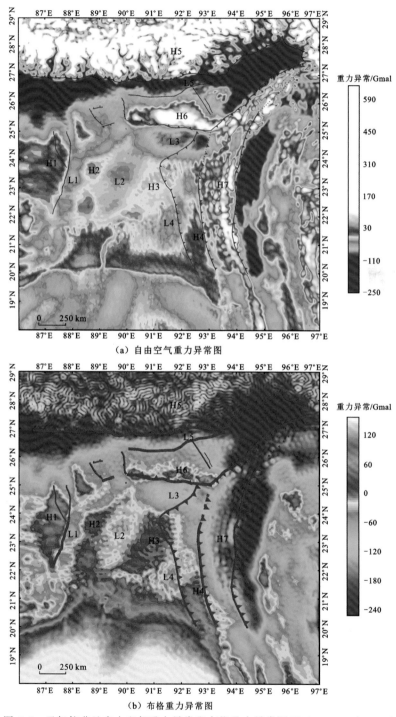

（a）自由空气重力异常图

（b）布格重力异常图

图 6.3　孟加拉盆地自由空气重大异常和布格重力异常图（Rahman et al.，1990）

L1～L4 为低异常带，H1～H7 为高异常带

近东西走向的区域剖面（图 6.4）。

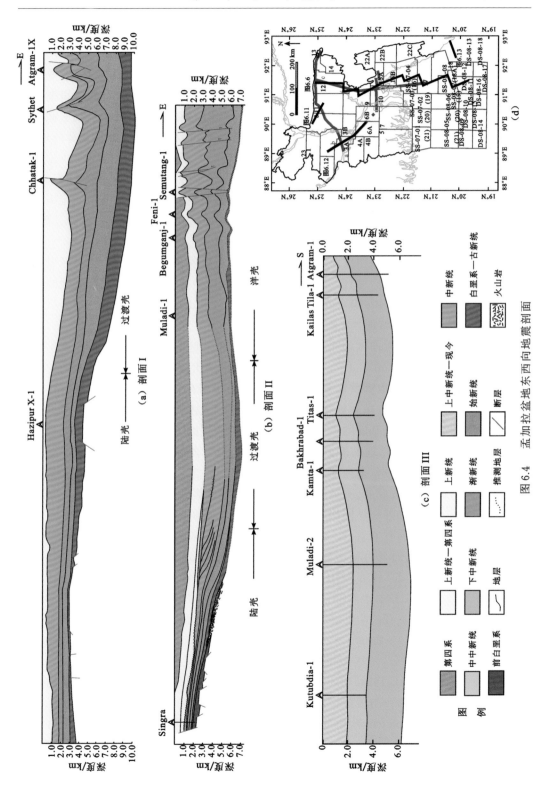

图 6.4　孟加拉盆地东西向地震剖面

　　剖面 I 切过盆地的西北部和东北缘(图6.4a),显示西段下伏基底为正常的陆壳,其标志性特征是由正断层控制的地堑-地垒结构,与印度东部大陆边缘类似。剖面的东段没有清晰的地震反射结构,但是根据先前 Curiale 等(2002)、Uddin 和 Lundberg(1998)等学者的研究,基本可以确认这一区域基底为减薄的陆壳。剖面 II 切过盆地的西部和中部地区,其中西段同样表现为正断层控制的裂谷系统,而中段的裂谷系统遭受了后期玄武岩喷发的影响,并且地壳的厚度明显减小(Alam et al.,2003),可以推测发育的是减薄的地壳。剖面东段的地震反射结果不清晰,不能判断基底地壳的类型。剖面 III 由印度西孟加拉邦近海地区沿孟加拉国陆架延伸至吉大港山区。剖面的西段显示下伏基底为陆壳,其标志是由正断层控制的旋转断块,而剖面的东段同样具有模糊的反射结构,不能判定下伏基底的性质,但是同一位置的地震剖面显示基底为洋壳(Rangin and Maurin,2009)。因此,可以基本确定孟加拉盆地东南部基底为洋壳。

　　此外,孟加拉盆地西部(印度西孟加拉邦)深部地震反射和折射剖面模型,显示盆地基底的陆壳具有稳定的速度层结构(速度在 6.3~6.9 km/s),地壳的上部发育东倾的正断层,并导致地壳厚度由 36 km 减薄至 18 km 左右(Kaila and Krishna,1992)。

3) 盆地基底岩石学特征

　　孟加拉盆除了其东部褶皱带一系列背斜构造出露的晚中新世至上新世厚层砂岩(Gani 和 Alam,1999;Alam and Pearson,1990)之外的绝大部分地区,基本被第四纪冲积层覆盖,因此很难直接获取到盆地基底的性质和岩石学特征的具体信息。尽管有些学者已经提出,那些出露于印度东北部拉杰默哈尔山附近的太古代和古生代花岗岩、片麻岩与孟加拉盆地西部下伏结晶基底的岩性相似,但是缺乏直接的证据。在盆地西北部,油气勘探和采矿的钻井记录了盆地前寒武纪结晶基底的岩石学特征。Rahman 和 Sen Gupta(1980)首先报道了孟加拉盆地西部陆架区 GDH-31 井在 211 m 钻遇了花岗角闪岩、花岗闪长片麻岩、石英闪长片麻岩、石英闪长岩、花岗岩,而且基底顶部的花岗闪长岩经历了强烈的风化作用。其他钻井在不同深度也有钻遇结晶岩的报道,如 Bogra-X1 井在 2 150 m 钻遇到前寒武纪花岗质片麻岩(Khan,1991)。整体而言,基底结晶岩以石英闪长岩为主,花岗闪长岩和二长花岗岩为辅,偶见片麻岩等变质岩(Kabir et al.,2001;Ameen et al.,1998)。Ameen 等(2007)利用 SHRIMP 法测得 BH-2 井基底石英闪长岩的 U-Pb 年龄为(1 722±6)Ma,即孟加拉盆地西部结晶基底的形成时代是古古代。这一年龄与印度东北部(印度克拉通)露头花岗岩和变质岩的结晶年龄存在明显的差异,后者形成的是时代主要集中在太古代(3.10~2.90 Ga)(Misra and Johnson,2005;Ghosh et al.,1996;Sengupta et al.,1996,1991)。虽然这一区域也有古元古代和中元古代年龄的报道(Santosh et al.,2004;Ray Barman et al.,1994;Mallik et al.,1992,1991),但是它们可能代表的是锆石的生长年龄而非结晶年龄。与孟加拉盆地西部下伏基底岩性和年龄具有相关关系的,可能是西隆高原(Shillong plateau),那里出露的片麻岩、片岩和花岗岩的形成年龄集中在古元古代—中元古代(1.7~1.6 Ga)(Chatterjee et al.,2007;Ghosh et al.,1991)。据此,Ameen 等(2007)推测孟加拉盆地下伏基底可能不同于印度克拉通或西隆高原,而更有可能源自冈瓦纳的一个古老的陆块。虽然这一模型的正确性还存有争议,但可以肯定的是孟加拉盆地西部存在前寒武纪形成的古老陆块,它可能经历了与印度大陆一致的中生代陆内伸展与裂解过程。

2. 孟加拉盆地过渡壳性质与分布

Nemčok 等(2012)通过地震与重磁数据揭示出沿印度东部大陆边缘发育的宽 50～100 km 的过渡地壳(去顶的地幔岩石圈或减薄的陆壳)。Uddin 和 Lundberg(1998)、Curiale 等(2002)等学者提出的盆地结构模型提供了认识盆地下伏过渡壳的基础。他们的模型表明:①过渡壳与正常陆壳之间由正断层分割,表现为由倾斜断块组成的减薄拉伸的陆壳,厚度一般在 15～20 km;②过渡壳的本质是一种陆壳而非洋壳。在孟加拉盆地中,过渡壳主要分布在西部陆架区和盆地东北部,在卫星重力异常上显示为低异常特征[L2 和 L3;图 6.3(a)(b)],而在航磁异常上显示为相对的低异常特征[图 6.3(c)]。孟加拉盆地西北部陆架地区的过渡壳受到地幔柱玄武质岩浆作用的影响,成为过渡壳的标志反射特征(Alam et al.,2003)。孟加拉盆地中的过渡壳与印度东部大陆边缘的过渡壳相比,可能没有发生上地幔的去顶剥蚀作用。

3. 孟加拉盆地洋壳性质与分布

孟加拉盆地下伏的洋壳基底主要分布在盆地的东南部,在卫星重力异常上高异常(H3)与低异常(L4)特征均有显示[图 6.3(a)(b)],但是在航磁异常上主要表现为中等磁异常值[图 6.3(c)],后者与盆地西部分布的陆壳基底和过渡壳基底存在较为显著的差别。在地震反射特征上,洋壳表现为交叉和下倾反射(Alam et al.,2003);在航空磁异常图上表现为高、低异常带的转换[图 6.3(c)](Rahman et al.,1990)。其他还可以证实存在洋壳的信息包括:①孟加拉盆地巨厚沉积盖层(>20 km)(张朋 等,2014;Radhakrishna et al.,2010;Curray et al.,1982)底部的变质作用,表明下伏基底为洋壳(Curray and Munasinghe,1991);② 均衡作用也支持盆地东南部基底为洋壳(Alam et al.,2003)。毫无疑问的是,盆地东部褶皱带和印缅造山带的下伏基底也属于洋壳(Maurin and Rangin,2009;Alam et al.,2003)。

6.1.2　盆地构造单元组成

20 世纪中叶,地质学家在研究孟加拉盆地的不同构造单元与构造带属性时,形成了一个基本的共识,即可以将孟加拉盆地划分为三个具有不同构造-沉积演化历史、基底结构和地形地貌特征的单元:西部稳定陆架区、中央拗陷区和东部褶皱变形区(Alam et al.,2003;Khan and Chouhan,1996);它们是组成孟加拉盆地的一级构造单元,分界线分别是铰合带和吉大港海岸断裂(Chittagong Coastal fault)。过去 20 多年,随着地球物理、地震、钻井和地面地质调查的持续推进,人们对孟加拉盆地内部的结构单元和组成有了更精细和准确的理解。

孟加拉盆地重力异常在东西向上表现为明显分带特征:"五高四低"共 9 条异常带,走向大致平行,均呈北东—南西向展布。布格异常为 $11 \sim -179$ mGal,最小值出现在北部的达卡断裂带南缘的苏尔马拗陷,最大值位于盆地西部,与太古宙结晶基底相关[图 6.3(b)]。地震、航磁异常和深部钻探数据显示了孟加拉盆地存在巨厚的沉积物,据估算基底最小深度为 $10 \sim 12$ km,最大深度则超过 20 km(张朋 等,2014;Radhakrishna et al.,2010;Curray and Munasinghe,1991;Curray et al.,1982)。根据 Evans 和 Crompton(1946)早期的认识,沉积物密度引起的异常不能用于解释相对高的布格异常地区,因此这种异常主要是由下部基底的差异引起的。

这些异常区域反映了盆地不同构造单元或者次级构造单元的结构和下伏基底的组成差异,结合航磁异常、地震剖面,本书将孟加拉盆地划分为"三隆三拗一斜坡",其中"三隆"是指马德普尔-特里普拉隆起、巴里萨尔-特里普拉隆起、吉大港-特里普拉隆起,"三拗"是指福里德布尔拗陷、苏尔马拗陷、哈提亚拗陷;一斜坡指的是西部斜坡,西部斜坡又可以划分为博格达缓坡和铰合带两个次一级构造单元,共七个一级构造单元两个二级构造单元(图 6.5,表 6.1)。

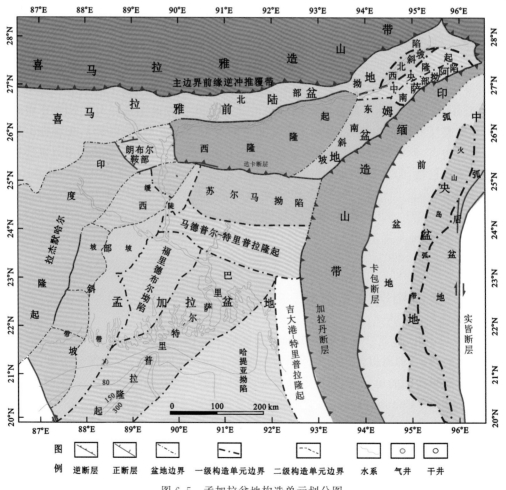

图 6.5 孟加拉盆地构造单元划分图

表 6.1　孟加拉盆地及邻区构造单元全要素对比

构造单元名称	基底类型	面积/km²	构造走向	重力异常特征	磁异常特征	沉积厚度/m*
马德普尔-特里普拉隆起	过渡壳/洋壳	52 500	NWW—SEE	正异常	平缓正异常	约 15 000
巴里萨尔-特里普拉隆起	过渡壳/洋壳	80 000	NE—SW	正异常	平缓正异常	约 4500
吉大港-特里普拉隆起	洋壳	22 500	N—S	高正异常	—	>8 000
苏尔马拗陷	过渡壳	54 000	W—E	低负异常	平缓正异常	>15 000
哈提亚拗陷	洋壳	80 000	NNE—SSW	负异常	—	>16 000
福里德布尔拗陷	过渡壳	22 000	NNE—SSW	负异常	低正异常	>4 500
西部斜坡	陆壳	96 000	NE—SW	正异常	低正异常	150～4 200
西隆高原	陆壳	20 000	W—E	高正异常	—	1 000～3 000
达卡断裂带	—	—	W—E	正/负异常骤变带	—	—
朗布尔鞍部	陆壳	3 000	NEE—SWW	负异常	高/低异常交互	约 150

* 沉积厚度参考 Biswas 等(2007)；Alam 等(2003)；Reimann(1993)；Curray 等(1982)

1. 马德普尔-特里普拉隆起

马德普尔-特里普拉隆起(Madhupur-Tripura uplift)呈近北西西—南东东向,向东延伸至印缅造山带西缘的加拉丹断裂带附近,向西与西部陆架相接,成为盆地隆拗单元间的分水岭。马德普尔-特里普拉隆起在卫星重力异常上表现为中等正异常,是南北两侧高异常与低异常带的分界[图 6.3(a)(b)];在航空磁异常图上表现为中等正磁异常,与南北两侧的低磁异常存在明显的区别[图 6.3(c)];而在地震剖面上表现为低隆起,分割了北部的苏尔马拗陷和南部的哈提亚拗陷(图 6.6)(Najman et al.,2012)。显然,马德普尔-特里普拉隆起的存在是盆地不同走向构造相互交融的结果,因为其南缘的一级构造单元大致呈北东走向,而其北缘的苏尔马拗陷、达卡断裂带和西隆高原均为东西走向,东侧的印缅造山带为近南北走向。根据地震反射显示的形态特征,表明马德普尔-特里普拉隆起的变形时间不早于晚上新世(Najman et al.,2012),可以推测该隆起可能与达卡仰冲推覆带及西隆高原在中新世—上新世隆起(Najman et al.,2012;Clark and Bilham,2008;Biswas et al.,2007)所导致的地壳块体翘起或挠曲有关(Najman et al.,2016)。

另一个值得关注的是,马德普尔-特里普拉隆起南北两侧分属不同的含油气系统(Curiale et al.,2002),其北侧的苏尔马拗陷以产石油为主,凝析油中富含源自被子植物的富氢分子、富重原子同位素。考虑到主力烃源岩层为中新统 Bhuban 组,可以明确证实该隆起的活动在中中新世以后,而且可能与中中新世的喜马拉雅造山带的活动有关。

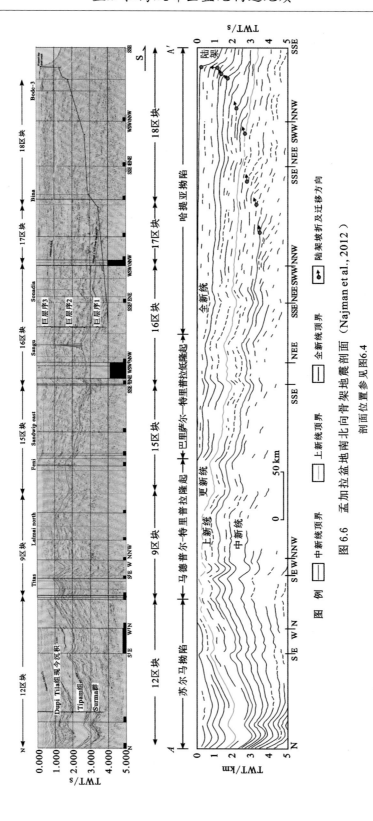

图 6.6 孟加拉盆地南北向骨架地震剖面（Najman et al., 2012）

剖面位置参见图6.4

2. 巴里萨尔-特里普拉隆起

巴里萨尔-特里普拉隆起(Barisal-Tripura uplift)位于马德普尔-特里普拉隆起南侧,哈提亚拗陷和福里德布尔拗陷之间,呈近北东—南西走向(图 6.5)。在卫星重力异常图中,该隆起表现为高正异常特征(H3 异常带),与邻近的其他构造单元存在明显的突变界限[图 6.3(a)(b)];在航空磁异常图上则表现为近北东—南西走向的中等异常带[图 6.3(c)]。许多东西向的地震剖面并没有揭示出深部的反射结构,因此很难清晰地了解巴里萨尔-特里普拉隆起的几何形态,不过南北向地震剖面(图 6.6)显示该隆起可能是一个低幅的凸起构造。Banerji(1984,1981,1979)认为巴里萨尔-特里普拉隆起是向北东方向延伸至印度东北部阿萨姆前陆盆地的古隆起,向南与东经 90°海岭相接。但是所谓的古隆起只在重力和磁异常数据上有体现,其他方面的约束资料很少,因此,Matin 等(1986)认为并不存在这样的古隆起,而重力、磁异常的产生可能与深部异常体的存在有关(Reimann,1993)。

3. 吉大港-特里普拉隆起

吉大港-特里普拉隆起(Chittagong-Tripura uplift),位于孟加拉盆地的东部,以加拉丹逆冲断裂为界,与东侧古近纪印缅造山带相邻(图 6.7),代表早中新世—上新世印度板块向西缅地块下斜向俯冲,形成向西逐渐扩展的年轻造山系(Maurin and Rangin,2009;Sikder and Alam,2003;Alam et al.,2003;Gani and Alam,1999;Lohmann,1995;Johnson and Alam,1991;Hiller and Elahi,1988)。在卫星重力异常图上,吉大港-特里普拉隆起表现为高正异常带,与北部的喜马拉雅造山带的异常特征类似[图 6.3(a)(b)]。从构造成因上讲,吉大港-特里普拉隆起及其东侧的印缅造山带与喜马拉雅造山带,都是由印度板块与欧亚板块间的俯冲和碰撞作用形成,主要区别在于喜马拉雅造山带记录了完整的陆-陆碰撞过程(Yin and Harrsion,2000),而吉大港-特里普拉隆起及古近纪印缅造山带则属于印度板块与缅甸-安达曼沟-弧系统相互作用形成的增生楔系统(Gani and Alam,1999;Dasgupta and Nandy,1995;Curray et al.,1982),后者在新近纪逐渐向西扩展(Varga,1997;Hutchinson,1989)。由于新生代印度板块发生了约 33°的逆时针旋转(Uddin and Lundberg,1998;Dewey et al.,1989),古孟加拉湾由北向南逐渐关闭,这导致吉大港-特里普拉隆起在新近纪演变为残留洋系统(Zhang et al.,2017;Ingersoll and Busby,1995;Graham et al.,1975);印缅造山带所代表的古增生楔系统最早可能在渐新世露出海平面,与之相伴生的海沟俯冲带也向西逐渐扩展至 Cox's Bazar Sitakund-Lalmai 背斜构造带附近,发育为一条隐伏的逆冲断层(Gani and Alam,1999;Khan,1991)。

在构造变形特征上,吉大港-特里普拉隆起包括一系列由东倾逆断层控制的冲断褶皱(Sikder and Alam,2003)。在平面上,隆起呈弧形展布,走向由北北西向逐渐转变为北北东向(图 6.7),而褶皱带走向发生反转的构造位置邻近马德普尔-特里普拉隆起。导致隆起走向分布发生转变的关键因素,可能是中新世-上新世北部西隆高原的抬升施加了南北向的构造应力(Maurin and Rangin,2009),并在很大程度上改变了盆地沉积充填过程和构造发育特征(Chirouze et al.,2013;Najman et al.,2012)。在剖面上,隆起的变形程度由

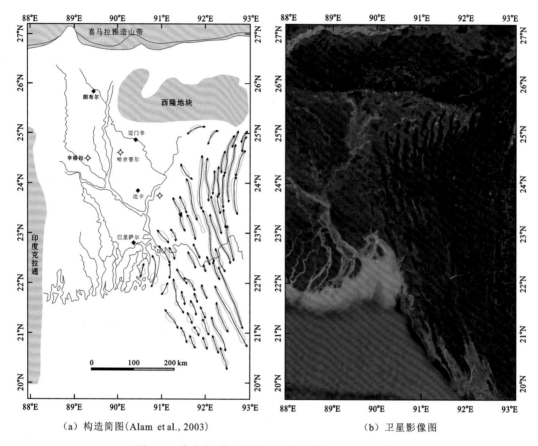

（a）构造简图(Alam et al., 2003)　　　　　　（b）卫星影像图

图 6.7　吉大港-特里普拉隆起构造简图和卫星影像图

东向西逐渐减弱,隆起变形样式由基底卷入型发展为盖层滑脱型(Maurin and Rangin,
2009),并受收敛于中下地壳的大型断裂\剪切带的控制。吉大港-特里普拉隆起内部出现
了多种样式的背斜构造,其中,箱状褶皱和尖端褶皱(Sikder and Alam,2003)主要分布在
隆起的西部,而冲断背斜主要分布在隆起的东部。Sikder 和 Alam(2003)通过详细的二维
地震资料的分析,揭示出这些冲断褶皱和宽缓褶皱底部发育由泥岩、页岩组成的滑脱层
或拆离层(Bhuban组下段),这是控制上述褶皱体系多期次变形的关键条件。出露在吉
大港-特里普拉隆起背斜顶部和向斜核部的最年轻岩石地层单元是中上新统 Tipam 组砂
岩(Alam and Pearson,1990),这表明隆起东部的隆起时间不会早于中上新世(Jonhnson
and Alam,1991);Maurin 和 Rangin(2009b)和 Najman 等(2012)对隆起南北段的研究表
明,隆起向西扩展导致的最晚一期变形发生在早更新世(2 Ma),进一步证实了隆起自东
向西逐渐扩展演变的规律。

在沉积序列与岩石单元组成上,吉大港-特里普拉隆起主要包括渐新统 Barail 群,中
新统 Surma 群 Bhuban 组和 Boki Bil 组,上新统—更新统 Tipam 群 Tipam 组、Girujan
组、Dupi Tila 组和 Dihing 组。它们广泛地出露于隆起向斜的两翼,成为孟加拉国仅有的
可以见到古近纪岩石序列的地区。Gani 和 Alam(2003)对隆起岩石地层序列的研究表

明,该地区沉积环境经历了由深海到浅海最终转变为陆相河流三角洲环境的过程,而这一转变主要与喜马拉雅造山带物源供给和海沟斜坡带的向西迁移有关(Gani and Alam,1999;Uddin and Lundberg,2004,1999)。

4. 苏尔马拗陷

苏尔马拗陷又称锡尔赫特海槽(Sylhet trough),是孟加拉盆地东北部一个非常复杂的构造单元,其北部以达卡断裂带与西隆高原相邻,东部和南部与吉大港-特里普拉隆起相邻,西部与西部陆架相接,南部紧邻马德普尔-特里普拉隆起(图 6.5,图 6.8)。在重力异常图中[图 6.3(a)(b)],苏尔马拗陷表现为低负异常特征(L3);在航空磁异常图中[图 6.3(c)]则显示为中等平缓的异常特征,未见剧烈的数据突变体。整体而言,苏尔马拗陷充填了总厚为 13~17 km(Hiller and Elchi,1984;Evans,1964)的沉积地层,其中又以新近系为主;钻井和露头揭示:主要地层单元包括始新统 Kopill 和 Sylhet 组灰岩、渐新统 Barail 群、中新统下段 Boka Bil 组和 Bhuban 组和中新统上段苏尔马(Surma)群、上新统 Tipam 组和更新统 Dupl Tila 组。苏尔马拗陷东部邻近吉大港-特里普拉隆起的前缘变形带,隆起中南北向延伸的背斜和向斜会向北倾伏于苏尔马拗陷中,有的背斜两翼的倾角甚至超过了 60°并可能至今仍在活动。成对出现的背斜和向斜构造的落差可达 7 000 m(Hiller and Elchi,1984),因此很多向斜成为上新世—第四纪拗陷的沉积中心。褶皱的变形强度、隆起幅度向西逐渐减小,在拗陷西部地层的变形程度相对平缓。

苏尔马拗陷北缘邻近达卡断裂带和西隆高原,在大地构造位置上发育于喜马拉雅造山带和印缅造山带之间,经历了由被动大陆边缘向前陆盆地转换的复杂过程(Johnson and Alam,1991),这一过程与印度板块和欧亚板块的俯冲、碰撞直接相关。详细的地震地层学和岩石学分析认为:①苏尔马拗陷在早白垩至中始新世(120~40 Ma)处于被动大陆边缘演化阶段,最明显的证据是拗陷内可能存在的陆架边缘相碳酸盐岩沉积——Sylhet 组灰岩;②渐新世,苏尔马拗陷的沉降曲线表明可能经历了小规模的增生过程,这与印缅造山带在渐新世的初始隆升相吻合(Li et al.,2013;Rao,1983;Brunnschweiler,1966),这一时期拗陷已经转换为周缘前陆盆地,发育三角洲相沉积(Barail 群);③中新世,苏尔马拗陷的沉降速率进一步增大,这一结果与印缅造山带的进一步向西扩展隆升密切相关,北部喜马拉雅造山带前缘逆冲推覆带的活动可能施加了微弱的影响,这一时期拗陷处于前积三角洲环境,构成 Surma 群的沉积碎屑主要来自东喜马拉雅造山带;④上新世—更新世,苏尔马拗陷的沉降速率比中新世增大了 3~8 倍,拗陷内出现了近南北向分布的背斜构造,上新统 Tipam 组和 Dupi Tila 组上覆于这些背斜顶部,这一时期拗陷的构造演化除了受东部吉大港-特里普拉隆起的影响外,西隆高原沿达卡断裂带的掩冲作用可能是影响拗陷演化的关键因素。这是因为 Tipam 组—Dupi Tila 组自北向南逐渐减薄,表明苏尔马拗陷上新世—更新世的地壳负载作用是从北部开始(Najman et al.,2016;Johnson and Alam,1991);此外,重力异常曲线和地震活动均显示西隆高原是沿北倾的逆冲断层活动(Islam et al.,2011;Yin et al.,2010;Clark and Bilham,2008;Biswas et al.,2007;Bilham and England,2001;Sukhjia et al.,1999;Molnar,1987;Seeber and Armbruster,1981)。

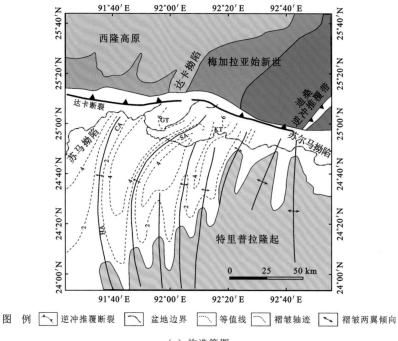

（a）构造简图

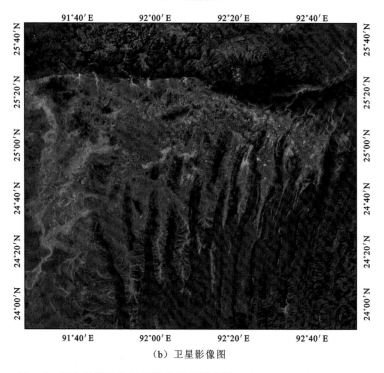

（b）卫星影像图

图 6.8　苏尔马拗陷构造简图和卫星影像图（Johnson and Alam，1991）

5. 哈提亚拗陷

哈提亚拗陷(Hatia depression)位于孟加拉盆地东南部,靠近现今印度板块与西缅地块之间的俯冲带,面积约为 169 500 km²,大致呈菱形(图 6.5)。在自由空气异常图[图 6.3(a)]和布格异常图[图 6.3(b)]上表现为北东向的负值低异常带(L4),而在航空磁异常图[图 6.3(c)]上则表现为中等平缓的磁异常特征(900~950 nT)。传统上认为哈提亚拗陷属于孟加拉盆地前渊(foredeep)拗陷带的一部分(Alam et al.,2003;Khan and Chouhan,1996),最大沉积厚度超过 21 km(Curray et al.,1982)。虽然已有的地震资料没有揭示到拗陷深部和基底的反射特征,但是拗陷上部的地震反射特征显示最晚在上新世以前,哈提亚拗陷发育于三角洲前缘的环境中,可以识别出大规模的前积反射(图 6.6)。同样是在新近纪,由于西隆高原隆起对古布拉马普特拉河水系的影响,后者由沿西隆高原东侧转变为沿西隆高原西侧搬运沉积物(Najman et al.,2016,2012;Johnson and Alam,1991),导致发育在哈提亚拗陷内的三角洲前缘由北西西向转变为近东西向。

在构造上,哈提亚拗陷受东部吉大港-特里普拉隆起的影响非常显著。拗陷内发育的褶皱主要分布在拗陷的东部[图 6.7(a)],并由紧闭褶皱向西逐渐演化为宽缓褶皱(图 6.9),与吉大港-特里普拉隆起内发育的冲断褶皱相比,变形程度较弱,不发育逆断层。对于这类褶皱的成因,通常认为是上覆的新近系沿渐新世页岩层顺层滑脱形成的薄皮构造,变形的时间不早于 2 Ma(Najman et al.,2012;Maurin and Rangin,2009;Skider and Alam,2003)。

6. 福里德布尔拗陷

福里德布尔拗陷(Faridpur depression)位于孟加拉盆地的西南部,夹持于西部斜坡带和巴里萨尔-特里普拉隆起之间,是发育在过渡壳之上的中生代拗陷(图 6.5),面积约58 700 km²。在重力异常图上[图 6.3(a)(b)]表现为北东—南西走向的低幅异常带(L2),而在航空磁异常图上[图 6.3(c)]表现为中等平缓异常带(750~850 nT)。尽管已有的地震资料并没有揭示出福里德布尔拗陷基底和下部层系的反射特征,但是地震剖面显示拗陷与西部斜坡带之间存在明显的结构和形态差异,即拗陷带呈碟形,而斜坡带整体上表现为平缓的单斜,地层厚度相对较小(Alam et al.,2003)。福里德布尔拗陷内发育的最古老岩石地层单元可能是上冈瓦纳群长石砂岩和薄层煤系,拗陷的上部是新生代大规模的前积反射层,表明该拗陷在新生代早期是盆地的沉积中心之一。

7. 西部斜坡带

西部斜坡带位于孟加拉盆地西部边缘,由西北向东南倾斜,通常也称作是稳定陆架(stable shelf),根据地层倾角不同可以分为博格达缓坡(Borga slope)和铰合带两个次一级构造单元。

博格达缓坡在重力异常图上为一条北东—南西向的低异常条带(L1),西缘与 H1 高重力异常带以一条重力高梯度带分割[图 6.3(a)(b)],这条梯度带对应孟加拉盆地西缘

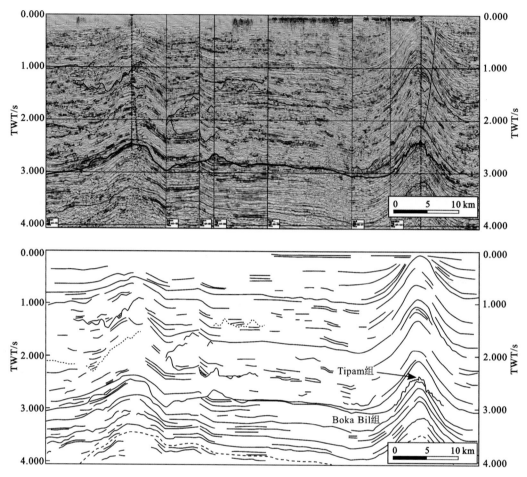

图 6.9　哈提亚拗陷背斜形态变化特征（Najman et al.，2012）

剖面位置见图 6.4

的边缘断裂带。航磁异常图上表现为散乱的高低磁异常[图 6.3(c)]，其中异常高值主要由拗陷底部保存的侵入岩及二叠纪时期的沉积岩（冈瓦纳群）等高磁性物质引起，根据地震剖面解释，这种异常主要对应陆壳基底裂解时期形成的地堑-半地堑结构单元。已有的资料显示，博格达缓坡下伏基底断块的岩石组成为前寒武纪花岗质、辉绿质、花斑状侵入体和片岩、片麻岩等少量变质岩系（Kabir et al.，2001；Ameen et al.，2001，1998；Khan et al.，1997；Zaher and Rahman，1980），在岩石学属性上与印度地盾和西隆高原出露的火成岩和变质岩相似。在孟加拉盆地形成之前，博格达缓坡作为印度东部大陆的一部分（Alam et al.，2003）已经开始接受沉积，因此发育了相对完整的地层序列，包括由地堑-半地堑控制的古生代冈瓦纳群（Gondwana group）、中生代拉杰默哈尔火山岩系和新生代大陆边缘相和河流-三角洲相沉积。冈瓦纳时期形成了众多的地堑-半地堑结构，包括 Barapukuria、Phulbari、Khalaspir、Dighipara 和 Jamalganj 等，地堑-半地堑内主要堆积了陆相碎屑岩和薄层的煤系，是孟加拉国主要的煤矿分布区（Farhaduzzaman et al.，2013）。

　　福里德布尔拗陷与西部陆架之间以铰合带为分界线,后者实际上是正常陆壳与过渡壳的分界线(Alam,1989)。铰合带在重力异常图上[图 6.3(a)(b)]表现为一条显著的北北东—南南西向弧形的、狭长的高正重力异常带(H2),延伸范围至少从加尔各答(Calcutta)经过巴布纳(Pabna)至迈门辛(Mymensingh),称为加尔各答-迈门辛重力异常高;在航磁图上[图 6.3(c)]显示为一条近乎连续的狭长的低异常带(500~700 nT),这种磁低异常一种可能是由于镁铁质侵入体导致的极性倒转,另外一个可能的解释是厚层镁铁质过渡性地壳和薄层的太古代大陆地壳叠加的边缘效应。地震反射证实航磁低异常和重力高异常的区域对应一个区域性相对隆升/下降的基底陆块,将陆架相与盆地相区分开,该过渡带两侧在沉积厚度、沉降速率和沉积环境等方面均存在明显的差异(Sengupta,1966;Evans,1964)。

8. 达卡断裂带与西隆高原

　　达卡断裂带(Dauki Fault Zone)与西隆高原虽然不属于孟加拉盆地内部的构造单元,但是对盆地的构造-沉积演化产生了非常重要的影响。例如,吉大港-特里普拉隆起在苏尔马拗陷东缘基本是北北东—南南西走向,但是邻近达卡断裂带的背斜则呈近东西走向(图 6.8)。研究西隆高原和孟加拉盆地的耦合关系已经成为东喜马拉雅造山带研究的一个热点(Najman et al.,2016;Yin,2010;Biswas et al.,2007;Uddin and Lundberg,1999;Johnson and Alam,1991)。

1) 达卡断裂带

　　达卡断裂带位于孟加拉盆地的北缘和西隆高原南缘之间,呈东西走向,宽约 5 km,向北可能并入迪桑逆冲推覆断裂带;达卡断裂带在地表显示为张性断裂破碎带,断裂带内主要发育上新统和更新统,而断裂带周缘则发育了晚白垩世和新生代沉积地层(Johnson and Alam,1991;Evans,1964)。在重力异常图上表现为高正重力异常带(H6)与低幅异常带(L3)之间的突变带[图 6.3(a)(b)]。Evans(1964)最早认为达卡断裂带是一条大型的走滑断层,西隆高原沿该断裂的右行走滑位移超过 200 km。Hiller 和 Elahi(1988)后来认为达卡断层是一条南倾的正断层,与之相反,Johnson 和 Alam(1991)则认为是一条南倾的低角度(5°~10°)逆断层。Lohmann(1995)认为达卡断层在深部是高角度的逆断层,在近地表是一条右行走滑断层。地震资料和野外地质调查显示,达卡断裂带以北覆盖在西隆高原南缘的沉积序列的最大厚度约为 10 km(Shamsuddin and Abdullah,1997),而达卡断裂带南缘苏尔马拗陷内发育的白垩系-新生界超过 18 km(Alam et al.,2003;Johnson and Alam,1991),因此达卡断裂带可能具有更长的活动历史。通过地层的对比分析,现已普遍认为达卡断层在早期(晚白垩世—渐新世?)是一条南倾的正断层,在此情况下苏尔马拗陷比西隆高原南缘发育了更大的地层厚度,而且苏尔马拗陷内的地层向南逐渐减薄,这一趋势与西隆高原南缘地层的变化规律一致(Najman et al.,2016;Biswas et al.,2007);中新世—更新世,达卡断层演化为一条逆冲断层(Najman et al.,2016),西隆高原沿达卡断裂带活动的垂向位移超过 10 km,活动速率为 0.66~1.11 mm/a(Biswas et al.,2007)。

2）西隆高原

西隆高原是一个向北倾斜的块体,其南缘的海拔高度超过 2000 m。西隆高原与印度大陆之间以南北向的拉杰默哈尔-加罗裂谷(Rajmahal-Garo Gap)为界(Reimann,1993),与南部的孟加拉盆地以达卡断裂带为界(Biswas and Grasemann,2005;Alam et al.,2003;Evans,1964),与东部的印缅造山带以迪桑和那加逆冲推覆带为界(Kayal et al.,2006;Evans,1964),与北部的喜马拉雅前陆盆地以奥尔德姆(Oldham)和布拉马普特拉河谷断裂(BrahmaputraValley Fault)为界(Yin,2010;Rajendran et al.,2004;Bilham and England,2001;Gupta and Sen,1988)(图 6.5、图 6.10)。在西隆高原的内部,发育的一系列北东—南西向和南北向的线性构造地形,通常被认为是白垩纪印度大陆从冈瓦纳古陆破裂的证据(Srivastava et al.,2005;Srivastava and Sinha,2004a,2004b;Kumar et al.,1996;Gupta and Sen,1988)。西隆高原新生代的隆升可能对东喜马拉雅造山带剥露历史的空间变化和应力场的变化施加了明显的影响(Grujic et al.,2006;Bilham and England,2001)。

西隆高原的地壳厚度约 35 km,比周缘地区的地壳厚度稍小(Mitra et al.,2005)。西隆高原北部莫霍面向北逐渐倾斜,在喜马拉雅造山带前缘下的深度达到了 44 km(Ramesh et al.,2005;Mitra et al.,2005;Kumar et al.,2004)(图 6.10)。走滑构造应力场控制着西隆高原的活动,地震活动甚至出现在地幔顶部(Drukpa et al.,2006;Mitra et al.,2005;Kayal and De,1991)。西隆高原基底主要包括前寒武纪的变质岩和侵入岩。花岗岩和伟晶岩的 Rb-Sr 全岩定年结果显示的形成时代为新元古代—早古生代(900～450 Ma)(Mitra and Mitra,2001;Panneer Selvan et al.,1995;Ghosh et al.,1991;van Breemen

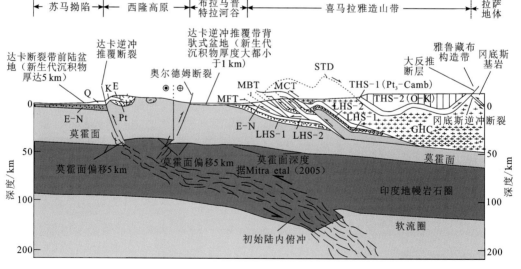

图 6.10　孟加拉盆地-西隆高原-喜马拉雅造山带地质剖面(Yin et al.,2010)

THS-1 为特提斯喜马拉雅下部;THS-2 为特提斯喜马拉雅上部;LHS-1 为低喜马拉雅下部;LHS-2 为低喜马拉雅上部;GHC 为高喜马拉雅;STD 为藏南拆离系;MCT 为大反转断层;MBT 为主边界断层;MFT 为主前缘逆冲推覆断层;E-N 为古近系-新近系;O 为奥陶系;Q 为第四系;Camb 为寒武系;K 为白垩系;Pt 为元古宇;Pt₃ 为新元古系

注:剖面穿过西隆高原和东喜马拉雅

et al.,1989),它们侵入到古元古代—中元古代变质岩系中(Ghosh et al.,1994),后者记录了西隆高原西部(1 596±15)Ma 时期花岗岩相的深熔作用(Chatterjee et al.,2007)。印度大陆基底的初始剥露发生在古生代的晚期,此时,冈瓦纳大陆内发育了一系列陆内沉积盆地(Veevers,2006;Wit et al.,2001;Veevers and Tewari,1995)。石炭纪—二叠纪大陆沉积物出现在西隆高原的西端(Veevers and Tewari,1995)和北部不丹小喜马拉雅序列的底部(Gansser,1983)。在西隆高原的南部斜坡还发现了一些基性的火成岩侵入体,它们是拉杰默哈尔-锡尔赫特(Rajmahal Sylhet)大玄武岩省超基性-钙碱性-碳酸盐岩杂岩体的出露部分(Srivastava et al.,2005;Das Gupta and Biswas,2000)。根据它们的地球化学特征、构造位置和地质年代学特征(早白垩世),推测这些火成岩系的起源可能与印度洋中的凯尔盖朗地幔柱有关(Kent et al.,2002;Ray et al.,2000;Veena,1988),后者在印度大陆与南极洲-澳大利亚大陆裂解和稍后的印度洋扩张期开始活动(Alam,1989;Acharyya,1980)。

出露于西隆高原南部、不整合于前寒武纪基岩上的晚白垩世陆相沉积物,表明西隆高原基底在白垩纪末期剥露至地表。在古近纪,西隆高原基岩又埋藏于浅海相和三角洲相沉积物之下,即此时的西隆高原相当于印度被动大陆边缘的一部分。覆盖于西隆高原基岩之上的沉积层最厚可达 3000 m(Chakraborty,1972),在西隆高原中部的白垩系—古近系厚度约 1 000 m,向苏尔马拗陷方向平缓倾斜(5°~10°)(Jauhri and Agarwal,2001)。这套沉积序列底部的 Khasi 组(70.6~65.6 Ma)由河道充填和洪泛平原相组成(Mishra and Sen,2001;Mamallan et al.,1995),其上覆盖了一套海相碳酸盐岩沉积;中-晚始新世开始,陆相巨厚沉积又开始出现在西隆高原的南缘(Jauhri and Agarwal,2001)。中新统—下上新统 Surma 群前三角洲细粒沉积物记录了喜马拉雅造山带剥露和侵蚀增强的过程,此时的西隆高原和苏尔马拗陷仍然位于沉积基准面以下(Najman,2016,2012,2008,2006;Uddin and Lundberg,2004;Johnson and Alam,1991)。晚上新世(3.8~3.5 Ma)沉积相突变为 Tipam 组粗粒的辫状河沉积,标志着苏尔马拗陷由海相向陆相转变(Najman,2012)。

对于西隆高原的隆升时间,已经形成了比较详细的认识。根据对苏尔马拗陷内地层厚度和构造变形分析,认为达卡断层发生走滑运动的时期是中新世之后(Uddin and Lundberg,2004)。对比分析西隆高原南缘和苏尔马拗陷内的地层,发现西隆高原南缘缺少上新世沉积岩,而苏尔马拗陷从上新统 Dupi Tila 组开始出现沉降中心向达卡断裂带方向迁移,这表明西隆高原的快速隆升发生在晚上新世(3.9~2.5 Ma)(Najman et al.,2016,2012;Uddin and Lundberg,1999;Johnson and Alam,1991)。最近 Biswas 等(2007)通过西隆高原基岩磷灰石和锆石(U-Th-[Sm])/He 和磷灰石裂变径迹的分析,认为西隆高原的初始隆升发生在晚中新世—早上新世(9~15 Ma),而且西隆高原在 4~3 Ma 之后的表明剥露速率是 0.4~0.53 mm/a。对于西隆高原的形成机制,除传统上认为其是沿达卡断层右行走滑形成(Evans,1964),最近的研究提出西隆高原的形成可能与下列模式或机制有关,受南北两侧达卡逆断层和奥尔德姆逆断裂控制的"冲起构造"(pop-up structure)(Islam et al.,2011;Biswas et al.,2007;Bilham and England,2001),奥尔德姆断层作为后冲断层、达卡断层作为北倾的逆冲断层形成的隆升构造(Yin,2010)和奥尔德姆断裂作为后冲断层(深部弯曲并向北倾),达卡断层是褶皱轴部的地表表现。西隆高原的隆升改变了布拉马普特拉河的走向和孟加拉盆地的沉积作用(Najman et al.,2016,2012),因此,对西隆高原形成机制和形成时间的研究,有助于理解孟加拉盆地及周缘区域构造和沉积历史。

6.1.3　关键构造界面与构造层

孟加拉盆地是一个具有复杂基底性质、多种沉积体系类型和多期构造运动叠加形成的复合盆地,其形成演化与白垩纪印度大陆从南极洲-澳大利亚大陆的裂解、漂移,以及新生代印度大陆与欧亚板块的相互作用密切相关(Alam et al.,2003;Curiale et al.,2002;Johnson and Alam,1991)。前文已述及孟加拉盆地基底不仅包括正常的陆壳和洋壳,还发育一部分过渡壳,导致盆地具有多种的重力、磁异常显示和复杂的隆拗、结构单元。孟加拉盆地的另一个重要属性是多期构造运动产生的多个区域性构造界面(包括与之相关联的结构层)和相应的构造变形样式。整体而言,盆地内重要的区域性构造界面包括分布在西部斜坡带的早白垩世末期的破裂不整合面、晚中新世侵蚀不整合面和发育在吉大港-特里普拉褶皱带内的渐新世构造滑脱层。

1. 早白垩世破裂不整合面

破裂不整合面(break-up unconformity)是出现在被动大陆边缘的标志性构造界面,代表了由同裂谷期沉积向裂后期沉积的转换(也是陆内伸展作用的结束),是由陆壳破裂前地幔上涌引起的侵蚀作用形成的不整合面(Mohriak and Leroy,2013)。在现今的大西洋两岸和红海-亚丁湾等地区的被动大陆边缘内识别出的破裂不整合面,极大地丰富和发展了地质学家对大陆裂解机制和时序演化关系的认识(Mohriak and Leroy,2013;Unternher,2010;Lundin and Doré,1997)。

古生代—早中生代,冈瓦纳大陆内发生了大规模的泛裂谷作用(Krishna et al.,2009;Desa et al.,2006;Powell et al.,1988),在现今的印度东部大陆边缘的众多沉积盆地中保留了与此相关的裂谷系统和火成岩侵入体(Subrahmanyam et al.,2006,1995;Bastia,2006;Prabhakar and Zutshi,1993;Murthy et al.,1993;Fuloria,1993;Sastri et al.,1981)。传统上认为,孟加拉盆地西部斜坡带下伏陆壳基底属于印度大陆的一部分,并随印度大陆在中生代发生了大陆裂解和漂移过程(Yin et al.,2010;Alam et al.,2003;Curiale et al.,2002;Reimann,1993)。这样认识的主要依据是:孟加拉盆地西北部的钻井,揭示了与印度大陆东北部和西隆高原相似的火成岩和变质岩系列(Reimann,1993)。新近获取的地震资料的再解释过程进一步证实了孟加拉盆地西部斜坡带存在陆壳基底和破裂不整合面。

图6.11展示的北西—南东向地震剖面位于盆地西部斜坡带的最北部,邻近达卡断裂带和苏尔马拗陷。详细的地震解释结果显示了孟加拉盆地西部斜坡带分为两个显著的构造层——以正断层控制的古生代—中生代地堑和地垒系统为标志的下构造层与以低倾角平缓单斜为特征的上构造层;上构造层和下构造层的分界线为早白垩世末期的破裂

不整合面,其在地震剖面上表现为低角度削截反射层。虽然地震剖面对下构造层的揭示不是特别清晰,但可以认识到:①一系列正断层切割陆壳基底,形成了旋转或非旋转断块、断夹块;②地堑和半地堑内可能发育了陆内伸展期和大陆裂解期的陆相沉积岩系(Frielingsdorf et al.,2008;Reimann,1993);③西部斜坡带的东段(铰合带)发育了向海方向的下倾发散反射层(seaward dipping reflectors,SDR),推测可能是早白垩世喷发的拉杰默哈尔玄武岩。与下构造层多为杂乱反射特征不同的是,上构造层表现为连续的、中-强振幅反射层,整体上向南东方向倾斜、增厚,表明这一时期西部斜坡带处于相对稳定的构造环境。值得特别注意的是剖面东段在 TWT 4.0～4.5 s 出现了连续、强振幅反射层,解释为中始新统 Sylhet 组碳酸盐岩(Alam et al.,2003),标志着在始新世,西部斜坡带处于陆架环境中。实际上,古新世—始新世,孟加拉盆地西部陆架坡折带处于非常稳定的状态,而从渐新世开始,陆架坡折呈现向东南方向快速迁移的趋势(Najman et al.,2008)。

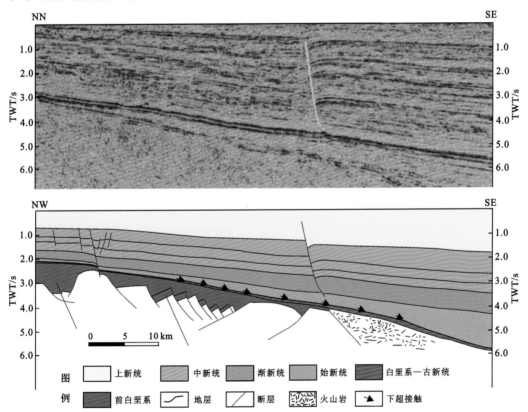

图 6.11　孟加拉盆地西部斜坡带北段深部裂谷系统与破裂不整合面(Frielingsdorf et al.,2008)

剖面位置见图 6.4

　　位于盆地西部斜坡带南段的地震剖面(图 6.12)同样反映了这一构造带内发育了破裂不整合面,其标志是出现了具有向海方向发散反射特征的拉杰默哈尔玄武岩。虽然下构造层内的地堑-地垒结构的反射特征同样不是特别清晰,仍可以大致推测出它们的结构。显示的上构造层具有相对复杂的结构特征,特别是在福里德布尔拗陷内(剖面东段)

出现了 3 个大规模的相互叠加的前积反射层,表明在中始新世至中新世,该拗陷内发育了大规模的河流-三角洲体系,这与大陆架的迁移规律相吻合。

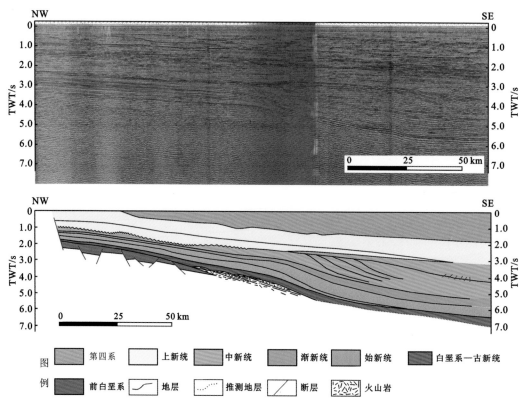

图 6.12 孟加拉盆地西部斜坡带南段深部裂谷系统与破裂不整合面(Alam et al.,2003)

剖面位置见图 6.4

　　破裂不整合面识别的重要意义在于为探讨印度大陆与南极洲-澳大利亚大陆的裂解过程提供了线索。已有的地层信息,证实破裂不整合面之下的最年轻地层是下白垩统,不整合面之上最古老的地层是中-上白垩统 Sibganj Trapwasp 组粗砂岩(Alam et al.,2003)。这表明东冈瓦纳大陆完成最终裂解的时间大致是白垩纪中期。Lindsay 等(1991)对恒河-布拉马普特拉河三角洲地层序列演化的研究显示,破裂不整合发生在早白垩世巴雷姆期(126 Ma)。另一个重要的线索是覆盖在裂谷系统内的拉杰默哈尔玄武岩层和苏尔马拗陷东北部的锡尔赫特玄武岩,它们的出现代表了大陆裂解的结束(Alam et al.,2003);^{40}Ar-^{39}Ar法测定拉杰默哈尔和锡尔赫特大陆玄武岩的形成年代为 118~113 Ma(Kent et al.,2002,1997;Baksi,1995;Storey et al.,1992;Curray and Munasinghe,1991)。联系到拉杰默哈尔和锡尔赫特大陆玄武岩与南印度洋凯尔盖朗地幔柱之间的成因联系(Ghatak and Basu,2011),以及后者在冈瓦纳大陆的裂解中扮演了重要角色(Gaina et al.,2007),可以推测印度大陆与南极洲-澳大利亚大陆的裂解发生在早白垩世晚期,这与东北印度洋海洋磁异常研究的结果(约 120 Ma)相吻合(Gaina et al.,2007;Gopala Rao et al.,

1997；Ramana et al.，1994)。

2. 晚中新世侵蚀不整合面

在孟加拉盆地西部斜坡带南段的地震剖面中，在上构造层内识别出了晚中新世侵蚀不整合面，不整合面之下的地层呈现向拗陷方向平缓增大的趋势，不整合面之上地层呈下拗的碟形(图 6.4，图 6.11，图 6.12)，这表明斜坡带实际上由两个构造层组成。因此，孟加拉盆地西部斜坡带实际上可以细划分为下构造层(石炭纪—早白垩世)、中构造层(晚白垩世—中新世)和上构造层(上新世—第四纪)三个具有不同特征的构造层。虽然晚中新世不整合面可能是由频繁的海进、海退作用引起海平面下降形成的沉积不整合，但是不整合面上下地层的反射结构特征显示，不整合面的产生最有可能是西部斜坡带隆升的直接结果，而导致斜坡带隆升的原因可能与喜马拉雅运动有关(Alam et al.，2003)，这一认识与孟加拉湾盆地内中新世不整合面的响应结果相似(Curray and Munasinghe，1989)。上新世—第四纪，西部斜坡带和苏尔马拗陷(Johnson and Alam，1991)的构造沉降速率和总沉降速率快速增大，这可能反映了盆地东西向和南北向的构造挤压作用显著增强，因为西隆高原的挤压隆升和吉大港-特里普拉隆起的生长扩展均发生在这一时期(Najman et al.，2016，2012；Maurin and Rangin，2009；Biswas et al.，2007；Uddin and Lundberg，1999；Johnson and Alam，1991)；盆地物源区发生了快速隆升——喜马拉雅造山带在中新世—第四纪发生了强烈的构造变形，主中央推覆带(main central thrust)和主边界断裂推覆带(main boundary thrust)开始活动(Kohn，2008；Webb et al.，2007；Kohn et al.，2004；Robinson et al.，2003；DeCelles et al.，2001；Catlos et al.，2001；Johnson et al.，2001；Yin et al.，1999；Harrison et al.，1997；Megis et al.，1995；Burchfiel et al.，1992；Hubbard and Harrison，1989)。稍显遗憾的是，孟加拉盆地苏尔马拗陷、哈提亚拗陷和福里德布尔拗陷内，有限的地震剖面并没有揭示存在晚中新世不整合面，不过根据图 6.12 晚中新世不整合面的发展趋势推测其在上述拗陷内会逐渐过渡为不整合面。

3. 渐新统构造滑脱层

通过对地震剖面的解释，可以基本明确孟加拉盆地西部斜坡带内发育早白垩世破裂不整合面和晚中新世侵蚀不整合面以及相应的下构造层、中构造层和上构造层三个构造层，这些不整合面和构造层的识别与划分反映了西部斜坡带具有很长的复杂演化历史。与之相比，苏尔马拗陷等拗陷和吉大港-特里普拉隆起等隆起带则没有展现出如此复杂的构造演化历史，这可能与下伏过渡壳和洋壳基底性质及上述拗陷和隆起带在大部分地质历史时期内处于沉积基准面以下有关。

在苏尔马拗陷、哈提亚拗陷和吉大港-特里普拉隆起，能够反映盆地演化历史、影响盆地结构的，不是区域不整合面而是渐新统泥/页岩滑脱层。吉大港-特里普拉隆起内渐新统主要由 Barail 群组成，包括浅灰色中细粒碳质砂岩及少量的粉砂岩和粉砂质泥岩，通常认为发育在潮控大陆架至洪泛平原环境中(Alam，1991；Johnson and Alam，1991)。对吉大港-特里普拉隆起和哈提亚拗陷、苏尔马拗陷内的构造样式分析认为，其中发育的褶皱及断层传播褶皱是在印度板块向西缅地块俯冲背景下,上覆的中新统—第四系沿渐新统顺层滑脱形成的薄皮构造(图 6.13)(Maurin and Rangin,2009;Skider and Alam,2003),其中 Barail 群内的泥岩层扮演了滑脱层或拆离层的角色,它们在地震资料中表现为强振幅、低速反射层,其下伏地层未发生明显的挤压变形。与吉大港-特里普拉隆起等地区发育的薄皮构造相比,印缅造山带内发育的则是受加拉丹等大型断裂带控制的基底卷入构造(Maurin and Rangin,2009)。吉大港-特里普拉隆起等构造单元内发育的薄皮构造不仅控制着孟加拉盆地东部地区的地形地貌、结构样式,而且富集了孟加拉国绝大多数的油气资源。

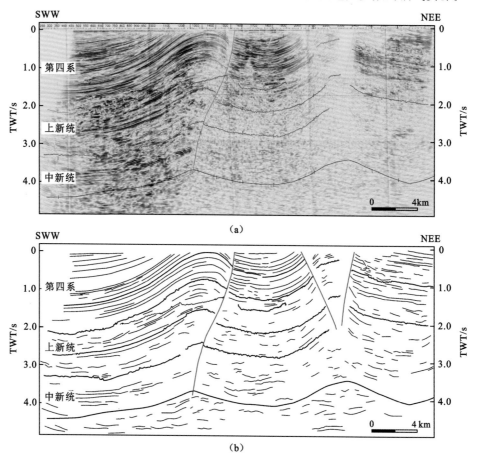

图 6.13　孟加拉盆地哈提亚拗陷内发育的顺层滑脱褶皱

剖面位置见图 6.4

6.1.4　构造分带与构造样式

孟加拉盆地东西向处于被动大陆边缘伸展体系和印缅俯冲残留洋体系的构造连接处,两侧构造变形存在明显的差异,具有显著的分带特征;同时,印度板块与欧亚板块碰撞形成的喜马拉雅前陆体系也在孟加拉盆地与两者发生构造耦合,即北东向构造、南北向构造与东西向构造相互交融、复合,整体表现为东西分带,南北叠加的演化特征[图 6.14(a)]。

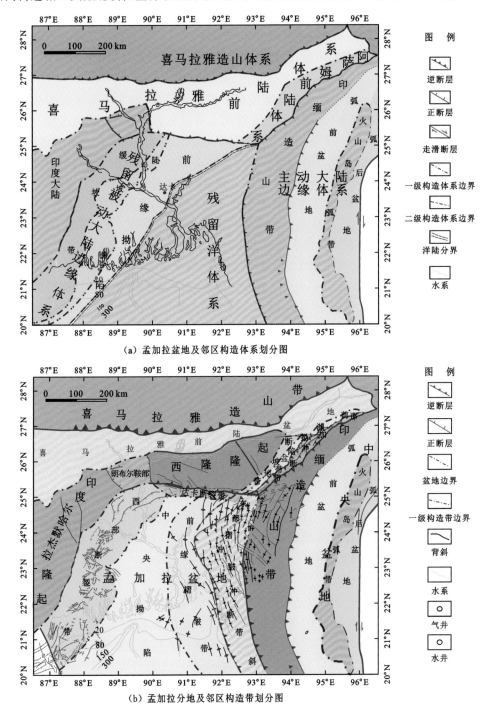

（a）孟加拉盆地及邻区构造体系划分图

（b）孟加拉分地及邻区构造带划分图

图 6.14 孟加拉盆地及邻区构造体系与构造带

1. 孟加拉盆地东西分带特征

根据断裂发育、地层展布及构造变形特征,在东西向上将孟加拉盆地划分为四个主要的构造带:西部断陷带、中央拗陷带、前缘褶皱带及东部褶皱冲断带[图 6.14(b)]。

1) 西部断陷带

西部断陷带是印度东部被动大陆边缘断陷带的向北延伸,对应于盆地的西部斜坡单元,呈北北东—南南西向展布,该构造带内在纵向上可以分为三个明显的构造层。下构造层以基底正断裂控制的地堑-地垒结构为典型特征,这些结构形成于晚白垩世之前,在时间上对应冈瓦纳大陆裂解初期的陆内裂谷阶段。这类地堑-地垒结构控制早白垩世以前河流-湖相沉积物的分布,不过整体上这一时期的地层充填厚度普遍较小(总厚度<1 000 m)(Alam et al.,2003);中、上构造层的构造变形作用较弱,不发育以褶皱、逆冲断裂等为主要特征的挤压构造样式,地层表现为由印度大陆向盆地拗陷方向大规模前积的沉积样式(图 6.11、图 6.12)。下构造层内的正断层以东倾的铲式断层为主,断块向东下降,相应的陆壳厚度逐渐减小,这与印度东部大陆边缘盆地结构发育规律相吻合;绝大多数正断层在新生代处于不活动状态,可能只有少量边界断裂仍然互动,表现出生长断层的特征。在西部斜坡带的北端,图 6.12 显示中、上构造层内发育小型板式正断层或者铲式断层,铲式正断层上下盘地层厚度变化不大,在下降盘发育拖曳褶皱,其形成时间不早于上新世(5 Ma)。这种构造样式在典型的被动大陆边缘盆地也有发育,主要是由沉积层差异沉降、差异压实或者重力滑脱作用引起。总体来讲,西部断裂带受俯冲碰撞影响较小,构造不发育,地层平缓,由克拉通边缘向盆地内部倾斜,厚度逐渐增大。

2) 中央拗陷带

中央拗陷带包括福里德布尔拗陷、巴里萨里-特里普拉隆起、马德普尔-特里普拉隆起和苏尔马拗陷的西段,东西向表现为宽缓的拗陷,地层基本处于水平状态,与西部断陷带的差别在于中央拗陷带下伏基底不发育张性断裂(图 6.4),地层发育厚度明显大于西部断陷带。中央拗陷带从晚白垩世起一直是孟加拉盆地的沉降中心,早期的沉积物可能主要来源印度克拉通,渐新世之后主要接受来自东喜马拉雅造山带的沉积碎屑。推测中央拗陷带内发育的构造可能位于北部靠近达卡断层一侧,形成时间大概与西隆高原隆升时间相当,南北向地震剖面显示为挤压作用形成的背斜-单斜结构。

3) 前缘褶皱带

孟加拉盆地前缘褶皱带位于盆地东侧,靠近吉大港-特里普拉隆起和印缅造山带,以吉大港海岸断裂(Chittagong coastal fault)与其东部的褶皱冲断带为界[图 6.15(a)],包括马德普尔-特里普拉隆起和苏尔马拗陷的东段及哈提亚拗陷。虽然吉大港海岸断裂在地震剖面上并没有明显的显示,但是根据应力传播方向,板块汇聚产生的挤压力向西应该逐渐减弱,加上该地区地震活动的指示,研究认为这条断裂是东部褶皱冲断带最外缘的大型逆冲断裂。

前缘褶皱带地层变形相对于东部褶皱冲断带明显变弱,不发育或者极少发育逆冲断裂,构造主要为纵弯褶皱,纵向上表现为双重构造,上构造层位于渐新统之上,地层变形强烈,发育挤压-褶皱构造样式,这种变形沿着渐新统底面发生构造拆离,上构造层纵弯褶皱

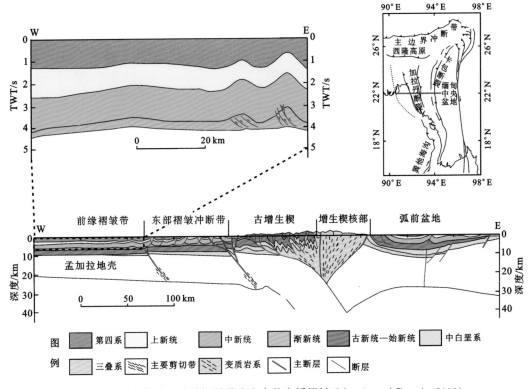

图 6.15　孟加拉盆地前缘褶皱带内发育的宽缓褶皱(Maurin and Rangin,2009)

为等轴背斜,上下地层变形一致,指示变形形成时间较晚,大致在上新世晚期(2 Ma)(Najman et al.,2012;Maurin and Rangin,2009);下构造层并未发生明显的构造变形,地层产状基本水平[图 6.15(b)]。前缘褶皱带的构造变形样式及变形强度表明褶皱由东向西传播,构造应力向西逐渐减弱(Sikder and Alam,2003)。

4) 东部褶皱冲断带

东部褶皱冲断带主要包括吉大港-特里普拉隆起,其东西两侧分别被加拉丹断裂和吉大港海岸断裂所夹持,呈雁列状展布(图 6.7)。区内主要发育由逆冲断裂控制的高角度冲断构造,背斜走向在南部为北西—南东向,在苏尔马拗陷转变为北东—南西向,横向展布范围由南向北逐渐加宽,在特里普拉地区(约 24°N)达到最大,向北并入阿萨姆盆地东南缘的那加冲断带。

东部褶皱冲断带与前缘褶皱带类似,变形特征表现为明显的盖层滑脱型,上构造层渐新世之上地层发育由逆断层控制的断背斜,断块,反冲状构造等挤压构造样式,变形卷入地层包含渐新世至今的全套地层,逆断层均收敛或消失于渐新统滑脱层内;下构造层不变形或变形微弱。在地层变形程度上,东部明显高于西部,东部相邻褶皱间距较小,背斜核部高角度冲起,出露较老地层,向西褶皱变得稀疏,向斜带变得宽缓(图 6.16),地表显示出隔档式褶皱的部分特征。

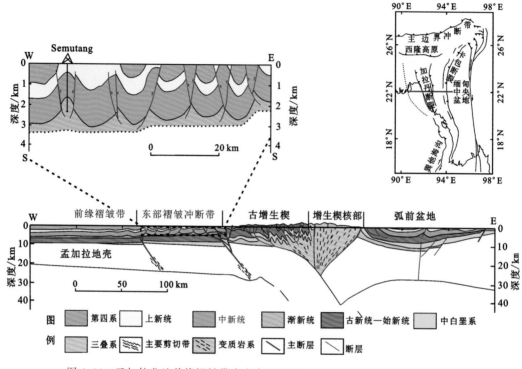

图 6.16　孟加拉盆地前缘褶皱带内发育的宽缓褶皱(Maurin and Rangin,2009)

2. 孟加拉盆地南北构造差异对比

印度板块与欧亚板块强烈的"A"型俯冲碰撞造山作用及印度板块与西缅地块不规则的碰撞缝合,使盆地南北构造格局存在明显差异,这种差异在前缘褶皱带和东部褶皱冲断带体现得最为明显(图 6.17)。

剖面Ⅰ位于孟加拉盆地苏尔马拗陷北缘,紧邻达卡断裂带,该剖面只揭示了前缘褶皱带特征,再向东为东部褶皱冲断带。背斜翼间角由东向西减小,指示挤压作用逐渐减弱,背斜两翼或者核部发育断距较小的高角度逆断裂,对背斜形态影响较小,两翼基本对称,背斜核部隆起幅度较高,出露较老的下上新统并遭受剥蚀,形成去顶的背斜;向斜比较宽阔,整体为隔挡式褶皱类型;从最靠东的 Atgram 构造看,下上新统向背斜核部变薄,地层削截特征明显,表明背斜形成于早上新世晚期,并且隆升至地表,遭受剥蚀。上新世晚期西隆高原隆升作用导致该区域整体沉降,上部沉积厚层的上上新统至全新统。

剖面Ⅱ位于孟加拉盆地南部,现今海岸线附近,剖面横跨前缘褶皱带及东部褶皱冲断带,前缘褶皱带内背斜向斜基本等距发育,向西变形逐渐减弱,背斜翼间角较北部变小,两翼断裂不发育,并基本对称,核部隆起幅度相对于北部有所减小,出露全新统沉积地层;向斜平缓,隔挡式特征明显。东部褶皱冲断带早期的褶皱发生冲断挠曲,发育一系列单根逆冲断层控制的蛇头构造及"y"字形逆冲断裂控制的反冲状构造,背斜核部高角度冲起,

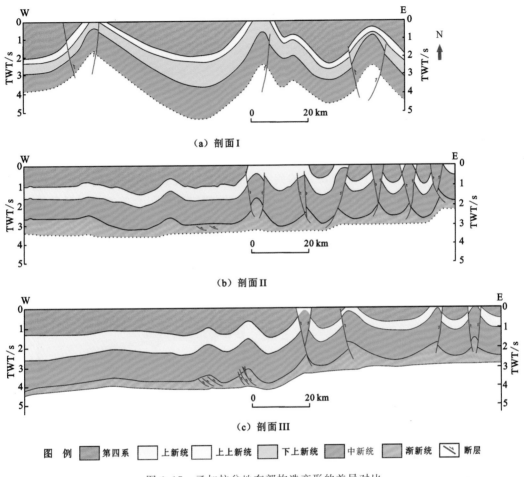

（a）剖面 I

（b）剖面 II

（c）剖面 III

图　例　▨ 第四系　▢ 上新统　▢ 上上新统　▨ 下上新统　▨ 中新统　▨ 渐新统　◩ 断层

图 6.17　孟加拉盆地东部构造变形的差异对比

东部出露中新统,向西出露地层的年龄变新。从地层沉积厚度及逆冲断裂控制变形地层的时代看,早期褶皱发育于上新世,之后持续的俯冲作用诱发上新世末期—更新世的冲断作用。

更靠南的剖面 III 穿过吉大港海岸并向东西延伸。剖面上,前缘褶皱带趋于平缓,背斜翼间角较大(>120°),为开阔褶皱,两翼对称,向西地层基本为变形,呈平行展布;褶皱冲断带冲断特征依然存在,所不同的是变形程度较北部变弱,主要表现在背斜核部冲起幅度减小,逆冲断裂对原有背斜的改造作用不明显,依然保存有原始背斜的形态;向斜也变得比较开阔。

三条剖面揭示,在地层变形程度上由北向南逐渐减弱,在变形时间上北部先接受挤压,大概开始于早上新世晚期,南部晚于北部,时间在上新世晚期。始新世(Mitchell,1993),印度板块开始向西缅地块俯冲,早期洋壳上的沉积物刮落并入增生楔,随着俯冲作用的继续,增生楔向西迁移(Najman et al.,2012;Maurin and Rangin,2009;Allen et al.,

2008);至上新世早期(Curray,2005;Bender and Bannert,1983;Curray,1979),增生楔西移造成的横向挤压力首先传播至孟加拉盆地东北部,引起地层变形挠曲冲断,之后上新世晚期,盆地南部也开始遭受挤压作用,地层遭受如北部相似的变形,但是强度相对较小。这种横向挤压作用逐渐向西减弱,对西部断裂带并未产生影响。

3. 孟加拉盆地的基本构造样式

前文述及孟加拉盆地是一个具有复杂基底性质、多种沉积体系类型和多期构造运动叠加形成的复合盆地,东西向与南北向构造分带差异显著。从不同构造带的变形样式看,局部构造之间形成了某些特定的组合。已有的地震资料的分析表明,盆内既发育了张性断块等基底卷入型构造样式,又发育逆冲-褶皱冲断组合等盖层滑脱型构造样式。其中,基底卷入型构造样式包括基底张性断块[图 6.18(a)]与压性断块和逆冲断层[图 6.18(c)]等类型,它们分别发育在西部斜坡带和东部褶皱冲断带,对应典型的构造发育背景。盖层滑脱构造包括正断层组合(包含生长断层)[图 6.18(b)]与逆冲-褶皱组

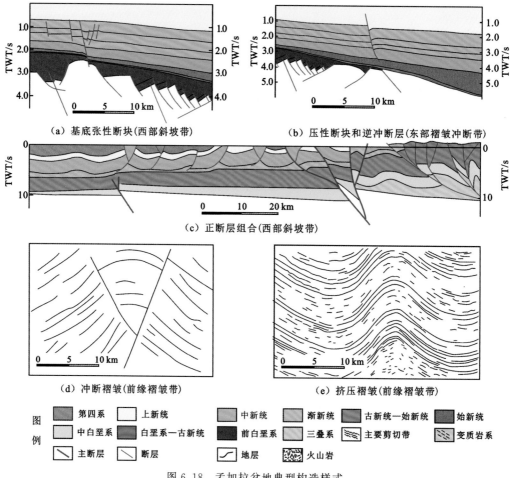

（a）基底张性断块(西部斜坡带)　　　　　（b）压性断块和逆冲断层(东部褶皱冲断带)

（c）正断层组合(西部斜坡带)

（d）冲断褶皱(前缘褶皱带)　　　　　　　　（e）挤压褶皱(前缘褶皱带)

图例 第四系 上新统 中新统 渐新统 古新统—始新统 始新统 中白垩系 白垩系—古新统 前白垩系 三叠系 主要剪切带 变质岩系 主断层 断层 地层 火山岩

图 6.18　孟加拉盆地典型构造样式

合[图 6.18(d)(e)]两种类型,它们分别发育在西部斜坡带与前缘褶皱带和东部褶皱冲断带等地区。正断层组合在孟加拉盆地西部斜坡带海域广泛出现,而由生长断层控制的滚动背斜则出现在陆上地区。显然,在新生代的大部分时间内,西部斜坡带仍处于拉张应力环境中。发育在盆地前缘褶皱带和东部褶皱冲断带内的逆冲-褶皱组合,是典型的薄皮构造(Maurin and Rangin,2009),变形强度自东向西减弱,表现为由冲断褶皱向紧闭褶皱、箱状褶皱及宽缓的穹窿褶皱过渡(图 6.17),其发育规律与印度板块向西缅地块的俯冲有关。

6.2　孟加拉复合盆地地层序列与沉积体系

6.2.1　孟加拉盆地地层格架与沉积序列

孟加拉盆地最早的地层沉积序列是依据吉大港-特里普拉隆起出露的岩石地层单元建立的,并与印度东北部阿萨姆(Assam)盆地建立的岩石地层单元进行过对比校正(Alam et al.,2003)。但是,这种类比研究与地震地层解释之间存在矛盾,而且在前积三角洲环境下沉积相会发生快速迁移和改变(Najman et al.,2012;Reimann,1993),因此这种跨区域的地层对比可能是不准确的。许多学者已经意识到这一分类方案的缺陷,因此又进行了包括孢粉学(Reimann,1993;Uddin and Ahmed,1989;Chowdhury,1982)、微体古生物学(Ismail,1978;Ahmed,1968)、地震地层学(Najman et al.,2012;Lindsay et al.,1991;Salt et al.,1986;Lietz and Kabir,1982)等方面的研究,提出了一些新的划分方案,同时也促进了对传统的地层划分方法的修正完善。例如,Najman 等(2012)对哈提亚拗陷和吉大港-特里普拉隆起地层进行了地震地层学的研究,将上新统—第四系划分为三个超层序,在揭示三角洲演化方面取得了较好的效果。

考虑上述问题及盆地复杂的构造演化历史,将盆地划分为三个构造-地层单元进行论述相对方便和合理,其中中央拗陷带与前缘褶皱带的沉积序列类似。它们分别是西部斜坡带、前缘褶皱带和东部褶皱冲断带。通常认为,孟加拉盆地可以分为五个沉积阶段:二叠纪—早白垩世、晚白垩世—中始新世、中始新世—早中新世、早中新世—中上新世和中上新世—第四纪。每一个沉积作用阶段都与相应的构造期对应,它们分别是同裂谷期、大陆漂移期、碰撞早期和碰撞晚期。其中碰撞晚期还发生过西隆高原的隆升事件,对于恒河-布拉马普特拉河的搬运路径产生了显著影响。

孟加拉盆地中最古老的沉积物分布于西部斜坡带的裂谷系统内,是冈瓦纳大陆裂解前陆内伸展作用阶段(同裂谷期)的沉积产物。冈瓦纳大陆在早白垩世(132~123 Ma)的破裂(Ramana et al.,1994a,b;Powell et al.,1988)是第二阶段沉积作用的开始,其标志是大陆边缘发生快速沉降并发育大规模的海侵层序。在晚白垩世印度大陆漂移阶段,孟加拉西部斜坡带在圣通(Santonian)期的沉积速率明显增大,这与印度北部大陆边缘的沉积条件相似(Acharyya,1998),可能是板块重组的结果(Hall and Sevastjanova,2012;Curray et al.,1982;Veevers,1982;)。在古新世,印度大陆位于欧亚大陆南缘的俯冲带以南(Hall,2012;Lee and Lawver,1995),因此印度与欧亚大陆的软碰撞对孟加拉盆地的沉积作用影响较小。中始新世,在盆地西部斜坡带出现了大规模的海侵事件,标志是 Sylhet 组碳酸盐岩;该构造阶段的晚期,中央拗陷带、前缘褶皱带和东部褶皱冲断带内出现了大规模的海相浊积岩序列。早中新世—中上新世(硬碰撞阶段),喜马拉雅造山带、西隆高原和印缅造山带开始活动或快速隆升,这一时期的中央拗陷带、前缘褶皱带和东部褶皱冲断带成为盆地的沉积中心,大规模的海侵和海退事件控制着盆地的沉积作用。中上新世—第四纪,印度板块与拉萨地块和西缅地块持续发生碰撞挤压,海水完全退出孟加拉盆地,取而代之的是大规模的河流-三角洲层序,沉积中心迁移至哈提亚拗陷和福里德布尔拗陷的南部。以上构造演化阶段与沉积旋回之间的对应关系为厘清盆地不同构造单元的沉积序列提供了线索。

1. 西部斜坡带

西部斜坡带发育了相对完整的沉积序列(5 个沉积阶段)(表 6.2),岩石地层单元和地震地层的对应关系已经为钻井所证实(Alam et al.,2003)。整体上,西部斜坡带的沉积序列不整合于前寒武纪结晶基底之上,与印度东部大陆边缘地层的发育状态相似。

西部斜坡带内发育的最古老的沉积单元是 Gondwana 群,后者出现在斜坡带孤立的洼陷内;Gondwana 群又可以分为 Kuchma 组和 Paharpur 组两个地层单元(Zaher and Rahman,1980),厚度分别达到了 490 m 和 465 m。侏罗纪—早白垩世 Rajmahal 群不整合于 Gondwana 群和前寒武纪基底之上,由下部的拉杰默哈尔玄武岩序列和 Sibganj 组组成。出现在苏尔马拗陷北缘与西隆高原之间的锡尔赫特玄武岩与拉杰默哈尔玄武岩在岩石学、地质年代学和地球化学组等方面相似,表明拉杰默哈尔玄武岩的分布范围肯定比露头出露的范围大(Kent et al.,2002,1997;Baksi,1995;Storey et al.,1992;Kent,1991;Curray and Munasinghe,1991);Sibganj Trapwash 组不整合于拉杰默哈尔玄武岩层之上,厚度为 120～160 m。Rajmahal 群之上是古新世—始新世 Jaintia 群,两者由不整合面分割;后者自下而上分为 Tura 组砂岩、Sylhet 组碳酸盐岩和 Kopili 组页岩三个差异巨大的岩石地层单元。Tura 组砂岩与印度西孟加拉邦的 Jalangi 组相当(Lindsay et al., 1991),厚度约 245 m。中始新统 Sylhet 组碳酸盐岩在地震剖面上表现为强振幅、连续反射层(图 6.11、图 6.12),是孟加拉盆地最大海侵面的标志,也界定了稳定陆架的最南部边界;地震资料还显示 Sylhet 组的底部从陆架边缘到上陆架存在宽广的海侵序列,厚度自西向东由 800 m 减小为 250 m(Alam et al.,2003)。晚始新世 Kopili 组页岩不整合于 Sylhet 组碳酸盐岩之上,厚度为 240 m,与之相比,印度东北部阿萨姆盆地的出露厚度则超过了 500 m(Banerji,1984)。

表 6.2　孟加拉复合盆地沉积序列单元（Alam et al.，2003）

地质时代/Ma		西部斜坡带 群	组	厚度/m	前缘褶皱带（以苏尔马拗陷和哈提亚拗陷为例）群	组	厚度/m	东部褶皱冲断带 群（局部）	组	厚度/m
全新世			冲积层	—		冲积层	—			—
更新世		Barind	Barind	50	Dihing	Dihing	3 500	冲积层（局部）	Dupi Tila	1 100~1 600
上新世	晚上新世	Dupi Tila	Dihing	150	Dupi Tila	Upper Dupi Tila	3 500			
	早上新世		Dupi Tila	280		Lower Dupi Tila				
中新世	晚中新世	Jamalganj	Jamalganj	415	Tipam	Girujan/Tipam	3 500	Tipam (Kaptai)	Girujan / Tipam	1 200~1 600
	中中新世				Surma	Upper Marine shale(Boka Bill)	3 900	Surma	Boka Bil (Mirinja)	1 000~1 500
	早中新世					Lower(Bhuban)			Bhuban (Sitapahar)	
渐新世	晚渐新世	Bogra	Bogra	165	Barail 群	Kopili Shale	7 200		Barail (Chittagong)	>2 000
始新世	中始新世	Jaintia	Kopili	240	Jaintia	Sylhet Limestone				
	早始新世		Sylhet	250		Tura				
古新世			Tura	245	未分组或未发育地层			未分组或未发育地层		
白垩纪	晚白垩世	Rajmahal	Sibganj	230						
	早白垩世		Rajmahal 玄武岩	610						
侏罗纪										
二叠纪	晚二叠纪	Gondwana	Paharpur	465						
	早二叠纪		Kuchma	490						
石炭纪										
前寒武纪		陆壳基底		—	过渡壳或洋壳基底			洋壳		—

　　渐新统 Bogra 组不整合于 Jaintia 群之上,总厚度约 165 m;在印度的西孟加拉邦和阿萨姆盆地与之相当的地层分别是 Memari 组和 Burdwan 组(350 m)(Lindsay et al.,1991)和 Barail 群。早-中中新世 Jamalganj 群(组)不整合于 Bogra 组之上,厚约 415 m,它与印度西孟加拉邦 Pandua 组相当(Banerji,1984)。Jamalganj 群(组)之上是 Dupi Tila 群(组),两者之间以不整合面接触,后者的厚度达到了 280 m。Barind 群,包括上部的 Barind Clay 组和下部的 Dihing 组两个单元,它们不整合于 Dupi Tila 群(组)之上,总厚度约 200 m。Barind 群之上是第四纪冲积层。

　　2. 前缘褶皱带

　　前缘褶皱带内发育的沉积序列代表了拗陷带内深盆相沉积单元,典型代表是苏尔马拗陷、哈提亚拗陷和福里德布尔拗陷。前缘褶皱带内发育的地层单元,最初是依据阿萨姆盆地而建立了划分方案(Khan and Muminullah,1980;Holtrop and Keizer,1970;Evans,1964),地震资料分析显示北部苏尔马拗陷内始新统—全新统的最大总厚度达到了 17 950 m(Hiller and Elahi,1988),与阿萨姆盆地始新统—全新统的最大地层厚度(17 000 m)相当(Das Gupta,1977)。

　　在苏尔马拗陷内已知的最古老沉积单元是古新统—始新统 Jaintia 群(表 6.2),它出露于苏尔马拗陷的北缘,目前钻井尚未钻遇该套岩石地层单元;Jaintia 群自下而上包括 Tura 组砂岩(厚度 170~360 m)、Sylhet 组碳酸盐岩(厚度 250 m)和 Kopili 组页岩(40~90 m)三个组。在西隆高原的南缘,Jaintia 群反映的是被动大陆边缘海侵层序(Salt et al.,1986;Banerji,1981);在印度东北部的那加造山带(Naga hill),与之相当的是 Disang 群,上、下两段分别代表了盆地相和浅海相沉积环境。渐新统 Barail 群,不仅出露在苏尔马拗陷的北缘(邻近达卡断裂带),同时也被 Atgram 1X 和 Rashidpur 2 井钻遇,厚度为 800~1 600 m(Johnson and Alam,1991;Ahmed,1983)。在西部斜坡带,与渐新统 Barail 群相当的是 Bogra 组,钻井揭示其厚度不超过 200 m。Barail 群与上覆的 Surma 群之间以进积反射层为标志,它可能代表了渐新世和中新世的界限(Salt et al.,1986;Banerji,1984)。发育在陆架边缘的这种海进层序,可能是沿达卡断裂带的上冲作用或邻近俯冲带的沉降造成的。传统上,根据阿萨姆盆地的地层划分标准,Surma 群分为下部的 Bhuban 组和上部的 Boka Bil 组(Hiller and Elahi,1988;Khan et al.,1988;Holtrop and Keizer,1970),但是实际上这两个地层单元在地层学和岩石学等方面没有显著差异,只是在地震反射剖面上识别出了一个强反射轴,因此可能是同一沉积单元的上下段(Lee et al.,2001;Khan,1991;Johnson and Alam,1991;Hiller and Elahi,1988)。这一强地震反射轴解释为最大海泛面的标志,后者可能与印度大陆和欧亚大陆的汇聚角度和速率有关(Lee and Lawver,1995)。Surma 群的厚度从 2 700 m(Atgram 1X 井)至 3 900 m(Rashidpur 2 井)不等,这与在那加造山带内的发育厚度相吻合(Rao,1983)。Surma 群与之上的中上新统 Tipam 群不整合接触,后者包括下段 Tipam 组砂岩和上段 Girujan 组。Dupi Tila 群局部不整合于 Surma 群之上,Khan 等(1988)注意到,Dupi Tila 群的下段与 Tipam 群砂岩除了压实程度有差异外基本相同。最年轻的地层单元 Dihing 组不整合于 Dupi Tila 群之

上,两者的总厚度超过 3 500 m(表 6.2),而在哈提亚拗陷内,它们的总厚度约为 2 000 m
(Alam et al.,2003)。

3. 东部褶皱冲断带

传统上,认为东部褶皱带的沉积序列与前缘褶皱带的分类方案类似,但是正如前文所
提,在前积三角洲环境下大范围、跨区域的地层对比不是非常准确,因此 Gani 和 Alam
(2003)和 Najman 等(2012)提出,在缺少精确的古生物资料约束下,层序地层学方法可能比
传统的地层划分方案更合理。基于上述考虑,将孟加拉盆地东部褶皱带的沉积地层划分为
四个单元:Chittagong 组、Stiapahar 组、Mirinja 组和 Kaptai 组。上始新统(?)—渐新统
Chittagong 组(相当于传统方案的 Barail 群)在褶皱带并未出露,但是根据 Gani 和 Alam
(1999)的推测,Chittagong 组可能代表了这一时期大型水下扇沉积。Sitapahar 组上覆于
Chittagong 组之上,目前不能判断两者之间的接触关系,厚度为 1 000~1 500 m;Gani 和
Alam(2003)认为 Sitapahar 组相当于上-中中新统的 Bhuban 组,但是 Uddin 和 Uddin(2001)
根据沟鞭藻(*Dinoflagellates*)认为其沉积年龄不早于晚中新世—上新世。Mirinja 组,相当
于传统划分方案中的 Surma 群的上段 Boka Bil 组,沉积年龄大致是晚中新世,厚度为
1 200~1 600 m。Kaptail 组,相当于传统方案中的 Tipam 群和 Dupi Tila 组,沉积年龄大致是
上新世—更新世,厚度为 1 100~1 600 m,典型的剖面出现在 Sitapahar 背斜的西翼。

6.2.2　孟加拉盆地沉积岩石学与沉积体系

1. 西部斜坡带

(1) Gondwana 群

Gondwana 群的概念最早是在 19 世纪 70 年代由 Medlicott 和 Feistmantel 等提出,
特指晚石炭世—早白垩世发育在冈瓦纳古陆陆内裂谷系中的沉积岩系(Reimann,1993),
通常,将 Gondwana 群划分为上下两段,即下 Gondwana 群和上 Gondwana 群。在孟加拉
盆地中,Gondwana 群只在西部斜坡带的一些地堑、半地堑中钻遇,如 Bogra 地堑和
Jamalganj 半地堑,用来指石炭纪—二叠纪陆相碎屑岩层序,而侏罗纪—早白垩世发育的
拉杰默哈尔火山岩则可能与上 Gondwana 群相当。Gondwana 群包括 Kuchma 和
Paharpur 两个组(表 6.2)。Kuchma 组由砂岩、粉砂岩、泥岩和煤线组成,砂岩风化程度
较弱,组分中缺少长石,固结与压实程度中等。Kuchma 组底部出现的冰碛砾岩表明该套
岩系是在一次大冰川期后沉积,煤系的出现也证明是冷水环境下的产物(Wardell,1999);
冰碛岩中包括卵石层与无序沉积物、火成岩与变质岩,以及少量泥岩和煤系夹层,表明是
间冰期期间的沉积。Paharpur 组则由中粗粒长石砂岩和厚层的煤系单元及偶尔出现的
砾石层组成,砂岩层发生了强烈的高岭土化,呈现泥质基质的特征(Wardell,1999)。整体
而言,Gondwana 群发育在低弯曲度辫状河和沼泽-洪泛平原环境(图 6.19)(Uddin,
1994;Uddin and Islam,1992)。

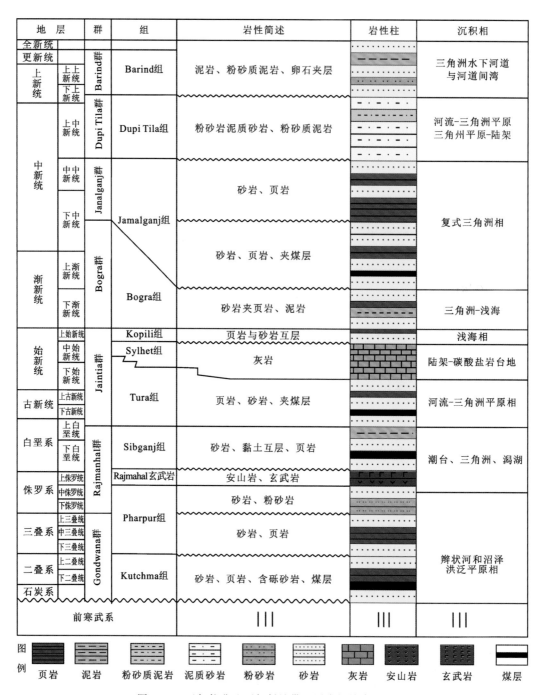

图 6.19　孟加拉盆地西部斜坡带地层岩性综合柱状图

（2）Rajmanhal 群

Rajmanhal 群包括 Rajmahal 玄武岩和 Sibganj 组上下两个组（表 6.2）。Rajmahal 玄武岩组由角闪石玄武岩、橄榄石玄武岩和安山岩及少量凝灰岩团块和火山灰层组成；在地球化学和同位素方面，$^{87}Sr/^{86}Sr \approx 0.7$、$^{143}Nd/^{144}Nd \approx 0.5$、$^{206}Pb/^{204}Pb \approx 17.9$、$^{207}Pb/^{204}Pb \approx 15.5$、$\varepsilon_{Nd}(t) > 5$（Kent et al.，1997；Baski，1995），显示是由印度洋洋中脊玄武岩分异产生，形成机制与印度大陆边缘上涌的软流圈有关（Kent et al.，1997）。Sibganj 组不整合于 Rajmahal 玄武岩火山岩之上，由排列杂乱的粗砂岩、页岩和高岭土化的砂岩组成，整体而言，Sibganj 组玄武岩发育在河流和海岸环境中，特别是潮台、三角洲或潟湖环境（图 6.19）。

（3）Jaintia 群

Jaintia 群包括 Tura 组、Sylhet 组和 Kopili 组三个岩性差异巨大的沉积单元（表 6.2）。Tura 组由砂岩、粉砂岩、碳质砂岩和薄层煤线组成，砂岩层中含有丰富的有孔虫、贝壳类碎屑和海绿石。Sylhet 组碳酸盐岩是西部斜坡带的标志性地层，是稳定大陆架环境的沉积岩系，含有大量的有孔虫和少量藻类碎屑，可以称为有孔虫灰岩；在印度东北部的阿萨姆盆地。Sylhet 组灰岩中含有大量的海相生物，包括海百合类、珊瑚和苔藓虫（Banerji，1981）。Kopili 组页岩不整合于 Sylhet 组灰岩之上，由薄层砂岩和页岩互层组成，偶见含化石灰岩层，通常认为沉积于远端三角洲至浅海陆架或陆架斜坡环境（图 6.19）。

（4）Bogra 组

Bogra 组由互层砂岩和泥岩组成，砂泥比高，是远端三角洲至浅海环境的沉积产物（图 6.19）。

（5）Jamalganj 组

Jamalganj 组包括砂岩、粉砂岩和页岩，发育在大型复式三角洲内（图 6.19）。

（6）Dupi Tila 组

Dupi Tila 组由浅灰色、淡黄色至浅灰色泥质砂岩、粉砂岩和泥岩组成（图 6.19）。

（7）Barind 群

Barind 群包括 Barind 组泥岩和 Dihing 组砂岩，其中前者主要由淡黄色至红棕色泥岩、粉砂质泥岩及少量卵石夹层组成，后者则主要由粗砂岩（粗砂）、粉砂岩和泥岩组成，偶见杂乱排列的卵石层，为三角洲水下河道与河道间湾环境下沉积形成（图 6.19）。

2. 前缘褶皱带

（1）Jaintia 群

Jaintia 群包括 Tura 组砂岩、Sylhet 组碳酸盐岩和 Kopili 组页岩组成（图 6.20）。古新统 Tura 组由分选很差的砂岩、泥岩和含化石泥灰岩及少量含碳质碎屑和不纯净灰岩碎屑组成，通常认为是浅海或海相沉积。Sylhet 组沉积特征与西部斜坡带 Sylhet 组相似，代表了浅海稳定陆架环境下的碳酸盐岩沉积。Kopili 组页岩的岩性和化石组成表明是三角洲或陆架斜坡环境下的沉积产物。

（2）Barail 群

Barail 群在达卡断裂带 Janitiapur 等地区出露较好，在这些地区，该群由杂色（黄棕色、淡红色、淡棕色和灰色）砂岩、橙红色和灰色粉砂岩和泥岩、黄棕色至红棕色沉积团块

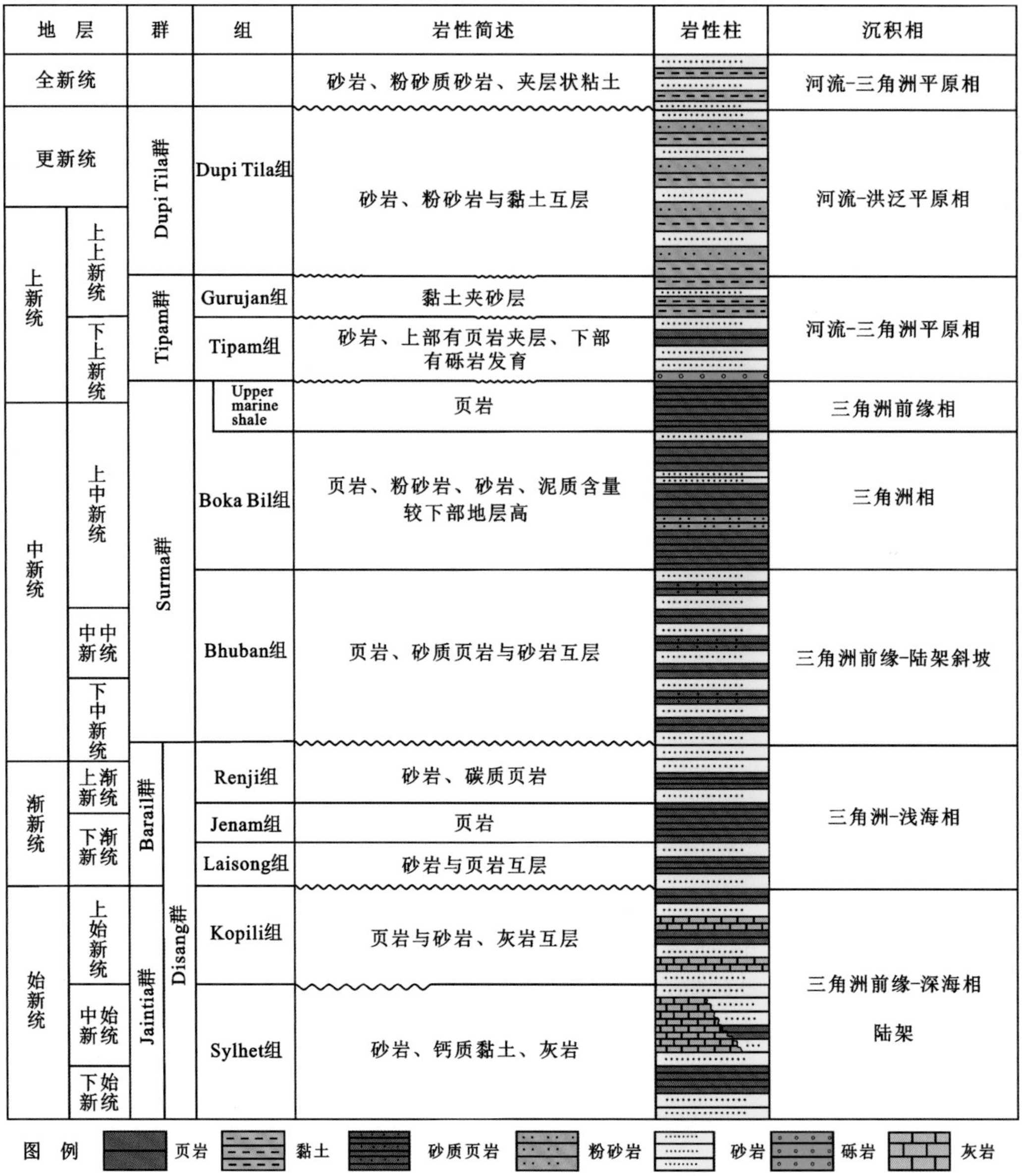

地　层		群	组	岩性简述	岩性柱	沉积相
全新统				砂岩、粉砂质砂岩、夹层状粘土		河流-三角洲平原相
更新统		Dupi Tila群	Dupi Tila组	砂岩、粉砂岩与黏土互层		河流-洪泛平原相
上新统	上上新统	Tipam群	Gurujan组	黏土夹砂层		河流-三角洲平原相
	下上新统		Tipam组	砂岩、上部有页岩夹层、下部有砾岩发育		
中新统		Surma群	Upper marine shale	页岩		三角洲前缘相
	上中新统		Boka Bil组	页岩、粉砂岩、砂岩、泥质含量较下部地层高		三角洲相
	中中新统		Bhuban组	页岩、砂质页岩与砂岩互层		三角洲前缘-陆架斜坡
	下中新统					
渐新统	上渐新统	Barail群	Renji组	砂岩、碳质页岩		三角洲-浅海相
	下渐新统		Jenam组	页岩		
			Laisong组	砂岩与页岩互层		
始新统	上始新统	Jaintia群	Disang群	Kopili组	页岩与砂岩、灰岩互层	三角洲前缘-深海相 陆架
	中始新统			Sylhet组	砂岩、钙质黏土、灰岩	
	下始新统					

图 例　　页岩　　黏土　　砂质页岩　　粉砂岩　　砂岩　　砾岩　　灰岩

图 6.20　孟加拉盆地前缘褶皱带地层岩性综合柱状图

组成(图 6.20)。Barail 群的下部包括:①水下河道沉积,由依次向上表现为槽状交错层理、平行层理和波状层理的中细粒砂岩组成;②洪泛平原沉积,主要由粉砂质泥岩和薄层细砂岩透镜体(厚约 15 cm)组成。整体而言,多变的水下河道和洪泛平原沉积形成了混合负载循环样式,代表了曲流河形成的沉积体系。Barail 群的上部由中厚层交错层理砂岩和砾岩团块组成,内部的砂岩和泥岩(最大厚度约 6 cm)的胶结物是赤铁矿。地层内的粗粒砂岩和多个不整合面表明主要是河流相沉积(Johnson and Alam,1991)。

（3）Surma 群

Johnson 和 Alam(1991)通过对苏尔马拗陷地层的分析,认为 Surma 群可以分为四个岩性单元(图 6.20):①岩性单元 A 占 Surma 群的大部分,由发育水平层理的灰色、灰黑色泥岩和灰色、黄灰色粉砂岩与细砂岩组成,砂泥比为 1:5~1:20。较粗的粉砂岩和砂岩薄层通常厚 1~5 mm,由水平或波形面组成其上下界面,在侧向上延续至发育透镜层理的粉砂岩、细砂岩层内。②岩性单元 A 逐渐向岩性单元 B 过渡,后者包括非常薄的细粒砂岩和粉砂质泥岩夹层。砂泥比为 5:1~1:5。砂岩层的厚度通常<5 cm,发育波状和水平层理。波状层理的厚度不超过 2~3 cm,通常与下伏的波状层理面强烈相切并可能攀升至上覆砂岩层。波状层理呈对称或不对称状,有时呈球状或枕状悬垂于泥岩层中。③岩性单元 C,由粉砂质和砂质泥岩组成,常见一些分散的砂粒、孤立的凝块和弯曲的砂岩透镜体,并出现了生物扰动的标志。④岩性单元 D,由低角度或丘状层理、波状层理的中细砂岩组成,其中波状层理呈对称状、槽状(3~10 cm),攀升层理也较为常见。沉积结构的反转(如中粒砂岩覆盖在细粒砂岩质上)表明岩性单元 D 记录了多个沉积事件或沉积过程。

（4）Tipam 群

上新统 Tipam 群在 Patharia 背斜西翼和 Hari 河流经 Jaintiapur 的地区有出露,在这些地区,Tipam 群由厚层垂向叠加的黄棕色、橙黄色中粒砂岩至卵石层组成(图 6.20)。地层以发育大型的冲刷槽、槽状或板状交错层理(厚约 150 cm)及平行或低角度交错层理为特征。砂岩和砾岩中可见结晶岩碎屑和沉积岩碎屑(包括泥岩碎屑或团块)。较粗的岩石结构、大型的沉积结构及垂向叠加发育特征显示 Tipam 群为河流体系的产物。砂岩层内偶尔出现的细粒夹层表明河流在某些阶段被洪泛平原覆盖,在这种情况下细粒沉积物得以沉积然后大部分遭到剥蚀。

（5）Dupi Tila 组

上新统—更新统 Dupi Tila 组包括河道和洪泛平原沉积(图 6.20)。河道沉积层通常为 2~4 m 厚(可见剥蚀底面),发育槽状交错层理、水平至低角度层理的细粒至粗粒砂岩(向上变细)。槽状交错层理的厚度和宽度分别为 10~50 cm 和 50~100 cm。洪泛平原沉积由黄棕色、灰色粉砂质泥岩组成,常见植物根系和铁结核沉积结构,但是大部分沉积结构都被侵蚀掉。Dupi Tila 组河道沉积与洪泛平原沉积之间的转换,表明为曲流河沉积。

3. 东部褶皱冲断带

（1）Chittagong 群

Chittagong 群与前缘褶皱带的 Barail 群和 Bhuban 组下段相当,主要由泥质岩屑组成,推测是海沟内深海扇沉积;Chittagong 群的上段发育槽状交错层理,内部可见腹足类动物遗骸和海胆类动物的洞穴。

（2）Sitapahar 群

Sitapahar 群由厚层泥岩夹少量砂岩层组成(图 6.21),整体表现为由深水斜坡碎屑沉积向上渐变为厚层的斜坡泥岩及浅海和近海碎屑,很少见剥蚀不整合面。

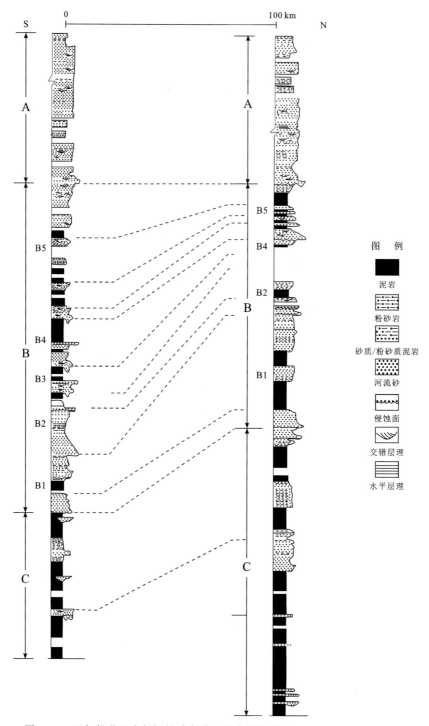

图 6.21 孟加拉盆地东部褶皱冲断带地层岩性柱状图(Gani and Alam,2003)

A,B,C 为岩性单元;B₁~B₅ 为岩性单元内细分岩性段

（3）Mirinja 群

Mirinja 群可以依据岩性组成划分为 $B_1 \sim B_5$ 共五段（图 6.21）。B_1 段由厚层退积条件下形成的发育平行层理和槽状交错层理的砂岩及少量泥岩层组成。B_2 段的下部是卵石层和粗砂岩,向上逐渐递变为发育水平层理的砂岩和粉砂岩,顶部出现剥蚀不整合面并被泥岩段覆盖。B_3 段包括下部的发育槽状交错层理的中粗粒砂岩和粉砂质泥岩及上段厚层泥岩。B_4 段下部包括以发育槽状交错层理的中粗粒砂岩和粉砂质泥岩及上段厚层泥岩,可见动物潜穴。B_5 段则主要由厚层的粗砂岩、砂岩、细砂岩和泥质粉砂岩和泥岩夹层组成,发育槽状和水平层理。

（4）Kaptai 群

Kaptai 群不整合 Mirinja 群之上,下部由向上逐渐变粗的细砂岩和粗砂岩组成,上部由厚层的发育平行层理和槽状交错层理的粗砂岩和细砂岩组成。Kaptai 群在东部褶皱冲断带的南北两侧的组成保持稳定(图 6.21)。

东部褶皱冲断带的岩性组成整体表现为由深海相向河流-三角洲相转变。

6.2.3　孟加拉盆地沉积物源分析

孟加拉盆地经历了由陆内裂谷盆地向被动大陆边缘盆地、残留洋盆地和复合盆地的转换过程,这一过程与印度板块的陆内伸展、破裂、漂移和与欧亚板块的碰撞过程密切相关;相应地,盆地的沉积环境也经历了三个主要阶段:①发育在冈瓦纳期陆内裂谷系中的沉积;②晚白垩世—中始新世稳定大陆架沉积;③新近纪—第四纪大型前积三角洲沉积(Reimann,1993)。因此,盆地内保存的沉积层序可能完整地记录了盆地的演化,对新生代碎屑岩沉积序列的研究体现在两个方面:一是盆地内沉积的古近系和新近系可能记录了印度板块与欧亚板块的初始缝合及喜马拉雅造山带的隆升、剥露过程;二是盆地沉积碎屑可能记录了盆地由残留洋盆地向复合盆地的转换过程。在孟加拉盆地物源的研究过程中,前人通过碎屑矿物模式图解、全岩地球化学、重矿物组合、碎屑锆石 U-Pb 年代学和云母 ^{40}Ar-^{39}Ar 等方法进行了大量研究(Najman et al.,2012,2008;Hossain et al.,2010),在盆山耦合作用方面也取得了重要进展(Yin,2006;Najman,2006)。

1. 砂岩碎屑模式

Johnson 和 Alam(1991)最早对苏尔马拗陷内渐新世(Barail 群)—第四纪(现代河流沙和砂岩)的砂岩组成进行了详细研究,苏尔马拗陷内的沉积岩主要源自再循环造山带,盆地最晚从渐新世开始接受东喜马拉雅造山带隆升剥蚀产生的碎屑,而从中新世开始,砂岩中不稳定碎屑和长石的含量显著增加,可能代表了西隆高原或印缅造山带隆起导致的上覆沉积层剥蚀过程。近 20 年,许多地质工作者在全盆地进行了类似研究(Najman et al.,2012,2008;Hossain et al.,2010;Mandal et al.,2009;Rahman and Suzuki,2007;Roy et al.,2006;Uddin and Lundberg,1998),其中盆地西部斜坡带和前缘褶皱带的资料主要来自钻井岩心,而东部褶皱冲断带的样品主要取自地表露头。他们的主要认识包括:①整

体上,古新世—始新世(Tura 组)至第四纪孟加拉盆地沉积岩主要源自再循环造山带
(QFL)、混合或富石英再循环造山带(QmFLt);②Barail 群含有相对丰富的单晶石英含量,
而 Barail 群、Surma 群和 Tipam 组不稳定碎屑和长石的含量呈现显著增加的趋势,其中
Barail 和 Surma 群内含有丰富的低级变质岩碎屑;③古新统和始新统及第四纪砂岩中石英
含量占绝大多数,并可能来自陆内克拉通环境(图 6.22)。相应地,Barail 群中的重矿物组合
以"超稳定"矿物为主,如锆石、电气石和金红石(偶见铬尖晶石)。这些特征表明,孟加拉盆
地新近纪物源主要来自喜马拉雅造山带,Barail 和 Surma 群内低级变质岩碎屑的出现,可能
表明高喜马拉雅变质岩系的强烈剥露作用,这与喜马拉雅造山带构造年代学的分析结果相
吻合(Kohn,2008;Webb et al.,2007;Kohn et al.,2004;Johnson et al.,2001;Yin et al.,1999;
Burchfiel et al.,1992;Hubbard and Harrison,1989)。此外,Tipam 组和 Dupi Tila 组中沉积碎
屑含量明显升高,可能与西隆高原的上冲作用有关,这得到了上新世—更新世地层向南减
薄、重力异常的突变及西隆高原上部未发育上新世地层等证据的证实。

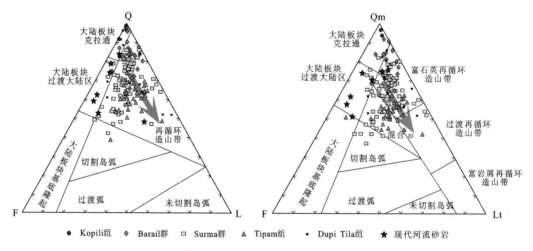

图 6.22　孟加拉盆地新生代砂岩碎屑模型(Dickinson,1985)

注:数据引自 Jonhnson 和 Alam(1991);Uddin 和 Lundberg(1998);Hossain 等(2010);Najman 等(2012,2008)。Q 为石英;
F 为长石;L 为碎屑;Qm 为单晶石英;Lt 为不稳定碎屑(包括沉积岩碎屑、火成岩碎屑、变质岩碎屑、多晶石英和燧石)

2. 全岩地球化学特征

1) 元素地球化学

孟加拉盆地新生代沉积岩系可以分为三个具有显著地球化学差异的部分。古新世—晚
始新统 Jaintia 群泥岩具有很高的地球化学蚀变指数(chemical index of alteration,CIA)值,表
明是来自稳定的克拉通地区,这与砂岩碎屑模式图解获得的结果吻合。晚始新统—中新统
Barail 和 Surma 群在 Al_2O_3 质量分数(%)-主要氧化物质量分数(%)和 Al_2O_3 质量分数(%)-
微量元素浓度(ppm)图解中呈现良好的相关关系(单一趋势);地球化学蚀变指数值由
Barail 群向 Surma 群呈减小趋势,表明了富含长石等不稳定矿物源区活动导致的沉积碎
屑的快速涌入。这两个组的平均全岩地球化学和稀土元素特征及 A-CN-K 趋势图

(图 6.23)显示它们之间存在显著差异,这些特征与喜马拉雅造山带源区可对比,支持它们来自喜马拉雅造山带,同时还可以证明苏尔马拗陷中喜马拉雅造山带的物源最早可能早至晚始新世。中新统—更新统 Tipam 组和 Dupi Tila 组的全岩地球化学元素的相关关系发生轻微变化,具有较高的地球化学蚀变指数值。砂岩和泥岩的稀土元素分馏差异更加明显,但是稀土元素的分布样式保持稳定,这表明,物源区整体上没有发生改变。

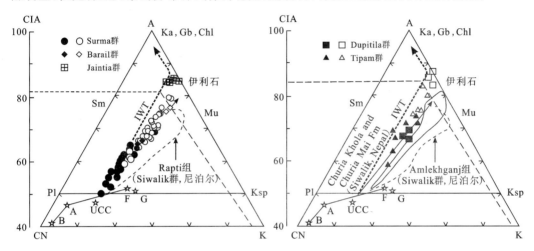

图 6.23　孟加拉盆地碎屑岩的 A-CN-K 图解(Hossain et al.,2010)

黑色的符号为砂岩样品,白色的符号为泥岩样品;A 为 Al_2O_3;CN 为 $CaO+Na_2O$;K 为 K_2O;CIA 为化学蚀变指数(chemical index of teration),Ka 为高岭石;Gb 为水铝矿;Chl 为绿泥石;Mu 为白云母;Pl 为斜长石;Ksp 为钾长石;Sm 为蒙脱石;B 为平均玄武岩含量;A 为平均安山岩含量;F 为平均长英质火山岩含量;G 为平均花岗质组分含量;UCC 为上地壳含量(upper continental crust composition);IWT 为理想风化趋势线(ideal weathering trend)

2)全岩 Sm-Nd 同位素

Nd 同位素组成以 ε_{Nd} 值的形式表现[球粒陨石均一源储库(chondrite uniform reservoir,CHUR),$^{143}Nd/^{144}Nd=0.512\,638$],偏差相对于全岩可以达到 10^4。与地幔来源的岩石相比,大多数壳源岩石具有低 Sm/Nd 比值,因此 ε_{Nd} 是地壳从地幔分异时间的函数。取自孟加拉盆地苏尔马拗陷和西部斜坡的古近纪砂岩与泥岩样品的分析结果显示,Tura 组和 Sylhet 组 $-17.7<\varepsilon_{Nd}(0)<-15.8$,而 Kopil 组 $-13<\varepsilon_{Nd}(0)<-12.3$,Barail 群的 $\varepsilon_{Nd}(0)$ 值分布在 $-14.7\sim-11.3$ 之间(表 6.3)。哈提亚拗陷和吉大港-特里普拉褶皱带获取的样品显示,Surma 群(44 个样品)$-13.7<\varepsilon_{Nd}(0)<-11.1$,平均值为 -11.8;Tipam 组和 Dupi Tila 组(14 个样品)$-13.3<\varepsilon_{Nd}(0)<-11.3$,平均值是 -12.1;全新世样品(2 个)$\varepsilon_{Nd}(0)=-13.4$(Najman et al.,2012)。通过与可能的物源区的对比分析认为,孟加拉盆地碎屑岩的 $\varepsilon_{Nd}(0)$ 值与喜马拉雅前陆盆地发育的 Siwalik 群及喜马拉雅造山带 $\varepsilon_{Nd}(0)$ 值相似或重叠(Najman et al.,2012;2008),说明新生代孟加拉盆地的沉积岩主要来自喜马拉雅造山带。

表 6.3 孟加拉盆地碎屑岩物源特征综合表 (Najman et al.,2012,2008)

	构造地层单元	岩石学	锆石 U-Pb 年龄/Ma	白云母 $^{40}Ar-^{39}Ar$/Ma	锆石裂变径迹/Ma	$\varepsilon_{Nd}(0)$	$^{187}Os/^{188}Os$
喜马拉雅造山带与前陆	高喜马拉雅变质岩	中-高级变质岩(矿物)	>500；峰值:1 100,1 500~1 700,2 500	古近纪	新近纪	-19~-5 平均值:-15	0.80~1.85
	未变质与特提斯喜马拉雅上覆盖层	沉积岩和低级变质岩(岩屑)	>200；峰值:500,1100,2500	前古近纪,大部分<500	—	同上	特提斯喜马拉雅:0.60~1.97
	冈底斯岛弧与雅鲁藏布缝合带	岩基和蛇绿岩	<200；峰值:50,80~90,150,200	白垩纪和第三纪	—	+1~+8	缝合带:0.2~0.5 冈底斯岛弧:1.4
	前陆盆地 Siwalik 群	富含变质岩岩屑和矿物,再循环造山带起源	>500	新生代为主,峰值15~20	新生代为主;白垩纪年龄为次	-14.6~-18	—
印度克拉通	印度东北部地区 Chotanagpur 构造带	富长石、缺少变质岩岩屑和铬尖晶石	950~1450;峰值:1350~1 400	788~938	峰值:708(主),170,40(次)	-13.8	—
	西隆高原	同上	500~1 800	467~524	峰值:300,406,508	-14.6	1.55~1.65
印缅造山带	古近纪增生楔	富含火山岩碎屑、岛弧和再循环造山带起源	40~1 800；峰值:40,90~100,500,1 000		白垩纪,古新世和始新世	-4	0.2~0.9
孟加拉盆地	Tura 组	石英和长石为主,缺岩屑	500~1 750；峰值:1 100 1 200 或1 600~1 750	430~569	225,350,580	-15.8,-17.7	—
	Sylhet 组	仅见有限碎屑	—	453~501	—	-15	1.0~1.2
	Kopili 组	缺失铬尖晶石和变质碎屑	100~2 700；峰值:100~200,500~1 300		131,288,526	-12.3,-13	0.5
	Barail 群	常见变质岩岩屑,偶见铬尖晶石	60~3 400;峰值:60~90,130~150,500~1 300	古近纪为主;寒武纪-奥陶纪已为辅	23~423	-11.3~-14.6	0.6~0.8
	Surma 群	细-粗粒砂岩,常见变质岩岩屑,再循环造山带起源	—	<55;新近纪为主,古近纪为次	古近纪和新近纪为主,白垩纪为次	-11.1~-13.7	—
	Tipam 组和 Dupi Tila 组	同上	早古生代-前寒武(1 800)峰值:500,古近纪-侏罗纪为次	同上	同上	-11.1~-13.3	—

3. 孟加拉盆地沉积地层年代学

1) 碎屑锆石 U-Pb 年代学

锆石 U-Pb 体系的封闭温度约 750 ℃,能够很好地反映岩石结晶或发生变质作用的时间,因此对于鉴别印度陆壳古生代岩浆岩和其他地区发育的侏罗纪—古近纪岩浆岩具有很好的指示作用。Najman 等(2012,2008)对取自孟加拉盆地苏尔马拗陷、西部斜坡和吉大港–特里普拉褶皱带的样品进行了碎屑锆石 U-Pb 年代学分析(LA-ICP-MS 法),发现 Barail 群和 Kopili 组中的锆石颗粒主要揭示了元古代结晶年龄,还可以见到一定数量的晚侏罗世—白垩纪和寒武纪—奥陶纪的锆石颗粒,以及少量太古代锆石。同样的,Surma 群和 Dupi Tila 组中也发现有大量的早古生代—前寒武纪古老的锆石颗粒(峰值年龄 500 Ma,最古老的锆石年龄为 2 500～2 700 Ma),以及少量侏罗纪—古近纪相对年轻的锆石。与此形成鲜明对比的是古新世—早始新世 Tura 组中缺少晚侏罗世—白垩纪和太古代锆石年龄(图 6.24)。

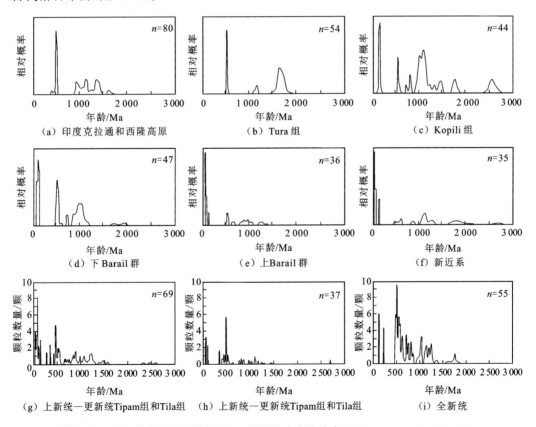

图 6.24　孟加拉盆地碎屑锆石 U-Pb 年龄概率密度分布(Najman et al.,2012,2008)

2) 锆石裂变径迹

锆石裂变径迹年龄记录了矿物在其部分退火带(200～320 ℃)冷却时的年龄(Tagami

et al.,1998)。假设锆石颗粒在沉积之后没有遭受高于此温度的热过程(泥岩矿物学分析显示埋藏温度<200 ℃),那么锆石的裂变径迹年龄反映的是碎屑锆石源区剥露的时间。这一方法可以有效地区分锆石是来自稳定的古老克拉通、年轻的岛弧带或者变质岩带。在孟加拉盆地中,利用外标法(Hurford,1990)对取自盆地西部斜坡、苏尔马拗陷、哈提亚拗陷和吉大港-特里普拉隆起的碎屑岩进行了分析(Najman et al.,2012,2008)(图 6.25;表 6.3)。结果显示古近系(Tura 组、Kopili 组和 Barail 群)样品中都包含古生代年龄颗粒,其中白垩纪年龄颗粒出现在 Kopil 组和 Barail 群中(Barail 群还出现了显示为新生代年龄的颗粒);新近系以包含新生代锆石颗粒为主,古老颗粒的年龄从白垩纪延伸到古生代,锆石颗粒的最年轻裂变径迹年龄是 21 Ma(第四系最年轻年龄为 5 Ma)。

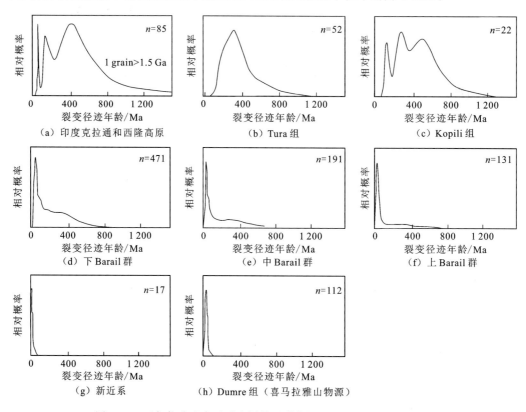

图 6.25　孟加拉盆地古近系碎屑锆石裂变径迹(Najman et al.,2008)

3) 碎屑白云母^{40}Ar-^{39}Ar

白云母的封闭温度约为 350 ℃,因此应用白云母^{40}Ar-^{39}Ar技术分析碎屑岩物源与锆石裂变径迹类似,通常两者是相互补充。Najman 等(2012,2008)通过激光全融合技术对孟加拉盆地样品的单颗粒白云母进行分析(每个样品分析约 40 个颗粒),结果显示(表 6.3)Tura 组和 Sylhet 组具有统一的寒武纪—奥陶纪^{40}Ar-^{39}Ar年龄,这一年龄峰值同样出现在 Barail 群,不同的是后者还出现了一些具有古近纪^{40}Ar-^{39}Ar年龄的颗粒。与此相反的是,吉大港-特里普拉褶皱带和哈提亚拗陷内新近系样品(Surma 群、Tipam 组和 Dupi Tila

组)则更多显示了新生代^{40}Ar-^{39}Ar年龄(79%～100%),少量的古近纪和白垩纪^{40}Ar-^{39}Ar年龄也有显示,地表露头显示的年轻的^{40}Ar-^{39}Ar年龄是 4～14 Ma。这表明,越年轻的地层中年轻颗粒的含量呈递增趋势。

4. 孟加拉盆地物源分析

综合对比孟加拉盆地样品与可能的源区的岩石学、地球化学(同位素)和地质年代学等方面的特征(表 6.3),使我们对孟加拉盆地的沉积演化和区域构造演化有了更直观的认识。Najman 等(2008)指出,可以作为孟加拉盆地潜在物源区的构造单元包括:喜马拉雅造山带、印缅造山带和印度克拉通。在构造活跃区,持续的构造活动往往会导致原岩的岩石学和同位素地球化学特征发生改变,因此需要进行全面的对比工作。已有的研究(Najman et al.,2004;DeCelles et al.,2004,2001;White et al.,2002;Najman and Garzanti,2000)表明,古近纪期间,源自喜马拉雅造山带有限的沉积碎屑主要保存在喜马拉雅前陆盆地内,包括古新世—中始新世的 Bhainskati 组(尼泊尔)和 Subathu 组(印度);上覆地层则绝大部分都是喜马拉雅造山带起源,包括晚渐新世—中新世 Dumre 组(尼泊尔),以及 Dharamsala 组、Dagshai 组和 Kasauli 组(印度)。表 2.1 给出了喜马拉雅前陆盆地与孟加拉盆地地层的对应关系。另一个可能的物源区——印缅造山带(实质上是仍在活动的增生楔),可能保存了西缅大陆边缘的构造-剥蚀史(Allen et al.,2008);与之相比,位置更靠西侧的印缅造山带更可能是古近纪期间孟加拉盆地的物源区,但前提是它已经在古新世—早渐新世隆起(Mitchell,1993)并阻隔了西缅大陆边缘剥蚀碎屑的向西搬运。

印度克拉通大部分具有太古代结晶年龄(3.2～3.6 Ga)(Auge et al.,2003;Mishra et al.,1999)及负 ε_{Nd} 值(<−30)(表 6.3)(Saha et al.,2004;Peucat et al.,1989)。但是邻近孟加拉盆地的印度大陆壳(Chotanagpur 元古代活动带)(Misra and Johnson,2005;Acharyya,2003)与印度克拉通之间存在明显的差别。已有的分析资料显示,长石砂岩中的古生代和元古代矿物占绝大多数,与印度克拉通相比,ε_{Nd}负值较大。与之相比,东部潜在物源区——西缅大陆边缘发育相对年轻的白垩纪—新生代岩浆岛弧(西缅岛弧带)(Zhang et al.,2017a;Li et al.,2013;Mitchell et al.,2012;Barley et al.,2003;Mitchell,1993),而西缅岛弧带以西的印缅造山带古近系的岩石学与年代学特征也显示它们可能来自西缅岛弧带(Naing et al.,2014;Allen et al.,2008)。毫无疑问,北部的喜马拉雅造山带是孟加拉盆地现今的主要物源区,但是在造山运动的早期,覆盖在高喜马拉雅之上的未变质或低变质岩,以及不受高喜马拉雅变质作用影响的特提斯沉积岩,在很大程度上会被剥蚀,体现在碎屑岩中含有大量新生代以前的矿物年龄。此外,喜马拉雅造山带北侧的冈底斯岩浆弧(Searle,1987)和蛇绿岩缝合带在喜马拉雅山隆起之前(Guillot et al.,2003)也有可能是潜在的物源区。整体而言,这三个潜在物源区的岩石学、同位素地球化学和矿物年代学特征是独特的和可区分的(表 6.3)。来自印度克拉通的碎屑富含长石,矿物年龄集中分布在前寒武纪至古生代;从西缅大陆边缘剥蚀而来的碎屑主要体现了西缅岛弧带的特征;相反,喜马拉雅造山带是变质岩碎屑和具有古近纪冷却年龄矿物(反映造山运动)的主要来源,后者同时是前寒武纪—白垩纪未变质碎屑、侏罗纪—古近纪岛弧和蛇绿岩碎屑的主要提供者。

孟加拉盆地中了解比较充分的最古老的一套古近纪地层是 Barail 群,它上覆于 Sylhet 组灰岩之上,地震反射特征显示(图 6.12)沉积物由西北向东南方向输入,那么主要的物源区应该是印度克拉通或者喜马拉雅造山带。但实际上,Barail 群的一些物源指标与印度克拉通的特征并不一致,表现在:①克拉通沉积岩石类型主要是长石砂岩,很少含有岩屑组分,并且碎屑锆石裂变径迹年龄和白云母 ^{40}Ar-^{39}Ar 冷却年龄大部分 >300 Ma(Barail 群含有丰富的变质岩碎屑,而具有古近纪冷却年龄的矿物占大多数,长石很少见);②印度克拉通样品缺少 U-Pb 年龄$>1\,800$ Ma 的碎屑锆石,但是 Barail 群中含有小部分$>1\,800$ Ma 的碎屑锆石。此外,Barail 群的 ^{187}Os/^{188}Os 值比西隆高原的值低(Najman et al.,2008)。实际上,Barail 群的岩石学和同位素地球化学特征与源自喜马拉雅造山带的中新统 Dumre 组(尼泊尔)和 Dharamsala 组的特征(印度)非常相似(表 6.3)。Barail 群中最重要的标志是出现了丰富的显示为古近纪冷却年龄的矿物——这是源自喜马拉雅造山带的沉积碎屑的标志性特征;此外,Barail 群还包含大量的显示为古近纪的锆石裂变径迹年龄的颗粒,这也与 Dumre 组相似(Najman et al.,2005)。但是需要注意的是,Barail 群中还含有相当一部分前古近纪冷却年龄的颗粒,表明是剥蚀自高喜马拉雅的未变质的或低变质的沉积盖层,而不是源自喜马拉雅核部深变质岩。Barail 群的 ^{40}Ar-^{39}Ar 冷却年龄显示了与碎屑锆石裂变径迹相似特征:古近纪冷却年龄占绝大多数,但是也发现了一些前古近纪冷却年龄的颗粒,相似冷却年龄的颗粒也出现在前陆盆地中(White et al.,2002;DeCelles et al.,2001)。

此外,Barail 群与 Dumre 组的碎屑锆石年龄分布样式与喜马拉雅基岩相似(表 6.3)(DeCelles et al.,2004)。与 Dumre 组相比,Barail 群中含有更多的分布在 500 Ma 左右的锆石颗粒,可能反映了特提斯喜马拉雅覆盖层更大的贡献(高喜马拉雅核部的贡献相对是次要的);与此同时,还包含有少量白垩纪岛弧来源的颗粒,表明此时造山带还没有成为岛弧物源向南搬运的障碍。在 QFL 图解中,Barail 群落在再循环造山带范围内(图 6.22),与 Dumre 组相同(Najman et al.,2008);铬尖晶石的地球化学特征与喜马拉雅前陆盆地和缝合带中始新统的碎屑铬尖晶石地球化学特征相似(Mahéc et al.,2004;Najman and Garzanti,2000),而与印度克拉通中颗粒的地球化学特征存在明显差异。同样的,Barail 群沉积岩的 $\varepsilon_{Nd}(0)$ 值与喜马拉雅基岩和前陆盆地中沉积岩的 $\varepsilon_{Nd}(0)$ 值(DeCelles et al.,2004;White et al.,2002)相似,尽管数值偏低,但这可能反映了岛弧物源输入的影响(不能排除是来自印度克拉通)。综合而言,大多数物源证据表明 Barail 群主要是喜马拉雅造山带起源。这一结果更进一步说明随着时间的变化,喜马拉雅造山带的深部逐渐开始剥露。在 Barail 群的下段,喜马拉雅造山带物源的输入已经非常显著,体现在包含有大量的低级变质岩岩屑、碎屑锆石裂变径迹和白云母 ^{40}Ar-^{39}Ar 冷却年龄与古近纪喜马拉雅相同,等等。但是在 Barail 群的上部,古近纪/前古近纪冷却年龄的值变大,具有年轻冷却年龄的颗粒数量在减少,这显示造山带的剥露是持续进行的并可能一直持续到新近纪。

除了喜马拉雅造山带是孟加拉盆地的主要物源区外,还存在岩浆岛弧和蛇绿岩带这样的次要物源区,证据包括 Barail 群和 Kopili 组中含有相当的非放射性 ^{187}Os/^{188}Os 值、铬尖晶石、低 SiO_2 含量、火山岩碎屑和显示为白垩纪的锆石裂变径迹和 U-Pb 年龄(Najman et al.,2008)。这些特征与从巴基斯坦延伸至缅甸的侏罗纪—古近纪岩浆岛弧和相应的蛇绿岩的特征相吻合。但是如果只依据岩石学组成，很难判断物源是来自北部的冈底斯岛弧还是来自东部的西缅岛弧。根据地震反射特征(图 6.12)，是冈底斯来源的可能性更大，并且在同一时期喜马拉雅前陆盆地始新统内也见到了相似的岩石碎屑组分(Najman and Garzanti,2000)。但是随着地层年龄的减小，岛弧或蛇绿岩碎屑的输入逐渐降低，这一方面说明喜马拉雅造山带在很大范围内已经成为岛弧或蛇绿岩碎屑向南搬运的障碍，另一方面也反映了造山带碎屑的增加，稀释或掩盖了岛弧物源的特征(Najman et al.,2008)。此外，印缅造山带不太可能成为盆地的物源区，因为古近纪印缅造山带的岩石以细砂岩为主，没有白云母且缺少大于白垩纪的锆石裂变径迹和^{40}Ar-^{39}Ar冷却年龄，很少见到有效的矿物组合，ε_{Nd}(0)值和$^{187}Os/^{188}Os$值及锆石 U-Pb 年龄(Naing et al.,2014；Allen et al.,2008)也与 Barail 组存在很大差别。

孟加拉盆地哈提亚拗陷和吉大港-特里普拉隆起的新近纪碎屑岩的岩石矿物组成、ε_{Nd}同位素组成、锆石裂变径迹和白云母^{40}Ar-^{39}Ar冷却年龄及锆石 U-Pb 年龄分布等特征，与喜马拉雅前陆盆地这一时期的沉积物(Siwalik 组)相似，而与印度克拉通存在显著差异，这同样反映了这时期盆地的沉积物主要来自喜马拉雅造山带，次要物源来自冈底斯岛弧，它们是通过雅鲁藏布江-布拉马普特拉河向盆地搬运的。值得注意的是新近系的ε_{Nd}值比喜马拉雅前陆盆地 Siwalik 组的ε_{Nd}值要小，可能反映了印缅造山带和冈底斯岛弧的碎屑输入的影响。但是考虑到布拉马普特拉河中新世以来的演变(Robinson et al.,2014；He and Chen,2006；Clark et al.,2004)，不能确定河流在早期是否携带了更多冈底斯岛弧的剥蚀碎屑，因此 Najman 等(2012)倾向于排除东部印缅造山带物源的供给。如此一来，孟加拉盆地在新近纪的沉积物主要来自喜马拉雅造山带，少量沉积物来自冈底斯岛弧。毫无疑问的是西隆高原在晚中新世(9~15 Ma)开始隆起(Najman et al.,2016；Avdeev et al.,2011；Clark and Bilham,2008；Biswas et al.,2007)，那么其隆升过程中必然导致大量碎屑剥蚀到孟加拉盆地中(特别是北部的苏尔马拗陷)(Johnson and Alam,1991)。虽然现代河流砂岩的物源指标可以将其与喜马拉雅造山带的物源加以区分(Najman et al.,2008)，但是更早之前的沉积物很难进行区分(Najman et al.,2012)。

孟加拉盆地的沉积物源在 Sylhet 组和 Kopili 组之间出现了明显的转变，Kopili 组以下地层，Sylhet 组和 Tura 组显示：①没有岛弧碎屑组分，没有铬尖晶石；②较高的$^{187}Os/^{188}Os$值；③矿物未见白垩纪或古近纪年龄。相反的是，这些地层的岩石表现出了与印度克拉通相似的特征。例如，Tura 组中含有大量的石英和长石，而与富含岩屑的 Barail 组完全不同，并表现出了与来自西隆高原砂岩相似的锆石 U-Pb 年龄分布和^{40}Ar-^{39}Ar年龄分布特征(图 6.24，图 6.25)(Najman et al.,2008)。这些特征显示，物源区由印度克拉通向冈底斯岛弧的转变发生在 Sylhet 组—Kopili 组交界(48~39 Ma)，而直到 38 Ma 之后，物源区才开始转变为喜马拉雅造山带。

Najman 等(2008)认为孟加盆地中沉积物源由印度克拉通向喜马拉雅造山带的转变，具有重要的区域和全球意义。首先，将印度板块与欧亚板块碰撞时间与已知的剥蚀自中-东喜马拉雅造山带(高喜马拉雅)的碎屑的沉积年龄之间的间隔由原来的 20 Myr 缩减到 12 Myr,这解释和完善了雅鲁藏布缝合带以南早期逆冲推覆运动与地壳增厚作用之间缺少剥蚀沉积证据的问题——两者之间的耦合关系已经被藏南地区锆石的 U-Pb 年龄 (35 Ma)(Lee and Whitehouse,2007)和高喜马拉雅石榴石增生的年代学证据(35～30 Ma)(Foster et al.,2000;Vance and Harris,1999)证实。喜马拉雅造山带下低黏度的印度中地壳层通过通道流耦合地表剥蚀(Beaumont et al.,2006)向南挤压,需要早期的地壳缩短 (Willett et al.,1993)为中下地壳提供足够的热量,这种情况下通道流才可能实现。在这个模型中,为了使地壳增大到足够厚度并为中下地壳提供热量,初始剥蚀作用往往被推后发生;反之,如果这一模型在启动初期就有中等强度的剥蚀作用发生,那么通道流和青藏高原的发育将会被推迟发生(Najman et al.,2008)。因此这一模型设置的喜马拉雅初始剥蚀作用发生在 30 Ma(Jamieson et al.,2004)。Najman 等(2008)认为,孟加拉盆地中最新发现的 38 Ma 左右喜马拉雅造山带物源,将初始剥蚀作用的时间大大提前,可能表明其他一些参数的重要作用,如俯冲速率和初始地壳的厚度等,这将进一步优化通道流模型的可适性,并能较好地与喜马拉雅造山带的演化事件吻合。喜马拉雅造山带至少在 38 Ma 之前已经发生隆升剥蚀作用,很好地验证了全球海洋[87]Sr/[86]Sr 值在 40 Ma 左右快速上升事件,这一事件通常被认为是喜马拉雅造山带隆升剥蚀的结果(Richter et al.,1992)。此外,孟加拉盆地沉积物源分析为评判古近纪喜马拉雅南缘河流体系演变,以及板块的穿时缝合提供了新的依据。剥蚀自喜马拉雅造山带南缘的沉积碎屑主要保存在喜马拉雅前陆盆地、孟加拉扇和印度扇等沉降单元内,但是显然前陆盆地内的沉积序列肯定不是造山带初始隆升形成的(Yin,2006)。而印度扇中发现的造山带碎屑是否来自中-东喜马拉雅仍然存在争议,Yin(2006)认为在古近纪存在由中-东喜马拉雅南缘向西流动的古河流体系,以此来解释印度扇中存在的早期造山带沉积物,而 Uddin 和 Lundberg(1998)则认为是印度大陆与欧亚板块穿时缝合的结果,但他们的假设前提是孟加拉盆地古近纪的沉积碎屑来自印度克拉通。虽然孟加拉盆地中 38 Ma 左右的造山带沉积碎屑的发现,不能表明其记录的是造山带的初始隆升或者是最古老的一套造山带剥蚀层系,但是显然,它与上述模型的假设前提是相矛盾的,因此古近纪可能不存在河流体系流向的转变或者是板块的穿时缝合过程(Najman et al.,2008)。

6.3　孟加拉复合盆地形成机制探讨

在探讨孟加拉盆地属性时(第 2 章),通过对其基底性质、沉积序列、构造变形特征与应力场环境等分析,定义其为复合盆地,这包含以下几层含义:①东西向构造与北东向和南北向构造交接、融合的复合区域构造环境;②前陆盆山体系与被动大陆边缘裂陷体系、残留洋体系及弧盆体系的交接、融合的复合构造体系;③陆壳、过渡壳和洋壳并存的复合基底性质;④陆内裂谷层系与被动大陆边缘体系及深水浊流体系、河流-三角洲体系垂向叠加的复合沉积序列;⑤裂陷层、拗陷层与褶皱变形层等不同构造层的交接。显然,孟加拉盆地的沉积与构造特征与典型的前陆盆地或残留洋盆地存在明显的差别,而在早期的沉积盆地研究中并没有注意到这种类型的沉积盆地的重要意义,仅仅将其归纳为前陆盆地或残留洋盆地。Graham 等(1975)提出的残留洋盆地形成的"剪刀模型"表明,板块间的不规则碰撞和缝合(穿时缝合)在陆-陆碰撞带形成了前陆盆地,在洋-陆俯冲带形成的是残留洋盆地,而复合盆地则可能存在于两种板块汇聚类型的过渡地区,在残留洋盆地和前陆盆地的演化历史中起"承前启后"的作用。Busby 和 Ingersoll(1995)在讨论盆地的沉降机制时,认为控制前陆盆地和残留洋盆地的主要因素是沉积-火山岩负载和构造负载,那么对于复合盆地的沉降机制,我们认为沉积负载和构造负载是主要因素,地幔岩石圈的加厚是次要因素。

　　孟加拉盆地的早期构造演化史(古近纪以前)与印度东部大陆边缘的演化密切相关——经历了由陆内裂谷向被动大陆边缘的转变,在印度东部大陆边缘的演化过程中,向海方向倾斜的正断层及其控制的地堑和半地堑系统是盆地的主要特征;正断层的持续活动和盆地裂陷结构的发育导致陆壳减薄并向洋壳过渡。基于地壳均衡理论,陆壳减薄必然会导致地幔岩石圈层的相对加厚。因此,与被动大陆边缘盆地的演化相似,在盆地演化的早期阶段,孟加拉盆地的发育受控于地幔岩石圈的增厚作用。实际上,孟加拉盆地真正出现现今的盆地轮廓是在印度板块与欧亚板块碰撞之后——来自喜马拉雅造山带的沉积碎屑快速堆积于盆地中导致盆地下拗,这一时期开始盆地明显受到沉积负载的影响。在孟加拉盆地南缘的哈提亚拗陷(现代孟加拉大陆架区),最大沉积厚度超过了 20 km(Curray and Munasinghe,1991),这表明在新生代哈提亚拗陷是盆地的沉降和沉积中心。图 6.26 简明介绍了哈提亚拗陷的沉降和沉积过程:①印度大陆与南极洲-澳大利亚大陆发生裂解,大陆边缘的地壳厚度减薄而下伏的地幔岩石圈相对增厚上涌,来自印度地盾的沉积碎屑会有限发育在大陆坡脚的位置,随着沉积厚度的增大,沉积负载的影响开始显现[图 6.26(a)(b)(c)];②中晚始新世开始(最晚约 38 Ma)(Najman et al.,2008),剥蚀自北方喜马拉雅造山带的碎屑开始涌入盆地,盆地的沉积与沉降速率开始迅速增大(Johnson and Alam,1991),这一时期的沉积量占整个盆地沉积量的 70% 以上(Métivier et al.,1999;Curray and Munasinghe,1991;Curray et al.,1982),巨大沉积负载导致盆地迅速下拗[图 6.26(d)(e)(f)]。这一时期,沉积负载成为控制盆地发育的关键要素。

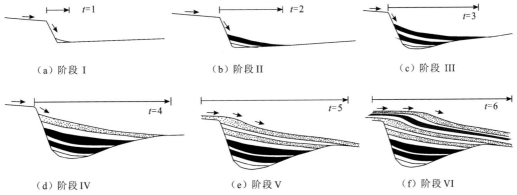

　　(a)阶段 I　　　　　　　　(b)阶段 II　　　　　　　　(c)阶段 III

　　(d)阶段 IV　　　　　　　　(e)阶段 V　　　　　　　　(f)阶段 VI

图 6.26　孟加拉盆地哈提亚拗陷的沉降-沉积演化过程(Curray,2003)

　　喜马拉雅造山带的隆起及造山带内逆冲推覆断裂的挤出,导致喜马拉雅前陆盆地的沉积负载和构造负载作用同时增强。在孟加拉盆地内,造山带早期的隆升及逆冲推覆带的向南活动产生的构造负载对盆地的影响不大,这一时期盆地的沉积中心位于苏尔马拗陷至吉大港-特里普拉隆起和哈提亚拗陷一带(近南北走向),地层表现为自北向南减薄的趋势(Najman et al.,2016,2008)。但是随着印度板块与欧亚板块的持续汇聚作用,中新世开始,孟加拉盆地的残留洋沉积体系(深水浊积岩)开始沿沉积中心向南收缩。中-晚中新世(15~9 Ma)(Clark and Bilham,2008;Biswas et al.,2007),西隆高原开始沿达卡断层和奥尔德姆断裂上冲隆升并在上新世(5.5~3.5 Ma)露出地表[图 6.27(a)],导致孟加拉盆地苏尔马拗陷沉积 Tpiam 组和 Dupi Tila 组的厚度增大,拗陷的沉积和沉降速率急剧增大(Johnson and Alam,1991)而转变为盆地的另一个沉积中心[图 6.27(b)](Najman et al.,2016);与此同时,受西隆高原上冲产生的构造负载影响,马德普尔-特里普拉隆起带的基底也在这一时期上拱成为盆地内的一个隆起单元。显然,西隆高原的隆升产生的构造负载,要比喜马拉雅造山带的活动产生的构造负载对孟加拉盆地的影响要显著,这也可能是孟加拉盆地构造属性与喜马拉雅前陆盆地属性差异的原因之一。虽然上新世—更新世吉大港-特里普拉褶皱带迅速向盆地拗陷带扩张,但是从盆地结构分析看,由褶皱冲断带产生的构造负载比较微弱;孟加拉盆地在东西向剖面上表现为下拗结构单元(图 6.4)的原因,可能是印度洋洋壳(孟加拉湾洋壳)向西缅地块下俯冲产生的东西向挤压作用,这与孟加拉湾残留洋盆地的形成类似。

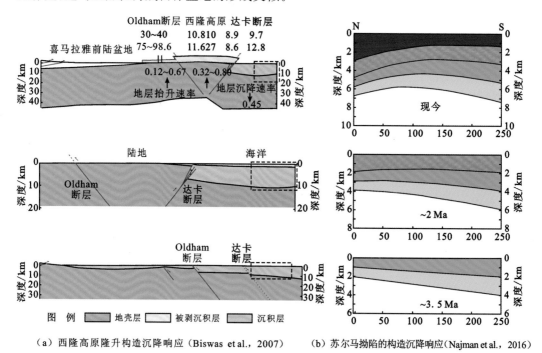

　　(a)西隆高原隆升构造沉降响应(Biswas et al.,2007)　　(b)苏尔马拗陷的构造沉降响应(Najman et al.,2016)

图 6.27　西隆高原隆升与苏尔马拗陷的构造沉降响应

参 考 文 献

张朋,梅廉夫,马一行,等,2014.孟加拉湾盆地构造特征与动力学演化:来自卫星重力与地震资料的新认识[J].地球科学(中国地质大学学报),39(10):1307-1321.

ACHARYYA S K,1998. Break-up of the Greater Indo-Australian Continent and accretion of blocks framing South and East Asia[J]. Journal of geodynamics,26(1):149-170.

ACHARYYA S K,2003. The nature of Mesoproterozoic Central Indian Tectonic Zone with exhumed and reworked older granulites[J]. Gondwana research,6(2):197-214.

ACHARYYA S K,1980. Geochemistry and geotectonic implication of basic volcanic rocks in the Lower Gondwana sequence (Upper Palaeozoic) of the Sikkim Himalayas[J]. Geological magazine,117(6):621-629.

AHMED S T,1968. Cenozoic fauna of the Cox's Bazar coastal cliff[D]. Dhaka:University of Dhaka:68.

AHMED A,1983. Oligocene Stratigraphy and Sedimentation in the Surma Basin,Bangladesh[D]. Dhaka:University of Dhaka:96.

ALAM M,1972. Tectonic classification of Bengal basin[J]. Geological society of America bulletin,83(2):519-522.

ALAM M,1989. Geology and depositional history of Cenozoic sediments of the Bengal Basin of Bangladesh[J]. Palaeogeography,palaeoclimatology,palaeoecology,69:125-139.

ALAM M M,1991. Paleoenvironmental study of the Barail succession exposed in northeastern Sylhet[J]. Bangladesh journal of scientific research,9:25-32.

ALAM M,PEARSON M J,1990. Bicadinanes in oils from the Surma Basin,Bangladesh[J]. Organic geochemistry,15(4):461-464.

ALAM M,ALAM M M,CURRAY J R,et al.,2003. An overview of the sedimentary geology of the Bengal Basin in relation to the regional tectonic framework and basin-fill history[J]. Sedimentary geology,155(3/4):179-208.

ALI J R,AITCHISON J C,2005. Greater India[J]. Earth-science reviews,72(3):169-188.

ALLEN P A,ALLEN J R,2005. Basin Analysis:Principles and Applications,Second Edition[M]. 2nd ed. Oxford:Blackwell Publishing Limited:549-550.

ALLEN R,NAJMAN Y,CARTER A,et al.,2008. Provenance of the tertiary sedimentary rocks of the Indo-Burman ranges,Burma (Myanmar):Burman arc or Himalayan derived? [J]. Journal of the geological society,165(6):1045-1057.

AMEEN S M M,KHAN M S H,AKON E,et al.,1998. Petrography and major oxide chemistry of some Precambrian crystalline rocks from Maddhapara,Dinajpur[J]. Bangladesh geoscience journal,4:1-19.

AMEEN S M M,CHOWDHURY K R,KHAN M S H,et al.,2001. Chemical petrology of the Precambrian crystalline basement rocks from Maddhapara, Dinajpur District, Bangladesh[C]//10th Geological Conference of Bangladesh Geology Society Dhaka,Abstract:63.

AMEEN S M M,WILDE S A,KABIR M Z,et al.,2007. Paleoproterozoic granitoids in the basement of Bangladesh:a piece of the Indian shield or an exotic fragment of the Gondwana jigsaw? [J].Gondwana research,12(4):380-387.

AUGÉ T,COCHERIE A,GENNA A,et al.,2003. Age of the Baula PGE mineralization (Orissa, India) and its implications concerning the Singhbhum Archaean nucleus[J]. Precambrian research,121(1):85-101.

AVDEEV B,NIEMI N A,CLARK M K,2011. Doing more with less:Bayesian estimation of erosion models with detrital thermochronometric data[J]. Earth and planetary science letters,305(3):385-395.

BAKSI A K,1989. Reevaluation of the timing and duration of extrusion of the Imnaha,Picture Gorge,and Grande Ronde Basalts,Columbia River basalt group[J]. Geological society of America,special papers,239:105-112.

BAKSI A K,1995. Petrogenesis and timing of volcanism in the Rajmahal flood basalt province,northeastern India[J].

Chemical geology,121(1):73-90.

BANERJI R K,1979. On the occurrence of Tertiary algal reefs in the Cauvery basin and their stratigraphic relationship [J]. Geological survey of India,miscellaneous publication,45:181-196.

BANERJI R K, 1981. Cretaceous-Eocene sedimentation, tectonism and biofacies in the bengal basin, India[J]. Palaeogeography,palaeoclimatology,palaeoecology,34:57-85.

BANERJI R K,1984. Post-Eocene biofacies,palaeoenvironments and palaeogeography of the Bengal Basin,India[J]. Palaeogeography,palaeoclimatology,palaeoecology,45(1):49-73.

BARLEY M E,PICKARD A L,ZAW K,et al.,2003. Jurassic to Miocene magmatism and metamorphism in the Mogok metamorphic belt and the India-Eurasia collision in Myanmar[J]. Tectonics,22(3):1-11.

BASTIA R, 2006. Indian sedimentary basins with special focus on emerging east coast deep water frontiers[J]. The leading edge july,14(8): 839-845.

BASTIA R,RADHAKRISHNA M,2012. Basin evolution and petroleum prospectivity of the continental margins of India[M]. Holand:Elsevier.

BASTIA R, RADHAKRISHNA M, SRINIVAS T, et al., 2010. Structural and tectonic interpretation of geophysical data along the Eastern Continental Margin of India with special reference to the deep water petroliferous basins[J]. Journal of Asian earth sciences, 39(6): 608-619.

BEAUMONT C,NGUYEN M H,JAMIESON R A,et al.,2006. Crustal flow modes in large hot orogens[J]. Geological society,London,special publications,268(1):91-145.

BENDER F,BANNERT D,1983. Geology of Burma[M]. Borntaeger:Berlin:1-293.

BILHAM R,ENGLAND P, 2001. Plateau 'pop-up' in the great 1897 Assam earthquake. [J]. Nature, 410 (6830): 806-809.

BISWAS S,GRASEMANN B,2005. Quantitative morphotectonics of the southern Shillong plateau (Bangladesh/India)[J]. Austrian journal of earth sciences,97:82-93.

BISWAS S,COUTAND I,GRUJIC D,et al.,2007. Exhumation and uplift of the Shillong plateau and its influence on the eastern Himalayas:New constraints from apatite and zircon (U-Th-[Sm])/He and apatite fission track analyses[J]. Tectonics,26(6):438-451.

BRUNNSCHWEILER R O,1966. On the geology of the Indoburman ranges[J]. Australian journal of earth sciences, 13(1):137-194.

BURBANK D, 1995. Tectonics of sedimentary basins[M]. Oxford: Blackwell Science.

BURCHFIEL B C,CHEN Z,HODGES K V,et al.,1992. The South Tibetan Detachment System,Himalayan Orogen: Extension Contemporaneous With and Parallel to Shortening in a Collisional Mountain Belt[J]. Geological society of America special paper,269(21):141.

CATLOS E J,HARRISON T M,KOHN M J,et al.,2001. Geochronologic and thermobarometric constraints on the evolution of the Main Central Thrust,central Nepal Himalaya[J]. Journal of geophysical research:solid earth,106 (B8):16177-16204.

CHAKRABORTY A,1972. On the rock stratigraphy,sedimentation and tectonics of the sedimentary belt in the south-west of the Shillong Plateau,Meghalaya[J]. Bulletin of the oil and natural gas commission,9:133-141.

CHATTERJEE N,MAZUMDAR A C,BHATTACHARYA A,et al.,2007. Mesoproterozoic granulites of the Shillong-Meghalaya Plateau:evidence of westward continuation of the Prydz Bay Pan-African suture into Northeastern India [J]. Precambrian research,152(1/2):1-26.

CHIROUZE F,HUYGHE P,VAN DER BEEK P,et al.,2013. Tectonics,exhumation,and drainage evolution of the eastern Himalaya since 13 Ma from detrital geochemistry and thermochronology,Kameng River Section,Arunachal Pradesh[J]. Geological society of America bulletin,125(3/4):523-538.

CHOWDHURY S Q,1982. Palynostratigraphy of the Neogene sediments of the Sitapahar anticline (western flank)

Chittagong Hill Tracts[J]. Bangladesh journal of geology,1:35-49.

CLARK M K,BILHAM R,2008. Miocene rise of the Shillong Plateau and the beginning of the end for the Eastern Himalaya[J]. Earth and planetary science letters,269(3):337-351.

CLARK M K,SCHOENBOHM L M,ROYDEN L H,etal. ,2004. Surface uplift,tectonics,and erosion of eastern Tibet from large-scale drainage patterns[J]. Tectonics,23(1):TC1006.

CURIALE J A,COVINGTON G H,SHAMSUDDIN A H M, et al.,2002. Origin of petroleum in Bangladesh[J]. American association of petroleum geologists bulletin,86(4):625-652.

CURRAY J R,EMMEL F J,MOORE D G,et al.,1982. Structure,tectonics and geological history of the northeastern Indian Ocean[C]//NAIRN A E M,STEHLI F G. The Ocean Basins and Margins:The Indian Ocean,6. New York: Plenum Press:399-450.

CHIROUZE F,HUYGHE P,VAN DER BEEK P,etal. ,2013. Tectonics,exhumation,and drainage evolution of the eastern Himalaya since 13 Ma from detrital geochemistry and thermochronology,Kameng River Section,Arunachal Pradesh[J]. Geological society of America bulletin,125(3/4):523-538.

CURRAY J R,1979. Tectonics of the Andaman Sea and Burma[J]. American association of petroleum geologists bulletin,29:189-198.

CURRAY J R,2005. Tectonics and history of the Andaman Sea region[J]. Journal of Asian earth sciences,25(1):187-232.

CURRAY J R, MUNASINGHE T,1989. Timing of intraplate deformation, northeastern Indian Ocean[J]. Earth and planetary science letters,94(1/2): 71-77.

CURRAY J R,MUNASINGHE T,1991. Origin of the Rajmahal Traps and the 85°E Ridge:Preliminary reconstructions of the trace of the Crozet hotspot[J]. Geology,19:1237-1240.

CURRAY J R,EMMEL F J,MOORE D G,et al.,1982. Structure,tectonics and geological history of the northeastern Indian Ocean[C]//NAIRN A E M,STEHLI F G. The Ocean Basins and Margins:The Indian Ocean,6. New York: Plenum Press:399-450.

CURRAY J R,EMMEL F J,MOORE D G,2003. The Bengal Fan:morphology,geometry,stratigraphy,history and processes[J]. Marine and petroleum geology,9(10):1191-1223.

DAS GUPTA S K,1977. Stratigraphy of western Rajasthan shelf[C]//Dehradun, India:Proceeding IVth Colloquium of Micropalaeontology and Stratigraphy: 219-233.

DAS GUPTA S,NANDY D R,1995. Geological framework of the Indo-Burmese convergent margin with special reference to ophiolite emplacement[J]. Indian journal of geology,67:110-125.

DAS GUPTA A B,BISWAS A K,2000. Geology of Assam[M]. Bangalore:Geological Society of India:1-169.

DAVIES C, BEST J, COLLIER R, 2003. Sedimentology of the Bengal shelf, Bangladesh: comparison of late Miocene sediments, Sitakund anticline, with the modern, tidally dominated shelf[J]. Sedimentary geology, 155(3/4): 271-300.

DAVIS A C,BICKLE M J,TEAGLE D A H,2003. Imbalance in the oceanic strontium budget[J]. Earth and planetary science letters,211(1):173-187.

DECELLES P G, ROBINSON D M, QUADE J, et al., 2001. Stratigraphy, structure, and tectonic evolution of the Himalayan fold-thrust belt in western Nepal[J]. Tectonics,20(4):487-509.

DECELLES P G,GEHRELS G E,NAJMAN Y,et al.,2004. Detrital geochronology and geochemistry of Cretaceous-Early Miocene strata of Nepal:implications for timing and diachroneity of initial Himalayan orogenesis[J]. Earth and planetary science letters,227(3/4):313-330.

DESA M, RAMANA M V,RAMPRASAD T,2006. Seafloor spreading magnetic anomalies south of Sri Lanka[J]. Marine geology,229(3):227-240.

DEWEY J F,CANDE S,PITMAN W C,1989. Tectonic evolution of the India/Eurasia collision zone[J]. Eclogae geologicae helvetiae,82:717-734.

DICKINSON W R,1985. Interpreting provenance relations from detrital modes of sandstones[M]. Provenance of arenites:Springer Netherlands:333-361.

DRUKPA D,VELASCO A A,DOSER D I,2006. Seismicity in the Kingdom of Bhutan (1937-2003):evidence for crustal transcurrent deformation[J]. Journal of geophysical research:solid earth,111:B06301.

EVANS P,1964. The tectonic framework of Assam[J]. Geological society of India,5:80-96.

EVANS P,CROMPTON W,1946. Geological factors in gravity interpretation illustrated by evidence from India and Burma[J]. Quarterly journal of the geological society,102(1/4):211-249.

FARHADUZZAMAN M,WAN H A,ISLAM M A,2013. Petrographic characteristics and palaeoenvironment of the Permian coal resources of the Barapukuria and Dighipara Basins,Bangladesh[J]. Journal of Asian earth sciences,64: 272-287.

FOSTER G,KINNY P,VANCE D,et al.,2000. The significance of monazite U-Th-Pb age data in metamorphic assemblages:a combined study of monazite and garnet chronometry[J]. Earth and planetary science letters,181(3): 327-340.

FRIELINGSDORF J,ISLAM S A,BLOCK M,et al.,2008. Tectonic subsidence modelling and Gondwana source rock hydrocarbon potential,Northwest Bangladesh Modelling of Kuchma,Singra and Hazipur wells[J]. Marine and petroleum geology,25(6):553-564.

FULORIA R C,1993. Geology and hydrocarbon prospects of Mahanadi Basin,India[C]//Proceedings of Second Seminar on Proliferous Basins of India:Indian Petroleum Publishers:355-369.

GAINA C,MÜLLER R D,BROWN B,et al.,2007. Breakup and early seafloor spreading between India and Antarctica [J]. Geophysical journal international,170(1):151-169.

GANI M R,ALAM M M,1999. Trench-slope controlled deep-sea clastics in the exposed lower Surma Group in the southeastern fold belt of the Bengal Basin,Bangladesh[J]. Sedimentary geology,127(3):221-236.

GANI M R,ALAM M M,2003. Sedimentation and basin-fill history of the Neogene clastic succession exposed in the southeastern fold belt of the Bengal Basin,Bangladesh:a high-resolution sequence stratigraphic approach[J]. Sedimentary geology,155(3):227-270.

GANSSER A,1983. Geology of the Bhutan Himalaya[M]. Basel:Birkhäuser Verlag:1-181.

GHATAK A,BASU A R,2011. Vestiges of the Kerguelen plume in the Sylhet Traps,northeastern India[J]. Earth and planetary science letters,308(1/2):52-64.

GHOSH S,CHAKRABORTY S,BHALLA J K,et al.,1991. Geochronology and geochemistry of granite plutons from East Khasi Hills,Meghalaya[J]. Geological society of India,37(4):331-342.

GHOSH S,PAUL D K,BHALLA J K,et al.,1994. New Rb-Sr isotopic ages and geochemistry of granitoids from Meghalaya and their significance in middle-to late Proterozoic crustal evolution[J]. Indian minerals,48(1/2):33-44.

GHOSH D K,SARKAR S N,SAHA A K,et al.,1996. New insights on the early Archaean crustal evolution in eastern India:Re-evaluation of lead-lead,samarium-neodymium and rubidium-strontium geochronology[J]. Indian minerals, 50(3):175-188.

GOPALA RAO D,KRISHNA K S,SAR D,1997. Crustal evolution and sedimentation history of the Bay of Bengal since the Cretaceous[J]. Journal of geophysical research:Solid Earth,102(B8):17747-17768.

GOODBRED S L,KUEHL S A,STECKLER M S,et al.,2003. Controls on facies distribution and stratigraphic preservation in the Ganges-Brahmaputra delta sequence[J]. Sedimentary geology,155(3):301-316.

GRAHAM S A,DICKINSON W R,INGERSOLL R V,1975. Himalayan-Bengal model for flysch dispersal in the Appalachian-Ouachita system[J]. Geological society of America bulletin,86(3):273-286.

GRUJIC D,COUTAND I,BOOKHAGEN B,et al.,2006. Climatic forcing of erosion,landscape,and tectonics in the Bhutan Himalayas[J]. Geology,34(10):801-804.

GUILLOT S,GARZANTI E,BARATOUX D,et al.,2003. Reconstructing the total shortening history of the NW

Himalaya[J]. Geochemistry, geophysics, geosystems, 4(7):1-22.

GUPTA R P, SEN A K, 1988. Imprints of the Ninety-East Ridge in the Shillong Plateau, Indian Shield[J]. Tectonophysics, 154(3/4):335-341.

HALL R, 2012. Late Jurassic-Cenozoic reconstructions of the Indonesian region and the Indian Ocean[J]. Tectonophysics, 570:1-41.

HALL R, SEVASTJANOVA I, 2012. Australian crust in Indonesia[J]. Australian journal of earth sciences, 59(6):827-844.

HARRISON T M, LOVERA O M, GROVE M, 1997. New insights into the origin of two contrasting Himalayan granite belts[J]. Geology, 25(10):899-902.

HE D, CHEN Y, 2006. Biogeography and molecular phylogeny of the genus Schizothorax (Teleostei: Cyprinidae) in China inferred from cytochrome b sequences[J]. Journal of biogeography, 33(8): 1448-1460.

HILLER K, ELEHI M, 1984. Structural development and hydrocarbon entrapment in the Surma Basin/Bangladesh (northwest Indo-Burman fold belt)[C]//Southeast Asia Show. Society of Petroleum Engineers.

HILLER K, ELAHI M, 1988. Structural growth and hydrocarbon entrapment in the Surma Basin, Bangladesh[J]. Pacific council for energy and mineral resources, Earth science series, 10:657-669.

HOLTROP J F, KEIZER J, 1970. Some aspects of the stratigraphy and correlation of the Surma Basin wells, East Pakistan[J]. ECAFE mineral resources development series, 36:143-154.

HOSSAIN H M Z, ROSER B P, KIMURA J I, 2010. Petrography and whole-rock geochemistry of the Tertiary Sylhet succession, northeastern Bengal Basin, Bangladesh: provenance and source area weathering[J]. Sedimentary geology, 228(3):171-183.

HUBBARD M S, HARRISON T M, 1989. ^{40}Ar/^{39}Ar Age Constraints on Deformation and Metamorphism in the MCT Zone and Tibetan Slab, Eastern Nepal Himalaya[J]. Tectonics, 8(4):865-880.

HURFORD A, 1990. Standardization of fission track dating calibration: recommendation by the Fission Track Working Group of the IUGS Subcommissionu on geochronology[J]. Chemical Geology, 80:177-178.

HUTCHISON C S, 1989. Geological evolution of South-East Asia[M]. London: Clarendon Press:368.

INGERSOLL R V, BUSBY C J, 1995. Tectonic of sedimentary basins[J]. Cambridge: Blackwell Science:1-51.

ISLAM M S, SHINJO R, KAYAL J R, 2011. Pop-up tectonics of the Shillong Plateau in northeastern India: insight from numerical simulations[J]. Gondwana research, 20(2/3): 395-404.

ISMAIL M, 1978. Stratigraphic position of the Bogra limestone of the platform area of Bangladesh[C]//Bangladesh Geological Society, Proceedings of the 4th Annual Conference:19-25.

JAMIESON R A, BEAUMONT C, MEDVEDEV S, et al., 2004. Crustal channel flows: 2 Numerical models with implications for metamorphism in the Himalayan-Tibetan orogen[J]. Journal of geophysical research: solid earth, 109:B06407.

JAUHRI A K, AGARWAL K K, 2001. Early Palaeogene in the south Shillong Plateau, NE India: local biostratigraphic signals of global tectonic and oceanic changes[J]. Palaeogeography, palaeoclimatology, palaeoecology, 168(1): 187-203.

JOHNSON S Y, ALAM A, 1991. Sedimentation and tectonics of the Sylhet trough, Bangladesh[J]. Geological society of America bulletin, 103(11):1513-1527.

JOHNSON M R W, OLIVER G J H, PARRISH R R, et al., 2001. Synthrusting metamorphism, cooling, and erosion of the Himalayan Kathmandu Complex, Nepal[J]. Tectonics, 20(3):394-415.

KABIR M Z, KHALIL R C, AKON E, et al., 2001. Petrogenetic study of Precambrian basement rocks from Maddhapara, Dinajpur, Bangladesh[J]. Bangladesh geoscience journal, 7:1-18.

KAILA K L, KRISHNA V G, 1992. Deep seismic sounding studies in India and major discoveries[J]. Current science, 62(1/2):117-154.

KAYAL J R,DE R,1991. Microseismicity and tectonics in northeast India[J]. Bulletin of the seismological society of America,81(1):131-138.

KAYAL J R,AREFIEV S S,BARUA S,et al.,2006. Shillong plateau earthquakes in northeast India region:complex tectonic model[J]. Current science,91(1):109-114.

KENT R,1991. Lithospheric uplift in eastern Gondwana:evidence for a long-lived mantle plume system? [J]. Geology, 19(1):19-23.

KENT W,SAUNDERS A D,KEMPTON P D,et al.,1997. Rajmahal Basalts,Eastern India:mantle sources and melt distribution at a volcanic rifted margin[J]. American geophysical union geophysical monograph,100:145-182.

KENT R W,PRINGLE M S,MÜLLER R D,et al.,2002. $^{40}Ar/^{39}Ar$ geochronology of the Rajmahal basalts,India,and their relationship to the Kerguelen Plateau[J]. Journal of petrology,43(7):1141-1153.

KHAN A A,1991. Tectonics of the Bengal basin[J]. J. Himalayan geology,2(1):91-101.

KHAN A A, AGARWAL B N P, 1993. The crustal structure of western Bangladesh from gravity data [J]. Tectonophysics,219(4):341-353.

KHAN A A,CHOUHAN R K S,1996. The crustal dynamics and the tectonic trends in the Bengal Basin[J]. Journal of geodynamics,22(3/4):267-286.

KHAN M A,STERN R J,GRIBBLE R F,et al.,1997. Geochemical and isotopic constraints on subduction polarity, magma source,and paleogeography of the Kohistan intra-oceanic arc,northern Pakistan Himalaya[J]. Journal of the geological society,154(8):935-946.

KHAN M R, MUMINULLAH M, 1980. Stratigraphy of Bangladesh[C]//Petroleum and Mineral Resources of Bangladesh. Petroleum and Mineral Resources of Bangladesh. Seminar and Exhibition,Dhaka:35-40.

KHIN K, SAKAI T, ZAW K, 2014. Neogene syn-tectonic sedimentation in the eastern margin of Arakan-Bengal basins,and its implications on for the Indian-Asian collision in western Myanmar[J]. Gondwana research,26(1):89-111.

KOHN M J,2008. PTt data from central Nepal support critical taper and repudiate large-scale channel flow of the Greater Himalayan Sequence[J]. Geological society of America bulletin,120(3/4):259-273.

KOHN M J, WIELAND M S, PARKINSON C D, et al., 2004. Miocene faulting at plate tectonic velocity in the Himalaya of central Nepal[J]. Earth and planetary science letters,228(3):299-310.

KRISHNA K S,LAJU M,BHATTACHARYYA R,etal. ,2009. Geoid and gravity anomaly data of conjugate regions of Bay of Bengal and Enderby Basin: new constraints on breakup and early spreading history between India and Antarctica[J]. Journal of geophysical research:solid earth,114(B3):199-206.

KUEHL S A, HARIU T M, MOORE W S, 1989. Shelf sedimentation off the Ganges-Brahmaputra river system: Evidence for sediment bypassing to the Bengal fan[J]. Geology,17(12):1132-1135.

KUMAR D, MAMALLAN R, DWIVEDY K K, 1996. Carbonatite magmatism in northeast India [J]. Journal of southeast asian earth sciences,13(2):145-158.

KUMAR M R,RAJU P S,DEVI E U,et al.,2004. Crustal structure variations in northeast India from converted phases [J]. Geophysical research letters,31:L17605.

LEE T Y, LAWVER L A, 1995. Cenozoic plate reconstruction of Southeast Asia[J]. Tectonophysics, 251(1/4): 85-138.

LEE J,WHITEHOUSE M J,2007. Onset of mid-crustal extensional flow in southern Tibet:Evidence from U/Pb zircon ages[J]. Geology,35(1):45-48.

LEE Y F S,BROWN T A,SHAMSUDDIN A H M,et al.,2001. Stratigraphic complexity of the Bhuban and Bokabil Formations,Surma Basin,Bangladesh:implications for reservoir management and stratigraphic traps[C]//10th Geological Conference,Bangladesh Geological Society,Dhaka,Abstract:25.

LI R Y,MEI L F,ZHU G H,et al.,2013. Late Mesozoic to Cenozoic tectonic events in volcanic arc,West Burma Block:

evidences from U-Pb Zircon dating and apatite fission track data of granitoids[J]. Journal of earth science, 4: 553-568.

LIETZ J K, KABIR J. 1982. Prospects and constrainst of oil exploration in Bangladesh[C]//Prospects and constraints of oil exploration in Bangladesh. Proc. 4th Offshore Southeast Asia Conference, Singapore: 1-6.

LINDSAY J F, HOLLIDAY D W, HULBERT A G. 1991. Sequence stratigraphy and the evolution of the Ganges-Brahmaputra delta complex[J]. American association of petroleum geologists bulletin, 75(7): 1233-1254.

LOHMANN H H. 1995. On the tectonics of Bangladesh[J]. Swiss association of petroleum geologists and engineers bulliton, 62(140): 29-48.

LUNDIN E R, DORÉ A G. 1997. A tectonic model for the Norwegian passive margin with implications for the NE Atlantic: early Cretaceous to break-up[J]. Journal of the geological society, 154(3): 545-550.

MAHÉO G, PECHER A, GUILLOT S, et al.. 2004. Exhumation of Neogene gneiss domes between oblique crustal boundaries in south Karakorum (northwest Himalaya, Pakistan)[J]. Geological society of America, special papers, 380: 141-154.

MALLIK A K, GUPTA S N, RAY BARMAN T. 1991. Dating of early Precambrian granite-greenstone complex of the eastern Indian Precambrian shield with special reference to the Chotanagpur granite gneiss complex[J]. Record of geological survey of India, 124: 20-21.

MALLIK A K, RAY BARMAN T, BISHUI P K. 1992. Dating of Chotonagpur gneissic complex of the eastern Indian Precambrian shield[J]. Record of geological survey of India, 125: 19-21.

MAMALLAN R, AWATI A B, GUPTA K R, et al.. 1995. Effective utilization of geomorphology in uranium exploration: A success story from Meghalaya, northeast India[J]. Current science (Bangalore), 68(11): 1137-1140.

MANDAL P, SATYAMURTY C, RAJU I P. 2009. Iterative de-convolution of the local waveforms: characterization of the seismic sources in Kachchh, India[J]. Tectonophysics, 478(3): 143-157.

MATIN K M. 1986. Bangladesh and the IMF: An Exploratory Study[M]. Bhaka: Bangladesh Institute of Development Studies.

MAURIN T, RANGIN C. 2009. Structure and kinematics of the Indo-Burmese Wedge: recent and fast growth of the outer wedge[J]. Tectonics, 28(2): 115-123.

MAURIN T, RANGIN C. 2009a. Impact of the 90°E ridge at the Indo-Burmese subduction zone imaged from deep seismic reflection data[J]. Marine geology, 266(1): 143-155.

MEIGS A J, BURBANK D W, BECK R A. 1995. Middle-late Miocene (> 10 Ma) formation of the Main Boundary thrust in the western Himalaya[J]. Geology, 23(5): 423-426.

MÉTIVIER F, GAUDEMER Y, TAPPONNIER P, et al.. 1999. Mass accumulation rates in Asia during the Cenozoic [J]. Geophysical Journal International, 137(2): 280-318.

MILLIMAN J D. 1995. Sediment discharge to the ocean from small mountainous rivers: the New Guinea example[J]. Geo-Marine Letters, 15(3/4): 127-133.

MISHRA U K, SEN S. 2001. Dinosaur bones from Meghalaya[J]. Current science, 80(8): 1053-1055.

MISHRA S, DEOMURARI M P, WIEDENBECK M, et al.. 1999. 207Pb/206Pb zircon ages and the evolution of the Singhbhum Craton, eastern India: an ion microprobe study[J]. Precambrian research, 93(2): 139-151.

MISRA S, JOHNSON P T. 2005. Geochronological constraints on evolution of Singhbhum mobile belt and associated basic volcanics of eastern Indian shield[J]. Gondwana research, 8(2): 129-142.

MITCHELL A H G. 1993. Cretaceous-Cenozoic tectonic events in the western Myanmar (Burma) Assam region[J]. Journal of the geological society, 150(6): 1089-1102.

MITCHELL A H G, READING H G. 1986. Sedimentation and tectonics[M]//2nd ed. READING H G, Sedimentary environments and facies Oxford: Blackwell: 471-519.

MITCHELL A, CHUNG S L, OO T, et al.. 2012 Zircon U-Pb ages in Myanmar: magmatic-metamorphic events and the closure of a neo-Tethys ocean? [J]. Journal of Asian earth sciences,56(3):1-23.

MITRA S K,MITRA S C,2001. Tectonic setting of the Precambrian of the north-eastern India (Meghalaya Plateau) and age of the Shillong Group of rocks[J]. Geologic Survey of India Special Publication,64:653-658.

MITRA S,PRIESTLEY K,BHATTACHARYYA A K,et al.,2005. Crustal structure and earthquake focal depths beneath northeastern India and Southern Tibet[J]. Geophysical journal international,160(1):227-248.

MOHRIAK W U,LEROY S,2013. Architecture of rifted continental margins and break-up evolution:insights from the South Atlantic,North Atlantic and Red Sea-Gulf of Aden conjugate margins[J]. Geological society,London,special publications,369(1):497-535.

MURTHY K S R,RAO T C S,SUBRAHMANYAM A S,et al.,1993. Structural lineaments from the magnetic anomaly maps of the eastern continental margin of India (ECMI) and NW Bengal Fan[J]. Marine geology,114(1/2):171-183.

MOLNAR P,1987. The distribution of intensity associated with the great 1897 Assam earthquake and bounds on the extent of the rupture zone[J]. Research,5(1):22-44.

MUKHERJEE S,KOYI H A,TALBOT C J,2009. Out-of-Sequence Thrust in the Higher Himalaya-a Review and Possible Genesis[C]. European Geosciences Union General Assembly,11:19-24.

NAING T T,BUSSIEN D A,WINKLER W H,et al.,2014. Provenance study on Eocene-Miocene sandstones of the Rakhine coastal belt,Indo-Burman Ranges of Myanmar:Geodynamic implications[J]. Geological society,London, special publications,386(1):195-216.

NAJMAN Y,2006. The detrital record of orogenesis:a review of approaches and techniques used in the Himalayan Sedimentary Basins[J]. Earth science reviews,74 (3-4):1-72.

NAJMAN Y, GARZANTI E, 2000. Reconstructing early Himalayan tectonic evolution and paleogeography from Tertiary foreland basin sedimentary rocks,northern India[J]. Geological society of America bulletin, 112 (3): 435-449.

NAJMAN Y,JOHNSON K,WHITE N,et al.,2004. Evolution of the Himalayan foreland basin, NW India[J]. Basin research,16(1):1-24.

NAJMAN Y,CARTER A,OLIVER G,et al.,2005. Provenance of Eocene foreland basin sediments,Nepal:Constraints to the timing and diachroneity of early Himalayan orogenesis[J]. Geology,33(4):309-312.

NAJMAN Y,BICKLE M,BOUDAGHER-FADEL M,et al.,2008. The Paleogene record of Himalayan erosion:Bengal Basin,Bangladesh[J]. Earth and planetary science letters,273(1/2):1-14.

NAJMAN Y,ALLEN R,WILLETT E A F,et al.,2012. The record of Himalayan erosion preserved in the sedimentary rocks of the Hatia Trough of the Bengal Basin and the Chittagong Hill Tracts,Bangladesh[J]. Basin Research,24 (5):499-519.

NAJMAN Y,BRACCIALI L,PARRISH R R,et al.,2016. Evolving strain partitioning in the Eastern Himalaya:The growth of the Shillong Plateau[J]. Earth and planetary science letters,433:1-9.

NEMCOK M,HENK A,ALLEN R,et al.,2012. Continental break-up along strike-slip fault zones:observations from the Equatorial Atlantic:Geological Society[J]. Geological society London,Special Publications,369:537-556.

PEUCAT J J,VIDAL P,BERNARD-GRIFFITHS J,et al.,1989. Sr,Nd,and Pb isotopic systematics in the Archean low-to high-grade transition zone of southern India:syn-accretion vs. post-accretion granulites[J]. The journal of geology,97(5):537-549.

POWELL C M,ROOTS S R,VEEVERS J J,1988. Pre-breakup continental extension in East Gondwanaland and the early opening of the eastern Indian Ocean[J]. Tectonophysics,155(1/4):261-283.

PRABHAKAR K N,ZUTSHI P L,1993. Evolution of southern part of Indian east coast Basins. Journal of the Geological Society of India [J]. Journal of the geological society of India,41(3):215-230.

RADHAKRISHNA M,SUBRAHMANYAM C,DAMODHARAN T,2010. Thin oceanic crust below Bay of Bengal inferred from 3-D gravity interpretation[J]. Tectonophysics,493(1):93-105.

RADHAKRISHNA M,TWINKLE D,NAYAK S,et al.,2012a. Crustal structure and rift architecture across the Krishnae-Godavari basin in the central Eastern Continental Margin of India based on analysis of gravity and seismic data[J]. Marine and petroleum geology,37(1):129-146.

RADHAKRISHNA M,SRINIVASA R G,NAYAK S,et al.,2012b. Early Cretaceous fracture zones in the Bay of Bengal and their tectonic implications:constraints from multi-channel seismic reflection and potential field data[J]. Tectonophysics,522-523:187-197.

RAHMAN Q M A,SEN GUPTA P. K,1980. Geological log of GDH-31[R]. Dhaka:Geological Survey of Bangladesh, Dhaka.

RAHMAN M J J,SUZUKI S,2007. Geochemistry of sandstones from the Miocene Surma Group,Bengal Basin, Bangladesh:Implications for Provenance,tectonic setting and weathering[J]. Geochemical journal,41(6):415.

RAHMAN M A,MANNAN M A,BLANK,H R,et al.,1990. Bouguer gravity anomaly map of Bangladesh, scale 1:1000000[R]. Dhaka:Geological Survey of Bangladesh,Dhaka.

RAMANA M V,NAIR R R,SARMA K,et al.,1994a. Mesozoic anomalies in the Bay of Bengal[J]. Earth and planetary science letters,121(3/4):469-475.

RAJENDRAN C P,RAJENDRAN K,DUARAH B P,et al.,2004. Interpreting the style of faulting and paleoseismicity associated with the 1897 Shillong,northeast India,earthquake:Implications for regional tectonism[J]. Tectonics,23: TC4009.

RAMANA M V,SUBRAHMANYAM V,KRISHNA K S,et al.,1994b. Magnetic studies in the northern Bay of Bengal[J]. Marine geophysical researches,16(3):237-242.

RAMESH D S,RAVI KUMAR M,UMA DEVI E,et al.,2005. Moho geometry and upper mantle images of northeast India[J]. Geophysical research letters,32(14):190-194.

RAO R A,1983. Geology and hydrocarbon potential of a part of Assam-Arakan basin and its adjacent region[J]. Petroleum Asia journey,6:127-158.

RAY BARMAN T,BISHUI P K,MUKHOPADHYAY K,et al.,1994. Rb-Sr geochronology of the high-grade rocks from Purulia,West Bengal and Jamua-Dumka sector,Bihar[J]. Indian minerals,48(1/2):45-60.

RAY J S,RAMESH R,PANDE K,et al.,2000. Isotope and rare earth element chemistry of carbonatite-alkaline complexes of Deccan volcanic province:implications to magmatic and alteration processes[J]. Journal of Asian earth sciences,18(2):177-194.

REIMANN K U,1993. Geology of Bangladesh[M]. Berlin:Borntraeger:1160.

RICHTER F M,ROWLEY D B,DEPAOLO D J,1992. Sr isotope evolution of seawater:the role of tectonics[J]. Earth and planetary science letters,109(1-2):11-23.

ROBINSON D M,DECELLES P G,GARZIONE C N,et al.,2003. Kinematic model for the Main Central thrust in Nepal[J]. Geology,31(4):359-362.

ROBINSON R A J,BREZINA C A,PARRISH R R,et al.,2014. Large rivers and orogens:the evolution of the Yarlung Tsangpo-Irrawaddy system and the eastern Himalayan syntaxis[J]. Gondwana research,26(1):112-121.

ROY A,KAGAMI H,YOSHIDA M,et al.,2006. Rb-Sr and Sm-Nd dating of different metamorphic events from the Sausar Mobile Belt,central India:implications for Proterozoic crustal evolution[J]. Journal of Asian earth sciences,26 (1):61-76.

SAHA A,BASU A R,GARZIONE C N,et al.,2004. Geochemical and petrological evidence for subduction-accretion processes in the Archean Eastern Indian Craton[J]. Earth and planetary science letters,220(1):91-106.

SALT C A,ALAM M M,HOSSAIN M M,1986. Bengal Basin:current exploration of the hinge zone area of southwestern Bangladesh[C]//Proceedings of the 6th Offshore Southeast Asia Conference,Singapore:55-57.

SANTOSH M,YOKOYAMA K,ACHARYYA S K,2004. Geochronology and tectonic evolution of Karimnagar and Bhopalpatnam Granulite Belts,Central India[J]. Gondwana research,7(2):501-518.

SASTRI V,VENKATACHALA B S,NARAYANAN V,et al.,1981. The evolution of the east coast of India[J]. Palaeogeography,palaeoclimatology,palaeoecology,36(2):23-54.

SEARLE M P,WINDLEY B F,COWARD M P,et al.,1987. The closing of Tethys and the tectonics of the Himalaya[J]. Geological society of America bulletin,98(6): 678-701.

SEEBER L,ARMBRUSTER J G,1981. Great detachment earthquakes along the Himalayan Arc and long-term forecasting[J]. Earthquake prediction,4:259-277.

SELVAM A P,PRASAD R N,RAJU R D,et al.,1995. Rb-Sr Age of the Metaluminous Granitoids of South Khasi Batholith,Meghalaya:Implications on its Genesis and Pan-African Activity in Northeastern India[J]. Geological Society of India,46(6):619-624.

SENGUPTA S,1966. Geological and geophysical studies in western part of Bengal basin, India [J]. American association of petroleum geologists bulletin,50(5):1001-1017.

SENGUPTA S,PAUL D K,DE LAETER J R,et al.,1991. Mid-Archaean evolution of the eastern Indian craton: geochemical and isotopic evidence from the Bonai pluton[J]. Precambrian research,49(1/2):23-37.

SENGUPTA S,CORFU F,MCNUTT R H,et al.,1996. Mesoarchaean crustal history of the eastern Indian Craton:Sm-Nd and U-Pb isotopic evidence[J]. Precambrian research,77(1/2):17-22.

SHAMSUDDIN A H M,ABDULLAH S K M,1997. Geologic evolution of the Bengal Basin and its implication in hydrocarbon exploration in Bangladesh[J]. Indian journal of geology,69:93-121.

SIKDER A M,ALAM M M,2003. 2-D modelling of the anticlinal structures and structural development of the eastern fold belt of the Bengal Basin,Bangladesh[J]. Sedimentary geology,155(3/4):209-226.

SRIVASTAVA R K,SINHA A K,2004a. Early Cretaceous Sung Valley ultramafic-alkaline-carbonatite complex, Shillong Plateau Northeastern India:petrological and genetic significance [J]. Mineralogy and petrology,80(3): 241-263.

SRIVASTAVA R K,SINHA A K,2004b. Geochemistry and petrogenesis of early Cretaceous sub-alkaline mafic dykes from Swangkre-Rongmil,East Garo Hills,Shillong plateau,northeast India[J]. Journal of earth system science, 113(4):683-697.

SRIVASTAVA R K,HEAMAN L M,SINHA A K,et al.,2005. Emplacement age and isotope geochemistry of Sung Valley alkaline-carbonatite complex,Shillong Plateau,northeastern India:implications for primary carbonate melt and genesis of the associated silicate rocks[J]. Lithos,81(1):33-54.

STOREY B C,ALABASTER T,HOLE M J,et al.,1992. Role of subduction-plate boundary forces during the initial stages of Gondwana break-up:evidence from the proto-Pacific margin of Antarctica[J]. Geological society,London, special publications,68(1):149-163.

SUBRAHMANYAM V,RAO D G,RAMANA M V,et al.,1995. Structure and tectonics of the southwestern continental margin of India[J]. Tectonophysics,249(3/4):267-282.

SUBRAHMANYAM V,SUBRAHMANYAM A S,MURTHY K S R,et al.,2006. Precambrian mega lineaments across the Indian sub-continent-preliminary evidence from offshore magnetic data [J]. Current science, 90 (4): 578-581.

SUKHIJA B S,RAO M N,REDDY D V,et al.,1999. Paleoliquefaction evidence and periodicity of large prehistoric earthquakes in Shillong Plateau,India[J]. Earth and planetary science letters,167(3):269-282.

TAGAMI T,GALBRAITH R F,YAMADA R,et al.,1998. Revised annealing kinetics of fission tracks in zircon and geological implications[M]. VAN DEN HAUTE D, DE CORTE F. Advances in fission-track geochronology. Netherlands:Springer:99-112.

UDDIN M N,1994. Structure and sedimentation in the Gondwana basins of Bangladesh[C]//Gondwana Nine,9th Int. Gondwana Symposium,Hydrabad,India,2:805-819.

UDDIN M N, AHMED Z,1989. Palynology of the Kopili Formation at GDH-31, Gaibandha District, Bangladesh[J].

Bangladesh journal of geology,8: 31-42.

UDDIN M N, ISLAM M S U, 1992. Depositional environments of the Gondwana rocks in the Khalashpir Basin, Rangpur District,Bangladesh[J]. Bangladesh journal of geology,11:31-40.

UDDIN A,LUNDBERG N,1998. Cenozoic history of the Himalayan-Bengal system: sand composition in the Bengal basin,Bangladesh[J]. Geological society of America bulletin,110(4):497-511.

UDDIN A,LUNDBERG N,1999. A paleo-Brahmaputra? Subsurface lithofacies analysis of Miocene deltaic sediments in the Himalayan-Bengal system,Bangladesh[J]. Sedimentary geology,123(3):239-254.

UDDIN M F,UDDIN M J,2001. Stratigraphy of Chittagong Hill Tracts: some new concepts[C]//10th Geological Conference,Bangladesh Geological Society,Dhaka,Abstract:59.

UDDIN A,LUNDBERG N,2004. Miocene sedimentation and subsidence during continent-continent collision,Bengal basin,Bangladesh[J]. Sedimentary geology,164(1/2):131-146.

UNTERNEHR P, PÉRON-PINVIDIC G, MANATSCHAL G, et al., 2010. Hyper-extended crust in the South Atlantic: in search of a model[J]. Petroleum geoscience,16(3):207-215.

VALDIYA K S, 2015. The making of India: geodynamic evolution[M]. Delhi:Springer.

VARGA R J, 1997. Burma[M]//MOORES E M, FAIRBRIDGE R W. Encyclopedia of European and Asian regional geology. London:Chapman and Hall:109-121.

VAN BREEMEN O, BOWES D R,BHATTACHARJEE C C, et al., 1989. Late Proterozoic-Early Palaeozoic Rb-Sr whole-rock and mineral ages for granite and pegmatite, Goalpara, Assam, India[J]. Geological Society of India, 34(1):89-92.

VANCE D, HARRIS N, 1999. Timing of prograde metamorphism in the Zanskar Himalaya[J]. Geology,27(5):395-398.

VEENA D R,1988. Rural energy:consumption,problems,and prospects:a replicable model for India[M]. Dehli:South Asia Books.

VEEVERS J J,1982. Western and Northwestern Margin of Australia[M]//NAIRN A E M,STEHLI F G. The Ocean Basins and Margins:The Indian Ocean. New York:Plenum Press:513-544.

VEEVERS J J,2006. Updated Gondwana (Permian-Cretaceous) earth history of Australia[J]. Gondwana research,9(3):231-260.

VEEVERS J J,TEWARI R C,1995. Permian-Carboniferous and Permian-Triassic magmatism in the rift zone bordering the Tethyan margin of southern Pangea[J]. Geology,23(5):467-470.

WARDELL A,1999. Barapukuria Coal Deposits,Stage 2,Feasibility Study[R]. Geolology Survey Bangladesh-UK Coal Project,No. 4298/7B,Petrobangla,Dhaka.

WEBB A A G,YIN A,HARRISON T M,et al.,2007. The leading edge of the Greater Himalayan Crystalline complex revealed in the NW Indian Himalaya:implications for the evolution of the Himalayan orogen[J]. Geology,35(10):955-958.

WHITE N M,PRINGLE M,GARZANTI E,et al.,2002. Constraints on the exhumation and erosion of the High Himalayan Slab,NW India,from foreland basin deposits[J]. Earth and planetary science letters,195(1):29-44.

WILLETT S, BEAUMONT C, FULLSACK P, 1993. Mechanical model for the tectonics of doubly vergent compressional orogens[J]. Geology,21(4):371-374.

WIT M J,BOWRING S A,ASHWAL L D,et al.,2001. Age and tectonic evolution of Neoproterozoic ductile shear zones in southwestern Madagascar,with implications for Gondwana studies[J]. Tectonics,20(1):1-45.

YIN A,2006. Cenozoic tectonic evolution of the Himalayan orogen as constrained by along-strike variation of structural geometry,exhumation history,and foreland sedimentation [J]. Earth-science reviews,76(1/2):1-131.

YIN A,HARRISON T M,2000. Geologic evolution of the Himalayan-Tibetan orogen[J]. Annual review of earth and planetary sciences,28(1):211-280.

YIN A, HARRISON T M, MURPHY M A, et al., 1999. Tertiary deformation history of southeastern and southwestern Tibet during the Indo-Asian collision[J]. Geological society of America bulletin, 111(11): 1644-1664.

YIN A, DUBEY C S, WEBB A, et al., 2010. Geologic correlation of the Himalayan orogen and Indian craton: Part 1. Shillong Plateau and its neighboring regions in NE India. Structural geology, U-Pb zircon geochronology, and tectonic evolution[J]. Geological society of America bulletin, 122(3/4), 328-359.

ZAHER M A, RAHMAN A, 1980. Prospects and investigations for minerals in the northwestern part of Bangladesh[C]// Petroleum and mineral resources of Bangladesh, Seminar and Exposition: Dhaka, Bangladesh, Ministry of Petroleum and Mineral Resources: 9-18.

ZHANG P, MEI L, XIONG P, et al., 2017a. Structural features and proto-type basin reconstructions of the Bay of Bengal Basin: A remnant ocean basin model[J]. Journal of earth science, 28(4): 1-17.

ZHANG P, MEI L F, XIONG P, et al., 2017b. Structural features and proto-type basin reconstructions of the Bay of Bengal Basin: a remnant ocean basin model[J]. Journal of earth science, 28(4): 666-682.

第7章

喜马拉雅前陆盆地

喜马拉雅前陆盆地位于喜马拉雅造山带南缘,南北宽约 400 km,东西长达 2000 km,包括印度河盆地、恒河盆地和阿萨姆盆地等多个前陆盆地。盆地发育前隆(印度地盾)、前渊(恒河平原)和逆冲楔顶(造山带前缘褶皱冲断带)。盆地北部和西部邻近次喜马拉雅(Sub Himalayan)推覆带磨拉石岩系,次喜马拉雅与恒河平原之间由前缘推覆带分割。盆地呈楔形,地层厚度由南向北逐渐增大,在喜马拉雅前缘推覆带附近厚约 5 km。新近系和古近系组成前陆盆地地层的主体,东西向分布稳定。仰冲的亚洲大陆、俯冲的印度大陆及叠瓦状排列的印度陆壳岩片产生了巨大的构造负载,喜马拉雅前陆盆地挠曲沉降与喜马拉雅造山带生长耦合。

7.1 喜马拉雅前陆盆地结构与基本构造单元

喜马拉雅前陆盆地位于喜马拉雅造山带的南缘,大致平行于造山带。喜马拉雅前陆与扎格罗斯前陆和新几内亚前陆一起组成世界上最著名的现代前陆盆地系统,它们均为发育在陆-陆碰撞造山带俯冲板块一侧的巨型挠曲沉降带内,共同组成了典型的周缘前陆盆地系统(Miall,2000)。喜马拉雅前陆盆地主要分布在巴基斯坦、印度、尼泊尔和不丹四个国家内,南北宽 400～450 km,东西长约 2 000 km(DeCelles,2011),包括印度河盆地、恒河盆地和阿萨姆盆地等多个前陆盆地(图 7.1)。盆地结构上,喜马拉雅前陆盆地发育活动的前隆(印度地盾)、前渊(恒河平原)和逆冲楔顶(喜马拉雅造山带前缘褶皱冲断带)等部分。盆地的北部和西部邻近次喜马拉雅(Sub Himalayan)推覆带磨拉石岩系,后者与低喜马拉雅变质岩带之间以主边界断裂(main boundary thrust)为界;次喜马拉雅与现今恒河平原之间由主前缘推覆带(main front thrust)分割。盆地的南缘与印度地盾之间的界线既不规则也不明显(Yin,2006)。盆地在剖面上呈楔型,地层沉积厚度由南向北逐渐

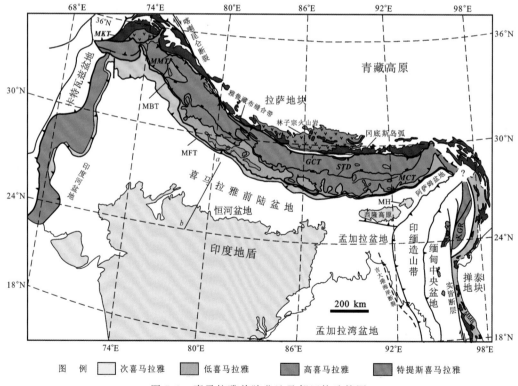

图 7.1 喜马拉雅前陆盆地及邻区构造简图

MH 为米吉尔山;KGR 为卡萨-贡嘎变质岩系;MFT 为喜马拉雅主前缘推覆带;MBT 为喜马拉雅主边界断裂;STD为藏南拆离系;MCT 为喜马拉雅主中央推覆带;GCT 为喜马拉雅反冲断层;MKT 为喀喇昆仑主推覆带;MMT 为地幔推覆带;MMB 为抹谷变质带;插图中的挠曲曲线与地形曲线引自 Bilham 等(2003)

增大,在喜马拉雅前缘推覆带附近厚度为 4～5 km(Raiverman,2002;Burbank et al.,1992;Lyon-Caen and Molnar,1985;Rao,1973;Hayden,1913),喜马拉雅造山带分为四个构造-岩石单元,自北向南依次是特提斯喜马拉雅、高喜马拉雅、低喜马拉雅和次喜马拉雅(Yin,2006)。特提斯喜马拉雅由古生代—始新世海相地层组成;高喜马拉雅由印度大陆片麻岩和花岗岩组成,变质岩的冷却时间为 30～25 Ma;低喜马拉雅由印度大陆低级变质岩和未变质岩系组成;次喜马拉雅由新近纪磨拉石组成(Majman et al.,2012)。

　　喜马拉雅前陆盆地由印度河盆地、恒河盆地和阿萨姆盆地等多个盆地组成。前人通常认为孟加拉盆地也属于喜马拉雅前陆盆地系统的一部分,但实际上在第 6 章已经阐明孟加拉盆地并不具有前陆盆地的属性因而将其定义为复合盆地。喜马拉雅前陆盆地基底呈不规则状由印度地盾向喜马拉雅造山带下以 2°～3°倾斜,基底发育数个凸起(有些凸起在东西向上的高差超过 2 km),并以高角度倾没于喜马拉雅山带之下。这些凸起俯冲到造山带之前,可能控制了喜马拉雅造山带内大型逆冲推覆断层的分布、走向变化和地震活动的强弱(Avouac,2003;Pandey and Rawat,1999;Johnson,1994a)。

　　前陆盆地下伏的基底凸起由前寒武纪(Rao,1973)结晶岩系组成,并在新生代开始活动(Raiverman,2002;Duroy et al.,1989)。部分基底凸起,如邻近巴基斯坦盐底辟带的 Sargodha 凸起,被解释为向下俯冲的印度板块岩石圈的挠曲凸起部分(前隆)(Duroy et al.,1989;Yeats and Lawrence,1984)。尽管前隆是印度板块岩石圈挠曲的结果,但是其在地表的显示与基底凸起更相似。新近系 Siwalik 群不整合于古近系及前寒武纪花岗岩、元古界 Vindhyan 群和冈瓦纳群之上。通常由新近系和古近系组成前陆盆地地层的主体,其在东西走向上的分布相对稳定。

　　实际上,对喜马拉雅前陆盆地的研究主要集中在北部出露至地表的沉积序列与陆-陆碰撞过程、北部前缘推覆带的结构与造山带演化关系等方面,而对于前陆盆地其他方面的研究相对薄弱。本章将简要介绍喜马拉雅前陆盆地的次级构造单元组成、盆地结构特征及沉积充填序列等,并在最后讨论喜马拉雅前陆盆地的演化机制。

7.1.1　盆地的构造单元划分

　　喜马拉雅前陆盆地的形成与印度板块与欧亚板块的碰撞密切相关,碰撞作用控制着盆地的分布、结构组成与沉积样式。沿着喜马拉雅造山带自西向东,可以划分三个前陆盆地:印度河盆地、恒河盆地和阿萨姆盆地。其中印度河盆地与恒河盆地大致以德里-穆扎法尔讷格尔(Delhi-Muzaffarnagar)凸起为界(Yin,2006),恒河盆地与印度东北部的阿萨姆盆地则以西隆高原北部凸起为界。

　　印度河盆地(Indus Basin),也称大印度河盆地(Greater Indus Basin),位于巴基斯坦的东部和印度的西部,总面积约 873 000 km²;根据构造性质和油气勘探状况,一般将其划分为上印度河盆地[包括称作科哈特-博德瓦尔(Kohat-Potwar)高原的部分]、中印度河盆地和下印度河盆地三部分[图 7.2(a)](Wandrey et al.,2004)。构造上,印度河盆地东部逐

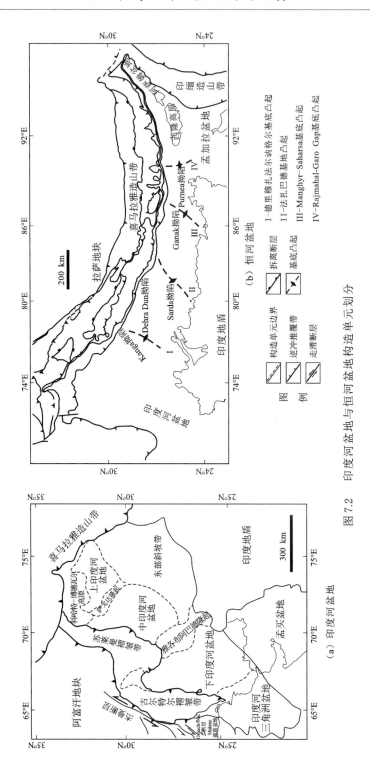

图 7.2　印度河盆地与恒河盆地构造单元划分

渐向印度地盾渐变(无清晰构造边界),南部紧邻印度扇,西部和北部为科哈特—博德瓦尔(Kohat-Potwar)、苏莱曼(Sulaiman)褶皱带及吉尔特尔(Kirthar)褶皱带等组成的高耸的西部褶皱造山带[图 7.2(a)](Smewing et al.,2002;Bannert et al.,1992a)。上、中、下印度河盆地之间分别以萨戈达(Sargodha)和雅各布阿巴德(Jacobabad)隆起为分界线(表 7.1),其中雅各布阿巴德隆起作为一个低缓的基底隆起形成于晚侏罗世—早白垩世,上超于基底隆起的东翼,而早白垩世末期该隆起已经完全被沉积地层覆盖(Smewing et al.,2002)。地层充填序列上,印度河盆地在其前寒武纪结晶基底之上发育了从古生代至新生代相对完整的地层序列(Wandrey et al.,2004),显示了长期而复杂的构造-沉积演化。

表 7.1　喜马拉雅前陆盆地构造单元组成表

	喜马拉雅前陆盆地		
次　盆	印度河盆地	恒河盆地	阿萨姆盆地
拗陷单元	印度河三角洲、下印度河盆地、中印度河盆地、上印度河盆地	Kanga 拗陷、Dehra Dun 拗陷、Sarda 拗陷、Ganak 拗陷和 Purnea 拗陷	喜马拉雅前陆拗陷、阿萨姆-阿拉干前陆拗陷
基底隆起/凸起	雅各布阿巴德隆起、萨戈达隆起	Delhi-Muzaffarnagar 基底凸起、Faizabad 基底凸起、Manghyr-Saharsa 基底凸起、Rajmahal-Garo Gap 基底凸起	布拉马普特拉隆起
褶皱冲断带	科哈特—博德瓦尔冲断带、苏莱曼褶皱带、吉尔特尔褶皱带	喜马拉雅前缘推覆带	喜马拉雅前缘推覆带、那加褶皱冲断带

恒河盆地(Ganga Basin)是喜马拉雅前陆盆地的主体,通常依据对喜马拉雅前陆褶皱冲断带(低喜马拉雅)的研究将其分为巴基斯坦北部前陆、印度西北前陆、尼泊尔前陆和不丹前陆等部分;根据盆地内隆拗结构将其划分为坎加(Kanga)、台拉登(Dehra Dun)、Sarda、Ganak 和布尔尼亚(Purnea)等多个拗陷单元,它们之间以基底凸起为界[图 7.2(b),表 7.1](Yin,2006;Burbank et al.,1996)。邻近喜马拉雅造山带的前陆地区以巨厚的中-上中新统 Siwalik 群造山带剥蚀碎屑(磨拉石建造)为主,下伏古近系与下中新统;在前陆盆地的前渊带,Siwalik 群相对次要,而以沉积 3~4 km 厚的古近纪—新近纪早期的泥页岩层为主(Yin,2006;Raiverman,2000)。

阿萨姆盆地(Assam Basin)位于印度东北部(图 7.1),邻近中国、缅甸、印度三国的交界处。盆地北接东喜马拉雅造山带,南部和东南部紧邻阿萨姆—阿拉干冲逆推覆带(印缅造山带),西南部以西隆高原-米吉尔山为边界(Kent and Dasgupta,2004)。整体上大阿萨姆地区由东喜马拉雅褶皱冲断带、阿萨姆前陆盆地、阿萨姆—阿拉干逆冲推覆带和西隆高原-米吉尔山四个单元组成(Kent et al.,2002)。阿萨姆盆地内布拉马普特拉低隆起将盆地分为喜马拉雅前陆和阿萨姆-阿拉干前陆两个北东—南西走向的狭长拗陷带,盆地西南端,基底逐渐抬升出露西隆高原和米吉尔山(表 7.1)。盆地内发育较为完整的新生代沉积序列,而前新生代地层可能逆掩于南北两侧的推覆带之下。

7.1.2　盆地的结构特征

　　自由空气和布格重力异常资料(图 2.2、图 6.3)显示喜马拉雅前陆盆地表现为低负异常带(−250～−40 mGal),而相邻的喜马拉雅造山带则显示为高正异常带(30～600 mGal),两者呈现显著的极性差异。重力资料模拟的盆地挠曲曲线也显示喜马拉雅前陆盆地表现为强烈的向下挠曲特征(Bilham et al.,2003),证实了盆地基底向下挠曲和楔形沉积体快速充填的结构特征。在几何学特征方面,典型的前陆盆地通常表现为不对称的楔形(Allen and Allen,2013),这在喜马拉雅前陆盆地剖面中也有明显反映;唯一有差异的是阿萨姆盆地,后者发育两个前陆拗陷和相关的逆冲推覆带,表现为近似对称的结构。

1. 印度河盆地

　　印度河盆地发育在印度板块的西北部,为近南北向的宽缓的褶皱带和拗陷带,在沉积充填上由下伏的中生代和更古老的沉积岩及新生代沉积岩系组成(Zaigham and Mallick,2000)。印度河盆地反映了印度板块与欧亚板块(阿富汗地块)在新生代碰撞挤压作用下形成的大型沉降带(Drewes,1995),因此在结构要素上主要包含拗陷带和褶皱冲断带两大部分。自南向北的剖面(图 7.3)近于东西向切过印度河盆地的不同构造单元,相对全面和完整地展示了盆地的结构特征。

1) 上印度河盆地和科哈特—博德瓦尔褶皱冲断带

　　上印度河盆地自西向东由科哈特—博德瓦尔褶皱冲断带、上印度河拗陷带和旁遮普(Punjab)台地三部分组成(Wandrey et al.,2004),其中拗陷带由科哈特凹陷和博德瓦尔凹陷组成;由于海拔相对较高,上印度河盆地也被称为 Potwar 高原。盆地基底由构成印度大陆的变质沉积岩和变质火山岩组成,发育大量的正断层。盆地西段科哈特—博德瓦尔褶皱冲断带发育在穆里(Murree)逆冲推覆带和盐岭推覆带(salt range thrust)之间,即喜马拉雅前缘主推覆带和主边界断裂带之间,构造变形强烈;在盐岭推覆带之下,大量的盐构造侵入影响了褶皱带下层的变形强度和几何学特征[图 7.3(a)]。在平面上,科哈特—博德瓦尔褶皱冲断带的西段近东西走向而东段整体表现为北东—南西走向,内部发育一系列褶皱和断层相关褶皱。由于板块间的不规则碰撞,褶皱冲断带的西段更多地表现为斜向走滑特征;同时,北部邻近喜马拉雅造山带的部分褶皱表现为狭长的不连续的条带,而南段表现为宽缓的连续的不对称褶皱,褶皱冲断带的变形发生在上新世—第四纪(Drewes,1995)。

　　上印度河盆地拗陷带整体上表现为狭长的东西向、北东—南西向的复向斜,被一系列隐伏的断层分割、雁行排列的向斜和背斜,两翼的倾角不超过 10°～20°(Drewes,1995)。上印度河盆地拗陷带内充填的沉积岩系包括砂岩、粉砂岩和泥岩,也常见含砾砂岩和薄层的火山灰层。上印度河盆地拗陷在古近纪发育为前陆拗陷,后者的发育伴随着褶皱冲断带的持续逆掩过程;前陆拗陷发育的最显著标志是拗陷带北部发育的巨厚的古近系

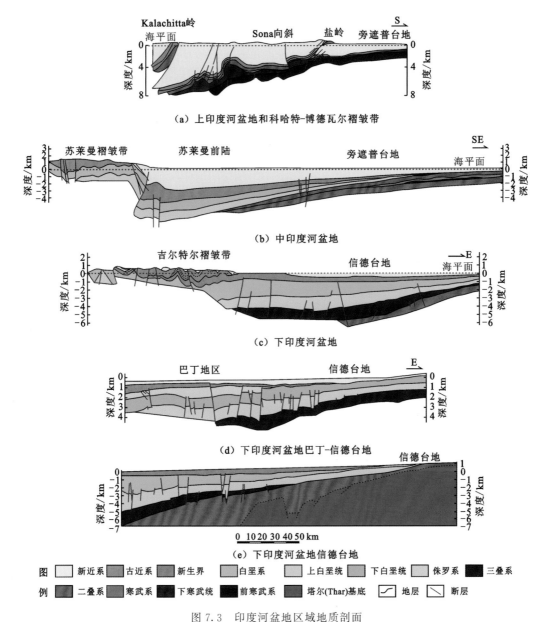

Kalachitta岭　　Sona向斜　　盐岭　旁遮普台地
（a）上印度河盆地和科哈特-博德瓦尔褶皱带

苏莱曼褶皱带　　苏莱曼前陆　　　旁遮普台地
（b）中印度河盆地

吉尔特尔褶皱带　　　信德台地
（c）下印度河盆地

巴丁地区　　　信德台地
（d）下印度河盆地巴丁-信德台地

信德台地
0 10 20 30 40 50 km
（e）下印度河盆地信德台地

图例　新近系　古近系　新生界　白垩系　上白垩统　下白垩统　侏罗系　三叠系
二叠系　寒武系　下寒武统　前寒武系　塔尔(Thar)基底　地层　断层

图 7.3　印度河盆地区域地质剖面

图(a)～(c)引自 Wandrey 等(2004)；图(d)引自 IHS Report；图(e)引自 Zaigham 等(2009)

Rawalpindi 群，由沉积中心处的几千米厚快速向南减薄。在盆地的发育过程中，沉积中心向西南方向迁移，随着 Siwalik 群棕色和灰黄色砂岩层的沉积，形成了上印度河盆地的第二期沉积中心[图 7.3(a)]。与西部的科哈特—博德瓦尔褶皱带相似，上印度河盆地东部旁遮普台地下构造层也受到盐侵入的影响，形成了一系列盐底辟和伴生断层(Raza et al.,2008)。

2）中印度河盆地和苏莱曼褶皱带

与上印度河盆地类似，中印度河盆地自西向东也是由三部分构成，分别是苏莱曼褶皱

带、苏莱曼拗陷和旁遮普台地。苏莱曼褶皱带位于盆地的最西段,宽度>300 km,平均坡度
<1°;褶皱带的西部以杰曼左行走滑断层和穆斯林巴格(Muslim Bagh)蛇绿岩带为界
(Jadoon et al.,1994)。苏莱曼褶皱带是印度板块快速向欧亚大陆斜向俯冲并沿杰曼走滑
断层转换挤压条件下向南逆冲形成的变形带(Lawrence et al.,1981;Klootwijk et al.,
1985,1981;Sarwar and DeJong,1979);走滑断层的初始活动和褶皱带的变形时间主要发
生在中新世之后(Lawrence et al.,1981),持续的斜向俯冲导致新近纪磨拉石层序也卷入
褶皱变形层中,变形带的前缘快速向南和向东扩展(Waheed and Wells,1990;Banks and
Warburton,1986)。沉积上主要包含三部分:①晚渐新世—全新世磨拉石沉积;②晚始新
世—早渐新世霍贾克(Khojak)复理石沉积;③二叠纪—始新世陆架边缘至深海相沉积
(Jadoon et al.,1994)。构造变形上,苏莱曼褶皱带发育典型的双重逆冲构造(Jadoon
et al.,1994;Humayon et al.,1991;Banks and Warburton,1986),它不仅仅表现为简单的
断坪和断坡结构特征(Bannert et al.,1992b),平衡剖面显示褶皱带的下部为侏罗系及更
古老地层从基底沿滑脱断层拆离而形成的双重逆冲构造,上部为发育反向逆冲断层并向
前陆方向扩展的冲断体系。褶皱带的结构主要表现:①滑脱断层末端褶皱表现为低幅、宽
缓的同心褶皱;②滑脱褶皱强度增大演变为对冲和双重逆冲结构;③冲断序列向外扩展产
生了前陆褶皱带外脊,并形成反冲断裂(Jadoon et al.,1994)[图 7.3(b)]。

　　苏莱曼拗陷紧邻褶皱带发育,大致南北走向,东部逐渐向旁遮普台地渐变。苏莱曼拗
陷下部主要由侏罗系—白垩系组成,它们向东依次超覆于二叠系及前寒武纪地层之上并
逐渐尖灭,向西地层厚度相对稳定(1.0~1.5 km),表明这一时期处于相对稳定的大陆边
缘环境。苏莱曼拗陷的上部由古近系和新近系组成,它们向东也逐渐超覆于二叠系之上,
向西厚度逐渐增大(约 2.5 km),使苏莱曼拗陷在整体上表现为楔形[图 7.3(b)]。在构造
变形方面,由于苏莱曼褶皱带在新近纪期间不断地向前陆拗陷带传播(18 mm/a)(Jadoon
et al.,1994),褶皱带整体沿前缘逆冲断层抬升,古近纪遭受强烈的剥蚀;拗陷带内前缘逆
冲断层下发育宽缓的逆掩褶皱[图 7.3(b)]。但是整体看,前陆拗陷带的变形强度较小,
褶皱和逆断层都比较罕见。

　　旁遮普台地位于中印度河盆地的最东侧,现今为沙漠覆盖,地表露头基本不发育
(Aadil et al.,2014)。旁遮普台地夹持于北部的萨戈达隆起和南部的雅各布阿巴德隆起
带之间,受板块碰撞挤压的影响很小,整体上为一向苏莱曼拗陷倾斜的单斜[图 7.3(a)
(b)]。中-新生代大印度板块的演化主要与两期构造事件有关,中生代从冈瓦纳大陆的分
裂和新生代与欧亚板块的碰撞(Searle et al.,1997;Besse and Courtillot,1988;Patriat and
Achache,1984);由于受构造挤压作用较小,旁遮普台地内发育的地层基本受正断层控制
[图 7.3(a)],偶见向西发育的小型扇体(Aadil et al.,2014)。旁遮普台地内最显著的构造
变形是与盐构造挤入有关的背斜和构造高[图 7.3(a)(b)]。

3) 下印度河盆地和吉尔特尔褶皱带

　　下印度河盆地的总宽度约 250 km(Naeem et al.,2016),其西部褶皱带以吉尔特尔褶
皱带为主体,后者近南北走向,以杰曼走滑断层和奥尔纳杰-纳尔(Ornach-Nal)为界分别
与阿富汗地块和默格拉纳(Makran)弧前盆地相邻[图 7.2(a)],基底岩性包括太古代花岗

岩、闪长岩、流纹质或玄武质火山岩(Zaigham et al.,2009)。吉尔特尔褶皱带的南段发育侏罗系—中新统,以出露地表的一系列南北向至北北西—南南东向双重倾伏狭长背斜和相间分布的宽缓向斜为主[图 7.3(c)]。在褶皱带的下部,地震剖面显示吉尔特尔褶皱带为由宽缓向斜和背斜组成的向西低角度倾斜的斜坡(Smewing et al.,2002)。研究证实,吉尔特尔褶皱带的初始变形发生在中新世,与之相伴的是吉尔特尔前陆拗陷,褶皱带主要变形期是上新世—全新世,这一时期印度板块吉尔特尔陆缘与阿富汗地块沿杰曼断层发生碰撞(Treloar and Izatt,1993)。

　　吉尔特尔褶皱带向东消失于吉尔特尔拗陷内,后者在一些地区充填了至少 5 km 厚的磨拉石建造(Smewing et al.,2002)。与上印度河盆地科哈特-博德瓦尔和苏莱曼前陆拗陷明显不同的是下印度河盆地吉尔特尔拗陷主要受伸展作用控制(Naeem et al.,2016;Zaigham et al.,2009;Zaigham and Mallick,2000)。吉尔特尔拗陷和信德台地的下部普遍发育地堑和地垒,许多深大断裂沟通了前寒武纪基底与新近系,表现出明显的断控结构特征[图 7.3(d)(e)]。盆地的沉积盖层整体是向西增厚、向东减薄(上超于基底)。盆地内古近系靠近吉尔特尔褶皱带一侧厚度最大,而新近系靠近信德台地一侧厚度较大[图 7.3(d)],可能反映了新生代持续的挤压作用导致前陆拗陷不断向台地方向迁移的特征。在信德台地深部,侏罗纪之前发育的裂陷结构可能是印度大陆初始伸展和裂解期的产物,它们可能最终影响到了盆地在被动大陆边缘演化阶段的盆地沉降作用(Zaigham et al.,2009;Zaigham and Mallick,2000)。Zaigham 和 Mallick(2000)根据区域构造和盆地沉积充填序列(Kingston et al.,1983)认为盆地经历了 4 个阶段:①古生代(Powell,1979;Smith and Hallam,1970)冈瓦纳大陆发生初始裂解,上地壳沿着上、下地壳之间出现的大型拆离断层拉伸;②软流圈上涌导致下地壳拉伸减薄、上地壳张性断裂持续生长,最终大规模的玄武岩侵入和新生洋壳出现。在海底扩张的同时(中生代),上地壳发生脆性破裂,形成一系列正断层控制的张性断块并开始接受沉积;③伸展大陆边缘的沉降和沉积,其中初始沉降由加热的岩石圈热沉降作用控制,后期逐渐转换为沉积负载控制下的挠曲沉降,该时期正断层活动持续增强;④印度大陆与欧亚板块碰撞并发生逆时针旋转,最终导致前陆褶皱带的挤压变形和下部裂陷结构的再活化。他们的模型解释了盆地的完整发育历史,对认识整个喜马拉雅前陆盆地的形成演化也有一定的启发意义。

　　2. 恒河盆地

　　恒河前陆盆地是新生代喜马拉雅造山带隆升导致印度岩石圈挠曲形成的地球上最大的周缘前陆盆地(Burbank et al.,1996)。如同其他经典的前陆盆地,控制盆地沉降的主要因素是喜马拉雅造山带隆升产生的构造负载和沉积碎屑聚集产生的沉积负载叠加造成的俯冲岩石圈的挠曲(Busby and Ingersoll,1995)。喜马拉雅造山带的演化与前陆盆地的沉积对盆地沉降作用的影响最终体现在盆地的几何结构上。影响喜马拉雅前陆盆地结构的因素还包括俯冲板块的岩石圈性质及其基底非均质性(Burbank et al.,1996),这主要影响喜马拉雅前陆盆地在走向上的构造单元组成和结构差异。

1）恒河前陆盆地结构特征

恒河前陆盆地下伏基底内发育多个基底凸起将盆地分割为不同的拗陷，已有的地球物理资料（重磁震）和钻井信息（Quereshy and Kumar，1992；Quereshy et al.，1989；Lyon-Caen and Molnar，1985；Narain and Kaila，1982；Karunakaran and Rao，1979；Agarwal，1977；Rao，1973；Sastri et al.，1971）揭示了恒河前陆盆地具有不同特点的基底及其对拗陷的控制（Singh，1996）。首先是恒河前陆盆地的凸起带控制了盆地的拗陷分布和沉积盖层的厚度［图 7.2（b）］，并可能一直活动到第四纪；其次是盆地内发育的一些大型基底断层，如莫拉达巴德（Moradabad）、巴雷利（Bareilly）、勒克瑙（Lucknow）、巴特那（Patna）和马尔达（Malda）等断层（Rao，1973；Sastri et al.，1971），虽然它们在地球物理资料上有明显的显示，但对盆地沉积充填和盆地结构的影响却比较有限。此外，恒河前陆盆地同造山期沉积（Rawalpindi 群、Siwalik 群和冲积层）在不同拗陷或凸起带可能与变质岩基底、元古代沉积岩或古生代—中生代冈瓦纳期沉积岩相接触，形成了不同的盆地结构特征。

在南北向剖面上，恒河前陆盆地包含了前陆盆地完整的构成要素，包括楔顶带（次喜马拉雅褶皱变形带）、前陆拗陷带（恒河平原）、前隆带［印度克拉通本德尔肯德-温迪亚（Bundelkhand-Vindhyan）高原］；盆地整体表现为自北向南减薄的不对称楔形（Yin，2010；Singh，1996；Burbank et al.，1996），北部靠近造山带变形前缘的地区厚度＞6 km，南部邻近印度克拉通地区厚度＜1 km。图 7.4 展示了恒河前陆盆地不同位置的地质剖面，其中最明显的特征是前陆拗陷带和斜坡带发育的双构造层结构，即下构造层属于残留的被动大陆边缘，以正断层控制的地堑-半地堑为特征，上构造层则以堆积向前陆方向超覆的厚层造山带碎屑为特征，断层少见。恒河前陆盆地的结构与印度河前陆盆地的结构具有非常高的相似性，比较明显的区别是印度河前陆盆地不发育显著的前隆单元（Singh，1996a）。

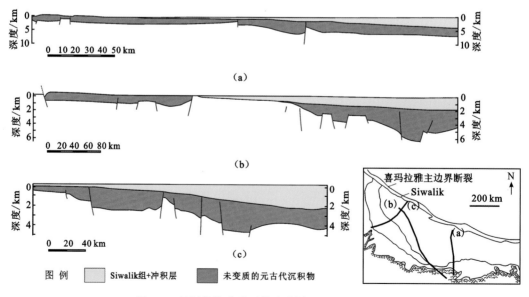

图 7.4　恒河前陆盆地区域地质剖面（Singh，1996a）

2）喜马拉雅前陆褶皱冲断带的结构与变形样式

喜马拉雅造山带主体是由特提斯喜马拉雅（海相含化石层）、高喜马拉雅（花岗岩和片麻岩）、低喜马拉雅（不含海相化石的低级变质岩）和次喜马拉雅（Siwalik 群）等部分组成（Yin，2006）。次喜马拉雅褶皱带南北两侧分别以前缘主推覆带、主边界断裂与恒河前陆拗陷和低喜马拉雅相邻，由中中新世—上新世同造山期的 Siwalik 群磨拉石建造组成，通常认为是恒河前陆盆地的楔顶构造带部分（DeCelles et al.，1998a，b；Lyon-Caen and Molnar，1985）。与喜马拉雅造山带内发育的向南运动的复杂双重逆冲推覆褶皱和逆冲

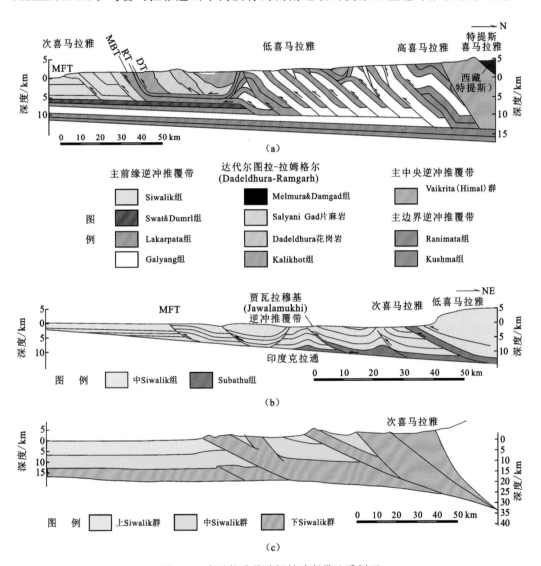

图 7.5　喜马拉雅前陆褶皱冲断带地质剖面

注：图（a）引自 DeCelles 等（2001）；图（b）（c）引自 Burbank（1996）

MFT 为前缘主推覆带；MBT 为喜马拉雅主边界断裂；RT 为 Ramgarl 推覆带；DT 为 Dadeldhst 推覆带

岩席(DeCelles et al.,2001,1998a；Srivastava and Mitra,1994)[图7.5(a)]相比,前陆褶皱冲断带的变形结构相对简单,以发育沿基底滑脱层(Herail et al.,1986)活动的冲断褶皱及叠瓦状冲断岩片为特点(Lavé and Avouac,2000；Burbank et al.,1996；Mugnier et al.,1993；Schelling and Arita,1991)[图7.5(b)(c)],变形强度向前陆方向显著减弱,属于典型的薄皮构造。平衡剖面恢复显示前陆褶皱带变形速率为(18±2)～(21±1.5)mm/a,变形时间主要在中中新世—上新世(Lavé and Avouac,2000；Larson et al.,1999；Jouanne et al.,1999；Mugnier et al.,1993)。虽然前陆褶皱冲断带的深部结构并不是十分清楚,但是已有的钻井和地震资料表明,前陆褶皱冲断带的变形主要受收敛于下部滑脱层的逆掩断层的控制(Mugnier et al.,1993)。

根据对恒河前陆褶皱冲断带地表露头和地震资料的分析,大致可以区分出三期连续的构造变形(Mugnier et al.,1993)。第一期是逆掩断层沿基底滑脱断层产生断展褶皱,构造叠置增厚主要集中分布在滑脱断层的前缘并导致挤压背斜抬升;第二期是随着背斜的进一步传播,背斜顶部被完全剥蚀,剥蚀作用形成的砾岩被进一步逆冲岩片卷入(速率为1～2mm/a);当逆冲楔的上冲位移超过褶皱的波长时,后冲岩片叠加于早期的背斜之上。需要指出的是,逆冲断层之间不一定是平行发育,而且逆冲岩片的宽度主要取决于逆冲断层的发育位置或背斜的波长。在前陆褶皱冲断带隆升变形的同时,褶皱或断层相关褶皱不断向前陆方向生长,速率为2～4mm/a。

3. 阿萨姆盆地

印度东北部的阿萨姆盆地是全球著名的含油气盆地(Kent and Dasgupta,2004；Raju and Mathur,1995；Bhandari et al.,1973),总面积超过40 000 km²,油气资源总量估计超过29亿t油当量。由于阿萨姆盆地邻近东喜马拉雅造山带和印缅造山带等活动构造带(图7.1),构造活动异常频繁和复杂,构造作用不仅影响油气资源的分布,更重要的是对盆地结构、构造样式与沉积充填样式、河流体系发育等方面的控制作用(Chirouze et al.,2013；Akhtar et al.,2010；Cina et al.,2009；Kent and Dasgupta,2004；Kent et al.,2002),以及与地震活动的关系等方面(Kayal et al.,2012,1998；Islam et al.,2011)。

阿萨姆盆地西北部以喜马拉雅造山带主边界断裂为边界,东北部与Mishmi山相邻,东部及东南部以Disang逆冲推覆断层为边界,西部与米吉尔(Mikir)山相邻。大量地球物理和钻井资料的研究表明,阿萨姆盆地包含以下几个主要组成单元:喜马拉雅前陆拗陷、中央隆起(布拉马普特拉隆起)、阿萨姆前陆拗陷、那加褶皱冲断带和西南斜坡(图7.6)。其中,北东—南西走向的中央隆起与米吉尔山一起将阿萨姆盆地分为南北两个拗陷带[图7.7(a)]。阿萨姆前陆盆地具有显著的重力负异常(Rajasekhar and Mishra,2008),最小值<-200 mGal,这与喜马拉雅前陆盆地的重力异常特征一致[图6.3(a)(b)];剖面上,阿萨姆前陆盆地东南侧和西北一侧各发育一个前陆拗陷和褶皱冲断带(楔顶带),表现为"双前陆"盆地的结构特征(图7.7)。

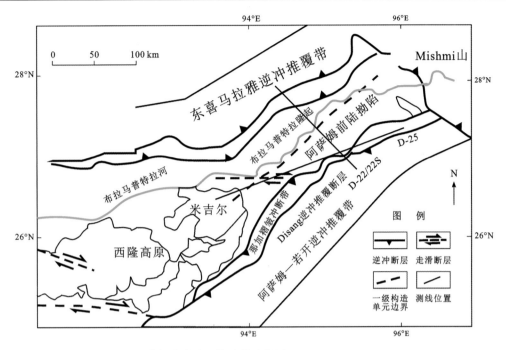

图 7.6　阿萨姆前陆盆地构造单元简图(Kent and Dasgupta,2004)

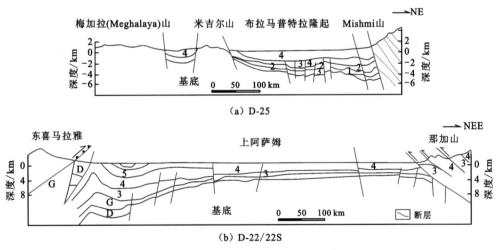

图 7.7　阿萨姆盆地区域地质剖面(Valdiya,2010)

1. Jaintia-Disang;2. Barail 群;3. Tipam 组;4. Sugansiri 组;5. Dihing 组;G. 冈瓦纳群;D. Damuda

1)"双前陆"拗陷的发育及其迁移

阿萨姆盆地中央隆起由前寒武纪结晶岩组成,自米吉尔山开始呈北东向向盆内倾伏(Kent et al.,2002),代表了印度大陆向北东方向的延伸部分[图 7.7(a)]。与此相对应的是阿萨姆盆地的构造演化同样经历了由陆内裂谷向被动大陆边缘及前陆盆地转变的过程。露头和钻井资料显示,在中央隆起的东西两侧前陆拗陷内至少沉积了 2~7 km 厚的晚白垩世—新生代沉积岩(Valdiya,2010;Akhtar et al.,2010),而大部分的中生代沉积层可能存在于逆冲推覆带之下。渐新世,以阿萨姆盆地等地区为代表的印度板块东北角与西缅地块发生碰撞(Hall,2012;Morely,2002),盆地整体由伸展环境向挤压环境转变,阿萨姆—阿拉干褶皱冲断带最先开始发育并向北西方向扩展,此时的喜马拉雅褶皱冲断带尚未形成。巨大的构造负载在盆地东南侧首先形成前陆拗陷(阿萨姆前陆拗陷)。晚中新世-上新世(11~5 Ma)(DeCelles et al.,2001;Megis et al.,1995),喜马拉雅造山带主边界断裂开始向南活动,盆地沉积中心开始向北西方向迁移。在迁移过程中,中央拗陷带基底发生北西向倾斜并进一步诱发先存基底正断层活化和反转(Akhtar et al.,2010;Kent and Dasgupta,2004)。地震资料显示,发生反转的正断层平行于中央隆起和逆冲推覆带,表明挤压作用及构造负载诱发的岩石圈挠曲是导致基底倾斜及正断层反转的关键因素。

2) 那加褶皱冲断带的主要构造样式与发育过程

那加褶皱冲断带(Naga fold belt)位于东部的 Disang 逆冲推覆断层和西部的那加逆冲推覆断层(Naga thrust)之间,宽度为 10~40 km,从达卡断层到 Mishmi 山之间的长度约 425 km,主体呈北东—南西走向。那加褶皱冲断带并不是单一的连续断层,而是由 6~8 个发生强烈变形的叠置逆冲岩席组成,呈叠瓦状分布;它们实质上是印缅造山带在中中新世之前开始向阿萨姆前陆扩展的结果(Kent et al.,2002)。整体上,那加褶皱冲断带主要由新生代沉积岩层组成,厚约 5 km。沿着褶皱带扩展的方向(自南东向转为北西向),那加褶皱冲断带的构造变形具有以下特点(图 7.8):①褶皱冲断带内组成叠瓦状逆冲推覆体的逆冲岩片变形程度逐渐减弱,并最终逆掩于阿萨姆前陆拗陷非变形层之上;②卷入变形的地层数量和发生变形的最古老地层的年龄也同时减小;③控制叠瓦状构造的大型逆冲断层集中沿泥/页岩层(如 Kopili 组页岩和 Girujan 组页岩)活动;④对于特定的层系(如 Tipam 组),卷入变形的时间越晚,其厚度越大。以上特征表明那加褶皱冲断带的发育应该是沿着薄弱的滑脱层自南东向北西方向呈前展式依次变形形成,在褶皱冲断带生长的同时,前陆拗陷随之沿相同的方向迁移。此外,那加褶皱带可以明显地分为上下两个构造层(图 7.8),上构造层代表的是褶皱变形层,下构造层代表的是未卷入变形带地层,它们主要受反转的正断层控制。

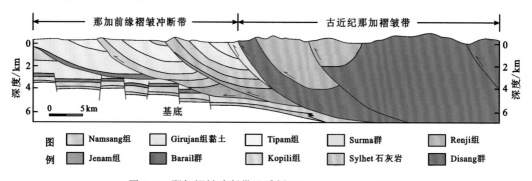

图 7.8　那加褶皱冲断带地质剖面(Akhtar et al.,2010)

大量的地震资料已证实反转断层的存在,它们大致从 Barail 群开始表现为"下正上逆"的特点(Kent and Dasgupta,2004)。对于正断层的再活化与构造反转,通常认为是与印度板块俯冲产生的北西—南东向挤压作用有关,这指示了褶皱冲断带的形成时间不晚于早渐新世。实际上,正断层的构造反转在叠瓦状褶皱冲断带的发育过程中扮演了重要角色。Bezar 等(1998)提出了由伸展环境向挤压环境转变时褶皱发育模型,沿着与先存正断层成 28°～31°的基底产生破裂面,逐渐发育成褶皱的轴面,褶皱表现为基底卷入型厚皮构造;随着挤压作用的增强,褶皱继续沿基底滑脱层向前传播,并在下一个正断层处以类似的方式发生变形,正断层则发生反转。这种褶皱的发育模式同样适用于那加褶皱冲断带(图 7.9)(Kent et al.,2002),在该机制下,那加褶皱冲断带内的褶皱可能会由基底卷入型向盖层滑脱型转变(Akhtar et al.,2010;Maurin and Rangin,2009)。

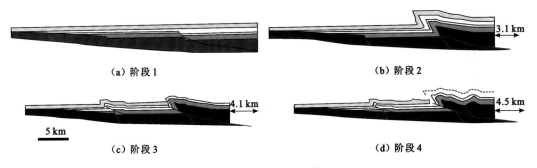

(a) 阶段 1　　　　　　　　　　　　(b) 阶段 2

(c) 阶段 3　　　　　　　　　　　　(d) 阶段 4

图 7.9　那加褶皱冲断带的动力学演化模型(Kent et al.,2002)

那加褶皱冲断带西缘普遍缺失下中新统 Surma 群,Tipam 组在斋浦尔(Jaipur)背斜的西翼也逐渐减薄,表明阿萨姆前陆拗陷的形成时间不会晚于早中新世。此外,在那加逆冲推覆断层的下盘,发育生长背斜,地震剖面显示下中新统 Tipam 组内出现向北西的前积反射层,指示这些逆掩背斜的形成时间不会晚于早中新世(Kent and Dasgupta,2004;Kent et al.,2002)。这些证据表明那加逆冲推覆断层应该是从早中新世开始活动,而最新的地震资料也显示,褶皱的演化可能不止受控于一条滑脱断层。图 7.10两条正交的地震剖面显示,褶皱向阿萨姆前陆扩展时受下部 Barail 群内那加逆冲断层和上部位于 Girujan 组内的玛格丽塔(Margerita)逆冲断层的共同影响,而在玛格丽塔逆冲断层活动的同时上部出现了一系列小型的叠瓦状逆冲断层;上冲岩片在晚中新世初期遭受剥蚀(剥蚀厚度可能超过原始地层厚度的一半)形成了明显的不整合面。冲断褶皱带内发育的众多不整合面表明那加逆冲断层和玛格丽塔逆冲断层是多期活动的(Kent and Dasgupta,2004)。

3) 西南斜坡带的构造特征与演化

阿萨姆盆地西南斜坡带,又称下阿萨姆陆架或南阿萨姆陆架(Akhtar et al.,2010),其西部和东部分别与米吉尔山和那加褶皱冲断带相邻,南部延伸至达卡断裂带,北部以低凸

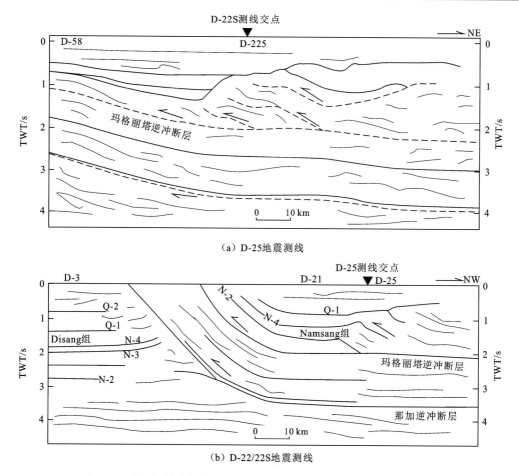

（a）D-25地震测线

（b）D-22/22S地震测线

图 7.10　那加褶皱冲断带内叠瓦状逆冲岩片（Kent and Dasgupta，2004）

起与阿萨姆前陆拗陷相分隔（图 7.6）。西南斜坡带大致呈北东—南西走向，长约 250 km，宽度<80 km，总面积约 15 000 km²。与阿萨姆拗陷其他被第四纪地层覆盖的构造单元相比，西南斜坡带东西两侧出露大量始新世—早中新世地层（Bhandari et al.，1973），与那加褶皱冲带地层组成相似；北东—南西向地震剖面上显示晚渐新世开始地层向南西方向前积加厚（Akhtar et al.，2010；Bhandari et al.，1973）。西南斜坡带可能发育生长正断层、走滑断层和逆冲断层（反转断层）等多种性质的断层。

横切盆地的北西—南东向地震剖面（图 7.11）显示，斜坡带西部发育大量东倾的板式正断层及其组合，显示为伸展构造环境，正断层向下断至结晶基底，向上消失于中-晚中新世 Girujan 组或 Namsang 组内，少量新生断层只断至晚始新世 Kopili 组底部，向上延伸至上新统内。这些具有较大断距的正断层可能是前陆拗陷向喜马拉雅造山带前缘迁移基底向西倾斜之前产生，Girujan 组及下伏地层向北西方向减薄证实基底的倾斜发生在中中新世以后，与断层停止生长的时间相吻合，说明中中新世之后该地区由张性环境转变为挤压环境。斜坡带的东部则以逆断层、反转正断层和小型背斜为主，地层表现出明显的挤压变

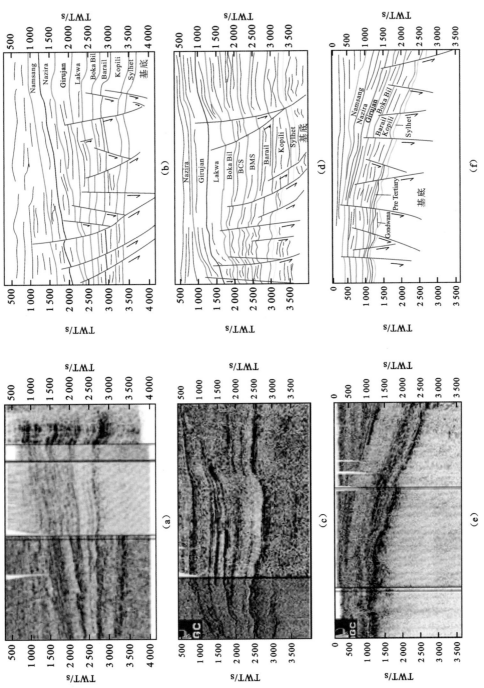

图 7.11　阿萨姆盆地西南斜坡带地震剖面（Akhtar et al., 2010）

形特征；地层的翘倾和小型挤压背斜的发育与断至基底的正断层反转密切相关。平面上，断层呈北东—南西走向和北北东—南南西走向（Akhtar et al.，2010），由南西向北东方向发散，它们近似平行于那加逆冲断层，形成时间晚于那些北西—南东向正断层。整体上，被动大陆边缘时期发育的正断层在阿萨姆前陆拗陷发育阶段大都发生构造反转，而在喜马拉雅前陆拗陷发育阶段（中新世—上新世）的构造松弛期可能诱发少量新生正断层产生。

阿萨姆盆地是一个典型的由多期构造叠加形成的前陆盆地，西南斜坡带平衡剖面分析表明，该地区至少经历了三期重要的构造演化阶段：①白垩纪陆内裂谷阶段形成基底正断层，地堑和地垒为这一时期的典型结构类型，代表的是张性环境下基底的破裂与伸展；②中新世时期构造挤压与构造反转阶段，典型代表是反转正断层和挤压背斜；③上新世—更新世构造松弛阶段产生新的正断层及先存断层的重新调整，北西—南东向正断层的发育将基底切割成不同的断块及相应的凹凸单元。

7.2　喜马拉雅前陆盆地地层序列与沉积特征

7.2.1　盆地地层充填序列

喜马拉雅前陆盆地属于典型的周缘前陆盆地，它由巴基斯坦沿喜马拉雅造山带向东一直延伸至印度东北部地区（Yin，2006；Najman，2006）。喜马拉雅前陆盆地包含众多的次级拗陷和隆起单元；大印度板块在与欧亚板块碰撞之前，其北缘经历了漫长的被动大陆边缘演化过程（Brookfield，1993），并且在随后的板块碰撞时穿时缝合（Uddin and Lundberg，1998；DeCelles et al.，1998a），这些因素都会导致喜马拉雅前陆盆地沉积序列存在差异。因此，建立喜马拉雅前陆盆地完整的地层充填格架是分析盆地属性与恢复盆地的构造演化史的一项基本任务。本书基于前人已有的地震、钻井和野外露头资料，在对不同盆地的地层充填序列进行分析和讨论基础上，建立了喜马拉雅前陆盆地完整的地层格架（表7.2）。

1. 印度河盆地

印度河盆地自西向东可以划分为三个构造带：西部褶皱带、前陆拗陷带和斜坡带。西部褶皱带自北向南由科哈特-博德瓦尔褶皱带、苏莱曼褶皱带和吉尔特尔褶皱带三部分组成，整体上是由印度板块向阿富汗地块西俯冲诱发形成的叠加于印度板块之上的活动构造单元（Jadoon et al.，1994）。野外地质调查和钻井资料显示，西部褶皱带内发育的岩石地层单元呈现由西向东逐渐变年轻的趋势（Nazeer et al.，2012；Smewing et al.，2002），总厚度为 5 000～10 000 m。上覆于基底之上的最古老岩石单元可能是寒武纪—二叠纪的沉积岩（Jadoon et al.，1994，1992），其中已证实的是发现于 Zindapir 背斜的三叠系 Alozai 组（Nazeer et al.，2012），在背斜内还同时钻遇了侏罗系 Chiltan 组、下白垩统 Goru 组和上白

表 7.2　喜马拉雅前陆盆地地层充填序列

地质时代	印度河盆地					恒河盆地				阿萨姆盆地
	西部褶皱带[1]	上印度河拗陷[2]	劳遣普合地[3]	巴基斯坦西北部[4,5]	巴基斯坦北部[5]	印度西北部[6]	尼泊尔[6]	不丹[7]	台拉登拗陷[8]	阿萨姆拗陷[9]
第四纪	Siwalik 群	Siwalik 群	Siwalik 群	Siwalik 群, Chitarwata 组	Siwalik 群	Siwalik 群	Siwalik 群	Siwalik 群	Siwalik 群, Murree 组	冲积层(Dihing/Dhekiajuil 组)
上新世										Namsang 组
中新世										Nahorkatiya 群
渐新世	Chitterwatta/Nari 组	—	Hangu 组, Patala 组, Nammal 组, Sakesar 组, Chorgali 组	—	Murree 组	Dharamsala 群	Dumri 组	—	—	Barail 群
始新世	Kithar 组	Kirthar 组		Kirthar 组	Kohat 组	Dagshai 组/Kasauli 组?	Bhainskati 组	—	—	Jaintia 群
	Laki/Ghazji 组	Kohat 组			Mami Khel 组	Subathu 组				
古新世	Dunghan 组	Lockhart 组			Palata 群/Ghazij 群		Amile 组		冈瓦纳群	Langpar 组
	Ranikot 组	Hangu 组								
	Pab 组	Moghalkot 组								
白垩纪	Parh/Mughalkot 组	Parh 组	Goru 组							
	Goru 组	Lumshiwal 组								
	Sembar 组	Chichali 组	Sember 组							
侏罗纪	Chiltan 组	Samana Suk 组	Samana Suk 组							
	Shirinab 组/Loralai 组	Shinawari 组	Shinawari 组							
		Datta 组	Datta 组							
三叠纪	Wulgjai/Alozai 组	Kingriali 组	Kingriali 组							
		Tredian 组	Tredian 组							
			Mianwall 组							
古生代	—	Nilawahan 群等	Khewra 组等							
基底	前寒武纪	前寒武纪	前寒武纪	前寒武纪	前寒武纪	前寒武纪	前寒武纪	前寒武纪	前寒武纪	前寒武纪

注：1. Nazeer 等(2012)；2. Wandrey 等(2004)；3. Aadil 等(2014)；4. Burbank 等(1996)；5. DeCelles 等(1998a)；6. Meigs 等(1995)；7. Yin(2006)；8. Singh(1996a,b)；9. Kent 和 Dasgupta(2004)

垩统 Pab 组、古近系 Ranikot 组和 Dunghan 组（表7.2）。白垩系 Sembar 组不整合于侏罗系 Chiltan 组之上，其上发育 Goru 组，两者也是不整合接触，表明这一时期印度大陆发生持续的裂谷作用（Iqbal et al.，2011）。Sembar 组可能只在西部褶皱带的局部出现，在某些地区 Goru 组直接覆盖于侏罗纪地层之上（Nazeer et al.，2012）。西部褶皱带新生代地层厚度占整个褶皱带地层厚度的60%以上，主要包括古新统 Ranikot 组和 Dunghan 组、始新统 Laki 组和 Kithar 组、渐新统 Chitterwatta 组或 Nari 组及新近系 Siwalik 群（表7.2）。其中 Siwalik 群和渐新统及古近系与白垩系之间均是不整合接触。

在印度河盆地前陆拗陷带南北方向上可以划分为上、中、下三个不同的拗陷带，它们在地层充填序列和岩石学组成上均有较大的差别。在中央拗陷带内已知的最古老沉积单元是发育在科哈特-博德瓦尔拗陷带内的一套寒武纪泥岩层和粉砂岩组合（Khewra 组），其中有岩盐层（Salt Range 组）和石膏/脱水石膏层（Wandrey et al.，2004）。这套古老的沉积单元在南部的苏莱曼拗陷带和吉尔特尔拗陷带内并未出现，与之类似，二叠系 Nilawaham 群（Amb 组和 Chhidru 组）也只出现在上印度河盆地拗陷带内。实际上，印度河盆地拗陷带内地层以三叠系—新生界为主，包括三叠纪粉砂岩层（Tredian 组和 Kingriali 组）、侏罗纪碳酸盐岩层（Datta 组、Shinawari 组和 Samana Suk 组）、白垩纪粉砂岩（Chichali 组）和砂岩层（Lumshiwal 组）、古近纪泥岩层（Lockhart 组、Kohat 组和 Kirthar 组）和新近纪磨拉石单元（Siwalik 群）。上述沉积单元之间多以不整合相接触，在不同的拗陷带内各沉积层的岩石组成有非常大的差别（Wandrey et al.，2004）。

印度河盆地东部斜坡带主要由旁遮普台地和信德台地组成。它们下伏基底是印度大陆前寒武纪结晶岩，经历了漫长的构造演化并且没有发生强烈的构造变形，因此，与褶皱带和前渊拗陷带沉积单元相比，斜坡带可能相对完整地保存了古生代和中生代的陆内裂谷层序（表7.2）。已有的地质资料显示，旁遮普台地内发育的最古老沉积单元是前寒武纪的 Salt Range 组（Aadil et al.，2014），寒武纪 Khewra 组、Kussak 组、Jutana 组和 Baghanwala 组不整合于 Salt Range 组之上。寒武纪沉积序列与上覆的二叠系之间以区域不整合接触，后者发育多套沉积地层单元，自下而上依次包括 Tobra 组、Dandot 组、Warcha 组、Amb 组、Wargal 组和 Chidru 组。中生代沉积地层由三叠系、侏罗系和白垩系组成，其中三叠系在斜坡带内大部分缺失；上覆的侏罗系包括 Datta 组、Shinawari 组和 Samana Suk 组，白垩系包括 Sember 组和 Goru 组，它们顶部发育的不整合面表明侏罗纪末期和白垩纪末期均曾遭受强烈的抬升剥蚀作用。古近系与新近系 Siwalik 群之间同样以不整合相接触。

印度河盆地是一个经历了多期构造运动、具有漫长沉积充填史的盆地，它可能完整地记录了印度大陆陆内伸展、裂解、漂移至陆-陆碰撞各个阶段的演化过程，对于恢复和重建原型盆地具有重要的意义。

2. 恒河盆地

恒河盆地是喜马拉雅前陆盆地系统的主体，包括褶皱冲断带、前渊拗陷带和斜坡带等单元组成。但是与印度河盆地相比，恒河盆地的斜坡带和前陆拗陷带内尚未钻遇除新生代以外的更古老沉积单元；Singh 等(1996b)在对恒河前陆拗陷带剖面进行解释时,推测邻近前隆的底部发育新元古代未变质沉积岩和中生代冈瓦纳群。拗陷带内已知的最古老新生代沉积岩石单元是渐新统 Murree 组,上覆有新近系 Siwalik 群和第四系冲积层。与之相比,已经卷入喜马拉雅造山带前缘、位于造山带主边界断裂下盘的前陆褶皱冲断带内出露较好的地层序列。在巴基斯坦西北部和北部地区、印度西北部、尼泊尔和不丹等地区,均有古近系出露,包括古新统 Ghazij 群(或 Amile 组)、下世新统 Mami Khel 组、中始新统 Kirthar 组(或 Kohat 组、Bhainskati 组),但是都缺失上始新统和渐新统(表 7.2)。新近系以 Siwalik 群为主,最早可能沉积于早中新世末期(16 Ma)(DeCelles et al.,1998a);在 Siwalik 群沉积之前,新近纪前陆盆地内可能发育了一套更古老的陆相沉积单元。例如,出露于巴基斯坦西北部和北部地区的 Murree 组或 Dumri 组(Upreti,1999,1996),它们与印度西北部的 Dharmsala 群和尼泊尔的 Dumri 组相当。Siwalik 群整体上位于喜马拉雅造山带主边界断裂的下盘,在不丹等地区是唯一出露的新生代地层单元,其最早的沉积年龄在巴基斯坦西北部为 16 Ma,在印度西北部地区大致是 12 Ma(Brozovic and Burbank,2000;Sangode et al.,1996;Meigs et al.,1995),详细记录了喜马拉雅造山带隆升和剥露的历史。

3. 阿萨姆盆地

阿萨姆盆地内的沉积单元可以由渐新世不整合面分为古近系和新近系两部分,总厚度3.6~7.0 km(Raju and Mathur,1995)。已知的最古老沉积单元是中古新统 Langpar 组,它不整合于新生代之前的结晶基底之上,与上覆的始新统 Jaintia 群之间以不整合相接触。Jaintia 群包括两个主要的沉积单元,分别是下部的 Sylhet 组和上部的 Kopili 组;地震资料解释证实此时的阿萨姆盆地处于浅海大陆架环境,陆架边缘与阿萨姆中央隆起平行。上始新统—渐新统 Barail 群与下伏的 Jaintia 群整合接触,前者包括 Tinali 组和 Moran 组两个沉积单元,发育于大陆边缘等沉积环境下。新近系包括三个主要的沉积单元,自下而上分别是Nahorkatiya 群、Namsang 组和 Dihing/Dhekiajuil 组。下-中中新统 Nahorkatiya 群由 Surma组、Tipam 组和 Girujan 组组成,在盆地的一些地区,如隆起的背斜顶部,通常缺失 Surma 组而由 Tipam 组直接沉积于渐新世不整合面之上。Namsang 组不整合于 Girujan 组之上,而前者又与上覆的 Dihing/Dhekiajuil 组不整合接触;Dihing 组或 Dhekiajuil 组主要由未固结的河流相或冲积扇组成。第四纪沉积层在阿萨姆盆地的厚度超过 2000 m(Mishmi 山附近),并逐渐向南减薄,内部可能发育了多个沉积间断面。

7.2.2　盆地沉积岩与沉积体系

1. 印度河盆地

1) 古生界

印度河盆地古生界广泛出露于西部褶皱带(Smewing et al.,2002;Jadoon et al.,

1994)，在盆地前陆拗陷带和斜坡带，钻井钻遇了古生界，包括寒武系多套粉砂岩、页岩、砂岩层和二叠系多套含化石的海相砂岩、砾岩、碳酸盐岩层和冰碛砾岩、泥岩层(Aadil et al.,2014)，它们主要分布在盆地底部残留的地堑和半地堑内。古生界不整合于前寒武纪结晶基底或元古代地层之上，其中前寒武纪结晶基底由中细粒变质岩和花岗岩组成，而元古代的代表性地层是 Salt Range 组，它由泥岩、砂质泥岩、白云石和石膏、脱水石膏组成。需要注意的是古生界在东部斜坡带的发育相对完整和丰富，而在西部褶皱带和前陆拗陷带内大部分缺失，并且前陆拗陷带内的古生代地层只发现于上阿萨姆盆地(图 7.12)。

2) 中生界

(1) 三叠系

印度河盆地中生界最老的地层是东部斜坡带内发育的 Mianwall 组砂岩层，内部夹厚层的碳酸盐岩沉积；Mianwall 组之上是 Tredian 组和 Kingriali 组泥岩、粉砂岩和砂岩层，它们在东部斜坡带和前陆拗陷带内均有发现(表 7.2,图 7.12)。与之相对应，在西部褶皱带内，最下部的沉积地层是三叠系 Wulglai/Allozai 组，其岩性组合与 Mianwall 组类似。在前陆拗陷带内，由上印度河拗陷到下印度河拗陷，三叠系逐渐由海相碎屑岩层向Wulglai 组厚层碳酸盐岩过渡(图 7.12)(Wandrey et al.,2004)，代表了由浅海向稳定大陆架相的渐变。

(2) 侏罗系

印度河盆地中的侏罗系由三个组组成，自下而上依次是 Datta 组、Shinawari 组和Samana Suk 组，整体上它们组成了一套厚层的碳酸盐岩层系(图 7.12)。最下部的 Datta组局部包含有大量的海陆交互相砂岩和页岩层(Aadil et al.,2014;Wandrey et al.,2004)。在西部褶皱带，与这三套沉积层同时的是下侏罗统 Shirinab 组和中侏罗统 Chiltan 组(缺失上侏罗统)，它们均是厚层的陆架碳酸盐岩沉积；Shirinab 组内出现了少量泥岩夹层(Nazeer et al.,2012)。

(3) 白垩系

在印度河盆地西部褶皱带和东部斜坡带，发现的最老的白垩纪地层是下白垩统Sember 组，该套地层主要由泥岩组成。Sember 组与上覆的 Goru 组之间为不整合接触，后者包括上下两段，其中下段由泥岩夹砂岩透镜体组成，上段由泥岩和碳酸盐岩组成。上白垩统 Parh 组(在旁遮普台地内缺失)是一套厚层的碳酸盐岩层，它与下伏地层之间为不整合接触；上白垩统顶部由 Pab 组泥岩夹薄层砂岩组成，是印度河盆地中的一套重要的储层。与上述两个构造单元内发育的白垩系相比，前陆拗陷带内白垩系最底部是Chichali 组，由薄层的砂岩、粉砂岩和泥岩组成。Chichali 组之上是 Lumshiwal 组，后者由厚层砂岩组成；由上印度河前陆拗陷带向下印度河前陆拗陷带，Chichali 和 Lumshiwal组逐渐向 Sember 组泥岩、Goru 组砂岩(粉砂岩)和 Parh 组碳酸盐岩层渐变(图 7.12)。在印度河盆地前渊拗陷带内，白垩系最顶部是 Hangu 组砂岩层，其不整合于不同拗陷单元内碳酸盐岩层或泥岩层之上，可能代表了一期强烈的大陆边缘抬升作用。

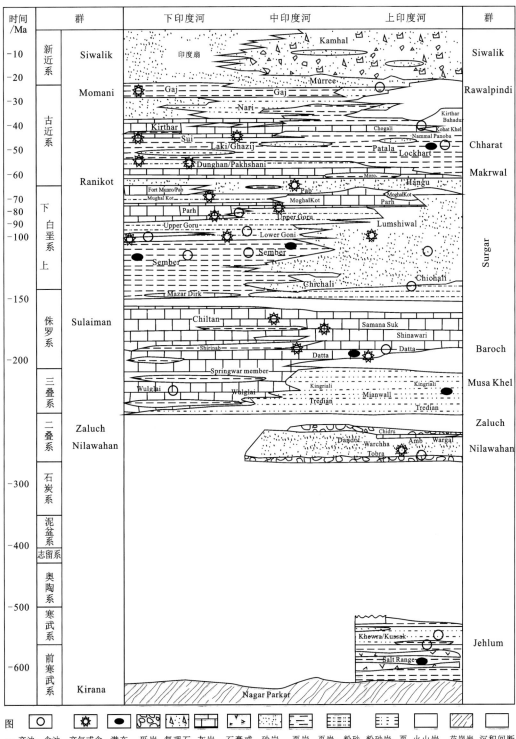

图 7.12　印度河盆地前陆拗陷带综合地层表(Wandrey et al.,2004)

3）古近系

在苏莱曼褶皱带内，古新统包括 Ranikot 组和 Dunghan 组两个组，分别由泥/页岩层和碳酸盐岩层组成，与东部斜坡带的沉积组成相似（表 7.2）；不同的是，在印度河前陆拗陷带，古新统底部是一套薄层的碳酸盐岩层，其上是 Lockhart 组、Patala 组和 Nammal 组厚层的泥岩层，这套泥页岩层在整个前陆拗陷带内稳定发育，局部出现砂岩或粉砂岩透镜体（Wandrey et al.，2004）。古近系代表了印度大陆与欧亚大陆碰撞之前发育在印度大陆边缘稳定的海相沉积序列（Jadoon et al.，1994）。始新统在西部褶皱带内也主要由两套地层组成，分别是下部的 Laki 组和上部的 Kirthar 组，其中前者主要由厚层的泥岩组成，而后者转变成厚层的碳酸盐岩夹泥岩薄层。在前陆拗陷带，南部的吉尔特尔拗陷内 Kirthar 组同样是由一套碳酸盐岩和泥岩互层组成的岩性单元，它与下伏的 Laki/Ghazij 组泥岩层之间渐变过渡（图 7.12）。Kirthar 组上部逐渐过渡为 Nari 组粉砂岩和砂岩层，这套陆源碎屑在北部的科哈特-博德瓦尔拗陷内缺失。渐新统在印度河盆地内普遍缺失，尤其是东部斜坡带内出现渐新世不整合；在前陆拗陷带和西部褶皱带内，残留的渐新统以 Chitterwatta/Nari 组为代表，是一套厚层的粗砂岩、砂岩夹薄层泥岩。

4）新近系

新近系最重要的一套沉积地层是 Siwalik 群，它由厚层的砾岩、粗砂岩和砂岩层组成，在前陆拗陷带内由北向南逐渐转变为深海浊积岩序列。在 Siwalik 群底部可能发育一套薄层泥岩（Murree 组），但是在西部褶皱带和东部斜坡带，这套细粒岩石普遍缺失。Siwalik 群是由海相向陆相河流转变、陆-陆碰撞造山带快速隆起的标志，它在喜马拉雅造山带前陆推覆带内（主前缘逆冲断层的上盘）出露得更加完整和典型。

2. 恒河盆地

恒河盆地的最老的岩石地层单元可能是保存在前隆带下部裂谷系内的冈瓦纳群或未分层的古生代—中生代未变质沉积岩（Singh and Singh，1995），它们直接覆盖在前寒武纪结晶基底之上，岩石学特征不详。恒河盆地主体是充填新生代沉积岩石单元，它们在前陆拗陷带和北部的前缘褶皱冲断带都有相对完整的记录。Yin（2006）对恒河盆地的地层组成及其相互叠置关系做了系统评述。

1）古近系

（1）古新统

除了在巴基斯坦西北部可能缺失外，古近系在巴基斯坦北部、印度西北部、尼泊尔和不丹前陆地区均有较好的出露。尼泊尔前陆下古新统包括 Amile 组和 Bhainskati 组两套层系。Amile 组是一套厚约 230 m 的河流至浅海相沉积岩，主要包括石英砾岩、砂岩、粉砂岩和黑色碳质页岩（DeCelles et al.，1998a），少量碳酸盐岩中出现双壳类、腹足类、珊瑚和脊椎动物的碎屑（Sakai，1983）；根据与下伏侏罗纪—白垩纪 Taltung 组火山碎屑岩和始新世 Bhainskati 组的接触关系，推测 Amile 组沉积于早古新世。Amile 组与巴基斯坦西北部的 Ghazij 群相当（表 7.2）。与喜马拉雅造山带前缘褶皱带相比，前陆拗陷带内已知的古新统主要分布在东部的 Ganak 拗陷，其他地区均缺失（Yin，2006）。

（2）始新统

在尼泊尔前陆,下始新统 Bhainskati 组厚度为 150～200 m,由黑色含黄铁矿富含有机质页岩(常见生物扰动等沉积构造)、石英砂岩和砾岩层及灰黑色微晶灰岩层组成;灰岩层中富含软体动物碎片、有孔虫、脊椎动物骨骼碎片、鱼鳞和鱼牙齿等(Sakai,1983)。根据古生物化石的研究,推测 Bhainskati 组形成于中始新世,与喜马拉雅造山带南缘广泛出露的碳酸盐岩层相吻合。Bhainskati 组与印度西北部的 Subathu 组、巴基斯坦北部的 Kohat 组(以及 Mami Khel 组)或巴基斯坦西北部的 Kirthar 组相当。在印度西北部,Subathu 组通常认为是造山带隆升期发育在前陆盆地内的一套碎屑岩,它的厚度随出露海拔增厚,表明最初可能是恒河前陆盆地前隆构造带附近的沉积层(DeCelles et al.,1998a;Najman et al.,1993)。巴基斯坦北部地区,中始新统 Kohat 组厚度＞200 m 并向南和向西尖灭,可以大致分为三段;下段由互层的薄层含化石灰岩和黄绿色页岩组成,中段主要是含化石砂岩,上段则由致密的均质化含化石碳酸盐岩组成(Pivnik and Wells,1996)。

2）新近系

（1）下中新统

新近系与下伏的古近系之间以不整合分割,在前陆拗陷带和北部褶皱冲断带都有记录。在前陆拗陷带内,新近系下部(下中新统)为 Dharamsala 群,包括下部的 Murree 组和上部的 Kamlial 组(Burbank et al.,1996)。Murree 组厚度为 0～6 000 m,由红棕色至红色粉砂岩和少量白色至灰白色砂岩组成;上部的 Kamlial 组厚度＞400 m,由棕色硬砂岩和少量红色-紫色粉砂岩组成。与之对应,在尼泊尔前陆地区,下中新统 Dumri 组是一套砂岩和泥岩组成的陆相层系,在典型剖面[坦森(Tansen)和布德沃尔(Butwal)之间的杜姆里桥(Dumri Bridge)]的厚度约 700 m,而在 Swat Khola 的厚度超过 1 200 m。Dumri 组与印度西北部的 Dagshai 组和 Kasauli 组、巴基斯坦西北部的 Chitarwata 组和巴基斯坦北部 Murree 组相当(DeCelles et al.,1998a)。Dumri 组不整合于中始新统海相地层之上,与上覆层之间的接触关系可能是逆冲断层或不整合面。印度西北部 Dagshai 组和 Kasauli 组白云母 $^{40}Ar/^{39}Ar$ 定年显示底部年龄不超过 28 Ma,而顶部年龄＞22 Ma(Najman et al.,1997),但考虑到白云母的结晶年龄一般大于沉积年龄,因此推测 Dagshai 组和 Kasauli 组及相当的 Dumri 组等的沉积年龄在 24～15 Ma(DeCelles et al.,1998a)。

（2）Siwalik 群

根据岩性的差异,Siwalik 群划分为上、中、下三部分(Quade et al.,1995)。在恒河盆地前陆拗陷带内,下 Siwalik 群命名为 Chinji 组,厚度为 500～1 300 m,由红棕色到鲜红色粉砂岩和白色至灰色砂岩组成;中 Siwalik 群包括 Nagri 和 Dhok Palhan 两个组,厚度分别是 400～1300 m 和 400～1600 m,前者是一套白色至蓝灰色砂岩夹少量红棕色粉砂岩组成,后者则主要包括杂色砂岩和红棕色粉砂岩;上 Siwalik 群命名为 Soan 组,是一套由颜色多变的富含火山碎屑的砂岩、泥岩和砾岩组成的地层,偶见火山灰夹层(Burbank et al.,1996)。

在尼泊尔前陆西部的库蒂亚-科拉(Khutia-Khola)剖面，下 Siwalik 群和中 Siwalik 群的厚度分别达到 862 m 和 2468 m，并且下 Siwalik 群沿逆冲断层逆掩于上 Siwalik 群之上，后者的厚度＞1000 m(DeCelles et al.,1998b)。在喜马拉雅前陆褶皱冲断带，Siwalik 群以砂岩和泥岩互层出现，河流相沉积。以尼泊尔前陆出露的 Siwalik 群为例，在 Khutia Khola 剖面其可以分为五段(DeCelles et al.,1998b)，包括河道砂、滑塌水道、决口扇和古洪泛平原等多种沉积类型。

3. 阿萨姆盆地

1) 基底

阿萨姆盆地基底为太古宙角闪片麻岩、花岗岩和石英岩，它们与西隆高原和米吉尔山可能具有亲缘关系；基底与上覆沉积岩呈不整合接触(Bhandari et al.,1973)。

2) 古生界—中生界

古生界与中生界在阿萨姆盆地没有钻井记录，仅在米吉尔山附近有白垩纪地层局部出露，为一套强烈喷发的火山岩——拉杰默哈尔(Rajmahal)玄武岩，覆盖在印度东北部和孟加拉盆地底部(Das Gupta and Biswas,2000)。根据重力资料推测阿萨姆盆地地层厚度约 7 500 m，但是地震资料解释获得的地层厚度仅有 6 500 m，据此，Bhandari 等(1973)认为可能存在古生代—中生代沉积地层。

3) 古近系

（1）Langpar 组

上古新统 Langpar 组可能是新生界最底部的沉积单元，因为在阿萨姆盆地中下古新统大部分缺失；Langpar 组包括海相石英砂岩和少量泥岩，代表发育于海陆交互相的一套沉积。

（2）Jaintia 群

Jaintia 岩系最早是由 Evans 于 1932 年提出，指的是发育在西隆高原至米吉尔山附近呈狭长条带出露的沉积岩；Jaintia 群包括两个组：上古新统—下始新统 Sylhet 组和中-上始新统 Kopili 组。Sylhet 组灰岩在卡西-锡尔赫特(Khasi-Sylhet)边界附近的出露厚度超过 270 m，在地发育厚度为 90～270 m，它是一套细晶灰岩和少量互层的页岩和砂岩组合。碳酸盐岩层呈浅灰色、浅粉红色、厚层状；页岩层呈绿灰色、中等硬度、富含钙质；砂岩层则呈浅灰色或绿灰色，中粒至细粒，富含钙质和海绿石(Bhandari et al.,1973)。Sylhet 组向上与 Kopili 组渐变，两者在测井和地震剖面反射特征等方面都有显著差别。在科皮里(Kopili)河附近剖面 Kopili 组出露较好，主要由破碎的页岩和不纯净灰岩组成；钻井和地震资料解释 Kopili 组主要由页岩层组成，含少量薄层状互层的砂岩和条纹状泥灰岩。页岩层富含化石，含少量钙质组分，灰色和绿灰色。砂岩层同样含少量钙质组分，为浅灰色和绿灰色，中等粒度至细粒。整体上，Kopili 组厚 350～460 m，为深海沉积。

（3）Barail 群

上始新统—渐新统 Barail 群在地表露头上由 Naogaon 组和 Rudrasagar 组构成，在覆盖区则由 Tinali 组砂岩和 Moran 组泥岩(含煤地层)两套沉积单元组成(Bhandari et al.,

1973)。地表露头 Naogaon 组主要由砂岩组成,含少量页岩,整体厚度自北西向南东方向
由 180 m 增至 670 m,其中砂岩包括中细粒次棱角至次圆状分选很差的砂岩组成,富含钙
质;次要的页岩层呈浅灰色至灰色,钙质含量向下逐渐减小。Rudrasagar 组与 Naogaon
组岩性差异较大,主要由页岩和少量薄层砂岩透镜体和煤线组成;页岩层通常呈灰色,富
含碳质成分,软至中等硬度,而砂岩层呈浅灰色,富含泥质成分,中等粒度,总厚度为 30～
520 m。Barail 群代表了面向开阔海的大陆边缘浅海相和河流相沉积(Kent and
Dasgupta,2004)(图 7.13)。

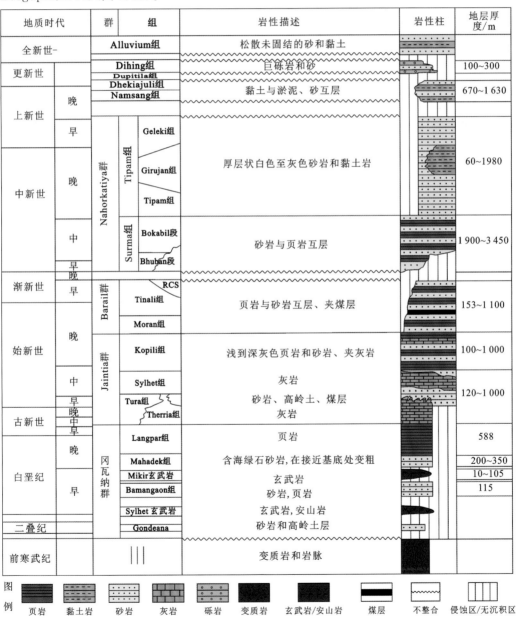

图 7.13　阿萨姆盆地综合地层柱状图(Kent and Dasgupta,2004)

4）新近系

（1）Nahorkatiya 群

中-下中新统 Nahorkatiya 群自下而上由 Surma 组、Tipam 组和 Girujan 组组成（Kent and Dasgupta，2004；Raju and Mathur，1995；Bhandari et al.，1973）。Surma 组最初是指发育在 Surma 河谷内的一套由页岩、砂质页岩、泥岩、泥质砂岩、砂岩和砾岩组成的沉积序列，可分为 Bhuban 和 Bokabil 上下两段。Surma 组与上覆沉积单元 Tipam 组之间的接触关系相对比较复杂，表现为岩性突变或不整合接触，在一些背斜顶部 Surma 组整体缺失。Surma 组主要由浅灰绿色至灰色中细粒砂岩、少量蓝绿色页岩和厚层砾岩透镜体或含砾砂岩组成；Surma 组上段，页岩层所占比例逐渐增大，最大厚度超过 50 m，其标志性的蓝绿色使其很容易与上覆 Tipam 组进行区分。

下中新统 Tipam 组不整合于 Surma 组之上，主要由浅灰色中细粒棱角状或次圆状厚层砂岩和少量灰色、棕色或红色泥岩夹层（偶见煤线）组成。由于泥质成分向上逐渐增加，与上覆的 Girujan 组难以区分，但是两者的岩性和沉积相特征及沉积厚度在侧向上均出现明显变化，可以作为判别的依据。Tipam 组含有丰富的河流起源的重矿物，包括角闪石、绿帘石、石榴石、十字石、电气石、蓝晶石、绿泥石和黝帘石等（Bhandari et al.，1973），可能指示了喜马拉雅造山带的快速隆升。

中中新统 Girujan 组整合于 Tipam 组之上，是一套由单一的泥岩层夹少量薄层砂岩和粉砂岩组成的沉积组合。泥岩层呈灰色、棕色、砖红色、浅黄色和灰白色等多种颜色，砂岩层为浅灰色，中细粒结构；自下而上，Girujan 组中没有出现明显的岩性突变，只是砂岩的含量有所增加。Girujan 组在阿萨姆盆地的西部逐渐减薄，最大厚度不超过 850 m。

（2）Namsang 组

Namsang 组在地表为一套由未固结的砂岩和褐色含鹅卵石砾岩组成的岩石单元，与 Tipam 组、Girujan 组和 Dupi Tila 组等的接触关系非常复杂。在覆盖区，Namsang 组则是一套互层出现的砂岩和泥岩组成的沉积单元，砂泥岩的比例相当；砂岩层通常呈灰色至棕色，中细粒结构，泥岩层多为砖红色、浅蓝灰色、黄棕色或白色。Namsang 组的厚度一般为 400～500 m，组在喜马拉雅前陆拗陷带的最大厚度超过 2 000 m。

（3）Dihing/Dhekiajuli 组

Dihing 组（或 Dhekiajuli 组）最初是用来指沉积于阿萨姆峡谷内一套厚度超过 1 100 m 的由松散的砂岩和砾石组成的岩石单元，是整个盆地内最年轻的一套沉积岩。它包括厚层的发育大型层理构造的砂岩和少量泥岩层、砾石层，砂岩多为中粗粒结构，疏松未固结，泥岩层多呈浅灰至浅蓝灰色。Dihing 组几乎不含化石，厚度自喜马拉雅造山带向那加褶皱带递减。

阿萨姆盆地的局部覆盖全新世冲积层，它也是一套未固结的由砂岩、砾岩和少量泥岩组成的沉积序列，厚度多在 300～650 m。

7.3　喜马拉雅前陆盆地发育与造山带隆升

7.3.1　盆山体系

1. 盆山体系的内涵

在长期的地质学研究过程中,人们逐渐认识到单独的造山带或盆地研究不能获得对造山带或盆地的完整认识(刘少峰和张国伟,2005)。20 世纪 90 年代开始,地质学家逐渐提出"盆山体系""盆山耦合"等概念和研究思路(刘树根 等,2006)。虽然造山带和沉积盆地之间的相对关系很早就被地质学家所注意。例如,Dickinson(1974)提出前陆盆地的概念,以及 Graham 等(1975)对喜马拉雅造山带-孟加拉扇体系的描述,但真正作为一种研究思想,盆山体系或盆山耦合的研究首先出现在中国中西部沉积盆地与造山带研究中(刘树根 等,2006,2003;王二七,2004;Liu et al.,2003;吴根耀和马力,2003;刘和甫 等,2000,1999;Liu and Chen,1998;李思田,1995),并提出复合盆山体系描述中国复杂的盆山体系关系(Wu et al.,2017;沈传波 等,2007;吴冲龙 等,2006)。造山带与相邻的沉积盆地之间最显著的对应关系是相反的构造极性。刘树根等(2003)认为盆山体系或盆山耦合具有以下几方面的重要内涵:①大陆岩石圈构造的基本单元是造山带和沉积盆地;②造山带与沉积盆地是形成于统一的地球动力学背景下的一对孪生体,它们在空间上相互依存、物质上相互补偿、演化上相互转换、动力上相互转换(具有盆转山、山控盆、盆定山的过程);③盆山系统主要表现为物质的循环系统和以流体为媒介的能量交换系统;④盆山系统是陆块相互作用、岩石圈层相互耦合的复杂系统。盆山间的耦合作用具体表现为:①造山带的楔进作用和盆地挠曲;②造山带滑脱作用或拆层作用与盆地变形;③造山带的蚀顶作用与盆地充填(刘和甫 等,1999)。

2. 前陆盆地系统

前陆盆地通常是指形成于线性收缩造山带和稳定克拉通之间,由造山带逆冲岩席负载驱动岩石圈挠曲形成的不对称的狭长拗陷槽(Jordan,1995,1981;Heller et al.,1988;Beaumont,1981;Dickinson,1974;Price,1973)。Dickinson(1974)将前陆盆地定义为两种基本类型:周缘前陆盆地(peripheral foreland basin)和弧后前陆盆地(retroarc foreland basin),它们之间的大地构造差异在于前者形成于俯冲板块之上,而后者发育在仰冲板块之上、大陆边缘岛弧带的内侧。Decelles and Gilest(1996)指出,典型的前陆盆地具有以下基本特征(图 7.14):①前陆盆地的沉积充填在横剖面上呈楔形,最大沉积厚度邻近推覆带或者位于推覆带之下(Jordan,1995);②前陆盆地的沉积物主要来自邻近的逆冲推覆带,少量来自克拉通一侧的沉积盆地(DeCelles and Hertel,1989;Schwab,1986;Dickinson and Suczek,1979);③前隆(挠曲隆起)分隔了前陆拗陷与克拉通(Crampton

and Allen，1995；Quinlan and Beaumont，1984；Karner and Watts，1983；Jacobi，1981）；
④在纵向上，前陆盆地通常与大陆边缘盆地、残留洋盆地或弧后扩张中心相连（Ingersoll
et al.，1995；Covey，1986；Miall，1981；Hamilton，1979）。随着对全球前陆盆地实例研究的
深入，人们逐渐认识到来自相邻造山带、前隆带和克拉通的沉积碎屑及内生碳酸盐岩碎屑
的沉积可能超过前陆拗陷带的边缘，如美国西部的前陆盆地（Jordan，1981）；而有些前陆
盆地，如台湾前陆（Covey，1986），沉积物只能呈狭长条状局限地分布在前渊拗陷带的深
部（DeCelles and Giles，1996）。在这种情况下，前陆盆地可能会出现未充填、充填或过充
填等不同的状态。研究还发现，来自造山楔的沉积碎屑如果大量聚集在早期的推覆带顶
部形成背驮（piggy-back）盆地或楔顶（thrust top）盆地，虽然在地形上它们与前陆拗陷带
之间是相对独立的，但是楔顶带的沉积作用可能是持续进行的（Talling et al.，1995；Beer
et al.，1990）。如果同造山期沉积物同时出现在前陆拗陷带和背驮盆地，在横剖面上前陆
盆地将不会呈楔形（Heller and Paola，1992）。前陆盆地沉积碎屑同时向造山带和克拉通
两侧迁移并引起盆地不对称发育可能是沉积后的构造过程（如逆冲推覆带的削截作用），
而不是由沉积过程与沉降过程相互作用的结果（DeCelles and Giles，1996）。

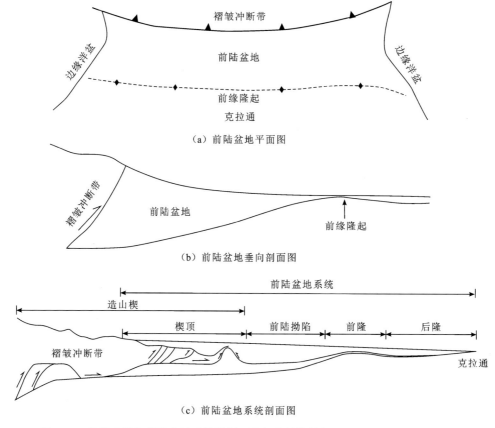

图 7.14　前陆盆地与前陆盆地系统横剖面几何学结构特征（DeCelles and Giles，1996）

DeCelles 和 Giles(1996)引入了前陆盆地系统(foreland basin system)的概念,它为明确前陆盆地的概念并合理解释发育复杂几何学结构的前陆盆地提供了新的研究思路。他们指出,前陆盆地系统包括以下内涵(图 7.14):①前陆盆地系统是发育在收缩造山带和克拉通之间的陆壳之上的狭长的沉积物可容纳空间,它的形成与造山带及其俯冲系统的动力学过程有关;②前陆盆地系统由四个沉积单元组成,即楔顶、前渊拗陷、前隆和后隆,各个沉积区之间的界限会随时间改变,有些前陆盆地系统可能不发育前隆或后隆;③前陆盆地系统在径向上的范围大致与褶皱冲断带的范围相当。需要特别注意的是,前陆盆地系统中各沉积单元是依据沉积过程中的位置而不是与逆冲推覆带的相对位置确定,沉积物的这种构造属性不会随时间变化,这一点非常重要,因为在变形非常强烈的楔顶带,通过沉积相解释逆冲推覆带的演化历史时,需要了解构造和同沉积期的地层结构,而不是经历了强烈变形的沉积期后的地层结构(DeCelles and Giles,1996)。事实上,前陆盆地系统非常复杂,它的形成是各复杂变量之间相互作用的结果(Jordan and Flemings,1991;Flemings and Jordan,1989);变量的改变可能会通过不同的方式影响不同的沉积单元,因此,如果将前陆盆地作为单一的沉积单元进行分析,将不可避免地出现误差(DeCelles and Giles,1996)。将楔顶带纳入前陆盆地系统中可以合理地阐释前陆盆地野外调查和盆地模拟之间的矛盾。DeCelles and Giles(1996)指出,以构造负载产生楔形可容纳沉积空间为基础对前陆盆地进行模拟时,通常认为盆地是“两期”沉积充填的结果:地壳收缩和造山带负载会导致沉降空间加速产生,在邻近造山带的地区聚集粗粒沉积碎屑,而在前陆盆地的大部分区域则会发育细粒沉积物;构造平静期造山带剥蚀作用减弱引起地壳挠曲反弹及前陆盆地近端可容纳沉积空间的减小,在这种情况下,粗粒沉积碎屑将会向盆地远端迁移。因此,幕式的地壳收缩和造山带生长通常与前陆盆地内的细粒碎屑的沉积作用相关,而构造平静期与前陆盆地粗粒沉积物的汇入有关,这种思想被广泛地用于解释前陆盆地的岩相和厚度分布样式的交替变化(Heller and Paola,1989)。但是前陆盆地“两期”演化模型可能存在一些明显的问题(DeCelles and Giles,1996):①褶皱冲断带的构造负载可能不是幕式活动,而是持续活动(DeCelles,1994;Jordan et al.,1993;Burbank et al.,1992);②控制前陆盆地内沉积物粒度大小的主要因素可能与流域大小有关(Damanti,1993);③前缘冲断带活动期间,楔顶带发生隆升、形变或部分剥蚀(DeCelles,1994;Burbank et al.,1988;Wiltschko and Dorr,1983),沉积物必然向前陆拗陷带迁移而不可能堆积在楔顶带。“两期”演化模型不适用于前陆盆地的情况,可能与前陆盆地的“不真实”的楔状几何学结构相关。事实上,这一模型可能更适合于半地堑结构的盆地(Mack and Seager,1990;Leeder and Gawthorpe,1987)。因此,对前陆盆地横剖面的几何学结构进行量化分析的最好方法就是将其看作是向造山带和克拉通方向同时倾斜的楔形,相应的沉降作用也向两侧减小,盆地的同期变形和沉积作用也同时向两侧迁移(DeCelles and Giles,1996)。

7.3.2 造山带隆升的沉积学记录

研究喜马拉雅造山带的隆升剥露历史对于探讨印度-欧亚板块不同汇聚模型下地壳

的收缩、全球气候变化和海洋地球化学变化都具有重要意义（Beaumont et al.,2006；Robinson et al.,2006；Jamieson et al.,2004；Zhao et al.,1993；Richter et al.,1992；Raymo and Ruddiman,1992,1988；Tapponnier et al.,1982）。在造山带漫长的演化历史进程中，众多地质过程和事件都可能会对造山带的形成产生影响，但是造山带自身保存的早期演化信息可能遭受后期变质作用与构造作用的改造而不可识别，在这种情况下，那些来自造山带的沉积碎屑可能提供了造山带早期演化历史的珍贵记录（Najman,2006）。Najman（2006）总结了喜马拉雅前陆盆地物源研究中的主要方法技术，并评述该地区物源研究的进展。本书在其研究的基础上汇总了最近发表的新数据，对喜马拉雅前陆盆地物源演化做了探讨。

1. 沉积物源研究的方法技术

1）沉积学与地层学

沉积学和地层学研究为造山带和古河流演变提供了重要支撑，这类研究包括盆地沉积相的时空变化、古水流和沉积速率、沉积物体积和年龄测量及不整合面等。多位学者通过沉积学和地层学方法计算了喜马拉雅造山带的总剥蚀量（Einsele et al.,1996；Rowley,1995；Curray,1994；Johnson,1994b），探讨了印度板块与欧亚板块间的汇聚机制，包括侧向挤出机制（Tapponnier et al.,1982）、板底俯冲作用（Zhao et al.,1993）和地壳增厚作用（Dewey et al.,1988）等。同样地，一些重要的沉积学记录，包括物源转换引起沉降量增加（Rowley,1996）、沉积地层的最古老年龄（Clift et al.,2002；Beck et al.,1995）和海相地层沉积的终止（Searle et al.,1997）等，是检验印度大陆与欧亚大陆之间是否存在穿时缝合过程（Najman and Garzanti,2000；Rowley,1998,1996；Uddin and Lundberg,1998；）的重要线索。此外，前陆盆地内发育的不整合面与沉积速率、古水流和相变化可能是前陆盆地与造山带耦合作用的重要记录（Burbank and Raynolds,1988；Meigs et al.,1995；DeCelles and Giles,1996）。

2）岩石学和矿物学

建立砂岩骨架颗粒模型通常是物源判别的第一步。这一模型通过鉴别矿物和岩屑组分含量区分物源区原岩对砂岩岩石学的贡献等重要信息。一些传统的参数，如石英、长石和岩屑（可分为沉积碎屑、火成岩碎屑和变质岩碎屑），用来构建三角图并区分不同的物源单元：再旋回造山带、岩浆岛弧和克拉通陆块（Dickinson,1985；Dickinson and Suczek,1979）。根据岩屑组分的差异（变质泥岩、变质长石和变质基岩）和变质沉积岩的变质程度（板岩、千枚岩、片岩和片麻岩），能够更准确地判别物源（Najman et al.,2003a；Garzanti and Vezzoli,2003；White et al.,2002）。重矿物研究能够对物源判别提供特别的信息；特殊变质指标矿物的出现是对物源区变质程度的一种重要约束，不稳定端元组分含量能够解释再旋回作用的程度，高含量特殊组分的出现能够提供河流演化和源区剥露史的重要信息（Najman,2006）。需要指出的是除了物源区本身的差异外，风化作用、循环作用、成岩作用和颗粒粒度等因素也会影响沉积岩的岩石学特征。一般而言，砂级沉积碎屑是原岩破碎成其组分的产物，如果出现了砾级沉积碎屑，那么原岩和沉积碎屑之间的亲缘关系会更紧密。在喜马拉雅前陆盆地,从巴基斯坦到尼泊尔,利用沉积碎屑判别物源很好地约束了粗粒沉积物源区的剥露作用并提供了主边界断裂、前缘逆冲推覆作用和基底挠曲断层作用的活动时间等重要信息(Brozovic and Burbank,2000;DeCelles et al.,1998a,b;Meigs et al.,1995;Burbank and Beck,1989;Baker et al.,1988)。

3) 全岩地球化学

碎屑沉积物的地球化学组分主要受源区岩石成分影响。因此主、微量元素是判别物源的一种成功的方法,可以应用在那些风化作用溶解度较低和在海水中沉积滞留时间较短的元素中(Cullers et al.,1988;Wronkiewicz and Condie,1987)。全岩地球化学能够使骨架颗粒模型更加精确,岩石中的一些不稳定颗粒会被降解为基质,导致原岩的部分信息丢失。对于细砂岩,X 射线荧光、ICP-AES 和 ICP-MS 是最常用的方法,可以将细砂岩中保存的源区完整而准确的信息表现出来,比砾岩和粗砂岩的效果更好。为了解决物源问题,在解释全岩地球化学特征时,需要考虑一些其他因素引起的误差,如风化作用、成岩作用和变质作用(McLennan and Taylor,1991;Condie and Wronkiewicz,1990;Wronkiewicz and Condie,1987)。铬和镍元素在变质作用和热液活动中被认为是不易迁移的,但是Condie 和 Wronkiewicz(1990)证实它们可以作为物源的重要指示标志。泥岩矿物从海水中吸附金属元素的机制还没有得到很好的认识,因此,海相和陆相金属元素的比值变化可能是由沉积环境引起。主、微量元素的研究方法在印度前陆盆地(Najman,1995)和西藏特提斯岩系(Zhu et al.,2005;Zhu,2003)的研究中来鉴别不同构造环境中的派生变化。例如,Roser and Korsch (1986)用 K_2O/Na_2O 和 SiO_2 判别图确定物源是来自被动大陆边缘、主动大陆边缘还是岛弧带;Bhatia 和 Crook(1986)用 Th-Sc-La 和 Th-Sc-Zr/10 三角图确定沉积物的沉积环境是大洋岛弧、大陆岛弧、主动大陆边缘还是被动大陆边缘。利用这种方法,研究发现藏南特提斯喜马拉雅游侠组沉积在主动大陆边缘环境,与它们的岩石学特征相符,而印度前陆盆地的岩石落在被动大陆边缘。

4) 单矿物地球化学

单矿物地球化学的组成可以与发育不同岩石成因类型的物源区进行对比,从而判断沉积碎屑的来源。最常用的两种单矿物是尖晶石与角闪石,尖晶石地球化学的应用技术相对成熟而角闪石地球化学技术(电子显微镜和离子探针技术)也展示了对物源判别的潜力。Dick 和 Bullen (1984)用 $Cr^{\#}[Cr/(Cr+Al)]$ 来区分尖晶石来自不同的地球动力学背景,它们认为尖晶石来自深部橄榄石和洋中脊玄武岩 $Cr^{\#}<0.6$;相反,来自岛弧相关背景、陆壳不同深度和大洋高原玄武岩尖晶石 $Cr^{\#}>0.6$,这是一种可行的技术手段(Barnes and Roeder,2001)。相对而言,角闪石非常容易发生蚀变,这是其应用的一个缺陷,但是随着离子显微镜技术的应用,对角闪石未蚀变区进行分析已经成为现实。Lee 等(2003)发现角闪石微量元素 Nb/Zr、Ba/Y 的比值在不同的构造单元差异显著。尽管它们在不同构造单元有部分重叠,但是有足够的差异可以将那些不属于特定物源区的颗粒剔除。理想情况下,分析每个构造单元对应的样品将能更好地理解每个物源区特征。

5) 同位素地球化学

不同的源区具有不同的同位素特征,它是岩石单元年龄和组成的函数(Najman

et al.,2008)。这种同位素特征可以被源区的全岩或某种单矿物所记录。在碎屑沉积物研究中,特别是存在多物源区贡献时,单颗粒技术在物源判别中更具优势。这是因为全岩沉积物分析给出的仅仅是均值,次要物源往往被忽视。Sm-Nd 体系(Depaolo,1981)在剥蚀或沉积作用导致的变质或放射性蚀变中不易被重置,因此是一种理想的判别物源技术。稀土元素相对是难溶的,并且沉积颗粒的排列和粒度变化通常对其影响较小(Taylor and McLennan,1985);对于细砂岩级的沉积碎屑,研究表明颗粒大小对稀土元素有一定影响(Galy et al.,1996)。但是需要注意的是喜马拉雅造山带岩石单元的差异比碎屑粒度对 Sm-Nd 同位素体系的影响更大。相对而言,Sr 元素更容易溶解,而且在不同的矿物中 $^{87}Sr/^{86}Sr$ 差异也很大,这最终也体现到了沉积碎屑的同位素组成上。

为了克服混合源区物源使用全岩碎屑物质识别物源时的限制,White(2001)将独居石的 Sm-Nd 同位素指纹法应用到了喜马拉雅前陆盆地的碎屑颗粒物源研究中,并假设它们记录的是物源区岩性构造单元的 Sm-Nd 同位素特征。现今的 ε_{Nd} 值可以通过假设 $t=0$ 计算得到,并可与物源区岩性构造单元对比,允许单矿物物源判别。U-Th-Pb 年龄可以从相同的颗粒中获得,结合 U-Th-Pb 定年和 Sm-Nd 同位素指纹特征,将会给出综合的物源信息。Henderson 等(2010)发展了磷灰石 Sm-Nd 同位素法并应用到喜马拉雅造山带研究中。它们的研究结果显示来自欧亚板块的磷灰石具有较高的 εNd 值和相对低的 $^{147}Sm/^{144}Nd$ 比值,来自印度板块的磷灰石具有由低到高的 ε_{Nd} 值和中高值 $^{147}Sm/^{144}Nd$,使用这种方法成功地约束了印度板块与欧亚板块的碰撞时间。

6）单矿物年代学

与同位素地球化学原理类似,存在多重物源区贡献时,单颗粒技术无疑显得更加重要。对于给定的一类同位素体系,每种矿物有其特定的封闭温度,如果没有经历高于封闭温度的热史过程,那么矿物的一些年龄信息可以保存,反之则可能代表了其他地质过程的信息。因此,矿物的同位素年龄能够提供温度介于其结晶后到低于其封闭温度之间时的地质信息。最常见的方法包括碎屑矿物 $^{40}Ar-^{39}Ar$ 定年、U-Th-Pb 定年和裂变径迹定年。最常用来进行 $^{40}Ar-^{39}Ar$ 定年的矿物包括角闪石、白云母、黑云母和长石,这一技术在约束地层的最大沉积年龄、物源区剥露作用和沉积物源等方面发挥了重要作用。锆石和独居石是最常用于 U-Th-Pb 定年的矿物,它们的封闭温度超过了 750 ℃(Spear and Parrish,1996),因此绝大多数情况下获得的是火成岩熔融结晶时的年龄。径迹是矿物中的 ^{238}U 裂变时在宿主矿物晶格内留下的线性损伤带,锆石和磷灰石是这一技术最常用的两种矿物。裂变径迹定年与其他同位素体系定年的原理类似,裂变径迹记录了矿物温度冷却时其部分退火带的年龄,其中锆石的部分退火带的温度范围是 200～350 ℃(Tagami et al.,1998),而磷灰石则是 60～110 ℃(Laslett et al.,1987)。矿物中的径迹数量代表了从温度降至部分退火带以来的时间,而径迹的长度则反映了矿物通过其部分退火带的速率。这种技术手段可以提供矿物的冷却史和年龄。在沉积盆地中,磷灰石通过其部分退火带时发生温度重置是非常常见的情况,此时可以用它反映盆地的构造演化;如果磷灰石在沉积盆地内没有经历高于部分退火带的温度,那么记录的是物源区的年龄和剥露演化史。对于锆石而言,沉积盆地的埋藏温度不足以使其发生重置,因此反应的是物源剥蚀区的冷却历史。

2. 盆地不同时期沉积物物源

1）巴基斯坦前陆

（1）古近系海相沉积层

在巴基斯坦西北部和北部前陆地区，晚古新世末期由被动大陆边缘浅海相沉积向深水沉积过渡，发育了 Ghazij 群 Tarkhobi 组页岩。Tarkhobi 组之上出现的是上古新统—下始新统 Mami Khel 群浅海相-陆相，含有一定量的变质岩碎屑输入。在 Pazara-Kashmir 构造结与 Mami Khel 群大致相当的 Patala 组的下部含有大量石英砂岩，上部则出现了大量长石火山碎屑、千枚岩、燧石和蛇纹质片岩碎屑（Critelli and Garzanti，1994）。盆地的沉降历史和火山岩、变质岩碎屑的输入特征表明这一时期发生了蛇绿岩仰冲、岩石圈挠曲沉降，以及印度大陆和欧亚大陆初始碰撞等重要的地质事件（Najman，2006）。在这之前，大量的石英砂岩可能来自前隆的抬升剥蚀（Critelli and Garzanti，1994）。

（2）Murree 组

陆相层系 Murree 组中首次出现了大量的低级变质碎屑、沉积碎屑和微量的长石（Singhb，1996b；Critelli and Garzanti，1994；Abbasi and Friend，1989），在 Dickinson（1985）QFL 碎屑岩模型中落在再循环造山带物源区［图 7.15（a）］。Murree 组中碎屑白云母^{40}Ar-^{39}Ar 年龄的峰值为 37 Ma，被认为是喜马拉雅造山带变质碎屑输入的结果（Najman et al.，2002，2001），这与喜马拉雅造山带早期隆升时间相吻合（Martin et al.，2007；Kohn et al.，2004；Godin et al.，2001；Catlos et al.，2001；Argles et al.，1999；Vannay and Hodges，1996）。相应的，Murree 组中的火山碎屑则可能是岛弧带或板块缝合带的产物（Critelli and Garzanti，1994）。

（3）Kamlial 组

Kamlial 组的岩石学特征与 Murree 组有明显的差别，前者变质碎屑的含量减少而火山碎屑的含量剧增（Najman et al.，2003a；Hutt，1996）［图 7.15（b）～（d）］。碎屑白云母^{40}Ar-^{39}Ar 定年显示，滞后时间由 18～17.7 Ma 时的 5～7 Ma 减小至 14 Ma 时的<1 Ma 表明这一时期物源区的快速剥露作用（Najman et al.，2003a；Cerveny et al.，1988）。Najman 等（2003a）认为 Murree 组和 Kamlial 组之间出现物源转换是由古河流体系的演变（改道和向源侵蚀作用）引起，这种渐进式剥蚀观点既可以解释由 Kamlial 组内低含量的火山碎屑向 Siwalik 群出现的高含量角闪石和多色斜方辉石沉积碎屑的转变，又可以结合沉积速率增大等信息进一步验证喜马拉雅造山带在这一时期出现新的向前陆方向活动的逆冲推覆体系（Burbank et al.，1996；Willis，1993a，b）低喜马拉雅抬升剥蚀等重要地质事件。

（4）Siwalik 群

Siwalik 群下段（Chinji 组）为富泥沉积，中段逐渐转变为富砂相沉积（开始出现砾石层）并伴随有沉积速率的快速增大（Burbank et al.，1996；Meigs et al.，1995）。上 Siwalik 群（Soan 组）含有大量砾石碎屑，是原地快速堆积的产物（Burbank and Beck，1989）。Siwalik 群主要落在再循环造山带物源区［图 7.15（a）］，以含大量中-高级变质碎屑和少量沉积碎屑、火山碎屑和蛇绿岩碎屑为特征（Najman，2006；Garzanti et al.，1996；Pivnik and Wells，1996；

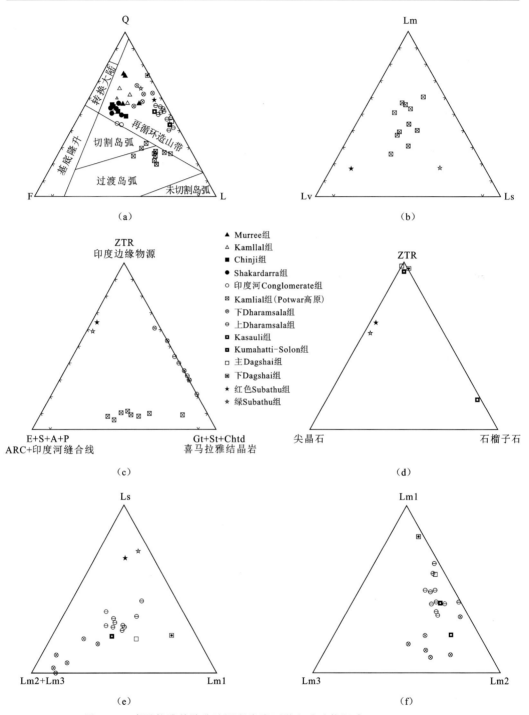

图 7.15　喜马拉雅前陆盆地沉积岩岩石学和重矿物组成（Najman,2006）

Q 为总石英颗粒；F 为总长石含量；L 为总岩屑含量；Lm 为变质岩岩屑；Lv 为火山岩岩屑；Ls 为沉积岩岩屑；ZTR 为锆石、电气石和金红石；E 为绿帘石；S 为尖晶石；P 为辉石；Gt 为石榴子石；St 为十字石；Chtd 为硬绿泥石；Lml 为极低变质岩岩屑；Lm2 为低级变质岩岩屑；Lm3 为中等变质岩岩屑；ARC 为岛弧

Critelli and Ingersoll,1994;Abbasi and Friend,1989)。Siwalik 群内出现砾岩层序与古流、沉积相变化等信息可能反映了主前缘推覆带在 5～6 Ma 时开始活动(Najman,2006)。

2) 印度前陆

(1) 古近系海相沉积层——Subathu 组

岩石学研究显示,Subathu 组主要有沉积碎屑组成,含有一定量的霏细岩和微量蛇纹石片岩碎屑组分;红色层段中火山碎屑(长石)含量非常高(图 7.15);泥岩层段中镍(Ni)和铬(Cr)含量非常高,指示了镁铁质源区的贡献(图 7.16)。尖晶石地球化学特征表明物源区应该与蛇绿岩带或岛弧带相关(Mahéo et al.,2004;Arif and Jan,1993;Jan et al.,1993,1992;Jan and Windley,1990),而不是来自印度大陆的玄武岩熔流(Najman and Garzanti,2000),因为印度大陆 Deccan 玄武岩具有高 TiO_2 含量的特征,这与 Subathu 组的尖晶石地球化学特征明显不同[图 7.17(a)]。Sr-Nd 同位素则明确指示 Subathu 组沉积物来自北部印度河—雅鲁藏布江缝合带与印度被动大陆边缘形成的混合沉积序列[图 7.17(b)](Najman and Garzanti,2000)。这间接表明印度板块与欧亚板块在此之前已经发生了陆-陆碰撞作用,也可以用来佐证蛇绿岩带在始新世时发生的仰冲过程(Najman,2006)。

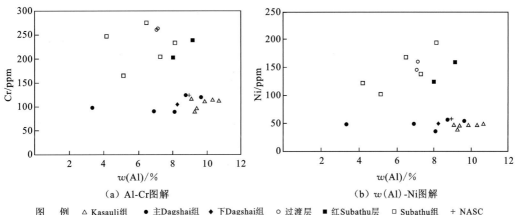

(a) Al-Cr图解   (b) w(Al)-Ni图解

图 例   △ Kasauli组   ● 主Dagshai组   ◆ 下Dagshai组   ○ 过渡层   ■ 红Subathu层   □ Subathu组   + NASC

图 7.16   印度前陆 XRF 法泥岩组成(Najman,2006)

NASC 为北美页岩组分

(2) 渐新统—中新统 Dagshai 和 Kasauli 组

Dagshai 组岩石碎屑组分以极低-低级变质岩碎屑为主(图 7.15),并且与下伏的 Subathu 组相比,镁铁质碎屑组分迅速减少,可能指示为高喜马拉雅上地壳卷入的逆冲推覆带的初始活动。碎屑白云母和锆石定年(Najman et al.,2004,1997)及 Nd 同位素特征(Najman and Garzanti,2000)等资料也证实该组为高喜马拉雅来源[图 7.17(b)]。Kasauli 组与 Dagshai 组在岩石碎屑组成、尖晶石地球化学和 Sr-Nd 同位素等特征方面相似,但是岩石学和重矿物组合显示前者来自高喜马拉雅更深层次的变质岩系,如出现了石榴石和铁铝石榴子石等区域变质作用产生的指示性矿物(Najman and Garzanti,2000)。

(3) 中新统 Dharamsala 组

云母和独居石年龄、全岩和独居石 Sr-Nd 同位素组成(图 7.18)、岩石学和重矿物组

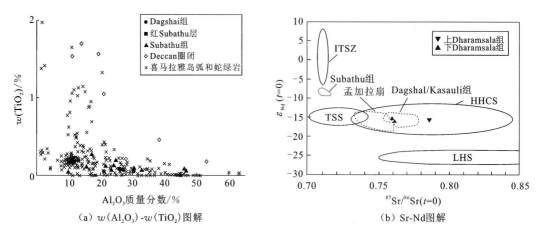

（a）$w(Al_2O_3)$-$w(TiO_2)$图解 （b）Sr-Nd图解

图 7.17 Subathu 组及可能源区尖晶时地球化学和 Sr-Nd 同位素组成（Najman,2006）

ITSZ 为印度河雅鲁藏布江缝合带；HHCS 为高喜马拉雅变质岩系；TSS 为特提斯喜马拉雅岩系；LHS 为低喜马拉雅岩系

成（图 7.15）记录了 Dharamsala 组沉积时高喜马拉雅已经剥蚀到了石榴石-十字石发育的深度（White et al.,2002,2001；White,2001）。独居石年龄显示物源区的变质作用发生在 37～28 Ma；而白云母的滞后时间<3 Ma 则表明是物源区在发生变质作用后的迅速抬升剥露。Dharamsala 组上段开始沉积时（17 Ma）大量碎屑白云母和低级变质岩碎屑的输入表明有新的物源区的加入，但毫无疑问的是高喜马拉雅的持续剥蚀和供给仍占主导地位；与高喜马拉雅岩系的独居石 T_{DM} 和 Nd 同位素特征（图 7.18）及全岩 Sr-Nd 同位素[图 7.17(b)]相比，新加入的物源区的岩系变质程度应该较低，如高喜马拉雅内未变质/低变质程度的基岩（Steck,2003；White et al.,2002；Thakur,1998）或小喜马拉雅岩系（Najman,2006）。

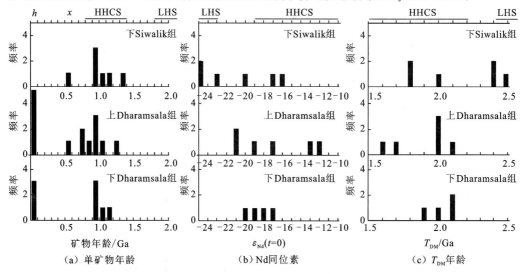

矿物年龄/Ga $\varepsilon_{Nd}(t=0)$ T_{DM}/Ga

（a）单矿物年龄 （b）Nd同位素 （c）T_{DM}年龄

图 7.18 印度前陆沉积岩单矿物年龄、Nd 同位素和 T_{DM} 年龄（Najman,2006）

HHCS 为高喜马拉雅变质岩系；LHS 为低喜马拉雅岩系；h 为喜马拉雅造山带碰撞时间；x 为寒武纪—奥陶纪花岗岩和片麻岩的侵入时间

（4）Siwalik 群

Siwalik 群中显示了在 13 Ma 时首次出现了蓝晶石,在 8 Ma 时出现了硅线石(Najman et al.,2003a,b),而碎屑白云母的年龄显示为 13～4 Ma,其滞后时间开始逐渐增大(Najman et al.,2002),这些证据都表明在 Siwalik 群沉积时,其主要物源区——高喜马拉雅处于缓慢剥露过程。在 10 Ma 时,砂岩相开始向小喜马拉雅砾岩相(Najman et al.,2002;Meigs et al.,1995)转变,这一时间与前陆盆地在 11 Ma 时沉降速率增大(Burbank et al.,1996;Meigs et al.,1995)、主边界断裂开始活动(Najman et al.,2004)等事件相吻合。

3）尼泊尔前陆

（1）下-中始新统 Bhainskati 组

Bhainskati 组中含有大量纯石英砂岩,其岩石学组成与下伏的被动大陆边缘相 Amile 组相似(图 7.19)。尽管如此,碎屑锆石的 U-Pb 年龄和裂变径迹年龄却与 Amile 组不同。Bhainskati 组中碎屑锆石的裂变径迹年龄以喜马拉雅同造山期年龄为主(Najman et al.,2005)(图 7.20);锆石 U-Pb 年龄主要集中在 500～1 000 Ma,这比 Amile 组的锆石 U-Pb 年龄(1 800～2 500 Ma)要年轻很多,后者通常认为来自印度克拉通(DeCelles et al.,2004)(图 7.21)。尽管 Bhainskati 组中年轻的碎屑锆石 U-Pb 年龄分布样式与高喜马拉雅岩系相似,但是 DeCelles 等(2004)认为它们来自特提斯喜马拉雅沉积岩系,此时的高喜马拉雅尚未抬升至地表,这一推论也得到了 Nd 同位素特征的证实(Robinson et al.,2001)。

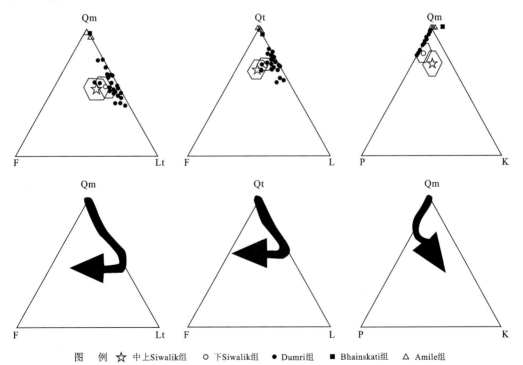

图　例　☆ 中上Siwalik组　○ 下Siwalik组　● Dumri组　■ Bhainskati组　△ Amile组

图 7.19　尼泊尔前陆沉积层岩石学组成(DeCelles et al.,1998a)

Qm 为单晶石英;F 为总长石含量;Lt 为总岩屑含量;Qt 为总石英含量;L 为非硅质碎屑含量;P 为斜长石;K 为钾长石

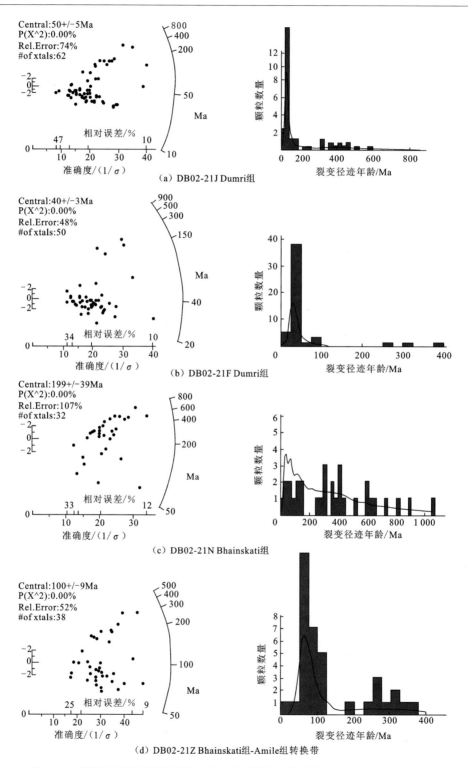

图 7.20　尼泊尔前陆碎屑锆石裂变径迹雷达图和年龄分布图(Najman et al.,2005)

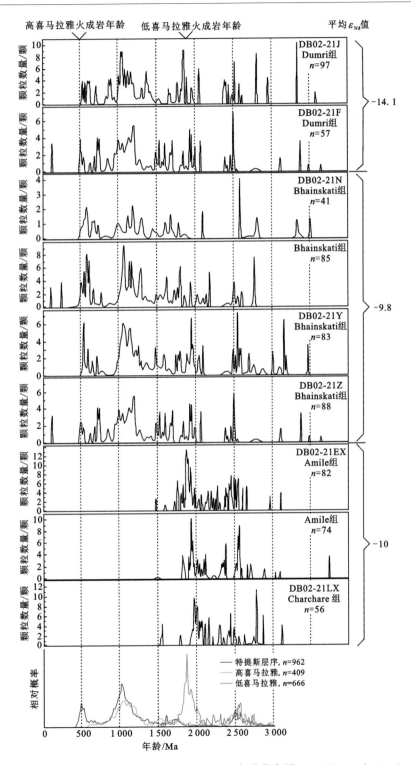

图 7.21　尼泊尔前陆沉积岩碎屑锆石 U-Pb 年龄分布图(DeCelles et al.,2004)

（2）中新统 Dumri 组

Dumri 组（21～16 Ma）内出现的变质碎屑初步证实物源区为隆升的喜马拉雅褶皱冲断带（图 7.19），碎屑锆石 U-Pb 年龄与 Bhainskati 组和 Siwalik 群相似，这些证据均进一步表明物源来自特提斯喜马拉雅/高喜马拉雅（DeCelles et al.，1998a，b）（图 7.21）。此外，Nd 同位素特征、碎屑白云母^{40}Ar-^{39}Ar年龄及碎屑锆石裂变径迹等证据都指示 Dumri 组沉积碎屑来自高喜马拉雅输入（Najman，2006；Robinson et al.，2001）（图 7.22）。Dumri 组内发现的斜长石表明剥蚀作用已经影响至高喜马拉雅结晶岩。

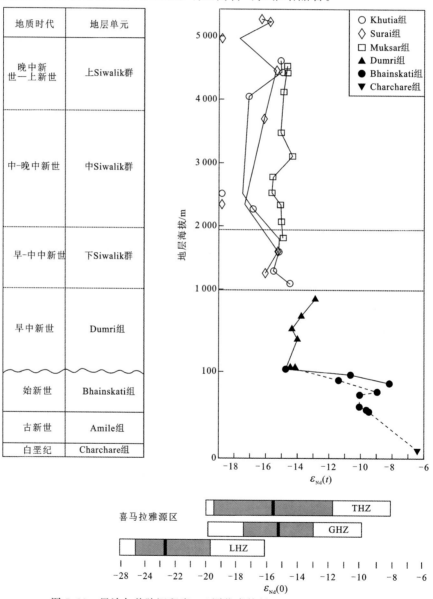

图 7.22 尼泊尔前陆沉积岩 Nd 同位素特征（DeCelles et al.，2004）

THZ 为特提斯喜马拉雅构造带；GHZ 为高喜马拉雅构造带；LHZ 为低喜马拉雅构造带

（3）Siwalik 群

碎屑锆石 U-Pb 年龄（DeCelles et al.，1998b）、Sm-Nd 同位素数据特征（Huyghe et al.，2001；Robinson et al.，2001）、白云母⁴⁰Ar-³⁹Ar年龄（Szulc，2005）和岩石学组成（出现斜长石和高级变质岩矿物）（DeCelles et al.，1998b）等证据均指示 Siwalik 群物源来自高喜马拉雅。在尼泊尔前陆，大约从 11 Ma 开始，小喜马拉雅对 Siwalik 群物源的贡献增大并逐渐隆升超覆于基底逆冲岩席（Dhadeldura 逆冲岩席）之上（Szulc，2005；Huyghe et al.，2001；Robinson et al.，2001；DeCelles et al.，1998b）。来自低喜马拉雅的碳酸盐岩碎屑含量和来自基底逆冲岩席的钾长石含量在整个 Siwalik 群均呈递增的趋势；碎屑锆石（U-Pb 年龄＞2 Ga）和 Nd 同位素特征（图 7.22）等方面的证据同样揭示来自小喜马拉雅的贡献在增大（DeCelles et al.，1998b）。物源发生转变的时间与粗粒沉积碎屑增加（Huyghe et al.，2001；Nakayama and Ulak，1999）及沉积速率增大的时间相一致。但是在尼泊尔前陆东段，这一转变的时间发生在 4～5 Ma（Robinson et al.，2001），滞后于尼泊尔前陆的西段。Szulc（2005）利用碎屑白云母⁴⁰Ar-³⁹Ar滞后时间讨论了高喜马拉雅的剥露速率，认为在整个 Siwalik 时期内滞后时间＜3 Ma 代表的是高喜马拉雅的快速隆升，而缺少古近纪的碎屑颗粒则表明在这一时期没有遭受剥蚀作用。

4）阿萨姆前陆

（1）下-中始新统 Sylhet 组

在阿萨姆盆地那加褶皱冲断带南段和西南斜坡带，Sylhet 组的下段为石英砂岩，含有少量长石和岩屑，而 Sylhet 组的上段以长石砂岩和钙质砂岩夹层为主。占绝对优势的不透明碎屑矿物、锆石 U-Pb 年龄和锆石 $\varepsilon_{Hf}(t)$ 值等证据（Vadlamani et al.，2015）（图 7.23、图 7.24）表明沉积物主要来自印度克拉通。此外，碎屑锆石的 U-Pb 年龄的分布特征（年龄峰值：2 400～2 550 Ma、950～1 150 Ma 和 500 Ma）与特提斯喜马拉雅岩系的年龄分布相似，说明存在喜马拉雅造山带物源的贡献，这一结论还得到了早始新世特提斯喜马拉雅地壳增厚作用和正地形研究结果的支持（Smit et al.，2014；Aikman et al.，2008）。因此可以初步认为，下始新统被动大陆边缘环境的 Sylhet 组主要物源来自印度前寒武纪克拉通基底，次要物源来自特提斯喜马拉雅，虽然后者的贡献很少，但足以表明喜马拉雅造山带在早始新世（50 Ma）已经开始向周缘盆地提供物源，这比孟加拉盆地内记录的最古老的喜马拉雅造山带碎屑（Najman et al.，2008）要早约 12 Ma。

（2）中-上始新统 Kopili 组

Kopili 组以海相石英砂岩为主，变质岩岩屑和不透明矿物的含量非常高，可能指示为再循环造山带物源，这与孟加拉盆地 Kopili 组的研究结果一致（Najman et al.，2008）。此外，Kopili 组中出现了少量白垩纪的碎屑锆石，它们具有一致的正 $\varepsilon_{Hf}(t)$ 值等特征（图 7.24），这表明除了特提斯喜马拉雅岩系的贡献外，可能有冈底斯岩浆岛弧带碎屑的输入（Vadlamani et al.，2015）。换言之，由 Sylhet 组到 Kopili 组物源体系的转变，证实了喜马拉雅造山带和印度河—雅鲁藏布缝合带在这一时期（约 40 Ma）已经发生抬升剥蚀。

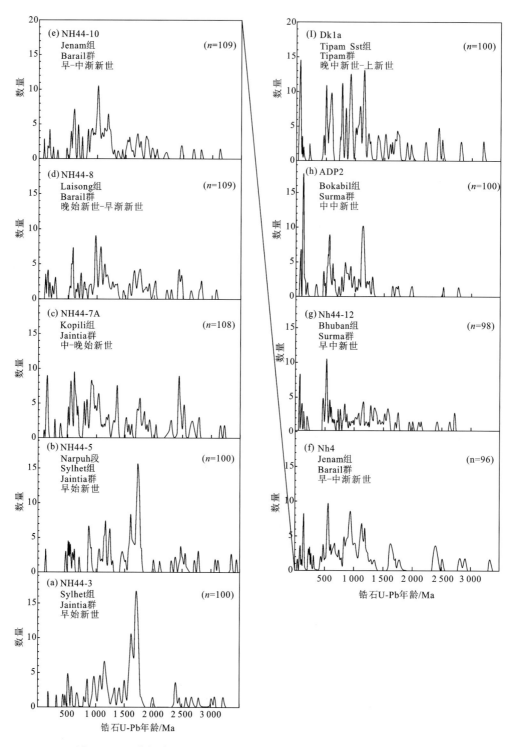

图 7.23　阿萨姆前陆碎屑锆石 U-Pb 年龄分布图（Vadlamani et al.,2015）

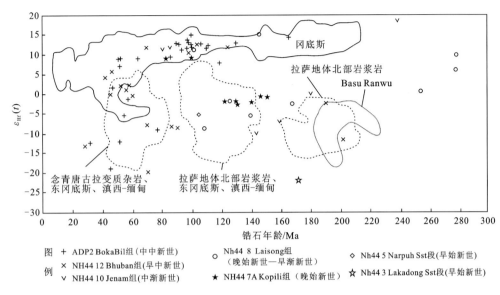

图 7.24　阿萨姆前陆沉积岩碎屑锆石 U-Pb 年龄与 $\varepsilon_{Hf}(t)$（Vadlamani et al.,2015）

（3）上始新统—下中新统 Barail 群

Barail 群属于典型的大陆边缘海相-三角洲相沉积,以石英砂岩为主;沉积岩碎屑和变质岩碎屑的比例较高,表明主要来自再循环造山带物源。绿泥石、角闪石、蛇纹石和铬尖晶石等重矿物的组成特征也说明可能存在蛇绿岩带的贡献。

Barail 群底部的 Laisong 组（相当于 Tinali 组）碎屑锆石年龄分布与特提斯喜马拉雅（不丹地区）的锆石年龄分布样式一致,但是其中来自印度克拉通的古老碎屑锆石（1 650～1 750 Ma）数量在减少而年轻的碎屑锆石（102～108 Ma）的数量在增加（图 7.23）,后者通常显示为正 $\varepsilon_{Hf}(t)$ 值（图 7.24）,因此可以推测来自北部冈底斯岩浆弧的贡献在这一时期逐渐增大（Vadlamani et al.,2015）。Jenam 组（相当于 Moran 组）整合于 Laisong 组之上,其碎屑锆石的 U-Pb 年龄的分布特征也与特提斯喜马拉雅相似,只是年轻的碎屑锆石（晚白垩世）$\varepsilon_{Hf}(t)$ 值既有正值又有负值（Vadlamani et al.,2015）,说明在这一时可能有新的物源输入,推测为拉萨地块北部岩浆岩带。

（4）中新统 Surma 组（BokaBil 组和 Bhuban 组）

Surma 组岩性主要是石英砂岩,其中的钾长石和燧石的含量非常高,属于再旋回造山带物源。Surma 组的下段的碎屑锆石的年龄分布样式非常复杂,可能是 Barail 群和 Jaintia 群再循环的产物。最近的研究显示,Surma 组下段中出现了丰富的白垩纪碎屑锆石（97～123 Ma）和古近纪碎屑锆石（44～60 Ma）,它们具正 $\varepsilon_{Hf}(t)$ 值（0～+12）;同时,还发现了一套具有负 $\varepsilon_{Hf}(t)$ 值的晚白垩世碎屑锆石（69～91 Ma）（图 7.23 和图 7.24）,因此 Vadlamani 等（2015）认为 Surma 组的下段除了再旋回造山带物源供给外,还有冈底斯岛弧带及拉萨地块北部岩浆岩带等岛弧物源的输入。与此相似,碎屑锆石 U-Pb 年龄和 Hf

同位素特征也显示 Surma 组的上段中包含了拉萨地块冈底斯岛弧和北部岩浆岩带物源的输入(Vadlamani et al.,2015)。不同的是,Surma 组下段中重矿物组成与高喜马拉雅种矿物组成相似,说明此时造山带的剥露作用由特提斯喜马拉雅转变至高喜马拉雅(Chirouze et al.,2013),这也得到了高喜马拉雅变形研究的支持(Kellett et al.,2015),后者的研究证实不丹地区的喜马拉雅在 16～12 Ma 遭受强烈的剥露作用。

(5) 中新统—上新统 Tipam 组

Tipam 组石英砂岩中含有丰富的硅线石、红柱石和顽火辉石等重矿物组分,表明它们是剥蚀自高喜马拉雅高级变质岩和蛇绿岩套。碎屑锆石的 U-Pb 年龄特征则显示 Tipam 组同时混入了冈底斯岛弧带和北部岩浆岩带等岛弧物源区剥蚀的沉积碎屑(Vadlamani et al.,2015;Chirouze et al.,2013;Cina et al.,2009)。相关研究还指示 Tipam 组中最年轻的碎屑锆石(17～18 Ma)剥蚀自喜马拉雅造山带内的浅色花岗岩。

3. 前陆盆地的沉积充填与造山带隆升

喜马拉雅前陆盆地的沉积充填过程与印度板块与欧亚板块的碰撞及喜马拉雅造山带的隆升密切相关。与孟加拉盆地相似,喜马拉雅前陆盆地潜在的沉积物源区主要是印度大陆(克拉通)和喜马拉雅造山带。喜马拉雅前陆盆地物源研究显示,早始新世之前,前陆盆地区域整体处于被动大陆边缘环境,主要接受来自印度克拉通剥蚀的石英砂岩,长石和岩屑的含量很少;早始新世开始(>50 Ma),来自喜马拉雅造山带(特提斯喜马拉雅、高喜马拉雅和小喜马拉雅)和印度河—雅鲁藏布缝合带的物源输入明显增强。需要特别指出的是,在喜马拉雅前陆盆地的东段(阿萨姆盆地),来自拉萨地块冈底斯岩浆岛弧带和北部岩浆岩带等岛弧物源区的沉积碎屑也占有相当的比例(10%～20%),反映了这一时期东喜马拉雅构造结周缘雅鲁藏布江-布拉马普特拉河等河流体系的演变过程。

1) 印度板块与欧亚板块的穿时缝合过程

印度板块与欧亚板块的碰撞是新生代地质历史时期最重大的构造事件,深刻地影响着全球气候和海洋化学环境的变化(Richter et al.,1992;Raymo and Ruddiman,1992,1988),也是地质学家认识复杂地质和生物演化过程的典型案例(Yin and Harrison,2000)。对于板块碰撞时间,总结起来包括 70～62 Ma(莫宣学 等,2007;Ding et al.,2005;王成善 等,2003;Yin and Harrison,2000;Jaeger et al.,1989)、55～50 Ma(Najman et al.,2016,2010;Green et al.,2008;Hodges,2000;Searle et al.,1997;Klootwijk et al.,1992)和34 Ma(Aitchison et al.,2007)等多种不同的认识。这些认识来自多种地质证据和技术手段,如地层和沉积学、古生物学、古地磁、岩石学和年代学,这些证据从不同的角度不同程度地揭示了印度板块与欧亚板块的碰撞过程。

喜马拉雅造山带周缘前陆盆地和缝合带内保存的沉积碎屑已经被广泛地用来约束印度板块与欧亚板块的碰撞(Rowley,1996)。最年轻的海相地层年龄(Searle et al.,1997)、沉积负载导致盆地沉降的时间(Rowley,1998),同时超覆于印度大陆和欧亚大陆之上的最老的地层(Clift et al.,2002a;Searle et al.,1990),同时包括印度大陆和欧亚大陆碎屑的最老地层(Clift et al.,2001),以及保存在印度被动大陆边缘的来自喜马拉雅造山带的沉积碎屑(Najman and Garzanti,2000;Critelli and Garzanti,1994)等多个方面的证据已经被用来探讨板块间的碰撞过程。从巴基斯坦西北前陆到阿萨姆盆地,前陆盆地中最年轻的海相层系为中-下始新统大陆边缘沉积层,它们发育稳定、沉积年龄相似,包括巴基斯坦西北前陆 Kirthar 组(42～49 Ma)(Pivnik and Wells,1996)、巴基斯北部前陆 Kohat 组(46～50 Ma)(Pivnik and Wells,1996;Bossart and Ottiger,1989)、印度西北前陆 Subathu 组(41～49 Ma)(Batra,1989;Mathur,1978)、尼泊尔前陆 Bhainskati 组和阿萨姆前陆盆地 Kopili 组(表 7.2)。与此相对应,前陆盆地中最早的陆源碎屑开始沉积的时间是另一条约束陆-陆碰撞进程的证据,与海相地层终止约束的碰撞时限相匹配。在喜马拉雅前陆盆地中,海相地层露头发育的最老的陆相沉积层≤37 Ma(巴基斯坦)(Najman et al.,2001)或≥30 Ma(印度)(Najman et al.,1997)。

Rowley(1998)认识到碰撞引起的沉积响应必然在印度被动大陆边缘保留相应的记录,即逆冲推覆作用引起的沉积负载必然会引起前陆盆地的挠曲沉降,同时盆地沉积物的粒度也会变粗,显示物源发生改变。因此他确定盆地沉降和造山带碎屑输入的时间发生于早始新世卢泰特期(41.2～47.8 Ma),而 Willems 等(1996)与 Yin 和 Harrison(2000)认为由碰撞引起的沉降至少在 70 Ma 时已经开始增大。不过整体而言,前陆盆地在古近纪发生由浅海相向深海相的转变代表了前陆盆地的加深过程,是沉积负载诱发盆地沉降作用开始的标志(Pivnik and Wells,1996)。喜马拉雅前陆盆地沉积物源的研究同样证实在早始新世发生物源体系的重大转变,来自喜马拉雅造山带的高级/低级变质岩岩屑自西向东持续输入,因此 Najman(2006)认为印度板块与欧亚板块的穿时缝合发生于 55～50 Ma,这也与其他方面的证据相吻合。例如,榴辉岩的放射性年龄(Searle et al.,2001;DeSigoyer et al.,2000)和印度克拉通碎屑输入量的减少等。尽管如此,Aitchison 等(2007,2002)等少数学者提出上述证据代表的是印度板块与大洋岛弧的碰撞,而印度板块与欧亚大陆的真正碰撞时间可能发生于晚渐新世。

2) 喜马拉雅造山带的演化

喜马拉雅造山带是新特提斯洋关闭后印度板块与欧亚板块碰撞形成的活动构造带,它的北缘以印度河—雅鲁藏布缝合带内的磨拉石为界(Clift et al.,2001;Sinclair and Jaffey,2001),与冈底斯岛弧带所代表的安第斯型古亚洲大陆边缘相邻(Wen et al.,2008;Chu et al.,2006;Searle et al.,1987;Schärer and Allègre,1984)。喜马拉雅造山带由一系列向南活动的逆冲推覆带夹持不同的岩性单元组成(LeFort,1975),自北向南分别是包含蛇绿岩套和古生代—海相沉积物组成的特提斯喜马拉雅(Mahéo et al.,2004;DeCelles et al.,2001)、渐新世—中新世高级/低级变质岩的高喜马拉雅(Hodges,2000)、低级变质或非变质印度大陆岩系的低喜马拉雅(Richards et al.,2005;Hodges,2000)和前陆盆地磨拉石岩系(Burbank et al.,1996)的次喜马拉雅;它们之间分别以藏南拆离系(South Tibet detachment)、主中央逆冲推覆带(main central thrust)和主边界逆冲推覆带(main boundary thrust)为边界(Yin,2006;LeFort,1975)。前人的大量研究已经证实,喜马拉雅造山带可以分为中始新世—晚渐新世和早中新世—现今两期构造演化(Yin et al.,2010;Hodges,2000;LeFort,1996),其中前者为造山带内变质岩冷却、岩浆侵入和前陆盆地沉积碎屑等证据所记录(Aikman et al.,2008;Martin et al.,2007;Najman,2006;Kohn et al.,2004;DeCelles et al.,2004,1998a,b;Wiesmayr and Grasemann,2002;Godin et al.,2001;Catlos et al.,2001;Argles et al.,1999;Vannay and Hodges,1996;Ratschbacher et al.,1994),而后者以一系列向南活动的逆冲推覆带和向北活动的藏南拆离系、大反转断层(greater counter thrust)为标志(Kohn,2008;Webb et al.,2007;Kohn et al.,2004;Johnson et al.,2001;Yin et al.,1999;Burchfiel et al.,1992;Hubbard and Harrison,1989)。

Yin(2006)从造山带几何学结构、抬升剥露历史和沉积学响应等方面系统回顾了喜马拉雅造山带的结构、组成和构造演化。无论是构造分析(Yin,2006)、实验模拟(Chemenda et al.,2000)还是数值模拟(Beaumont et al.,2001)建立的造山带演化模型都在地球物理学和地质学证据的基础上推动了喜马拉雅造山带演化的研究。喜马拉雅造山带的构造演化在前陆盆地中保存有良好的沉积学记录(Najman,2006;Yin,2006),前人已经在运用沉积记录探讨盆山关系研究等方面取得了一系列重要成果(Najman et al.,2006,2005,1993;DeCelles et al.,2004,1998a,1998b;White et al.,2002,2001)。

要想精确地确定高喜马拉雅的隆升有一定的难度,因为早期的沉积年龄存在很大的不确定性。沉积学、岩石学、同位素地球学和地质年代学等方面的证据显示,在巴基斯坦前陆(Kamlial组)和印度前陆(Dagshai组),高喜马拉雅的剥露作用最晚发生于晚渐新世—早中新世(25~20 Ma)(White et al.,2002,2001;Najman and Garzanti,2000);在尼泊尔前陆(Bhainskati组和Dumri组),高喜马拉雅最早开始剥露的时间不晚于早中新世(Najman,2006;DeCelles et al.,2004,1998a,b;Robinson et al.,2001);在阿萨姆前陆(Kopili组),高喜马拉雅抬升剥露的时间发生在晚始新世(Vadlamani et al.,2015)。这种抬升剥露作用一直持续到晚中新世,可能与主边界断裂或藏南拆离系的活动有关(Najman,2006;DeCelles et al.,1998a)。而在高喜马拉雅抬升剥露之前,来自印度河—雅鲁藏布缝合带内的碎屑岩与仰冲的蛇绿岩带、特提斯喜马拉雅等不同岩性单元可能已经开始向前陆盆地提供物源[图 7.25(a)]。Grujic 等(2002,1996)、Beaumont 等(2004,2001)和 Jamieson 等(2004)用通道流模型来解释高喜马拉雅的剥露作用。在这种模式中,喜马拉雅造山带的有效剥蚀,可以导致中地壳沿剥蚀前锋剥露。剥蚀速率的降低导致剥露作用减弱,在低侵蚀速率下,中-下地壳挤出带和前陆盆地拆离作用废弃导致在通道流的前端形成褶皱冲断带。Najman(2006)认为喜马拉雅前陆盆地所记录的高喜马拉雅的剥蚀速率提高或降低可以与通道流模型的启动与关闭相匹配。Yin(2006)提出的喜马拉雅造山带的运动模型中,前陆盆地所记录的高喜马拉雅变质作用和抬升剥露与印度板块持续向欧亚板块向下的俯冲导致的地壳增厚作用有关[图 7.25(a)(b)]。藏南拆离系由早期(60~24 Ma)向南活动的逆冲推覆带反转为晚期(24~4 Ma)向北拆离的正断层,部分抵消了地壳的增厚作用和向北运动的反转断层的形成。

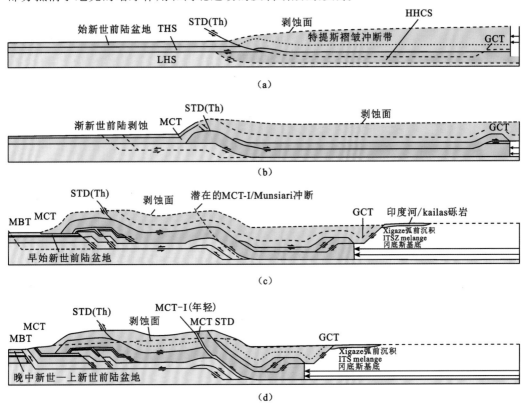

图 7.25 喜马拉雅造山带与喜马拉雅前陆盆地的构造演化(Yin,2006)

STD 为藏南拆离系;THS 为特提斯喜马拉雅;LHS 低喜马拉雅岩系;HHCS 为高喜马拉雅变质岩系;GCT 为喜马拉雅反推断层;MCT 为喜马拉雅主中央推覆带;MBT 为喜马拉雅主边界断裂;ITSZ 为印度河—雅鲁藏布江缝合带

　　低喜马拉雅晚中新世以后(约 11 Ma)的抬升剥露在喜马拉雅前陆盆地中有良好的记录(表 7.2),其标志是前陆盆地沉积层中出现了砂岩相向砾岩相的转变、中-高级变质岩岩屑的增多及前陆盆地沉降速率增大等(Najman,2006;Najman et al.,2004,2002;Meigs et al.,1995)。需要注意的是尼泊尔前陆东段和阿萨姆前陆,低喜马拉雅的剥蚀作用可能从上新世才开始(Vadlamani et al.,2015;Robinson et al.,2001)。Dahlen 和 Suppe (1988)、Huyghe 等(2001)和 Najman 等(2002)用临界理论来解释低喜马拉雅的抬升剥露作用,在这一模型中,前陆褶皱冲断带围绕临界角旋转生长,褶皱带前缘只有在造山楔达到临界角时才向前生长。在这种情况下,对临界角生长起促进作用的内部变形和阻碍临界角生长的前缘增生作用、构造逐渐剥露和剥蚀作用之间具有的耦合关系(内部变形和前缘增生作用之间的时空变换)决定了褶皱冲断带的运动学特征(Yin et al.,2010a,b;Yin, 2006;Hilley and Strecker,2004;Whipple and Meade,2004;Meigs and Burbank,1997;

DeCelles and Mitra,1995)。主中央逆冲推覆带和主边界逆冲推覆带的共同运动产生了低喜马拉雅复杂的双重系统[图 7.25(c)(d)]。

　　主边界逆冲推覆带与主前缘逆冲推覆带之间的次喜马拉雅主要由强烈变形的新生代层系组成；基于平衡剖面反演，主前缘逆冲推覆带在全新世的活动速率为(21.5±1.5)mm/a(Lavé and Avouace,2000)，总的缩短量达到 23 km(Kumar et al.,2001)，这与GPS 的测量结果相近，说明喜马拉雅造山带全新世处于一种相对稳定的状态(Avouace,2003)。

7.3.3　盆地的发育机制

　　前陆盆地是全球范围内广泛分布的一种盆地类型，无论是何种构造背景下发育的前陆盆地，最终都要归结为与盆地挠曲沉降相关的组成要素。例如，地壳增厚产生的构造负载及造山带剥蚀导致的沉积负载(DeCelles,2011)。因此，前陆盆地的发育与造山带发育有着紧密的联系。大量的研究表明，造山带发育产生的构造负载是驱动前陆盆地发育的最基本要素(Karner and Watts,1983；Beaumont,1981；Jordan,1981)，而关于造山带的运动学、构造负载和盆地挠曲沉降之间的成因关系也得到了大量理论研究和盆地实例研究的支撑。

1. 前陆盆地岩石圈挠曲的理论模型

1) 前陆盆地挠曲的弹性模型

　　理想的弹性板块的挠曲负载会产生快速衰减的正弦曲线，在前陆盆地系统的前渊带表现为大幅度向下弯曲，在前隆带表现为中等幅度的向上凸起，在隆后带表现为小幅度的向下弯曲[图 7.26(a)]；岩石圈的弯曲幅度从前渊带到隆后带的减小幅度能可以有三个数量级的差别(DeCelles,2011)。大陆岩石圈的挠曲负载产生的前渊带在水平方向上的大小为 $\pi\alpha$，其中 α 指的是挠曲因子，它可以由式(7.1)得到(Turcotte and Schubert,2006)：

$$\alpha=[4D/\Delta\rho g]^{1/4} \tag{7.1}$$

式中：D 为岩石圈的挠曲刚度；g 为重力加速度；$\Delta\rho$ 为地幔与盆地沉积盖层之间的密度差。前陆盆地的挠曲曲线的波长还取决于负载作用是否与连续板块或破裂板块有关：连续板块的有效支撑大于破裂板块，促使挠曲沉降带发育更大的宽度和更小的深度，即大波长沉降带(Turcotte and Schubert,2006；Flemings and Jordan,1989)。但是一直比较有争议的是前陆盆地的岩石圈是否真的表现为纯弹性或是否真的经历伴随有深度流变学变化的黏弹性松弛(Garcia-Castellanos et al.,1997；Quinlan and Beaumont,1984)。在连续板块条件下线性负载产生的挠曲前渊的宽度是 $0.75\pi\alpha$，而破裂板块条件下产生的挠曲前渊的宽度是 $0.5\pi\alpha$。通常大陆岩石圈的 D 在 $5\times10^{22}\sim4\times10^{24}$ N·m(假设岩石圈的弹性厚度在 20～90 km）（Roddaz et al.，2005；Watts，2001；Lyon-Caen and Molnar，1985；Jordan，1981）[图 7.26（b）]，而盆地沉积层的密度平均值假设为 $2.5×10^3 kg/m^3$，那么破裂板块条件下产生的挠曲前渊的宽度为 110～350 km，而连续板块条件下产生的挠曲前渊的宽度为 170～515 km（DeCelles，2011）。前隆带的宽度均为 $\pi\alpha$，也就是在正常大陆岩石圈厚度条件下前隆带的宽度为 220～690 km；前隆带的隆起幅度约是挠曲前渊深度的 4%～7%，即正常大陆岩石圈厚度下前隆带的高度为 200～400 m（DeCelles，2011）。

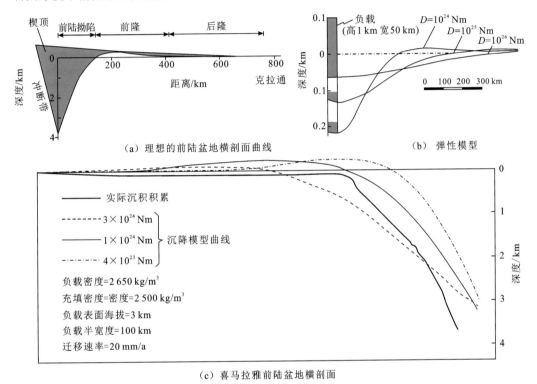

图 7.26　理想的前陆盆地横剖面曲线、弹性柱模型和喜马拉雅前陆盆地横剖面
（Allen and Allen，2003）

实际上，构造负载的规模和形态（包括三维形态）、前陆盆地的沉积体系、沉积物的搬运形式（Garcia-Castellanos，2002）、俯冲板块挠曲部位的正断层（Londono and Lorenzo，2004；Bradley and Kidd，1991）和大陆岩石圈的构造非均质性（Cloetingh et al.，2004；Cardozo and Jordan，2001；Blisniuk et al.，1998；Waschbusch and Royden，1992；Sinclair et al.，1991；Flemings and Jordan，1989）等因素都会深刻地影响前陆盆地挠曲。尤需注意的是俯冲大陆岩石圈底部发育的先存构造（如基底凸起）在盆地演化过程中重新活化，会改变前陆盆地挠曲的形态[图 7.26（c）]。整体上，弹性模型在解释前陆盆地的形成和发育中取得了巨大成功（Allen and Allen，2005）。

2）前陆盆地挠曲的黏弹性模型

前陆盆地挠曲的弹性模型在探讨前陆盆地的挠曲机制等方面取得了很大的成功,但是这一模型不能解释加载事件之后观察到的岩石圈快速松弛至渐进弹性厚度变化现象。为此,Beaumont(1981)、Quinlan 和 Beaumont(1984)及 Garcia-Castellanos 等(1997)等人先后提出了黏弹性挠曲模型用来解释前陆盆地的挠曲沉降。黏弹性模型与经典的弹性模型之间的主要区别在于:①弹性模型中弹性岩石圈之上加载时抗挠刚度和岩石圈厚度的变化只与负载的热年龄有关,而黏弹性模型表明,在加载发生之后随着负载量的增大,岩石圈将变软,由于黏性应力的松弛,抗挠刚度和弹性厚度将迅速减小,也就是它们的挠曲变形取决于加载的时间;②弹性模型可以解释挠曲形变与热史之间的关系,而黏弹性模型能够解释岩石圈抗挠刚度随加载时间的变化关系;③如果岩石圈是有效弹性板片,那么前陆盆地将保持挠曲形态不变直至地表负载改变,而如果地表负载产生的弯曲应力松弛,那么即使在负载大小保持不变的情况下,岩石圈的挠曲形态也会随时间而改变。

在前陆盆地系统的概念中,DeCelles 和 Giles(1996)特别强调了前隆带的重要意义,实际上,前隆带对前陆拗陷带的挠曲负载非常敏感(Busby and Ingersoll,1995)。在黏弹性模型下,当应力松弛时,前隆会向地表方向抬升并向前缘拗陷带迁移,后者会同时向下挠曲沉降,此时盆地变窄加深[图 7.27(a)(b)]。该时期,前隆附近堆积的早期沉积物发生剥蚀并向前陆拗陷带搬运;原则上,前隆带内的侵蚀不整合面可以用来确定岩石圈负载应力松弛及其发生时间。当负载重新活化时(如造山带逆冲推覆活动),岩石圈发生新的挠曲变形,前隆带重新向大陆克拉通方向迁移,此时盆地宽度增大[图 7.27(c)],沉积充填序列再次表现为向克拉通方向前积的特征。已有的研究证实,黏弹性模型在较小的范围内可以更好地解释盆地的几何学形态和地层发育特征(Flemings and Jordan,1990;Lash,1987;Tankard,1986)。

2. 喜马拉雅前陆盆地的发育机制探讨

通常,前陆盆地向下挠曲的岩石圈产生沉积物堆积空间是陆-陆碰撞过程中各种负载加载于地壳之上的结果,包括地形负载(即褶皱冲断带)、洋壳岩石圈的俯冲负载(周缘前陆)或俯冲板片动力学驱动(弧后前陆盆地)(DeCelles and Giles,1996),此外,前陆盆地地层序列详细记录了原地局部构造或海平面变化对前陆盆地沉积空间的影响。在楔顶构造带,沉积空间是地壳增厚作用、均衡作用和先成构造活化的综合结果(DeCelles and Giles,1996;Talling et al.,1995;Lawton and Trexler,1991);在前渊带,造山带的构造负载、剥蚀作用产生的沉积负载和壳下负载是这一区域沉积空间产生的主要原因(Royden,1993;Mitrovica et al.,1989;Beaumont,1981;Jordan,1981;Price,1973);在前隆带,沉积空间是俯冲板片动力学作用及基底抬升综合作用的结果(DeCelles and Giles,1996);而在隆后带,控制沉积空间产生的因素尚不明确,实验模拟和数值模拟的结果显示控制因素可能与前隆带相似(DeCelles and Giles,1996;Flemings and Jordan,1989)。

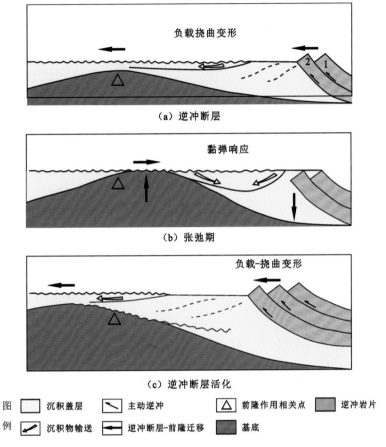

（a）逆冲断层

负载挠曲变形

（b）张弛期

黏弹响应

（c）逆冲断层活化

负载-挠曲变形

图例　☐ 沉积盖层　↘ 主动逆冲　△ 前隆作用相关点　▨ 逆冲岩片
　　　↗ 沉积物输送　← 逆冲断层-前隆迁移　■ 基底

图 7.27　前陆盆地黏弹性模型中前隆与负载的响应关系图（Tankard，1986）

　　在喜马拉雅地区，仰冲的亚洲大陆、俯冲的印度大陆及叠瓦状排列的印度陆壳岩片产生了巨大的地壳负载（Burbank et al.，1996）；上述陆壳负载和相关的沉积负载是印度大陆岩石圈挠曲的主要原因（Lyon-Caen and Molnar，1985；Molnar，1984）。基于区域平衡剖面（Robinson et al.，2006；DeCelles et al.，2001），DeCelles（2011）建立了喜马拉雅前陆盆地和造山带的挠曲模型（图 7.28）。在这一模型中，构造负载（逆冲推覆带）简化为长方体，用来指示喜马拉雅造山带中的不同岩性单元（特提斯喜马拉雅、高喜马拉雅、低喜马拉雅和次喜马拉雅），印度大陆岩石圈刚度随时间的变化通过挠曲曲线恢复。这一模型解释了前陆盆地挠曲沉降与喜马拉雅造山带生长之间的耦合关系，并很好地与造山带的收缩和前陆盆地的沉积记录进行了匹配。其中，在始新世，前陆拗陷带主要发育浅水局限性海相沉积（Najman et al.，2005；DeCelles et al.，2004）[图 7.28（b）（c）]，而在渐新世前陆拗陷带发育倾斜的不整合面[图 7.28（d）（e）]，从早中新世开始又重新转换为前陆拗陷带（Ojha et al.，2008；Szulc et al.，2006；DeCelles et al.，1998b；Lyon-Caen and Molnar，1985）[图 7.28（f）~（h）]。

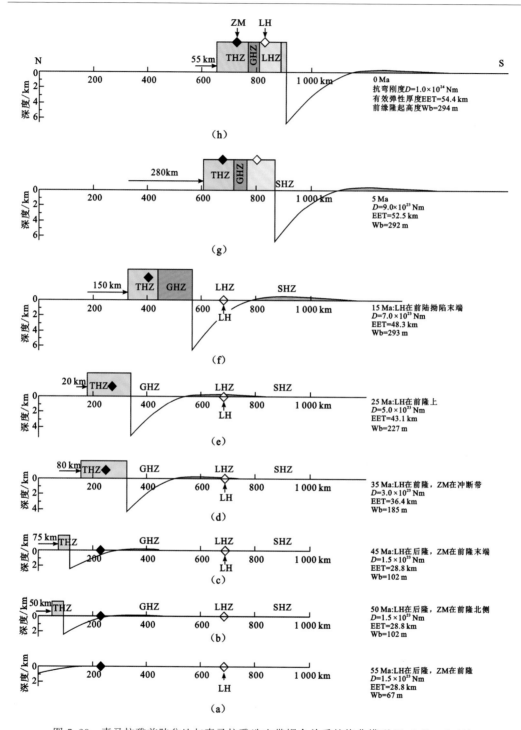

图 7.28 喜马拉雅前陆盆地与喜马拉雅造山带耦合关系的挠曲模型(DeCelles,2011)

THZ 为特提斯喜马拉雅构造带;GHZ 为高喜马拉雅构造带;LHZ 为低喜马拉雅构造带;SHZ 为次喜马拉雅构

造带;ZM 为哲普山复原位置;LH 低喜马拉雅复原位置

参 考 文 献

李思田,1995.沉积盆地的动力学分析:盆地研究领域的主要趋向[J].地学前缘,2(3):1-8.

刘和甫,汪泽成,熊宝贤,等,2000.中国中西部中,新生代前陆盆地与挤压造山带耦合分析[J].地学前缘,7(3):55-72.

刘和甫,夏义平,殷进垠,1999.走滑造山带与盆地耦合机制[J].地学前缘,(3):121-132.

刘少峰,张国伟,2005.盆山关系研究的基本思路,内容和方法[J].地学前缘,12(3):101-111.

刘树根,李智武,刘顺,等,2006.大巴山前陆盆地-冲断带的形成演化[M].北京:地质出版社:22-139.

刘树根,罗志立,赵锡奎,等,2003.中国西部盆山系统的耦合关系及其动力学模式:以龙门山造山带一川西前陆盆地系统为例[J].地质学报,77(2):177-186.

莫宣学,赵志丹,周肃,等,2007.印度-亚洲大陆碰撞的时限[J].地质通报,26(10):1240-1244.

沈传波,梅廉夫,徐振平,等,2007.四川盆地复合盆山体系的结构构造和演化[J].大地构造与成矿学,31(3):288-298.

王成善,李祥辉,胡修棉,2003.再论印度-亚洲大陆碰撞的启动时间[J].地质学报,77(1):16-24.

王二七,2004.山盆耦合的一种重要形式:造山带及其侧陆盆地[J].科学通报,49(4):370-374.

吴冲龙,杜远生,梅廉夫,等,2006.中国南方印支-燕山期复合盆山体系与盆地原型改造[J].石油与天然气地质,27(3):305-315.

吴根耀,马力,2003."盆""山"耦合和脱耦在含油气盆地分析中的应用[J].石油实验地质,25(6):648-660.

AADIL N,TAYYAB M H,NAJI A M,2014. Source rock evaluation with interpretation of wireline logs:a case study of lower Indus basin,Pakistan[J]. Nucleus (Islamabad),51(1):139-145.

ABBASI I A,FRIEND P F,1989. Uplift and evolution of the Himalayan orogenic belts,as recorded in the foredeep molasse sediments[J]. Zeitschrift für geomorphologie, supplementband,76:75-88.

AGARWAL R K,1977. Structure and tectonics of Indo-Gangetic plains[C]//Geophysical Case Histories of India. AEG Seminar,Hyderabad,1:29-46.

AIKMAN A B,HARRISON T M,LIN D,2008. Evidence for early (> 44 Ma) Himalayan crustal thickening,Tethyan Himalaya,southeastern Tibet[J]. Earth and planetary science letters,274(1):14-23.

AITCHISON J C,DAVIS A M,LUO H,2002. New constraints on the India-Asia collision:the lower Miocene Gangrinboche conglomerates,Yarlung Tsangpo suture zone,SE Tibet[J]. Journal of Asian earth sciences,21(3):251-264.

AITCHISON J C,MCDERMID I R C,ALI J R,et al.,2007. Shoshonites in southern Tibet record Late Jurassic rifting of a Tethyan intraoceanic island arc[J]. The Journal of geology,115(2): 197-213.

AKHTAR S M,CHAKRABARTI S,SINGH R K,et al.,2010. Structural style and deformation history of Assam and Assam Arakan Basin,India:from Integrated Seismic Study[C]//Adapted from oral presentation at American association of pretroleum geologists Annual Convention,Denver,Colorado.

ALLEN P A,ALLEN J R,2005. Basin Analysis:Principles and Applications,Second Edition[M]. Oxford:Blackwell Publishing Limited:1-549.

ALLEN P A,ALLEN J R,2013. Basin analysis:Principles and application to petroleum play assessment[M]. London:John Wiley and Son.

ARGLES T W,PRINCE C I,FOSTER G L,et al.,1999. New garnets for old? Cautionary tales from young mountain belts[J]. Earth and planetary science letters,172(3):301-309.

ARIF M,JAN M Q,1993. Chemistry of chromite and associated phases from the Shangla ultramafic body in the Indus suture zone of Pakistan[J]. Geological society,London,special publications,74(1):101-112.

AVOUAC J P,2003. Mountain building, erosion, and the seismic cycle in the Nepal Himalaya[J]. Advances in geophysics,46:1-80.

BAKER D M, LILLIE R J, YEATS R S, et al.,1988. Development of the Himalayan frontal thrust zone: Salt Range, Pakistan[J]. Geology,16(1): 3-7.

BANKS C J, WARBURTON J, 1986. 'Passive-roof' duplex geometry in the frontal structures of the Kirthar and Sulaiman mountain belts,Pakistan[J]. Journal of structural geology,8(3/4):229-237.

BANNERT D N, 1992a. The Structural development of the Western Fold Belt, Pakistan [M]. Hannover: Bundesanstalt für Geowissenschaften und Rohstoffe und den Geologischen Landesämtern in der Bundesrepublik Deutschland.

BANNERT D,CHEEMA A,AHMAD A,1992b. The geology of the Western Fold Felt:Structural interpretation of the Landsat-MSS Satellite Imagery (1:500 000)[M]. Hannover:Federal Institute of Geosciences and Natural Resources.

BARNES S J,ROEDER P L,2001. The range of spinel compositions in terrestrial mafic and ultramafic rocks[J]. Journal of petrology,42(12):2279-2302.

BATRA R S,1989. A Reinterpretation of the geology and biostratigraphy of the lower tertiary formations exposed along the Bilaspur-Shimla Highway,Himachal Pradesh,India[J]. Geological Society of India,33(6):503-523.

BEAUMONT C,1981. Foreland basins[J]. Geophysical journal international,65(2):291-329.

BEAUMONT C,JAMIESON R A,NGUYEN M H,et al.,2001. Himalayan tectonics explained by extrusion of a low-viscosity crustal channel coupled to focused surface denudation[J]. Nature,414(6865):738-742.

BEAUMONT C,JAMIESON R A, NGUYEN M H, et al., 2004. Crustal channel flows: 1. Numerical models with applications to the tectonics of the Himalayan-Tibetan orogen[J]. Journal of geophysical research: solid earth, 109:B06406.

BEAUMONT C,NGUYEN M H,JAMIESON R A,et al.,2006. Crustal flow modes in large hot orogens[J]. Geological society,London,special publications,268(1):91-145.

BECK R A,BURBANK D W,SERCOMBE W J,et al.,1995. Stratigraphic evidence for an early collision between northwest India and Asia[J]. Nature,373(6509):55-58.

BEER J A,ALLMENDINGER R W,FIGUEROA D E,et al.,1990. Seismic stratigraphy of a Neogene Piggyback Basin, Argentina[J]. American association of pretroleum geologists Bulletin,74(8):1183-1202.

BESSE J,COURTILLOT V,1988. Paleogeographic maps of the continents bordering the Indian Ocean since the Early Jurassic[J]. Journal of geophysical research,solid earth,93(B10):11791-11808.

BEZAR S B, DE LAMOTTE D F, MOREL J L, et al.,1998. Kinematics of large scale tip line folds from the High Atlas thrust belt, Morocco[J]. Journal of structural geology,20(8):999-1011.

BHANDARI L L,FULORIA R C,SASTRI V V,1973. Stratigraphy of Assam Valley,India[J]. American association of petroleum geologists bulletin,57(4):642-654.

BHATIA M R,CROOK K A W,1986. Trace element characteristics of graywackes and tectonic setting discrimination of sedimentary basins[J]. Contributions to mineralogy and petrology,92(2):181-193.

BILHAM R,BENDICK R,WALLACE K,2003. Flexure of the Indian plate and intraplate earthquakes[J]. Journal of earth system wcience,112(3):315-329.

BLISNIUK P M,SONDER L J,LILLIE R J,1998. Foreland normal fault control on northwest Himalayan thrust front development[J]. Tectonics,17(5):766-779.

BOSSART P,OTTIGER R,1989. Rocks of the Murree Formation in northern Pakistan: indicators of a descending foreland basin of late Paleocene to middle Eocene age[J]. Eclogae geologicae helvetiae,82(1):133-165.

BRADLEY D C,KIDD W S F,1991. Flexural extension of the upper continental crust in collisional foredeeps[J]. Geological society of America bulletin,103(11):1416-1438.

BROOKFIELD M E,1993. The Himalayan passive margin from Precambrian to Cretaceous times[J]. Sedimentary geology,84(1/4):1-35.

BROZOVIC N,BURBANK D W,2000. Dynamic fluvial systems and gravel progradation in the Himalayan foreland[J].

Geological society of America bulletin,112(3):394-412.

BURBANK D W,RAYNOLDS R G H,1988. Stratigraphic Keys to the Timing of Thrusting in Terrestrial Foreland Basins:Applications to the Northwestern Himalaya[M]//KLEINSPEHN K L,PAOLA C. New Perspectives in Basin Analysis. New York:Springer,331-351.

BURBANK D W, BECK R A,1989. Early Pliocene uplift of the Salt Range: temporal constraints on thrust wedge development, northwest Himalaya, Pakistan[J]. Geological society of America,special paper,232 : 113-128.

BURBANK D W,BECK R A,RAYNOLDS R G H,et al.,1988. Thrusting and gravel progradation in foreland basins:A test of post-thrusting gravel dispersal[J]. Geology,16(12):1143-1146.

BURBANK D W,PUIGDEFÀBREGAS C,MUOZ J A,1992. The chronology of the Eocene tectonic and stratigraphic development of the eastern Pyrenean foreland basin,northeast Spain[J]. Geological society of America bulletin, 104(9):1101-1120.

BURBANK D W,BECK R A,MULDER T,1996. The Himalayan foreland basin[J]. World and regional geology, 149-190.

BURCHFIEL B C,CHEN Z,HODGES K V,et al.,1992. The South Tibetan Detachment System,Himalayan Orogen: Extension Contemporaneous With and Parallel to Shortening in a Collisional Mountain Belt[J]. The geological society of America,Special Paper :269(21):1-41.

BUSBY C J,INGERSOLL R V,1995. Tectonics of sedimentary basins[J]. Geological society of America bulletin, 100(10):1704-1719.

CATLOS E J,HARRISON T M,KOHN M J,et al.,2001. Geochronologic and thermobarometric constraints on the evolution of the Main Central Thrust,central Nepal Himalaya[J]. Journal of geophysical research: solid earth, 106(B8):16177-16204.

CERVENY P F,NAESER N D,ZEITLER P K,et al.,1988. History of uplift and relief of the Himalaya during the past 18 million years:evidence from fission-track ages of detrital zircons from sandstones of the Siwalik Group[M]// KLEINSPEHN K L,PAOLA C. New perspectives in basin analysis. New York:Springer:43-61.

CHEMENDA A I,BURG J P,MATTAUER M,2000. Evolutionary model of the Himalaya-Tibet system:geopoem: based on new modelling,geological and geophysical data[J]. Earth and planetary science letters,174(3):397-409.

CHIROUZE F,HUYGHE P,VAN DER BEEK P,et al.,2013. Tectonics,exhumation,and drainage evolution of the eastern Himalaya since 13 Ma from detrital geochemistry and thermochronology,Kameng River Section,Arunachal Pradesh[J]. Geological society of America bulletin,125(3/4):523-538.

CHU M F,CHUNG S L,SONG B,et al.,2006. Zircon U-Pb and Hf isotope constraints on the Mesozoic tectonics and crustal evolution of Southern Tibet[J]. Geology,34(9):745-748.

CINA S E,YIN A,GROVE M,et al.,2009. Gangdese arc detritus within the eastern Himalayan Neogene foreland basin:implications for the Neogene evolution of the Yalu-Brahmaputra River system[J]. Earth and planetary science letters,285(1):150-162.

CLIFT P D,SHIMIZU N,LAYNE G D, et al., 2001. Tracing patterns of erosion and drainage in the Paleogene Himalaya through ion probe Pb isotope analysis of detrital K-feldspars in the Indus Molasse,India[J]. Earth and planetary science letters,188(3):475-491.

CLIFT P D,CARTER A,KROL M,et al.,2002. Constraints on India-Eurasia collision in the Arabian sea region taken from the Indus Group,Ladakh Himalaya,India[J]. Geological society,London,special publications,195(1):97-116.

CLOETINGH S, BUROV E, MATENCOL, et al., 2004. Thermo-mechanical controls on the mode of continental collision in the SE Carpathians (Romania)[J]. Earth and planetary science letters,218(1):57-76.

CONDIE K C,WRONKIEWICZ D J,1990. The Cr/Th ratio in Precambrian pelites from the Kaapvaal Craton as an index of craton evolution[J]. Earth and planetary science letters,97(3/4):256-267.

COVEY M,1986. The evolution of foreland basins to steady state:evidence from the western Taiwan foreland basin[J].

International association of sedimentologists special publication,22:77-90.

CRAMPTON S L,ALLEN P A,1995. Recognition of forebulge unconformities associated with early stage foreland basin development:Example from the North Alpine Foreland Basin[J]. American association of petroleum geologists bulletin,79(10):1495-1514.

CRITELLI S,GARZANTI E,1994. Provenance of the lower Tertiary Murree redbeds (Hazara-Kashmir Syntaxis, Pakistan) and initial rising of the Himalayas[J]. Sedimentary geology,89(3/4):265-284.

CRITELLI S,INGERSOLL R V,1994. Sandstone petrology and provenance of the Siwalik Group (northwestern Pakistan and western-southeastern Nepal)[J]. Journal of sedimentary research,64(4a):815-823.

CULLERS R L, BASU A, SUTTNER L J,1988. Geochemical signature of provenance in sand-size material in soils and stream sediments near the Tobacco Root batholith,Montana,USA[J]. Chemical geology,70(4):335-348.

CURRAY J R,1994. Sediment volume and mass beneath the Bay of Bengal[J]. Earth and planetary science letters, 125(1/4):371-383.

DAHLEN F A,SUPPE J,1988. Mechanics,growth,and erosion of mountain belts[J]. Geological society of America, special papers,218:161-178.

DAMANTI J F,1993. Geomorphic and Structural Controls on Facies Patterns and Sediment Composition in a Modern Foreland Basin[J]. International association of sedimentologists,special publication,17:221-233.

DAS GUPTA A B,BISWAS A K,2000. Geology of Assam[M]. Bangalore:Geological Society of India Publications.

DECELLES P G,1994. Late Cretaceous-Paleocene synorogenic sedimentation and kinematic history of the Sevier thrust belt,northeast Utah and southwest Wyoming[J]. Geological society of America bulletin,106(1):32-56.

DECELLES P G,2011. Foreland basin systems revisited:Variations in response to tectonic settings[M]//MCCLAY K R. Tectonics of sedimentary basins. New York:John Wiley and Sons:405-426.

DECELLES P G,HERTEL F,1989. Petrology of fluvial sands from the Amazonian foreland basin,Peru and Bolivia [J]. Geological society of America bulletin,101(12):1552-1562.

DECELLES P G, MITRA G,1995. History of the Sevier orogenic wedge in terms of critical taper models, northeast Utah and southwest Wyoming[J]. Geological society of America bulletin,107(4):454-462.

DECELLES P G,GILES K A,1996. Foreland basin systems[J]. Basin research,8(2):105-123.

DECELLES P G,GEHRELS G E,QUADE J,et al.,1998a. Eocene-early Miocene foreland basin development and the history of Himalayan thrusting,western and central Nepal[J]. Tectonics,17(5):741-765.

DECELLES P G,GEHRELS G E,QUADE J,et al.,1998b. Neogene foreland basin deposits,erosional unroofing,and the kinematic history of the Himalayan fold-thrust belt,western Nepal[J]. Geological society of America bulletin, 110(1):2-21.

DECELLES P G,ROBINSON D M,QUADE J,et al.,2001. Stratigraphy,structure,and tectonic evolution of the Himalayan fold-thrust belt in western Nepal[J]. Tectonics,20(4):487-509.

DECELLES P G,GEHRELS G E,NAJMAN Y,et al.,2004. Detrital geochronology and geochemistry of Cretaceous-Early Miocene strata of Nepal:implications for timing and diachroneity of initial Himalayan orogenesis[J]. Earth and planetary science letters,227(3):313-330.

DEPAOLO D J,1981. Neodymium isotopes in the Colorado Front Range and crust-mantle evolution in the Proterozoic [J]. Nature,291(5812):193-196.

DESIGOYER J,CHAVAGNAC V,BLICHERT-TOFT J,et al.,2000. Dating the Indian continental subduction and collisional thickening in the northwest Himalaya:multichronology of the Tso Morari eclogites[J]. Geology,28(6): 487-490.

DEWEY J F,SHACKLETON R M,CHENGFA C,et al.,1988. The tectonic evolution of the Tibetan Plateau[J]. Philosophical transactions of the royal society of London, A:mathematical, physical and engineering sciences, 327(1594):379-413.

DICK H J B, BULLEN T, 1984. Chromian spinel as a petrogenetic indicator in abyssal and alpine-type peridotites and spatially associated lavas[J]. Contributions to mineralogy and petrology, 86(1): 54-76.

DICKINSON W R, 1974. Tectonics and sedimentation[J]. Society of Economic Paleontologists and Mineralogists, Special Publication, 22: 1-27.

DICKINSON W R, 1985. Interpreting provenance relations from detrital modes of sandstones[M]//ZUHA G G. Provenance of arenites. Netherlands: Springer: 33-361.

DICKINSON W R, SUCZEK C A, 1979. Plate tectonics and sandstone compositions[J]. American association of petroleum geologists bulletin, 63(12): 2164-2182.

DING L, KAPP P, WAN X, 2005. Paleocene-Eocene record of ophiolite obduction and initial India-Asia collision, south central Tibet[J]. Tectonics, 24(3): TC3001.

DREWES H D, 1995. Tectonics of the Potwar Plateau region and the development of syntaxes, Punjab, Pakistan[R]. Colorado: Dept of the Interior, US Geological Survey.

DUROY Y, FARAH A, LILLIE R J, 1989. Subsurface densities and lithospheric flexure of the Himalayan foreland in Pakistan[J]. Geological society of America, special papers, 232: 217-236.

EINSELE G, RATSCHBACHER L, WETZEL A, 1996. The Himalaya-Bengal Fan denudation-accumulation system during the past 20 Ma[J]. The journal of geology, 104(2): 163-184.

FLEMINGS P B, JORDAN T E, 1989. A synthetic stratigraphic model of foreland basin development[J]. Journal of geophysical research: solid earth, 94(B4): 3851-3866.

FLEMINGS P B, JORDAN T E, 1990. Stratigraphic modeling of foreland basins: interpreting thrust deformation and lithosphere rheology[J]. Geology, 18(5): 430-434.

GALY A, FRANCE-LANORD C, DERRY L A, 1996. The Late Oligocene-Early Miocene Himalayan belt constraints deduced from isotopic compositions of Early Miocene turbidites in the Bengal Fan[J]. Tectonophysics, 260(1): 109-118.

GARCIA-CASTELLANOS D, FERNÀNDEZ M, TORNE M, 1997. Numerical modeling of foreland basin formation: a program relating thrusting, flexure, sediment geometry and lithosphere rheology[J]. Computers and geosciences, 23(9): 993-1003.

GARCIA-CASTELLANOS D, 2002. Interplay between lithospheric flexure and river transport in foreland basins[J]. Basin research, 14(2): 89-104.

GARZANTI E, VEZZOLI G, 2003. A classification of metamorphic grains in sands based on their composition and grade: Research methods papers[J]. Journal of sedimentary research, 73(5): 830-837.

GARZANTI E, CRITELLI S, INGERSOLL R V, 1996. Paleogeographic and paleotectonic evolution of the Himalayan range as reflected by detrital modes of Tertiary sandstones and modern sands (Indus transects, India and Pakistan)[J]. Geological society of America bulletin, 108(6): 631-642.

GODIN L, PARRISH R R, BROWN R L, et al., 2001. Crustal thickening leading to exhumation of the Himalayan metamorphic core of central Nepal: Insight from U-Pb geochronology and ^{40}Ar/^{39}Ar thermochronology[J]. Tectonics, 20(5): 729-747.

GRAHAM S A, DICKINSON W R, INGERSOLL R V, 1975. Himalayan-Bengal model for flysch dispersal in the Appalachian-Ouachita system[J]. Geological society of America bulletin, 86(3): 273-286.

GREEN O R, SEARLE M P, CORFIELD R I, et al., 2008. Cretaceous-Tertiary carbonate platform evolution and the age of the India-Asia collision along the Ladakh Himalaya (northwest India)[J]. The journal of geology, 116(4): 331-353.

GRUJIC D, CASEY M, DAVIDSON C, et al., 1996. Ductile extrusion of the Higher Himalayan Crystalline in Bhutan: evidence from quartz microfabrics[J]. Tectonophysics, 260(1/3): 21-43.

GRUJIC D, HOLLISTER L S, PARRISH R R, 2002. Himalayan metamorphic sequence as an orogenic channel: insight from Bhutan[J]. Earth and planetary science letters,198(1):177-191.

HALL R, 2012. Late Jurassic-Cenozoic reconstructions of the Indonesian region and the Indian Ocean [J]. Tectonophysics,570-571:1-41.

HAMILTON, W, 1979. Tectonics of the Indonesian region [M]. New York: United States Geological Survey, Professional paper:1-1078.

HAYDEN H,1913. Notes on the relationship of the Himalayas and the Indo-gangetic plain and the Indian Peninsula [J]. Records of geological survey of India,43:138-167.

HELLER P L,PAOLA C,1989. The paradox of Lower Cretaceous gravels and the initiation of thrusting in the Sevier orogenic belt,United States Western Interior[J]. Geological society of America bulletin,101(6):864-875.

HELLER P L,PAOLA C,1992. The large-scale dynamics of grain-size variation in alluvial basins,2:application to syntectonic conglomerate[J]. Basin research,4(2):91-102.

HELLER P L, ANGEVINE C L, WINSLOW N S, et al., 1988. Two-phase stratigraphic model of foreland-basin sequences[J]. Geology,16(6):501-504.

HENDERSON A L, FOSTER G L,NAJMAN Y,2010. Testing the application of in situ Sm—Nd isotopic analysis on detrital apatites: a provenance tool for constraining the timing of India—Eurasia collision[J]. Earth and planetary science letters,297 (1/2): 42-49.

HERAIL G, MASCLE G, DELCAILLAU B, 1986. Les Siwaliks de l'Himalaya du Nepal: unexampled d'evolution geodynamique d'un prisme d'accretion intracontinental[J]. Science de la Terre,47:155-182.

HILLEY G E,STRECKER M R,2004. Steady state erosion of critical Coulomb wedges with applications to Taiwan and the Himalaya[J]. Journal of geophysical research,109:B01411.

HODGES K V,2000. Tectonics of the Himalaya and southern Tibet from two perspectives[J]. Geological society of America bulletin,112(3):324-350.

HUBBARD M S,HARRISON T M,1989. $^{40}Ar/^{39}Ar$ age constraints on deformation and metamorphism in the Maine Central Thrust zone and Tibetan Slab,eastern Nepal Himalaya[J]. Tectonics,8(4):865-880.

HUMAYON M,LILLIE R J,LAWRENCE R D,1991. Structural interpretation of the eastern Sulaiman foldbelt and foredeep,Pakistan[J]. Tectonics,10(2):299-324.

HUTT J A, 1996. Fluvial sedimentology of the Kamlial formation (Miocene), Himalayan Foreland, Pakistan[D]. Cambridge:Department of Earth Sciences Cambridge University.

HUYGHE P,GALY A,MUGNIER J L, et al.,2001. Propagation of the thrust system and erosion in the Lesser Himalaya:Geochemical and sedimentological evidence[J]. Geology,29(11):1007-1010.

INGERSOLL R V,GRAHAM S A,DICKINSON W R,1995. Remnant ocean basins[M]//MCCLAY K R. Tectonics of sedimentary basins. Oxford:Blackwell:363-391.

IQBAL M, NAZEER A, AHMAD H, et al.,2011. Hydrocarbon Exploration Perspective in Middle Jurassic-Early Cretaceous Reservoirs in the Sulaiman Foldbelt, Pakistan [C]//Proceedings PAPG/SPE Annual Technical Conference.

ISLAM M S,SHINJO R,KAYAL J R,2011. Pop-up tectonics of the Shillong Plateau in northeastern India: insight from numerical simulations[J]. Gondwana research,20(2):395-404.

JACOBI R D,1981. Peripheral bulge:a causal mechanism for the Lower/Middle Ordovician unconformity along the western margin of the Northern Appalachians[J]. Earth and planetary science letters,56(4):245-251.

JADOON I A K,LAWRENCE R D,LILLIE R J,1992. Balanced and retrodeformed geological cross-section from the frontal Sulaiman Lobe,Pakistan:duplex development in thick strata along the western margin of the Indian Plate [M]. MCKLAY K R. Thrust tectonics. Dordrecht:Springer Netherlands,343-356.

JADOON I A K,LAWRENCE R D,LILLIE R J,1994. Seismic data,geometry,evolution,and shortening in the active Sulaiman fold-and-thrust belt of Pakistan, southwest of the Himalayas [J]. American association of petroleum geologists bulletin,78(5):758-774.

JAEGER J J,COURTILLOT V,TAPPONNIER P,1989. Paleontological view of the ages of the Deccan Traps,the Cretaceous/Tertiary boundary,and the India-Asia collision[J]. Geology,17(4):316-319.

JAMIESON R A,BEAUMONT C,MEDVEDEV S,et al.,2004. Crustal channel flows:2 Numerical models with implications for metamorphism in the Himalayan-Tibetan orogen[J]. Journal of geophysical research atmospheres,109(6):B06407.

JAN M Q,WINDLEY B F,1990. Chromian spinel-silicate chemistry in ultramafic rocks of the Jijal Complex,Northwest Pakistan[J]. Journal of petrology,31(3):667-715.

JAN M Q,KHAN M A,WINDLEY B F,1992. Exsolution in Al-Cr-Fe^{3+}-rich spinels from the Chilas mafic-ultramafic complex,Pakistan[J]. American mineralogist,77(9/10):1074-1079.

JAN M Q,KHAN M A,QAZI M S,1993. The Sapat mafic-ultramafic complex,Kohistan arc,North Pakistan[J]. Geological society,London,special publications,74(1):113-121.

JORDAN T E,1981. Thrust loads and foreland basin evolution,Cretaceous,western United States[J]. American association of petroleum geologists bulletin,65(12):2506-2520.

JOHNSON M R W,1994. Volume balance of erosional loss and sediment deposition related to Himalayan uplift[J]. Journal of the geological society,151(2):217-220.

JORDAN T E,1995. Retroarc foreland and related basins[M]//MCCLAY K R. Tectonics of sedimentary basins. London:University of London:331-362.

JORDAN T E,FLEMINGS P B,1991, Large-scale stratigraphic architecture,eustatic variation,and unsteady tectonism:A theoretical evaluation[J]. Journal of geophysical research:solid earth,96(B4):6681-6699.

JORDAN T E,ALLMENDINGER R W,DAMANTI J F,et al.,1993. Chronology of motion in a complete thrust belt: he Precordillera,30-31°S,Andes Mountains[J]. The journal of geology,101(2):135-156.

JOHNSON M R W,OLIVER G J H,PARRISH R R,et al.,2001. Synthrusting metamorphism,cooling,and erosion of the Himalayan Kathmandu Complex,Nepal[J]. Tectonics,20(3):394-415.

JOUANNE F,VILLEMIN T,FERBER V,et al.,1999. Seismic risk at the rift-transform junction in North Iceland[J]. Geophysical research letters,26(24):3689-3692.

KARNER G D,WATTS A B,1983. Gravity anomalies and flexure of the lithosphere at mountain ranges[J]. Journal of geophysical research atmospheres,solid earth,88(B12):10449-10477.

KARUNAKARAN C,RAO A R,1979. Status of exploration for hydrocarbons in the Himalayan region-contributions to stratigraphy and structure[J]. Geological survey of India,miscellaneous publication,41(5):1-66.

KAYAL J R,ZHAO D,1998. Three-dimensional seismic structure beneath Shillong Plateau and Assam Valley,northeast India[J]. Bulletin of the seismological society of America,88(3):667-676.

KAYAL J R,AREFIEV S S,BARUAH S,et al.,2012. Large and great earthquakes in the Shillong plateau-Assam valley area of Northeast India Region:pop-up and transverse tectonics[J]. Tectonophysics,5532-5535(3):186-192.

KELLETT D,COTTLE J M,GODIN L,et al.,2015. Discussion starter:the case for channel flow during the development and emplacements of Himalaya middle crust[C]//American Geophysical Union Fall Meeting Abstracts,Abstract:T24B-06.

KENT W N,DASGUPTA U,2004. Structural evolution in response to fold and thrust belt tectonics in northern Assam:a key to hydrocarbon exploration in the Jaipur anticline area[J]. Marine and petroleum geology,21(7):785-803.

KENT W N,HIC KMAN R G,DASGUPTA U,2002. Application of a ramp/flat-fault model to interpretation of the Naga thrust and possible implications for petroleum exploration along the Naga thrust front[J]. American association of petroleum geologists bulletin,86(12):2023-2045.

KINGSTON D R,DISHROON C P,WILLIAMS P A,1983. Global basin classification system[J]. American association of petroleum geologists bulletin,67(12):2175-2193.

KLOOTWIJK C T,NAZIRULLAH R,DE JONG K A,et al.,1981. A palaeomagnetic reconnaissance of northeastern Baluchistan,Pakistan[J]. Journal of geophysical research:solid earth,86(B1):289-305.

KLOOTWIJK C T,CONAGHAN P J,POWELL C M,1985. The Himalayan arc:large-scale continental subduction, oroclinal bending,and back-arc spreading[J]. Geologische rundschau,67:37-48.

KLOOTWIJK C T,GEE J S,PEIRCE J W,et al.,1992. An early India-Asia contact:paleomagnetic constraints from Ninetyeast ridge,ODP Leg 121[J]. Geology,20(5):395-398.

KOHN M J,2008. P-T-t data from central Nepal support critical taper and repudiate large-scale channel flow of the Greater Himalayan Sequence[J]. Geological society of America bulletin,120(3/4):259-273.

KOHN M J,WIELAND M S,PARKINSON C D,et al.,2004. Miocene faulting at plate tectonic velocity in the Himalaya of central Nepal[J]. Earth and planetary science letters,228(3):299-310.

KUMAR S,WESNOUSKY S G,ROCKWELL T K,et al.,2001. Earthquake recurrence and rupture dynamics of Himalayan Frontal Thrust,India[J]. Science,294(5550):2328-2331.

LARSON K M,BÜRGMANN R,BILHAM R,et al.,1999. Kinematics of the India-Eurasia collision zone from GPS measurements[J]. Journal of geophysical research:solid earth,104(B1):1077-1093.

LASH G G,1987. Longitudinal petrographic variations in a Middle Ordovician trench deposit,central Appalachian orogen[J]. Sedimentology,34(2):227-235.

LASLETT G M,GREEN P F,DUDDY I R,et al.,1987. Thermal annealing of fission tracks in apatite 2. A quantitative analysis[J]. Chemical geology:isotope geoscience section,65(1):1-13.

LAVÉ J,AVOUAC J P,2000. Active folding of fluvial terraces across the Siwaliks Hills,Himalayas of central Nepal [J]. Journal of geophysical research:solid earth,105(B3):5735-5770.

LAWRENCE R D,YEATS R S,KHAN S H,et al.,1981. Thrust and strike slip fault interaction along the Chaman transform zone,Pakistan[J]. Geological society,London,special publications,9(1):363-370.

LAWTON T F, TREXLER JR J H,1991. Piggyback basin in the Sevier orogenic belt, Utah: implications for development of the thrust wedge[J]. Geology, 19(8): 827-830.

LE FORT P,1975. Himalayas:the collided range. Present knowledge of the continental arc[J]. American journal of science,275(1):1-44.

LE FORT P,1996. Evolution of the Himalaya[J]. World and regional geology,1(8):95-109.

LEE J I,CLIFT P D,LAYNE G,et al.,2003. Sediment flux in the modern Indus River inferred from the trace element composition of detrital amphibole grains[J]. Sedimentary geology,160(1):243-257.

LEEDER M R,GAWTHORPE R L,1987. Sedimentary models for extensional tilt-block/half-graben basins[J]. Geological society,London,special publications,28(1):139-152.

LIU J S,CHEN R,1998. Sequential Monte Carlo methods for dynamic systems[J]. Journal of the American statistical association,93(443):1032-1044.

LONDOÑO J,LORENZO J M,2004. Geodynamics of continental plate collision during late tertiary foreland basin evolution in the Timor Sea:constraints from foreland sequences,elastic flexure and normal faulting [J]. Tectonophysics,392(1):37-54.

LYON-CAEN H,MOLNAR P,1985. Gravity anomalies,flexure of the Indian plate,and the structure,support and evolution of the Himalaya and Ganga Basin[J]. Tectonics,4(6):513-538.

MACK G H,SEAGER W R,1990. Tectonic control on facies distribution of the Camp Rice and Palomas Formations (Pliocene-Pleistocene) in the southern Rio Grande rift[J]. Geological society of America bulletin,102(1):45-53.

MAHÉO G,BERTRAND H,GUILLOT S,et al.,2004. The South Ladakh ophiolites (NW Himalaya,India):an intra-oceanic tholeiitic arc origin with implication for the closure of the Neo-Tethys[J]. Chemical geology,203(3): 273-303.

MARTIN A J, GEHRELS G E, DECELLES P G, 2007. The tectonic significance of (U, Th)/Pb ages of monazite inclusions in garnet from the Himalaya of central Nepal[J]. Chemical geology, 244(1):1-24.

MATHUR N S, 1978. Biostratigraphical aspects of the Subathu Formation, Kumaun Himalaya[J]. Recent researches in geology, 5:96-112.

MAURIN T, RANGIN C, 2009. Structure and kinematics of the Indo-Burmese Wedge: Recent and fast growth of the outer wedge[J]. Tectonics, 28(2):115-123.

MCLENNAN S M, TAYLOR S R, 1991. Sedimentary rocks and crustal evolution: tectonic setting and secular trends [J]. The journal of geology, 99(1):1-21.

MEIGS A J, BURBANK D W, 1997. Growth of the South Pyrenean orogenic wedge[J]. Tectonics, 16(2):239-258.

MEIGS A J, BURBANK D W, BECK R A, 1995. Middle-late Miocene (> 10 Ma) formation of the Main Boundary thrust in the western Himalaya[J]. Geology, 23(5):423-426.

MIALL A D, 1981. Alluvial sedimentary basins: tectonic setting and basin architecture[J]. Sedimentation and Tectonics in Alluvial Basins Antario. Special paper-Geological Association of Canada, University of Waterloo, 23:1-33.

MIALL A D, 2000. Principles of sedimentary basin analysis[M]. Verlag: Springer.

MITROVICA J X, BEAUMONT C, JARVIS G T, 1989. Tilting of continental interiors by the dynamical effects of subduction[J]. Tectonics, 8(5):1079-1094.

MOLNAR P, 1984. Structure and tectonics of the Himalaya: Constraints and implications of geophysical data[J]. Annual review of earth and planetary sciences, 12(1):489-516.

MORLEY C K, 2002. A tectonic model for the Tertiary evolution of strike-slip faults and rift basins in SE Asia[J]. Tectonophysics, 347(4):189-215.

MUGNIER J L, MASCLE G, FAUCHER T, 1993. Structure of the Siwaliks of western Nepal: an intracontinental accretionary prism[J]. International geology review, 5(1):1-16.

NAEEM M, JAFRI M K, MOUSTAFA S S R, et al., 2016. Seismic and well log driven structural and petrophysical analysis of the Lower Goru Formation in the Lower Indus Basin, Pakistan[J]. Geosciences journal, 20(1):57-75.

NAJMAN Y M R, 1995. Evolution of the early Himalayan foreland basin in NW India and its relationship to Himalayan orogenesis[D]. Edinburgh: University of Edinburgh.

NAJMAN Y, 2006. The detrital record of orogenesis: A review of approaches and techniques used in the Himalayan sedimentary basins[J]. Earth-science reviews, 74(1):1-72.

NAJMAN Y, GARZANTI E, 2000. Reconstructing early Himalayan tectonic evolution and paleogeography from Tertiary foreland basin sedimentary rocks, northern India[J]. Geological society of America bulletin, 112(3):435-449.

NAJMAN Y, CLIFT P, JOHNSON M R W, et al., 1993. Early stages of foreland basin evolution in the Lesser Himalaya, N India[J]. Geological society, London, special publications, 74(1):541-558.

NAJMAN Y M R, PRINGLE M S, JOHNSON M R W, et al., 1997. Laser ^{40}Ar/^{39}Ar dating of single detrital muscovite grains from early foreland-basin sedimentary deposits in India: Implications for early Himalayan evolution[J]. Geology, 25(6):535-538.

NAJMAN Y, PRINGLE M, GODIN L, et al., 2001. Dating of the oldest continental sediments from the Himalayan foreland basin[J]. Nature, 410(6825):194-197.

NAJMAN Y, PRINGLE M, GODIN L, et al., 2002. A reinterpretation of the Balakot Formation: Implications for the tectonics of the NW Himalaya, Pakistan[J]. Tectonics, 21(5):7-18.

NAJMAN Y, GARZANTI E, PRINGLE M, et al., 2003a. Early-Middle Miocene paleodrainage and tectonics in the Pakistan Himalaya[J]. Geological society of America bulletin, 115(10):1265-1277.

NAJMAN Y, PRINGLE M, BICKLE M, et al., 2003b. Non-steady-state exhumation of the Higher Himalaya, NW India: insights from a combined isotopic and sedimentological approach[C]. EGS-AGU-EUG Joint Assembly.

NAJMAN Y,JOHNSON K,WHITE N,et al.,2004. Evolution of the Himalayan foreland basin,NW India[J]. Basin Research,16(1):1-24.

NAJMAN Y,CARTER A,OLIVER G,et al.,2005. Provenance of Eocene foreland basin sediments,Nepal:constraints to the timing and diachroneity of early Himalayan orogenesis[J]. Geology,33(4):309-312.

NAJMAN Y,BICKLE M,BOUDAGHER-FADEL M,et al.,2008. The Paleogene record of Himalayan erosion:Bengal Basin,Bangladesh[J]. Earth and planetary science letters,273(1):1-14.

NAJMAN Y, APPEL E, BOWN P, et al., 2010. Timing of India-Asia collision: geological, biostratigraphic, and palaeomagnetic constraints[J]. Journal of geophysical research:solid earth,115(B12):1-70.

NAJMAN Y,BRACCIALI L,PARRISH R R,et al.,2016. Evolving strain partitioning in the Eastern Himalaya: The growth of the Shillong Plateau[J]. Earth and planetary science letters,433:1-9.

NAKAYAMA K,ULAK P D,1999. Evolution of fluvial style in the Siwalik Group in the foothills of the Nepal Himalaya[J]. Sedimentary geology,125(3):205-224.

NARAIN H,KAILA K L,1982. Inferences about the Vindhyan basin from geophysical data[M]. VALDIYA K S, BHATIA S B,GAUR VK. Geology of Vindhyachal. Delhi:Hindustan Publishing Corporation:179-192.

NAZEER A,SOLANGI S H,BROHI I A,et al.,2012. Hydrocarbon Potential of Zinda Pir Anticline,Eastern Sulaiman Fold Belt,Middle Indus Basin,Pakistan[J]. Pakistan journal of hydrocarbon research,22:124-138.

OJHA T P,BUTLER R F,DECELLES P G,et al.,2009. Magnetic polarity stratigraphy of the Neogene foreland basin deposits of Nepal[J]. Basin research,21(1):61-90.

PANDEY P,RAWAT R S,1999. Some new observations on the Amritpur granite series,Kumaun lesser Himalaya, India[J]. Current science,77(2):296-299.

PATRAIT P,ACHACHE J,1984. India-Eurasia collision chronology and its implications for crustal shortening and driving mechanisms of the plates[J]. Nature,311(5987):615-621.

PIVNIK D A,WELLS N A,1996. The transition from Tethys to the Himalaya as recorded in northwest Pakistan[J]. Geological society of America bulletin,108(10):1295-1313.

POWELL C M A,1979. Speculative tectonic history of Pakistan and surroundings:some constraints from the Indian Ocean[J]. Geodynamics of Pakistan,13:5-24.

PRICE R A,1973. Large-scale gravitational flow of supra-crustal rocks,Southern Canadian Rockies[M]. New York: Department of Geological Science:491-502.

QUADE J,CATER J M L,OJHA T P,et al.,1995. Late Miocene environmental change in Nepal and the northern Indian subcontinent:Stable isotopic evidence from paleosols[J]. Geological society of America bulletin,107(12): 1381-1397.

QUERESHY M N,KUMAR S,1992. Isostasy and neotectonic of north-west Himalaya and foredeep[J]. Journal of the Geological Society of India,23:201-222.

QUERESHY M N,KUMAR S,GUPTA G D,1989. The Himalaya mega lineament,its Geophysical characteristics[J]. Journal of the Geological Society of India,12:207-222.

QUINLAN G M,BEAUMONT C,1984,Appalachian thrusting,lithospheric flexure,and the Paleozoic stratigraphy of the eastern interior of North America[J]. Canadian journal of earth sciences,21(9):973-996.

QUINLAN G M, BEAUMONT C, 2011. Appalachian thrusting, lithospheric flexure, and the Paleozoic stratig[J]. Canadian Journal of Earth Sciences,21(9):973-996.

RAIVERMAN V. 2002. Foreland sedimentation in Himalayan tectonic regime:a look at the orogenic process[M]. Dehra Dun:Bishen Singh Mahendra Pal Singh:1-378.

RAJASEKHAR R P,MISHRA D C,2008. Crustal structure of Bengal basin and Shillong plateau:extension of Eastern Ghat and Satpura mobile belts to Himalayan fronts and seismotectonics[J]. Gondwana research,14(3):523-534.

RAJU S V,MATHUR N,1995. Petroleum geochemistry of a part of Upper Assam Basin,India:a brief overview[J].

Organic geochemistry,23(1):55-70.

RAO M B R,1973. The subsurface geology of the Indo-Gangetic plains[J]. Geological society of India,14(3):217-242.

RATSCHBACHER L,FRISCH W,LIU G,et al.,1994. Distributed deformation in southern and western Tibet during and after the India-Asia collision[J]. Journal of geophysical research:solid earth,99(B10):19917-19945.

RAYMO M E,RUDDIMAN W F,1988. Influence of late Cenozoic mountain building on ocean geochemical cycles[J]. Geology,16(7):649-653.

RAYMO M E,RUDDIMAN W F,1992. Tectonic forcing of late Cenozoic climate[J]. Nature,359(6391):117-122.

RAZA H A, AHMAD W, ALI S M, et al., 2008. Hydrocarbon Prospects of Punjab Platform Pakistan, with special reference to Bikaner-Nagaur Basin of India[J]. Pakistan journal of hydrocarbon research,18:1-33.

RICHARDS A, ARGLES T, HARRIS N, et al., 2005. Himalayan architecture constrained by isotopic tracers from clastic sediments[J]. Earth and planetary science letters,236(3):773-796.

RICHTER F M,ROWLEY D B,DEPAOLO D J,1992. Sr isotope evolution of seawater:the role of tectonics[J]. Earth and planetary science letters,109(1/2):11-23.

ROBINSON D M,DECELLES P G,PATCHETT P J,et al.,2001. The kinematic evolution of the Nepalese Himalaya interpreted from Nd isotopes[J]. Earth and planetary science letters,192(4):507-521.

ROBINSON D M,DECELLES P G,COPELAND P,2006. Tectonic evolution of the Himalayan thrust belt in western Nepal:Implications for channel flow models[J]. Geological society of America bulletin,118(7):865-885.

RODDAZ M,BABY P,BRUSSET S,et al.,2005. Forebulge dynamics and environmental control in Western Amazonia: The case study of the Arch of Iquitos (Peru)[J]. Tectonophysics,399(1):87-108.

ROSER B P,KORSCH R J,1986. Determination of tectonic setting of sandstone-mudstone suites using content and ratio[J]. The journal of geology,94(5):635-650.

ROWLEY D B,1995. A simple geometric model for the syn-kinematic erosional denudation of thrust fronts[J]. Earth and planetary science letters,129(1/4):203-216.

ROWLEY D B,1996. Age of initiation of collision between India and Asia:a review of stratigraphic data[J]. Earth and planetary science letters,145(1/4):1-13.

ROWLEY D B,1998. Minimum age of initiation of collision between India and Asia north of Everest based on the subsidence history of the Zhepure Mountain section[J]. The journal of geology,106(2):229-235.

ROYDEN L H,1993. The tectonic expression slab pull at continental convergent boundaries[J]. Tectonics,12(2):303-325.

SAKAI H,1983. Geology of the Tansen Group of the Lesser Himalaya in Nepal[J]. Memoir of Faculty of Sciences Kyushu University Series D, Geology,25:27-74.

SANGODE S J,KUMAR R,GHOSH S K,1996. Magnetic polarity stratigraphy of the Siwalik sequence of Haripur area (HP),NW Himalaya[J]. Geological society of India,47(6):683-704.

SARWAR G, DEJONG K A, 1979. Arcs, oroclines, syntaxes: the curvature of mountain belts in Pakistan [J]. Geodynamics of Pakistan,Geological Survey of Pakistan,Quetta,351-358.

SARWAR G,DEJONG K A ,1979. Arcs or belt in oroclines, syntaxes- the curvature of mountain belt in Pakistan [R]// Farah A,Dejong K A. Geo dynamics of Pakistan. Quetta: Geological Survey of Pakistan:341-350.

SCHÄRER U,ALLÈGRE C J,1984. The Transhimalaya (Gangdese) plutonism in the Ladakh region:a U-Pb and Rb-Sr study[J]. Earth and planetary science letters,67(3):327-339.

SCHELLING D, ARITA K, 1991. Thrust tectonics, crustal shortening, and the structure of the far-eastern Nepal Himalaya[J]. Tectonics,10(5):851-862.

SCHWAB F L,1986. Sedimentary 'signatures' of foreland basin assemblages: real or counterfeit? [M]// ALLEN P A, HOMEWOOD P. Foreland Basins. Gent: The International Association of Sedimentologists: 393-410.

SEARLE M P,WINDLEY B F,COWARD M P,et al.,1987. The closing of Tethys and the tectonics of the Himalaya[J].

Geological society of America bulletin,98(6):678-701.

SEARLE M P,PARRISH R R,TIRRUL R,et al.,1990. Age of crystallization and cooling of the K2 gneiss in the Baltoro Karakoram[J]. Journal of the geological society,147(4):603-606.

SEARLE M,CORFIELD R I,STEPHENSON B E N,et al.,1997. Structure of the North Indian continental margin in the Ladakh-Zanskar Himalayas:implications for the timing of obduction of the Spontang ophiolite,India-Asia collision and deformation events in the Himalaya[J]. Geological Magazine,134(3):297-316.

SEARLE M,HACKER B R,BILHAM R,2001. The Hindu Kush seismic zone as a paradigm for the creation of ultrahigh-pressure diamond-and coesite-bearing continental rocks[J]. The journal of geology,109(2):143-153.

SINCLAIR H D,JAFFEY N,2001. Sedimentology of the Indus Group,Ladakh,northern India:implications for the timing of initiation of the palaeo-Indus River[J]. Journal of the geological society,158(1):151-162.

SINCLAIR H D,COAKLEY B J,ALLEN P A,et al.,1991. Simulation of foreland basin stratigraphy using a diffusion model of mountain belt uplift and erosion:an example from the central Alps,Switzerland[J]. Tectonics,10(3):599-620.

SINGH B P,1996b. Murree sedimentation in the northwestern Himalaya[J]. Geological survey of India-special publication,(21):157-164.

SINGH I B,1996a. Geological evolution of Ganga Plain—an overview[J]. Journal of the palaeontological society of India,41:99-137.

SINGH M P,SINGH G P,1995. Petrological evolution of the Paleogene coal deposits of Jammu,Jammu and Kashmir,India[J]. International journal of coal geology,27(2/4):171-199.

SMEWING J D,WARBURTON J,DALEY T,et al.,2002. Sequence stratigraphy of the southern Kirthar fold belt and middle Indus basin,Pakistan[J]. Geological society,London,special publications,195(1):273-299.

SMIT M A,HACKER B R,LEE J,2014. Tibetan garnet records early Eocene initiation of thickening in the Himalaya[J]. Geology,42(7):591-594.

SMITH A G,HALLAM A,1970. The fit of the southern continents[J]. Nature,225(5228):139-144.

SPEAR F S,PARRISH R R,1996. Petrology and cooling rates of the Valhalla complex,British Columbia,Canada[J]. Journal of petrology,37(4):733-765.

SRIVASTAVA P,MITRA G,1994. Thrust geometries and deep structure of the outer and lesser Himalaya,Kumaon and Garhwal (India):Implications for evolution of the Himalayan fold-and-thrust belt[J]. Tectonics,13(1):89-109.

STECK A,2003. Geology of the NW Indian Himalaya[J]. Eclogae geologicae helvetiae,96(2):147-196.

SZULC A G,2005. Tectonic evolution of the Himalayas constrained by a detrital investigation of the Siwalik Group molasse in SW Nepal[D]. Edinburgh:The University of Edinburgh.

SZULC A G,NAJMAN Y,SINCLAIR H D,et al.,2006. Tectonic evolution of the Himalaya constrained by detrital ^{40}Ar-^{39}Ar,Sm-Nd and petrographic data from the Siwalik foreland basin succession,SW Nepal[J]. Basin research,18(4):375-391.

TAGAMI T,GALBRAITH R F,YAMADA R,et al.,1998. Revised annealing kinetics of fission tracks in zircon and geological implications[J]. Advances in fission-track geochronology,10:99-112.

TALLING P J,LAWTON T F,BURBANK D W,et al.,1995. Evolution of latest Cretaceous-Eocene nonmarine deposystems in the Axhandle piggyback basin of central Utah[J]. Geological society of America bulletin,107(3):297-315.

TANKARD A J,1986. On the depositional response to thrusting and lithospheric flexure:examples from the Appalachian and Rocky Mountain basins[M]//ALLEN P A,HOMEWOOD P. Foreland Basins. Gent:The International Association of Sedimentologists:369-392.

TAPPONNIER P,PELTZER G,LE DAIN A Y,et al.,1982. Propagating extrusion tectonics in Asia:New insights from simple experiments with plasticine[J]. Geology,10(12):611-616.

TAYLOR S R，MCLENNAN S M，1985. The Continental Crust：its Evolution and Composition［M］. Oxford：Blackwell Science.

THAKUR V C，1998. Structure of the Chamba nappe and position of the Main Central Thrust in Kashmir Himalaya［J］. Journal of Asian earth sciences，16(2)：269-282.

TRELOAR P J，IZATT C N，1993. Tectonics of the Himalayan collision between the Indian plate and the Afghan block：A synthesis［J］. Geological society，London，special publications，74(1)：69-87.

TURCOTTE D L，SCHUBERT G，2006. Geodynamics：applications of continuum physics to geological problems［M］. New York：John Wiley and Sons：1-456.

UDDIN A，LUNDBERG N，1998. Cenozoic history of the Himalayan-Bengal system：sand composition in the Bengal basin，Bangladesh［J］. Geological society of America bulletin，110(4)：497-511.

UPRETI B N，1996. Stratigraphy of the western Nepal Lesser Himalaya：a synthesis［J］. Journal of Nepal geological society，13：11-28.

UPRETI B N，1999，An overview of the stratigraphy and tectonics of the Nepal Himalaya［J］. Journal of Asian earth sciences，17(5)：577-606.

VADLAMANI R，WU F Y，JI W Q，2015. Detrital zircon U-Pb age and Hf isotopic composition from foreland sediments of the Assam Basin，NE India：Constraints on sediment provenance and tectonics of the Eastern Himalaya ［J］. Journal of Asian earth sciences，111：254-267.

VALDIYA K S，2010. The making of India-Geodynamics evolution［M］. New Delhi：Macmillan：1-924.

VANNAY J C，HODGES K V，1996. Tectonometamorphic evolution of the Himalayan metamorphic core between the Annapurna and Dhaulagiri，central Nepal［J］. Journal of Metamorphic Geology，14(5)：635-656.

WAHEED A，WELLS N A，1990. Fluvial history of late Cenozoic molasse，Sulaiman Range，Pakistan［J］. Sedimentary Geology，67：237-261.

WASCHBUSCH P J，ROYDEN L H，1992. Spatial and temporal evolution of foredeep basins：lateral strength variations and inelastic yielding in continental lithosphere［J］. Basin research，4(3/4)：179-196.

WATTS A B，2001. Isostasy and flexure of the lithosphere［M］. Cambridge：Cambridge University Press.

WEBB A A G，YIN A，HARRISON T M，et al.，2007. The leading edge of the Greater Himalayan Crystalline complex revealed in the NW Indian Himalaya：implications for the evolution of the Himalayan orogen［J］. Geology，35(10)：955-958.

WEN D R，LIU D，CHUNG S L，et al.，2008. Zircon SHRIMP U-Pb ages of the Gangdese Batholith and implications for Neotethyan subduction in Southern Tibet［J］. Chemical geology，252(3)：191-201.

WHIPPLE K X，MEADE B J，2004，Controls on the strength of coupling among climate，erosion，and deformation in two-sided，frictional orogenic wedges at steady state［J］. Journal of geophysical research：earth surface，109：325-341.

WANDREY C J，LAW B E，SHAH H A，2004. Sembar Goru/Ghazij composite total petroleum system，Indus and Sulaiman-Kirthar geologic provinces，Pakistan and India［R］//CRAIG J. Wandrey Petroleum Systems and Related Geologic Studies in Region 8，South Asia. Reston：U. S. Geological Survey.

WHITE N M，2001. The early to middle Miocene exhumation history of the High Himalayas，NW India［D］. Cambridge：University of Cambridge.

WHITE N M，PARRISH R R，BICKLE M J，et al.，2001. Metamorphism and exhumation of the NW Himalaya constrained by U-Th-Pb analyses of detrital monazite grains from early foreland basin sediments［J］. Journal of the geological society，158(4)：625-635.

WHITE N M，PRINGLE M，GARZANTI E，et al.，2002. Constraints on the exhumation and erosion of the High Himalayan Slab，NW India，from foreland basin deposits［J］. Earth and planetary science letters，195(1)：29-44.

WIESMAYR G，GRASEMANN B，2002. Eohimalayan fold and thrust belt：implications for the geodynamic evolution of the NW-Himalaya (India)［J］. Tectonics，21(6)：1058.

WILLEMS H,ZHOU Z,ZHANG B,et al.,1996. Stratigraphy of the Upper Cretaceous and lower Tertiary strata in the Tethyan Himalayas of Tibet (Tingri area,China)[J]. Geologische rundschau,85(4):723-754.

WILLIS B,1993a. Ancient river systems in the Himalayan foredeep, Chinji Village area, northern Pakistan[J]. Sedimentary geology,88(1/2):1-76.

WILLIS B,1993b. Evolution of miocene fluvial systems in the himalayan foredeep through a two kilometer-thick succession in northern Pakistan[J]. Sedimentary geology,88(1/2):77-121.

WILTSCHKO D V,DORR J A,1983. Timing of deformation in Overthrust Belt and foreland of Idaho,Wyoming,and Utah[J]. American association of petroleum geologists bulletin,67(8):1304-1322.

WRONKIEWICZ D J,CONDIE K C,1987. Geochemistry of Archean shales from the Witwatersrand Supergroup,South Africa:source-area weathering and provenance[J]. Geochimica et cosmochimica acta,51(9):2401-2416.

WU L L, MEI L F,LIU Y S, et al.,2017. Multiple provenance of rift sediments in the composite basin-mountain system:Constraints from detrital zircon U-Pb geochronology and heavy minerals of the early Eocene Jianghan Basin, central China[J]. Sedimentary geology,349:46-61.

YEATS R S,LAWRENCE R D,1984. Tectonics of the Himalayan thrust belt in northern Pakistan[M]//MILLIMAN J D,QURAISHEE G S,BEG M A A. Marine geology and oceanography of Arabian Sea and Coastal Pakistan. New York:Van Nostrand Reinhold.

YIN A,2006. Cenozoic tectonic evolution of the Himalayan orogen as constrained by along-strike variation of structural geometry,exhumation history,and foreland sedimentation[J]. Earth-Science Reviews,76(1/2):1-123.

YIN A,2010. Cenozoic tectonic evolution of Asia:a preliminary synthesis[J]. Tectonophysics,488(1):293-325.

YIN A,HARRISON T M,2000. Geologic evolution of the Himalayan-Tibetan orogen[J]. Annual review of earth and planetary sciences,28(1):211-280.

YIN A,HARRISON T M,MURPHY M A,et al.,1999. Tertiary deformation history of southeastern and southwestern Tibet during the Indo-Asian collision[J]. Geological society of America bulletin,111(11):1644-1664.

YIN A,DUBEY C S,WEBB A A G,et al.,2010. Geologic correlation of the Himalayan orogen and Indian craton:Part 1. Structural geology,U-Pb zircon geochronology,and tectonic evolution of the Shillong Plateau and its neighboring regions in NE India[J]. Geological society of America bulletin,122(3/4):336-359.

ZAIGHAM N A,MALLICK K A,2000. Prospect of hydrocarbon associated with fossil-rift structures of the southern Indus basin,Pakistan[J]. American association of petroleum geologists bulletin,84(11):1833-1848.

ZAIGHAM N A, NAYYAR Z A, HISAMUDDIN N, 2009. Review of geothermal energy resources in Pakistan[J]. Renewable and sustainable energy reviews, 13(1): 223-232.

ZHAO W J,NELSON K D,CHE J,et al.,1993. Deep seismic reflection evidence for continental underthrusting beneath Southern Tibet[J]. Nature,366(6455):557-559.

ZHU B,2003. Sedimentology,petrography,and tectonic significance of Cretaceous to lower Tertiary[D]. New York: State University of New York.

ZHU B,KIDD W S F,ROWLEY D B, et al.,2005. Age of initiation of the India-Asia collision in the east-central Himalaya[J]. The journal of geology,113(3):265-285.

第8章

孟加拉湾及邻区盆地形成与演化

　　孟加拉湾及邻区发育近东西向的喜马拉雅造山带及前陆盆地系统、近南北向的缅甸-安达曼弧盆体系、近北东向的印度东部被动大陆边缘盆地系统和孟加拉(湾)残留洋系统,完好地保存了自大陆裂解至陆-陆碰撞周期(威尔逊旋回)所有可能出现的盆地类型。形成如此丰富多彩的地质现象的关键因素是特提斯构造域,以及印度大陆在晚中生代—新生代的构造演化,尤其是新生代印度板块与欧亚板块的俯冲、碰撞作用。印度大陆在中生代晚期的伸展作用及其后的裂离、印度洋的扩张是现今一系列盆地形成的基础,而新生代印度板块与欧亚板块的俯冲、碰撞则奠定了现今盆地的格局。本章重建了侏罗纪—早白垩世、早白垩世末—晚白垩世、古近纪和新近纪四个阶段的盆地原型。

8.1　孟加拉湾及邻区板块构造与成盆序列

孟加拉湾及邻区涵盖了孟加拉湾、印度东部大陆边缘、孟加拉-印度东北部、缅甸西部大陆边缘和安达曼海在内的广大地区，具有异常丰富的地质现象：①世界上最雄伟的造山系——喜马拉雅造山带、最大的河流三角洲系统——恒河-布拉马普特拉河三角洲和最大的深海扇系统——孟加拉扇；②近东西走向的喜马拉雅造山带及前陆盆地系统、近南北走向的缅甸-安达曼弧盆体系、近北东走向的印度东部被动大陆边缘盆地系统和孟加拉（湾）残留洋系统，几乎完好地保存了自大陆裂解至陆-陆碰撞造山周期（威尔逊旋回）所有可能出现的盆地类型；③典型的主动大陆边缘（洋-陆俯冲型和陆-陆碰撞型）和被动大陆边缘共存并相互交融、复合，形成复合型的孟加拉盆地。

毫无疑问，形成如此丰富多彩的地质现象的关键因素是印度大陆在晚中生代—新生代的构造演化过程（Curray，2014），尤其是新生代印度大陆与欧亚大陆的碰撞作用，深刻地影响着这一区域乃至全球的地质演化。同时也应该注意到，在与印度大陆发生相互作用之前，欧亚大陆南缘的动力学条件也对这一地区现今的构造现象有深刻的影响（Ji et al.，2009；Wen et al.，2008；Chu et al.，2006；Chung et al.，2005；Searle et al.，1987；Schärer et al.，1984a，b），尤其是对缅甸西部大陆边缘（Li et al.，2013；Mitchell et al.，2012；Mitchell，1993）。因此厘清碰撞前古亚洲南部大陆边缘的构造演化史和重建印度大陆在晚中生代—新生代的板块运动是探讨孟加拉湾及邻区盆地原型及其叠加演化的关键。

8.1.1　印度大陆的裂离与漂移

东北印度洋的扩张事件在过去的 30 年间成为板块构造理论研究的核心。对于这一地区的板块重组和大洋扩张事件，Royer 和 Sandwell（1989）认为可以分为三期：①晚侏罗世—早白垩世，印度大陆从澳大利亚-南极洲大陆的伸展和破裂，在印度大陆东缘和澳大利亚大陆西缘形成一系列中生代裂谷系；②早白垩世—始新世，印度大陆向北快速漂移，产生中印度洋、沃顿（Wharton）和克罗泽（Crozet）海盆；③始新世至今，印度大陆与欧亚大陆相互作用，在印度洋中随着东南印度洋洋中脊的扩张，形成了北克罗泽海盆和中印度洋海盆的南部。这种大规模的板块重组事件在印度洋洋中脊的跃迁、洋中脊扩张方向和扩张速率等方面均有完整的地质学记录，也为我们探讨印度大陆中生代构造演化史提供了重要证据。

1.　晚古生代—中生代东冈瓦纳陆内伸展与裂谷作用

地质历史时期，发生过数次超大陆的形成和裂解事件，目前了解比较清楚的是罗迪尼亚和冈瓦纳-泛大陆这两期超大陆循环事件(Chatterjee et al.,2013)。现今的超大陆循环周期是以非洲大陆、阿拉伯陆块、印度大陆和澳大利亚大陆向欧亚大陆收敛为标志的超大陆形成期,而这些大陆块体均是在中生代从冈瓦纳大陆裂解而来(Veevers,2004;Acharyya,2000;Powell et al.,1988)。造成如此大规模的大陆裂解事件的驱动力尚不清楚,可能来源主要包括板块边界的驱动力和地幔柱深部动力等(Conrad et al.,2002;Storey,1995;Forsyth and Uyeda,1975)。存在疑问的是何种机制控制了大陆板块岩石圈减薄、变弱、破裂甚至是被大洋岩石圈取代的过程(Storey,1995)。但是有一点是比较明确的,那就是大陆岩石圈的破裂必然伴随有岩石圈的伸展和减薄过程(Chatterjee et al.,2013)。

中生代,冈瓦纳大陆内发生广泛的陆内裂谷作用,被大量出现的地幔柱(热点)(Storey,1995)和大陆玄武岩(Courtillot,1999)分隔成众多的陆块,通常也认为这是冈瓦纳大陆开始伸展(破裂)的标志,也是导致印度大陆边缘最终发育为典型的火山型被动大陆边缘的原因。在印度东部大陆边缘的戈达瓦里地堑内和孟加拉盆地西部斜坡带底部发现了多套石炭纪和二叠纪地层,它们以砂岩和泥岩互层分布为特征,出现了少量舌羊齿植物化石(Lakshminarayana,2002;Reimann,1993),这些地层的发育表明至少东冈瓦纳大陆的陆内伸展和相应的裂谷作用在晚古生代就已经开始,并在侏罗纪—白垩纪达到高峰。诱发冈瓦纳大陆最终裂解及稍后印度洋扩张的因素可能与新特提斯洋岩石圈向欧亚大陆下俯冲引起的板块构造事件有关(Scotese,1991)。

板块重建模型显示,印度大陆从东冈瓦纳大陆裂离之前,斯里兰卡夹持于印度南部高韦里剪切带与南极洲吕措-霍尔姆(Lützow-Holm)湾之间,南极洲兰伯特(Lambert)地堑与默哈讷迪地堑相邻、恩德比(Enderby)与麦克罗伯逊(Mac Robertson)高地则紧靠印度布兰希达—戈达瓦里(Pranhita-Godavari)地堑(Lal et al.,2009;Powell et al.,1988)[图 8.1(a)]。晚侏罗世—早白垩世(170~130 Ma),印度大陆与南极洲-澳大利亚大陆之间逐渐出现了减薄的陆壳,伸展距离约 40 km(Powell et al.,1988);它们之间的伸展首先从印度东北部/澳大利亚西南部开始,早期可能发育多叉裂谷,最后仅有孟加拉-阿萨姆与克里希纳-戈达瓦里-默哈讷迪裂谷一直保留并持续向南发育。在孟加拉盆地西部斜坡带和印度东部大陆边缘克里希纳-戈达瓦里盆地底部大量出现这一时期的地堑和地垒(图 3.11、图 6.11),也证实了这一陆内伸展事件。相应地,澳大利亚大陆和南极大陆之间在同时期也出现了轻微的陆内伸展活动(Talwani et al.,2016;Lal et al.,2009;Powell et al.,1988)。

晚古生代—中生代,东冈瓦纳大陆陆内伸展与裂谷作用的直接结果是在不同的陆块薄弱带内形成了一系列的垒堑系统,它们接受古老大陆结晶岩剥蚀碎屑,形成了现今印度东部大陆边缘、澳大利亚西部大陆边缘和南极洲西部大陆边缘盆地内最古老的沉积地层。

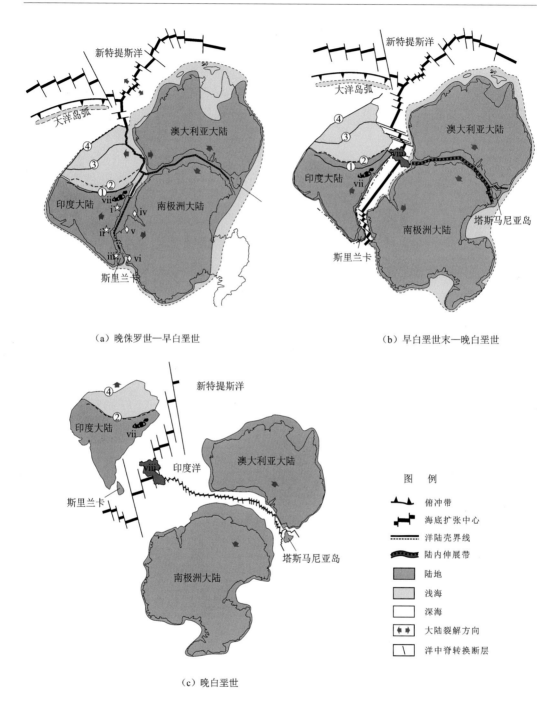

(a) 晚侏罗世—早白垩世　　　　　　　　　(b) 早白垩世末—晚白垩世

(c) 晚白垩世

图 8.1　中生代东冈瓦纳大陆的裂解与印度大陆的漂移(Powell et al.,1988)

①喜马拉雅主前缘逆冲推覆断层;②印度河—雅鲁藏布缝合带;③昆仑—柴达木前缘逆冲断层;④推测的印度大陆的最北边界;i 为默哈讷迪-孟加拉地堑;ii 为克里希纳-戈达瓦里地堑;iii 为高韦里地堑;iv 为兰伯特地堑;v 为恩德比高地;vi 为霍尔姆地堑;vii 为西隆高原;viii 为凯尔盖朗地幔柱(火成岩省)

2. 白垩纪东冈瓦纳大陆裂解

白垩纪早期(约 130 Ma),冈瓦纳大陆裂解为东西两大部分,其中西冈瓦纳大陆包括非洲和南美洲大陆,而东冈瓦纳大陆包括马达加斯加、印度、澳大利亚和南极洲大陆等部分;它们的裂解伴随着印度洋的扩张和洋壳新生。大规模的地幔柱(热点)玄武岩喷发事件几乎同步地从早白垩世晚期(约 118 Ma)开始出现,并一直延续到新生代;这些玄武岩喷发事件最终形成了印度东北部-孟加拉拉杰默哈尔-锡尔赫特(Rajmahal-Sylhet)玄武岩、澳大利亚班伯里(Bunbury)玄武岩和南印度洋凯尔盖朗玄武岩高原(Kent et al.,1997)在内的多个大玄武岩省,成为探讨东冈瓦纳大陆破裂和印度洋扩张的主要依据。

印度大陆从澳大利亚-南极洲大陆的初始裂解的主要标志是出现新生的印度洋洋壳。在澳大利亚西南部的珀斯(Perth)和居维叶(Cuvier)海盆内,海底磁异常条带分析显示印度与澳大利亚-南极洲大陆之间的裂解发生在 133 Ma 左右(Talwani et al.,2016;Powell et al.,1988;Johnson et al.,1980);在南极洲恩德比盆地和孟加拉湾内采集到的磁异常资料显示它们之间的分裂时间在 120~130 Ma(Müller et al.,2008;Gaina et al.,2007)。虽然不同地区的研究结果存在一定差异,但大陆裂解和洋壳新生的年龄都比大规模玄武岩喷发早 2~10 Ma。需要注意的是,印度东南角的斯里兰卡,Katz(1978)认为其构造属性与印度东南部相似,并且斯里兰卡是在 130 Ma 左右同步从澳大利亚-南极洲大陆裂离。海洋磁异常资料研究也证实在斯里兰卡东南部(孟加拉湾)最早的磁异常条带为 M11(134 Ma),与印度大陆裂离的时间相吻合,因此至少可以说明从这一时期开始,它们已经成为不可分割的整体。

这些海底磁异常资料的解释和板块构造理论为重建东冈瓦纳大陆的构造演化提供了基础。Powell 等(1988)和 Talwani 等(2016)认为,从早白垩世开始(134~120 Ma),东冈瓦纳大陆的裂解首先从印度大陆与澳大利亚-南极洲大陆的分裂开始[图 8.1(b)]:①分裂的初始位置位于印度的东北角与澳大利亚大陆的西北角,在这一地区对称的洋壳最早开始发育并逐渐向南扩展;②印度大陆在这一时期相对于澳大利亚-南极洲大陆逆时针旋转了 15°;③早期的海底扩张伴随有多次洋中脊跃迁事件(Johnson et al.,1980),现今的澳大利亚大陆西南部残留了多个废弃的洋中脊片段和海底高原即是证明。在印度大陆裂离的同时,南极洲大陆和澳大利亚大陆之间也发生了陆壳的伸展减薄和洋壳的初生,类似的海底扩张活动也发生在塔斯马尼亚岛和澳大利亚大陆之间(Powell et al.,1988)[图 8.1(b)]。实际上,东冈瓦大陆的这种裂解时序可能与这三个大陆之间发育的三联点有关。对于孟加拉湾海底洋壳,其初始形成时代还有一定的争议(Ramana et al.,1994;Curray and Munasinghe,1991;Curray et al.,1982),但是磁异常研究表明它们主要形成于 M34-M0 约束的磁异常活动平静期(约 120 Ma)(Radhakrishna et al.,2012;Gopala Rao et al.,1997),即印度大陆的裂离不会晚于这一时期。

印度大陆的裂离和印度洋的扩张促使先前发育的陆内裂谷盆地向被动大陆边缘盆地转换,同时,新生的东北印度洋洋壳奠定了现今孟加拉湾盆地发展的基础(Gopala Rao et al.,1997),邻近印度大陆一侧的洋盆可能开始接受陆源碎屑的输入(Bastia et al.,

2010)。需要注意的是印度北部大陆边缘在相当长的时间内一直表现为被动大陆边缘环境(Brookfiled,1993)。

3. 晚白垩世印度大陆的快速漂移与东北印度洋扩张

晚白垩世之前,印度大陆从澳大利亚-南极洲大陆的裂解以及后者发生的陆内伸展和裂解事件均以较为缓慢的速率进行,但是在晚白垩世早期(约 96 Ma),印度大陆开始向北快速漂移(Johnson et al.,1980,1976)[图 8.1(c)],最大的漂移速率超过了 170 mm/a(Lee and Lawver,1995)。已有的资料显示,这种板块的快速漂移可能与印度大陆和澳大利亚-南极洲大陆之间发育的近南北向线形扩张脊有关(Hall,2012;Powell et al.,1988),这种持续的快速漂移伴随有东北印度洋的快速扩张过程。在印度东部大陆边缘的高韦里盆地,发育了一系列走滑拉分性质的断层和裂谷系,并且与北部的其他盆地具有明显结构和成因上的差别,与这一时期印度大陆的运动学相吻合。在印度大陆向北快速漂移和印度洋快速扩张的同时,东北印度洋内的凯尔盖朗热点持续活动形成了南北向的线形无震脊——东经 90°海岭和东经 85°海岭(Krishna et al.,2012;Curray and Munasinghe,1991);原先拼贴在印度大陆西缘的马达加斯加地块,也因为 Marion 地幔柱的强烈活动在这一时期从印度大陆分裂(Bardintzeff et al.,2010;Storey et al.,1995),西北印度洋开始扩张(Reeves and De Wit,2000)。印度大陆向北持续快速漂移可能一直持续到新生代初期,随着与欧亚大陆渐进式碰撞,其运动速率也开始显著降低(Lee and Lawver,1995)。

8.1.2　中生代古亚洲大陆南缘的构造演化史

1. 拉萨地块的构造演化与岩浆作用

现今的东亚和东南亚大陆及其内部高耸的造山带产生于从冈瓦纳大陆裂解而来的一系列陆块和大洋岛弧在古生代—中生代随着古特提斯洋和中特提斯洋的闭合逐渐拼合的过程(Metcalfe,2013,2011a,2006,1996a,b;Yin and Harrison,2000)。通常认为,拉萨地块起源于东冈瓦纳大陆北缘裂离的陆块(Metcalfe,2011a,1996a)。拉萨地块的北部以班公—怒江缝合带为界与羌塘地块相邻,南部以印度河—雅鲁藏布缝合带为界与喜马拉雅造山带相邻。虽然对于拉萨地块是否是单一陆块还存有一定争议(Zhu et al.,2011a;Yang et al.,2009),但是普遍认为拉萨地块是在三叠纪从东冈瓦纳大陆的北缘裂离并在晚侏罗世—白垩纪逐渐拼合到亚洲大陆之上(Wang et al.,2016;Metcalfe,2011b)。相较于人们普遍关心的印度大陆与欧亚大陆的碰撞时限、喜马拉雅造山带演化及相应的高原隆升过程,地质学家对碰撞之前亚洲大陆南缘的构造演化的认识并不充分。基于板块构造理论和岩石学、地球物理资料的分析,地质学家逐渐认识到这一时期的亚洲南部可能发育了安第斯型主动大陆边缘(Allègre et al.,1984;Schärer et al.,1984a,b),其标志是横亘在大陆边缘的大型岩浆岩带——冈底斯岩浆岛弧(Searle et al.,1987)。

广义上的冈底斯岩浆岛弧带包括科希斯坦-拉达克(Kohistan-Ladakh)岩基、凯拉斯

(Kailas)岩基、林子宗火山岩、冈底斯岩基、波密-察隅岩基、滇西—缅甸岩基等(Searle et al.,1987)(图 8.2),它从巴基斯坦经西藏南部一直延伸至缅甸,总长度超过 2 000 km(Morley,2012);狭义的冈底斯岩浆岛弧带特指拉萨地块南缘的冈底斯(Gangdese)岩基。早期的研究已经证实,冈底斯岩浆岛弧带基本可以分为南北两个具有不同地质属性的单元:南部岩浆带和北部岩浆带。其中南部岩浆岩带包括科希斯坦-拉达克(Kohistan-Ladakh)岩基、凯拉斯(Kailas)岩基、冈底斯岩基和洛西特(Lohit)岩基,它们主要由晚白垩世—中始新世、酸性辉长岩、闪长岩、花岗闪长岩和花岗岩组成,具有 I 型花岗岩的地球化学特征,在同位素组成上表现为低 $^{87}Sr/^{86}Sr$(<0.705)、高 $\varepsilon_{Nd}(t)$ 值(+2.5~+4.9)和高 $\varepsilon_{Hf}(t)$ 值(+10~+18)等特征(Bouilhol et al.,2013;Khan et al.,2009;Wen et al.,2008;莫宣学 等,2005;江万 等,1999;Harris et al.,1990;Debon et al.,1986;Schärer et al.,1984a,b;Honegger et al.,1982)。最近十年的研究进一步表明,南部岩浆岩带的形成时间可能提前至晚三叠世—早侏罗世(Meng et al.,2016;Zhu et al.,2011a;Mo et al.,2009;Chung et al.,2009;Ji et al.,2009;张宏飞 等,2007a;Chu et al.,2006),因此 Chu 等(2006)认为南部岩浆岩带的构造活动可能经历了三个不连续的时期,即侏罗纪、白垩纪和古近纪。在拉萨地块南缘,与南部岩浆岩伴生的还包括大范围喷发的火山岩单元——林子宗火山岩,其分布面积超过 2×10^5 km²,厚度从几百米到两千多米不等。林子宗火山岩由下至上可分为:典中组、年波组和帕那组(刘鸿飞,1993)。典中组主要分布在盆地的南部,

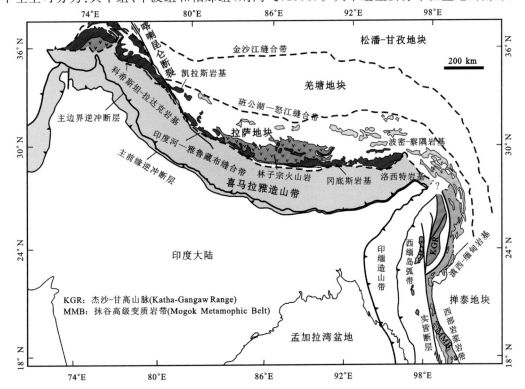

图 8.2 中生代—古近纪亚洲南部大陆边缘岩浆岩带分布(Zhang et al.,2017;Ji et al.,2009)

不整合于晚白垩世设兴组砾岩层之上,主要岩性为火山碎屑岩、安山岩及英安岩,厚约
3 400 m,形成时代为 64.4~60.5 Ma;年波组主要分布在盆地的中部,以流纹质凝灰岩为
主,含少量安山岩和火山碎屑岩,是林子宗火山岩系中含沉积岩层最多的一个组,厚约
850 m,形成时间为 54.1 Ma;顶部的帕那组则主要分布在盆地的北部,岩性以酸性熔结凝灰
岩和流纹岩为主,局部地区发育柱状节理,厚约 2 400 m,形成时间为 48.7~43.9 Ma(董国臣
等,2005;周肃 等,2004)。显然,可以认为林子宗火山岩代表的是古近纪印度大陆与欧亚大
陆南缘初始接触(碰撞)时多阶段喷发的产物(Lee et al.,2009;Mo et al.,2008,2007)。

　　研究已经证实,板块汇聚边缘是地壳增生的主要场所之一,人量的初生地壳物质主要
来自洋壳板片的俯冲消减作用而导致的地幔楔的部分熔融,并形成岛弧岩浆作用,由此促
使地壳增长(张宏飞 等,2007a)。绝大多数学者认为南部花岗岩带与林子宗火山岩与新
特提斯洋岩石圈向拉萨地块(及 Kohistan-Ladakh 岛弧)下俯冲有关(Lee et al.,2009;
Wen et al.,2008;Chu et al.,2006;Allègre et al.,1984),即部分熔融形成的岛弧岩浆既可
以喷发至地表形成岛弧火山岩(如林子宗火山岩),也可以以岩浆底侵的方式(玄武质岩
浆)加入岛弧地壳的底部(Petford and Atherton,1996;Muir et al.,1995;Alterton and
Perford,1993),形成初生地壳。由于受洋壳板片的持续俯冲消减作用(如俯冲带流体的
向上运移或新的岩浆底侵所带来的热源),使这一初生地壳在形成后不久发生部分熔融,
形成花岗质熔体(张宏飞 等,2007a)。这一模型被广泛地用来解释冈底斯南部岩浆岩带
具有岛弧型花岗岩地球化学特征和高度亏损的锆石 Hf 同位素组成(Meng et al.,2016;Ji
et al.,2009;Wen et al.,2008)。

　　冈底斯北部岩浆岩带主要出露在念青唐古拉山和波密-察隅一带(图 8.2)。与南部
岩浆岩带相反,冈底斯北部岩浆岩带则以发育侏罗纪—白垩纪"S"型花岗岩为主要特征
(Chiu et al., 2009; Harris et al., 1990; Xu et al., 1985),它们表现为高 ^{87}Sr/^{86}Sr 值
(>0.707)、负 $\varepsilon_{Nd}(t)$ 值(-13.7~-2.6)和低 $\varepsilon_{Hf}(t)$ 值(-27.29~+3.72)等特征(Zhu
et al.,2011a;Chiu et al., 2009;Chung et al.,2009;Liang et al., 2008;Chu et al., 2006;
Kapp et al., 2005; Booth et al., 2004; Harris et al., 1990; Coulon et al., 1986; Xu et al.,
1985)。显然,冈底斯北部岩浆岩带的岩石学和同位素地球化学特征表现出了明显的差
异,这种成因差异可以用不同的构造演化模型解释:①拉萨地块与羌塘地块碰撞过程中或
碰撞后地壳深熔作用(Pearce and Mei,1988;Xu et al.,1985);②拉萨地块与羌塘地块碰
撞后软流圈上涌形成高温,导致地壳熔融;(Harris et al.,1990);③新特提斯洋岩石圈的
低角度俯冲或平俯冲作用导致的地壳缩短或弧后扩张(Chu et al.,2006;Kapp et al.,
2005a;Zhang et al.,2004;Ding et al.,2003;Coulon et al.,1986);④向南俯冲的班公-怒江
洋岩石圈(Zhu et al.,2011)。诸多模型并不能完美地解释所有的地质现象。例如,地壳增
厚模型不能合理解释早侏罗世的岩浆作用;大跨度的岩浆活动时间,反应的是长期驱动机
制的影响。无论是哪种模型(或热源),其核心必然是北拉萨地块陆壳的熔融,这可能佐证
拉萨地块可能属于复合地块(Zhu et al.,2013;2011a,b;2008)。

　　地质调查和岩石学分析显示,在拉萨地块与印度大陆碰撞之前,拉萨地块发生了地壳

缩短和加厚、隆升的过程(Kapp et al.,2005b;丁林和来庆洲,2003),表现出了与现今安第斯高原类似的特征。另外可以证实碰撞前亚洲大陆南部发育安第斯型主动大陆边缘的证据来自拉萨地块北缘的弧后前陆沉积层系——Takena 组,其下部为海相碳酸盐岩段(Penbo),上部为 Lhunzhub 红色碎屑岩段(Leier et al.,2007)。Takena 组在晚白垩世卷入前陆褶皱冲断体系中,拉萨地块整体发生地壳加厚,海拔升高。构造地质学和沉积学的证据与冈底斯岩石学证据组成了相对完整的证据链,它们共同表明亚洲南部大陆边缘在碰撞前属于安第斯型主动大陆边缘。拉萨地块高耸的地形和具有不同年龄、地球化学和同位素特征(特别是锆石 Hf 同位素)的岩浆岩带成为解释碰撞前和碰撞后周缘沉积盆地物源时重要的判别指标(Ji et al.,2009),可以支撑盆地和造山带演化的研究。

2. 缅甸西部大陆边缘的构造演化与沉积盆地

缅甸位于印度-欧亚汇聚板块边缘的中段,南部与巽他洋-陆俯冲体系相邻,北部与喜马拉雅陆-陆碰撞盆山体系相接,以其复杂的构造变形和典型的弧盆体系而著称。一般而言,缅甸可以分为三个近南北走向的大地构造单元,自西向东分别是西缅地块、掸泰斜坡和掸泰地块(Mitchell et al.,2012;Searle et al.,2007)。缅甸西部大陆边缘整体上位于西缅地块之上,与东侧的掸泰斜坡以实皆断层为界;缅甸西部大陆边缘由卡包(Kabaw)断层分为印缅造山带(增生楔)和缅甸中央沉积盆地两个构造单元,它们是晚中生代—新生代大洋岩石圈向西缅地块下俯冲形成的增生和/或沉降单元,与西缅岛弧带一起组成了典型的沟-弧盆体系(Bertrand and Rangin,2003;Pivnik et al.,1998;Curray,1979)。虽然许多地质学家提出了多种模型来解释缅甸西部大陆的形成和演化,但是困扰人们的核心科学问题——西缅地块的起源及其裂离与拼合过程,仍存有巨大的争议(Sevastjanova et al.,2016;Ridd,2016)。缅甸西部大陆边缘的形成与演化可能经历了三个关键时段:晚古生代西缅地块等不同属性陆块(大洋岛弧)的裂离过程、中生代西缅地块的拼合过程和晚白垩世—新生代新特提斯洋/印度洋的俯冲过程。

1) 西缅地块的起源与构造演化

对于西缅地块的起源及其裂离与拼合过程,其核心问题是如何认识西缅地块的地壳属性。Metcalfe 和 Irving(1990)最早认为西缅地块可能是侏罗纪从澳大利亚大陆西北边缘分离出来的"Argoland"陆块(Metcalfe,1996a,b;Audley Charles,1991;Sengör,1987)。这一学术名称至今仍为部分学者接受和使用(Heine and Müller,2005;Jablonski and Saitta,2004)。Oo 等(2002)报道了在缅甸北部发现的中二叠统华夏系蜓类化石,这些化石与西苏门答腊地块发现的中二叠统动物化石群相似,Barber 和 Crow(2009)因此认为西缅地块由西苏门答腊地块分裂而来(现今被安达曼海分割),而这些地块均是在中二叠世从印支-华南超地体(Indochina-South China superterrane)分离而来。早期的研究认为西缅地块在晚三叠世由澳大利亚大陆西北部裂离并在白垩纪增生到中缅马苏地块之上(Metcalfe,1996a);后期的研究则认为三叠纪时西苏门答腊-西缅地块沿着苏门答腊中部构造带-缅甸中部缝合带(Median Sumatra tectonic zone-Medial Myanmar suture

zone)——地壳剪切带或转换带,向西运动到中缅马苏地块外侧(Sevastjanova et al.,
2016;Mitchell et al.,2015,2012;Metcalfe,2013,2011;Barber and Crow,2009;Barber
et al.,2005)。在这一时期(晚三叠纪),印支-华南超地体与华北陆块沿着秦岭-大别-苏鲁
缝合带拼合到一起,东南亚地区的 Sukhothai 弧后盆地萎缩,南羌塘-中缅马苏地块与印
支地块碰撞拼合(Metcalfe,2013)。对于西缅地块从冈瓦纳大陆的裂离及后期与中缅马
苏地块(欧亚板块)拼合的时间,一些学者基于对西缅地块是单一地块认识的前提下,认为
其在侏罗纪从澳大利亚西北部分离,并在白垩纪增生到东南亚大陆之上(Liu et al.,2016;
Audley Charles,1991;Metcalfe and Irving,1990;Veevers,1988;Sengör,1987)。还有少数学者
认为西缅地块直接由中缅马苏地块裂离而来,并在早白垩世重新拼合在一起,而非来自澳大
利亚西北部(Hutchison,1989;Gatinsky and Hutchison,1986)。

与上述冈瓦纳大陆起源的观点相反,印度学者 Acharyya(2015,2010,2007,1998)认为缅
甸西部-安达曼地区是由印缅-安达曼微陆块(Indo-Burma-Andaman microcontinent)和中
缅陆块(Central Burma microcontinent)分别在早白垩世和中始新世拼合而成。这一假设
可以合理地解释印缅造山带和西缅岩浆岛弧带内平伏状产出的蛇绿岩带,但是并没有其
他证据支持西缅地块是一种复合陆块,而且 Acharyya 也没有指出这两个陆块的来源。实
际上,多数学者认为现今的西缅岩浆岩带是开始于白垩纪的新特提斯洋俯冲的结果
(Mitchell et al.,2012)。而白垩纪—古近纪平伏状产出的蛇绿岩可能是俯冲带内的复杂构造
变形(Bannert and Helmcke,1981)或非原地产出的结果(Brunnschweiler,1974,1966)。

与陆壳组成起源相反,一些学者认为西缅地区基底为洋壳组成。英国学者 Mitchell
(1993)发现印缅造山带中段存在以片岩为基底,上覆三叠系富石英浊积岩的地层,据此将
西缅地区命名为维多利亚山地块(Mount Victoria land),它在时间和成因上与苏门答腊
的 Woyla 群和加里曼丹岛的 Meratus 蛇绿岩套及西藏东巧蛇绿岩和复理石等早白垩世
镁铁质岛弧在成因和时间上具有一致关系。因此他提出,西缅地区实质上是残留的大洋
岛弧。该岛弧起源于晚三叠世掸泰陆块边缘的大洋扩张作用,并在侏罗纪末或早白垩世
开始向东南亚大陆边缘仰冲,在晚白垩世结束仰冲作用,形成现今西缅地区的洋壳基底
(Mitchell,1993,1992,1989,1986)或者在白垩纪向东南亚大陆下俯冲,形成了分布于缅
甸中部的岩浆岩带(Baber and Crow,2009)。这一假设能够合理地解释印缅造山带存在
的三叠系浊积岩和变质岩系的增生。此外,Zaw(1990)在解释缅甸西部、中部和东部三条
岩浆岩带时,为合理解释三条岩浆岩带岩浆岩地球化学的变化规律,提出了后撤俯冲带模
型。在该模型解释框架下,西缅地区的下伏基底必然是洋壳性质。但是最近的研究表明
三叠系浊积岩成因可能与深水洋流作用(Ridd,2015)或西缅地块与中缅马苏地块地质历
史期间的大地构造位置有关(Sevastjanova et al.,2016)。而且现今岛弧带产出的、沉积在
弧前和弧后盆地的碎屑岩和火山碎屑锆石 Hf 同位素特征,表明岩浆起源于年轻陆壳的
再熔融作用(Naing et al.,2014;Robinson et al.,2014;Wang et al.,2014),从而间接否定
了西缅地块洋壳起源的假设。

除了西缅地块冈瓦纳大陆起源或大洋岛弧起源外,Morley(2012)用弧-陆碰撞和低

角度俯冲的动力学模型来研究西缅地区白垩纪—古近纪的构造事件、多期构造变形、地层接触关系和岩浆岩带。马吉伊(Mawgyi)岛弧与西缅地块在早白垩世碰撞后,西缅地块可能经历了碰撞挤压后的应力松弛拉张过程,导致西部陆缘降至海平面以下,为 Paung Chaung 组碳酸盐岩的生长提供了可能。在同一时期,超俯冲背景下软流圈上部对流过程、高温热流和岛弧岩浆作用,为弧前岩石圈的演化、火山岛弧带演化和蛇绿岩带的出现提供了合适的解释模型。但这一动力学模型没有区分西缅岩浆岛弧带与抹谷变质带岩浆岩的成因差异,也没有解释西缅地块与中缅马苏地块的拼合过程。对于新生代斜向俯冲背景下的缅甸-安达曼海大陆边缘(Nielsen et al.,2004;Vigny et al.,2003),部分学者认为西缅地块属于典型的弧前滑片(McCaffrey,2009;Bertrand and Rangin,2003),因此西缅地块与中缅马苏地块必然具有相同的性质和演化历史。

　　冈瓦纳大陆起源模型的核心问题仍然是需要证据证实西缅地块与西苏门答腊地块之间的亲缘关系,并且需要新的证据来支持中三叠世之后的转换运动,以及与中缅马苏地块的拼合过程。Mitchell 等(2012)提出三叠纪末,西缅地块和中缅马苏地块之间出现新的扩张洋盆地,其后在中-晚侏罗世向西俯冲到西缅地块之下,它们的重新碰撞、拼合发生在侏罗纪末期。最近他们又提出洋壳向中缅马苏地块下运动的超俯冲模型来解释这一地区蛇绿岩带、三叠系浊积岩和前陆盆地层序(Mitchell et al.,2015)。无论是何种俯冲方式或运动极性,西缅地块与中缅马苏地块之间在晚三叠世—侏罗纪的扩张作用或许可以从拉萨与羌塘、腾冲与保山之间同期发育的班公-怒江洋(中特提斯洋)一见端倪(Huang et al.,2015;Zhu et al.,2015,2013;Wang et al.,2014,2006,2001a;Akciz et al.,2008;Socquet and Pubellier,2005;Jin,2002;Cai and Li,2001;Wopfner,1996;Wang and Tan,1994;Burchfiel et al.,1992),Liu 等(2016)最近通过对 Myitkyina 蛇绿岩的研究认为它们可以与班公-怒江缝合带内的蛇绿岩在形成年代和同位素组成上相匹配。另一个亟须厘清的问题是掸泰斜坡是否属于独立的微陆块,因为它可能影响对西缅地块与中缅马苏地块之间拼合作用的认识(Ridd,2016;Mitchell et al.,2015)。

2) 白垩纪缅甸西部大陆边缘岩浆作用

　　精确地识别和研究岛弧带的结构及其岩浆作用是理解主动大陆边缘地壳增生、板块构造和地球化学交换过程的基础(Frisch et al.,2011;Stern,2002;Hamilton,1988)。侏罗纪—古近纪发育在亚洲南部大陆边缘的冈底斯岩浆岛弧带可能是研究较为成熟的一个典范,它详细记录了与印度板块碰撞之前古亚洲南部大陆边缘的构造演化史(Wen et al.,2008;Chu et al.,2006;Barley et al.,2003;Yin and Harrison,2000;Searle et al.,1987,2007;Schärer et al.,1984a,b)。新特提斯洋岩石圈的俯冲被认为是主导这一时期古亚洲南部大陆边缘演化的核心因素,尤其是在缅甸西部(Mitchell et al.,2012)。在这一地区,与此相关的岩浆岩主要分布在两个区带:①掸泰斜坡中由侏罗纪"I"型花岗岩和白垩纪—始新世"S"型花岗岩组成的西部花岗岩带(western granite belt)(Barley et al.,2003;Zaw,1990;Cobbing et al.,1986);②西缅中央沉积盆地内分布的以白垩纪—始新世"I"型花岗岩为主的西缅岛弧带(Li et al.,2013;Mitchell et al.,2012)(图 8.3)。

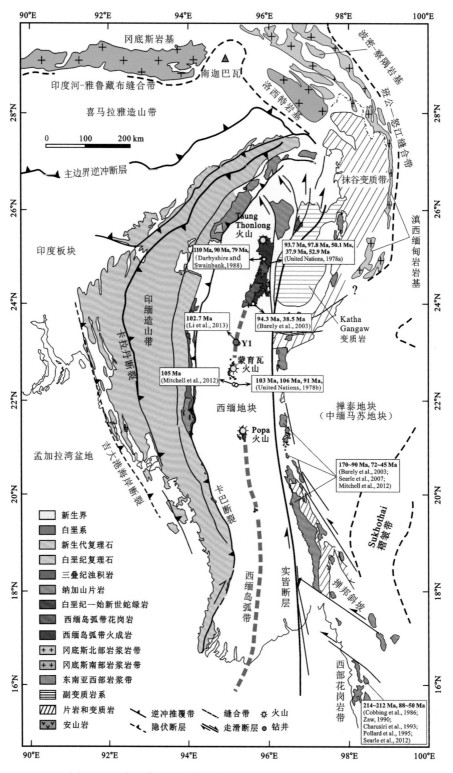

图 8.3　缅甸西部大陆边缘及邻区地质简图(Zhang et al.,2017)

　　尽管前人已经认识到西部花岗岩带和西缅岛弧带中的花岗岩主要发育在侏罗纪—古近纪,并与冈底斯岛弧带在形成年代上可以进行匹配,但是对与西缅岛弧带(包括西部岩浆岩带)的成因、岩浆演化模式及与冈底斯岩浆岛弧带之间的时空关系等关键问题仍有很大的争议。Zaw(1990)最早报道了缅甸地区岩浆岩的分布和地球化学特征,认为西缅岛弧带和西部岩浆带内的“I”型花岗岩和“S”型花岗岩是向中缅马苏地块下活动的俯冲带向西迁移(后撤)形成。最近的一些研究则将它们的成因与古亚洲南部边缘发育的安第斯型大陆边缘相联系,认为“I”型花岗岩来自年轻地幔的熔融,而“S”型花岗岩来自副变质基岩的再熔融(Gardiner et al.,2015;Searle et al.,2012,2007;Barley et al.,2003;Mitchell,1993)。虽然这一模型可以与西藏南部的冈底斯岩浆岛弧带的发育背景进行匹配,但是没有证据显示在这一时期,西缅大陆边缘弧后地区的地质特征与现今的安第斯弧后或冈底斯弧后地区相吻合,它们通常以加厚的地壳(>70 km)、高海拔($>4\,000$ m)和强烈挤压环境为特征(Leier et al.,2007;Beck and Zandt,2002)。因此,Morely(2012)在综合分析多种地质证据后提出西缅岛弧带和西部岩浆岩带内的花岗岩是特提斯洋/印度洋岩石圈低角度俯冲的结果,但是显然,低角度俯冲模型不能合理解释这两条岩浆带内不同类型花岗岩的空间发育规律。至于西缅岛弧带和西部岩浆岩带之间的成因关系,Mitchell 等(2012)认为前者是从后者沿实皆断层向北走滑 1 100 km 后形成,在这之前,它们同属于冈底斯岩浆岛弧带的南延部分。但是是否存在如此大规模的走滑位移却还有很大疑问(Bertrand and Rangin,2003;Maung,1987;Curray et al.,1982),因为大多数学者认为实皆断层在新生代的走滑位移不超过 460 km。同时,碎屑锆石 Hf 同位素和花岗岩 Sr 同位素已经证实,西缅岛弧带和西部岩浆岩带属于不同成因的岩浆岛弧(Wang et al.,2014):西缅岛弧带具有较低^{87}Sr/^{86}Sr 值(<0.705)和正的$\varepsilon_{Nd}(t)$值(>2.0),而西部岩浆岩带内出露的花岗岩大部分具有高^{87}Sr/^{86}Sr 值(>0.707)和负$\varepsilon_{Nd}(t)$值(<5.0)(Mitchell et al.,2012),至于西部岩浆岩带是否由不同属性的岩浆岩组成还需要更多的工作来证实。

　　对岛弧带地震资料和取自西缅岛弧带的钻井底部基岩样品进行的锆石 U-Pb 年代学和 Hf 同位素、全岩地球化学分析,显示西缅岛弧带花岗岩具有典型的大陆边缘岛弧带岩浆岩的地球化学特征,表现为富集大离子亲石元素(如 Rb、Ba、Th 和 K),亏损高场强元素(如 Nb、Ta、Ti 和 P)并且稀土元素的倾斜样式向重稀土元素方向倾斜,呈现 Eu 亏损(Zhang et al.,2017)。而锆石 U-Pb 年龄在 102~106 Ma(Li et al.,2013;Zhang et al.,2017),这与前人在这一地区获得的放射性同位素年龄一致(图 8.3),为白垩纪中期开始的岩浆活动。锆石 Hf 同位素绝大多数表现为正$\varepsilon_{Hf}(t)$值,与碎屑岩锆石的 Hf 同位素特征相似,它们均是起源于年轻地壳的再熔融。通过与冈底斯岩浆岛弧带、滇西岩基和东南亚西部岩浆岩带内的花岗岩进行对比分析,认为西缅岛弧带与冈底斯岩基所代表的南部岩浆岩带具有相似的白垩纪演化史和同位素地球化学特征(Zhang et al.,2017),这进一步验证了至少在晚白垩世,亚洲南部大陆边缘主要是受新特提斯洋俯冲岩石圈的控制。实际上,Searle 等(2007)和 Barely 等(2003)报道了东南亚西部岩浆岩带(抹谷变质带内出露的花岗岩岩基)的岩浆作用时间最早可以发生在中侏罗世(约 170 Ma),这一年龄可以与拉萨南部和喀喇昆仑地区出露的岩浆岩进行对比,因此提出至少从中侏罗世开始缅甸西部大陆边缘表现为安第斯型大陆边缘的演化特征。归纳起来,对于缅甸西部大陆边缘岩浆作用的真正挑战主要集中在以下几个方面。

① 西缅岛弧带内最古老的岩浆作用发生在早白垩世末期(110~100 Ma),而冈底斯岩浆岛弧带和东南亚西部岩浆岩带内的岩浆作用最早可以追溯到晚三叠世—早侏罗世,通常可以用新特提斯洋岩石圈的俯冲来解释其动力学演化过程,但是对于西缅岛弧带白垩纪中期"才"开启其演化进程的机制尚不清楚。

② 恢复新生代期间西缅地块沿实皆断层的右行走滑位移(假设为 300~460 km),那么西缅岛弧带与西部岩浆岩带呈现并排关系(Zaw,1990),在没有更多的资料支撑的情况下,已有的演化模型在解释两者之间的差异及成因关系时仍面临很大挑战,这已经成为西缅地块中生代构造演化的核心所在。

③ 掸泰斜坡是否代表独立的陆块或其他属性的地质单元(Ridd,2015),还需要更多证据进一步确认,这关系到对西缅地块整体构造演化的再认识。

④ 缺乏(或难以采集)西缅岛弧带和西部岩浆岩带内更多的样品进行分析,或者资料的不完整性给区域构造演化史的分析带来了诸多不确定性,尤其是在西缅岛弧带,可以获取基底岩浆岩的方式有限。

近期,缅甸地区重新成为热点研究地区,一方面与冈瓦纳大陆的裂解和陆块演化有关,另一方面涉及新生代喜马拉雅造山带演化及相关的河流体系演变,这为进一步探讨上述问题提供了可能。最大的进展可能是 Mitchell 等(2015,2012)提出的侏罗纪西缅地块与中缅马苏地块之间短期存在洋盆扩张和消亡模型,这一模型表明这一时期西缅地块和中缅马苏地块可能不受新特提斯洋单一俯冲体系的控制,并且这一新生洋盆的扩张和闭合过程可以与西藏及云南南部存在的班公-怒江洋的演化对比(Zhu et al.,2015,2013;Huang et al.,2015;Burchfiel et al.,1992;Akciz et al.,2008;Socquet and Pubellier,2005;Jin,2002;Cai and Li,2001;Wang et al.,2014,2006,2001a;Wopfner,1996;Wang and Tan,1994)。无论是洋壳向西缅地块下俯冲抑或是向中缅马苏地块下俯冲,或许都可以解释现今分布于西部岩浆岩带内的侏罗纪花岗岩侵入体(Barely et al.,2003;Searle et al.,2007)及蛇绿岩带(Liu et al.,2016)。而至于控制西缅岛弧带演化的新特提斯洋岩石圈为何从白垩纪中期才开始俯冲,这可能与白垩纪中期以前沃尔拉—马吉伊(Woyla-Mawgyi)大洋岛弧与西缅地块的相互作用有关。Morely(2012)提出的白垩纪—古近纪缅甸西部大陆边缘低角度俯冲模型表明在沃尔拉—马吉伊岛弧与西缅地块拼贴(Maurin and Rangin,2009;Mitchell,1993;)完成之前,西缅地块发育向该岛弧俯冲的洋壳岩石圈;在此之后新特提斯洋岩石圈才开始向西缅地块下俯冲。但是这需要对弧-陆碰撞的时间进行严格约束,Kalaymyo地区蛇绿岩的研究证实(Liu et al.,2016),这一事件在时间和空间上是可能的。

3)白垩纪西缅地块边缘沉积盆地

中白垩世开始,西缅地块开始受控于新特提斯洋的俯冲作用,岩浆作用增强,整体上由被动大陆边缘向主动大陆边缘转变,以浅海相沉积为主。晚白垩世,弧后伸展产生的地堑和半地堑内可能记录了岛弧带早期岩浆作用、剥蚀和隆升的历史。整体上,这一时期盆地的发育非常局限。

8.1.3　新生代印度板块与欧亚板块的相互作用与沉积盆地

1. 印度板块与欧亚板块碰撞作用及期次

印度板块与欧亚板块的俯冲、碰撞是新生代全球最重大的地质事件,对全球气候和海洋地球化学的演变均有深刻的影响(Richter et al.,1992;Raymo and Ruddiman,1992;Raymo et al.,1988)。20 世纪 70 年代以来,科学家对与印度板块与欧亚板块陆-陆碰撞作用相关的板块汇聚机制(Zhao et al.,1993;Dewey et al.,1988;Tapponnier et al.,1982)、造山带演化(Yin,2006;Beaumont et al.,2004,2001;Jamieson et al.,2004)、高原隆升(Tapponnier et al.,2001;肖序常和李廷栋,1998;Coleman and Hodges,1995;Tapponnier and Molnar,1976)、板块穿时缝合(Rowley,1998,1996;Uddin and Lundberg,1998;Davies et al.,1995)和盆山关系(Najman et al.,2008,2005,2001;DeCelles et al.,2001,1998a,b)等进行了大量研究,取得了重要成果。但是也应该看到,由于印度板块与欧亚板块的碰撞涉及非常复杂的岩石圈层结构和动力学过程,许多地质证据被后期的构造变形或变质作用所掩盖,加上研究方法和研究区域的局限性,人们对上述科学问题仍存有不同见解。对于印度板块与欧亚大陆的初始碰撞时限有晚白垩世—早古新世(70~62 Ma)(莫宣学 等,2007;Ding et al.,2005;王成善 等,2003;Yin and Harrison,2000;Jaeger et al.,1989)、早始新世(55~50 Ma)(Najman et al.,2010;Green et al.,2008;Hodges,2000;Searle et al.,1997;Klootwijk et al.,1992)和早渐新世(34 Ma)(Aitchison et al.,2007)等三种截然不同的观点。而对于板块间碰撞后的造山带构造变形,通常认为有两个期次:中始新世—晚渐新世和早中新世—现今(Yin,2010;Hodges,2000;LeFort,1996)。Yin(2010)指出前者为造山带内变质岩冷却、岩浆侵入和前陆盆地沉积碎屑等证据所记录(Aikman et al.,2008;Martin et al.,2007;Najman,2006;DeCelles,2004;Kohn et al.,2004;Wiesmayr and Grasemann,2002;Godin et al.,2001;Catlos et al.,2001;Argles et al.,1999;DeCelles et al.,1998a,b;Vannay and Hodges,1996;Ratschbacher et al.,1994),而后者以一系列向南活动的逆冲推覆带和向北活动的藏南拆离系、反转断层为标志(Kohn,2008;Webb et al.,2007;Kohn et al.,2004;Johnson et al.,2001;Yin et al.,1999;Burchfiel et al.,1992;Hubbard and Harrison,1989)。Lee 和 Lawer(1995)则通过计算印度板块与欧亚板块相对运动的速率和角度,重建了晚白垩—新生代的相互作用,认为印度板块与欧亚板块的碰撞可以分为软碰撞(65~40 Ma)和"硬碰撞"(40~0 Ma)两个过程。印度板块与欧亚板块的碰撞及其随后的喜马拉雅造山带的隆升深刻地影响了环孟加拉湾地区盆地的演化,包括盆地属性、结构和构造变形、沉积充填等关键要素均发生了明显转变。

无论是印度板块与欧亚板块的初始碰撞还是碰撞后的地壳收缩造山过程,岩浆作用和沉积记录都是探讨这些地质事件重要的约束条件,这在碰撞带周缘的沉积盆地和缝合带内碎屑岩研究(Najman,2006),以及林子宗火山岩和冈底斯岩浆带内的火成岩研究实践中(Chung et al.,2005)都获得了证实。缅甸西部大陆边缘自白垩纪中期一直受到新特提斯洋/印度洋岩石圈俯冲作用的控制,陆-陆碰撞作用局限地发育在缅甸北部邻近喜马拉雅东构造结的地区。可以设想,如此大规模的板块构造事件必然会在缅甸西部大陆边缘保留有相应的证据(Naing et al.,2014)。缅甸西部大陆边缘印缅造山带普遍被认为是洋壳之上的深海沉积刮落后的增生产物(Curray,2005),它们记录了板块碰撞和造山带演化的早期历史。岩石学、同位素地球化学和年代学的证据显示:白垩纪—古近纪,印缅造山带沉积碎屑的主要物源区是西缅大陆边缘(岛弧带和抬升的基底),喜马拉雅造山带为次要物源区;新近纪,印缅造山带的沉积物源转换为喜马拉雅造山带而西缅岛弧带成为次要物源(Naing et al.,2014;Allen et al.,2008)。印缅造山带内物源转换规律与喜马拉雅前陆盆地和孟加拉盆地表现出的物源转换规律类似(Najman et al.,2008,2012;Najman,2006;DeCelles et al.,1998a,1998b)。此外,Robinson 等(2014)利用缅甸中央沉积盆地物源的研究提出,雅鲁藏布江和伊洛瓦底河最早可能在中始新世(40 Ma)相连而在中新世(18 Ma)断开,两者的独立演化与喜马拉雅造山带东构造结的隆升及布拉马普特拉河的向源侵蚀作用有关。这一河流体系的演变模式与早期提出的演化模式(Booth et al.,2009;Hoang et al.,2009;Liang et al.,2008;Clark et al.,2004)有很大区别,显示印度板块与欧亚板块碰撞后复杂的陆内变形历史。渐新世以后西缅地块的右行走滑运动(Srisuriyon and Morley,2014;Searle and Morley,2011;Morely,2004;Curray et al.,1982)和印缅造山带的隆升(Khin et al.,2014;Li et al.,2013;Lee et al.,2003;Gordon et al.,1998;Mitchell,1993)与喜马拉雅造山带晚期的构造变形时间相吻合,响应于印度板块与欧亚板块在这一时期的相互作用。

印度板块与欧亚板块在新生代相互作用的另一个重要记录是西缅岛弧带的岩浆作用。地震资料显示,西缅岛弧带内主要发育了始新世和中新世两期岩浆底辟活动,而钻井记录的火山喷发活动则集中发生于晚白垩世、始新世和早中新世(Zhang et al.,2017)。相应的,弧前和弧后盆地的沉积记录也显示中始新统和中新统内出现了大量原地剥蚀的火山岩碎屑物质,表明这两个时期内西缅岛弧带的抬升剥蚀作用(Oo et al.,2015;Wang et al.,2014)。西缅岛弧带的岩浆作用是印度板块在始新世和中新世向欧亚板块下强烈活动的有力证据;相对于与拉萨地块强烈的陆-陆碰撞作用,印度板块与西缅地块的相互作用以大规模的斜向俯冲为特征(Maurin et al.,2010;Socquet et al.,2006;Nielsen et al.,2004;Bertrand and Rangin,2003;Vigny et al.,2003;Maung H,1987),在缅甸西部大陆边缘形成了典型的沟-弧盆体系。

2. 缅甸西部大陆边缘弧盆体系演化

1) 西缅岛弧带的构造演化

根据西缅岛弧带结构特征、岩浆作用和火山活动旋回将岛弧带的形成演化划分为四个阶段:①晚白垩世岛弧岩浆形成期;②古新世—始新世岛弧初始发育;③渐新世—早中新世岛弧建造期;④晚中新世—早上新世岛弧定型期(图8.4)(Zhang et al.,2017)。

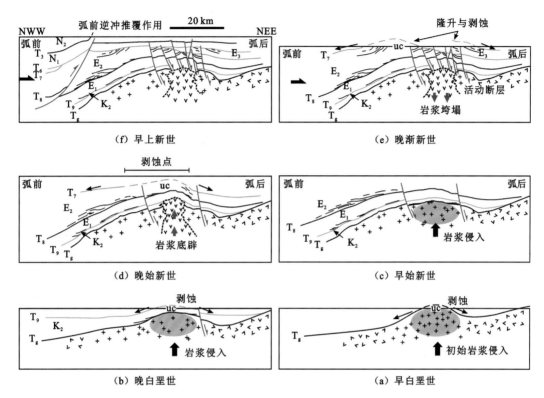

图 8.4　西缅大陆边缘弧盆体系的演化恢复图(Zhang et al.,2017)

N_2 为上新统;N_1 为中新统;E_2 为始新统;E_1 为古新统;K_2 为上白垩统;E_3 为渐新统;uc 为不整合面

（1）晚白垩世岛弧岩浆形成期

晚白垩世,新特提斯洋的俯冲作用造成西缅地块北部火山岛弧带发育持续的岩浆侵入作用。早期陆壳的沉积地层受到风化剥蚀和岩浆侵入双重作用的影响,经熔融改造后,导致岛弧带基底发育部分"S"型花岗岩。大量的研究已经表明,岛弧带基底花岗岩锆年龄主要集中于白垩纪中期(110～91 Ma),意味着特提斯洋岩石圈向西缅地块下的俯冲启动时间就在这一时期。同时,西缅地块的岩浆作用标志着缅甸西部大陆边缘由被动大陆边缘向主动大陆边缘过渡,随着持续的洋壳的俯冲作用,火山岛弧带开始具备古隆的雏形[图 8.4(a)(b)]。

（2）古新世—始新世岛弧初始发育期

印度板块与欧亚板块在古新世发生初始软碰撞接触。该阶段火山岛弧的发育在研究区南部地区已具备小型隆起的特征,火山活动频繁(延续周期长,喷发期次多),火山岛弧带保留了相应的凝灰岩就位沉积年龄,代表相应时期地层的沉积年龄(Li et al.,2013)。在新特提斯洋/印度洋岩石圈持续的俯冲碰撞作用下,西缅岛弧带持续发育[图 8.4(c)(d)]。

（3）渐新世—早中新世岛弧建造期

随着印度板块洋壳岩石圈的新一期快速俯冲作用,西缅岛弧带表现出快速抬升和剥蚀的特点,北部火山岛弧带呈带状产出,早期连通为一体的弧前、弧后盆地被一分为二,弧前和弧后盆地雏形开始形成[图 8.4(e)]。同时,这一时期还伴有强烈的岩浆侵入和火山活动。裂变径迹的模拟晚渐新世—早中新世[(29±1)~(20±1)Ma]的快速隆升验证了该阶段缅甸西部大陆边缘发生的区域性构造抬升事件(Li et al.,2013)。

（4）晚中新世—早上新世岛弧定型期

印度板块的持续俯冲作用使西缅岛弧带进一步隆升并完全分割弧前和弧后盆地。弧前盆地内的复式向斜构造定形,并在盆地两侧形成顺层发育的逆冲体系,如卡包逆冲断裂带。弧后盆地则通过实皆断裂强烈的右行走滑压扭活动来调节,盆地发生强烈的反转,两侧大幅抬升,并遭受强烈剥蚀。裂变径迹热历史模拟的西缅地块北部火山岛弧带早上新世以来[(4.2±1)Ma]的隆升过程与这一时期的构造动力学过程吻合。弧前地区来自印度板块的强烈挤压与弧后地区来自实皆断层强烈的走滑压扭作用,致使火山岛弧带上新世发育定型[图 8.4(f)]。

2）缅甸西部大陆边缘弧前盆地的演化

缅甸西部大陆边缘弧前盆地的形成和演化同样可以分为四个阶段:①晚白垩世—始新世断拗沉降期;②渐新世构造抬升剥蚀期;③中新世—早上新世挠曲沉降期;④上新世中晚期压改造期(图 8.4)。

（1）晚白垩—始新世断拗沉降期

新特提斯洋向西缅地块下俯冲,弧前盆地内部整体构造稳定,地层平缓,没有大规模构造作用,盆地边缘局部区域开始发育增生楔。岛弧带与弧前盆地之间发育小型边界正断层,弧前盆地处于断拗环境,发育滨浅海相沉积地层。

（2）渐新世构造抬升剥蚀期

新特提斯洋逐渐俯冲消亡,弧前盆地拗陷作用减弱,沉积环境由海相开始向陆相过渡,沉积地层厚度较小,至渐新世晚期在印度板块向西缅地块的俯冲作用下,盆地整体抬升剥蚀。这一时期西缅岛弧带构造活动强烈,与弧前盆地边界形成的早期正断层持续生长。

（3）中新世—早上新世挠曲沉降期

印度板块的斜向俯冲对弧前钦敦拗陷形成侧向挤压,地壳挠曲沉降,钦敦拗陷受挤压变形初具复式向斜雏形,压性断裂开始发育。

（4）上新世中晚期挤压改造期

印度板块北部与欧亚板块的陆-陆碰撞形成强烈的挤压应力,弧前盆地挤压收缩且变形强烈,形成复式向斜,两翼地层高角度倾斜,顺层滑脱的压性断裂发育形成盆地两侧的边界。弧前盆地西缘逆冲断裂发育,形成滑脱型逆冲褶皱组合,盆地东缘受火山岛弧带阻挡,上盘地层高角度冲起。同时由于实皆断层的强烈活动,弧前盆地处于右旋走滑环境,盆内发育因走滑伸展形成的张性断裂组合。

3）缅甸西部大陆边缘弧后盆地的演化

缅甸西部大陆边缘弧后盆地的形成和演化划分为三个阶段:①晚白垩—渐新世弧后伸展断陷发育期;②中新世—早上新世热伸展拗陷期;③上新世中晚期压扭反转期(图 8.4)。

（1）晚白垩—渐新世弧后伸展断陷发育期

弧后盆地的演化继承了早期被动陆缘断陷构造的格局，盆内构造稳定，地层平缓，沉积中心及沉降中心均靠近实皆断层一侧。盆地东西两侧发育小型边界正断层。该时期火山岛弧带雏形形成，北部分割弧前、弧后盆地，地层向岛弧带上超。弧后盆地进入独立伸展断陷演化阶段。实皆断层持续伸展活动，控制的箕状断陷继承性发育。岛弧带与弧后睡宝拗陷交界处发育的早期断裂随岛弧带的持续隆升表现为继承性活动，控制弧后盆地西侧断陷发育。

（2）中新世—早上新世热伸展拗陷期

中新世，岛弧带岩浆活动减弱，处于构造平静期，弧后睡宝拗陷转入热沉降拗陷阶段。该时期盆内未发生强烈构造变形，断层不发育，实皆断层处于间歇期，活动性减弱。中新统在盆内分布均一，厚度稳定，沉积中心位于睡宝拗陷中央，北西向带状展布。

（3）上新世中晚期压扭反转期

实皆断裂开始持续右旋走滑，西缅地块整体转入挤压构造体制。受岛弧带铁镁质岩墙的阻挡，来自西侧的挤压力无法传递到弧后盆地，弧后盆地受到实皆断层强烈的右行走滑压扭活动调节，表现出挤压挠曲拗陷的特征。早期的断陷中心大幅抬升遭受剥蚀，盆内形成一系列花状构造及雁行排列的狭长背斜构造。

4）缅甸西部大陆边缘弧盆体系演化小结

基于西缅岛弧带岩浆作用和抬升剥蚀恢复、弧前盆地和弧后盆地构造变形分析与沉积充填样式分析，可以进一步重建缅甸西部大陆边缘的演化过程。白垩纪中期以前，西缅地块的西缘属于被动大陆边缘环境，随着白垩纪中期新特提斯洋岩石圈的俯冲活动，缅甸西部大陆边缘开始向主动大陆边缘转换。早期持续的洋壳岩石圈（新特提斯洋和印度洋）俯冲是控制缅甸西部大陆边缘弧盆体系演化的关键因素，表现为弧前拗陷和弧后伸展沉降的特征。晚期随着印度板块斜向俯冲汇聚作用的加剧，西缅大陆边缘整体向收缩体制转换，以强烈的走滑作用和反转构造为典型标志。盆地早期以西缅岛弧和抬升的西缅地块剥蚀基底为主要物源，以滨浅海为主要环境，后期造山带碎屑开始输入，沉积环境逐渐向河流-三角洲转变。

8.1.4　孟加拉湾及邻区沉积盆地演化序列

1. 区域骨架剖面演化分析

板块间复杂的碰撞、缝合过程，导致碰撞带内发育多种类型盆地，演化过程中盆地属性会发生变化。印度板块与欧亚板块东部碰撞带内发育的一系列盆地与印度板块的裂离、漂移及碰撞过程密切相关，盆地的形成演化具有相似性和可对比性。解析现今碰撞带内不同属性的盆地不仅可以了解印度板块的构造演化史，还可以厘定不同属性盆地的演化序列，有助于对盆地现今构造格局的认识。

1) 阿萨姆前陆盆地演化

晚古生代末期,大印度陆块为冈瓦纳大陆的一部分,其北部边缘为被动大陆边缘环境,邻近特提斯洋,发育典型的特提斯域冰碛砾岩(Brookfield,1993)与粗碎屑岩,至早白垩世仍为被动陆缘浅海环境,发育古生界—中生界。阿萨姆盆地底部发育上石炭统—三叠系(Bhandari et al.,1973),厚度较薄,表明在古生代—中生代晚期,阿萨姆盆地与印度北部陆缘具有相似的发育背景,受特提斯洋演化影响。

早白垩世(132~120 Ma)东冈瓦纳大陆开始陆内伸展,晚期发生大规模的泛裂谷化作用,印度板块与南极洲-澳大利亚板块开始分裂,火山作用强烈,裂谷层系底部往往发育大规模的岩浆侵入体及火山岩。早白垩世末期(120 Ma),印度板块从冈瓦纳大陆裂离,开始了长时间的漂移演化进程;早白垩世末期—始新世,印度板块东北部为持续稳定的浅海环境,发育广阔的古阿萨姆陆架,始新世主要发育海相碳酸盐岩沉积。盆地北部受印度板块与欧亚板块碰撞影响发生褶皱冲断,陆架区为伸展环境,正断层发育。渐新世,印度板块在西缅地块北部与其发生碰撞作用,阿萨姆盆地演变为双向汇聚、双向挤压环境,布拉马普特拉低隆起缓慢隆起。北部喜马拉雅造山带前缘 Dafla 逆冲推覆带和主边界断裂开始向阿萨姆前陆推进;盆地东南部受碰撞影响整体抬升,海水退去,开始由浅海环境向陆相环境转变,Disang 逆冲推覆带和 Cholimsen 逆冲推覆带自南东向阿萨姆前陆推覆,巨大的构造负载导致地壳发生弯曲下降,中新世发育一套巨厚磨拉石和河流相沉积。喜马拉雅造山带在中中新世剧烈隆升(主碰撞期),前缘推覆带发生强烈褶皱变形,前陆盆地前渊带弯曲沉降,上新世沉积一套巨厚陆相沉积。上新世至今,喜马拉雅前缘推覆带继续活动,前渊持续沉降,布拉马普特拉低隆起可能存在缓慢隆起过程,盆地东部那加逆冲推覆带发育定型。那加逆冲推覆带沿渐新统泥岩层系发生大规模的逆冲活动,不同期发育的推覆带呈叠瓦状排列(图 8.5)。

阿萨姆盆地属性及其形成演化存在鲜明的特点,主要体现在双前陆盆地的沉积与构造特征及其转换过程上。喜马拉雅前陆首先在始新世出现在盆地北部,随着板块演化的进行,阿萨姆前陆于渐新世出现在盆地东南部,后期受喜马拉雅造山带活动影响,喜马拉雅前陆发生更大规模沉降和沉积建造过程。这种双前陆的形成与碰撞造山带的演化及褶皱冲断带的迁移密切相关,是不同演化阶段的重要记录(李曰俊 等,2000)。

2) 孟加拉盆地演化

位于阿萨姆盆地与孟加拉湾盆地之间的孟加拉盆地,以发育恒河-布拉马普特拉河三角洲沉积体系而著名,盆地属性存在较大争议。基于对区域构造背景、盆地基底结构及沉积盖层变形,研究认为拗陷带与东部褶皱带属于孟加拉湾残留洋盆地体系的一部分,西部斜坡带下部地层来自冈瓦纳期陆内裂谷层系,为被动大陆边缘盆地性质,盆地整体属于复合型盆地。

大印度陆块从东冈瓦纳大陆的裂离自其东北端开始扩展并伴随有大印度陆块的逆时针旋转(Powell et al.,1988)。关于板块分裂机制,Royer 等(1992,1991)认为与该地区早期发育的地幔柱/热点活动有关。现今印度东北部出露的拉杰默哈尔岩盖(Rajmahal Traps)和孟加拉北部的锡尔赫特岩盖(Sylhet Traps)[40]Ar/[39]Ar定年获得的地质年龄为 118~119 Ma(Kent

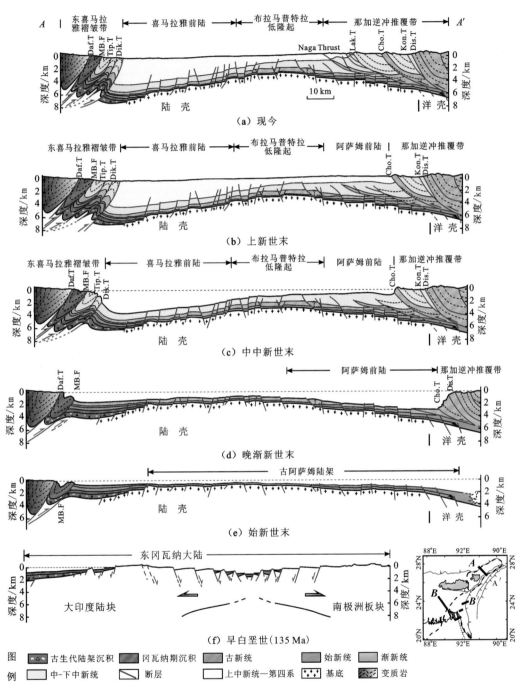

图 8.5　阿萨姆前陆盆地主干剖面演化模式

Daf. T 为 Dafla 逆冲推覆；MB. F 为主边界断裂；Tip. T 为 Tipi 逆冲推覆；Dik. T 为 Dikrang 逆冲推覆；
Lak. T 为 Lakhuni 逆冲推覆；Cho. T 为 Cholimsen 逆冲推覆；Kon. T 为 Kongan 逆冲推覆；Dis. T 为 Disang 逆冲推覆

et al.,2002),可能是这一时期板块张裂的直接证据。这一期喷发的玄武岩覆盖在印度东北部——孟加拉被动陆缘冈瓦纳期沉积之上,形成了巨大的玄武岩岩盖。古新世—始新世,孟加拉西部古陆架处于浅海稳定环境,发育台地相碳酸盐岩。此时的孟加拉湾仍属于扩张大洋的一部分,早期(早白垩世—古新世)以远洋沉积为主,晚期(始新世)开始接受印度板块与欧亚板块碰撞形成的陆源碎屑岩供给(图 8.6)。中新世末期,孟加拉西部斜坡带发生区域性隆升,地层遭受剥蚀,发育中新世不整合面。上新统西北厚,东南薄,地震剖面上可识别出明显的前积反射,可能反映了物源供给方向为北西向;这一时期印度板块与西缅地块碰撞带继续向南生长,陆上地区地层开始遭受挤压变形。更新世早期(2 Ma)东部地区中新统和上新统沿渐新统泥岩层滑脱变形并逐渐向西部中央拗陷带扩展,形成东部褶皱冲断带。褶皱带东部为冲断褶皱,西部为高陡-平缓褶皱带,显示变形层系自东向西减弱的趋势。同时,更新世早期吉大港海岸断裂的活化导致断层上盘基底洋壳抬升,上覆沉积盖层也随之发生轻微隆升,一些冲断褶皱轴部被剥蚀。Maurin 和 Rangin(2009)认为东部褶皱带以吉大港断裂(东倾)为界,断裂以东为厚皮构造(发生洋壳基底的逆冲),以西为薄皮构造。

孟加拉盆地构造演化具有明显的阶段性。早期的陆内伸展与板块裂离伴随有地幔柱活动和大规模的玄武岩喷溢,导致印度东北部-孟加拉部分白垩纪地堑-地垒被覆盖。古新统—渐新统在全区大致等厚分布,表明这一时期相对稳定的构造背景和沉积物供给。中新世中晚期是另一次重要的构造变革期,西部斜坡带地层被指面积剥蚀,指示强烈的区域构造抬升事件,可能与中新世印度板块与欧亚板块的强烈碰撞作用有关,响应于喜马拉雅造山带的快速隆升。晚上新世—更新世东部褶皱带的冲断变形与基底大断裂的活动代表了印度-西缅地块缝合带的向南推进过程,反映了印度板块向西缅地块下斜向俯冲汇聚的结果。孟加拉盆地与阿萨姆盆地在几个重要的构造时期具有相似性和关联性,指示了碰撞带构造变形的迁移演化。

3）孟加拉湾盆地演化

孟加拉湾盆地及邻区的构造演化始于中生代东冈瓦纳大陆裂谷作用及之后晚白垩世印度板块与南极洲板块的裂离。前人研究证实东北印度洋经历的北西—南东向、南北向和北东—南西向三期重要的海底扩张事件,分别发生在白垩纪中期以前、白垩纪中期—古近纪及古近纪之后(Radhakrishna et al.,2012;Krishna et al.,2009;Desa et al.,2006;Gopala Rao et al.,1997;Ramana et al.,1994),孟加拉湾盆地基底洋壳大部分是在古近纪之前形成的(Royer and Sandwell,1989),表明盆地内北西向破裂带和东西向断裂与前两期海底扩张密切相关。基底洋壳上覆上白垩统—新生界巨厚沉积。孟加拉湾洋壳的早期扩张受到克罗泽和凯尔盖朗热点改造,东经 85°海岭磁异常研究表明其在默哈讷迪海岸开始形成的时间为 80 Ma,在 Afanasy Nikitin 海山的终止时间约为 55 Ma(Micheal et al.,2011),自北向南变年轻;东经 90°海岭北部 ODP758 站位火山岩岩心地质年龄为 77 Ma,南部 DSDP254 站位火山岩地质年龄为 43 Ma(Krishna et al.,2012),也呈现自北向南变年轻的趋势。海洋磁异常、ODP 与 DSDP 获取的地质年龄不仅支持东经 85°海岭和东经 90°海岭的热点成因模型,还证实两条海岭在白垩纪末期已经完成了在孟加拉湾盆地的就位,进而开始影响盆地沉积体系的分布格局(图 8.7)。

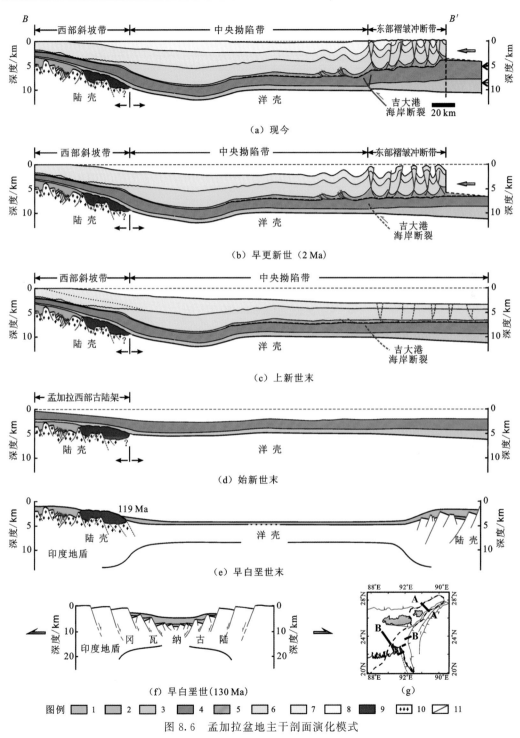

图 8.6　孟加拉盆地主干剖面演化模式

1.下岗瓦纳沉积岩系(石炭系—二叠系);2.上冈瓦纳沉积岩系(三叠系—下白垩统);3.上白垩统;

4.古新统—始新统;5.渐新统;6.中新统;7.上新统;8.第四系;9.玄武岩熔岩流;10.陆壳基底;11.断裂

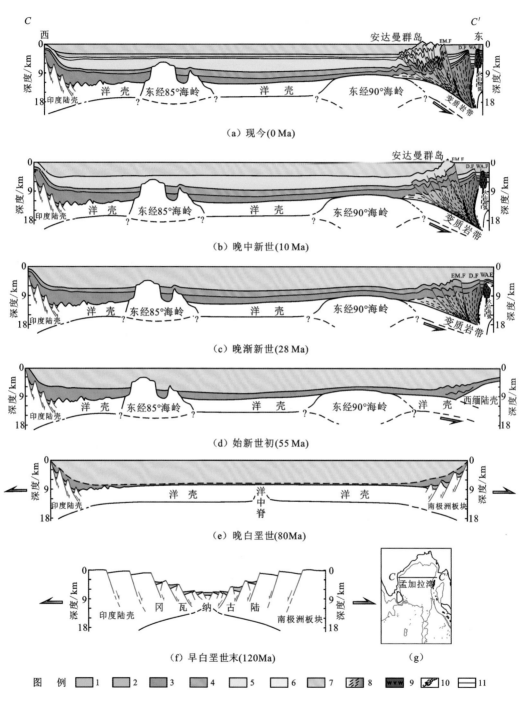

图 8.7 孟加拉湾盆地主干剖面演化模式(张朋 等,2014)

1.侏罗系—下白垩统;2.上白垩统;3.上白垩统—古新统;4.始新统—渐新统;5.中新统;6.上新统;7.第四系;8.变质带;
9.火山岛弧;10.主剪切带;11.断裂 EM 为 Eastern 边缘断裂;D.F 为 Diligent 断裂;WA.F 为西安达曼断裂

　　孟加拉湾盆地基底洋壳在白垩纪—古近纪早期生成后,开始接受远洋沉积。这一时期开始的海岭就位导致孟加拉湾盆地的构造-沉积格局发生改变,来自印度大陆方向的陆源碎屑被限制在西部拗陷中,中央拗陷沉积厚度较小(图 8.7);随着新特提斯洋的关闭及印度板块与欧亚板块的俯冲碰撞,喜马拉雅造山带开始隆升并向孟加拉湾盆地提供南北向物源。印度板块与欧亚板块的初始接触(55 Ma)在孟加拉湾盆地内产生了区域性的不整合面("P"界面),反映了构造背景转变条件下的沉积响应特征(Curray,2005)。中始新世(Moore et al.,1974)开始,由恒河-布拉马普特拉河提供物源形成的孟加拉扇系统成为孟加拉湾盆地的主体,其沉积中心在始新世至中新世存在一直向南迁移的过程。新生代,印度板块向西缅地块下的斜向俯冲控制了孟加拉湾盆地东部深层与浅层北东向构造变形。同时,东经 90°海岭的存在及其北端的俯冲作用增强了这一区域东西向挤压与南北向剪切活动。随着洋壳俯冲作用的进行,印度板块与欧亚板块在西缅地块西缘自北向南逐渐收敛,孟加拉湾盆地由原始大洋盆地向残留洋盆地转变。Gani 和 Alam(1999)及 Alam 等(2003)认为这一时期为中新世早期,而 Lee 和 Lawver(1995)及 Hall(2012)等板块模型推崇者则认为这一事件应该发生在渐新世。磷灰石裂变径迹结果表明,印缅增生楔在晚渐新世至晚上新世[(28±1.5)~(2.5±0.5)Ma]一直处于隆升剥蚀状态,期间存在晚渐新世[(28±1.5)~(25±1.5)Ma]和晚中新世—晚上新世[(10±1.1)~(2.5±0.5)Ma]两期快速隆升事件,响应于孟加拉湾盆地洋壳向印缅增生楔的两次快速俯冲过程,而晚渐新世的快速俯冲可能暗示孟加拉湾盆地开始转化为残留洋盆地(图 8.7)。渐新世以来,孟加拉湾盆地洋壳持续向西缅地块下俯冲消减,导致主动陆缘增生楔的持续隆升和岛弧带的重新活动,在缅甸北部陆上发育著名的波帕(Popa)火山。

　　不同演化阶段的孟加拉湾盆地有不同的盆地原型。晚中生代以来,东北印度洋的扩张和俯冲消减,伴随着印度板块的裂离、漂移及拼贴过程,孟加拉湾盆地属性发生了多次转变。侏罗纪—早白垩世,东冈瓦纳大陆各板块间发生广泛的裂谷作用,伴有岩浆侵入和火山活动,这一时期为孟加拉湾盆地发育前的孕育期。早白垩世晚期(120 Ma),随着印度板块与南极洲板块的分离及东北印度洋的张开,孟加拉湾盆地基底洋壳开始发育,盆地雏形开始形成,为原始大洋盆地阶段;除印度东部陆缘外,盆地主体发育薄层的白垩纪远洋沉积(图 8.7)。始新世以来,特别是渐新世印度板块与西缅地块北部发生硬碰撞(响应于阿萨姆前陆形成时期),洋壳在此俯冲消亡,孟加拉湾盆地演化为"剪刀型"残留洋盆地。孟加拉湾盆地演化过程中,早期物源主要来自西侧印度大陆,晚期(45 Ma 以后)转变为北部的喜马拉雅造山带。

2. 沉积盆地发育序列

　　已有的研究都强调,孟加拉湾及邻区沉积盆地现今的形态与印度板块在古近纪与欧亚大陆的碰撞密切相关。基于对孟加拉湾及邻区板块构造及岩浆作用、沉积充填记录和构造变形的分析(图 8.8),可以建立不同属性盆地的演化序列(图 8.9)。整体上,印度大陆在中生代晚期的伸展作用及晚期的裂离、印度洋的扩张作用是现今一系列盆地形成的基础,而新生代印度板块与欧亚大陆的俯冲、碰撞作用则塑造了现今盆地最终

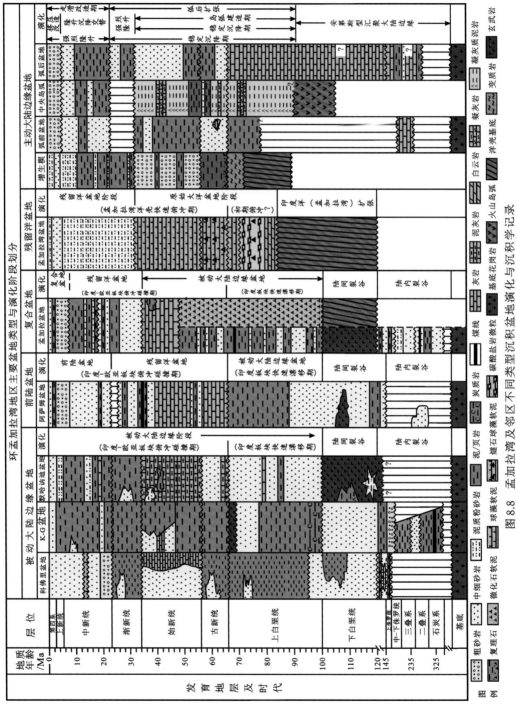

图 8.8 孟加拉湾及邻区不同类型沉积盆地演化与沉积学记录

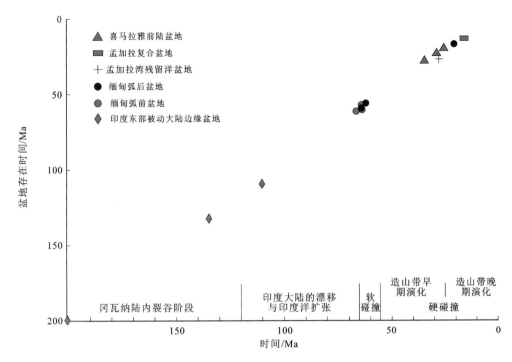

图 8.9　孟加拉湾及邻区不同类型沉积盆地演化与沉积学记录

的格局。具体而言,印度东部被动大陆边缘盆地的形成时间最早,经历的沉积和构造演化时间也最长,构造变形作用则相对简单;沿印度板块与欧亚板块碰撞带发育的一系列盆地则形成时间较晚,如喜马拉雅前陆盆地、孟加拉湾残洋盆地和安达曼海弧后拗陷,其形成时间均在古近纪之后。需要特别指出的是缅甸西部大陆边缘发育的弧盆体系,其发育演化还与新特提斯洋岩石圈的俯冲有关,因此具有较长的构造和沉积演化史;至于它与印度洋岩石圈之间的转换关系及时间尚不清楚,但可以肯定的是持续的俯冲作用是控制弧盆体系演化的关键。至于印度板块与欧亚板块之间存在的穿时缝合过程(Najman and Garzanti,2000;Uddin and Lundberg,1998;Rowley,1998,1996),虽然还有质疑,但是碰撞带内沉积盆地的发育历史证实该过程是存在的(图 8.5～图 8.7)。

8.2　孟加拉湾及邻区原型盆地重建

8.2.1　原型盆地的概念及研究思路

何登发等(2004)指出,相应于盆地发展的某一个阶段(相当于一个构造层形成的时间),有相对稳定的大地构造环境(如构造背景与深部热体制),有某种占主导地位的沉降机制,有一套沉积充填组合,有一个确定的盆地边界(虽然此边界常常难以恢复),这样的盆地实体可以称作该阶段的盆地原型或原型盆地。这一概念强调盆地类型的阶段属性,是对盆地不同构造演化阶段的精细解剖与刻画。不同的原型盆地具有不同的构造-沉积体系类型,因此盆地原型的恢复具有重要的石油地质意义(陈发景和汪新文,2000)。原型盆地恢复的主要内容包括盆地构造几何形态、沉积速率、古热流(陈发景和汪新文,2000)、盆地基底性质、火山岩类型、充填序列及岩石组合(闫臻 等,2008)等几个方面。

对孟加拉湾及邻区沉积盆地不同演化阶段的基底性质、盆地边界、火山岩类型、沉积充填序列与岩石组合等进行分析并强调区域构造背景下洋盆扩张与热点活动对盆地性质与结构的改造作用,印度板块的俯冲与碰撞作用对盆地的改造和叠加影响,可以恢复和重建相应的原型盆地。

8.2.2　原型盆地重建及叠加演化

1) 侏罗纪—早白垩世原型盆地

侏罗纪—早白垩世沉积盆地为陆内裂谷盆地,局限地分布于东冈瓦纳大陆各个陆块的交接处。在现今的印度东部大陆边缘、澳大利亚西部大陆边缘和南极洲西部大陆边缘均有残留,它们以地堑和地垒的形态为主,充填陆相碎屑。典型的有印度东部大陆边缘的克里希纳-戈达瓦里盆地。

2) 早白垩世末—晚白垩世原型盆地

早白垩世末期(130~120 Ma),东冈瓦纳大陆内出现大规模的陆内裂谷作用和岩浆侵入与喷发事件。地球物理和地质资料显示,在东冈瓦纳大陆内可能发育了多个三叉裂谷系统(Lal et al.,2009),随着大陆的裂解,持续发展的裂谷一支逐渐向陆间裂谷演化,而消亡的一支则残留在大陆内,如印度东部大陆边缘的克里希纳地堑系和孟加拉盆地西部地堑系均是上述三叉裂谷的残留单元。在晚白垩世,随着印度大陆的快速向北漂移,印度东部大陆边缘盆地由陆间裂谷向被动大陆边缘盆地演化,并开始形成楔形沉积体。在印度东部被动大陆边缘盆地形成的同时,孟加拉湾则为开放的大洋盆地,缅甸西部大陆边缘则由被动大陆边缘向主动大陆边缘过渡。

3) 古近纪原型盆地

古近纪早期,印度大陆与欧亚大陆开始了俯冲与碰撞作用,盆地属性开始发生转变,尤其是印度板块的北缘由被动大陆边缘向残留洋盆地转变,而缅甸西部大陆边缘的弧盆体系也在该时期进入主要发育期[图 8.10(a)(b)]。始新世—渐新世,随着板块硬碰撞作用的进行,研究区盆地进入一个关键转换期[图 8.10(c)],具体表现:①印度东部大陆边缘出现了一套标志性的碳酸盐岩沉积层,盆地表现为双构造层特征,是被动大陆边缘盆地成熟的标志;②孟加拉湾盆地由大洋盆地转变为残留洋盆地,其标志之一是深海浊积岩层序——孟加拉扇在盆地北部开始发育,另一个重要的标志是印缅增生楔开始强烈发育;③喜马拉雅前陆盆地的雏形开始形成,尤其是在阿萨姆前陆地区,印度板块与西缅地块的碰撞首先在这一方向形成前陆拗陷;④缅甸西部大陆边缘弧盆地体系进入主要沉积-岩浆建造期,岩浆岛弧带隆起剥蚀并快速向周缘提供火山岩碎屑。

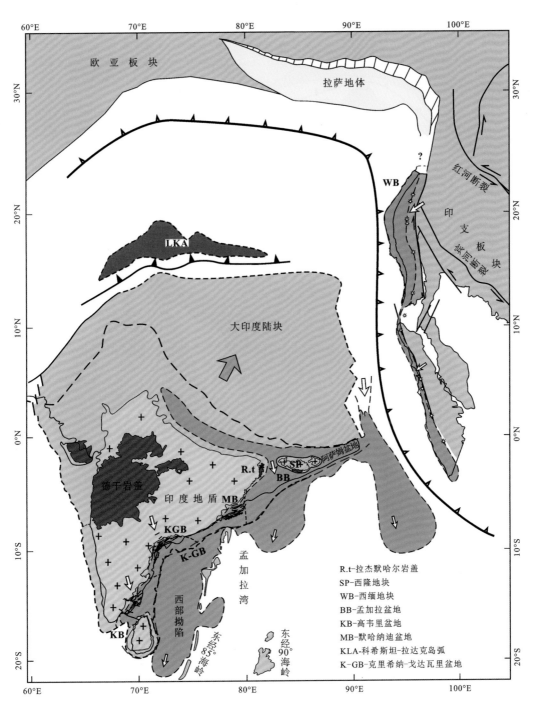

（a）古新世—早始新世

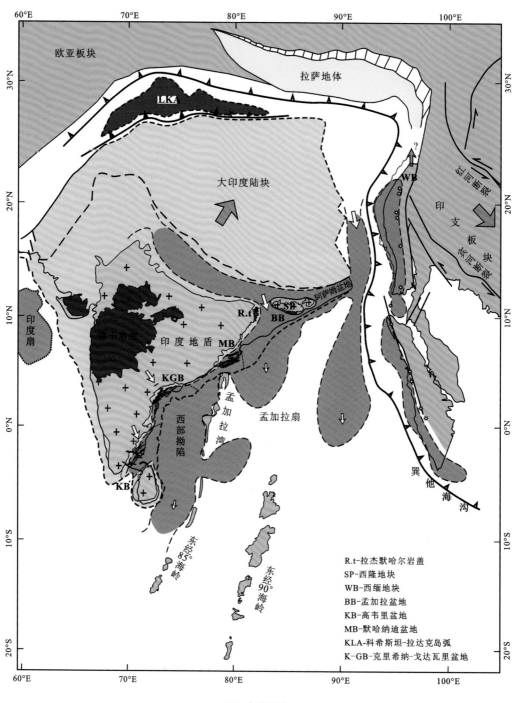

（b）中始新世

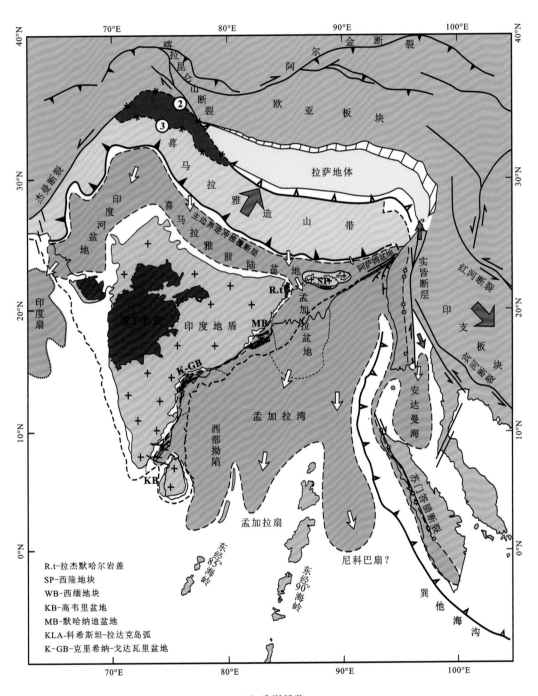

R.t-拉杰默哈尔岩盖
SP-西隆地块
WB-西缅地块
KB-高韦里盆地
MB-默哈纳迪盆地
KLA-科希斯坦-拉达克岛弧
K-GB-克里希纳-戈达瓦里盆地

（c）晚渐新世

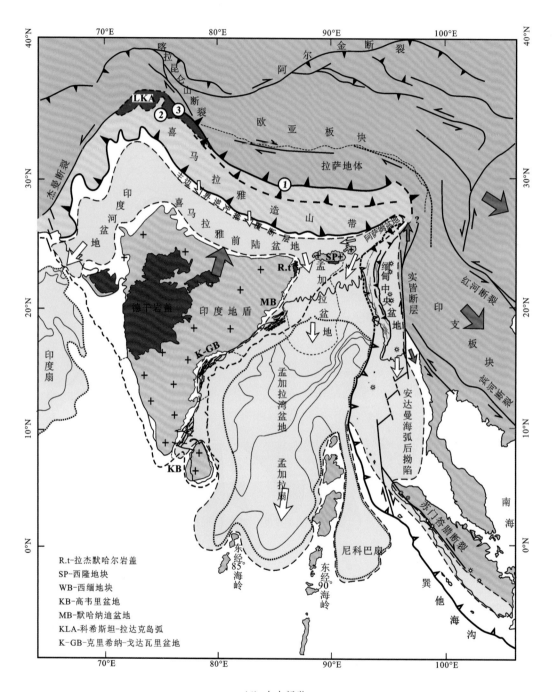

R.t-拉杰默哈尔岩盖
SP-西隆地块
WB-西缅地块
KB-高韦里盆地
MB-默哈纳迪盆地
KLA-科希斯坦-拉达克岛弧
K-GB-克里希纳-戈达瓦里盆地

（d）中中新世

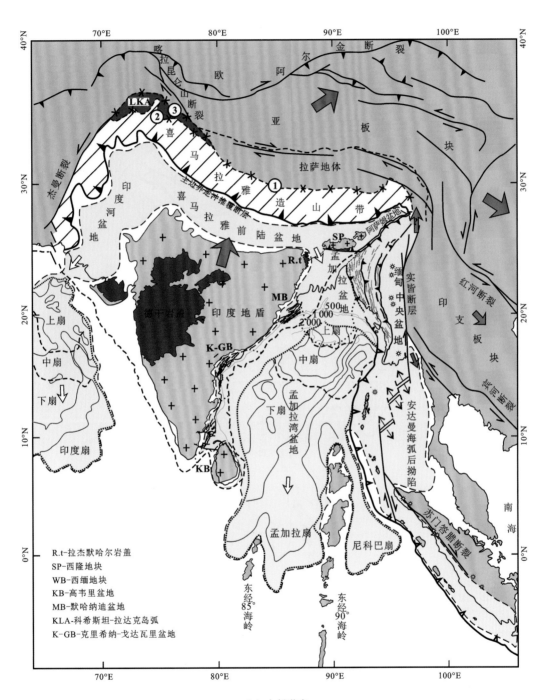

R.t-拉杰默哈尔岩盖
SP-西隆地块
WB-西缅地块
KB-高韦里盆地
MB-默哈纳迪盆地
KLA-科希斯坦-拉达克岛弧
K-GB-克里希纳-戈达瓦里盆地

（e）上新世末

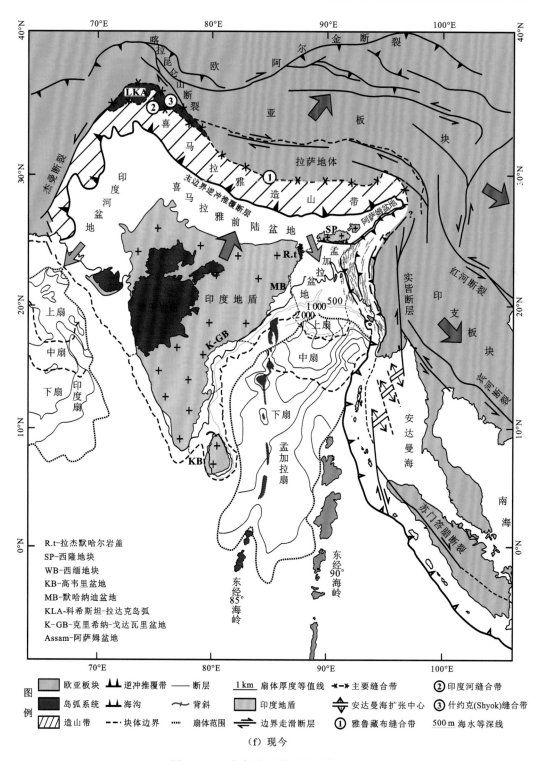

图 8.10　孟加拉湾及邻区原型盆地重建

4) 新近纪原型盆地

新近纪,随着喜马拉雅造山带的隆升和造山带内逆冲推覆体系的持续活动,研究区内各盆地开始接受造山带的剥蚀碎屑。最显著的是前陆盆地内出现了 Siwalik 群——造山带剥蚀后近缘堆积的磨拉石,它与构造负载一起促使喜马拉雅前陆盆地快速挠曲沉降;在孟加拉湾盆地内孟加拉扇系统占绝对优势并迅速向南推进,中新世孟加拉扇出现一次沉积鼎盛期,将东经 85°海岭和东经 90°海岭北段完全掩埋,下扇推进至赤道附近。同期的孟加拉盆地内发育恒河-布拉马普特拉河三角洲系统。缅甸西部大陆边缘弧盆体系定型,后期有一定的构造反转。

参 考 文 献

陈发景,汪新文,2000.中国西北地区早-中侏罗世盆地原型分析[J].地学前缘,7(4):459-469.

丁林,来庆洲,2003.冈底斯地壳碰撞前增厚及隆升的地质证据:岛弧拼贴对青藏高原隆升及扩展历史的制约[J].科学通报,48(8):836-842.

董国臣,莫宣学,赵志丹,等,2005.拉萨北部林周盆地林子宗火山岩层序新议[J].地质通报,24(6):549-557.

何登发,贾承造,童晓光,等,2004.叠合盆地概念辨析[J].石油勘探与开发,31(1):1-7.

江万,莫宣学,赵崇贺,等,1999.青藏高原冈底斯带中段花岗岩类及其中铁镁质微粒包体地球化学特征[J].岩石学报,15(1):89-97.

李曰俊,陈从喜,买光荣,等,2000.陆-陆碰撞造山带双前陆盆地模式:来自大别山、喜马拉雅和乌拉尔造山带的证据[J].地球学报,21(1):7-65.

刘鸿飞,1993.拉萨地区林子宗火山岩系的划分和时代归属[J].西藏地质,2:59-69.

莫宣学,董国臣,赵志丹,等,2005.西藏冈底斯带花岗岩的时空分布特征及地壳生长演化信息[J].高校地质学报,11(3):281-290.

莫宣学,赵志丹,周肃,等,2007.印度-亚洲大陆碰撞的时限[J].地质通报,26(10):1240-1244.

王成善,李祥辉,胡修棉,2003.再论印度-亚洲大陆碰撞的启动时间[J].地质学报,77(1):16-24.

肖序常,李廷栋,1998.青藏高原岩石圈结构、隆升机制及对大陆变形影响[J].地质论评,44(1):112.

闫臻,王宗起,李继亮,2008.造山带沉积盆地构造原型恢复[J].地质通报,27(12):2001-2013.

张宏飞,徐旺春,郭建秋,等,2007.冈底斯南缘变形花岗岩锆石 U-Pb 年龄和 Hf 同位素组成:新特提斯洋早侏罗世俯冲作用的证据[J].岩石学报,23(6):1347-1353.

张朋,梅廉夫,马一行,等,2014.孟加拉湾盆地构造特征与动力学演化:来自卫星重力与地震资料的新认识[J].地球科学(中国地质大学学报),39(10):1307-1321.

周肃,莫宣学,董国臣,等,2004.西藏林周盆地林子宗火山岩^{40}Ar/^{39}Ar 年代格架[J].科学通报,49(20):2095-2103.

ACHARYYA S K,1998. Break-up of the greater Indo-Australian continent and accretion of blocks framing south and east Asia[J]. Journal of geodynamics,26(1):149-170.

ACHARYYA S K,2000. Break up of Australia-India-Madagascar block,opening of the Indian Ocean and continental accretion in Southeast Asia with special reference to the characteristics of the peri-Indian collision zones[J]. Gondwana research,3(4):425-443.

ACHARYYA S K,2007. Evolution of the Himalayan Paleogene foreland basin,influence of its litho-packet on the formation of thrust-related domes and windows in the Eastern Himalayas-A review[J]. Journal of Asian earth sciences,31(1):1-17.

ACHARYYA S K,2010. Tectonic evolution of Indo-Burma range with special reference to Naga-Manipur Hills[J]. Journal of the geological society of India,Memoir,75:25-43.

ACHARYYA S K,2015. Indo-Burma Range：a belt of accreted microcontinents, ophiolites and Mesozoic-Paleogene flyschoid sediments[J]. International journal of earth sciences,104(5)：1235-1251.

AIKMAN A B,HARRISON T M,LIN D,2008. Evidence for early (＞ 44 Ma) Himalayan crustal thickening, Tethyan Himalaya,southeastern Tibet[J]. Earth and planetary science letters,274(1)：14-23.

AKCIZ S,BURCHFIEL B C,CROWLEY J L,et al.,2008. Geometry,kinematics,and regional significance of the Chong Shan shear zone,Eastern Himalayan Syntaxis,Yunnan,China[J]. Geosphere,4(1)：292.

ALAM M,ALAM M M,CURRAY J R,et al.,2003. An overview of the sedimentary geology of the Bengal Basin in relation to the regional tectonic framework and basin-fill history[J]. Sedimentary geology,155(3)：179-208.

ALLEGRE C J,COURTILLOT V,TAPPONNIER P,et al.,1984. Structure and evolution of the Himalaya-Tibet orogenic belt[J]. Nature,307(5946)：17-19.

ALLEN R,CARTER A,NAJMAN Y,et al.,2008. New constraints on the sedimentation and uplift history of the Andaman-Nicobar accretionary prism,South Andaman Island[J]. Geological society of America,special papers,436：223-255.

ALTERTON M P,PETFORD N,1993. Generation of sodium-rich magmas from newly underplated basaltic crust[J]. Nature,362(6416)：144-146.

ARGLES T W,PRINCE C I,FOSTER G L,et al.,1999. New garnets for old? Cautionary tales from young mountain belts[J]. Earth and planetary science letters,172(3)：301-309.

AUDLEY CHARLES M G,1991. Tectonics of the New Guinea Area[J]. Annual review of earth and planetary sciences,19(1)：17-41.

BANNERT D,HELMCKE D,1981. The evolution of the Asian plate in Burma[J]. Geologische rundschau,70(2)：446-458.

BARBER A J,CROW M J,2009. Structure of Sumatra and its implications for the tectonic assembly of Southeast Asia and the destruction of Paleotethys[J]. Island arc,18(1)：3-20.

BARBER A J,CROW M J,MILSOM J,2005. Sumatra：geology,resources and tectonic evolution[M]. London：Memoir Geological Society：1-290.

BARDINTZEFF J M,LIÉGEOIS J P,BONIN B,et al.,2010. Madagascar volcanic provinces linked to the Gondwana break-up：Geochemical and isotopic evidences for contrasting mantle sources[J]. Gondwana research,18(2/3)：295-314.

BARLEY M E,PICKARD A L,ZAW K,et al.,2003. Jurassic to Miocene magmatism and metamorphism in the Mogok metamorphic belt and the India-Eurasia collision in Myanmar[J]. Tectonics,22(3)：1-11.

BASTIA R,RADHAKRISHNA M,SRINIVAS T,et al.,2010. Structural and tectonic interpretation of geophysical data along the Eastern Continental Margin of India with special reference to the deep water petroliferous basins[J]. Journal of Asian earth sciences,39(6)：608-619.

BEAUMONT C,JAMIESON R A,NGUYEN M H,et al.,2001. Himalayan tectonics explained by extrusion of a low-viscosity crustal channel coupled to focused surface denudation[J]. Nature,414(6865)：738-742.

BEAUMONT C,JAMIESON R A,NGUYEN M H,et al.,2004. Crustal channel flows：1. Numerical models with applications to the tectonics of the Himalayan-Tibetan orogen[J]. Journal of geophysical research：solid earth,109(B6)：B06406.

BECK S L,ZANDT G,2002. The nature of orogenic crust in the central Andes[J]. Journal of geophysical research：solid earth,107(B10)：2230.

BERTRAND G,RANGIN C,2003. Tectonics of the western margin of the Shan plateau (central Myanmar)：implication for the India-Indochina oblique convergence since the Oligocene[J]. Journal of Asian earth sciences,21(10)：1139-1157.

BHANDARI L L,FULORIA R C,SASTRI V V,1973. Stratigraphy of Assam Valley,India[J]. American association of petroleum geologists bulletin,57(4):642-654.

BOOTH A L,ZEITLER P K,KIDD W S F,et al.,2004. U-Pb zircon constraints on the tectonic evolution of southeastern Tibet,Namche Barwa area[J]. American journal of science,304(10):889-929.

BOOTH A L,CHAMBERLAIN C P,KIDD W S F,et al.,2009. Constraints on the metamorphic evolution of the eastern Himalayan syntaxis from geochronologic and petrologic studies of Namche Barwa[J]. Geological society of America bulletin,121(3-4):385-407.

BOUILHOL P,JAGOUTZ O,HANCHAR J M,et al.,2013. Dating the India-Eurasia collision through arc magmatic records[J]. Earth and planetary science letters,366:163-175.

BROOKFIELD M E,1993. The Himalayan passive margin from Precambrian to Cretaceous times[J]. Sedimentary geology,84(1/4):1-35.

BRUNNSCHWEILER R O,1966. On the geology of the Indoburman ranges[J]. Australian journal of earth sciences,13(1):137-194.

BRUNNSCHWEILER R O,1974. Indoburman ranges[J]. Geological society,London,special publications,4(1):279-299.

BURCHFIEL B C,CHEN Z,HODGES K V,et al.,1992. The South Tibetan Detachment System,Himalayan Orogen:Extension Contemporaneous with and Parallel to Shortening in a Collisional Mountain Belt[J]. The geological society of America,special paper,269(21):41.

BURCHFIEL B C,ZHI L C,2012. Tectonics of the southeastern Tibetan Plateau and its adjacent foreland[M]. Boulder:Geological Society of America.

CAI L C,LI X,2001. Geology of Yunnan Province[M]//Ma L F. Geology Atlas of China. Beijing:Geological Publishing House.

CATLOS E J,HARRISON T M,KOHN M J,et al.,2001. Geochronologic and thermobarometric constraints on the evolution of the Main Central Thrust,central Nepal Himalaya[J]. Journal of geophysical research:solid earth,106(B8):16177-16204.

CHARUSIRI P,CLARK A H,FARRAR E,et al.,1993. Granite belts in Thailand:evidence from the $^{40}Ar/^{39}Ar$ geochronological and geological syntheses[J]. Journal of Asian earth sciences,8(1-4):127-136.

CHATTERJEE S,GOSWAMI A,SCOTESE C R,2013. The longest voyage:tectonic,magmatic,and paleoclimatic evolution of the Indian plate during its northward flight from Gondwana to Asia[J]. Gondwana research,23(1):238-267.

CHIU H Y,CHUNG S L,WU F Y,et al.,2009. Zircon U-Pb and Hf isotopic constraints from eastern Transhimalayan batholiths on the precollisional magmatic and tectonic evolution in Southern Tibet[J]. Tectonophysics,477(1):3-19.

CHU M F,CHUNG S L,SONG B,et al.,2006. Zircon U-Pb and Hf isotope constraints on the Mesozoic tectonics and crustal evolution of Southern Tibet[J]. Geology,4(9):745-748.

CHUNG S L,CHU M F,ZHANG Y,et al.,2005. Tibetan tectonic evolution inferred from spatial and temporal variations in post-collisional magmatism[J]. Earth-science reviews,68(3):173-196.

CHUNG S L,CHU M F,JI J,et al.,2009. The nature and timing of crustal thickening in Southern Tibet:geochemical and zircon Hf isotopic constraints from postcollisional adakites[J]. Tectonophysics,477(1):36-48.

CLARK M K,SCHOENBOHM L M,ROYDEN L H,et al.,2004. Surface uplift,tectonics,and erosion of eastern Tibet from large-scale drainage patterns[J]. Tectonics,23:TC1006.

COBBING E J,MALLICK D I J,PITFIELD P E J,et al.,1986. The granites of the Southeast Asian Tin Belt[J]. Journal of the geological society,143(3):537-550.

COLEMAN M,HODGES K,1995. Evidence for plateau uplift before 14 Myr ago from a new minimum age for E-W extension[J]. Nature,374(6517):49-52.

CONRAD C P,LITHGOW-BERTELLONI C,2002. How mantle slabs drive plate tectonics[J]. Science,298(5591):

207-209.

COULON C, MALUSKI H, BOLLINGER C, et al., 1986. Mesozoic and Cenozoic volcanic rocks from central and southern Tibet: ^{39}Ar-^{40}Ar dating, petrological characteristics and geodynamical significance[J]. Earth and planetary science letters, 79(3): 281-302.

COURTILLOT V, 1999. Evolutionary Catastrophes[M]. Cambridge: Cambridge University Press.

CURRAY J R, 1979. Tectonics of the Andaman Sea and Burma[J]. American association of petroleum geologists memoir, 29: 189-198.

CURRAY J R, 2005. Tectonics and history of the Andaman Sea region[J]. Journal of Asian earth sciences, 25(1): 187-232.

CURRAY J R, 2014. The Bengal Depositional System: from rift to orogeny[J]. Marine geology, 352(2): 59-69.

CURRAY J R, MUNASINGHE T, 1991. Origin of the Rajmahal Traps and the 85 E Ridge: Preliminary reconstructions of the trace of the Crozet hotspot[J]. Geology, 19(12): 1237-1240.

CURRAY J R, EMMEL F J, MOORE D G, et al., 1982. Structure, tectonics, and geological history of the northeastern Indian Ocean[M]//NAIRN A E M, STEHLI F G. The ocean basins and margins: The Indian Ocean, 6. New York: Plenum Press: 399-450.

CURRAY J R, EMMEL F J, MOORE D G, 2002. The Bengal Fan: morphology, geometry, stratigraphy, history and processes[J]. Marine and petroleum geology, 19(10): 1191-1223.

DARBYSHIRE D P F, SWAINBANK I G, 1988. South-east Asia granite project — geochronology of a selection of granites from Burma[R]. Natural Environment Research Council, Isotope Geology Center Report, 88(6): 1-44.

DAVIES T A, KIDD R B, RAMSAY A T S, 1995. A time-slice approach to the history of Cenozoic sedimentation in the Indian Ocean[J]. Sedimentary geology, 96(1): 157-179.

DEBON F, LE FORT P, SHEPPARD S M F, et al., 1986. The four plutonic belts of the Transhimalaya-Himalaya: A chemical, mineralogical, isotopic, and chronological synthesis along a Tibet-Nepal section[J]. Journal of petrology, 27(1): 219-250.

DECELLES P G, 2004. Late Jurassic to Eocene evolution of the Cordilleran thrust belt and foreland basin system, western USA[J]. American journal of science, 304(2): 105-168.

DECELLES P G, GEHRELS G E, QUADE J, et al., 1998a. Eocene-early Miocene foreland basin development and the history of Himalayan thrusting, western and central Nepal[J]. Tectonics, 17(5): 741-765.

DECELLES P G, GEHRELS G E, QUADE J, et al., 1998b. Neogene foreland basin deposits, erosional unroofing, and the kinematic history of the Himalayan fold-thrust belt, western Nepal[J]. Geological society of America bulletin, 110(1): 2-21.

DECELLES P G, ROBINSON D M, QUADE J, et al., 2001. Stratigraphy, structure, and tectonic evolution of the Himalayan fold-thrust belt in western Nepal[J]. Tectonics, 20(4): 487-509.

DESA M, RAMANA M V, RAMPRASAD T, 2006. Seafloor spreading magnetic anomalies south off Sri Lanka[J]. Marine geology, 229(3/4): 227-240.

DEWEY J F, SHACKLETON R M, CHENGFA C, et al., 1988. The tectonic evolution of the Tibetan Plateau[J]. Philosophical transactions of the royal society of London A: mathematical, physical and engineering sciences, 327(1594): 379-413.

DING L, 2003. Cenozoic volcanism in Tibet: evidence for a transition from oceanic to continental subduction[J]. Journal of petrology, 44(10): 1833-1865.

DING L, KAPP P, WAN X Q, 2005. Paleocene-Eocene record of ophiolite obduction and initial India-Asia collision, south central Tibet[J]. Tectonics, 24: TC3001.

FORSYTH D, UYEDA S, 1975. On the relative importance of the driving forces of plate motion[J]. Geophysical journal international, 43(1): 163-200.

FRISCH W, MESCHEDE M, BLAKEY R C, 2011. Plate tectonics: continental drift and mountain building[M]. Berlin Heidelberg: Springer: 1-212.

GAINA C, MÜLLER R D, BROWN B, et al., 2007. Breakup and early seafloor spreading between India and Antarctica [J]. Geophysical journal international, 170(1): 151-169.

GANI M R, ALAM M M, 1999. Trench-slope controlled deep-sea clastics in the exposed lower Surma Group in the southeastern fold belt of the Bengal Basin, Bangladesh[J]. Sedimentary geology, 127(3): 221-236.

GARDINER N J, SEARLE M P, ROBB L J, et al., 2015. Neo-Tethyan magmatism and metallogeny in Myanmar-An Andean analogue? [J]. Journal of Asian earth sciences, 106: 197-215.

GATINSKY Y G, HUTCHISON C S, 1986. Cathaysia, Gondwanaland, and the Paleotethys in the evolution of continental Southeast Asia[J]. Bulletin of the geological society of malaysia, 20: 179-199.

GODIN L, PARRISH R R, BROWN R L, et al., 2001. Crustal thickening leading to exhumation of the Himalayan metamorphic core of central Nepal: Insight from U-Pb geochronology and $^{40}Ar/^{39}Ar$ thermochronology[J]. Tectonics, 20(5): 729-747.

GOPALA RAO D, KRISHNA K S, SAR D, 1997. Crustal evolution and sedimentation history of the Bay of Bengal since the Cretaceous[J]. Journal of geophysical research, 102(B8): 17747-17768.

GORDON R G, DEMETS C, ROYER J Y, 1998. Evidence for long-term diffuse deformation of the lithosphere of theequatorial Indian Ocean[J]. Nature, 395(6700): 370-374.

GREEN O R, SEARLE M P, CORFIELD R I, et al., 2008. Cretaceous-Tertiary carbonate platform evolution and the age of the India-Asia collision along the Ladakh Himalaya (northwest India)[J]. The journal of geology, 116(4): 331-353.

HALL R, 2012. Late Jurassic-Cenozoic reconstructions of the Indonesian region and the Indian Ocean [J]. Tectonophysics, 570: 1-41.

HAMILTON W B, 1988. Plate tectonics and island arcs[J]. Geological society of America bulletin, 100(100): 1503-1527.

HARRIS N B W, INGER S, RONGHUA X, 1990. Cretaceous plutonism in Central Tibet: an example of post-collision magmatism? [J]. Journal of volcanology and geothermal research, 44(1/2): 21-32.

HEINE C, MÜLLER R D, 2005. Late Jurassic rifting along the Australian north west shelf: margin geometry and spreading ridge configuration[J]. Australian journal of earth sciences, 52(1): 27-39.

HOANG L V, WU F Y, CLIFT P D, et al., 2009. Evaluating the evolution of the Red River system based on in situ U-Pb dating and Hf isotope analysis of zircons[J]. Geochemistry, geophysics, geosystems, 10(11): 292-310.

HODGES K V, 2000. Tectonics of the Himalaya and southern Tibet from two perspectives[J]. Geological society of America bulletin, 112(3): 324-350.

HONEGGER K, DIETRICH V, FRANK W, et al., 1982. Magmatism and metamorphism in the Ladakh Himalayas (the Indus-Tsangpo suture zone)[J]. Earth and planetary science letters, 60(2): 253-292.

HUANG X M, XU Z Q, LI H Q, et al., 2015. Tectonic amalgamation of the Gaoligong shear zone and Lancangjiang shear zone, southeast of Eastern Himalayan Syntaxis[J]. Journal of Asian earth sciences, 106: 64-78.

HUBBARD M S, HARRISON T M, 1989. $^{40}Ar/^{39}Ar$ age constraints on deformation and metamorphism in the Maine Central Thrust zone and Tibetan Slab, eastern Nepal Himalaya[J]. Tectonics, 8(4): 865-880.

HUTCHISON B, 1989. Geological evolution of South-east Asia[M]. Clarendon: Oxford Press: 1-368.

JABLONSKI D, SAITTA A J, 2004. Permian to Lower Cretaceous plate tectonics and its impact on the tectono-stratigraphic development of the Western Australian margin[J]. Australian petroleum production and exploration association journal, 44(1): 287-327.

JAEGER J J, COURTILLOT V, TAPPONNIER P, 1989. Paleontological view of the ages of the Deccan Traps, the Cretaceous/Tertiary boundary, and the India-Asia collision[J]. Geology, 17(4): 316-319.

JAMIESON R A,BEAUMONT C,MEDVEDEV S,et al.,2004. Crustal channel flows:2 Numerical models with implications for metamorphism in the Himalayan-Tibetan orogen[J]. Journal of geophysical research:solid earth, 109(6):B06407.

JI W Q,WU F Y,CHUNG S L,et al.,2009. Zircon U-Pb geochronology and Hf isotopic constraints on petrogenesis of the Gangdese batholith,Southern Tibet[J]. Chemical geology,262(3):229-245.

JIN X C,2002. Permo-Carboniferous sequences of Gondwana affinity in southwest China and their paleogeographic implications[J]. Journal of Asian earth sciences,20(6):633-646.

JOHNSON B D,POWELL C M A,VEEVERS J J,1976. Spreading history of the eastern Indian Ocean and Greater India's northward flight from Antarctica and Australia[J]. Geological society of America bulletin, 87 (11): 1560-1566.

JOHNSON B D,POWELL C M,VEEVERS J J,1980. Early spreading history of the Indian Ocean between India and Australia[J]. Earth and planetary science letters,47(1):131-143.

JOHNSON M R W,OLIVER G J H,PARRISH R R,et al.,2001. Synthrusting metamorphism,cooling,and erosion of the Himalayan Kathmandu Complex,Nepal[J]. Tectonics,20(3):394-415.

KAPP J L D,HARRISON T M,KAPP P,et al.,2005a. Nyainqentanglha Shan:A window into the tectonic,thermal, and geochemical evolution of the Lhasa block, Southern Tibet[J]. Journal of geophysical research:solid earth, 110(8):653-669.

KAPP P,YIN A,HARRISON T M,et al.,2005b. Cretaceous-Tertiary shortening,basin development,and volcanism in central Tibet[J]. Geological society of America bulletin,117(7):865-878.

KATZ M B, 1978. Sri Lanka in Gondwanaland and the evolution of the Indian Ocean[J]. Geological magazine, 115 (4): 237-244.

KENT W,SAUNDERS A D,KEMPTON P D,et al.,1997. Eastern India:mantle sources and melt distribution at a volcanic rifted margin[J]. American geophysical union geophysical monograph,100:145-182.

KENT R W,PRINGLE M S,MÜLLER R D,et al.,2002. $^{40}Ar/^{39}Ar$ geochronology of the Rajmahal basalts,India,and their relationship to the Kerguelen Plateau[J]. Journal of petrology,43(7):1141-1153.

KHAN S D,WALKER D J,HALL S A,et al.,2009. Did the Kohistan-Ladakh island arc collide first with India? [J]. Geological society of America bulletin,121(3/4):366-384.

KHIN K,SAKAI T,ZAW K,2014. Neogene syn-tectonic sedimentation in the eastern margin of Arakan—Bengal basins,and its implications on for the Indian—Asian collision in western Myanmar[J]. Gondwana research,26(1): 89-111.

KLOOTWIJK C T,GEE J S,PEIRCE J W,et al.,1992. An early India-Asia contact:paleomagnetic constraints from Ninetyeast ridge,ODP Leg 121[J]. Geology,20(5):395-398.

KOHN M J,2008. P-T-t data from central Nepal support critical taper and repudiate large-scale channel flow of the Greater Himalayan Sequence[J]. Geological society of America bulletin,120(3):259-273.

KOHN M J, WIELAND M S, PARKINSON C D, et al., 2004. Miocene faulting at plate tectonic velocity in the Himalaya of central Nepal[J]. Earth and planetary science letters,228(3):299-310.

KRISHNA K S,LAJU M,BHATTACHARYYA R,et al.,2009. Geoid and gravity anomaly data of conjugate regions of Bay of Bengal and Enderby Basin:New constraints on breakup and early spreading history between India and Antarctica[J]. Journal of geophysical research:solid earth,14:B03102.

KRISHNA K S,ABRAHAM H,SAGER W W,et al.,2012. Tectonics of the Ninetyeast Ridge derived from spreading records in adjacent oceanic basins and age constraints of the ridge[J]. Journal of geophysical research:solid earth, 117:B04101.

LAKSHMINARAYANA G,2002. Evolution in basin fill style during the Mesozoic Gondwana continental break-up in the Godavari triple junction,SE India[J]. Gondwana research,5(1):227-244.

LAL N K,SIAWAL A,KAUL A K,2009. Evolution of east coast of India:a plate tectonic reconstruction[J]. Journal of the geological society of India,73(2):249-260.

LE FORT P,1996. Evolution of the Himalaya[J]. World and regional geology,1(8):95-109.

LEE T Y,LAWVER L A,1995. Cenozoic plate reconstruction of Southeast Asia[J]. Tectonophysics,251(1):85-138.

LEE H Y,CHUNG S L,WANG J R,et al.,2003. Miocene Jiali faulting and its implications for Tibetan tectonic evolution[J]. Earth and planetary science letters,205(3):185-194.

LEE H Y,CHUNG S L,LO C H,et al.,2009. Eocene Neotethyan slab breakoff in southern Tibet inferred from the Linzizong volcanic record[J]. Tectonophysics,477(1):20-35.

LEIER A L,DECELLES P G,KAPP P,et al.,2007. The Takena Formation of the Lhasa terrane,southern Tibet:The record of a Late Cretaceous retroarc foreland basin[J]. Geological society of America bulletin,119(1/2):31-48.

LI R Y,MEI L F,ZHU G H,et al.,2013. Late mesozoic to cenozoic tectonic events in volcanic arc,West Burma Block: evidences from U-Pb zircon dating and apatite fission track data of granitoids[J]. Journal of earth science,24(4):553-568.

LIANG Y H,CHUNG S L,LIU D,et al.,2008. Detrital zircon evidence from Burma for reorganization of the eastern Himalayan river system[J]. American journal of science,308(4):618-638.

LIU C Z,CHUNG S L,WU F Y,et al.,2016. Tethyan suturing in Southeast Asia:Zircon U-Pb and Hf-O isotopic constraints from Myanmar ophiolites[J]. Geology,44(4):311-314.

MARTIN A J,GEHRELS G E,DECELLES P G,2007. The tectonic significance of (U,Th)/Pb ages of monazite inclusions in garnet from the Himalaya of central Nepal[J]. Chemical geology,244(1):1-24.

MAUNG H,1987. Transcurrent movements in the Burma Andaman Sea region[J]. Geology,15(10):911-912.

MAURIN T,RANGIN C,2009. Structure and kinematics of the Indo-Burmese Wedge:Recent and fast growth of the outer wedge[J]. Tectonics,28:TC2010.

MAURIN T,MASSON F,RANGIN C,et al.,2010. First global positioning system results in northern Myanmar: Constant and localized slip rate along the Sagaing fault[J]. Geology,38(7):591-594.

MCCAFFREY R,2009. The tectonic framework of the Sumatran subduction zone[J]. Annual review of earth and planetary sciences,37:345-366.

MENG Y,DONG H,CONG Y,et al.,2016. The early-stage evolution of the Neo-Tethys ocean:evidence from granitoids in the middle Gangdese batholith,Southern Tibet[J]. Journal of geodynamics,94:34-49.

METCALFE I,1996a. Gondwanaland dispersion,Asian accretion and evolution of eastern Tethys[J]. Australian journal of earth sciences,43(6):605-623.

METCALFE I,1996b. Pre-Cretaceous evolution of SE Asian terranes [J]. Geological society,London,special publications,106(1):97-122.

METCALFE I,2006. Palaeozoic and Mesozoic tectonic evolution and palaeogeography of East Asian crustal fragments: The Korean Peninsula in context[J]. Gondwana research,9(1-2):24-46.

METCALFE I,2011a. Palaeozoic-Mesozoic history of SE Asia[J]. Geological society,London,special publications, 355(1):7-35.

METCALFE I,2011b. Tectonic framework and Phanerozoic evolution of Sundaland[J]. Gondwana research,19(1): 3-21.

METCALFE I,2013. Gondwana dispersion and Asian accretion:tectonic and palaeogeographic evolution of eastern Tethys[J]. Journal of Asian earth sciences,66:1-33.

METCALFE I,IRVING E,1990. Allochthonous terrane processes in southeast Asia [and discussion][J]. Philosophical transactions of the royal society of London a:mathematical,physical and engineering sciences,331(1620):625-640.

MITCHELL A H G,1986. Mesozoic and Cenozoic regional tectonics and metallogenesis in mainland SE Asia[J]. Bulletin of the geological society of Malaysia,20:221-239.

MITCHELL A H G,1989. The Shan Plateau and Western Burma:Mesozoic—Cenozoic plate boundaries and correlation with Tibet[M]. SENGÖR A M C. Tectonic evolution of the Tethyan region. Holand:Kluwer Academic Publishers: 567-589.

MITCHELL A H G,1992. Late Permian-Mesozoic events and the Mergui group nappe in Myanmar and Thailand[J]. Journal of southeast asian earth sciences,7(2/3):165-178.

MITCHELL A H G,1993. Cretaceous-Cenozoic tectonic events in the western Myanmar (Burma)-Assam region[J]. Journal of the geological society,150(6):1089-1102.

MICHAEL L,KRISHNA K S,2011. Dating of the 85°E Ridge (northeastern Indian Ocean) using marine magnetic anomalies[J]. Current science,100(9):1314-1322.

MITCHELL A,CHUNG S L,OO T,et al.,2012. Zircon U-Pb ages in Myanmar: Magmatic-metamorphic events and the closure of a neo-Tethys ocean? [J]. Journal of Asian earth sciences,56:1-23.

MITCHELL A H G,HTAY M T,HTUN K M,2015. The medial Myanmar suture zone and the Western Myanmar-Mogok foreland[J]. Journal of the myanmar geosciences society,6(1):73-88.

MO X X,HOU Z Q,NIU Y L,et al.,2007. Mantle contributions to crustal thickening during continental collision: evidence from Cenozoic igneous rocks in Southern Tibet[J]. Lithos,96(1):225-242.

MO X X,NIU Y L,DONG G C,et al.,2008. Contribution of syncollisional felsic magmatism to continental crust growth:a case study of the Paleogene Linzizong volcanic succession in Southern Tibet[J]. Chemical geology,250(1): 49-67.

MO X X,DONG G C,ZHAO Z D,et al.,2009. Mantle input to the crust in southern Gangdese,Tibet,during the Cenozoic:zircon Hf isotopic evidence[J]. Journal of earth science,20(2):241-249.

MOORE D G,CURRAY J R,RAITT R W,et al.,1974. Stratigraphic-seismic section correlations and implications to Bengal Fan history[J]. Initial reports of the Deep Sea Drilling Project,22:403-412.

MORLEY C K,2004. Nested strike-slip duplexes,and other evidence for Late Cretaceous-Palaeogene transpressional tectonics before and during India-Eurasia collision,in Thailand,Myanmar and Malaysia[J]. Journal of the geological society,161(5):799-812.

MORLEY C K,2012. Late Cretaceous-early Palaeogene tectonic development of SE Asia[J]. Earth-science reviews, 115(1):37-75.

MUIR R J,WEAVER S D,BRADSHAW J D,et al.,1995. The Cretaceous Separation Point batholith,New Zealand: granitoid magmas formed by melting of mafic lithosphere[J]. Journal of the geological society,152(4):689-701.

MÜLLER R D,SDROLIAS M,GAINA C,et al.,2008. Age,spreading rates,and spreading asymmetry of the world's ocean crust[J]. Geochemistry,geophysics,geosystems,9:Q04006.

NAING T T,BUSSIEN D A,WINKLER W H,et al.,2014. Provenance study on Eocene-Miocene sandstones of the Rakhine coastal belt,Indo-Burman Ranges of Myanmar:geodynamic implications[J]. Geological society, London, special publications,386(1):195-216.

NAJMAN Y,2006. The detrital record of orogenesis:a review of approaches and techniques used in the Himalayan sedimentary basins[J]. Earth-science reviews,74(1):1-72.

NAJMAN Y, GARZANTI E, 2000. Reconstructing early Himalayan tectonic evolution and paleogeography from Tertiary foreland basin sedimentary rocks, northern India[J]. Geological society of America bulletin, 112 (3): 435-449.

NAJMAN Y,PRINGLE M,GODIN L,et al.,2001. Dating of the oldest continental sediments from the Himalayan foreland basin[J]. Nature,410(6825):194-197.

NAJMAN Y,CARTER A,OLIVER G,et al.,2005. Provenance of Eocene foreland basin sediments,Nepal:constraints to the timing and diachroneity of early Himalayan orogenesis[J]. Geology,33(4):309-312.

NAJMAN Y,BICKLE M,BOUDAGHER-FADEL M,et al.,2008. The Paleogene record of Himalayan erosion:Bengal

Basin,Bangladesh[J]. Earth and planetary science letters,273(1):1-14.

NAJMAN Y, APPEL E, BOUDAGHER-FADEL M, et al., 2010. Timing of India-Asia collision: Geological, biostratigraphic,and palaeomagnetic constraints[J]. Journal of geophysical research:solid earth,115:B12416.

NAJMAN Y,ALLEN R,WILLETT E A F,et al.,2012. The record of Himalayan erosion preserved in the sedimentary rocks of the Hatia Trough of the Bengal Basin and the Chittagong Hill Tracts,Bangladesh[J]. Basin research,24(5): 499-519.

NIELSEN C,CHAMOT-ROOKE N,RANGIN C,2004. From partial to full strain partitioning along the Indo-Burmese hyper-oblique subduction[J]. Marine geology,209(1):303-327.

OO T,HLAING T,HTAY N,2002. Permian of Myanmar[J]. Journal of Asian earth sciences,20(6):683-689.

OO K L,ZAW K,MEFFRE S, et al., 2015. Provenance of the Eocene sandstones in the southern Chindwin Basin, Myanmar:implications for the unroofing history of the Cretaceous-Eocene magmatic arc[J]. Journal of Asian earth sciences,107:172-194.

PEARCE J A, MEI H, 1988. Volcanic rocks of the 1985 Tibet geotraverse: Lhasa to Golmud[J]. Philosophical transactions of the royal society of London A: mathematical,physical and engineering sciences,327(1594):169-201.

PETFORD N,ATHERTON M,1996. Na-rich partial melts from newly underplated basaltic crust:the Cordillera Blanca Batholith,Peru[J]. Journal of petrology,37(6):1491-1521.

PIVNIK D A, NAHM J, TUCKER R S, et al., 1998. Polyphase deformation in a fore-arc/back-arc basin, Salin subbasin,Myanmar (Burma)[J]. American association of petroleum geologists bulletin,82(10):1837-1856.

POLLARD P J, NAKAPADUNGRAT S, TAYLOR R G, 1995. The Phuket Supersuite, Southwest Thailand: fractionated I-type granites associated with tin-tantalum mineralization[J]. Economic geology,90(3):586-602.

POWELL C M A,ROOTS S R,VEEVERS J J,1988. Pre-breakup continental extension in east Gondwanaland and the early opening of the eastern Indian Ocean[J]. Tectonophysics,155(1):261-283.

RADHAKRISHNA M,RAO S,NAYAK S,et al.,2012. Early Cretaceous fracture zones in the Bay of Bengal and their tectonic implications:constraints from multi-channel seismic reflection and potential field data[J]. Tectonophysics, 522:187-197.

RAMANA M V,NAIR R R,SARMA K,et al.,1994. Mesozoic anomalies in the Bay of Bengal[J]. Earth and planetary science letters,121(3/4):469-475.

RATSCHBACHER L,FRISCH W,LIU G,et al.,1994. Distributed deformation in southern and western Tibet during and after the India-Asia collision[J]. Journal of geophysical research:solid earth,99(B10):19917-19945.

RAYMO M E,RUDDIMAN W F,1992. Tectonic forcing of late Cenozoic climate[J]. Nature,359(6391):117-122.

RAYMO M E, RUDDIMAN W F, FROELICH P N, 1988. Influence of late Cenozoic mountain building on ocean geochemical cycles[J]. Geology,16(7):649-653.

REEVES C,DE WIT M,2000. Making ends meet in Gondwana: retracing the transforms of the Indian Ocean and reconnecting continental shear zones[J]. Terra nova,12(6):272-280.

REIMANN K U,1993. Geology of Bangladesh[M]. Berlin:Borntraeger:1-160.

Richter F M, Rowley D B, DePaolo D J, 1992. Sr isotope evolution of seawater: the role of tectonics[J]. Earth and planetary science letters,109(1/2):11-23.

RIDD M F, 2015. East flank of the Sibumasu block in NW Thailand and Myanmar and its possible northward continuation into Yunnan: a review and suggested tectono-stratigraphic interpretation[J]. Journal of Asian earth sciences,104:160-174.

RIDD M F,2016. Should Sibumasu be renamed Sibuma? The case for a discrete Gondwana-derived block embracing western Myanmar, upper Peninsular Thailand and NE Sumatra[J]. Journal of the geological society, 173 (2): 249-264.

ROBINSON R A J,BREZINA C A,PARRISH R R,et al.,2014. Large rivers and orogens:The evolution of the Yarlung

Tsangpo-Irrawaddy system and the eastern Himalayan syntaxis[J]. Gondwana research,26(1):112-121.

ROWLEY D B,1996. Age of initiation of collision between India and Asia:A review of stratigraphic data[J]. Earth and planetary science letters,145(1/4):1-13.

ROWLEY D B,1998. Minimum age of initiation of collision between India and Asia North of Everest based on the subsidence history of the Zhepure Mountain Section[J]. Journal of Geology,106(2):220-235.

ROYER J Y,SANDWELL D T,1989. Evolution of the eastern Indian Ocean since the Late Cretaceous:Constraints from Geosat altimetry[J]. Journal of geophysical research:solid earth,94(B10):13755-13782.

ROYER J Y,COFFIN M F,1992. Jurassic to Eocence plate tectonic reconstructions in the Kerguelen Plateau region [J]. Proceedings of the Ocean Drilling Program:scientific results,120:917-928.

ROYER J Y,PEIRCE J W,WEISSEL J K,1991. Tectonic constraints on the hot-spot formation of Ninetyeast Ridge [J]. Proceedings of the Ocean Drilling Program:scientific results,121:763-776.

ROYER J Y,SCLATER J G,SANDWELL D T,et al.,1993. Indian Ocean plate reconstructions since the Late Jurassic[J]. Research,70:471-476.

SCHÄRER U,XU R,ALLÈGRE C J,1984b. The magmatic events in the Himalayas and the Tibetan Plateau[C]. Colloque Franco-Chinois sur la Geologie de l'Himalaya-Tibet. Montpellier,France,centre National de la Recherche Scientifique.

SCHÄRER U,HAMET J,ALLÈGRE C J,1984a. The Transhimalaya (Gangdese) plutonism in the Ladakh region:a U-Pb and Rb-Sr study[J]. Earth and planetary science letters,67(3):327-339.

SCHÄRER U, XU R H, ALLÈGRE C J. 1984b. U-Pb geochronology of Gangdese (Transhimalaya) plutonism in the Lhasa-Xigaze region, Tibet[J]. Earth and planetary science letters,69(2): 311-320.

SCOTESE C R,1991. Jurassic and Cretaceous plate tectonic reconstructions[J]. Palaeogeography, palaeoclimatology, palaeoecology, 87(1/4):493-501.

SEARLE M P,MORLEY C K,2011. Tectonic and thermal evolution of Thailand in the regional context of SE Asia[J]. Geological society memoir,20:539-572.

SEARLE M P,WINDLEY B F,COWARD M P,et al.,1987. The closing of Tethys and the tectonics of the Himalaya [J]. Geological society of America bulletin,98(6):678-701.

SEARLE M,CORFIELD R I,STEPHENSON B E N,et al.,1997. Structure of the north Indian continental margin in the Ladakh-Zanskar Himalayas:implications for the timing of obduction of the Spontang ophiolite, India-Asia collision and deformation events in the Himalaya[J]. Geological magazine,134(3):297-316.

SEARLE M P,NOBLE S R,COTTLE J M,et al.,2007. Tectonic evolution of the Mogok metamorphic belt,Burma (Myanmar) constrained by U-Th-Pb dating of metamorphic and magmatic rocks[J]. Tectonics,26(3):623-626.

SEARLE M P, WHITEHOUSE M J, ROBB L J, et al.,2012. Tectonic evolution of the Sibumasu-Indochina terrane collision zone in Thailand and Malaysia:constraints from new U-Pb zircon chronology of SE Asian tin granitoids[J]. Journal of the geological society,169(4):489-500.

SENGÖR A M C,1987. Tectonics of the tethysides:orogenic collage development in a collisional setting[J]. Annual review of earth and planetary sciences,15(1):213-244.

SEVASTJANOVA I,HALL R,RITTNER M,et al.,2016. Myanmar and Asia united,Australia left behind long ago [J]. Gondwana research,32:24-40.

SOCQUET A,PUBELLIER M,2005. Cenozoic deformation in western Yunnan (China-Myanmar border) [J]. Journal of Asian earth sciences,24(4):495-515.

SOCQUET A,VIGNY C,CHAMOT-ROOKE N,et al.,2006. India and Sunda plates motion and deformation along their boundary in Myanmar determined by GPS[J]. Journal of geophysical research:solid earth,111:B05406.

SRISURIYON K,MORLEY C K,2014. Pull-apart development at overlapping fault tips:oblique rifting of a Cenozoic continental margin,northern Mergui Basin,Andaman Sea[J]. Geosphere,10(2):80-106.

STERN R J,2002. subduction zones[J]. Reviews of geophysics,40(4):1-38.

STOREY B C,1995. The role of mantle plumes in continental breakup:case histories from Gondwanaland[J]. Nature, 377(6547):301-308.

STOREY M,MAHONEY J J,SAUNDERS A D,et al.,1995. Timing of hot spot—related volcanism and the breakup of madagascar and India[J]. Science,267(5199):852-855.

Talwani M,Desa M A,Ismaiel M,et al.,2016. The tectonic origin of the Bay of Bengal and Bangladesh[J]. Journal of geophysical research:solid earth,121(7):4836-4851.

TAPPONNIER P, MOLNAR P, 1976. Slip-line fileld theory and large-scale continental tectonics [J]. Nature, 264(5584):319-324.

TAPPONNIER P,PELTZER G,LE DAIN A Y,et al.,1982. Propagating extrusion tectonics in Asia:new insights from simple experiments with plasticine[J]. Geology,10(12):611-616.

TAPPONNIER P, ZHIQIN X, ROGER F, et al., 2001. Oblique stepwise rise and growth of the Tibet Plateau[J]. Science,294(5547):1671-1677.

UDDIN A,LUNDBERG N,1998. Cenozoic history of the Himalayan-Bengal system:sand composition in the Bengal basin,Bangladesh[J]. Geological society of America bulletin,110(4):497-511.

UNITED NATIONS,1978b. Geology and exploration geochemistry of the Salingyi-Shinmataung area,central Burma[R]. Technical Report No. 5, DP/UN/BUR-72-002, Geological Survey and Exploration Project. New York: United Nations Development Programme:29.

UNITED NATIONS,1978a. Geology and exploration geochemistry of the Pinlebu-Banmauk area,Sagaing division, northern Burma "Draft" [R]. Technical Report No. 2. DP/UN/BUR-72-002,Geological Survey and Exploration Project. New York:United Nations Development Programme:69.

VANNAY J C,HODGES K V,1996. Tectonometamorphic evolution of the Himalayan metamorphic core between the Annapurna and Dhaulagiri,central Nepal[J]. Journal of metamorphic geology,14(5):635-656.

VEEVERS J J,1988. Gondwana facies started when Gondwanaland merged in Pangea[J]. Geology,16(8):732-734.

VEEVERS J J,2004. Gondwanaland from 650-500 Ma assembly through 320 Ma merger in Pangea to 185-100 Ma breakup:supercontinental tectonics via stratigraphy and radiometric dating[J]. Earth-science reviews,68(1):1-132.

VIGNY C,SOCQUET A,RANGIN C,et al.,2003. Present-day crustal deformation around Sagaing fault,Myanmar[J]. Journal of Geophysical research solid earth,108(B11):2533.

WANG Z G,TAN X C,1994. Palaeozoic structural evolution of Yunnan[J]. Journal of southeast asian earth sciences, 9(4):345-348.

WANG X D, UENO K, MIZUNO Y, et al.,2001a. Late Paleozoic faunal, climatic, and geographic changes in the Baoshan block as a Gondwana-derived continental fragment in southwest China [J]. Palaeogeography palaeoclimatology palaeoecology,170(3):197-218.

WANG Y J,FAN W M,ZHANG Y H,et al.,2001b. Kinematics and ^{40}Ar/^{39}Ar geochronology of the Gaoligong and Chongshan shear systems,western Yunnan,China:implications for early Oligocene tectonic extrusion of SE Asia[J]. Tectonophysics,418(3):235-254.

WANG J G,WU F Y,TAN X C,et al.,2014. Magmatic evolution of the Western Myanmar Arc documented by U-Pb and Hf isotopes in detrital zircon[J]. Tectonophysics,612:97-105.

WANG B D,WANG L Q,CHUNG S L,et al.,2016. Evolution of the Bangong-Nujiang Tethyan ocean:insights from the geochronology and geochemistry of mafic rocks within ophiolites[J]. Lithos,245:18-33.

WEBB A A G,YIN A,HARRISON T M,et al.,2007. The leading edge of the Greater Himalayan Crystalline complex revealed in the NW Indian Himalaya:implications for the evolution of the Himalayan orogen[J]. Geology,35(10): 955-958.

WEN D R,LIU D,CHUNG S L,et al.,2008. Zircon Shrimp U-Pb ages of the Gangdese Batholith and implications for

Neotethyan subduction in Southern Tibet[J]. Chemical geology,252(3):191-201.

WIESMAYR G,GRASEMANN B,2002. Eohimalayan fold and thrust belt:implications for the geodynamic evolution of the NW-Himalaya(India)[J]. Tectonics,21(6):1058.

WOPFNER H,1996. Gondwana origin of the Baoshan and Tengchong terranes of west Yunnan[J]. Geological society of London,106(1):539-547.

XU R H, SCHÄRER U, ALLÈGRE C J, 1985. Magmatism and metamorphism in the Lhasa block (Tibet): a geochronological study[J]. The journal of geology,93(1):41-57.

YANG J S,XU Z Q,LI Z L,et al.,2009. Discovery of an eclogite belt in the Lhasa block,Tibet:A new border for Paleo-Tethys? [J]. Journal of Asian earth sciences,34(1):76-89.

YIN A,2006. Cenozoic tectonic evolution of the Himalayan orogen as constrained by along-strike variation of structural geometry,exhumation history,and foreland sedimentation[J]. Earth-science reviews,76(1):1-131.

YIN A,2010. Cenozoic Tectonic Evolution of Asia:A Preliminary Synthesis[J]. Tectonophysics,488(1-4):293-325.

YIN A,HARRISON T M,2000. Geologic evolution of the Himalayan-Tibetan orogen[J]. Annual review of earth and planetary sciences,28(1):211-280.

YIN A,HARRISON T M,MURPHY M A,et al.,1999. Tertiary deformation history of southeastern and southwestern Tibet during the Indo-Asian collision[J]. Geological society of America bulletin,111(11):1644-1664.

ZAW K,1990. Geological,petrogical and geochemical characteristics of granitoid rocks in Burma:with special reference to the associated W-Snmineralization and their tectonic setting[J]. Journal of southeast asian earth sciences,4(4):293-335.

ZHANG K J,XIA B D,WANG G M,et al.,2004. Early Cretaceous stratigraphy,depositional environments,sandstone provenance,and tectonic setting of central Tibet,western China[J]. Geological society of America bulletin,116(9-10):1202-1222.

ZHANG P, MEI L F, XIONG P, et al.,2017. Structural features and proto-type basin reconstructions of the Bay of Bengal Basin:A remnant ocean basin model[J]. Journal of earth science,28(4):666-682.

ZHAO W J,NELSON K D,CHE J,et al.,1993. Deep seismic reflection evidence for continental underthrusting beneath Southern Tibet[J]. Nature,366(6455):557-559.

ZHU D C,PAN G T,WANG L Q,et al.,2008. Spatial-temporal distribution and tectonic setting of Jurassic magmatism in the Gangdise belt,Tibet,China[J]. Geological bulletin of China,27(4):458-468.

ZHU D C,ZHAO Z D,NIU Y,et al.,2011a. The Lhasa Terrane:record of a microcontinent and its histories of drift and growth[J]. Earth and planetary science letters,301(1):241-255.

ZHU D C,ZHAO Z D,NIU Y,et al.,2011b. Lhasa terrane in southern Tibet came from Australia[J]. Geology,39(8):727-730.

ZHU D C,ZHAO Z D,NIU Y,et al.,2013. The origin and pre-Cenozoic evolution of the Tibetan Plateau[J]. Gondwana research,23(4):1429-1454.

ZHU R Z, LAI S C, QIN J F, et al.,2015. Early-Cretaceous highly fractionated I-type granites from the northern Tengchong block, western Yunnan, SW China:petrogenesis and tectonic implications[J]. Journal of Asian earth sciences,100:145-163.